"孢子植物名词与名称"丛书

魏江春　主编

苔藓名词及名称（新版）

A Glossary of Terms and Names of Bryophytes(New Edition)

吴鹏程　汪楣芝　贾　渝　编著

Peng-Cheng Wu　Mei-Zhi Wang　Yu Jia

中国林业出版社

China Forestry Publishing House

图书在版编目(CIP)数据

苔藓名词及名称(新版)／ 吴鹏程,汪楣芝,贾渝编著. —北京:中国林业出版社,2015. 12
("孢子植物名词与名称"丛书)
ISBN 978-7-5038-8267-8

Ⅰ.①苔… Ⅱ.①吴… ②汪… ③贾… Ⅲ.①苔藓植物 – 名词术语
Ⅳ.①Q949. 35 – 61

中国版本图书馆 CIP 数据核字(2015)第 290037 号

责任编辑:于界芬 于晓文

出版 中国林业出版社(100009 北京西城区刘海胡同 7 号)
E-mail lycb. forestry. gov. cn **电话** 83143542
发行 中国林业出版社
印刷 北京中科印刷有限公司
版次 2016 年 5 月第 1 版
印次 2016 年 5 月第 1 次
开本 787mm×960mm 1/16
印张 23. 25
字数 751 千字
定价 78. 00 元

内 容 简 介

本书对于苔藓植物学科国内外近 30 年来发展的成果，就新增加的名词和主要与中国苔藓植物相关的名称作了全面的修订和增补，汇集了科、属、种的所有中文异名及主要的拉丁异名。全书共计约 10101 条目，含 1184 条名词和 8917 条名称。本书是有关植物和生物多样性研究、保护区与林业考察调查、植物学教学和应用等相关领域不可缺少的重要工具书。

Abstract

Following the bryological research worldwide in the last 30 years, a revision concerning the academic terms and both Latin and Chinese names of the bryophytes were compiled. This book contains ca. 10101 items, including 1184 items of terms and 8917 items of bryological names. All the Chinese names and main Latin synonyms of families, genera and species of the bryophytes are gathered in this book, which will benefit the botanical and biodiversity research, conservation and forestry investigation, and as a tool book for botanical education and application.

序

　　18 世纪中期，瑞典博物学家卡尔·林奈在周游了欧洲列国时广泛调查了动植物种类，并提出了"双名制"，即每一种生物的命名由属名和种加词两部分组成，相类似的生物种被归入同一属，从而为进一步将类似的生物属归入同一科，类似的科归入同一目，及以此类推地形成生物种、属、科、目、纲、门、界的生物分类等级系统及其命名奠定了基础。

　　在生物被分为动物界和植物界的两界系统时期，真菌和地衣被归入植物界。当中国科学院于 1958 年和 1959 年分别启动《中国植物志》和《中国动物志》的编前研究和在研究基础上的编写时，作为维管束孢子植物的蕨类植物已被列入《中国植物志》计划；而真菌、地衣、藻类及苔藓植物则未被纳入计划。为了启动真菌、地衣、藻类及苔藓植物志的编前研究和在研究基础上的编写工作，中国科学院以非维管束孢子植物的概念于 1973 年成立了中国科学院中国孢子植物志编辑委员会。在编委会的主持下启动了《中国海藻志》《中国淡水藻志》《中国真菌志》《中国地衣志》及《中国苔藓志》的编前研究和在研究基础上的编写工作。为了配合已被纳入《中国植物志》计划的维管束孢子植物蕨类以及中国非维管束孢子植物五志的编研，于 20 世纪 80 年代先后出版了上述各门类的"名词与名称"，从而对我国孢子植物的研究、识别和资源调查起到了积极作用，推动了上述有关各志的编研。

　　随着生命科学的飞速发展，人类关于生物两界系统认识已和地球生物圈内生物多样性及其系统性的实际不相符合。在生物三域系统下的生物七界系

1

统中，除了真细菌界（Bacteria）、古细菌界（Archaea）、动物界（Animales）和植物界（Plantae）以外，真菌作为独立的生物界（Fungi），其中包括地衣，已被从植物界中分出；曾被当作真菌界成员的黏菌等则被分别划归原生动物界（Protozoa）和管毛生物界（Chromista），后者还包括褐藻等。

尽管如此，由中国科学院中国孢子植物志编辑委员会主持和管理的中国孢子植物五志体制尚未根据生物系统的变迁而调整之前，仍然继续按照既定体制动行是必要的。

随着全球孢子植物研究工作的进展，新的名词和名称不断出现，国际学术交流日益频繁，作为学术交流重要工具的专业名词和名称的统一更显迫切。因此，对于已经出版的各门类的"名词与名称"进行相应调整和修订也势在必行。

中　国　科　学　院　院　士
中国科学院中国孢子植物志编辑委员会主编　　　　（魏江春）

2015. 3

Foreword

In the middle of 18th century, Carolus Linnaeus, the Swedish naturalist who travelled widely in Germany, France, England, and Netherland, established the "Binominal Nomenclature", which combined the similar species in the same genus. Furthermore, the closely related biological genera were arranged into one family and the closely related families into one order. Thus, the systematic classification, including biological species, genus, family, order, class, division and kingdom, was formed.

During the period of two kingdoms of living things, Vegetable Kingdom and Animal Kingdom, fungi and lichens were included in the Vegetable Kingdom. In 1958 and 1959, the study and compilation of the *Flora of China* and *Fauna of China* were started separately. The ferns as the member of vascular plants were involved in the plan of *Flora of China*. However, Fungi, Lichens, Algae and Bryophytes were not listed in the plan. To promote the preview study and compilation of the *Cryptogamic Flora of China*, the Editorial Committee of the Cryptogamic Flora, Chinese Academy of Sciences, was established on the basis of non-vascular plants in 1973. Since then, the preview study and compilation were started under the direction of the Editorial Committee of Cryptogamic Flora of China, Chinese Academy of Sciences. Meanwhile, the studies and compilation of the *Glossary of Terms and Names* for 5 non-vascular plants and the vascular plant-ferns were published separately in 1980s'. All of the above work were beneficial to the study, knowledge and investigation of spore plants and strongly promoted the compilation of them.

Following the development of biological science, people recognized that the knowledge of two kingdoms did not exactly match the world biodiversity and its real system. Under three domains of life and a system of seven kingdoms, excluding Bacteria, Archaea, Animales and Plantae, Fungi including Lichens have been separated from the Vegetable Kingdom to become an individual kingdom. Mycetozoa and Oomycetes, once members of Fungi, have been separately classified into *Protozea* and *Chromista*, in which the latter one also includes brown algae.

In spite of these, the five spore-floras were confirmed under the leadership of the Editorial Committee of Cryptogamic Flora of China in 1973 before the change and establishment of the seven – kingdom classification. Therefore it is necessary to follow the old system to study and compile the Cryptogamic Floras of China.

For the development of the research of spore plants, new terms and names emerge constantly. The standard terms and names are very important to the increasing international academic exchange. Therefore, the revision and new addition of five cryptogamic floras need to be done in the very near future.

Jiang-Chun Wei

Member of the Chinese Academy of Sciences

Editor in Chief, the Editorial Committee of Cryptogamic Flora of China, Chinese Academy of Sciences

2015. 3

前 言

20 世纪 80 年代，我们曾编辑过苔藓植物的名词与名称，本书第一版问世已30 年，时值《中国苔藓志》项目启动。之后，英文版《中国藓类志》(Moss Flora of China) 组成国际编辑委员会。30 年间，国际苔藓界的研究进入全面深化期，专科专属的修订导致大量属和种以至科的命名变更。继世界性的《Index Muscorum》(《藓类植物索引》) (Wijk, Margadant 和 Florschütz, 1959 ~ 1969) 和《Index Hepaticarum》(《苔类植物索引》) (Bonner, Geissler 和 Bischler, 1962 ~ 1990)，以及 Crosby 等的《Index of Mosses (1963 ~ 1989)》(《藓类植物索引 (1963 ~ 1989)》) 增补和 Crosby 等就世界藓类植物进行全面校订，出版了《A Checklist of the Mosses》(《藓类植物校订名录》)，将全世界已发表的 15 000 种仅确认 9 000 种。无疑，这是划时代的研究成果。

与此同时，1986 年由 Redfearn 和 Wu 发表了《中国藓类植物名录》，1996 年Redfearn 等刊出《中国藓类植物新校订及注释名录》，以及 Piippo (1990) 的《中国苔类植物和角苔类植物注释名录》，促进了《中国苔藓志》的研究工作。现《中国苔藓志》正接近尾声，而《Moss Flora of China》(《中国藓类志》英文版) 8 卷已全部问世。国内还出版了一批地方志及大量修订性文章，尤其重要的是贾渝与何思在2013 年出版了《中国生物物种名录》第一卷植物：苔藓植物，对本书的完成起了十分重要的作用。

纵观我国目前大量苔藓植物拉丁学名须予更正，中文名的异名中 1 个种最多达 10 个以上名称，为此本书作者决定进行新的修订工作。我们修订的内容包括：①增补 30 年间我国新增加的苔藓植物名称及相应的名词；②修订已被废除的学名，并尽力收纳涉及已发表的拉丁名和中国苔藓植物的异名；③按命名法规的优先权原则，规范中文名称。

中文学名取舍的原则仍以国际植物命名法规的"优先权"为准则。若中文名采用形态特征取名，而后有新的形态特征被发现，原有名称如有取名上不妥时，才会采用新取的中文学名替代。

为便于读者使用方便，在本书的名词及名称之后附加了《中国苔藓志》所采用的陈邦杰先生加以修改的 Brotherus 系统与 Frey 和 Stech（2009）在《Syllabus of Plant Families》(《植物科属志要》) 中使用的苔藓系统。

本书工作历时 5 年有余，期望能就国内最近 20～30 年间存在的苔藓植物名词与名称问题确立典范，并为全球生物多样性研究提供最新依据。

在本书的编写过程中，得到华东师范大学王幼芳教授、河北师范大学李敏博士、北京植物研究所王庆华博士和于宁宁博士提供极其珍贵的资料，谨致以深切谢意！

特别感谢中国科学院微生物研究所魏江春院士在十分繁忙的科研及公务时间，为"孢子植物名词及名称"系列丛书执写总序，深切感谢中国科学院植物研究所、IUCN 亚洲地区主席马克平教授对本书出版的大力支持。

编者
2015. 8

Preface

During the beginning of the *Flora Bryophytorum Sinicorum* project, we compiled a book named the glossary of terms and names of bryophytes. Since then, the International Editorial Committee of *the Moss Flora of China* was founded and researches into the bryological field has greatly improved worldwide. Many genera and species names, along with some families, changed after the revisions of the bryophyte genera and families. Since 1959, *Index Muscorum* (Wijk, Margadant and Florschütz, 1959 – 1969), *Index Hepaticarum* (Bonner, Geissler and Bischler, 1962 – 1990), and Crosby *et al.'s Index of Mosses* 1963 – 1989 and *A Checklist of the Mosses* (1999) were revised. The number of moss species was reduced from approximately 15, 000 to 9, 000. This result is a new approach to the field of bryology.

In China, Redfearn and Wu (1986) and Redfearn *et al.'s* (1996), *Catalog of the Mosses of China and A Newly Updated and Annotated Checklist of Chinese Mosses*, as well Piippo's (1990) *Annotated Catalogue of Chinese Hepaticae and Anthocerotae*, greatly enhanced the *Flora Bryophytorum Sinicorum* project. As the project approaches its conclusion, eight volumes of the *Moss Flora of China*, English Version, have been completed. Meanwhile, discovery of a series of local bryofloras in China and literature updates also benefited our efforts. The most important among them was the monograph *Species Catalogue of China*, *Volume I*, *Plants: Bryophytes* (Jia and He, 2013), which helped us to finally complete this book.

However, hundreds of Latin names of the bryophytes needed to be reviewed in China. With some of its Chinese names containing more than 10 synonyms, this also proved confusing to the bryologists. In 2010, an effort was undertaken to check the terms and names of the bryophytes in China with the following three goals.

1. To increase the newly distributed bryological taxa and the related terms.

2. To review the synonyms and gather all the Latin and Chinese synonyms as much as possible.

3. To confirm the Chinese bryological names according to the priority of the international botanical code.

For the convenience of the readers, the arranged system of the bryophytes in the *Flora Bryophytorum Sinicorum* and in the *Syllabus of Plant Families* are included at the end of the book. Compiling the *A Glossary of Terms and Names of Bryophytes*, took more than 5 years, our objective was to include the most complete and up-to-date bryological terms and names with both Latin and Chinese names of the bryophytes in China. It also presents new scientific data on the study of biodiversity in the world.

During the compilation of the book, Prof. You-Fang Wang, East China Normal University, Dr. Ming Li, Hebei Normal University, Drs. Qing-Hua Wang and Ning-Ning Yu, Institute of Botany, Chinese Academy of Sciences, gave us very important data and helps.

We also should give sincerely thanks to Prof. Jiang-Chun Wei, Member of Chinese Academy of Sciences, and Editor in Chief, the Editorial Committee of Cryptogamic Flora of China, Chinese Academy of Sciences, who specially wrote the foreword of the series book. As well, Prof. Ke-Ping Ma, Institute of Botany, Chinese Academy of Sciences, and Chairman of Asian Region of IUCN, gave the financial support for the publication of the book.

The Authors

2015. 8

目　录

Contents

使用说明

1. 为便于读者的阅读，本书中的正名和异名均采用黑体字。

2. 凡两个学名间具" = "号，前者是异名，后者为正名。例如：**Abietinella giraldii Muell. Hal. = Abietinella abietina（Hedw.）Fleisch.**

3. 凡[ ]内的拉丁学名均系异名，若[ ]内有 2 条或 2 条以上的异名，均以英文字母顺序为准。

4. 中文名称的异名则采用圆括弧( )内的白体字。

5. 凡中国无分布而已具有中文名称者，在条目前加" * "。

Direction for Use

1. Each item in boldface type font is both the correct name and synonym name.

2. " = "between two Latin names means that the front one is synonym and the last one is the correct name. **For examlpe：Abietinella giraldii Muell. Hal. = Abietinella abietina（Hedw.）Fleisch.**

3. The Latin synonyms are in regular type font within square brackets " [ ] ". If there are more than 2 synonyms, they are arranged alphabetically.

4. The Chinese synonyms are in regular type font with parenthesis " ( ) ".

5. " * " for the species with a Chinese name but no record in China.

苔藓植物名词

（英汉对照）

abaxial 远轴的

abrupt 平截的，突然的

acaulescent 无茎的

acaulous 无茎的，具短茎的

acicular 针形，针状的

acrandrous 顶生雄器的

acrocarpous 顶［生］蒴的

acrogenous 顶生的

acrogynous 顶生雌器的

acrosporangiate 顶生孢蒴的

acrospore 顶生孢子

actinomorphic 辐射对称的

acumen 渐尖形

acuminate 渐尖形的

acutate 微尖的

acute 急尖的

adaxial 近轴的

admedial 向轴的

adnascent 附生的

adnate 贴生的

adversifoliate 具对生叶

aero-radicantia 气生根着型

agameon, agamogenesis 无性生殖

aggregate 丛生的，群生的

air cavity 气腔

air chamber 气室

air sac 气囊

alar cell 角细胞

allotypic 异型的

alobe 不分瓣的

alternate 互生的，交互的

alternation of generation 世代交替

alternative 交互的

amentula 雄枝

amphigastrium 腹叶

amphithecium 蒴周层

amphitropal 横生

amplexicaul 抱茎的

ampliate 扩大的

ampuliform 瓶状

anacrogynous 侧生雌器的

analogous 类似的

anatomy 解剖学

androecium 雄性生殖器官

androgynus, androgyny 雌雄同株，雌雄［同株］同苞

angular 具棱［角］的

angular cell 角细胞

angular collenchyma 厚角组织

angustifoliate 具窄叶的

anisomerous 不对称的

anisospore 异形孢子

annexed 贴生的

annulus 环带

antheridial filament 精囊丝，隔丝

antheridiophore 雄器载体，精子器载体，雄器托

antheridium 精子器

antherozoid ［游动］精子

antical 背面的

antical lobe 背瓣

antrorse 向上的

apex 顶部，叶尖

1

apical cell 顶细胞

apical growth 顶端生长

apical tooth 角齿

apiculate 具细尖的

apiculus 急尖的

apodial 无柄的

apogamous 无配子生殖的

apogamy 无配子生殖

apophysis 蒴托，蒴台

aporate 无孔的

apospory 无孢子生殖

aposporous 无孢子生殖的

appendage 附片

appendiculate 具附片的

appense 悬挂的

applanate 扁平的，平展的

apposite 并生的，并列的

appressed 扁平的，背腹扁平的，紧贴的

approximate 紧靠的

aquatic 水生的

aqueous tissue 储水组织

arboreal 树生的

archegoniatae 颈卵器植物

archegoniophore 雌器载体，颈卵器载体，雌器托

archegonium 颈卵器

archesporium 孢原［原孢］

archetype 原始型

arching, arcuate 弓形的

areola 网纹

aristulate 具喙的

armed 具刺的

arrect 直立的

ascendent 上升的

ascidiform 瓶状的

assimilating tissue 同化组织

astomous 无口的

asymmetrical 不对称的

attenuate 渐狭的

auricle 叶耳

auriculate 具叶耳的

autoicous, autoecious ［雌雄］同株异苞

autophytes 自养植物

axile 中轴的

axillary 腋生的

axis 轴

B

band 带状的，染色带

basal angle 叶基

basal cell 基部细胞

basal membrane ［蒴齿］基膜

basionym 基名

beak 喙

belt 带，地带

bicellular 两个细胞的

bicellulate 具两个细胞的

biconcave 双凹的

biconvex 双凸的

bicostate 双肋的

bicuspidate 具双尖头的

bifarious 两列生的，两列的

bifid 二裂的

bigeminate 两对的

biflagellate 具双鞭毛的

bifurcate 二叉的，两叉的

bilabiate 两瓣的

bilateral 两侧的，左右的

bilobed 二裂的，二裂片的，两裂的

bipinnate 二回羽状的

biplicate 两褶的

bipolar 两极的

bipolar distribution 两极分布

biseriate 两列的

biserrate 重锯齿的

bisexual 两性的

bistratose 两层［细胞］的

bordered 具叶缘的

bog 沼泽

bog-moss association 泥炭藓群丛

bog soil 沼泽土
boreal 北方的
boreal element 北方成分
bostrychoid 螺旋状
brachyblast 短枝
brachycladous 具短枝的
bracket-shaped 弧形的
bract 苞叶
bracteole 小苞叶, 雌苞腹叶
branch 枝
branchlet 小枝
bright green 鲜绿色

brood body 无性芽, 繁殖体
brownish green 褐绿色
bryologist 苔藓植物学家
bryology 苔藓植物学
bryophyta 苔藓植物
bryopsida = bryophyta
B-type chromosome B 型染色体
bud 芽
bulbiform 球状
bulbil 芽胞
bundle 维管束
bush 灌木

C

caducous 早落的
caespitose 丛生的, 簇生的
Cainozoic 新生代
calcareous 钙质的
calci-geophytia 钙土群落
calciphilic 喜钙的
callus 愈伤组织
calyciform 杯形的, 杯状的
calyptra [藓] 蒴帽, [苔] 蒴被
cambiform 纺锤形, 纺锤状
Cambrian 寒武纪
campanulate 钟状的
canal cell 沟细胞
canaliculate 具沟的
cancellate 花格式的
cancellina [复数, cancellinae] 网状细胞
canescent 具白毛的
capillary 毛状
capitulum 圆头状的
cap-shaped 帽状的
capsule 孢蒴
carbohydrate 碳水化合物
Carboniferous 石炭纪
carina 龙骨
carinate 龙骨状的, 脊状的
carotin 胡萝卜素
carpocephalum [复数, carpocephala] 雌器载体,

颈卵器载体, 雌器托
caudate 尾状的, 具尾的
caudex 茎
caulidium 拟茎体
cauline 茎 [生] 的
caulonema 茎丝体
cavity air 气室, 气腔
cavity mucilage 粘液腔
cell alar 角细胞, 翼细胞
cell apical 顶 [端] 细胞
cell canal 沟细胞
cell cavity 细胞腔
cell central 中央细胞
cell differentiation 细胞分化
cell division 细胞分裂
cell guard 保卫细胞
cell membrane [细] 胞膜
cell neck canal 颈沟细胞
cell ventral canal 腹沟细胞
cell wall 细胞壁
central strand 中轴
cernuous 垂倾的, 俯垂的
chalky 石灰质的
chlorenchyma 绿色组织
chlorocyst 叶绿素
chloronema 绿丝体
chlorophyll 叶绿素

chloroplast 叶绿体

chromosome 染色体

cilia 齿毛

ciliate 具纤毛的

cilium（复数，cilia）纤毛，齿毛

circinnate 卷曲的，拳卷的

circular 圆形的

cirrate 卷曲

cirralis 拳卷的

cladautoicous［雄苞］枝生同株的

cladocarpous 枝生蒴的

cladogenous 枝生的

clathrate 穿孔的

clavate 棒状的

cleistocarpous 闭蒴的

coarse 粗糙的

cochleariform 勺状的

collenchyma 厚角组织

collum 蒴颈,［颈卵器］颈部

colonial 群体的

colony 集群,群体

colpate 具沟的

columella 蒴轴

columelliform 柱状的

comate 丛生的

combination 结合

complanate 扁平的,平展的

complicate 褶叠的,褶合的

complex 复杂的,复合的

concave 凹的

conferted 密集的

conical 圆锥形的

conical papilla 圆锥状突起

conducting bundle 输导束

conduplicate 对折的

conjugation 接合［作用］

connate 连合的,连接的

connection 连接

constitution 构造

constricted 收缩的,皱缩的

contorted 扭曲

contracted 收缩的,皱缩的

convex 凸的

convolute 旋转的

cordate 心形的

cormus 茎叶体

cortical 皮层的

corticolous 树皮附生的

corticose 树皮的

cosmopolitan 世界种,广布种

costa 中肋

cotype 共模式

creeping stem 匍匐茎

crenate 具圆齿的,圆齿状的

crenulate 具细圆齿的,细圆齿状的

Cretaceous 白垩纪

cribriform，cribrose 筛状的

crispate，crisped 皱波状

cross section 横切面

cruciate，cruciform 十字形的

cryptogamic 隐花植物的

cryptogamy 隐花植物学

cryptophyte 隐花植物

cryptopore 隐型气孔,下陷气孔

cucullate 兜状的,勺状的

cucullate calyptra 勺状蒴帽

cuculliform 盔状的

cucullus 盔

cultivate species 栽培种

culture 培养,栽培

culture medium 培养基

cuneate，cuneiform 楔形的

cupule 芽孢杯

curved 弯曲的

cushion 垫

cushion plant 垫状植物

cuspidate 具锐尖头的

cuticle 角质层

cuticular 角质层的

cygneus［蒴柄］鹅颈状

cylinder 圆筒,圆柱体

cylindraceous 圆柱状的

cymbiform 舟状的

D

damp marsh 湿沼泽

dark brown 暗褐色

dark coniferous forest 阴暗针叶林

deciduous 易脱落的

deciduous broad-leaved forest 落叶阔叶林

declinate 倾斜的，下弯的

decumbent 倾立的

decurrent 下延的

decurrent leaf 下延叶

decurved 反折的

decussate 交互对生的

deflexed 外折的

dehiscence 开裂

dehiscent by lid 盖裂的

deltoid 三角形的

demigratia 悬垂型

dendroid 树状的

dentate 具齿的

dentis, dentium 齿片

denticulate 具细齿的，细齿状的

dentiform 具牙齿的，牙齿状的

depauperate 退化的，不发育的

dependent 悬垂的

derivation 衍生物

deplanate 扁平的

dermal, dermous 皮的，膜的

description 描述

Devonian 泥盆纪

diagnosis 鉴定，鉴别，叙述

diaphanous 无色的，透明的

dichotomous branching = dichotomy

dichotomy 二叉分枝［式］

dichotype 二型的

dimorphic 二形的

dioecious, dioicous 雌雄异株的

diplolepideae 双齿层类

diploperistomous 双齿层的

discoid 盘状的，碟形的

disjunctive 分离的，分开的

distichous 两列的

distinct 分离的

distribution 分布

divaricate 极叉开的

divergens 略叉开的

diversiformis 多形的

divided 分裂的

dominant species 优势种

dorsal 背面的

dorsal lamina ［凤尾藓］背翅

dorsal lobe ［苔］背瓣

dorsal view 背面观

dorsi-ventral 背腹［面］的

drepanocladous 具镰状枝的

dwarf male 矮雄［株］

dwarf shoot 短枝

E

echinate 具刺的

echinulate 具小刺的

ecological group 生态类群

ecological succession 生态演替

ecostate 无中肋的

ecotype 生态型

ectohydric 外生水的

eflagelliferous 无鞭毛的

egg cell 卵细胞

elater 弹丝

elaterophore 弹丝托

elliptic 椭圆形的

elongate 伸长

emarginate 微缺的

embryonate 具胚的

embryophytes 有胚植物

emergent 突出的

endemic species 特有种

endogenous 内生的

endohydric 内生水的

endoperistome = endostome，endostomium

endostome，endostomium 内齿层，内蒴齿

endothecium ［蒴］内层

entire 光滑的，全缘的

environmental pollution 环境污染

Eocene 始新世，第三纪

ephemeral 短命的

epicole 附生的

epidermal tissue 表皮组织

epidermis 表皮，表皮［层］

epipetria 石生固着型

epiphragm 蒴膜，盖膜

epiphyllitia 叶附生群落

epiphyllous 叶上附生的，附生叶上的

epiphytes 附生植物

epiphytic 附生的

epispore 孢子外壁，［孢壁］纹饰

epiterra 土生固着型

epixylia 树干附生固着型

epixylophytia 树生群落，木生群落

erect 直立的

erecto-patent 半倾立的

erinacoeus 具刺的

eriophorous 绵状毛的

erostrate 无喙的

erranti.. 漂浮型

exannulate 无环带的

excavate 凹入的

excurrent 贯顶的，延伸的

exine ［孢子］外壁

exinous 外壁的

exoperistome，exostomium 外齿层

exostome 外蒴齿

exothecium ［蒴］外层

explanate 平展的

exserted 突出的，伸出的

extant 现存的

external 外部的

extra-axillary 腋外生的

F

---

falcate 镰刀形的

falcato-secund 镰刀形卷曲的

fascicled 成束的，簇生的

fascicular 束生的，簇生的

fasciculate 束状的

fassula 小沟

female gametophyte 雌配子体

female receptacle 雌［器］托

fen 沼泽群落

fenestrate 具孔的

fenestra ［穿］孔

ferrugineous 铁锈色的

fertile 能育的，肥沃的

fertilization 受精［作用］

fertilization egg 受精卵

fibriform 纤维状的

fibrillose ［泥炭藓］螺纹加厚

filament 丝状体

filament antheridial 精囊丝

filiform 丝状的

fimbriate 流苏状

fissure 裂缝，沟缝

fistular 空管的

flagelliform 鞭状的

flagellum 鞭毛，鞭状枝

flat 扁平的

flavo-green 黄绿色

fleshy 肉质的

flexed 易折的

flexuose 曲折的，扭曲的

floating 漂浮的

flora 植物区系，植物志

flora element 植物区系成分

floristic area 植物区系区，植物区

foliaceous 叶状的

foliolate 具小叶的

foliose 叶状的

foot 基足

forked 分叉的,叉状的

forma 变型,型

fossulate 具沟

fountain type 泉生型

fragment 断片,碎片

frond 叶,植物体(苔藓,藻类)

frondose 具叶的

fugacious 先落的

funnel-form 漏斗状

furcate 分叉的

furrowed 具沟的

fuscous 深棕色的

fuscus 褐色

fusiform 纺锤状的,梭状的

G

galea 盔,盔瓣

galericulate 盔状帽的

gametangium 配子囊

gamete 配子

gametophore 生殖枝,配子托

gametophyte 配子体

gemma, gemmae 芽胞,无性芽,胞芽

gemma cup 芽胞杯

generating 分生的

generation 世代

geniculate 弯曲的

geniculum 节片

genotype 基因型,遗传型

geographical species 地理种

geophytia 土生群落

germination 萌发

germling 幼苗

gibbous, gibbose 浅囊状的

glabrous 无毛的

glandular cell 腺体细胞

glaucous 灰白色的

globose 圆球形的

globulose 小圆球形的

gonioautoicous [雄苞]芽生同株的

granulate 具颗粒的,具粗点的

gregarious 聚生的

greyish green 灰绿色

ground tissue 基本组织

growing point 生长点

growth apical 顶端生长

growth intercalary 居间生长

guard cell 保卫细胞

guide cell [中肋上的]主细胞

gymnostomous 无蒴齿的

gynoecium 雌性生殖器官

gypso-geophytia 钙土群落

H

habit 习性

habitat 生境

habitat form 生境型

hamate, hamulose 钩状的

haplolepideae 单齿层类

haploperistomous 单齿层的

heart-shaped 心形的

helical 螺旋状

helodia 沼泽群落

helo-radicantia 沼泽根着型

hemispherical 半球形的

hepaticologist 苔类植物学家

hepaticology 苔类植物学

herbarium 植物标本室,蜡叶标本

heteroecious [雌雄]杂生同株的

heteromallous 多向的

heteromorphous 异形的

heterospore 异形孢子

high moor 高位沼泽

hispid 具糙硬毛的

holarctic 泛北区的

holarctic region 泛北区

Holocene 全新世

holophyte 自养植物

holotype 主模式［标本］

homocellular 同型细胞的

homoeotype 同模式［标本］

homogeneous 同形的

homologous theory 同源学说

homomallus 同向的

homonym 异物同名

homoplastic 相似的，同型的

homospore 同形孢子

hooked 具钩的

horizontal 水平的，平展的

hyaline 透明的，无色的

hyaline-nodule 透明结节

hydric 水生的

hydro-epipetria 水湿石生型

hydrome 导水组织

hydrophytes 水生植物

hydro-radicantia 水生根着型

hydrophyta adnata 固着水生植物

hydrophyta natantia 漂浮水生植物

hygroscopic 吸湿性的

hylo-geophytia 林地群落

hypophysis 蒴托，蒴台部

hypoplastic 发育不良的

hypoplasy 发育不全

I

imbricate 覆瓦状的，瓦状覆盖的

immersed 包被的

impression 印痕化石

inclined 下弯的，垂倾的

included 内藏的

incrassate 变厚的，加厚的

incubous ［苔类］蔽前式的

incurved 内弯的

inflated 膨大的

inflected 弯曲的

inferior 下位的，在下面的

inflexed 内折的

inflorescence 生殖苞

initial form 原始类型

innovation 新生枝

inserted 着生的

intercalary 间生的

intercalary attachment 中间附着

intercalary cell 居间细胞

interweave 交织

involucre 蒴苞，［苔类］苞膜

involute 内卷的

isodiametric 等径的

isomorphic 同形的

isospore 同形孢子

J

jointed 有关节的

julaceous 长穗状的

Jurassic 侏罗纪

juvenile 幼的

juxtacostal cell ［藓类］叶片中肋两侧细胞

K

keel 脊，龙骨

keeled 具龙骨状突起的，具脊状突起的

key 检索表

knot 节

L

labiate 唇形的

laevigate 平滑的

lamella 横隔，栉片, 层

lamellar, lamellate 片状的，层状的

lamina 叶[片]

lanceolate 披针形的

lanceolate leaf 披针形叶

landscape 景观

lanose 具绵状毛的

lanuginose 疏绵状毛的

lappaceous 刺果状的

lateral 侧生的，侧出的

lateral branch 侧枝

lateral leaf 侧叶

lati- 广，宽

latifoliate 阔叶的

lax 疏松的

laxae epixylophytia 浮蔽树生群落

leaf 叶

leaf apex 叶尖[部]

leaf arrangement 叶序

leaf axil 叶腋

leaf epiphytes 叶附生植物

leaf base 叶基[部]

leaf lobe 侧叶[背瓣]

leaf margin 叶缘，叶边

leaf sheath 叶鞘[部]

leaf shoulder 叶鞘部

leafy 多叶的

leafy gametophyte 茎叶体

leathery 革质的

lecotropal 马蹄形的

lectotype 后选模式[标本]

lenticellate 具皮孔的

lenticular 透镜形的

lepidoid 鳞片状的

lepto-细长的,纤细的

leptoma 薄壁区

leuco-白色

leucocyst 大形透明细胞

lid 蒴盖

lignin 木质素

ligneous, lignous 木质的

ligular 叶舌的

ligulate 叶舌的

ligule 叶舌

liguliform 舌形

limb 叶舌

limbidium 叶边

linear 线形的

lingulate 舌状的

lip 唇瓣,唇[部]

lithophilous 石生的

lithophyll 化石叶，叶印痕

living form 生活型

living fossil 活化石

lobate 浅裂的

lobe 裂片，浅裂片，背瓣

lobed 开裂的，浅裂的

lobus 裂瓣

lobulate 具小裂片的

lobule 小裂片,腹瓣

locellate 分室的

longitudinal dehiscence 纵裂

longitudinal section 纵切面

longitudinal split 纵裂

lowland 低地

low moor 低位沼泽

lumen 胞腔

lunate 新月形的

luniform 新月形

M

male receptacle 雄器托，雄托

mamilla 乳头，乳头突起

mamillate 具乳头状突起的

mamillose 乳头状的

marsupium = **perigynium**

marginate 有边的

margined 具边的

meiosis 减数分裂

membrane 膜

membranous 膜状的，膜质的

merophyte 初生体

meso-radicantia 中生根着型

Mesozoic 中生代

microphyllous 具小叶的

middle tooth 中齿

midrib 中肋

migration 迁移

mitra 盔瓣

mitriform 钟形

mitriform calyptra 钟状蒴帽

moniliform 念珠状的

monoecious, monoecius 雌雄同株，雌雄同株的

monotype 单型

moss 藓类，苔藓类［植物］

moss moor 苔藓［类］沼泽

moss tundra 藓类冻原，苔藓冻原

mossy forest 藓类林，苔藓林

mucilage 黏液

mucilage cavity 黏液腔

mucilage cell 黏液细胞

mucilage hair 黏液毛

mucro 短尖头

mucronate 具短尖的

multiangular 多棱角的

multicarpsular 多棱的

multicellular hair 多细胞［纤］毛

multidentate 多齿的

multifid 多裂的，多瓣的

multijugate 多对的

multilateral symmetry 辐射对称

multiseriate 多列的

multiseriate hair 多列毛

muricate 粗糙的，具小疣的

muscologist 藓类学家，苔藓学家

muscology 藓类植物学，苔藓植物学

muticous 钝的，无芒的

N

nanandrus 具矮雄株的

nareidia 固着群落

narrow 狭的，细的

natantia 漂浮群落

neck［颈卵器］颈，颈部，蒴颈

neck canal cell 颈沟细胞

neck cell 颈细胞

nematodontae 线齿类

Neozoic 新生代

nerve 中肋，脉

nested 网状的

nitid 具光泽的

nitro-geophytia 氮土群落

nitrophile 喜氮植物

nodule 结节，节，疣

nodulose 具小节疣的

notate 具斑点的

notched 具缺刻的，有凹槽的

nude 裸的

nudicaulous 裸茎的

nutant 俯垂的

nutritive tissue 营养组织

O

ob- 反，倒

obclavate 倒棍棒状的

obcompressed 前后扁的

obconic 倒圆锥状

obcordate 倒心脏形的

obcuneate 倒楔形的

oblanceolate 倒披针形

oblate 扁球形，扁球形的

obligulate 倒舌状的

oblique 斜的，偏斜的

oblong 长椭圆形

obovate 倒卵形的

obovoid 倒卵球形

obtuse 钝的

occultans 隐藏的，不明显的

ocellus 油胞

ochraceus 淡黄褐色的

octo- 八

octostichous 八列的

oil-body 油体

oil cell 油细胞，油胞

oligo- 稀，少

oogamy，oogamous 卵配生殖

oogonium 藏卵器，卵细胞

oosperm 受精卵

opaque 不透明

operculate 具盖的

operculum 蒴盖

opposite 对生的

orbicular 圆形的

ortho- 直

orthocladous 直枝的

oval，ovate 卵形的

oviform，ovoid 卵球形的

ovule 胚珠

ovum 卵

oxylophytes 喜酸植物

oxyphilae hylo-geophytia 酸土林地群落

P

pachydermous 厚壁

paired 成对的

palaeobotany 古植物学

Palaeozoic 古生代

palea，paleae［苔类］膜状苞叶

palmate 掌形的

paludel 沼泽的

palynology 孢粉学

panduriform 提琴形，琵琶形

papilla，papillae 疣，疣状突起，乳头

papillate 疣状的

papillose 具疣的，具乳头的，多乳头的

papillose cell 疣状细胞，具疣细胞

para- 侧，副，拟

parallel-nerved 平行脉的

paragynous［雄器］侧生的

parallel 平行的

paraphyllium，paraphyllia 鳞毛

paraphysis 侧丝，隔丝，配丝

parasitic 寄生的

paratype 副模式［标本］

parenchyma 等轴形组织，薄壁组织

parenchymatous 等轴形，等轴形的

paroecious，paroicous［雌雄］有序同苞的

patent 倾立的

patulus 开展的

peat 泥炭

peat bog 泥炭沼泽

pectinate 梳形的，篦齿状的

pedicel = seta

pellucid 透明的

pendent，pendulous 下垂的

penicillate 帚状的

pennate 羽状

pentastichous 五列的

percurrent 及顶的

11

perforate 穿孔的

perianth 蒴萼

perichaetial bract, perichaetial leaf 雌苞叶

perichaetium 雌[器]苞

perigonial bract 雄苞叶

perigonium 雄[器]苞

perigynium 蒴囊

perisporium 周壁

peristomal teeth 蒴齿

peristome, peristomium 蒴齿层，蒴齿

Permian 二叠纪,二迭纪

perrenial 多年生的

persistent 宿存的，永久的，经久的

petrophytia 石生群落

phaneropore 显形气孔

phenotype 表现型，显[性]型

photogenic 发光的

phototropism 向光的，趋光性

phyllidium 拟叶体

phyllogenous 叶附生的

phylongeny 种系发生，系统发育

phyto- 植物

phytosociology 植物群落学，地植物学

pigment 色素

piliferous 具毛的

piliform 纤毛状的

pinnate 羽状的

pitcher 瓶状,瓶状体

pitted 具纹孔的

plane 扁平的

plano-convex 平凸的

plastid 质体

pleiomorphous 多形的

Pleistocene 更新世

plesiomorphous 近同形的

pleurocarpous 侧蒴的,侧生孢蒴的

pleurogenous 侧生的

plicate 具褶的

Pliocene 上新世

plumose 羽毛状的

pluri- 多

pluricellular 多细胞的

pluricellulate 具多细胞的

pluriseriate 多列的

podus 基足

point growing 生长点

polarity 极性

polygamous 杂性的

polygonal 多角的

polyhedral 多角的，多面的

polymorphic 多形的，多态的

polymorphous 多形的

polyoecious, polyoicous 雌雄杂株的

polysety 多蒴的

polystichous 多列的

population 种群，居群

pore 气室孔

porose 具孔的

postical 腹面的

postical lobe 腹瓣

preperistome 前蒴齿

primary 初生的

process 突起，[蒴齿]齿条

procumbent 平铺的，平卧的，匍匐的

projection 突出物

propagula [无性]繁殖体，无性芽

prosenchymatous 长轴形的，长轴形

prostrate 平卧的，匍匐的

protobryophytes 原始苔藓植物

protologue 原始记载

protonema 原丝体

protophyll 原始叶

protoplasm 原生质

proximal 近基[部]的，近轴的

pseudo- 伪，假，拟

pseudocolumella 假蒴轴

pseudo-elater 假弹丝

pseudoparaphyllium 假鳞毛

pseudoperianth 假蒴萼

pseudopodium, pseudoseta 假蒴柄

psilate 光滑的

pulvinate 垫状的

punctate 具点的

puncticulate 具小点的

purse-shaped 囊状的
putridae epixylophytia 腐木群落
pyranidate 楔形的

pyrenoid 淀粉核
pyriferous 梨形的
pyriform 梨形

Q

quadrangular 四角的，四棱的
quadrant 四分体
quadrate 四方形的，正方形的
quadri- 四

quadridentate 具四齿的
Quaternary 第四纪
quinquefarious 五列的

R

radial 辐射状
radicantia 根着型
ramal，**rameal** 枝的
ramellus 小枝
ramentum 小鳞片
rameous 枝的
ramiferous 具枝的
ramiform 枝状的
ramulose 多小枝的
receptacle 生殖托，托，芽胞杯
recondite 隐藏的
rectangular 长方形的
recurved 下弯的，背曲的
reflexed 反曲的，反折的
regeneration 再生，更新
regularis 整齐的，辐射对称的
remote 远离的，稀疏的
reniform 肾形的
repent 匍匐的
reproductive 生殖的
reticulate 具网纹的
retroflexed 反折的
retuse 微凹的
revolute 外卷的，背卷的

rhizautoicous，rhizautoecious［雄苞］基生同株的
rhizoid 假根
rhizoid-furrow 假根沟，假根槽
rhizome 根状茎，根茎
rhomboid，rhomboidal 菱形的
rib 中肋
ridge 脊［部］
right spiral 右旋
rosette 莲座状，丛生
rostellate 短喙的，具小喙的
rostrate，rostriform 喙状的
rostrum 喙
rosulate 莲座状
rotund 圆形的
rotundifolious 圆叶的
rounded 圆形的
rubiginous 铸红色的
rufescent 红棕色的
rugged 粗糙的
rugose 多皱的，具皱纹的
rugous 多皱的
rugulose 微皱的
rupestral 石生的

S

sac 囊
saccal 囊的

saccate 囊状的，袋状的
sacciform 囊状

sacculate 小袋形的

sac water 水囊

saddleform 马鞍形的

salient 凸出的

saxicolous 岩生的

scabridulous 微粗糙的

scabrous 粗糙的

scale 鳞片

scale-formed 鳞片状的

scale leaf 鳞叶

scale ventral ［腹面］鳞片

scalloped 圆齿状的

scandent 攀缘的，附着的

scariose 干膜质的

scattered 分散的

sclerenchyma 厚壁组织

sclerenchymatous 厚壁组织的

sclerophyll 硬叶

scrotiform 囊状

secondary 次生的

secondary stem 次生茎，支茎

secund 偏向的，向一侧的

segment 节片，裂片，［蒴齿内齿层］齿条

segregate 分离的

semiorbicular 半圆形的

serrate 具［锯］齿的

serrulate 具细［锯］齿的

sessile 无柄的，无茎的

seta 蒴柄

setose 具蒴柄

setuliform 丝状的，线状的

setulose 刺状的，细刚毛状的

sexine 外层

sexual reproduction 有性生殖，有性繁殖

sheath ［叶］鞘

sheathing 鞘状的，具鞘的

shoot 枝，苗

sigmoid S 形的

siliquiform 长角状的

silky 绢状，有绢毛的

Silurian 志留纪

silvery 银色的

single 单个的

Sinian 震旦纪

sinistrad, sinistral 左旋的

sinuate 具深波状的

sinuous 弯曲的，波状的

sinus 弯缺

siphonaceous 管状的

slender 细长的

slight 浅的，细的，瘦弱的

slit 裂缝

soft 柔软的

solitary 单生的，单独的，孤立的

spathulate 匙形的

specialization 特化

species 种

specimen 标本

sperm 精子

spermatangium 精子囊，精子器

spermatozoid 游动精子

sphagnum bog 泥炭藓沼泽

sphagnum moor 泥炭藓沼泽

spherical 球形的

spicate, spiciform 穗状的

spinate 具刺状的

spindle 纺锤体

spine 刺

spinose, spinous, spiniferous 具刺的

spinulose 具细刺的

spiral 螺旋的，旋生的

spiral arrangement 螺旋状排列

spongy 海绵

spoonform 匙形的

sporangium 孢子囊，孢蒴

spore 孢子

sporeling 孢苗

spore-mother cell 孢子母细胞

sporoderm 孢壁

sporophyte 孢子体

spreading 伸展的，开展的

squamiform 鳞片状的

squarrose, squarrous 粗糙的

stalk 柄

stegocarpous 具蒴盖的，裂蒴的
stellate 星状的
stellate hair 星状毛
stellate papilla 星状疣，星状突起
stellate pore 星状孔
stellate scale 星状鳞片
stem 茎
stem clasping 抱茎的
stereid ［藓］副细胞，［藓］厚壁层
sterile 不育的
sterile branchlet 不育小枝
stipe leaf 茎基叶
stipitate 具柄的
stolon 匍匐茎，鞭状枝
stoloniferous 匍匐的，匍匐茎状的
stoloniferous stem 匍匐茎
stoma 气孔
stoma sunken 沉生气孔
stomatic chamber 气室
strand 束
strand central 中束，中轴
stratum 层
straight 直的
striate 具条纹的
strict 直的
stripe 条纹
struma 疣突
strumose 具疣突的

strumous 具疣突的
strumulose 具疣突的，具小疣的
stylus 副体
subacuminate 近渐尖的
subacute 亚尖的，稍尖的
subaxillary 腋下的
subconical 近圆锥形的
subcordate 近心［脏］形的
subhexagonal 近六角形的
suborbicular 近圆形的
subovate 近卵形的
subpyriform 近梨形，似梨形，亚梨形
sub-species 亚种
subsphaeroidal 近球形的
substratum 基质
subulate 钻状的，锥状的
succubous ［苔类］蔽后式的
succulent 肉质的，多汁的
sulcate 具槽的
swamp 沼泽，沼泽地
swamp forest 沼泽林
swelling 膨胀
swollen 膨大的
symmetrical 对称的
synoecious, synoicous ［雌雄］混生同苞的，［雌雄］同株同苞的
systylious 轴盖连体

T

teniola, teniolae 透明细胞
terete 圆柱体的，圆柱状的
terminal 顶生的
terminal cell 顶细胞
terrestrial 陆生的，土生的
Tertiary 第三纪
tessellate 具方格的
tetra- 四
tetrad 四分体，四分孢子
tetragonous 四棱的
thalloid 似叶状体

thallus 叶状体
theca 孢蒴
thick 粗的，厚的
thin 纤细的，薄的
tissue 组织
tolerant 阴性的
tomentose 被绒毛的，具多数假根的
tongue 叶舌
tooth ＝peristome
torsional 扭转的
trabeculate 具横条的，具横脊的

translucens 透明的

transverse 横的

transverse section 横切面

tri- 三

triangular 三角形的

Triassic 三叠纪,三迭纪

trigone, trigones 三角体

trigonous 三棱的

trijugate 具三对的

tripinnate 三回羽状的

tristichous 三列的

trumpet-shaped 喇叭状的

truncate 截形的,钝端的

trancatus 截形的,平截形的

tube 管,筒

tube-form 管状的

tuber 膨大[的]茎

tubercle 小疣,小突起

tuberculate 具疣状突起的,具小疣的

tubiform, tubuliform, tubulose 管状的

tubular 管状,筒状

tufted 丛生的,簇生的

tumid 肿胀的

twisted 扭曲的,螺旋的,旋扭的

typical 典型的

U

ultimate 末端的

umbellate, umbelliform 伞形的

umbonate 具脐状突起的

uncinate 具沟的,沟形的

undate 波状的

underleaf 腹叶

undulate 波状的

unequal 不等的

unicellular 单细胞的

unicellulate 具单细胞的

unicostate 具单中肋的

uniform 同形的

unifurcate 单分叉的

unijugate 具一对的

uniserial, uniseriate 单列的

unisexual 单性的

unistrate 单层的

unistratose 单[细胞]层的

united 连生的

unlined 分开的,分离的

unripe 未成熟的

unsymmetrical 不对称的

urceolate 壶形的

urn, urna 蒴壶,壶部

utriculose 囊状的

V

vaginate 具鞘的

vaginate lamina [凤尾藓]鞘部,叶鞘,叶

vaginula 基鞘

vallate 具脊的,具条脊的

vallecular 线沟的

valve 瓣,裂瓣,活[动]瓣

variation 变异

variety 变种

vasiform 管状的

vaulted 弓形的,弧形的

venter [颈卵器]腹部

venter canal cell 腹沟细胞

ventical, ventral 腹面的

ventral lobe 腹瓣

ventral scale [苔类]鳞片,腹面鳞片

ventri- 腹

ventricose 膨大的

ventri-dorsal 背腹的

vermiform 蠕虫状,虫样的

verruca 疣

verrucose, verruculose 具细密疣的
vertical 垂直的
verticillate 轮生的
vesicula 囊状
vesicular 囊状的
visible 明显的

vitta 假肋
V-shaped V 形的
void 空的
voluble 缠绕的
volute 旋卷的

W

wall layer 壁层
water sac 水囊
water stoma 水孔
waved 有波纹的
wavy 波状的
weft 交织状

wide 宽，阔
wing 翼，翅
winged 具翼的，具翅的
worm-shaped 蠕虫状的
wrinkled 具皱的

X

xantho-黄
xeric 旱生的
xero-干燥
xero-epipetria 干燥石生型

xerophyte 旱生植物
xero-radicantia 旱生根着型
xiphoid 剑形的

Y

yellowish brown 黄褐色

yellowish 浅黄色的

Z

zigzag "之"字形曲折的
zonal 成带状的

zygomorphic, zygomorphous 两侧对称的
zygote 合子

苔藓植物名称

（拉汉对照）

Abietinella Muell. Hal. 山羽藓属

Abietinella abietina （Hedw.） Fleisch. ［Abietinella giraldii Muell. Hal., Thuidium abietinum （Hedw.） Bruch et Schimp.］ 山羽藓

Abietinella giraldii Muell. Hal. = Abietinella abietina （Hedw.） Fleisch.

Abietinella histricosa （Mitt.） Broth. ［Thuidium histricosum Mitt.］ 美丽山羽藓

Acanthocladium Mitt. = Wijkia Crum

Acanthocladium benguetense Broth. = Wijkia deflexifolia （Ren. et Card.） Crum

Acanthocladium deflexifolium Ren. et Card. = Wijkia deflexifolia （Ren. et Card.） Crum

Acanthocladium juliforme Herz. et Dix. = Wijkia hornschuchii （Dozy et Molk.） Crum

Acanthocladium semitortipilum Fleisch. = Wijkia tanytricha （Mont.） Crum

Acanthocladium sublepidum Broth. = Wijkia hornschuchii （Dozy et Molk.） Crum

Acanthocladium tanytrichum （Mont.） Broth. = Wijkia tanytricha （Mont.） Crum

Acanthocoleus Schust. 刺鳞苔属

* Acanthocoleus fulvus Schust. 刺鳞苔

Acanthocoleus yoshinaganus （Hatt.） Kruijt ［Lopholejeunea subfusca （Nees） Steph. var. yoshinagana Hatt.］ 东亚刺鳞苔

Acanthorrhynchium Fleisch. 刺叶藓属

Acanthorrhynchium papillatum （Harv.） Fleisch. 疣刺叶藓

Acaulon Muell. Hal. 矮藓属

* Acaulon muticum （Hedw.） Muell. Hal. 矮藓

Acaulon triquetrum （Spruce） Muell. Hal. 尖叶矮藓

Acolea formosae Steph. = Cylindrocolea recurvifolia （Steph.） Inoue

Acrobolbaceae 顶苞苔科

Acrobolbus Nees 顶苞苔属

Acrobolbus ciliatus （Mitt.） Schiffn. ［Lophozia curiosissima Horik.］钝角顶苞苔（钝角裂叶苔）

* Acrobolbus wilsonii Nees 顶苞苔

Acrocarpi-Diplolepideae 顶蒴双齿亚类

Acrocarpi-Haplolepideae 顶蒴单齿亚类

Acrocladium cuspidatum （Hedw.） Lindb. = Calliergonella cuspidata （Hedw.） Loeske

Acrogynineae 顶蒴叶苔亚目

Acrolejeunea （Spruce） Schiffn. 顶鳞苔属

Acrolejeunea arcuata （Nees） Grolle et Gradst. 弯叶顶鳞苔

Acrolejeunea cordistipula Steph. = Trocholejeunea infuscata （Mitt.） Verd.

Acrolejeunea haskarliana （Gott.） Spruce = Schiffneriolejeunea tumida （Nees et Mont.） Gradst. var. haskarliana （Gott.） Gradst. et Terken

Acrolejeunea polymorphus （S. Lac.） Thiers et Gradst. 多形顶鳞苔

Acrolejeunea pusilla （Steph.） Grolle et Gradst. ［Archilejeunea pusilla Steph., Ptychanthus nipponicus Hatt., Ptycholejeunea nipponicus Hatt.］ 小顶鳞苔（细体顶鳞苔）

Acrolejeunea pycnoclada （Tayl.） Schiffn. ［Ptychanthus pycnoclados Tayl.］密枝顶鳞苔（远齿顶鳞苔）

Acrolejeunea recurvata Gradst. 折叶顶鳞苔

Acrolejeunea securifolia （Endl.） Watts ex Steph. subsp. hartmannii （Steph.） Gradst. ［Lejeunea hartmannii Steph.］竖叶顶鳞苔细齿亚种

Acrolejeunea sikkimensis（Mizut.） Gradst. 锡金顶鳞苔

* Acrolejeunea torulosa （Lehm. et Lindenb.） Schiffn. 顶鳞苔

Acromastigum Ev. 细鞭苔属

Acromastigum divaricatum （Gott., Lindenb. et Nees）Ev.［Acromastigum hainanense P. -C. Wu et P. -J. Lin，Bazzania lepidozioides Horik.，Mastigobryum divaricatum Gott.，Lindenb. et Nees］ 平叶细鞭苔（海南细鞭苔，细鞭苔）

Acromastigum hainanense P. -C. Wu et P. -J. Lin = Acromastigum divaricatum （Gott.，Lindenb. et Nees）Ev.

* Acromastigum inaequilaterum （Lehm. et Lindenb.）Ev. 歪叶细鞭苔

* Acromastigum integrifolium （Aust.） Ev.［Mastigobryum integrifolium Aust.］细鞭苔

Acroporium Mitt. 顶胞藓属

Acroporium alto-pungens （Muell. Hal.） Broth. = Acroporium strepsiphyllum（Mont.） Tan

Acroporium braunii（Muell. Hal.） Fleisch. = Acroporium rufum （Reinw. et Hornsch.） Fleisch.

Acroporium brevipes （Broth.） Broth. = Acroporium secundum （Reinw. et Hornsch.） Fleisch.

Acroporium complanatum Dix. = Papillidiopsis complanata （Dix.） Buck et Tan

Acroporium condensatum Bartr. 密叶顶胞藓

Acroporium diminutum （Brid.） Fleisch.［Acroporium subulatum （Hampe） Dix.，Acroporium scabrellum （S. Lac.） Fleisch.］针叶顶胞藓

Acroporium falcifolium （Fleisch.） Fleisch. = Acroporium strepsiphyllum（Mont.） Tan

Acroporium flagelliferum Sak. = Isocladiella surcularis （Dix.） Tan et Mohamed

Acroporium hamulatum （Fleisch.） Fleisch. = Acroporium stramineum （Reinw. et Hornsch.） Fleisch. var. hamulatum （Fleisch.） Tan

Acroporium hyalinus （Schwaegr.） Mitt. = Acroporium stramineum （Reinw. et Hornsch.） Fleisch.

Acroporium lamprohyllum Mitt. ［Acroporium oxyporum （Bosch et S. Lac.） Fleisch.，Trichosteleum lamprophyllum （Mitt.） Buck］狭叶顶胞藓（尖叶顶胞藓）

Acroporium oxyporum （Bosch et S. Lac.） Fleisch. = Acroporium lamprophyllum Mitt.

Acroporium rufum （Reinw. et Hornsch.） Fleisch. ［Acroporium braunii （Muell. Hal.） Fleisch.，Leskea rufa Reinw. et Hornsch.］卷尖顶胞藓

Acroporium scabrellum （S. Lac.） Fleisch. = Acroporium diminutum （Brid.） Fleisch.

Acroporium secundum （Reinw. et Hornsch.） Fleisch.［Acroporium brevipes （Broth.） Broth.，Acroporium suzukii Sak.］心叶顶胞藓

Acroporium sinense Broth. = Trichosteleum lutschianum （Broth. et Par.） Broth.

Acroporium stramineum （Reinw. et Hornsch.） Fleisch.［Acroporium hyalinus （Schwaegr.） Mitt.，Leskea straminea Reinw. et Hornsch.］顶胞藓（厚壁顶胞藓）

Acroporium stramineum （Reinw. et Hornsch.） Fleisch. var. hamulatum （Fleisch.） Tan［Acroporium hamulatum （Fleisch.） Fleisch.］顶胞藓短钩变种

Acroporium stramineum （Reinw. et Hornsch.） Fleisch. var. turgidum （Mitt.） Tan ［Acroporium turgidum Mitt.］顶胞藓粗枝变种（兜叶顶胞藓）

Acroporium strepsiphyllum （Mont.） Tan［Acroporium alto-pungens （Muell. Hal.） Broth.，Acroporium falcifolium （Fleisch.） Fleisch.］疣柄顶胞藓

Acroporium subulatum （Hampe） Dix. = Acroporium diminutum （Brid.） Fleisch.

Acroporium suzukii Sak. = Acroporium secundum （Reinw. et Hornsch.） Fleisch.

Acroporium turgidum Mitt. = Acroporium stramineum （Reinw. et Hornsch.） Fleisch. var. turgidum （Mitt.） Tan

Actinodontium Schwaegr. 假黄藓属

* Actinodontium adscendens Schwaegr. 假黄藓

Actinodontium rhaphidostegum （Muell. Hal.）

Bosch et S. Lac. 皱叶假黄藓

Actinothuidium（Besch.）Broth. 锦丝藓属

Actinothuidium hookeri（Mitt.）Broth. ［Actinothuidium sikkimense Warnst. , Lescuraea morrisonensis（Tak.）Nog. et Tak. f. sichuanensis Y. -F. Wang, R. -L. Hu et Redf. , Thuidium hookeri（Mitt.）Jaeg. ］锦丝藓

Actinothuidium sikkimense Warnst. = Actinothuidium hookeri（Mitt.）Broth.

Adelanthaceae 隐蒴苔科

* Adelanthus Mitt. 隐蒴苔属

* Adelanthus falcatus（Hook.）Mitt. 隐蒴苔

Adelanthus piliferus Horik. = Marsupidium knightii Mitt.

Adelanthus plagiochiloides Horik. = Wettsteinia inversa（S. Lac.）Schiffn.

Adelanthus rotundifolius Horik. = Wettsteinia rotundifolia（Horik.）Grolle

Aequatoriella Touw 细尖藓属

Aequatoriella bifaria（Bosch et S. Lac.）Touw ［Lorentzia bifaria（Bosch et S. Lac.）Buck et Crum, Pelekium bifarium（Bosch et S. Lac.）Fleisch. , Thuidium bifarium Bosch et S. Lac. ］细尖藓（二列鹤嘴藓）

Aerobryidium Fleisch. 毛扭藓属

Aerobryidium aureonitens（Schwaegr.）Broth. ［Meteorium atratum（Mitt.）Broth. , Papillaria atrata（Mitt.）Salm. , Trachypus atratus Mitt. ］卵叶毛扭藓

Aerobryidium crispifolium（Broth. et Geh.）Fleisch. ［Aerobryum warburgii Broth. , Aerobryidium longicuspis Broth. , Aerobryidium subpiliferum Nog. , Papillaria crispifolia Broth. et Geh. ］波叶毛扭藓

Aerobryidium filamentosum（Hook.）Fleisch. ［Aerobryidium taiwanense Nog. , Aerobryopsis integrifolia（Besch.）Broth. , Aerobryum integrifolium Besch. , Neckera filamentosa Hook. ］毛扭藓（台湾毛扭藓，全缘灰气藓）

Aerobryidium laosiensis（Broth. et Par.）S. -H. Lin = Pseudobarbella laosiensis（Broth. et Par.）Nog.

Aerobryidium levieri（Ren. et Card.）S. -H. Lin = Pseudobarbella levieri（Ren. et Card.）Nog.

Aerobryidium taiwanense Nog. = Aerobryidium filamentosum（Hook.）Fleisch.

Aerobryidium wallichii（Brid.）Towns. = Aerobryopsis wallichii（Brid.）Fleisch.

Aerobryopsis Fleisch. 灰气藓属

Aerobryopsis aristifolia X. -J. Li, S. -H. Wu et D. -C. Zhang 芒叶灰气藓

Aerobryopsis assimilis（Card.）Broth. = Pseudobarbella attenuata（Thwait. et Mitt.）Nog.

Aerobryopsis auriculata Thér. = Neonoguchia auriculata（Thér.）S. -H. Lin

Aerobryopsis brevicuspis Broth. = Pseudobarbella attenuata（Thwait. et Mitt.）Nog.

Aerobryopsis cochleariofolia Dix. 异叶灰气藓

Aerobryopsis concavifolia Nog. = Pseudobarbella attenuata（Thwait. et Mitt.）Nog.

Aerobryopsis deflexa Broth. et Par. 突尖灰气藓

Aerobryopsis hokinensis（Besch.）Broth. = Sinskea flammea（Mitt.）Buck

Aerobryopsis horrida Nog. = Aerobryopsis subdivergens（Broth.）Broth. subsp. scariosa（Bartr.）Nog.

Aerobryopsis integrifolia（Besch.）Broth. = Aerobryidium filamentosum（Hook.）Fleisch.

Aerobryopsis lanosa（Mitt.）Broth. = Aerobryopsis wallichii（Brid.）Fleisch.

Aerobryopsis laosiensis Broth. et Par. = Pseudobarbella laosiensis（Broth. et Par.）Nog.

Aerobryopsis longissima（Dozy et Molk.）Fleisch. = Aerobryopsis wallichii（Brid.）Fleisch.

Aerobryopsis membranacea（Mitt.）Broth. ［Meteorium membranaceum Mitt. ］膜叶灰气藓

Aerobryopsis mollissima Broth. = Pseudobarbella laosiensis（Broth. et Par.）Nog.

Aerobryopsis parisii（Card.）Broth. ［Meteorium parisii Card. ］扭叶灰气藓

Aerobryopsis scariosa Bartr. = Aerobryopsis subdivergens（Broth.）Broth. subsp. scariosa（Bartr.）Nog.

Aerobryopsis subdivergens（Broth.）Broth. ［Aerobryopsis subdivergens （Broth.） Broth. var. robusta Card. ,Meteorium subdivergens Broth.］大灰气藓（长尖灰气藓）

Aerobryopsis subdivergens （Broth.） Broth. subsp. scariosa （Bartr.） Nog. ［Aerobryopsis horrida Nog. ,Aerobryopsis scariosa Bartr.］大灰气藓长尖亚种（仰叶灰气藓，长尖灰气藓）

Aerobryopsis subdivergens （Broth.） Broth. var. robusta Card. = Aerobryopsis subdivergens （Broth.） Broth.

Aerobryopsis subleptostigmata Broth. et Par. 纤细灰气藓

Aerobryopsis wallichii （Brid.） Fleisch. ［Aerobryidium wallichii （Brid.）Towns. ,Aerobryopsis lanosa （Mitt.） Broth. ,Aerobryopsis longissima （Dozy et Molk.） Fleisch. ,Aerobryum lanosum （Mitt.） Mitt. ,Meteorium lanosum Mitt.］灰气藓（瓦氏毛扭藓）

Aerobryopsis yunnanensis X. -J. Li et D. -C. Zhang 云南灰气藓

Aerobryum Dozy et Molk. 气藓属

Aerobryum hokinense Besch. = Sinskea flammea （Mitt.） Buck

Aerobryum integrifolium Besch. = Aerobryidium filamentosum （Hook.） Fleisch.

Aerobryum lanosum （Mitt.） Mitt. = Aerobryopsis wallichii （Brid.） Fleisch.

Aerobryum nipponicum （Nog.） Sak. = Aerobryum speciosum Dozy et Molk.

Aerobryum speciosum Dozy et Molk. ［Aerobryum nipponicum （Nog.） Sak. ,Aerobryum speciosum Dozy et Molk. var. nipponicum Nog. ,Meteorium speciosum （Dozy et Molk.） Mitt.］气藓

Aerobryum speciosum Dozy et Molk. var. nipponicum Nog. = Aerobryum speciosum Dozy et Molk.

Alicularia Corda = Nardia Gray

Alicularia connata Horik. = Nardia assamica （Mitt.） Amak.

Alicularia compressa （Hook.） Nees = Nardia compressa （Hook.） Gray

Alicularia scalaris（Schrad.）Corda = Nardia scalaris （Schrad.）Gray

Alleniella （Hedw.） Olsson, Enroth et Quandt 艾氏藓属

Alleniella complanata （Hedw.） Olsson, Enroth et Quandt ［Homalia leptodontea Muell. Hal. ,Neckera complanata （Hedw.） Hueb.］艾氏藓（扁枝平藓）

* Allisonia Herz. 苞叶苔属

* Allisonia moerckioides Herz. 苞叶苔

Allisoniaceae 苞叶苔科

Alobiellopsis Schust. 卵萼苔属（筒萼苔属，柱萼苔属）

* Alobiellopsis ascroscyphus （Spruce） Schust. 卵萼苔（筒萼苔，柱萼苔）

Alobiellopsis parvifolia （Steph.） Schust. 小叶卵萼苔（微凹卵萼苔，筒萼苔，柱萼苔）

Aloina Kindb. 芦荟藓属

* Aloina aloides （Schultz） Kindb. 芦荟藓

Aloina aloides（Schultz）Kindb. var. ambigua（Bruch et Schimp.） Craig. ［Aloina ericaeforlia （Lindb.） Kindb.］芦荟藓棉毛变种

Aloina anthropophila （Muell. Hal.） Broth. = Aloina rigida （Hedw.） Limpr.

Aloina brevirostris （Hook. et Grev.） Kindb. 短喙芦荟藓

Aloina ericaefolia （Lindb.） Kindb. = Aloina aloides （Schultz） Kindb. var. ambigua （Bruch et Schimp.） Craig.

Aloina obliquifolia （Muell. Hal.） Broth. ［Aloina rigida （Hedw.） Limpr. var. obliquifolia （Muell. Hal.） Delgad. ,Barbula obliquifolia Muell. Hal.］斜叶芦荟藓（尖叶芦荟藓，钝叶芦荟藓棉毛变种）

Aloina potaninii Chen = Aloina rigida （Hedw.） Limpr.

Aloina rigida （Hedw.） Limpr. ［Aloina anthropophila （Muell. Hal.） Broth. ,Aloina potaninii Chen, Aloina stellata Kindb. ,Barbula anthropophila Muell. Hal. ,Barbula rigida Hedw. ,Desmatodon rigidus （Hedw.） Mitt.］钝叶芦荟藓（芦荟藓）

Aloina rigida （Hedw.） Limpr. var. obliquifolia （Muell. Hal.） Delgad. = Aloina obliquifolia

（Muell. Hal.） Broth.

Aloina stellata Kindb. = Aloina rigida （Hedw.） Limpr.

Alsioideae 螺枝藓亚科

Amblyodon P. Beauv. 寒地藓属（拟寒藓属）

Amblyodon dealbatus （Hedw.）Bruch et Schimp. 寒地藓（拟寒藓）

Amblyodon longisetum （Hedw.） P. Beauv. = Meesia longiseta Hedw.

Amblystegiaceae 柳叶藓科

Amblystegiella Loeske = Platydictya Berk.

Amblystegiella jungermannioides （Brid.） Giac. = Platydictya jungermannioides （Brid.） Crum

Amblystegiella sinensi-subtile （Muell. Hal.） Broth. = Platydictya subtilis （Hedw.） Crum

Amblystegiella sprucei （Bruch） Loeske = Platydictya jungermannioides （Brid.） Crum

Amblystegiella yuennanensis Broth. = Platydictya jungermannioides （Brid.） Crum

Amblystegium Bruch et Schimp. 柳叶藓属

Amblystegium brevipes Card. et Thér. = Leptodictyum riparium （Hedw.） Warnst.

Amblystegium campyliopsis Dix. = Cratoneuron filicinum （Hedw.） Spruce

Amblystegium elegantifolium （Muell. Hal.） Broth. = Cratoneuron filicinum （Hedw.） Spruce

Amblystegium fluviatile （Hedw.） Schimp. = Hygroamblystegium fluviatile （Hedw.） Loeske

Amblystegium hispidulum （Brid.） Kindb. = Campylidium hispidulum （Brid.） Ochyra

Amblystegium juratzkanum Schimp. = Amblystegium serpens （Hedw.） Bruch et Schimp. var. juratzkanum （Schimp.） Rau et Herv.

Amblystegium kochii Bruch et Schimp. = Leptodictyum humile （P. Beauv.） Ochyra

Amblystegium nivicalyx （Muell. Hal.） Broth. = Cratoneuron filicinum （Hedw.） Spruce

Amblystegium relaxum Card. et Thér. = Cratoneuron filicinum （Hedw.） Spruce

Amblystegium riparium （Hedw.） Schimp. = Leptodictyum riparium （Hedw.） Warnst.

Amblystegium rivicola （Mitt.） Jaeg. = Leptodic-

tyum humile （P. Beauv.） Ochyra

Amblystegium robustifolium （Muell. Hal.） Broth. = Cratoneuron filicinum （Hedw.） Spruce

Amblystegium schensianum Muell. Hal. = Leptodictyum humile （P. Beauv.） Ochyra

Amblystegium serpens （Hedw.） Bruch et Schimp. ［Hypnum serpens Hedw.］ 柳叶藓

Amblystegium serpens （Hedw.） Bruch et Schimp. var. juratzkanum （Schimp.） Rau et Herv. ［Amblystegium juratzkanum Schimp.］ 柳叶藓长叶变种（长叶柳叶藓）

Amblystegium serpens （Hedw.） Bruch et Schimp. subsp. rigescens （Limpr.） Meyl. = Amblystegium serpens （Hedw.） Bruch et Schimp. var. rigidusculum Lindb. et Arn.

Amblystegium serpens （Hedw.） Bruch et Schimp. var. rigidusculum Lindb. et Arn. ［Amblystegium serpens （Hedw.） Bruch et Schimp. subsp. rigescens （Limpr.） Meyl.］ 柳叶藓硬枝变种

Amblystegium sinensis-subtile Muell. Hal. = Platydictya subtilis （Hedw.） Crum

Amblystegium squarrosulum Besch. = Campylium squarrosulum （Besch.） Kanda

Amblystegium tenax （Hedw.） Jens. = Hygroamblystegium tenax （Hedw.） Jenn.

Amblystegium tenax （Hedw.） Jens. var. spinifolium （Schimp.） Crum et Anders. = Hygroamblystegium tenax （Hedw.） Jenn. var. spinifolium （Schimp.） Jenn.

Amblystegium tibetanum （Mitt.） Par. = Campyliadelphus polygamus （Bruch et Schimp.） Kanda

Amblystegium trichopodium （Schultz） Hartm. = Leptodictyum humile （P. Beauv.） Ochyra

Amblystegium varium （Hedw.） Lindb. ［Leskea varia Hedw.］ 多姿柳叶藓

Amblystegium yuennanensis （Broth.） Redf. et Tan = Platydictya jungermannioides （Brid.） Crum

Amphidiaceae 瓶藓科

Amphidium Schimp. 瓶藓属

Amphidium formosicum Card. = Hymenostylium recurvirostrum （Hedw.） Dix.

Amphidium lapponicum （Hedw.） Schimp. ［Amphidium sublapponicum（Muell. Hal.）Broth.，Anictangium lapponicum Hedw.，Zygodon sublapponicus Muell. Hal.］瓶藓（拟苗氏瓶藓）

Amphidium mougeotii（Bruch et Schimp.）Schimp. = Hymenostylium recurvirostrum（Hedw.）Dix.

Amphidium mougeotii（Bruch et Schimp.）Schimp. var. formosicum Card. = Hymenostylium recurvirostrum（Hedw.）Dix.

Amphidium sublapponicum（Muell. Hal.）Broth. = Amphidium lapponicum（Hedw.）Schimp.

Anacamptodon Brid. 反齿藓属

Anacamptodon amblystegioides Card. 柳叶反齿藓

Anacamptodon fortunei Mitt.［Anacamptodon japonicus Broth.］华东反齿藓

Anacamptodon japonicus Broth. = Anacamptodon fortunei Mitt.

Anacamptodon latidens（Besch.）Broth.［Anacamptodon sublatidens Card.，Anacamptodon subulatus Broth.］阔反齿藓（反齿藓，东亚反齿藓，狭叶反齿藓）

* Anacamptodon splachnoides（Brid.）Brid. 反齿藓（斜齿藓）

Anacamptodon sublatidens Card. = Anacamptodon latidens（Besch.）Broth.

Anacamptodon subulatus Broth. = Anacamptodon latidens（Besch.）Broth.

Anacolia Schimp. 刺毛藓属

Anacolia laevisphaera（Tayl.）Flow.［Bartramia subsessilis Tayl.，Glyphocarpus laevisphaerus（Tayl.）Jaeg.］平果刺毛藓

Anacolia sinensis Broth.［Flowersia sinensis（Broth.）Griff. et Buck］中华刺毛藓

* Anacolia webbii（Mont.）Schimp. 刺毛藓

Anastrepta（Lindb.）Schiffn. 卷叶苔属

Anastrepta orcadensis（Hook.）Schiffn.［Anastrepta sikkimensis Steph.，Anastrophyllum erectifolium（Steph.）Steph.，Jungermannia erectifolia Steph.，Lophozia decurrentia Horik.，Lophozia rotundifolia Horik.］卷叶苔（垂叶裂叶苔，圆叶裂叶苔）

Anastrepta sikkimensis Steph. = Anastrepta orca-

densis（Hook.）Schiffn.

Anastrophyllaceae 挺叶苔科

Anastrophyllum（Spruce）Steph.［Sphenolobus（Lindb.）Berggr.］挺叶苔属（折瓣苔属）

Anastrophyllum acuminatum（Horik.）Kitag. = Anastrophyllum minutum（Schreb.）Schust. var. acuminatum（Horik.）T. Cao et J. Sun

Anastrophyllum alpinum Steph. = Anastrophyllum joergensenii Schiffn.

Anastrophyllum assimile（Mitt.）Steph. 抱茎挺叶苔（挺叶苔）

Anastrophyllum bidens（Nees）Steph. 双齿挺叶苔

Anastrophyllum donnianum（Hook.）Steph.［Bazzania donniana（Hook.）Trev.］挺叶苔

Anastrophyllum erectifolium（Steph.）Steph. = Anastrepta orcadensis（Hook.）Schiffn.

Anastrophyllum hellerianum（Nees ex Lindenb.）Schust. 深绿挺叶苔

Anastrophyllum joergensenii Schiffn.［Anastrophyllum alpinum Steph.］高山挺叶苔（挺叶苔）

Anastrophyllum lignicola Schill et Long 红胞挺叶苔

Anastrophyllum michauxii（Web.）Buch［Diplophyllum michauxii（Web.）Warnst.，Sphenolobus michauxii（Web.）Steph.］密叶挺叶苔

Anastrophyllum minutum（Schreb.）Berggr. 小挺叶苔

Anastrophyllum minutum（Schreb.）Schust. var. acuminatum（Horik.）T. Cao et J. Sun［Anastrophyllum acuminatum（Horik.）Kitag.，Sphenolobus acuminatus Horik.，Sphenolobus minutus（Schreb.）Berggr.］小挺叶苔尖叶变种（尖叶挺叶苔，尖叶折叶苔，尖叶折瓣苔）

Anastrophyllum minutum（Schreb.）Schust. var. apiculatum（Schiffn.）Kern. ex C. Gao et K. -C. Chang 小挺叶苔高山变种

Anastrophyllum pallidum Steph. = Lophozia pallida（Steph.）Grolle

Anastrophyllum piligerum（Nees）Steph. 毛口挺叶苔

Anastrophyllum saxicolum（Schrad.）Schust.［Sphenolobus saxicolus（Schrad.）Steph.］石生挺叶苔

Anastrophyllum speciosum Horik. = Scaphophyllum speciosum（Horik.）Inoue

Anastrophyllum striolatum（Horik.）Kitag.［Sphenolobus striolatus Horik.］细纹挺叶苔（条纹挺叶苔，条纹折瓣苔）

Andreaea Hedw. 黑藓属

* Andreaea densifolia auct. non Mitt. 密叶黑藓

Andreaea fauriei Besch. = Andreaea rupestris Hedw. subsp. fauriei（Besch.）Schultze-Motel

Andreaea hohuanensis Chuang = Andreaea mutabilis Hook. f. et Wils.

Andreaea kashyapii Vohra et Wadhwa = Didymodon subandreaeoides（Kindb.）Zand.

Andreaea likiangensis Chen = Andreaea rupestris Hedw.

Andreaea mamillosula Chen = Andreaea rupestris Hedw. subsp. fauriei（Besch.）Schultze-Motel

Andreaea morrisonensis Nog. 玉山黑藓

Andreaea mutabilis Hook. f. et Wils.［Andreaea hohuanensis Chuang］多态黑藓（贺黄山黑藓）

* Andreaea obovata Théd. 卵叶黑藓

Andreaea petrophila Fuernr. = Andreaea rupestris Hedw.

* Andreaea rothii Web. et Mohr 罗氏黑藓

Andreaea rupestris Hedw.［Andreaea likiangensis Chen et Wan, Andreaea petrophila Fuernr.］岩生黑藓（欧黑藓，丽江黑藓）

Andreaea rupestris Hedw. subsp. fauriei（Besch.）Schultze-Motel［Andreaea fauriei Besch., Andreaea mamillosula Chen, Andreaea rupestris Hedw. var. fauriei（Besch.）Tak.］岩生黑藓东亚种（岩生黑藓东亚变种，东亚岩生黑藓，欧黑藓东亚亚种，疣黑藓）

Andreaea rupestris Hedw. var. fauriei（Besch.）Tak. = Andreaea rupestris subsp fauriei（Besch.）Schultze-Motel

Andreaea taiwanensis T. -Y. Chiang 台湾黑藓

Andreaea wangiana Chen. 王氏黑藓（密叶黑藓）

* Andreaea wilsonii Hook. f. 黑藓（威氏黑藓）

Andreaea yuennanensis Broth. = Didymodon nigrescens（Mitt.）Saito

Andreaeaceae 黑藓科

Andreaeales 黑藓目

Andreaeidae 黑藓亚纲

Andreaeopsida 黑藓纲

Androcryphia Nees = Noteroclada Tayl. ex Hook. et Wils.

Aneura Dum. 绿片苔属

Aneura barbiflora Steph. = Riccardia barbiflora（Steph.）Piippo

Aneura formosensis Steph. = Riccardia formosensis（Steph.）Horik.

Aneura lobata（Schiffn.）Steph. = Lobatiriccardia coronopus（De Not.）Furuki

Aneura maxima（Schiffn.）Steph.［Riccardia pellioides Horik.］大绿片苔（粗体绿片苔）

Aneura palmata（Hedw.）Dum. = Riccardia palmata（Hedw.）Carruth.

Aneura pellucida Steph. = Riccardia pellucida（Steph.）Chen

Aneura pinguis（Linn.）Dum.［Riccardia pinguis（Linn.）Gray］绿片苔（大片叶苔）

Aneura sinuata（Hook.）Dum. = Riccardia chamaedryfolia（With.）Grolle

Aneuraceae 绿片苔科

Aneurales 绿片苔目

Aneurineae 绿片苔亚目

Anictangium lapponicum Hedw. = Amphidium lapponicum（Hedw.）Schimp.

* Anisothecium Mitt. 异毛藓属

Anisothecium palustre（Dicks.）Hagen = Dicranella palustris（Dicks.）Crundw.

Anisothecium rotundatum Broth. = Dicranella rotundata（Broth.）Tak.

Anisothecium ruberum Lindb. = Dicranella varia（Hedw.）Schimp.

Anisothecium squarrosum（Schrad.）Lindb. = Dicranella palustris（Dicks.）Crundw.

* Anisothecium vaginatum（Hook.）Mitt. 异毛藓

Anisothecium varium（Hedw.）Mitt. = Dicranella varia（Hedw.）Schimp.

Anodon ventricosus Rabenh. = Grimmia anodon Bruch et Schimp.

Anoectangium Schwaegr. 丛本藓属

Anoectangium aestivum（Hedw.）Mitt.［Anoectangium compactum Schwaegr., Anoectangium euchloron（Schwaegr.）Mitt.］丛本藓（绿丛本藓）

Anoectangium clarum Mitt.［Anoectangium latifolium Broth.］阔叶丛本藓

Anoectangium compactum Schwaegr. = Anoectangium aestivum（Hedw.）Mitt.

Anoectangium crassinervium Mitt. 粗肋丛本藓

Anoectangium crispulum Wils. = Anoectangium thomsonii Mitt.

Anoectangium euchloron（Schwaegr.）Mitt. = Anoectangium aestivum（Hedw.）Mitt.

Anoectangium fauriei Card. = Anoectangium thomsonii Mitt.

Anoectangium fortunatii Card. et Thér. = Hymenostylium recurvirostrum（Hedw.）Dix. var. cylindricum（Bartr.）Zand.

Anoectangium kweichowense Bartr. = Anoectangium thomsonii Mitt.

Anoectangium latifolium Broth. = Anoectangium clarum Mitt.

Anoectangium laxum Muell. Hal. = Anoectangium thomsonii Mitt.

Anoectangium leptophyllum Broth. = Anoectangium stracheyanum Mitt.

Anoectangium obtusicuspis Besch. = Bellibarbula recurva（Griff.）Zand.

Anoectangium perminutum Broth. = Anoectangium stracheyanum Mitt.

Anoectangium pulvinatum Mitt. = Anoectangium thomsonii Mitt.

Anoectangium schensianum Muell. Hall. = Anoectangium thomsonii Mitt.

Anoectangium sendtnerianum Bruch et Schimp. = Molendoa sendtneriana（Bruch et Schimp.）Limpr.

Anoectangium stracheyanum Mitt.［Anoectangium leptophyllum Broth., Anoectangium perminutum Broth., Anoectangium stracheyanum Mitt. var. gymnostomoides（Broth. et Yas.）Wijk et Marg., Anoectangium tortifolium Jaeg.］扭叶丛本藓

Anoectangium stracheyanum Mitt. var. gymnosto-moides（Broth. et Yas.）Wijk et Marg. = Anoectangium stracheyanum Mitt.

Anoectangium subpulvinatum Broth. = Anoectangium thomsonii Mitt.

Anoectangium suzukii Broth. = Anoectangium thomsonii Mitt.

Anoectangium thomsonii Mitt.［Anoectangium crispulum Wils., Anoectangium fauriei Card., Anoectangium kweichowense Bartr., Anoectangium laxum Muell. Hal., Anoectangium pulvinatum Mitt., Anoectangium schensianum Muell Hal., Anoectangium subpulvinatum Broth., Anoectangium suzukii Broth.］卷叶丛本藓（台湾丛本藓）

Anoectangium tortifolium Jaeg. = Anoectangium stracheyanum Mitt.

Anomobryum Schimp. 银藓属

Anomobryum alpinum M. Zang et X. -J. Li = Bryum argenteum Hedw.

Anomobryum auratum（Mitt.）Jaeg.［Bryum auratum Mitt.］金黄银藓

Anomobryum concinnatum（Spruce）Lindb. = Anomobryum julaceum（Gaertn., Meyer et Schreb.）Schimp.

Anomobryum filiforme（Dicks.）Solms = Anomobryum julaceum（Gaertn., Meyer et Schreb.）Schimp.

Anomobryum filiforme（Dicks.）Solms subsp. concinnatum（Spruce）Amann. = Anomobryum julaceum（Gaertn., Meyer et Schreb.）Schimp.

Anomobryum gemmigerum Broth.［Anomobryum nidificans Copp., Anomobryum proligerum Broth. et Herz., Bryum gemmigerum（Broth.）Bartr.］芽胞银藓（芽条银藓）

Anomobryum julaceum（Gaertn., Meyer et Scherb.）Schimp.［Anomobryum concinnatum（Spruce）Lindb., Anomobryum filiforme（Dicks.）Solms, Anomobryum filiforme（Dicks.）Solms var. concinnatum（Spruce）Loeske, Anomobryum nitidum（Mitt.）Jaeg., Anomobryum tenerrimum Broth., Bryum filiforme Dicks., Bryum filiforme Dicks. var. concinnatum（Spruce）Boul., Bryum julaceum Gaertn., Meyer et Schreb.］银藓（银藓

高山变种，银藓瓦叶变种，高山银藓，丝光银藓，瓦叶银藓，细叶银藓）

Anomobryum kashmirense（Broth.）Broth. = Bryum kashmirense Broth.

Anomobryum nidificans Copp. = Anomobryum gemmigerum Broth.

Anomobryum nitidum（Mitt.）Jaeg. = Anomobryum julaceum（Gaertn.，Meyer et Schreb.）Schimp.

Anomobryum proligerum Broth. et Herz. = Anomobryum gemmigerum Broth.

Anomobryum tenerrimum Broth. = Anomobryum julaceum（Gaertn.，Meyer et Scherb.）Schimp.

Anomobryum validum Dix. = Anomobryum yasudae Broth.

Anomobryum yasudae Broth.［Anomobryum validum Dix.，Bryum yasudae（Broth.）Ochi］挺枝银藓（挺枝真藓）

Anomodon Hook. et Tayl. 牛舌藓属

Anomodon abbreviatus Mitt.［Anomodon asperifolius Muell. Hal.］单疣牛舌藓（长疣牛舌藓，刺疣牛舌藓）

Anomodon acutifolius Mitt. = Herpetineuron acutifolium（Mitt.）Granzow

Anomodon apiculatus Sull. = Anomodon rugelii（Muell. Hal.）Keissl.

Anomodon asperifolius Muell. Hal. = Anomodon abbreviatus Mitt.

*Anomodon attenuatus（Hedw.）Hueb. 狭叶牛舌藓

Anomodon dentatus C. Gao 齿缘牛舌藓

Anomodon devolutus Mitt. = Herpetineuron toccoae（Sull. et Lesq.）Card.

Anomodon flagelliferus Muell. Hal. = Herpetineuron toccoae（Sull. et Lesq.）Card.

Anomodon giraldii Muell. Hal. 尖叶牛舌藓（格氏牛舌藓）

Anomodon grandiretis Broth. = Anomodon minor（Hedw.）Lindb.

Anomodon integerrimus Mitt. = Anomodon minor（Hedw.）Lindb.

Anomodon leptodontoides Muell. Hal. = Anomodon

minor（Hedw.）Lindb.

Anomodon longifolius（Brid.）Hartm. 长叶牛舌藓

Anomodon longinerve Broth. = Haplohymenium longinerve（Broth.）Broth.

Anomodon microphyllum Broth. et Par. = Haplohymenium triste（Cés.）Kindb.

Anomodon minor（Hedw.）Lindb.［Anomodon grandiretis Broth.，Anomodon integerrimus Mitt.，Anomodon leptodontoides Muell. Hal.，Anomodoon minor（Hedw.）Fuernr. subsp. integerrimus（Mitt.）Iwats.，Anomodon planatus Mitt.，Anomodon sinensis Muell. Hal.，Neckera viticulosa Hedw. var. minor Hedw.）小牛舌藓（牛舌藓，牛舌藓扁枝亚种，小牛舌藓全缘亚种，全缘牛舌藓，陕西牛舌藓，川西牛舌藓，残叶牛舌藓）

Anomodon minor（Hedw.）Fuernr. subsp. integerrimus（Mitt.）Iwats. = Anomodon minor（Hedw.）Lindb.

Anomodon perlingulatus P. -C. Wu et Y. Jia 带叶牛舌藓

Anomodon planatus Mitt. = Anomodon minor（Hedw.）Lindb.

Anomodon ramulosus Mitt. = Anomodon rugelii（Muell. Hal.）Keissl.

Anomodon rotundatus Par. et Broth. = Anomodon thraustus Muell. Hal.

Anomodon rugelii（Muell. Hal.）Keissl.［Anomodon apiculatus Sull.，Anomodon ramulosus Mitt.］皱叶牛舌藓（耳垂牛舌藓）

Anomodon sinensis Muell. Hal. = Anomodon minor（Hedw.）Lindb.

Anomodon sinensi-tristis Muell. Hal. = Haplohymenium triste（Cés.）Kindb.

Anomodon solovjovii Laz.［Anomodon solovjovii Laz. var. henanensis Tan，Boufford et Ying］东亚牛舌藓（东亚牛舌藓河南变种）

Anomodon solovjovii Laz. var. henanensis Tan，Boufford et Ying = Anomodon solovjovii Laz.

Anomodon subintegerrimus Broth. et Par. = Anomodon viticulosus（Hedw.）Hook. et Tayl.

Anomodon submicrophyllus Card. = Haplohymenium sieboldii（Dozy et Molk.）Dozy et Molk.

Anomodon thraustus Muell. Hal.［Anomodon rotundatus Par. et Broth.］碎叶牛舌藓（钝叶牛舌藓）

Anomodon toccoae Sull. et Lesq. = Herpetineuron toccoae（Sull. et Lesq.）Card.

Anomodon tristis（Cés.）Sull. et Lesq. = Haplohymenium triste（Cés.）Kindb.

Anomodon viticulosus（Hedw.）Hook. et Tayl.［Anomodon subintegrimus Broth. et Par.］牛舌藓

Anomodontaceae 牛舌藓科

Anomodontoideae 牛舌藓亚科

Anthelia（Dum.）Dum. 兔耳苔属

Anthelia julacea（Linn.）Dum. 兔耳苔（纤枝兔耳苔）

Anthelia juratzkana（Limpr.）Trev. 小兔耳苔（兔耳苔）

Antheliaceae 兔耳苔科

Anthoceros Linn.［Aspiromitus Steph.］角苔属（腔角苔属）

Anthoceros angustus Steph.［Anthoceros formosae Steph., Anthoceros formosae Steph. f. gemmulosus Hatt.］台湾角苔

Anthoceros areolatus（Steph.）Chen ex Y. Jia et S. He［Aspiromitus areolatus Steph.］空腔角苔

Anthoceros bulbiculosus Brot. = Phaeoceros bulbiculosus（Brot.）Prosk.

Anthoceros chinensis（Steph.）Chen［Aspiromitus chinensis Steph.］中华角苔（中华腔角苔）

Anthoceros chungii Khanna 南亚角苔（钟氏角苔）

Anthoceros crispulus（Mont.）Douin = Anthoceros punctatus Linn.

Anthoceros dichotomus Raddi = Phaeoceros bulbiculosus（Brot.）Prosk.

Anthoceros esquirolii Steph. = Phaeoceros esquirolii（Steph.）Udar et Singh

Anthoceros formosae Steph. = Anthoceros angustus Steph.

Anthoceros formosae Steph. f. gemmulosus Hatt. = Anthoceros angustus Steph.

Anthoceros fuciformis Mont. = Folioceros fuciformis（Mont.）Bharadw.

Anthoceros fulvisporus Steph. = Phaeoceros fulvisporus（Steph.）Prosk.

Anthoceros fusiformis Aust. 纺锤角苔

Anthoceros glandulosus Lehm. et Lindenb. = Folioceros glandulosus（Lehm. et Lindenb.）Bharadw.

Anthoceros laevis Linn. = Phaeoceros laevis（Linn.）Prosk.

Anthoceros miyabeanus Steph. = Folioceros fuciformis（Mont.）Bharadw.

Anthoceros miyakeanus Schiffn. = Phaeoceros miyakeanus（Schiffn.）Hatt.

Anthoceros nagasakiensis Steph. = Anthoceros punctatus Linn.

Anthoceros pearsonii Howe = Phaeoceros pearsonii（Howe）Prosk.

Anthoceros punctatus Linn.［Anthoceros crispulus（Mont.）Douin, Anthoceros nagasakiensis Steph.］角苔（卷叶角苔，皱叶角苔）

Anthoceros subalpinus Steph. = Phaeoceros subalpinus（Steph.）Udar et Singh

Anthoceros szechuenensis Chen 四川角苔

Anthoceros vesiculosus Aust. = Folioceros fuciformis（Mont.）Bharadw.

Anthocerotaceae 角苔科

Anthocerotae = Anthocerotopsida

Anthocerotales 角苔目

Anthocerotiidae 角苔亚纲

Anthocerotophyta 角苔植物门（角苔门）

Anthocerotopsida［Anthocerotae］角苔纲

Antitrichia Brid. 逆毛藓属

Antitrichia curtipendula（Hedw.）Brid.［Antitrichia formosana Nog.］逆毛藓（台湾逆毛藓）

Antitrichia formosana Nog. = Antitrichia curtipendula（Hedw.）Brid.

Antitrichiaceae 逆毛藓科

Antitrichioideae 逆毛藓亚科

Aongstroemiaceae 昂氏藓科

Aongstroemia Bruch et Schimp. 昂氏藓属

Aongstroemia bicolor Muell. Hal. = Oncophorus virens（Hedw.）Brid.

Aongstroemia curvicaulis Muell. Hal. = Oncophorus virens（Hedw.）Brid.

Aongstroemia liliputana Muell. Hal. = Dicranella lil-
iputana（Muell. Hal.）Par.

* Aongstroemia longipes（Somm.）Bruch et
Schimp. 昂氏藓

Aongstroemia micro-divaricata Muell. Hal. = Di-
cranella micro-divaricata（Muell. Hal.）Par.

Aongstroemia orientalis Mitt.［Aongstroemia un-
cinifolia（Broth.）Broth.］东亚昂氏藓（钩叶昂
氏藓）

Aongstroemia uncinifolia（Broth.）Broth. = Aong-
stroemia orientalis Mitt.

Aongstroemiaceae 昂氏藓科

Aongstroemiopsis Fleisch. 拟昂氏藓属

Aongstroemiopsis julacea（Dozy et Molk.）Fleisch.
拟昂氏藓

* Aphanolejeunea Ev. 小鳞苔属

Aphanolejeunea angustiloba Horik. = Cololejeunea
sintenisii（Steph.）Pócs

Aphanolejeunea grossepapillosa Horik. = Cololejeu-
nea grossepapillosa（Horik.）Kitag.

* Aphanolejeunea microscopica（Tayl.）Ev. 小鳞苔

Aphanolejeunea truncatifolia Horik. = Cololejeunea
diaphana Ev.

Aplozia（Dum.）Dum. = Jungermannia Linn.

Aplozia atrovirens（Dum.）Dum. = Jungermannia
atrovirens Dum.

Aplozia cordifolia Dum. = Jungermannia exsertifolia
Steph. subsp. cordifolia（Dum.）Váňa

Aplozia lanceolata（Linn.）Dum. = Jungermannia
atrovirens Dum.

Aplozia pumila（With.）Dum. = Jungermannia
pumila With.

Aplozia riparia（Tayl.）Dum. = Jungermannia at-
rovirens Dum.

Aplozia sinensis Nichols. = Jackiella sinensis
（Nichols.）Grolle

Apomarsupella Schust. 类钱袋苔属

Apomarsupella crystallocaulon（Grolle）Váňa 疣茎
类钱袋苔

Apomarsupella revoluta（Nees）Schust.［Gymnomi-
trion reflexifolium Horik. , Gymnomitrion revolu-
tum（Nees）Philib. , Marsupella delavayi Steph. ,

Marsupella revoluta（Nees）Dum.］类钱袋苔
（全萼苔，卷叶全萼苔，仰叶全萼苔，卷叶类钱袋
苔，卷叶钱袋苔，德氏钱袋苔）

Apomarsupella rubida（Mitt.）Schust.［Marsupella
rubida（Mitt.）Grolle］红色类钱袋苔（红色卷
叶类钱袋苔，卷叶钱袋苔）

Apomarsupella verrucosa（Nichols.）Váňa［Gym-
nomitrion verrucosum Nichols. , Marsupella ver-
rucosa（Nichols.）Grolle］粗疣类钱袋苔（粗瘤
钱袋苔，粗疣全萼苔）

Apometzgeria Kuwah. 毛叉苔属

Apometzgeria longifrondis（C. Gao）K. -C. Chang
= Apometzgeria pubescens（Schrank.）Kuwah.
var. kinabaluensis Kuwah.

Apometzgeria pubescens（Schrank.）Kuwah.
［Metzgeria pubescens（Schrank.）Raddi］毛叉
苔（柔毛叉苔）

Apometzgeria pubescens（Schrank.）Kuwah. var.
kinabaluensis Kuwah.［Apometzgeria longifrondis
（C. Gao）C. -K. Chang, Metzgeria longifrondis
C. Gao］毛叉苔细肋变种（长梗毛叉苔，长梗叉
苔）

Apotreubia Hatt. et Mizut. 拟陶氏苔属（离瓣苔属，
离蒴陶氏苔属）

Apotreubia nana（Hatt. et Inoue）Hatt. et Mizut.
［Treubia nana Hatt. et Inoue］拟陶氏苔（离瓣
苔，离蒴陶氏苔）

Apotreubia yunnanensis Higuchi 云南拟陶氏苔（云
南离蒴陶氏苔）

Aptychella（Broth.）Herz. 竹藓属

Aptychella brevinervis（Fleisch.）Fleisch. = Clasto-
bryopsis brevinervis Fleisch.

Aptychella delicata（Fleisch.）Fleisch. = Clastobry-
opsis planula（Mitt.）Fleisch. var. delicata
（Fleisch.）Tan et Y. Jia

Aptychella glomerato-propagulifera（Toy.）Seki =
Gammiella tonkinensis（Broth. et Par.）Tan

Aptychella handelii Broth. 滇西竹藓

Aptychella heteroclada（Fleisch.）Fleisch. = Clasto-
bryopsis robusta（Broth.）Fleisch.

Aptychella planula（Mitt.）Fleisch. = Clastobry-
opsis planula（Mitt.）Fleisch.

* Aptychella proligera（Broth.）Herz. 竹藓

Aptychella robusta（Broth.）Fleisch. = Clastobryopsis robusta（Broth.）Fleisch.

Aptychella subdelicata Broth. = Clastobryopsis planula（Mitt.）Fleisch.

Aptychella yuennanensis Broth. = Clastobryopsis planula（Mitt.）Fleisch.

Arachniopsis Spruce 丝苔属

* Arachniopsis coactilis Spruce 丝苔

Arachniopsis diacantha（Mont.）Howe ［Telaranea sejuncta（Aongstr.）Arnell］皱指丝苔（皱指苔）

Archidiaceae 无轴藓科

Archidiales 无轴藓目

Archidium Brid. 无轴藓属

Archidium alternifolium（Hedw.）Mitt.［Archidium alternifolium（Hedw.）Schimp., Archidium phaseoides Brid.］无轴藓

Archidium alternifolium（Hedw.）Schimp. = Archidium alternifolium（Hedw.）Mitt.

Archidium japonicum Broth. et Okam. = Archidium ohioense Muell. Hal.

Archidium ohioense Muell. Hal.［Archidium japonicum Broth. et Okam., Archidium sinense Durieu］中华无轴藓

Archidium phaseoides Brid. = Archidium alternifolium（Hedw.）Mitt.

Archidium sinense Durieu = Archidium ohioense Muell. Hal.

Archidium yunnanense Arts et Magill 云南无轴藓

* Archifissidentaceae 原凤尾藓科

Archilejeunea（Spruce）Schiffn. 原鳞苔属

Archilejeunea amakawana Inoue 尼川原鳞苔

Archilejeunea kiushiana（Horik.）Verd. 东亚原鳞苔（粗齿原鳞苔）

Archilejeunea mariana（Gott.）Steph. = Cheilolejeunea mariana（Gott.）Thiers et Gradst.

Archilejeunea planiuscula（Mitt.）Steph.［Brachiolejeunea miyakeana Steph.］平叶原鳞苔（东亚鳃叶苔）

Archilejeunea polymorpha（S. Lac.）Thiers et Gradst. = Spruceanthus polymorphus（S. Lac.）Verd.

* Archilejeunea porelloides（Spruce）Schiffn. 原鳞苔

Archilejeunea pusilla Steph. = Acrolejeunea pusilla（Steph.）Grolle et Gradst.

Arctoa Bruch et Schimp. 极地藓属

Arctoa fulvella（Dicks.）Bruch et Schimp. 极地藓

Arctoa hyperborea（With.）Bruch et Schimp. 北方极地藓（极地藓）

Arnelliaceae 阿氏苔科

Arthrocormus Dozy et Molk. 节体藓属（脆尖藓属）

Arthrocormus schimperi（Dozy et Molk.）Dozy et Molk. 节体藓（脆尖藓）

Ascidiota Mass. 耳坠苔属

Ascidiota blepharophylla Mass.［Madotheca blepharophylla（Mass.）Steph.］耳坠苔

Aspiromitus Steph. = Anthoceros Linn.

Aspiromitus areolatus Steph. = Anthoceros areolatus（Steph.）Chen ex Y. Jia et S. He

Aspiromitus chinensis Steph. = Anthoceros chinensis（Steph.）Chen

Aspiromitus miyabeanus Steph. = Folioceros fuciformis（Mont.）Bharadw.

Aspiromitus vesiculosus（Aust.）Steph. = Folioceros fuciformis（Mont.）Bharadw.

Asterella P. Beauv.［Fimbraria Nees］花萼苔属

Asterella angusta（Steph.）Pande, Sirvast. et Khan［Fimbraria angusta Steph.］狭叶花萼苔

Asterella angusta（Steph.）Pande, Sirvast. et Khan var. macrolepis（Herz.）Piippo［Fimbraria angusta Steph. var. macrolepis Herz.］狭叶花萼苔巨鳞变种

Asterella cruciata（Steph.）Horik. 十字花萼苔

Asterella khasyana（Griff.）Pande, Sirvast. et Khan［Fimbraria khasyana Griff.］加萨花萼苔

Asterella leptophylla（Mont.）Grolle 网纹花萼苔

Asterella mitsuminensis Schimizu et Hatt. 柔叶花萼苔

Asterella monospiris（Horik.）Horik.［Fimbraria monospiris Horik.］单纹花萼苔

Asterella multiflora（Steph.）Pande, Sirvast. et Khan［Fimbraria multiflora Steph.］多托花萼苔（多花花萼苔）

Asterella mussuriensis（Kashyap）Verd.［Asterella purpureo-capsulata（Herz. et Jens.）Chen，Fimbraria purpureo-capsulata Herz. et Jens.］侧托花萼苔（紫蒴花萼苔）

Asterella purpureo-capsulata（Herz. et Jens.）Chen = Asterella mussuriensis（Kashyap）Verd.

Asterella reflexa（Herz.）Chen［Fimbraria reflexa Herz.］卷边花萼苔

Asterella saccata（Wahlenb.）Ev. 囊苞花萼苔（巨鳞花萼苔）

Asterella sanguinea（Lehm. et Lindenb.）Pandé，Srivast. et Khan 矮网花萼苔

Asterella sanoana Shim. et Hatt. = Asterella yoshinagana（Horik.）Horik.

Asterella tenella（Linn.）P. Beauv. 花萼苔（纤柔花萼苔）

Asterella wallichiana（Lehm.）Grolle 瓦氏花萼苔

Asterella yoshinagana（Horik.）Horik.［Asterella sanoana Shim. et Hatt.，Fimbraria yoshinagana Horik.］东亚花萼苔（短托柄花萼苔）

Astomiopsis Muell. Hal. 高地藓属

Astomiopsis julacea（Besch.）Yip et Snider［Astomiopsis sinensis Broth.，Pleuridium julaceum Besch.］中华高地藓（细丛毛藓）

Astomiopsis sinensis Broth. = Astomiopsis julacea（Besch.）Yip et Snider

* Astomiopsis subulata Muell. Hal. 高地藓

Astomum crispum（Hedw.）Hampe = Weissia longifolia Mitt.

Astomum macrophyllum（Par. et Broth.）Roth = Weissia longifolia Mitt.

Astomum tonkinense（Par. et Broth.）Broth. = Weissia longifolia Mitt.

Astrodontium secundum（Harv.）Besch. = Leucodon secundus（Harv.）Mitt.

Athalamia Falconer 高山苔属（克氏苔属）

Athalamia chinensis（Steph.）Hatt. = Clevea pusilla（Steph.）Rubasinghe et Long

Athalamia glauco-virens Shim. et Hatt. = Clevea pusilla（Steph.）Rubasinghe et Long

Athalamia handelii（Herz.）Hatt.［Clevea handelii Herz.］云南高山苔（韩克氏苔）

Athalamia hyalina（Sommerf.）Hatt. = Clevea hyalina（Sommerf.）Lindb.

Athalamia nana（Schim. et Hatt.）Hatt. = Clevea pusilla（Steph.）Rubasinghe et Long

Athalamia pinguis Falconer 高山苔

Atractylocarpus Mitt.［Metzleriella Limpr.，Metzlerella Hag.］长帽藓属（梅氏藓属）

Atractylocarpus alpinus（Milde）Lindb.［Atractylocarpus sinensis（Broth.）Herz.，Metzlerella alpina（Milde）Hag.，Metzlerella sinensis Broth.］长帽藓（中华长帽藓，高山长帽藓，梅氏藓，中华梅氏藓）

* Atractylocarpus costaricensis（Muell. Hal.）Williams 美洲长帽藓

Atractylocarpus sinensis（Broth.）Herz. = Atractylocarpus alpinus（Milde）Lindb.

Atrichum P. Beauv. 仙鹤藓属

Atrichum angustatum（Brid.）Bruch et Schimp.［Catharinea xanthopelma Muell. Hal.，Polytrichum angustatum Brid.］狭叶仙鹤藓

Atrichum angustatum（Brid.）Bruch et Schimp. var. rhystophyllum（Muell. Hal.）Richs. et Wall. = Atrichum rhystophyllum（Muell. Hal.）Par.

Atrichum brevilamellatum P. -C. Wu et X. -Y. Hu = Atrichum crispulum Besch.

Atrichum crispulum Besch.［Atrichum brevilamellatum P. -C. Wu et X. -Y. Hu，Atrichum henryi（Salm.）Bartr.，Atrichum spinulosum（Card.）Mizut.，Catharinea gigantea Horik.，Catharinea henryi Salm.］小仙鹤藓（大仙鹤藓，皱叶仙鹤藓）

Atrichum crispum（Jam.）Sull. et Lesq. 卷叶仙鹤藓

Atrichum flavisetum Mitt. = Atrichum subserratum（Hook.）Mitt.

Atrichum gracile（Muell. Hal.）Par. = Atrichum rhystophyllum（Muell. Hal.）Par.

Atrichum haussknechtii Jur. et Milde = Atrichum undulatum（Hedw.）P. Beauv. var. gracilisetum Besch.

Atrichum henryi Salm. = Atrichum crispulum Besch.

Atrichum obtusulum（Muell. Hal.）Jaeg. = Atrichum undulatum（Hedw.）P. Beauv. var. gracilisetum Besch.

Atrichum pallidum Ren. et Card. = Atrichum subserratum（Hook.）Mitt.

Atrichum parvirosulum（Muell. Hal.）Par. = Atrichum rhystophyllum（Muell. Hal.）Par.

Atrichum rhystophyllum（Muell. Hal.）Par.
〔Atrichum angustatum（Brid.）Bruch et Schimp. var. rhystophyllum（Muell. Hal.）Richs. et Wall.，Atrichum gracile（Muell. Hal.）Par.，Atrichum parvirosulum（Muell. Hal.）Par.，Catharinea gracilis Muell. Hal.，Catharinea parvirosula Muell. Hal.，Catharinea rhystophylla Muell. Hal.〕小胞仙鹤藓（狭叶仙鹤藓尖叶变种，纤细仙鹤藓）

Atrichum speciosum（Horik.）Wijk et Marg. = Mnium lycopodioides Schwaegr.

Atrichum spinulosum（Card.）Mizut. = Atrichum crispulum Besch.

Atrichum subserratum（Hook.）Mitt.〔Atrichum flavisetum Mitt.，Atrichum pallidum Ren. et Card.，Atrichum undulatum（Hedw.）P. Beauv. var. subserratum（Hook.）Par.〕薄壁仙鹤藓

Atrichum undulatum（Hedw.）P. Beauv.〔Catharinea undulata（Hedw.）Web. et Mohr〕仙鹤藓（波叶仙鹤藓）

Atrichum undulatum（Hedw.）P. Beauv. var. gracilisetum Besch.〔Atrichum haussknechtii Jur. et Milde，Atrichum obtusulum（Muell. Hal.）Jaeg.，Atrichum undulatum（Hedw.）P. Beauv. var. haussknechtii（Jur. et Milde）Frye，Atrichum undulatum（Hedw.）P. Beauv. var. yunnanense（Broth.）Chen et Wan ex W. -X. Xu et R. -L. Xiong，Atrichum yunnanense（Broth.）Bartr.，Atrichum yunnanense（Broth.）Bartr. var. minus（Broth.）Wijk et Marg.，Catharinea yunnanensis Broth.，Catharinea yunnanensis Broth. var. minor（Broth.）Wijk et Marg.〕仙鹤藓多蒴变种（仙鹤藓小形变种，波叶仙鹤藓小形变种，仙鹤藓波叶变种，钝叶仙鹤藓，云南仙鹤藓）

Atrichum undulatum（Hedw.）P. Beauv. var. haussknechtii（Jur. et Milde）Frye = Atrichum undulatum（Hedw.）P. Beauv. var. gracilisetum Besch.

Atrichum undulatum（Hedw.）P. Beauv. var. minus（Broth.）Wijk et Marg. = Atrichum undulatum（Hedw.）P. Beauv. var. gracilisetum Besch.

Atrichum undulatum（Hedw.）P. Beauv. var. subserratum（Hook.）Par. = Atrichum subserratum（Hook.）Mitt.

Atrichum undulatum（Hedw.）P. Beauv. var. yunnanense（Broth.）Chen et Wan ex W. -X. Xu et R. -L. Xiong = Atrichum undulatum（Hedw.）P. Beauv. var. graciletum Besch.

Atrichum yakushimense（Horik.）Mizut.〔Catharinea yakushimensis Horik.〕东亚仙鹤藓（仙鹤藓）

Atrichum yuennanense（Broth.）Bartr. = Atrichum undulatum（Hedw.）P. Beauv. var. gracilisetum Besch.

Atrichum yuennanense（Broth.）Bartr. var. minus（Broth.）Wijk et Marg. = Atrichum undulatum（Hedw.）P. Beauv. var. gracilisetum Besch.

Aulacomitrium humillimum Mitt. = Glyphomitrium humillimum（Mitt.）Card.

Aulacomitrium warburgii Broth. = Glyphomitrium calycinum（Mitt.）Card.

Aulacomniaceae 皱蒴藓科

Aulacomniales 皱蒴藓目

Aulacomnium Schwaegr. 皱蒴藓属

Aulacomnium androgynum（Hedw.）Schwaegr. 皱蒴藓（小皱蒴藓，沼泽皱蒴藓）

Aulacomnium heterostichum（Hedw.）Bruch et Schimp. 异枝皱蒴藓

Aulacomnium palustre（Hedw.）Schwaegr.〔Aulacomnium palustre（Hedw.）Schwaegr. subsp. imbricatum（Bruch et Schimp.）Kindb.〕沼泽皱蒴藓（皱蒴藓，沼泽皱蒴藓密叶变种）

Aulacomnium palustre（Hedw.）Schwaegr. subsp. imbricatum（Bruch et Schimp.）Kindb. = Aulacomnium palustre（Hedw.）Schwaegr.

Aulacomnium turgidum（Wahlenb.）Schwaegr. 大

皱蒴藓

Aulacopilum Wils. 苔叶藓属

Aulacopilum abbreviatum Mitt. ［Erpodium abbreviatum（Mitt.）Stone］圆钝苔叶藓

*Aulacopilum glaucum Wils. 苔叶藓

Aulacopilum japonicum Broth. ex Card. 日本苔叶藓（东亚苔叶藓）

Aytonia J. R. Forst. et G. Forst. = Plagiochasma Lehm. et Lindenb.

Aytonia fissisquama Steph. = Plagiochasma cordatum Lehm. et Lindenb.

Aytoniaceae［Grimaldiaceae，Manniaceae，Rebouliaceae］疣冠苔科（多室苔科，石地钱科）

B

Balantiopsaceae 小袋苔科

*Baldwiniella Fleisch. 拟波叶藓属

Baldiniella tibetana C. Gao = Taiwanobryum crenulatum（Harv.）Olsson，Enroth et Quandt

Barbella Fleisch. 悬藓属

Barbella asperifolia Card. = Neodicladiella flagellifera（Card.）Huttunen et Quandt

Barbella biformis Nog. = Barbellopsis trichophora（Mont.）Buck

Barbella compressiramea（Ren. et Card.）Fleisch.［Barbela formosica Broth.，Pseudobarbella formosica（Broth.）Nog.］悬藓（台湾假悬藓）

Barbella convolvens（Mitt.）Broth.［Barbella javanica（Bosch et S. Lac.）Broth.，Meteorium bombycinum Ren. et Card.，Meteorium convolvens Mitt.，Meteorium javanicum Bosch et S. Lac.］纤细悬藓（卷叶悬藓）

Barbella cubensis（Mitt.）Broth. = Barbellopsis trichophora（Mont.）Buck

Barbella densiramea Broth. = Barbellopsis trichophora（Mont.）Buck

Barbella determesii（Ren. et Card.）Broth. = Barbellopsis trichophora（Mont.）Buck

Barbella enervis（Thwait. et Mitt.）Fleisch. = Barbellopsis trichophora（Mont.）Buck

Barbella flagellifera（Card.）Nog. = Neodicladiella flagellifera（Card.）Huttunen et Quandt

Barbella formosica Broth. = Barbella compressiramea（Ren. et Card.）Fleisch.

Barbella javanica（Bosch et S. Lac.）Broth. = Barbella convolvens（Mitt.）Broth.

Barbella kiushiuensis Broth. = Pseudobarbella attenuata（Thwait. et Mitt.）Nog.

Barbella koningsbergeri Fleisch. = Clastobryella koningsbergeri（Fleisch.）Nog.

Barbella levieri（Ren. et Card.）Fleisch. = Pseudobarbella levieri（Ren. et Card.）Nog.

Barbella linearifolia S. -H. Lin［Pseudobarbella angustifolia Nog.］狭叶悬藓（狭叶假悬藓，窄叶假悬藓）

Barbella niitakayamensis（Nog.）S. -H. Lin = Floribundaria setschwanica Broth.

Barbella niitakayamensis（Nog.）S. -H. Lin var. propagulifera（Nog.）S. -H. Lin = Pseudobarbella propagulifera Nog.

Barbella ochracea Nog. = Sinskea flammea（Mitt.）Buck

Barbella pendula（Sull.）Fleisch. = Neodicladiella pendula（Sull.）Buck

Barbella pilifera Broth. et Yas. = Neobarbella comes（Griff.）Nog. var. pilifera（Broth. et Yas.）Tan，S. He et Isov.

Barbella rufifolioides（Broth.）Broth. = Sinskea flammea（Mitt.）Buck

Barbella spiculata（Mitt.）Broth.［Barbella subspiculata Bosch et Par.，Meteorium spiculatum Mitt.］刺叶悬藓（细尖悬藓，尖叶悬藓）

Barbella stevensii（Ren. et Card.）Fleisch.［Meteorium stevensii Red. et Card.］斯氏悬藓

Barbella subspiculata Bosch et Par. = Barbella spiculata（Mitt.）Broth.

Barbella trichodes Fleisch. = Neodicladiella flagellifera（Card.）Huttunen et Quandt

Barbella trichophora（Mont.）Fleisch. = Barbellopsis trichophora（Mont.）Buck

Barbella turgida Nog. 肿枝悬藓

Barbellopsis Broth. ［Dicladiella Buck］拟悬藓属（无肋藓属）

Barbellopsis sinensis Broth. = Barbellopsis trichophora（Mont.）Buck

Barbellopsis trichophora（Mont.）Buck ［Barbella biformis Nog.，Barbella cubensis（Mitt.）Broth.，Barbella densiramea Broth.，Barbella determesii（Ren. et Card.）Broth.，Barbella enervis（Thwait. et Mitt.）Fleisch.，Barbella trichophora（Mont.）Fleisch.，Barbellopsis sinensis Broth.，Dicladiella cubensis（Mitt.）Buck，Dicladiella trichophora（Mont.）Redf. et Tan，Pseudobarbella validiramosa P. -C. Wu et J. -S. Lou］拟悬藓（无肋藓，悬藓，无肋悬藓）

Barbilophozia Loeske ［Orthocaulis Buch］细裂瓣苔属

Barbilophozia atlantica（Kaal.）K. Muell. 大西洋细裂瓣苔

Barbilophozia attenuata（Nees）Loeske ［Barbilophozia gracilis（Schleich.）K. Muell.，Orthocaulis attenuatus（Nees）Ev.］纤枝细裂瓣苔

Barbilophozia barbata（Schreb.）Loeske ［Lophozia barbata（Schreb.）Dum.］细裂瓣苔

Barbilophozia gracilis（Schleich.）K. Muell. = Barbilophozia attenuata（Nees）Loeske

Barbilophozia hatcheri（Ev.）Loeske 狭基细裂瓣苔（哈氏细裂瓣苔）

Barbilophozia kunzeana（Hueb.）K. Muell. 二裂细裂瓣苔

Barbilophozia lycopodioides（Wallr.）Loeske ［Lophozia lycopodioides（Wallr.）Cogn.］阔叶细裂瓣苔（硬毛裂叶苔）

Barbilophozia quadriloba（Lindb.）Loeske ［Lophozia quadriloba（Lindb.）Ev.］四裂细裂瓣苔

Barbula Hedw. 扭口藓属

Barbula acuta（Brid.）Brid. = Didymodon rigidulus Hedw. var. gracilis（Hook. et Grev.）Zand.

Barbula acuta（Brid.）Brid. var. bescherellei Sauerb. = Didymodon rigidulus Hedw. var. gracilis（Hook. et Grev.）Zand.

Barbula altipes Muell. Hal. = Didymodon constrictus（Mitt.）Saito

Barbula amplexifolia（Mitt.）Jaeg. ［Barbula coreensis（Card.）Saito，Hydrogonium amplexifolium（Mitt.）Chen］朝鲜扭口藓（石灰藓，卷叶石灰藓）

Barbula anceps Card. ［Hydrogonium anceps（Card.）Herz. et Nog.］扁叶扭口藓（扁叶石灰藓）

Barbula anserinocapitata X. -J. Li = Didymodon anserinocapitatus（X. -J. Li）Zand.

Barbula anthropophila Muell. Hal. = Aloina rigida（Hedw.）Limpr.

Barbula aquatica Card. et Thér. 水生扭口藓

Barbula arcuata Griff. ［Barbula comosa Dozy et Molk.，Barbula subulata Broth.，Hydrogonium arcuatum（Griff.）Wijk et Marg.，Hydrogonium comosum（Dozy et Molk.）Hilp.］砂地扭口藓（砂地石灰藓）

Barbula asperifolia Mitt. = Didymodon asperifolius（Mitt.）Crum，Steere et Anderson

Barbula brachypila Muell. Hal. = Syntrichia sinensis（Muell. Hal.）Ochyra

Barbula brevicaulis Broth. = Barbula chenia Redf. et Tan

Barbula chenia Redf. et Tan ［Barbula brevicaulis Broth.，Barbula yuennanensis Broth.，Oxystegus obtusifolius Hilp.，Streblotrichum obtusifolium（Hilp.）Chen，Trichostomum obtusifolium Broth.］陈氏扭口藓（钝叶扭口藓）

Barbula comosa Dozy et Molk. = Barbula arcuata Griff.

Barbula consaguinea（Thwait. et Mitt.）Jaeg. = Barbula javanica Dozy et Molk.

Barbula constricta Mitt. = Didymodon constrictus（Mitt.）Saito

Barbula constricta Mitt. var. flexicuspis Chen = Didymodon constrictus（Mitt.）Saito var. flexicuspis（Chen）Saito

Barbula convoluta Hedw. ［Barbula subconvoluta Muell. Hal.，Streblotrichum convolutum（Hedw.）P. Beauv.］卷叶扭口藓（扭毛藓）

Barbula convolutifolia Dix. = Barbula javanica Dozy et Molk.

Barbula coreensis（Card.）Saito = Barbula amplexifolia（Mitt.）Jaeg.

Barbula costesii Thér. 显肋扭口藓

Barbula cruegeri Muell. Hal. = Barbula indica（Hook.）Spreng.

Barbula defossa Muell. Hal. = Didymodon tectorus（Muell. Hal.）Saito

Barbula dialytrichoides Thér. = Barbula pseudoehrenbergii Fleisch.

Barbula ditrichoides Broth. = Didymodon ditrichoides（Broth.）X. -J. Li et S. He

Barbula dixoniana（Chen）Redf. et Tan［Barbula dixoniana（Chen）Z. -H. Zhang, Hydrogonium dixonianum Chen］狄氏扭口藓（狄氏石灰藓）

Barbula dixoniana（Chen）Z. -H. Zhang = Barbula dixoniana（Chen）Redf. et Tan

Barbula ehrenbergii（Lor.）Fleisch.［Barbula latifolia Broth. , Barbula subpellucida Mitt. var. proligera Broth. , Didymodon ehrenbergii（Lor.）Kindb. , Hydrogonium ehrenbergii（Lor.）Jaeg.］宽叶扭口藓（扭口藓，石灰藓）

Barbula ellipsithecia Muell. Hal. = Didymodon vinealis（Brid.）Zand.

Barbula eroso-denticulata Muell. Hal. = Didymodon eroso-denticulatus（Muell. Hal.）Saito

Barbula erythrotricha Muell. Hal. = Syntrichia sinensis（Muell. Hal.）Ochyra

Barbula falcifolia Muell. Hal. = Geheebia ferruginea（Besch.）Zand.

Barbula fallacioides Dix. = Geheebia fallax（Hedw.）Zand.

Barbula fallax Hedw. = Geheebia fallax（Hedw.）Zand.

Barbula ferrinervis Muell. Hal. = Didymodon tectorus（Muell. Hal.）Saito

Barbula ferrugineinervis Broth. = Didymodon tectorus（Muell. Hal.）Saito

Barbula flavicaulis Muell. Hal. = Trichostomum crispulum Bruch

Barbula flexicuspis Broth. = Didymodon constrictus

（Mitt.）Saito var. flexicuspis（Chen）Saito

Barbula gangetica Muell. Hal.［Hydrogonium gangeticum（Muell. Hal.）Chen］疣叶扭口藓（大石灰藓）

Barbula gigantea Funck = Didymodon giganteus（Funck）Jur.

Barbula glabriuscula Muell. Hal. = Bryoerythrophyllum recurvirostrum（Hedw.）Chen

Barbula gracilenta Mitt.［Hydrogonium gracilentum（Mitt.）Chen］细叶扭口藓

Barbula gracillima（Herz.）Broth.［Streblotrichum gracillimum Herz.］纤细扭口藓

Barbula gregaria（Mitt.）Jaeg. = Barbula indica（Hook.）Spreng. var. gregaria（Mitt.）Zand.

Barbula hiroshii Saito 细齿扭口藓

Barbula horrinervis Saito = Barbula indica（Hook.）Spreng

Barbula humilis Hedw. = Tortella humilis（Hedw.）Jenn.

Barbula inaequalifolia Tayl. = Bryoerythrophyllum inaequalifolium（Tayl.）Zand.

Barbula indica（Hook.）Spreng.［Barbula cruegeri Muell. Hal. , Barbula horrinervis Saito, Barbula orientalis（Web.）Broth. , Barbula setschwanica Broth. , Barbula tonkinensis（Besch.）Broth. , Didymodon opacus Thér. , Hydrogonium setschwanicum（Broth.）Chen, Hymenostomum malayense Fleisch. , Semibarbula indica（Hook.）Hilp. , Semibarbula orientalis（Web.）Wijk et Marg. , Trichostomum orientale Web. , Trichostomum orientale Web. f. propaguliferum Par.］矮扭口藓（小扭口藓，四川石灰藓）

Barbula indica（Hook.）Spreng. var. gregaria（Mitt.）Zand.［Barbula gregaria（Mitt.）Jaeg. , Tortula gregaria Mitt.］矮扭口藓密生变种（小扭口藓密生变种）

Barbula inflexa（Duby）Muell. Hal.［Hydrogonium inflexum（Duby）Chen］褶叶扭口藓

Barbula javanica Dozy et Molk.［Barbula consaguinea（Thwait. et Mitt.）Jaeg. , Barbula convolutifolia Dix. , Hydrogonium consanguineum（Thwait. et Mitt.）Hilp. , Hydrogonium javanicum（Dozy et Molk.）Hilp., Hhydrogonium javanicum（Dozy et Molk.）Hilp. var. convolutifolium（Dix.）Chen, Tortula consaguinea Thwait. et Mitt.］爪哇扭口藓（爪哇石灰藓, 爪哇石灰藓旋叶变种, 南亚石灰藓）

Barbula johansenii Williams = Didymodon johansenii（Williams）Crum

Barbula laevifolia Broth. et Yas. = Barbula subcomosa Broth.

Barbula latifolia Broth. = Barbula ehrenbergii（Lor.）Fleisch.

Barbula leptotortuosa Muell. Hal. = Trichostomum tenuirostre（Hook. f. et Tayl.）Lindb.

Barbula longicostata X. -J. Li = Didymodon constrictus（Mitt.）Saito var. flexicuspis（Chen）Saito

Barbula lurida（Hornsch.）Lindb. = Didymodon luridus Hornsch.

Barbula magnifolia Muell. Hal. = Didymodon constrictus（Mitt.）Saito

Barbula majuscula Muell. Hal.［Hydrogonium majusculum（Muell. Hal.）Chen］大叶扭口藓（大叶石灰藓）

Barbula multiflora Muell. Hal. = Timmiella anomala（Bruch et Schimp.）Limpr.

Barbula nigrescens Mitt. = Didymodon nigrescens（Mitt.）Saito

Barbula nipponica Nog. = Didymodon constrictus（Mitt.）Saito

Barbula obliquifolia Muell. Hal. = Aloina obliquifolia（Muell. Hal.）Broth.

Barbula obtusiloba Schwaegr. 钝叶扭口藓（钝叶扭毛藓）

Barbula ochracea Levier = Barbula unguiculata Hedw.

Barbula orientalis（Web.）Broth. = Barbula indica（Hook.）Spreng.

Barbula pallidobasis Dix. = Didymodon pallidobasis（Dix.）X. -J. Li et Iwats.

Barbula perobtusa（Broth.）Chen = Didymodon perobtusus Broth.

Barbula propagulifera（J. -X. Li et M. -X. Zhang）Redf. et Tan［Streblotrichum propaguliferum X. -

J. Li et M. -X. Zhang］芽胞扭口藓

Barbula pseudoehrenbergii Fleisch.［Barbula dialytrichoides Thér., Hydrogonium pseudoehrenbergii（Fleisch.）Chen］拟扭口藓（拟石灰藓）

Barbula pugionata Muell. Hal. = Tortula pugionata（Muell. Hal.）Broth.

Barbula recurvifolia Mitt. = Didymodon giganteus（Funck）Jur.

Barbula reflexa（Brid.）Brid. = Geheebia ferruginea（Besch.）Zand.

Barbula rigida Hedw. = Aloina rigida（Hedw.）Limpr.

Barbula rigidicaulis Muell. Hal. = Geheebia ferruginea（Besch.）Zand.

Barbula rigidula（Hedw.）Mitt. = Didymodon rigidulus Hedw.

Barbula rigidula（Hedw.）Mitt. var. perobtusa Broth. = Didymodon perobtusus Broth.

Barbula rivicola Broth. = Didymodon rivicolus（Broth.）Zand.

Barbula rosulata（Muell. Hal.）Muell. Hal. = Timmiella anomala（Bruch et Schimp.）Limpr.

Barbula rufa（Lor.）Jur. = Didymodon asperifolius（Mitt.）Crum, Steere et Anderson

Barbula rufidula Muell. Hal. = Didymodon rufidulus（Muell. Hal.）Broth.

Barbula satoi（Sak.）S. He = Syntrichia sinensis（Muell. Hal.）Ochyra

Barbula schensiana Muell. Hal. = Didymodon vinealis（Brid.）Zand.

Barbula schensiana Muell. Hal. var. longifolia Muell. Hal. = Didymodon constrictus（Mitt.）Saito

Barbula schensiana Muell. Hal. var. tenuissima Muell. Hal. = Didymodon vinealis（Brid.）Zand.

Barbula serpenticaulis Muell. Hal. = Geheebia ferruginea（Besch.）Zand.

Barbula setschwanica Broth. = Barbula indica（Hook.）Spreng.

Barbula sinensi-fallax Muell. Hal. = Didymodon asperifolius（Mitt.）Crum, Steere et Anderson

Barbula sinensis Muell. Hal. = Syntrichia sinensis

（Muell. Hal.） Ochyra

Barbula sordida Besch. ［Hydrogonium sordidum（Besch.）Chen］暗色扭口藓（暗色石灰藓）

Barbula strictifolia C. -Y. Yang = Didymodon tectorus（Muell. Hal.）Saito

Barbula subcomosa Broth. ［Barbula laevifolia Broth. et Yas. , Barbula subpellucida Mitt. var. angustifolia Broth. , Hydrogonium laevifolium（Broth. et Yas.）Chen, Hydrogonium subcomosum（Broth.）Chen］东亚扭口藓（平叶石灰藓，东亚石灰藓）

Barbula subcontorta Broth. = Didymodon vinealis（Brid.）Zand.

Barbula subconvoluta Muell. Hal. = Barbula convoluta Hedw.

Barbula subinflexa Broth. 内卷扭口藓

Barbula subpellucida Mitt. ［Barbula subpellucida Mitt. var. hyaloloma Herz. , Hydrogonium subpellucidum（Mitt.）Hilp. , Hhdrogonium subpellucidum（Mitt.）Hilp. var. hyaloloma Herz. ］亮叶扭口藓（亮叶石灰藓）

Barbula subpellucida Mitt. var. angustifolia Broth. = Barbula subcomosa Broth.

Barbula subpellucida Mitt. var. hyaloloma Herz. = Barbula subpellucidum Mitt.

Barbula subpellucida Mitt. var. proligera Broth. = Barbula ehrenbergii（Lor.）Fleisch.

Barbula subrigidula Broth. = Hymenostylium recurvirostre（Hedw.）Dix. var. insigne（Dix.）Bartr.

Barbula subrivicola Chen = Didymodon nigrescens（Mitt.）Saito

Barbula subrivicola Chen var. densifolia Chen = Didymodon nigrescens（Mitt.）Saito

Barbula subtortuosa Muell. Hal. = Tortella tortuosa（Hedw.）Limpr.

Barbula subulata Broth. = Barbula arcuata Griff.

Barbula tectorum Muell. Hal. = Didymodon tectorus（Muell. Hal.）Saito

Barbula tenii Herz. = Bryoerythrophyllum inaequalifolium（Tayl.）Zand.

Barbula tonkinensis（Besch.）Broth. = Barbula indica（Hook.）Spreng.

Barbula tophacea（Brid.）Mitt. = Geheebia tophacea（Brid.）Zand.

Barbula trachyphylla Muell. Hal. = Didymodon eroso-denticulatus（Muell. Hal.）Saito

Barbula trichostomifolia Muell. Hal. = Barbula unguiculata Hedw.

Barbula unguiculata Hedw. ［Barbula ochracea Levier, Barbula trichostomifolia Muell. Hal. , Barbula unguiculata Hedw. var. trichostomifolia（Muell. Hal.）Chen］扭口藓（扭口藓尖叶变种，扭口藓长苞叶变种）

Barbula unguiculata Hedw. var. trichostomifolia（Muell. Hal.）Chen = Barbula unguiculata Hedw.

Barbula vinealis Brid. = Didymodon vinealis（Brid.）Zand.

Barbula williamsii（Chen）Iwats. et Tan ［Hydrogonium williamsii Chen］威氏扭口藓（威氏石灰藓，钝叶扭口藓，钝叶石灰藓）

Barbula yuennanensis Broth. = Barbula chenia Redf. et Tan

Barbula yunnanensis Copp. 云南扭口藓

Barbula zygodontifolia Muell. Hal. = Bryoerythrophyllum wallichii（Mitt.）Chen

Barbuloideae 扭口藓亚科

* Barnesia Card. 巴氏藓属

Bartramia Hedw. 珠藓属

Bartramia alpicola Nog. = Bartramia halleriana Hedw.

Bartramia angularis（Muell. Hal.）Muell. Hal. = Philonotis falcata（Hook.）Mitt.

Bartramia crispata Schimp. ex Besch. = Bartramia pomiformis Hedw.

Bartramia crispo-ithyphylla Muell. Hal. = Bartramia pomiformis Hedw.

Bartramia deciduaefolia Broth. et Yas. = Bartramia ithyphylla Brid.

Bartramia fragilifolia Muell. Hal. = Bartramia potosica Mont.

Bartramia halleriana Hedw. ［Bartramia alpicola Nog. , Bartramia norvegica Lindb. ］珠藓（亮叶

珠藓,挪威珠藓,腋芽珠藓)

Bartramia ithyphylla Brid.［Bartramia deciduaefolia Broth. et Yas. , Bartramia morrisonensis Nog.］直叶珠藓

Bartramia leptodonta Wils.［Bartramia rogersi Muell. Hal.］单齿珠藓

Bartramia morrisonensis Nog. = Bartramia ithyphylla Brid.

Bartramia norvegica Lindb. = Bartramia halleriana Hedw.

Bartramia oederi Brid. = Plagiopus oederianus（Sw.）Crum et Anderson

Bartramia pomiformis Hedw.［Bartramia crispata Schimp. ex Besch. , Bartramia crispo-ithyphylla Muell. Hal. , Bartramia pomiformis Hedw. var. crispa（Brid.）Bruch et Schimp. , Bartramia pomiformis Hedw. var. elongata Turn. , Bartramia pseudocrispata Card. et Thér.］梨蒴珠藓（珠藓,梨蒴珠藓皱叶变种)

Bartramia pomiformis Hedw. var. crispa（Brid.）Bruch et Schimp. = Bartramia pomiformis Hedw.

Bartramia pomiformis Hedw. var. elongata Turn. = Bartramia pomiformis Hedw.

* Bartramia potosica Mont.［Bartramia fragilifolia Muell. Hal.］脆叶珠藓

Bartramia pseudocrispata Card. et Thér. = Bartramia pomiformis Hedw.

Bartramia rogersi Muell. Hal. = Bartramia leptodonta Wils.

Bartramia secunda Dozy et Molk. = Philonotis secunda（Dozy et Molk.）Bosch et S. Lac.

Bartramia setschuanica Muell. Hal. = Philonotis turneriana（Schwaegr.）Mitt.

Bartramia subpellucida Mitt. 毛叶珠藓

Bartramia subsessilis Tayl. = Anacolia laevisphaera（Tayl.）Flow.

Bartramia subulata Bruch et Schimp.［Bartramia viridissima（Brid.）Kindb.］绿珠藓

Bartramia tomentosula Muell. Hal. = Philonotis falcata（Hook.）Mitt.

Bartramia tsanii Muell. Hal. = Philonotis falcata

（Hook.）Mitt.

Bartramia viridissima（Brid.）Kindb. = Bartramia subulata Bruch et Schimp.

Bartramia yunnanensis（Besch.）Muell. Hal. = Breutelia yunnanensis Besch.

Bartramiaceae 珠藓科

Bartramiales 珠藓目

Bartramineae 珠藓亚目

* Bartramidula Bruch et Schimp 小珠藓属

Bartramidula bartramioides（Griff.）Wijk et Marg. = Philonotis bartramioides（Griff.）Griff. et Buck

Bartramidula cernua（Wils.）Lindb. = Philonotis cernua（Wils.）Griff. et Buck

Bartramidula griffithiana Kab. = Philonotis bartramioides（Griff.）Griff. et Buck

Bartramidula roylei（Hook. f.）Bruch et Schimp. = Philonotis roylei（Hook. f.）Mitt.

Bartramidula wilsonii Bruch et Schimp. = Philonotis cernua（Wils.）Griff. et Buck

Bazzania Gray［Mastigobryum Lindenb. et Gott. , Pleuroschisma Dum.］鞭苔属

Bazzania adnexa（Lehm. et Lindenb.）Trev. 连生鞭苔

Bazzania aequitexta Herz. = Bazzania fauriana（Steph.）Hatt.

Bazzania albicans Steph. = Bazzania tridens（Reinw. , Bl. et Nees）Trev.

Bazzania albifolia Horik.［Bazzania semiopacea Kitag.］白叶鞭苔（深绿鞭苔)

Bazzania alpina（Steph.）Tix. = Bazzania tricrenata（Wahl.）Trev.

Bazzania angustifolia Horik. 狭叶鞭苔

Bazzania angustistipula Kitag. 卵叶鞭苔

Bazzania appendiculata（Mitt.）Hatt. 基裂鞭苔

Bazzania assamica（Steph.）Hatt.［Bazzania tridens（Reinw. , Bl. et Nees）Trev. var. assamica（Steph.）Pócs］阿萨姆鞭苔（阿萨密鞭苔,三裂鞭苔阿萨姆变种)

Bazzania asymmetrica（Steph.）Kitag. 斜叶鞭苔

Bazzania bidentula（Steph.）Steph. ex Yas.［Mastigobryum bidentulum（Steph.）Steph. , Pleuroschisma bidentulum Steph.〕双齿鞭苔

Bazzania bilobata Kitag. 二瓣鞭苔

Bazzania ceylanica（Mitt.）Nichols. 锡兰鞭苔（孟加拉鞭苔）

Bazzania conophylla（S. Lac.）Schiffn. 圆叶鞭苔

Bazzania cordifolia（Steph.）Hatt. = Bazzania tricrenata（Wahl.）Trev.

Bazzania cucullistipula（Steph.）Hatt. = Bazzania japonica（S. Lac.）Lindb.

*Bazzania debilis Kitag. 柔弱鞭苔

Bazzania denudata（Torrey ex Gott. , Lindenb. et Nees）Trev. 裸茎鞭苔

Bazzania donniana（Hook.）Trev. = Anastrophyllum donnianum（Hook.）Steph.

Bazzania dulongensis L. -P. Zhou et L. Zhang 独龙鞭苔

Bazzania faberi Herz. = Bazzania tridens（Reinw. , Bl. et Nees）Trev.

Bazzania fauriana（Steph.）Hatt.〔Bazzania aequitexta Herz. , Bazzania fauriana（Steph.）Hatt. var. nodulosa（Horik.）Hatt. , Bazzania nodulosa Horik.〕厚角鞭苔（裂齿鞭苔，东亚鞭苔）

Bazzania fauriana（Steph.）Hatt. var. nodulosa Horik. = Bazzania fauriana（Steph.）Hatt.

Bazzania fissifolia（Steph.）Steph. = Bazzania tricrenata（Wahl.）Trev.

Bazzania fissifolia（Steph.）Hatt. f. hamata（Steph.）Hatt. = Bazzania tricrenata（Wahl.）Trev.

Bazzania fissifolia（Steph.）Hatt. var. subsimplex（Steph.）Hatt. = Bazzania tricrenata（Wahl.）Trev.

Bazzania fleischeri（Steph.）Abeyw. 费氏鞭苔

Bazzania formosae（Steph.）Horik. = Bazzania tridens（Reinw. , Bl. et Nees）Trev.

Bazzania griffithiana（Steph.）Mizut. 南亚鞭苔

Bazzania hainanensis L. -P. Zhou et L. Zhang 海南鞭苔

Bazzania himalayana（Mitt.）Schiffn. 喜马拉雅鞭苔

Bazzania imbricata（Mitt.）Hatt. = Bazzania tricrenata（Wahl.）Trev.

Bazzania japonica（S. Lac.）Lindb.〔Bazzania cucullistipula（Steph.）Hatt. , Bazzania zhekiangensis K. -C. Chang, Mastigobryum cucullistipulum Steph.〕日本鞭苔

Bazzania kanemarui Steph. = Bazzania ovistipula（Steph.）Abeyw.

Bazzania lepidozioides Horik. = Acromastigum divaricatum（Gott. , Lindenb. et Nees）Ev.

Bazzania madothecoides Horik. = Bazzania revoluta（Steph.）Kitag.

Bazzania magna Horik. 大叶鞭苔

Bazzania mayebarae Hatt. 疣叶鞭苔（瘤叶鞭苔，梅氏鞭苔）

Bazzania nodulosa Horik. = Bazzania fauriana（Steph.）Hatt.

Bazzania oshimensis（Steph.）Horik. 白边鞭苔

Bazzania ovistipula（Steph.）Abeyw.〔Bazzania kanemarui Steph.〕小叶鞭苔

Bazzania pearsonii Steph.〔Bazzania siamensis Steph. , Bazzania yunnanensis Nichols. , Mastigobryum wichurae Steph.〕弯叶鞭苔（南亚鞭苔，云南鞭苔）

*Bazzania pompeana（S. Lac.）Mitt. 深裂鞭苔（尖齿鞭苔）

Bazzania praerupta（Reinw. , Bl. et Nees）Trev.〔Bazzania pseudotriangularis Horik. , Bazzania yakushimensis Horik.〕东亚鞭苔

Bazzania pseudotriangularis Horik. = Bazzania praerupta（Reinw. , Bl. Nees）Trev.

Bazzania remotifolia Horik. = Bazzaia tricrenata（Wahl.）Lindb.

Bazzania revoluta（Steph.）Kitag.〔Bazzania madothecoides Horik.〕仰叶鞭苔（阔叶鞭苔，卷叶鞭苔）

Bazzania semiopacea Kitag. = Bazzania albifolia Horik.

Bazzania serrulatoides Horik. 齿叶鞭苔

Bazzania siamensis Steph. = Bazzania pearsonii Steph.

Bazzania sikkimensis（Steph.）Herz. 锡金鞭苔（南亚鞭苔）

Bazzania sinensis Gott. ex Steph. = Bazzania tridens

（Reinw. ,Bl. et Nees）Trev.

Bazzania spinosa Okam. 刺叶鞭苔（刺齿鞭苔）

Bazzania spiralis（Reinw. ,Bl. et Nees）Meijor 旋叶鞭苔

Bazzania subdistans Horik. = Metacalypogeia alternifolia（Nees）Grolle

Bazzania tiaoloensis Mizut. et K. -C. Chang 吊罗鞭苔

Bazzania triangularis Lindb. = Bazzania tricrenata（Wahl.）Trev.

Bazzania tricrenata（Wahl.）Trev.［Bazzania alpina（Steph.）Tix. , Bazzania cordifolia（Steph.）Hatt. , Bazzania fissifolia（Steph.）Steph. , Bazzania fissifolia（Steph.）Hatt. f. hamata（Steph.）Hatt. , Bazzania fissifolia（Steph.）Hatt. var. subsimplex（Steph.）Hatt. , Bazzania imbricata（Mitt.）Hatt. , Bazzania remotifolia Horik. , Bazzania triangularis Lindb, Calypogeia imbricata（Mitt.）Steph. , Mastigobryum alpinum Steph. , Mastigobryum cordifolium Steph. , Pleuroschisma alpinum Steph. , Pleuroschisma cordifolium Steph. , Pleuroschisma tricrenatum（Wahl.）Dum. var. deflexum（Mart.）Trev.］三齿鞭苔（疏叶鞭苔，短齿鞭苔，瓦叶鞭苔，心叶鞭苔，密叶鞭苔，密叶护蒴苔）

Bazzania tridens（Reinw. , Bl. et Nees）Trev.［Bazzania albicans Steph. , Bazzania faberi Herz. , Bazzania formosae（Steph.）Horik. , Bazzania sinensis Gott. ex Steph. , Mastigobryum albicans（Steph.）Steph. , Mastigobryum formosae Steph. , Mastigobryum sinense Gott. ex Steph.］三裂鞭苔（高山鞭苔，台湾鞭苔，明叶鞭苔）

Bazzania tridens（Reinw. , Bl. et Nees）Trev. var. assamica（Steph.）Pócs = Bazzania assamica（Steph.）Hatt.

Bazzania tridentoides Nichols. = Bazzania trilobata（Linn.）Gray

Bazzania trilobata（Linn.）Gray［Bazzania tridentoides Nichols. , Jungermannia trilobata Linn.］鞭苔（拟三裂鞭苔）

Bazzania vietnamica Pócs 越南鞭苔

Bazzania vittata（Gott.）Trev. 假肋鞭苔（条胞鞭苔）

Bazzania yakushimensis Horik. = Bazzania praerupta（Reinw. ,Bl. et Nees）Trev.

Bazzania yoshinagana（Steph.）Steph. ex Yas. 卷叶鞭苔

Bazzania yunnanensis Nichols. = Bazzania pearsonii Steph.

Bazzania zhekiangensis K. -C. Chang = Bazzania japonica（S. Lac.）Lindb.

Bellibarbula Chen 美叶藓属

Bellibarbula kurziana（Hampe）Chen［Gymnostomum kurzianum Hampe］美叶藓

Bellibarbula obtusicuspis（Besch.）Chen = Bellibarbula recurva（Griff.）Zand.

Bellibarbula recurva（Griff.）Zand.［Anoectangium obtusicuspis Besch. , Bellibarbula obtusicuspis（Besch.）Chen, Bryoerylhrophyllum recurvum（Griff.）Saito, Bryoerythrophyllum tenerrimum（Broth.）Chen, Didymodon tenerrimus Broth.］尖叶美叶藓（钝叶美叶藓，细叶红叶藓）

Biantheridion（Grolle）Konstant. et Vilnet 圆瓣苔属

Biantheridion undulifolium（Nees）Konstant. et Vilnet［Jamesoniella undulifolia（Nees）K. Muell.］圆瓣苔（波叶圆瓣苔，波叶圆叶苔）

Blasia Linn. 壶苞苔属

Blasia pusilla Linn. 壶苞苔

Blasiaceae 壶苞苔科

Blasiales 壶苞苔目

Blasiopsida 壶苞苔纲

Blepharostoma（Dum.）Dum. 睫毛苔属

Blepharostoma minus Horik. 小睫毛苔

Blepharostoma trichophyllum（Linn.）Dum. 睫毛苔

Blepharostomataceae 睫毛苔科

Blepharozia woodsii（Hook.）Dum. = Mastigophora woodsii（Hook.）Nees

Blindia Bruch et Schimp. 小穗藓属

Blindia acuta（Hedw.）Bruch et Schimp. 小穗藓

Blindia acuta（Hedw.）Bruch et Schimp. var. japonica（Broth.）C. Gao = Blindia japonica Broth.

Blindia campylopodioides Dix. [**Blindia perminuta Nog.**] 短胞小穗藓

Blindia japonica Broth. [**Blindia acuta**（**Hedw.**）**Bruch et Schimp. var. japonica**（**Broth.**）**C. Gao**] 东亚小穗藓（小穗藓东亚变种）

Blindia perminuta Nog. = **Blindia campylopodioides Dix.**

Boulaya Card. 虫毛藓属

Boulaya mittenii（**Broth.**）**Card.** [**Boulaya mittenii**（**Broth.**）**Card. var. attenuata Nog.**] 虫毛藓

Boulaya mittenii（**Broth.**）**Card. var. attenuata Nog.** = **Boulaya mittenii**（**Broth.**）**Card.**

*****Brachiolejeunea**（**Spruce**）**Schiffn.** 鳃叶苔属（腮叶苔属）

Brachiolejeunea chinensis Steph. = **Trocholejeunea sandvicensis**（**Gott.**）**Mizut.**

Brachiolejeunea gottschei Schiffn. = **Trocholejeunea sandvicensis**（**Gott.**）**Mizut.**

Brachiolejeunea innovata Steph. = **Trocholejeunea sandvicensis**（**Gott.**）**Mizut.**

Brachiolejeunea miyakeana Steph. = **Archilejeunea planiuscula**（**Mitt.**）**Steph.**

Brachiolejeunea plagiochiloides Steph. = **Spruceanthus semirepandus**（**Nees**）**Verd.**

Brachiolejeunea polygona（**Mitt.**）**Steph.** = **Trocholejeunea sandvicensis**（**Gott.**）**Mizut.**

Brachiolejeunea recurvidentata Chen et P.-C. Wu = **Caudalejeunea recurvistipula**（**Gott.**）**Schiffn.**

Brachiolejeunea retusa Horik. = **Schiffneriolejeunea tumida**（**Nees et Mont.**）**Gradst.**

Brachiolejeunea sandvicensis（**Gott.**）**Ev. f. chinensis**（**Steph.**）**Herz.** = **Trocholejeunea sandvicensis**（**Gott.**）**Mizut.**

Brachiolejeunea sandvicensis（**Gott.**）**Ev. f. chinensis Steph.** = **Trocholejeunea sandvicensis**（**Gott.**）**Mizut.**

Brachydontium Fuernr. 短齿藓属

Brachydontium trichodes（**Web.**）**Milde** 短齿藓

Brachymeniopsis Broth. 拟短月藓属

Brachymeniopsis gymnostoma Broth. 拟短月藓

Brachymenium Schwaegr. 短月藓属

Brachymenium acuminatum Harv. 尖叶短月藓

Brachymenium capitulatum（**Mitt.**）**Kindb.** [**Brachymenium contortum Ochi**，**Brachymenium ochianum Gangulee**] 宽叶短月藓

Brachymenium cellulare（**Hook.**）**Jaeg.** = **Bryum cellulare Hook.**

Brachymenium contortum Ochi = **Brachymenium capitulatum**（**Mitt.**）**Kindb.**

Brachymenium crassinervium Broth. = **Brachymenium systylium**（**Muell. Hal.**）**Jaeg.**

Brachymenium exile（**Dozy et Molk.**）**Bosch et S. Lac.** [**Brachymenium sikkimense Ren. et Card.**，**Bryum tectorum Muell. Hal.**] 纤枝短月藓

Brachymenium immarginatum C. Gao et K.-C. Chang 无边短月藓

Brachymenium jilinense T. Kop.，**Shaw, J.-S. Lou et C. Gao** 吉林短月藓

Brachymenium klotzschii（**Schwaegr.**）**Par.** [**Brachymenium macrocarpum Card.**] 黄肋短月藓

Brachymenium leptophyllum（**Muell. Hal.**）**Jaeg.** 多枝短月藓（柔叶短月藓）

Brachymenium longicolle Thér. 大孢短月藓

Brachymenium longidens Ren. et Card. 饰边短月藓

Brachymenium macrocarpum Card. = **Brachymenium klotzschii**（**Schwaegr.**）**Par.**

Brachymenium muricola Broth. 砂生短月藓

Brachymenium nepalense Hook. [**Brachymenium nepalense Hook. var. clavulum**（**Mitt.**）**Ochi**，**Brachymenium parvulum Broth.**] 短月藓（短月藓梨蒴变种，树生短月藓）

Brachymenium nepalense Hook. var. clavulum（**Mitt.**）**Ochi** = **Brachymenium nepalense Hook.**

Brachymenium ochianum Gangulee = **Brachymenium capitulatum**（**Mitt.**）**Kindb.**

Brachymenium parvulum Broth. = **Brachymenium nepalense Hook.**

Brachymenium pendulum Mont. [**Bryum turbinatoides Broth.**] 丛生短月藓

Brachymenium ptychothecium（**Besch.**）**Ochi** [**Bryum ptychothecium Besch.**] 皱蒴短月藓

Brachymenium sikkimense Ren. et Card. = **Brachymenium exile**（**Dozy et Molk.**）**Bosch et S. Lac.**

Brachymenium sinense Card. et Thér. 中华短月藓

Brachymenium splachnoides Harv. = Bryum cellulare Hook.

Brachymenium systylium （Muell. Hal.） Jaeg. ［Brachymenium crassinervium Broth.］ 粗肋短月藓

Brachysteleum evanidinerve Broth. = Ptychomitrium wilsonii Sull. et Lesq.

Brachysteleum mairei Thér. = Ptychomitrium tortula（Harv.） Jaeg.

Brachysteleum microcarpum Muell. Hal. = Ptychomitrium sinense（Mitt.） Jaeg.

Brachysteleum polyphylloides Muell. Hal. = Ptychomitrium gardneri Lesq.

Brachytheciaceae 青藓科

Brachytheciastrum Ignatov et Huttunen 青喙藓属

Brachytheciastrum collinum （Muell. Hal.） Ignatov et Huttunen ［Brachythecium collinum （Muell. Hal.） Bruch et Schimp, Chamberlainia collina （Muell. Hal.） Robins.］青喙藓（山地青藓,高山小青藓）

Brachytheciastrum velutinum （Hedw.） Ignatov et Huttunen ［Brachythecium subcurvatulum Broth. , Brachythecium velutinum （Hedw.） Bruch et Schimp.］弯枝青喙藓（假弯枝青藓,绒叶青藓,绒叶小青藓）

Brachythecium Bruch et Schimp. 青藓属

Brachythecium albicans （Hedw.） Bruch et Schimp. 灰白青藓（青藓）

Brachythecium amnicola Muell. Hal. 密枝青藓

Brachythecium angustirete Broth. = Eurhynchium angustirete（Broth.） T. Kop.

Brachythecium auriculatum Jaeg. ［Camptothecium auriculatum （Jaeg.） Broth.］耳叶青藓（耳叶斜蒴藓）

Brachythecium bodinieri Card. et Thér. 贵州青藓

Brachythecium brotheri Par. = Sciaro-hypnum brotheri（Par.）Ignatov et Huttunen

Brachythecium buchananii （Hook.） Jaeg. ［Brachythecium buchananii （Hook.）Jaeg. var. gracillimum Dix. , Platyhypnidium microrusciforme （Muell. Hal.） Fleisch. , Rhynchostegium microrusciforme Muell. Hal.］多褶青藓（细枝青藓,齿边青藓,布氏青藓,波氏青藓,小叶平灰藓）

Brachythecium buchananii （Hook.） Jaeg. var. gracillimum Dix. = Brachythecium buchananii （Hook.）Jaeg.

Brachythecium calliergonoides Broth. 湿原青藓

Brachythecium campestre （Muell. Hal.） Bruch et Schimp. 田野青藓

Brachythecium camptothecioides Tak. 斜蒴青藓

Brachythecium campylothallum Muell. Hal. 斜枝青藓

Brachythecium carinatum Dix. 强肋青藓

Brachythecium cirrosum （Schwaegr.） Schimp. = Cirriphyllum cirrosum（Schwaegr.）Grout

Brachythecium collinum （Muell. Hal.） Bruch et Schimp. = Brachytheciastrum collinum （Muell. Hal.） Ignatov et Huttunen

Brachythecium coreanum Card. ［Brachythecium piliferum Broth.］尖叶青藓

Brachythecium curtum （Lindb.） Limpr. = Sciurohypnum curtum （Lindb.） Ignatov

Brachythecium dicranoides Muell. Hal. 曲枝青藓

Brachythecium erythrorrhizon Bruch et Schimp. 赤根青藓

Brachythecium eustegium Besch. = Eurhynchium eustegium（Besch.） Dix.

Brachythecium fasciculirameum Muell. Hal. = Brachythecium stereopoma （Mitt.） Jaeg.

Brachythecium formosanum Tak. 台湾青藓

Brachythecium garovaglioides Muell. Hal. ［Brachythecium wichurae （Broth.） Par. , Brachythecium wichurae（Broth.） Par. f. robustum Broth.］圆枝青藓（短肋青藓）

Brachythecium glaciale Bruch et Schimp. = Sciurohypnum glaciale （Bruch et Schimp.） Ignatov et Huttunen

Brachythecium glareosum （Spruce） Bruch et Schimp. 石地青藓

Brachythecium glaucoviride Muell. Hal. = Brachythecium rivulare Schimp.

Brachythecium glauculum Muell. Hal. 灰青藓

Brachythecium helminthocladum Broth. et Par. 粗枝

青藓（平枝青藓）

Brachythecium homocladum Muell. Hal. 同枝青藓

Brachythecium kuroishicum Besch. 皱叶青藓

Brachythecium micrangium Muell. Hal. = Okamuraea micrangia（Muell. Hal.）Y. -F. Wang et R. -L. Hu

Brachythecium microcarpum Muell. Hal. 小蒴青藓

Brachythecium moriense Besch. 柔叶青藓

Brachythecium nakazimae Iisiba 裸叶青藓

Brachythecium noguchii Tak. 野口青藓

Brachythecium oedipodium（Mitt.）Jaeg. = Sciuro-hypnum oedipodium（Mitt.）Ignatov et Huttunen

Brachythecium oedistegum（Muell. Hal.）Jaeg. = Sciuro-hypnum plumosum（Hedw.）Ignatov et Huttunen

Brachythecium otaruense Card. 尖喙青藓

Brachythecium pallescens Dix. et Thér. 苍白青藓（淡色青藓）

Brachythecium pendulum Tak. 悬垂青藓

Brachythecium perminusculum Muell. Hal. = Sciuro-hypnum plumosum（Hedw.）Ignatov et Huttunen

Brachythecium permolle Muell. Hal. = Brachythecium rivulare Schimp.

Brachythecium perpiliferum Muell. Hal. = Cirriphyllum cirrosum（Schwaegr.）Grout

Brachythecium perscabrum Broth. 疣柄青藓

Brachythecium piliferum Broth. = Brachythecium coreanum Card.

Brachythecium piliferum（Hedw.）Kindb. = Cirriphyllum piliferum（Hedw.）Grout

Brachythecium piligerum Card. 毛尖青藓

Brachythecium pinnatum Tak. = Brachythecium propinnatum Redf. , Tan et S. He

Brachythecium pinnirameum Muell. Hal. 华北青藓

Brachythecium planiusculum Muell. Hal. 扁枝青藓

Brachythecium plumosum（Hedw.）Bruch et Schimp. = Sciuro-hypnum plumosum（Hedw.）Ignatov et Huttunen

Brachythecium plumosum（Hedw.）Bruch et Schimp. var. brevisetum Sak. = Sciuro-hypnum plumosum（Hedw.）Ignatov et Huttunen

Brachythecium plumosum（Hedw.）Bruch et Schimp. var. concavifolium Tak. = Sciuro-hypnum plumosum（Hedw.）Ignatov et Huttunen

Brachythecium plumosum（Hedw.）Bruch et Schimp. var. densirete（Broth. et Par.）Tak. = Sciuro-hypnum plumosum（Hedw.）Ignatov et Huttunen

Brachythecium plumosum（Hedw.）Bruch et Schimp. var. mimmayae Card. = Sciuro-hypnum plumosum（Hedw.）Ignatov et Huttunen

Brachythecium plumosum（Hedw.）Bruch et Schimp. var. minutum Tak. = Sciuro-hypnum plumosum（Hedw.）Ignatov et Huttunen

Brachythecium plumosum（Hedw.）Bruch et Schimp. var. nitidum（Sak.）Tak. = Sciuro-hypnum plumosum（Hedw.）Ignatov et Huttunen

Brachythecium plumosum（Hedw.）Bruch et Schimp. var. scabrum Broth. = Sciuro-hypnum plumosum（Hedw.）Ignatov et Huttunen

Brachythecium plumosum（Hedw.）Bruch et Schimp. var. scariosifolium Card. = Sciuro-hypnum plumosum（Hedw.）Ignatov et Huttunen

Brachythecium plumosum（Hedw.）Bruch et Schimp. var. stenocarpum Card. = Sciuro-hypnum plumosum（Hedw.）Ignatov et Huttunen

Brachythecium populeum（Hedw.）Bruch et Schimp. = Sciuro-hypnum populeum（Hedw.）Ignatov et Huttunen

Brachythecium populeum（Hedw.）Bruch et Schimp. var. japonicum Dix. et Thér. = Sciuro-hypnum populeum（Hedw.）Ignatov et Huttunen

Brachythecium populeum（Hedw.）Bruch et Schimp. var. quelpaertense（Card.）Tak. = Sciuro-hypnum populeum（Hedw.）Ignatov et Huttunen

Brachythecium populeum（Hedw.）Bruch et Schimp. var. yamamotoi Tak. = Sciuro-hypnum populeum（Hedw.）Ignatov et Huttunen

Brachythecium procumbens（Mitt.）Jaeg. 匐枝青藓

Brachythecium propinnatum Redf. , Tan et S. He ［Brachythecium pinnatum Tak. ］羽状青藓

Brachythecium pulchellum Broth. et Par. ［Brachythecium rhynchostegielloides Card.］青藓（纤细青藓）

Brachythecium pygmaeum Tak. = Sciuro-hypnum plumosum（Hedw.）Ignatov et Huttunen

Brachythecium quelpaertense Card. = Sciuro-hypnum populeum（Hedw.）Ignatov et Huttunen

Brachythecium reflexum（Stark.）Bruch et Schimp. = Sciuro-hypnum reflexum（Stark.）Ignatov et Huttunen

Brachythecium rhynchostegielloides Card. = Brachythecium pulchellum Broth. et Par.

Brachythecium rivulare Schimp.［Brachythecium glaucoviride Muell. Hal. , Brachythecium permolle Muell. Hal. , Brachythecium rivulare Schimp. var. gracile Broth.］溪边青藓（青藓,粉白青藓）

Brachythecium rivulare Schimp. var. gracile Broth. = Brachythecium rivulare Schimp.

Brachythecium rotaeanum De Not. 长叶青藓

Brachythecium rutabulum（Hedw.）Schimp.［Hypnum rutabulum Hedw.］卵叶青藓

Brachythecium sakuraii Broth. 撒氏青藓

Brachythecium salebrosum（Web. et Mohr）Schimp.［Brachythecium subalbicans Broth. , Hypnum salebrosum Web. et Mohr］褶叶青藓（亚灰白青藓）

Brachythecium sapporense（Besch.）Tak. 北方青藓

Brachythecium starkei（Brid.）Schimp. = Sciuro-hypnum starkei（Brid.）Ignatov et Huttunen

Brachythecium stereopoma（Mitt.）Jaeg. ［Brachythecium fasciculirameum Muell. Hal.］多枝青藓

Brachythecium subalbicans Broth. = Brachythecium salebrosum（Web. et Mohr）Schimp.

Brachythecium subcurvatulum Broth. = Brachytheciastrum velutinum（Hedw.）Ignatov et Huttunen

Brachythecium suzukii Broth. = Sciuro-hypnum plumosum（Hedw.）Ignatov et Huttanen

Brachythecium thraustum Muell. Hal. 脆枝青藓

Brachythecium truncatum Besch. = Sciuro-hypnum plumosum（Hedw.）Ignatov et Huttanen

Brachythecium turgidum（Hartm.）Kindb. 膨叶青藓

Brachythecium uematsui Broth. = Brachythecium uyematsui Broth. ex Card.

Brachythecium uncinifolium Broth. et Par.［Cratoneurella uncinifolia（Broth. et Par.）Robins. , Sciuro-hypnum uncinifolium（Broth. et Par.）Ochyra et Zarnowiec］钩叶青藓（钩叶拟青藓）

Brachythecium uyematsui Broth. ex Card. ［Brachythecium uematsui Broth.］亚洲青藓

Brachythecium velutinum（Hedw.）Bruch et Schimp. = Brachytheciastrum velutinum（Hedw.）Ignatov et Huttunen

Brachythecium viridefactum Muell. Hal. 绿枝青藓

Brachythecium wichurae（Broth.）Par. = Brachythecium garovaglioides Muell. Hal.

Brachythecium wichurae（Broth.）Par. f. robustum Broth. = Brachythecium garovaglioides Muell. Hal.

Brachythecium yunnanense Herz. 云南青藓

Braunfelsia Par. 高苞藓属（长苞叶藓属）

Braunfelsia enervis（Dozy et Molk.）Par.［Holomitrium enerve Dozy et Molk.］高苞藓（长苞叶藓）

Braunia Bruch et Schimp. 赤枝藓属

Braunia alopecura（Brid.）Limpr.［Braunia obtusicupis Broth. , Braunia sciuroides（Bals. et De Not.）Bruch et Schimp.］赤枝藓（钝叶赤枝藓）

Braunia delavayi Besch. 云南赤枝藓

Braunia obtusicuspis Broth. = Braunia alopecura（Brid.）Limpr.

Braunia sciuroides（Bals. et De Not.）Bruch et Schimp. = Braunia alopecura（Brid.）Limpr.

Breidleria Loeske 扁灰藓属

Breidleria arcuata（Mol.）Loeske = Calliergonella lindbergii（Mitt.）Hedenaes

Breidleria erectiuscula（Sull. et Lesq.）Hedenaes［Hypnum erectiusculum Sull. et Lesq. , Hypnum homaliaceum（Besch.）Doign.］阔叶扁灰藓（阔叶灰藓）

Breidleria pratensis（Spruce）Loeske［Hypnum pratense Spruce］扁灰藓

Breutelia（Bruch et Schimp.）Schimp. 热泽藓属

* **Breutelia arcuata（Sw.）Schimp.** 热泽藓

Breutelia arundinifolia（Duby）Fleisch. 大热泽藓

Breutelia chrysocoma auct. non（Hedw.）Lindb. = Fleischerobryum longicolle（Hampe）Loeske

Breutelia deflexa Kab. = Breutelia dicranacea（Muell. Hal.）Mitt.

Breutelia dicranacea（Muell. Hal.）Mitt. ［Breutelia deflexa Kab.］仰叶热泽藓

Breutelia setschwanica Broth. = Breutelia yunnanensis Besch.

Breutelia subdeflexa Broth. = Breutelia yunnanensis Besch.

Breutelia yunnanensis Besch. ［Bartramia yunnanensis（Besch.）Muell. Hal.，Breutelia setschwanica Broth.，Breutelia subdeflexa Broth.］云南热泽藓

Brothera Muell. Hal. 白氏藓属（白叶藓属）

Brothera leana（Sull.）Muell. Hal. 白氏藓（白叶藓）

Brotherella Fleisch. 小锦藓属

Brotherella complanata Reim. et Sak. 扁枝小锦藓

Brotherella crassipes Sak. ［Pylaisiadelpha crassipes（Sak.）Buck］粗小锦藓

Brotherella curvirostris（Schwaegr.）Fleisch. ［Brotherella himalayana Chen，Brotherella perpinnata（Broth.）Fleisch.，Neckera curvirostris Schwaegr.，Pylaisiadelpha himalayana（Chen）S.-H. Lin］曲叶小锦藓（喜马拉雅小锦藓）

Brotherella cuspidata Y. Jia et J.-M. Xu 尾尖小锦藓

Brotherella erythrocaulis（Mitt.）Fleisch. ［Hypnum erythrocaule（Mitt.）Jaeg.，Pylaisiadelpha erythrocaulis（Mitt.）Buck，Stereodon erythrocaulis Mitt.］赤茎小锦藓（赤小锦藓）

Brotherella falcata（Dozy et Molk.）Fleisch. ［Pylaisiadelpha falcata（Dozy et Molk.）Buck，Sematophyllum extensum Card.］弯叶小锦藓

Brotherella falcatula Broth. = Brotherella henonii（Duby）Fleisch. var. falcatula（Broth.）Tan et Y. Jia

Brotherella fauriei（Card.）Broth. ［Brotherella kirishimensis Sak.，Pylaisiadelpha fauriei（Card.）Buck］东亚小锦藓（江西小锦藓）

Brotherella formosana Broth. = Heterophyllium affine（Hook.）Fleisch.

Brotherella handelii Broth. = Brotherella nictans（Mitt.）Broth.

Brotherella henonii（Duby）Fleisch. ［Brotherella isopterygioides Sak.，Brotherella nakanishikii（Broth.）Nog.，Pylaisiadelphus henonii（Duby）Buck］南方小锦藓

Brotherella henonii（Duby）Fleisch. var. falcatula（Broth.）Tan et Y. Jia ［Brotherella falcatula Broth.，Pylaisiadelpha falcatula（Broth.）Buck］南方小锦藓弯叶变种（拟弯叶小锦藓，弯叶小锦藓）

Brotherella herbacea Sak. ［Pylaisiadelpha herbacea（Sak.）Buck］草质小锦藓

Brotherella himalayana Chen = Brotherella curvirostris（Schwaegr.）Fleisch.

Brotherella integrifolia Broth. = Pylaisiadelpha tristoviridis（Broth.）Afonina

Brotherella isopterygioides Sak. = Brotherella henonii（Duby）Fleisch.

Brotherella kirishimensis Sak. = Brotherella fauriei（Card.）Broth.

* **Brotherella lorentziana（Mol.）Loeske** 小锦藓

Brotherella nakanishikii（Broth.）Nog. = Brotherella henonii（Duby）Fleisch.

Brotherella nictans（Mitt.）Broth. ［Brotherella handelii Broth.，Brotherella pylaisiadelpha（Besch.）Broth.，Pylaisiadelpha brotherella Buck，Pylaisiadelpha handelii（Broth.）Buck，Pylaisiadelpha nictans（Mitt.）Buck，Rhaphidostegium pylaisiadelphus Besch.，Stereodon nictans Mitt.］垂蒴小锦藓（腐木小锦藓）

Brotherella nictans（Mitt.）Broth. var. zangmuxingjiangiorum Tan 垂蒴小锦藓云南变种

Brotherella perpinnata（Broth.）Fleisch. = Brotherella curvirostris（Schwaegr.）Fleisch.

Brotherella piliformis Broth. = Wijkia hornschuchii（Dozy et Molk.）Crum

Brotherella pylaisiadelpha（Besch.）Broth. = Brotherella nictans（Mitt.）Broth.

Brotherella recurvans（Michx.）Fleisch. ［Pylaisiadelpha recurvans（Michx.）Buck］外弯小锦藓

Brotherella subintegra Broth. = Wijkia deflexifolia
（Ren. et Card.）Crum

Brotherella tenuirostris（Bruch et Schimp. ex Sull.）
Broth. = Pylaisiadelpha tenuirostris（Bruch et
Schimp ex Sull.）Buck

Brotherella yokohamae（Broth）Broth. = Pylaisia-
delpha yokohamae（Broth.）Buck

Bruchia Schwaegr. 小烛藓属

Bruchia microspora Nog. 小孢小烛藓

Bruchia sinensis Chen ex T. Cao et C. Gao 中华小
烛藓

Bruchia vogesiaca Schwaegr. 小烛藓

Bruchiaceae 小烛藓科

Bryaceae 真藓科

Bryales 真藓目

Bryhnia Kaur. 燕尾藓属

Bryhnia brachycladula Card. 短枝燕尾藓

Bryhnia higoensis Tak. = Bryhnia novae-angliae
（Sull. et Lesq.）Grout

Bryhnia hultenii Bartr. 短尖燕尾藓

Bryhnia nitida Sak. = Sciuro-hypnum plumosum
（Hedw.）Ignatov et Huttunen

Bryhnia noesica（Besch.）Broth. = Bryhnia novae-
angliae（Sull. et Lesq.）Grout

Bryhnia novae-angliae（Sull. et Lesq.）Grout［Bry-
hnia higoensis Tak., Bryhnia noesica（Besch.）
Broth., Bryhnia sublaevifolia Broth. et Par.］燕
尾藓（东亚燕尾藓，山地燕尾藓，短尖燕尾藓，短
叶燕尾藓，平叶燕尾藓）

Bryhnia serricuspis（Muell. Hal.）Y. -F. Wang et
R. -L. Hu = Pseudokindbergia dumosa（Mitt.）
M. Li，Y. -F. Wang，Ignatov et Tan

Bryhnia sublaevifolia Broth. et Par. = Bryhnia no-
vae-angliae（Sull. et Lesq.）Grout

Bryhnia trichomitria Dix. et Thér. 毛尖燕尾藓

Bryhnia ussuriensis Broth. = Okamuraea hakonensis
（Mitt.）Broth. var. ussuriensis（Broth.）Nog.

Bryidae 真藓亚纲

Bryiidae 真藓类

Bryineae 真藓亚目

Bryochenea C. Gao et K. -C. Chang = Bryonogu-
chia Iwats. et Inoue

Bryochenea ciliata C. Gao et K. -C. Chang = Bry-
onoguchia vestitissimum（Besch.）Touw

Bryochenea sachalinensis（Lindb.）C. Gao et K. -C.
Chang = Helodium sachalinense（Lindb.）Broth.

Bryochenea vestitissimum（Besch.）Touw = Bryo-
noguchia vestitissimum（Besch.）Touw

Bryocrumia Anderson 圆尖藓属

Bryocrumia andersonii（Bartr.）Anderson = Bryo-
crumia vivicolor（Dix.）Buck

Bryocrumia vivicolor（Broth. et Dix.）Buck［Bryo-
crumia andersonii（Bartr.）Anderson, Taxitheli-
um vivicolor Broth. et Dix.］圆尖藓（亮绿圆尖
藓）

Bryoerythrophyllum Chen 红叶藓属

Bryoerythrophyllum alpigenum（Vent.）Chen 高山
红叶藓

Bryoerythrophyllum atrorubens（Besch.）Chen =
Bryoerythrophyllum wallichii（Mitt.）Chen

Bryoerythrophyllum brachystegium（Besch.）Saito
［Bryoerythrophyllum obtusissimum（Broth.）
Chen］钝头红叶藓

Bryoerythrophyllum dentatum（Mitt.）Chen =
Leptodontium flexifolium（Dicks.）Hampe

Bryoerythrophyllum gymnostomum（Broth.）Chen
［Didymodon gymnostomus Broth.］无齿红叶藓

Bryoerythrophyllum hostile（Herz.）Chen［Eryth-
rophyllum hostile Herz.］异叶红叶藓

Bryoerythrophyllum inaequalifolium（Tayl.）Zand.
［Barbula inaequalifolia Tayl., Barbula tenii
Herz.］单胞红叶藓（云南扭口藓）

Bryoerythrophyllum obtusissimum（Broth.）Chen
= Bryoerythrophyllum brachystegium（Besch.）
Saito

Bryoerythrophyllum pergemmascens（Broth.）
Chen = Leptodontium flexifolium（Dicks.）
Hampe

Bryoerythrophyllum recurvirostrum（Hedw.）
Chen［Barbula glabriuscula Muell. Hal., Didym-
odon rubellus Bruch et Schimp., Didymodon sub-
microstomus Dix., Didymodon tenii（Herz.）
Broth., Erythrophyllum tenii Herz., Trichosto-
mum subrubellum Muell. Hal., Weissia recurvir-

ostra Hedw.〕红叶藓

Bryoerythrophyllum recurvum（Griff.）Saito = Bellibarbula recurva（Griff.）Zand.

Bryoerythrophyllum rubrum（Geh.）Chen〔Didymodon giraldii（Muell. Hal.）Broth., Trichostomum giraldii Muell. Hal.〕大红叶藓

Bryoerythrophyllum tenerrimum（Broth.）Chen = Bellibarbula recurva（Griff.）Zand.

Bryoerythrophyllum wallichii（Mitt.）Chen〔Barbula zygodontifolia Muell. Hal., Bryoerythrophyllum atrorubens（Besch.）Chen, Didymodon wallichii（Mitt.）Broth., Erythrophyllum atrorubens（Besch.）Herz., Erythrophyllum wallichii（Mitt.）Herz., Trichostomum atrorubens Besch.〕东亚红叶藓（大红叶藓，魏氏红叶藓，深色红叶藓）

Bryoerythrophyllum yichunense C. Gao = Leptodontium flexifolium（Dicks.）Hampe

Bryoerythrophyllum yunnanense（Herz.）Chen〔Didymodon yunnanensis（Herz.）Broth., Erythrophyllum yunnanense Herz.〕云南红叶藓

Bryoerythrophyllum yunnanense（Herz.）Chen var. pulvinans（Herz.）Chen〔Erythrophyllum pulvinans Herz.〕云南红叶藓垫状变种

Bryohaplocladium Watan. et Iwats. = Haplocladium（Muell. Hal.）Muell. Hal.

Bryohaplocladium angustifolium（Hampe et Muell. Hal.）Watan. et Iwats. = Haplocladium angustifolium（Hampe et Muell. Hal.）Broth.

Bryohaplocladium larminatii（Broth. et Par.）Watan. et Iwats. = Haplocladium larminatii（Broth. et Par.）Broth.

Bryohaplocladium microphyllum（Hedw.）Watan. et Iwats. = Haplocladium microphyllum（Hedw.）Broth.

Bryohaplocladium strictulum（Card.）Watan. et Iwats. = Haplocladium strictulum（Card.）Reim.

* Bryomnium Card. 真灯藓属

Bryonoguchia Iwats. et Inoue〔Bryochenea C. Gao et K. -C. Chang〕毛羽藓属（陈氏藓属）

Bryonoguchia brevifolia S. -Y. Zeng 短叶毛羽藓

Bryonoguchia molkenboeri（S. Lac.）Iwats. et Inoue〔Tetracladium molkenboeri（S. Lac.）Broth.〕毛羽藓

Bryonoguchia vestitissimun（Besch.）Touw〔Bryochenea ciliata C. Gao et K. -C. Chang, Bryochenea vestitissimum（Besch.）Touw, Cyrto-hypnum vestitissimum（Besch.）Buck et Crum, Thuidium lepidoziaceum Sak., Thuidium vestitissimum Besch.〕多毛毛羽藓（多毛细羽藓，多毛羽藓，细叶羽藓，陈氏藓）

Bryonorrisia acutifolia（Mitt.）Enroth = Herpetineuron acutifolium（Mitt.）Granzow

Bryophyta 苔藓植物门，藓类植物门

Bryopsida 真藓纲

Bryowijkia Nog.〔Cleistostoma Brid.〕蔓枝藓属

Bryowijkia ambigua（Hook.）Nog.〔Cleistostoma ambiguum（Hook.）Brid.〕蔓枝藓

Bryowijkiaceae 蔓枝藓科

Bryoxiphiaceae 虾藓科

Bryoxiphiales 虾藓目

Bryoxiphium Mitt. 虾藓属

Bryoxiphium japonicum（Berggr.）Britton = Bryoxiphium norvegicum（Brid.）Mitt. subsp. japonicum（Berggr.）A. Loeve et D. Loeve

Bryoxiphium norvegicum（Brid.）Mitt. 虾藓

Bryoxiphium norvegicum（Brid.）Mitt. subsp. japonicum（Berggr.）A. Loeve et D. Loeve〔Bryoxiphium japonicum（Berggr.）Britton, Bryoxiphium savatieri（Husn.）Mitt., Eustichia japonica Berggr.〕虾藓东亚亚种（东亚虾藓，虾藓日本亚种）

Bryoxiphium savatieri（Husn.）Mitt. = Bryoxiphium norvegicum（Brid.）Mitt. subsp. japonicum（Berggr.）A. Loeve et D. Loeve

Bryum Hedw. 真藓属（小真藓属）

Bryum albidum Copp. = Bryum ochianum Redf. et Tan

Bryum algovicum Muell. Hal.〔Bryum angustirete Kindb.〕狭网真藓（钙土真藓）

Bryum alpicola Broth. = Bryum arcticum（Brown）Bruch et Schimp.

Bryum alpinum With. 高山真藓

Bryum alpinum With. subsp. gerwigii（Muell. Hal.）Podp. ［Bryum gerwigii（Muell. Hal.）Kindb.］高山真藓格氏亚种

Bryum alpinum With. var. teretiusculum（Hook.）Podp. = Bryum paradoxum Schwaegr.

Bryum ambiguum Duby = Bryum apiculatum Schwaegr.

Bryum amblyodon Muell. Hal. 钝盖真藓

Bryum andrei Card. et P. Varde = Bryum paradoxum Schwaegr.

Bryum angustirete Kindb. = Bryum algovicum Muell. Hal.

Bryum apiculatum Schwaegr. ［Bryum ambiguum Duby，Bryum nitens Hook.，Bryum plumosum Dozy et Molk.，Bryum porphyroneuron Muell. Hal.］毛状真藓（矮枝真藓，紫肋真藓）

Bryum appendiculatum Amann = Bryum pallens Sw.

Bryum archangelicum Bruch et Schimp. 弯蒴真藓

Bryum arcticum（Brown）Bruch et Schimp. ［Bryum alpicola Broth.］极地真藓（西川真藓）

Bryum argenteum Hedw. ［Anomobryum alpinum M. Zang et X. -J. Li，Bryum argenteum Hedw. var. lanatum（P. Beauv.）Hampe，Bryum compactulum Muell. Hal.，Bryum decolorifolium Muell. Hal.，Bryum fusijamae Muell. Hal.，Bryum germiniferum Muell. Hal.］真藓（真藓尖叶变种，银叶真藓，银叶真藓尖叶变种，西藏银藓，高山银藓）

Bryum argenteum Hedw. var. lanatum（P. Beauv.）Hampe = Bryum argenteum Hedw.

Bryum atrothecium Muell. Hal. = Pohlia atrothecia（Muell. Hal.）Broth.

Bryum atrovirens Brid. ［Bryum erythrocarpum Schwaegr.］红蒴真藓

Bryum auratum Mitt. = Anomobryum auratum（Mitt.）Jaeg.

*Bryum badwarii Ochi 巴氏真藓

Bryum barbuloides Broth. = Pohlia drummondii（Muell. Hal.）Andrson

Bryum bicolor Dicks. = Bryum dichotomum Hedw.

Bryum billarderii Schwaegr. ［Bryum fortunatii

Thér.，Bryum globicoma Muell. Hal.，Bryum leptothecium Tayl.，Bryum ramosum（Hook.）Mitt.，Bryum truncorum auct. non（Brid.）Brid.，Bryum wichurae Broth.，Rhodobryum longicaudatum M. Zang et X. -J. Li，Rhodobryum wichurae（Broth.）Par.］比拉真藓（球形真藓，截叶真藓）

Bryum blandum Hook. f. et Wils. subsp. handelii（Broth.）Ochi = Bryum handelii Broth.

Bryum blindii Bruch et Schimp. 卵蒴真藓

Bryum bornholmense Winkelm. et Ruthe 疣根真藓（瘤根真藓）

Bryum caespiticium Hedw. ［Bryum capitellatum Muell. Hal.，Bryum sinensicaespiticium Muell. Hal.］丛生真藓

Bryum calophyllum Brown 卵叶真藓

Bryum capillare Hedw. ［Bryum capillare Hedw. var. rubrolimbatum（Broth.）Bartr.，Bryum courtoisii Broth. et Par.，Bryum nagasakense Broth.，Bryum obconicum Hornsch.，Bryum spathulatulum Muell. Hal.，Bryum taitumense Card.，Tayloria sinensis Muell. Hal.］细叶真藓（中华小壶藓）

Bryum capillare Hedw. var. rubrolimbatum（Broth.）Bartr. = Bryum capillare Hedw.

Bryum capitellatum Muell. Hal. = Bryum caespiticium Hedw.

Bryum cellulare Hook. ［Brachymenium cellulare（Hook.）Jaeg.，Brachymenium splachnoides Harv.，Bryum cellulare Hook. var. epipterygioides（Ochi）Ochi，Bryum compressidens Muell. Hal.，Bryum formosanum Broth.，Bryum japonense（Besch.）Broth.，Bryum setschwanicum Broth.，Bryum splachnoides（Harv.）Muell. Hal.］柔叶真藓（柔毛真藓，台湾真藓，四川真藓，柔叶短月藓）

Bryum cellulare Hook. var. epipterygioides（Ochi）Ochi = Bryum cellulare Hook.

Bryum cernum（Hedw.）Bruch et Schimp. = Bryum uliginosum（Brid.）Bruch et Schimp.

Bryum chrysobasilare Broth. = Bryum recurvulum Mitt.

Bryum chrysobasilarioides Broth. = Bryum recurvulum Mitt.

Bryum chungii Bartr. = Bryum radiculosum Brid.

Bryum cirrhatum Hoppe et Hornsch. = Bryum lonchocaulon Muell. Hal.

Bryum clathratum Amann = Bryum lonchocaulon Muell. Hal.

Bryum clavatum（Schimp.）Muell. Hal. 棒槌真藓

Bryum compactulum Muell. Hal. = Bryum argenteum Hedw.

Bryum compressidens Muell. Hal. = Bryum cellulare Hook.

Bryum coronatum Schwaegr. ［Bryum coronatum Schwaegr. var. macrostomum Herz. , Bryum humillimum Muell. Hal. , Bryum schensianum Par.］蕊形真藓

Bryum coronatum Schwaegr. var. macrostomum Herz. = Bryum coronatum Schwaegr.

Bryum courtoisii Broth. et Par. = Bryum capillare Hedw.

Bryum cyclophyllum （ Schwaegr.） Bruch et Schimp.［Bryum tortifolium Brid.］圆叶真藓

Bryum decolorifolium Muell. Hal. . = Bryum argenteum Hedw.

Bryum dichotomum Hedw.［Bryum bicolor Dicks. , Bryum sasaokae Broth.］双色真藓（多色真藓）

Bryum elegans Nees ex Brid. 幽美真藓

Bryum erythrocarpum Schwaegr. = Bryum atrovirens Brid.

Bryum exstans Mitt. = Bryum pallens Sw.

Bryum filiforme Dicks. = Anomobryum julaceum （Gaertn. , Meyer et Schreb.）Schimp.

Bryum filiforme Dicks. var. concinnatum（Spruce）Boul. = Anomobryum julaceum（Gaertn. , Meyer et Schreb.）Schimp.

Bryum flexicaule Muell. Hal. = Bryum recurvulum Mitt. var. flexicaule（Muell. Hal.）Ochi

Bryum formosanum Broth. = Bryum cellulare Hook.

Bryum fortunatii Thér. = Bryum billarderii Schwaegr.

Bryum funkii Schwaegr. 宽叶真藓

Bryum. fusijamae Muell. Hal. = Bryum argenteum Hedw.

Bryum gedeanum Bosch et S. Lac. = Pohlia gedeana （Bosch et S. Lac.）Gangulee

Bryum gemmigerum（Broth.）Bartr. = Anomobryum gemmigerum Broth.

Bryum germiniferum Muell. Hal. = Bryum argenteum Hedw.

Bryum gerwigii（Muell. Hal.）Kindb. = Bryum alpinum With. subsp. gerwigii（Muell. Hal.）Podp.

Bryum giganteum（Schwaegr.）Arn. = Rhodobryum giganteum（Schwaegr.）Par.

Bryum giraldii Muell. Hal. = Plagiobryum giraldii （Muell. Hal.）Par.

Bryum globicoma Muell. Hal. = Bryum billarderii Schwaegr.

Bryum globosum Lindb. = Bryum wrightii Sull. et Lesq.

Bryum gossypinum C. Gao et K. -C. Chang［Bryum gossypinum M. Zang et X. -J. Li 绵毛真藓

Bryum gossypinum M. Zang et X. -J. Li = Bryum gossypinum C. Gao et K. -C. Chang

Bryum handelii Broth.［Bryum blandum Hook. f. et Wils. subsp. handelii（Broth.）Ochi, Bryum neodamense Itzigs. var. simulans（Broth.）Podp. , Bryum pulchroalare Broth. , Bryum simulans Broth.］韩氏真藓

Bryum hawaiicum Hoe［Bryum sinense Mohamed］夏威夷真藓

Bryum hopeiense Dix. 北方真藓

Bryum humillimum Muell. Hal. = Bryum coronatum Schwaegr.

Bryum imbricatum（Schwaegr.）Bruch et Schimp. = Pohlia elongata Hedw.

Bryum japonense（Besch.）Broth. = Bryum cellulare Hook.

Bryum julaceum Gaertn. , Meyer et Schreb. = Anomobryum julaceum（Gaertn. , Meyer et Scherb.）Schimp.

Bryum kashmirense Broth.［Anomobryum kashmirense（Broth.）Broth.］克什米尔真藓（喀什真藓）

Bryum knowltonii Barnes 沼生真藓

Bryum leptoflagellans Muell. Hal. = Bryum recurvulum Mitt.

Bryum leptocaulon Card. 纤茎真藓

Bryum leptorhodon Muell. Hal. = Rhodobryum ontariense（Kindb.）Par.

Bryum leptothecium Tayl. = Bryum billarderii Schwaegr.

Bryum leucophylloides Broth. 白叶真藓

* Bryum lisae De Not. var. cuspidatum（Bruch et Schimp.）Marg. 无毛真藓尖叶变种

Bryum lonchocaulon Muell. Hal.［Bryum cirrhatum Hoppe et Hornsch.，Bryum clathratum Amann］刺叶真藓

Bryum longescens Muell. Hal. = Pohlia cruda（Hedw.）Lindb.

Bryum longisetum Blandow ex Schwaegr. 长柄真藓

Bryum nagasakense Broth. = Bryum capillare Hedw.

Bryum nanorosula Muell. Hal. = Rhodobryum ontariense（Kindb.）Par.

Bryum neodamense Itzigs. 卷尖真藓（卵叶真藓）

Bryum neodamense Itzigs. var. ovatum Lindb. et Arn. 卷尖真藓圆叶变种（卵叶真藓圆叶变种）

Bryum neodamense Itzigs. var. simulans（Broth.）Podp. = Bryum handelii Broth.

Bryum nitens Hook. = Bryum apiculatum Schwaegr.

Bryum noguchii Ochi = Bryum recurvulum Mitt.

Bryum obconicum Hornsch. = Bryum capillare Hedw.

Bryum ochianum Redf. et Tan［Bryum albidum Copp.］灰白真藓

Bryum ontariense Kindb. = Rhodobryum ontariense（Kindb.）Par.

Bryum orthocarpulum Muell. Hal. = Pohlia orthocarpula（Muell. Hal.）Broth.

Bryum nemicaulon Muell. Hal. = Pohlia nemicaulon（Muell. Hal.）Broth.

Bryum pachytheca Muell. Hal. 拟双色真藓

Bryum pallens Sw.［Bryum appendiculatum Amann，Bryum exstans Mitt.］灰黄真藓

Bryum pallescens Schwaegr.［Bryum tibetanum Mitt.］黄色真藓（西藏真藓）

Bryum pallescens Schwaegr. var. subrotundum（Brid.）Bruch et Schimp.［Bryum subrotundum Brid.］黄色真藓近圆叶变种

Bryum paradoxum Schwaegr.［Bryum alpinum With. var. teretiusculum（Hook.）Podp.，Bryum andrei Card. et P. Varde，Bryum pseudo-alpinum Ren. et Card.，Bryum rubigineum Muell. Hal.，Bryum teretiusculum Hook.，Bryum tsanii Muell. Hal.］近高山真藓（高山真藓圆柱变种）

Bryum petelotii Thér. et Henry 拟纤枝真藓

Bryum plumosum Dozy et Molk. = Bryum apiculatum Schwaegr.

Bryum porphyroneuron Muell. Hal. = Bryum apiculatum Schwaegr.

Bryum pseudoalpinum Ren. et Card. = Bryum paradoxum Schwaegr.

Bryum pseudotriquetrum（Hedw.）Gaertn.，Meyer et Schreb.［Bryum pseudo-triquetrum（Hedw.）Gaertn.，Meyer et Schreb. subsp. crispulum（Roth.）C. Jens.，Bryum pseudotriquetrum（Hedw.）Gaertn.，Meyer et Schreb. var. gracilens（Card.）Ochi，Bryum ramentosum Dix.，Bryum suzukii Broth.，Bryum ventricosum Relh.，Bryum ventricosum Reih. var. vestitum Broth.］拟三列真藓（大叶真藓,拟三列真藓卷叶亚种）

Bryum pseudotriquetrum（Hedw.）Gaertn.，Meyer et Schreb. subsp. crispulum（Roth.）C. Jens. = Bryum pseudotriquetrum（Hedw.）Gaertn.，Meyer et Schreb.

Bryum pseudotriquetrum（Hedw.）Gaertn.，Meyer et Schreb. var. gracilens（Card.）Ochi = Bryum pseudotriquetrum（Hedw.）Gaertn.，Meyer et Schreb.

Bryum ptychothecioides Muell. Hal. = Rhodobryum ontariense（Kindb.）Par.

Bryum ptychothecium Besch. = Brachymenium ptychothecium（Besch.）Ochi

Bryum pulchroalare Broth. = Bryum handelii Broth.

Bryum purpurascens （Brown）Bruch et Schimp. 紫色真藓

Bryum radiculosum Brid.［Bryum chungii Bartr.］球根真藓

Bryum ramentosum Dix. = Bryum pseudotriquetrum（Hedw.）Gaertn. , Meyer et Schreb.

Bryum ramosum（Hook.）Mitt. = Bryum billarderii Schwaegr.

Bryum recurvatum Broth. = Bryum recurvulum Mitt.

Bryum recurvulum Mitt.［Bryum chrysobasilare Broth. , Bryum chrysobasilarioides Broth. , Bryum leptoflagellans Muell. Hal. , Bryum noguchii Ochi , Bryum recurvatum Broth.］弯叶真藓（金黄真藓）

Bryum recurvulum Mitt. var. flexicaule （Muell. Hal.）Ochi［Bryum flexicaule Muell. Hal.］弯叶真藓曲柄变种

* Bryum retusifolium Card. et P. Varde 凹叶真藓

Bryum roseum（Hedw.）Crome = Rhodobryum roseum（Hedw.）Limpr.

Bryum rubigineum Muell. Hal. = Bryum paradoxum Schwaegr.

Bryum rutilans Brid. 橙色真藓

Bryum salakense Card. 拟大叶真藓

Bryum sasaokae Broth. = Bryum dichotomum Hedw.

Bryum sauteri Bruch et Schimp. 沙氏真藓

Bryum schensianum Par. = Bryum coronatum Schwaegr.

Bryum schleicheri Schwaegr. = Bryum turbinatum（Hedw.）Turn.

Bryum schleicheri Schwaegr. var. latifolium（Schwaegr.）Schimp.［Bryum tianshanicum J. -C. Zhao, X. -M. Pi et J. -J. Li］湿地真藓阔叶变种（球蒴真藓阔叶变种）

Bryum setschwanicum Broth. = Bryum cellulare Hook.

Bryum simulans Broth. = Bryum handelii Broth.

Bryum sinense Mohamed = Bryum hawaiicum Hoe

Bryum sinensicaespiticium Muell. Hal. = Bryum caespiticium Hedw.

Bryum spathulatulum Muell. Hal. = Bryum capillare Hedw.

Bryum splachnoides（Harv.）Muell. Hal. = Bryum cellulare Hook.

Bryum subrotundum Brid. = Bryum pallescens Schwaegr. var. subrotundum（Brid.）Bruch et Schimp.

Bryum suzukii Broth. = Bryum pseudotriquetrum（Hedw.）Gaertn. , Meyer et Scherb.

Bryum taitumense Card. = Bryum capillare Hedw.

Bryum tectorum Muell. Hal. = Brachymenium exile（Dozy et Molk.）Bosch et S. Lac.

Bryum teretiusculum Hook. = Bryum paradoxum Schwaegr.

Bryum thomsonii Mitt. 卷叶真藓（汤氏真藓）

Bryum tianshanicum J. -C. Zhao, X. -M. Pi et J. -J. Li = Bryum schleicheri Schwaegr. var. latifolium（Schwaegr.）Schimp.

Bryum tibetanum Mitt. = Bryum pallescens Schwaegr.

Bryum tortifolium Brid. = Bryum cyclophyllum（Schwaegr.）Bruch et Schimp.

Bryum truncorum auct. non（Brid.）Brid. = Bryum billarderii Schwaegr.

Bryum tsanii Muell. Hal. = Bryum paradoxum Schwaegr.

Bryum tuberosum Mohamed et Damanhuri 土生真藓

Bryum turbinatoides Broth. = Brachymenium pendulum Mont.

Bryum turbinatum （Hedw.）Turn.［Bryum schleicheri Schwaegr.］球蒴真藓（湿地真藓）

Bryum uliginosum（Brid.）Bruch et Schimp.［Bryum cernum（Hedw.）Bruch et Schimp.］垂蒴真藓

Bryum ventricosum Relh. = Bryum pseudotriquetrum（Hedw.）Gaertn. , Meyer et Scherb.

Bryum ventricosum Relh. var. vestitum Broth. = Bryum pseudotriquetrum （Hedw.）Gaertn. , Meyer et Scherb.

* Bryum warneum（Roehl.）Brid. 瓦氏真藓

Bryum wichurae Broth. = Bryum billarderii

Schwaegr.

Bryum wrightii Sull. et Lesq. 〔Bryum globosum Lindb.〕魏氏真藓（圆蒴真藓）

Bryum yasudae（Broth.）Ochi = Anomobryum yasudae Broth.

Bryum yuennanense Broth. 云南真藓

Bryum zierii Hedw. = Plagiobryum zierii（Hedw.）Lindb.

Bryum zierii Hedw. var. longicollum Muell. Hal. = Plagiobryum giraldii（Muell. Hal.）Par.

Bucklandiella Roiv. 矮齿藓属

Bucklandiella albipilifera（C. Gao et T. Cao）Bednarek-Ochyra et Ochyra 〔Racomitrium albipiliferum C. Gao et T. Cao，Racomitrium capillifolium Frisvoll〕长毛矮齿藓（白毛砂藓，长叶砂藓）

Bucklandiella angustifolia（Broth.）Bednarek-Ochyra et Ochyra 〔Racomitrium angustifolium Broth.〕狭叶矮齿藓（狭叶砂藓）

*Bucklandiella bartramii（Roiv.）Roiv.** 矮齿藓

Bucklandiella crispula（Hook. f. et Wils.）Bednarek-Ochyra et Ochyra 〔Racomitrium crispulum（Hook. f. et Wils.）Dix.〕爪哇矮齿藓

Bucklandiella cucullatula（Broth.）Bednarek-Ochyra et Ochyra 〔Racomitrium cucullatulum Broth.〕兜叶矮齿藓（兜叶砂藓）

Bucklandiella himalayana（Mitt.）Bednarek-Ochyra et Ochyra 〔Grimmia himalayana Mitt.，Racomitrium dicarpum Broth.，Racomitrium himalayanum（Mitt.）Jaeg.〕喜马拉雅矮齿藓（喜马拉雅紫萼藓，喜马拉雅砂藓，双蒴砂藓）

Bucklandiella joseph-hookeri（Frisvoll）Bednarek-Ochyra et Ochyra 〔Racomitrium joseph-hookeri Frisvoll〕霍氏矮齿藓（霍氏砂藓）

Bucklandiella microcarpa（Hedw.）Bednarek-Ochyra et Ochyra 〔Racomitrium heterostichum（Hedw.）Brid. var. microcarpum（Hedw.）Boul.，Racomitrium heterostichum（Hedw.）Brid. var. ramulosum（Lindb.）Corb.，Racomitrium microcarpum（Hedw.）Brid.〕小蒴矮齿藓（小蒴砂藓，异枝砂藓多枝变种）

Bucklandiella shevockii Bednarek-Ochyra et Ochyra = Racomitrium shevockii（Bednarek-Ochyra et Ochyra）Larrín et Muñoz 西南矮齿藓

Bucklandiella subsecunda（Harv.）Bednarek-Ochyra et Ochyra 〔Racomitrium javanicum Dozy et Molk.，Racomitrium javanicum Dozy et Molk. var. incanum Broth.，Racomitrium subsecundum（Harv.）Mitt.〕偏叶矮齿藓（偏叶砂藓，高山砂藓，爪哇砂藓）

Bucklandiella sudetica（Funck）Bednarek-Ochyra et Ochyra 〔Racomitrium heterostichum（Hedw.）Brid. var. sudeticum（Funck）Bauer，Racomitrium sudeticum（Funck）Bruch et Schimp.〕高山矮齿藓（高山砂藓，异枝砂藓高山变种）

Bucklandiella verrucosa（Frisvoll）Bednarek-Ochyra et Ochyra 〔Racomitrium verrucosa Frisvoll〕粗疣矮齿藓（粗疣砂藓）

Bucklandiella verrucosa（Frisvoll）Bednarek-Ochyra et Ochyra var. emodensis（Frisvoll）Bednarek-Ochyra et Ochyra 〔Racomitrium verrucosum Frisvoll var. emodense Frisvoll〕粗疣矮齿藓石生变种

Buxbaumia Hedw. 烟杆藓属

*Buxbaumia aphylla Hedw.** 烟杆藓

Buxbaumia indusiata Brid. = Buxbaumia viridis（Card.）Moug. et Nestl.

*Buxbaumia javanica Muell. Hal.** 爪哇烟杆藓

Buxbaumia minakatae Okam. 筒蒴烟杆藓

Buxbaumia punctata Chen et S. -C. Lee 花斑烟杆藓

Buxbaumia symmetrica Chen et S. -C. Lee 圆蒴烟杆藓

*Buxbaumia viridis（Card.）Moug. et Nestl.** 〔Buxbaumia indusiata Brid.〕腐木烟杆藓

Buxbaumiaceae 烟杆藓科

Buxbaumiales 烟杆藓目

Buxbaumiidae 烟杆藓类

Byssolejeunea Herz. = Lejeunea Libert

Byssolejeunea abnormis Herz. = Lejeunea exilis（Reinw.，Bl. et Nees）Grolle

C

Caduciella Enroth 尾枝藓属

Caduciella guangdongensis Enroth 广东尾枝藓

Caduciella mariei（Besch.）Enroth ［Pinnatella mariei（Besch.）Broth.，Pinnatella microptera Fleisch.］尾枝藓

Callialaria Ochyra 曲茎藓属

Callialaria curvicaulis（Jur.）Ochyra ［Cratoneuron curvicaule（Jur.）Roth，Cratoneuron filicinum（Hedw.）Spruce var. curvicaule（Jur.）Moenk.］曲茎藓

Callicladium Crum 拟腐木藓属

Callicladium haldanianum（Grev.）Crum ［Heterophyllium haldanianum（Grev.）Fleisch.，Hypnum haldanianum Grev.，Stereodon haldanianus（Grev.）Broth.］拟腐木藓（腐木藓，欧腐木藓）

Callicostella（Muell. Hal.）Mitt. 强肋藓属

Callicostella papillata（Mont.）Mitt. ［Callicostella papillata（Mont.）Mitt. f. longifolia（Fleisch.）Herz. et Nog.，Schizomitrium papillatum（Mont.）Sull.，Schizomitrium papillatum（Mont.）Sull. var. longifolium（Fleisch.）H. Miller, H. Whitt. et B. Whitt.］强肋藓

Callicostella papillata（Mont.）Mitt. f. longifolia（Fleisch.）Herz. et Nog. = Callicostella papillata（Mont.）Mitt.

Callicostella prabaktiana（Muell. Hal.）Bosch et S. Lac. 无疣强肋藓（平滑强肋藓）

Calliergidium bakeri（Ren.）Grout = Hygrohypnum luridum（Hedw.）Jenn.

Calliergon（Sull.）Kindb. 湿原藓属

Calliergon cordifolium（Hedw.）Kindb. 湿原藓（心叶湿原藓）

Calliergon giganteum（Schimp.）Kindb. 大叶湿原藓

Calliergon megalophyllum Mikut. 圆叶湿原藓

Calliergon sarmentosum（Wahl.）Kindb. ［Sarmentypnum sarmentosum（Wahl.）Tuom. et T. Kop.］蔓枝湿原藓

Calliergon stramineum（Brid.）Kindb. 黄色湿原藓（草黄湿原藓）

Calliergon turgescens（Jens.）Kindb. = Pseudocalliergon turgescens（Jens.）Loeske

Calliergonaceae 湿原藓科

Calliergonella Loeske 大湿原藓属

Calliergonella cuspidata（Hedw.）Loeske ［Acrocladium cuspidatum（Hedw.）Lindb.］大湿原藓

Calliergonella lindbergii（Mitt.）Hedenaes ［Breidleria arcuata（Mol.）Loeske，Hypnum arcuatum Mol.，Hypnum lindbergii Mitt.，Stereodon arcuatus Lindb.］弯叶大湿原藓

Calliergonella schreberi（Brid.）Grout = Pleurozium schreberi（Brid.）Mitt.

Calobryaceae = Haplomitriaceae

Calobryales = Haplomitriales

Calobryum Nees = Haplomitrium Nees

Calobryum blumii（Nees）Gott. = Haplomitrium blumii（Nees）Schust.

Calobryum mnioides（Lindb.）Steph. = Haplomitrium mnioides（Lindb.）Schust.

Calobryum rotundifolium（Mitt.）Schiffn. = Haplomitrium mnioides（Lindb.）Schust.

Calycularia Mitt. 苞片苔属（苞叶苔属）

Calycularia crispula Mitt. ［Calycularia formosana Horik.］苞片苔（台湾苞片苔，苞叶苔）

Calycularia formosana Horik. = Calycularia crispula Mitt.

Calymperaceae 花叶藓科

Calymperes Web. 花叶藓属

Calymperes afzelii Sw. 梯网花叶藓

Calymperes cristatum Hampe = Calymperes lonchophyllum Schwaegr.

Calymperes cucullatum P. -J. Lin = Calymperes moluccense Schwaegr.

Calymperes dozyanum Mitt. = Calymperes graeffeanum Muell. Hal.

Calymperes erosum Muell. Hal. ［Calymperes fordii Besch.，Calymperes hampei Dozy et Molk.，Calymperes thwaitesii Besch. subsp. fordii（Besch.）Fleisch.］圆网花叶藓（亚洲花叶藓南亚亚种，福氏花叶藓）

Calymperes fasciculatum Dozy et Molk. 〔Calymperes johannis-winkleri Broth. var. hasegawae（Tak. et Iwats.）Iwats.〕剑叶花叶藓

Calymperes fordii Besch. = Calymperes erosum Muell. Hal.

Calymperes graeffeanum Muell. Hal. 〔Calymperes dozyanum Mitt.〕拟兜叶花叶藓

Calymperes hampei Dozy et Molk. = Calymperes erosum Muell. Hal.

Calymperes japonicum Besch. = Syrrhypodon japonicus（Besch.）Broth.

Calymperes johannis-winkleri Broth. var. hasegawae（Tak. et Iwats.）Iwats. = Calymperes fasciculatum Dozy et Molk.

Calymperes levyanum Besch. var. hainanense Reese et P. -J. Lin 木生花叶藓海南变种（拟花叶藓海南变种）

Calymperes lonchophyllum Schwaegr. 〔Calymperes cristatum Hampe〕花叶藓

Calymperes longifolium Mitt. = Syrrhopodon loreus（S. Lac.）Reese

Calymperes moluccense Schwaegr. 〔Calymperes cuculatum P. -J. Lin，Calymperes palisotii Schwaegr.〕兜叶花叶藓（栅状网藓）

Calymperes palisotii Schwaegr. = Calymperes moluccense Schwaegr.

Calymperes serratum Muell. Hal. 齿边花叶藓

Calymperes strictifolium（Mitt.）Roth 〔Calymperes tuberculosum（Dix. et Thér.）Broth.，Syrrhopodon strictifolius Mitt.，Syrrhopodon tuberculosus Dix. et Thér.〕南亚花叶藓

Calymperes tahitense（Sull.）Mitt. 〔Syrrhopodon tahitense Sull.〕海岛花叶藓

Calymperes tenerum Muell. Hal. 细叶花叶藓

Calymperes thwaitesii Besch. subsp. fordii（Besch.）Fleisch. = Calymperes erosum Muell. Hal.

Calymperes tuberculosum（Dix. et Thér.）Broth. = Calymperes strictifolium（Mitt.）Roth

Calymperopsis（Muell. Hal.）Fleisch. 拟花叶藓属

Calymperopsis involuta P. -J. Lin = Syrrhopodon parasiticus（Brid.）Besch.

* Calymperopsis semilibera（Mitt.）Fleisch. 半鞘拟

花叶藓

Calymperopsis tjibodensis（Fleisch.）Fleisch. = Syrrhopodon tjibodensis Fleisch.

Calymperopsis yunfuensis P. -C. Wu，J. -S. Lou et Y. -S. Men 云浮拟花叶藓〈化石〉

Calypogeia Raddi 〔Cincinnulus Dum.，Kantia Gray，Kantius Gray〕护蒴苔属

Calypogeia aeruginosa Mitt. 绿色护蒴苔

Calypogeia arguta Nees et Mont. ex Nees 〔Calypogeia furcata Steph.〕刺叶护蒴苔（裂叶护蒴苔）

Calypogeia azurea Stotler et Crotz 〔Calypogeia trichomanis（Linn.）Corda〕三角叶护蒴苔（三角护蒴苔）

Calypogeia cordistipula（Steph.）Steph. 〔Cincinnulus cordistipulus Steph.，Kantius cordistipulus（Steph.）Steph.〕心叶护蒴苔

Calypogeia fissa（Linn.）Raddi 护蒴苔

Calypogeia formosana Horik. 台湾护蒴苔

Calypogeia furcata Steph. = Calypogeia arguta Nees et Mont. ex Nees

Calypogeia imbricata（Mitt.）Steph. = Bazzania tricrenata（Wahl.）Trev.

Calypogeia integristipula Steph. 东亚护蒴苔（北方护蒴苔）

Calypogeia japonica Steph. 全缘护蒴苔

Calypogeia lunata Mitt. 月瓣护蒴苔

Calypogeia muelleriana（Schiffn.）K. Muell. 芽胞护蒴苔（芽孢护蒴苔）

Calypogeia neesiana（Mass. et Car.）K. Muell. ex Loeske 钝叶护蒴苔

Calypogeia remotifolia Herz. = Metacalypogeia alternifolia（Nees）Grolle

Calypogeia rigida Horik. = Metacalypogeia cordifolia（Steph.）Inoue

Calypogeia sphagnicola（Arn. et Perss.）Warnst. et Loeske 沼生护蒴苔

Calypogeia suecica（Arn. et Perss.）K. Muell. 北方护蒴苔（远东护蒴苔）

Calypogeia tosana（Steph.）Steph. 双齿护蒴苔

Calypogeia trichomanis（Linn.）Corda = Calypogeia azurea Stotler et Crotz

Calypogeiaceae 护蒴苔科

Calyptothecium Mitt. 耳平藓属

Calyptothecium acostatum J. -S. Lou 无肋耳平藓

Calyptothecium auriculatum（Dix.）Nog. ［Ptero-
bryopsis auriculata Dix.］芽胞耳平藓

Calyptothecium cuspidatum（Okam.）Nog. = Ca-
lyptothecium hookeri（Mitt.）Broth.

Calyptothecium cuspidatum（Okam.）Nog. var.
laxifolium Nog. = Calyptothecium hookeri
（Mitt.）Broth.

Calyptothecium cuspidatum（Okam.）Nog. var. ro-
bustum（Broth.）Nog. = Calypothecium hookeri
（Mitt.）Broth.

Calyptothecium densirameum Broth. = Calyptothe-
cium urvilleanum（Muell. Hal.）Broth.

Calyptothecium dixonii Gang. = Calyptothecium
wightii（Mitt.）Fleisch.

Calyptothecium duplicatum（Schwaegr.）Broth. 扁
枝耳平藓

Calyptothecium formosanum Broth. = Calyptotheci-
um wightii（Mitt.）Fleisch.

Calyptothecium hookeri（Mitt.）Broth. ［Calyptoth-
ecium cuspidatum（Okam.）Nog. , Calyptotheci-
um cuspidatum（Okam.）Nog. var. laxifolium
Nog. , Calyptothecium cuspidatun（Okam.）Nog.
var. robustum（Broth.）Nog. , Calyptothecium ro-
bustum Broth. , Meteoriella cuspidata Okam. ,
Meteorium hookeri Mitt. , Meteorium rigens Ren.
et Card.］急尖耳平藓（ 尖叶耳平藓,尖叶耳平
藓疏叶变种, 南亚耳平藓）

Calyptothecium japonicum Thér. = Calyptothecium
urvilleanum（Muell. Hal.）Broth.

Calyptothecium nematosum（Muell. Hal.）Fleisch.
= Calyptothecium wightii（Mitt.）Fleisch.

˙Calyptothecium nitidum（Ren. et Card.）Fleisch.
光泽耳平藓

Calyptothecium philippinense Broth. = Calyptothe-
cium urvilleanum（Muell. Hal.）Broth.

Calyptothecium phyllogonioides Nog. et X. -J. Li 带
叶耳平藓

Calyptothecium pinnatum Nog. 羽枝耳平藓

Calyptothecium praelongum Mitt. = Calyptothecium
urvilleanum（Muell. Hal.）Broth.

˙Calyptothecium recurvulum（Broth.）Broth. 宽叶
耳平藓

Calyptothecium robustum Broth. = Calyptothecium
hookeri（Mitt.）Broth.

Calyptothecium subacuminatum（Broth. et Par.）
Broth. = Calyptothecium wightii（Mitt.）Fleisch.

Calyptothecium tumidum（Dicks. ex Hook.）
Fleisch. = Calyptotheciun urvilleanum（Muell.
Hal.）Broth.

Calyptothecium urvilleanum（Muell. Hal.）Broth.
［Calyptothecium densirameum Broth. , Calypto-
thecium japonicum Thér. , Calyptothecium philip-
pinensa Broth. , Calyptothecium praelongum
Mitt. , Calyptothecium tumidium Dicks. ex Hook.
Fleisch.］耳平藓

Calyptothecium wightii（Mitt.）Fleisch. ［Calypto-
thecium dixonii Gang. , Calyptothecium formosa-
num Broth. , Calyptothecium nematosum（Muell.
Hal.）Fleisch. , Calyptothecium subacuminatum
（Broth. et Par.）Broth.］长尖耳平藓（次尖叶耳
平藓,台湾耳平藓）

Calyptrochaeta Desv.（Eriopus Brid.）毛柄藓属

˙Calyptrochaeta cristata（Hedw.）Desv. ［Eriopus
cristata（Hedw.）Brid.］毛柄藓

Calyptrochaeta japonica（Card. et Thér.）Iwats. et
Nog. ［Eriopus japonicus Card. et Thér. , Eriopus
mollis Card.］日本毛柄藓（柔叶毛柄藓）

Calyptrochaeta parviretis（Fleisch.）Iwats. , Tan
et Touw ［Eriopus parviretis Fleisch.］细网毛柄
藓（小毛柄藓）

Calyptrochaeta ramosa（Fleisch.）Tan et Robins.
subsp. spinosa（Nog.）P. -J. Lin et Tan ［Ca-
lyptrochaeta spinosa（Nog.）Ninh,Eriopus spino-
sus Nog.］多枝毛柄藓刺齿亚种（刺边毛柄藓,叉
枝毛柄藓刺齿亚种）

Calyptrochaeta spinosa（Nog.）Ninh = Calyptro-
chaeta ramosa（Fleisch.）Tan et Robins. subsp.
spinosa（Nog.）P. -J. Lin et Tan

˙Camptochaete Reichdt. 匙叶藓属

˙Camptochaete arbuscula（Sm.）Reichdt. 匙叶藓

Camptochaete sinensis Broth. = Neobarbella comes
（Griff.）Nog.

Camptothecium Bruch et Schimp. 斜蒴藓属

Camptothecium auriculatum（Jaeg.）Broth. = Brachythecium auriculatum Jaeg.

Camptothecium lutescens （Hedw.） Bruch et Schimp.［Hypnum lutescens Hedw.］斜蒴藓（黄斜蒴藓）

Camptothecium nitens（Hedw.）Schimp. = Tomentypnum nitens（Hedw.）Loeske

Campyliadelphus（Kindb.）Chopra 拟细湿藓属（嗜湿藓属）

Campyliadelphus chrysophyllus （Brid.） Chopra = Campylium chrysophyllum（Brid.）Lange

Campyliadelphus glaucocarpoides（Salmon）Hedenaes［Hypnum glaucocarpoides Salmon］短尖拟细湿藓

Campyliadelphus polygamus （Bruch et Schimp.） Kanda［Amblystegium tibetanum（Mitt.）Par.，Campylium polygamum （Bruch et Schimp.） Jens.，Hypnum tibetanum Mitt.］阔叶拟细湿藓（细湿藓，长肋细湿藓，直叶细湿藓，嗜湿藓）

Campyliadelphus protensus（Brid.）Kanda［Campylium protensum （Brid.） Kindb.］多态拟细湿藓（多态细湿藓）

Campyliadelphus stellatus（Hedw.）Kanda［Campylium stellatum（Hedw.）Jens.］仰叶拟细湿藓（仰叶细湿藓，粗枝细湿藓，仰叶嗜湿藓）

Campylidium（Kindb.）Ochyra 细茎藓属

Campylidium hispidulum（Brid.）Ochyra［Amblystegium hispidulum （Brid.） Kindb.，Campylium hispidulum（Brid.）Mitt.］细茎藓（细湿藓，粗毛细湿藓）

Campylidium porphyriticum （Muell. Hal.） Ochyra = Campylium porphyriticum Muell. Hal.

Campylidium sommerfeltii（Myr.）Ochyra［Campylium hispidulum （Brid.） Mitt. var. sommerfeltii （Myr.）Lindb.，Campylium sommerfeltii（Myr.）Lange，Campylium uninervium Muell. Hal. var. minus Muell. Hal.，Campylophyllum sommerfeltii （Myr.）Hedenaes，Hypnum sommerfeltii Myr.］稀齿细茎藓（细湿藓稀齿变种）

Campylium（Sull.）Mitt. 细湿藓属

Campylium amblystegioides Broth. 长叶细湿藓

Campylium chrysophyllum （Brid.） Lange ［Campyliadelphus chrysophyllus （Brid.） Chopra，Campylium courtoisii Par. et Broth.］黄叶细湿藓（华东细湿藓，拟细湿藓，黄叶嗜湿藓）

Campylium chrysophyllum （Brid.） Lange var. zemliae（Jans.）Grout 黄叶细湿藓宽叶变种

Campylium courtoisii Par. et Broth. = Campylium chrysophyllum（Brid.）Lange

Campylium elodes（Lindb.）Kindb. 长细湿藓

Campylium enerve Herz. et Nog. = Ctenidium serratifolium（Card.）Broth.

Campylium halleri（Hedw.）Lindb. = Campylophyllum halleri（Hedw.）Fleisch.

Campylium hispidulum（Brid.）Mitt. = Campylidium hispidulum（Brid.）Ochya

Campylium hispidulum（Brid.）Mitt. var. coreense （Card.） Broth. = Campylium squarrosulum （Besch.）Kanda

Campylium hispidulum（Brid.）Mitt. var. sommerfeltii（Myr.）Lindb. = Campylidium sommerfeltii （Myr.）Ochyra

Campylium polygamum （Bruch et Schimp.） Jens. = Campyliadelphus polygamus （Bruch et Schimp.）Kanda

Campylium polygamum （Bruch et Schimp.） Jens. var. stagnatum（Wils.）Dix. 长肋细湿藓静水变种

Campylium porphyriticum Muell. Hal.［Campylidium porphyriticum （Muell. Hal.）Ochyra，Hypnun porphyridium（Muell. Hal.）Par.］紫色细湿藓

Campylium protensum （Brid.） Kindb. = Campyliadelphus protensus（Brid.）Kanda

Campylium serratifolium（Card.）Herz. et Nog. = Ctenidium serratifolium（Card.）Broth.

Campylium sommerfeltii （Myr.） Lange = Campylidium sommerfeltii（Myr.）Ochyra

Campylium squarrosulum（Besch.）Kanda［Amblystegium squarrosulum Besch.，Campylium hispidulum （Brid.） Mitt. var. coreense（Card.）Broth.］粗肋细湿藓

Campylium stellatum （Hedw.） Jens. = Campyliadelphus stellatus（Hedw.）Kanda

Campylium uninervium Muell. Hal.［Hypnum uninervium（Muell. Hal.）Par. ］单肋细湿藓

Campylium uninervium Muell. Hal. var. minus Muell. Hal. = Campylidium sommerfeltii（Myr.）Ochyra

Campylodontium Schwaegr. = Mesonodon Hampe

Campylodontium flavescens（Hook.）Bosch et S. Lac. = Mesonodon flavescens（Hook.）Buck

* Campylolejeunea Hatt. 隐鳞苔属

Campylolejeunea peculiaris（Herz.）Amak. = Cololejeunea inflectens（Mitt.）Bened.

* Campylolejeunea shibatae Hatt. 隐鳞苔

Campylophyllum（Schimp.）Fleisch. 偏叶藓属

Campylophyllum halleri（Hedw.）Fleisch. ［Campylium halleri（Hedw.）Lindb.］偏叶藓（郝氏偏叶藓）

Campylophyllum sommerfeltii（Myr.）Hedenaes = Campylidium sommerfoltii（Myr.）Ochyra

Campylopodiella Card. 拟扭柄藓属

Campylopodiella himalayana（Broth.）Frahm ［Campylopodiella tenella Card.］拟扭柄藓

Campylopodiella tenella Card. = Campylopodiella himalayana（Broth.）Frahm

Campylopodium（Muell. Hal.）Besch. 扭柄藓属

Campylopodium euphorocladum（Muell. Hal.）Besch. = Campylopodium medium（Duby）Giese et Frahm

Campylopodium medium（Duby）Giese et Frahm ［Campylopodium euphorocladum（Muell. Hal.）Besch. , Dicranella euphoroclada（Muell. Hal.）Jaeg.］扭柄藓

Campylopodium proscriptum（Hornsch.）Broth. ［Didymodon proscriptus（Hornsch.）Brid.］南方扭柄藓

Campylopus Brid. ［Thysanomitrion Schwaegr.］曲柄藓属（缨帽藓属）

Campylopus alpigena Broth. = Campylopus schimperi Milde

Campylopus alpigena Broth. var. lamellatus Broth. = Campylopus schimperi Milde

Campylopus atrovirens De Not. ［Campylopus fuscoviridis（Card.）Hong et Ando］长叶曲柄藓（锈绿曲柄藓）

Campylopus atrovirens De Not. var. cucullatifolius Frahm 长叶曲柄藓兜叶变种

Campylopus aureus Bosch et S. Lac. = Campylopus schmidii（Muell. Hal.）Jaeg.

Campylopus barbuloides Broth. = Campylopus taiwanensis Sak.

Campylopus blumii（Dozy et Molk.）Bosch et S. Lac. = Campylopus umbellatus（Arn.）Par.

Campylopus caudatus（Muell. Hal.）Mont. = Campylopus comosus（Schwaegr.）Bosch et S. Lac.

Campylopus comosus（Schwaegr.）Bosch et S. Lac. ［Campylopus caudatus（Muell. Hal.）Mont. , Campylopus scabridorsus Dix.］尾尖曲柄藓

Campylopus coreensis Card. = Campylopus umbellatus（Arn.）Par.

Campylopus coreensis Card. var. amoyensis Dix. et Thér. = Campylopus umbellatus（Arn.）Par.

Campylopus crispifolius Bartr. = Campylopus zollingerianus（Muell. Hal.）Bosch et S. Lac.

Campylopus dozyanus（Muell. Hal.）Jaeg. = Campylopus umbellatus（Arn.）Par.

Campylopus durelii Gangu. 直叶曲柄藓

Campylopus ericoides（Griff.）Jaeg. ［Campylopus involutus（Muell. Hal.）Jaeg. , Campylopus tenuinervis Fleisch.］毛叶曲柄藓（细肋曲柄藓，薄肋曲柄藓）

Campylopus flexuosus（Hedw.）Brid. 曲柄藓

Campylopus fragilis（Brid.）Bruch et Schimp. ［Dicranum fragilis Brid.］脆枝曲柄藓（纤枝曲柄藓）

Campylopus fragilis（Brid.）Bruch et Schimp. subsp. goughii（Mitt.）Frahm ［Campylopus goughii（Mitt.）Jaeg.］脆枝曲柄藓古氏亚种

Campylopus fragilis（Brid.）Bruch et Schimp. subsp. zollingerianus（Muell. Hal.）Frahm = Campylopus zollingerianus（Muell. Hal.）Bosch et S. Lac.

Campylopus fragilis（Brid.）Bruch et Schimp. var. pyriformis（Schultz）Aongst. = Campylopus pyriformis（Schultz）Brid.

Campylopus fuscoviridis（Card.）Hong et Ando =

Campylopus atrovirens De Not.

Campylopus goughii（Mitt.）Jaeg. = Campylopus fragilis（Brid.）Bruch et Schimp. subsp. goughii（Mitt.）Frahm

Campylopus gracilentus Card. = Campylopus laxitexus S. Lac.

Campylopus gracilentus Card. var. brevifolius Card. = Campylopus laxitexus S. Lac.

Campylopus gracilis（Mitt.）Jaeg.［Dicranum gracile Mitt.］纤枝曲柄藓（细叶曲柄藓）

Campylopus handelii Broth. = Campylopus schimperi Milde

Campylopus handelii Broth. var. setschwanicus Broth. = Campylopus schimperi Milde

Campylopus hemitrichius（Muell. Hal.）Jaeg. 大曲柄藓

Campylopus involutus（Muell. Hal.）Jaeg. = Campylopus ericoides（Griff.）Jaeg.

Campylopus irrigatus Thér. = Campylopus sinense（Muell. Hal.）Frahm

Campylopus japonicus Broth. = Campylopus sinense（Muell. Hal.）Frahm

Campylopus laevigatus Brid. = Grimmia laevigata（Brid.）Brid.

Campylopus latinervis（Mitt.）Jaeg. = Campylopus subulatus Schimp. ex Milde

Campylopus laxitexus S. Lac.［Campylopus gracilentus Card.，Campylopus gracilentus Card. var. brevifolius Card.］疏网曲柄藓（台湾曲柄藓）

Campylopus leptoneuron Ihs. = Campylopus umbellatus（Arn.）Par.

Campylopus longigemmatus C. Gao = Dicranodontium didymodon（Griff.）Par.

Campylopus nakamurae Sak. = Campylopus sinense（Muell. Hal.）Frahm

Campylopus nigrescens（Mitt.）Jaeg. = Campylopus umbellatus（Arn.）Par.

Campylopus ovalis（Hedw.）Wahlenb. = Grimmia ovalis（Hedw.）Lindb.

Campylopus pinfaensis Thér. 贵州曲柄藓

Campylopus pulvinatus（Hedw.）Broth. = Grimmia pulvinata（Hedw.）Sm.

Campylopus pyriformis（Schultz）Brid.［Campylopus fragilis（Brid.）Bruch et Schimp. var. pyriformis（Schultz）Aongst.］梨蒴曲柄藓（脆枝曲柄藓梨蒴变种，折叶曲柄藓梨蒴变种）

Campylopus scabridorsus Dix. = Campylopus serratus S. Lac.

Campylopus schimperi Milde［Campylopus alpigena Broth.，Campylopus alpigena Broth. var. lamellatus Broth.，Campylopus handelii Broth.，Campylopus handelii Broth. var. setschwanicus Broth.，Campylopus subulatus Schimp. var. schimperi（Milde）Dix.］辛氏曲柄藓（高山曲柄藓，高山曲柄藓薄叶变种，阔叶曲柄藓，韩氏曲柄藓，狭叶曲柄藓平肋变种）

Campylopus schmidii（Muell. Hal.）Jaeg.［Campylopus aureus Bosch et S. Lac.，Dicranum schmidii Muell. Hal.］黄曲柄藓

Campylopus schwarzii Schimp. = Paraleucobryum schwarzii（Schimp.）C. Gao et Vitt

Campylopus serratus S. Lac.［Campylopus scabridorsus Dix.］齿边曲柄藓（疣曲柄藓）

Campylopus setifolius Wils. 长尖曲柄藓

Campylopus sinense（Muell. Hal.）Frahm［Campylopus irrigatus Thér.，Campylopus japonicus Broth.，Campylopus nakamurae Sak.，Campylopus uii Broth.，Dicranodontium sinense（Muell. Hal.）Par.，Dicranum sinense Muell. Hal.］华夏曲柄藓（中华曲柄藓，日本曲柄藓，湿生曲柄藓，中华青毛藓）

Campylopus sinense Thér. = Campylopus umbellatus（Arn.）Par.

Campylopus subfragilis Ren. et Card. 拟脆枝曲柄藓

Campylopus subulatus Schimp. ex Milde［Campylopus latinervis（Mitt.）Jaeg.，Dicranum latinerve Mitt.］狭叶曲柄藓（粗肋曲柄藓，宽肋曲柄藓）

Campylopus subulatus Schimp. ex Milde var. schimperi（Milde）Husn. = Campylopus schimperi Milde

Campylopus taiwanensis Sak.［Campylopus barbuloides Broth.］台湾曲柄藓

Campylopus tenuinervis Fleisch. = Campylopus ericoides（Griff.）Jaeg.

Campylopus uii Broth. = Campylopus sinense（Muell. Hal.）Frahm

Campylopus umbellatus（Arn.）Par.［Campylopus blumii（Dozy et Molk.）Bosch et S. Lac.，Campylopus coreensis Card.，Campylopus coreensis Card. var. amoyensis Dix. et Thér.，Campylopus dozyanus（Muell. Hal.）Jaeg.，Campylopus leptoneuron Ish.，Campylopus nigrescens（Mitt.）Jaeg.，Campylopus sinensis Thér.，Pilepogon nigrescens（Mitt.）Broth.，Thysanomitrion blumii（Dozy et Molk.）Card.，Thysanomitrion nigrescens（Mitt.）P. Varde，Thysanomitrion richardii（Brid.）Schwaegr.，Thysanomitrion sinensis Broth.，Thysanomitrion umbellatum Arn.］节茎曲柄藓（南亚曲柄藓，东亚曲柄藓，中华曲柄藓，狭叶曲柄藓平肋变种，缨帽藓，中华缨帽藓，黑色缨帽藓）

Campylopus zollingerianus（Muell. Hal.）Bosch et S. Lac.［Campylopus crispifolius Bartr.，Campylopus fragilis（Brid.）Bruch et Schimp. subsp. zollingerianus（Muell. Hal.）Frahm］车氏曲柄藓（脆枝曲柄藓车氏亚种）

Campylostelium Bruch et Schimp. 小缩叶藓属

Campylostelium saxicola（Web. et Mohr）Bruch et Schimp. 小缩叶藓

Campylotortula sinensis Dix. = Tortula laureri（Schultz.）Lindb.

* Carrpaceae 单果苔科

* Carrpos Prosk.［Monocarpus Carr.］单果苔属

* Carrpos sphaerocarpos（Carr.）Prosk.［Monocarpus sphaerocarpus Carr.］单果苔

Catharinea gigantea Horik. = Atrichum crispulum Besch.

Catharinea gracilis Muell. Hal. = Atrichum rhystophyllum（Muell. Hal.）Par.

Catharinea henryi Salm. = Atrichum crispulum Besch.

Catharinea parvirosula Muell. Hal. = Atrichum rhystophyllum（Muell. Hal.）Par.

Catharinea rhystophylla Muell. Hal. = Atrichum rhystophyllum（Muell. Hal.）Par.

Catharinea speciosa Horik. = Mnium lycopodioides Schwaegr.

Catharinea undulata（Hedw.）Web. et Mohr = Atrichum undulatum（Hedw.）P. Beauv.

Catharinea xanthopelma Muell. Hal. = Atrichum angustatum（Brid.）Bruch et Schimp.

Catharinea yakushimensis Horik. = Atrichum yakushimense（Horik.）Mizut.

Catharinea yunnanensis Broth. = Atrichum undulatum（Hedw.）P. Beauv. var. gracilisetum Besch.

Catharinea yunnanensis Broth. var. minor Broth. = Atrichum undulatum（Hedw.）P. Beauv. var. gracilisetum Besch.

* Catoscopium Brid. 垂蒴藓属

Caudalejeunea（Steph.）Schiffn. 尾鳞苔属

Caudalejeunea circinata Steph. = Caudalejeuhea cistiloba（Steph.）Gradst.

Caudalejeunea cistiloba（Steph.）Gradst.［Caudalejeunea circinata Steph.］卷枝尾鳞苔

* Caudalejeunea lehmanniana（Gott.）Ev. 尾鳞苔

Caudalejeunea recurvistipula（Gott.）Schiffn.［Brachiolejeunea recurvidentata Chen et P. -C. Wu，Caudalejeunea reniloba（Gott.）Steph.，Thysananthus oblongifolius Chen et P. -C. Wu］肾瓣尾鳞苔（反齿尾鳞苔，反齿鳃叶苔，长叶毛鳞苔）

Caudalejeunea reniloba（Gott.）Steph. = Caudalejeunea recurvistipula（Gott.）Schiffn.

Caudalejeunea tridentata R. -L. Zhu，Y. -M. Wei et Qio. He 三齿尾鳞苔

Cephalocladium enerve（Broth.）Abramova et Abramov = Plagiothecium enerve（Broth.）Q. Zuo

Cephalozia（Dum.）Dum. 大萼苔属

Cephalozia ambigua Mass. 钝瓣大萼苔

Cephalozia asymmetrica Horik. = Cephalozia gollanii Steph.

Cephalozia bicuspidata（Linn.）Dum.［Cephalozia lammersiana（Hueb.）Spruce］大萼苔（直瓣大萼苔）

Cephalozia catenulata（Hueb.）Lindb. 曲枝大萼苔

Cephalozia catenulata（Hueb.）Lindb. subsp. nipponica（Hatt.）Inoue 曲枝大萼苔东亚亚种（曲枝大萼苔日本亚种）

Cephalozia conchata（Grolle et Váňa）Váňa 耳状大萼苔

Cephalozia connivens（Dicks.）Lindb. 喙叶大萼苔

Cephalozia divaricata（Sm.）Dum. = Cephaloziella divaricata（Sm.）Schiffn.

Cephalozia gollanii Steph.［Cephalozia asymmetrica Horik.］南亚大萼苔（尖叶大萼苔，革氏大萼苔，毛口大萼苔）

Cephalozia hamatiloba Steph. 弯叶大萼苔（钩瓣大萼苔）

Cephalozia japonica Horik. = Cephalozia otaruensis Steph.

Cephalozia lacinulata Spruce 毛口大萼苔

Cephalozia lammersiana（Hueb.）Spruce = Cephalozia bicuspidata（Linn.）Dum.

Cephalozia leucantha Spruce 厚壁大萼苔

Cephalozia lunulifolia（Dum.）Dum.［Cephalozia media Lindb.］月瓣大萼苔（短叶大萼苔）

Cephalozia macounii（Aust.）Aust. 短瓣大萼苔

Cephalozia media Lindb. = Cephalozia lunulifolia（Dum.）Dum.

Cephalozia otaruensis Steph.［Cephabzia japonica Horik.］薄壁大萼苔（疏叶大萼苔，东洋大萼苔）

Cephalozia otaruensis Steph. var. setiloba（Steph.）Amak. 薄壁大萼苔刺瓣变种

Cephalozia pleniceps（Aust.）Lindb. 细瓣大萼苔

Cephaloziaceae 大萼苔科

Cephaloziella（Spruce）Schiffn. 拟大萼苔属

* Cephaloziella byssaces（Roth.）Warnst. 拟大萼苔

Cephaloziella breviperianthia C. Gao 短萼拟大萼苔

Cephaloziella dentata（Raddi）K. Muell. 粗齿拟大萼苔

Cephaloziella divaricata（Sm.）Schiffn.［Cephalozia divaricata（Sm.）Dum. , Cephaloziella starkei（Funck ex Nees）Schiffn.］挺枝拟大萼苔（拟大萼苔）

Cephaloziella elachista（Jack.）Schiffn. 狭叶拟大萼苔

Cephaloziella elachista（Jack.）Schiffn. var. spinophylla（C. Gao）C. Gao［Cephaloziella spinophylla C. Gao］狭叶拟大萼苔刺苞叶变种（刺苞叶拟大萼苔）

Cephaloziella flexuosa C. Gao et K. -C. Chang 扭叶拟大萼苔

Cephaloziella godajensis（Steph.）Hatt. = Cephaloziella microphylla（Steph.）Douin

Cephaloziella hampeana（Nees）Schiffn. ex Loeske 哈氏拟大萼苔

Cephaloziella hunanensis Nichols. = Cephaloziella microphylla（Steph.）Douin

Cephaloziella kiaeri（Aust.）Arnell［Cephaloziella pentagona Schiffn. ex Douin, Cephaloziella willisana（Steph.）Kitag.］鳞叶拟大萼苔（五褶拟大萼苔）

Cephaloziella microphylla（Steph.）Douin［Cephaloziella godajensis（Steph.）Hatt. , Cephaloziella hunnanensis Nichols.］小叶拟大萼苔

Cephaloziella pentagona Schiffn. ex Douin = Cephaloziella kiaeeri（Aust.）Arnell

Cephaloziella recurvifolia Hatt. = Cylindrocolea recurvifolia（Steph.）Inoue

Cephaloziella rubella（Nees）Warnst. 红色拟大萼苔

Cephaloziella sinensis Douin 中华拟大萼苔

Cephaloziella spinicaulis Douin 刺茎拟大萼苔

Cephaloziella spinophylla C. Gao = Cephaloziella elachista（Jack.）Schiffn. var. spinophylla（C. Gao）C. Gao

Cephaloziella starkei（Funck ex Nees）Schiffn. = Cephaloziella divaricata（Sm.）Schiffn.

Cephaloziella stepanii Schiffn. ex Douin 仰叶拟大萼苔

Cephaloziella willisana（Steph.）Kitag. = Cephaloziella kiaeri（Aust.）Arnell

Cephaloziellaceae 拟大萼苔科

* Cephaloziopsis（Spruce）Schiffn. 类大萼苔属

Cephaloziopsis pearsonii（Spruce）Schiffn. = Sphenolobopsis pearsonii（Spruce）Schust.

Ceratodon Brid. 角齿藓属

Ceratodon purpureus（Hedw.）Brid.［Ceratodon purpureus（Hedw.）Brid. var. rotundifolius Berggr. , Ceratodon sinensis Muell. Hal.］角齿藓（角齿藓圆叶变种）

Ceratodon purpureus（Hedw.）Brid. var. formosicus Card. = Ceratodon stenocarpus Bruch et

Schimp.

Ceratodon purpureus（Hedw.）Brid. var. rotundi-folius Berggr. = Ceratodon purpureus（Hedw.）Brid.

Ceratodon sinensis Muell. Hal. = Ceratodon purpureus（Hedw.）Brid.

Ceratodon stenocarpus Bruch et Schimp.［Ceratodon purpureus（Hedw.）Brid. var. formosicus Card.］疣蒴角齿藓

Ceratolejeunea（Spruce）Schiffn. 角萼苔属

Ceratolejeunea belangeriana（Gott.）Steph.［Ceratolejeunea exocellata Herz., Ceratolejeunea oceanica（Mitt.）Steph., Euosmolejeunea fuscobrunnea Horik.］台湾角萼苔（贝氏角萼苔）

* Ceratolejeunea cornuta（Lindenb.）Steph. 角萼苔

Ceratolejeunea exocellata Herz. = Ceratolejeunea belangeriana（Gott.）Steph.

Ceratolejeunea minor Mizut. 小角萼苔

Ceratolejeunea oceanica（Mitt.）Steph. = Ceratolejeunea belangeriana（Gott.）Steph.

Ceratolejeunea sinensis Chen et P. -C. Wu 中国角萼苔

Chaetomitriopsis Fleisch. 灰果藓属

Chaetomitriopsis diversifolia Zant. = Macrothamnium javense Fleisch.

Chaetomitriopsis glaucocarpa（Schwaegr.）Fleisch.［Hypnum glaucocarpon Schwaegr.］灰果藓

Chaetomitrium Dozy et Molk. 刺柄藓属

Chaetomitrium acanthocarpum Bosch et S. Lac. 疣蒴刺柄藓

Chaetomitrium orthorrhynchium（Dozy et Molk.）Bosch et S. Lac. 直喙刺柄藓

Chamberlainia collina（Muell. Hal.）Robins. = Brachytheciastrum collinum（Muell. Hal.）Ignatov et Huttunen

* Chandonanthus Mitt. 广萼苔属

Chandonanthus birmensis Steph. = Plicanthus birmensis（Steph.）Schust.

Chandonanthus filiformis Steph. = Tetralophozia filiformis（Steph.）Urmi

Chandonanthus hirtellus（Web.）Mitt. = Plicanthus hirtellus（Web.）Schust.

Chandonanthus pusillus Steph. = Tetralophozia filiformis（Steph.）Urmi

Chandonanthus setiformis（Ehrh.）Lindb. = Tetralophozia setiformis（Ehrh.）Schljak.

* Chandonanthus squarrosus（Hook.）Mitt. 广萼苔

Cheilolejeunea（Spruce）Schiffn.［Euosmolejeunea（Spruce）Schiffn.］唇鳞苔属（淡叶苔属）

Cheilolejeunea ceylanica（Gott.）Schust. et Kachr.［Lejeunea ceylanica Gott., Pycnolejeunea ceylanica（Gott.）Schiffn., Xenolejeunea ceylanica（Gott.）Schust. et Kachr.］锡兰唇鳞苔（南亚唇鳞苔）

Cheilolejeunea chenii R. -L. Zhu et M. -L. So［Neurolejeunea fukiensis Chen et P. -C. Wu］陈氏唇鳞苔（福建脉鳞苔）

* Cheilolejeunea decidua（Spruce）Ev. 唇鳞苔

Cheilolejeunea eximia（Jovet-Ast et Tix.）R. -L. Zhu et M. -L. So［Cheilolejeunea latidentata Chen et P. -C. Wu］阔齿唇鳞苔（宽齿唇鳞苔）

Cheilolejeunea falsinervis（S. Lac.）Kachr. et Schust. 假肋唇鳞苔

Cheilolejeunea fitzgiraldii（Steph.）X. -L. He 粗瓣唇鳞苔

Cheilolejeunea fukiensis（Chen et P. -C. Wu）Piippo［Euosmolejeunea fukiensis Chen et P. -C Wu］福建唇鳞苔（福建淡叶苔）

Cheilolejeunea gaoi R. -L. Zhu, M. -L. So et Grolle 高氏唇鳞苔

Cheilolejeunea giraldiana（Mass.）Mizut. = Cheilolejeunea krakakammae（Lindenb.）Schust.

Cheilolejeunea imbricata（Nees）Hatt. = Cheilolejeunea trapezia（Nees）Kachr. et Schust.

Cheilolejeunea intertexta（Lindenb.）Steph.［Cheilolejeunea serpentina（Mitt.）Mizut., Cheilolejeunea subrotunda Herz.］圆叶唇鳞苔（匍匐唇鳞苔）

Cheilolejeunea khasiana（Mitt.）Kitag. = Cheilolejeunea krakakammae（Lindenb.）Schust.

Cheilolejeunea kitagawae（Kitag.）W. Ye et R. -L. Zhu = Leucolejeunea paroica Kitag.

Cheilolejeunea krakakammae（Lindenb.）Schust.

［Cheilolejeunea giraldiana（Mass.）Mizut.，Cheilolejeunea khasiana（Mitt.）Kitag.，Euosmolejeunea giraldiana Mass.，Euosmolejeunea gomphocalyx（Herz.）Hatt.，Euosmolejeunea gomphocalyx（Herz.）Mizut.，Strepsilejeunea giraldiana（Mass.）Steph.，Strepsilejeunea gomphocalyx Herz.］亚洲唇鳞苔（卡西唇鳞苔，陕西纽鳞苔，湖南纽鳞苔）

Cheilolejeunea latidentata Chen et P.-C. Wu = Cheilolejeunea eximia（Jovet-Ast et Tix.）R.-L. Zhu et M.-L. So

Cheilolejeunea longiloba（Hoffm.）Kachr. et Schust. = Cheilolejeunea trapezia（Nees）Kachr. et Schust.

Cheilolejeunea mariana（Gott.）Thiers et Gradst.［Archilejeunea mariana（Gott.）Steph.，Spruceanthus marianus（Gott.）Mizut.］全缘唇鳞苔（长片唇鳞苔，全缘多褶苔，玛琍原鳞苔）

Cheilolejeunea nipponica（Hatt.）Hatt. 日本唇鳞苔

Cheilolejeunea obtusifolia（Steph.）Hatt. 钝叶唇鳞苔

Cheilolejeunea obtusilobula（Hatt.）Hatt.［Pycnolejeunea obtusilobula Hatt.］钝瓣唇鳞苔（钝片唇鳞苔）

Cheilolejeunea osumiensis（Hatt.）Mizut. 东亚唇鳞苔（大隅唇鳞苔，淡叶唇鳞苔）

Cheilolejeunea pluriplicata（Pears.）Schust. 多脊唇鳞苔

Cheilolejeunea rigidula（Nees ex Mont.）Schust.［Euosmolejeunea duriuscula（Nees）Ev.］南方唇鳞苔

Cheilolejeunea ryukyuensis Mizut. 狭瓣唇鳞苔（琉球唇鳞苔）

Cheilolejeunea serpentina（Mitt.）Mizut. = Cheilolejeunea intertexta（Lindenb.）Steph.

Cheilolejeunea subopaca（Mitt.）Mizut.［Lejeunea subopaca Mitt.］尖叶唇鳞苔

Cheilolejeunea subplanilobula Chen et P.-C. Wu = Cheilolejeunea trapezia（Nees）Kachr. et Schust.

Cheilolejeunea subrotunda Herz. = Cheilolejeunea intertexta（Lindenb.）Steph.

Cheilolejeunea tosana（Steph.）Kachr. et Schust. =

Cheilolejeunea trapezia（Nees）Kachr. et Schust.

Cheilolejeunea trapezia（Nees）Kachr. et Schust.［Cheilolejeunea imbricata（Nees）Hatt.，Cheilolejeunea longiloba（Hoffm.）Kachr. et Schust.，Cheilolejeunea subplanilobula Chen et P.-C. Wu，Cheilolejeunea tosana（Steph.）Kachr. et Schust.，Pycnolejeunea imbricata（Nees）Schiffn.，Pycnolejeunea tosana Steph.］瓦叶唇鳞苔（平瓣唇鳞苔，瓦氏唇鳞苔，粗茎唇鳞苔，长叶唇鳞苔，长片唇鳞苔）

Cheilolejeunea trifaria（Reinw.，Bl. et Nees）Mizut.［Euosmolejeunea latifolia Horik.，Euosmolejeunea sayeri Steph.，Lejeunea trifaria（Reinw.，Bl. et Nees）Nees］阔叶唇鳞苔（大叶唇鳞苔，淡叶苔，阔叶淡叶苔）

Cheilolejeunea turgida（Mitt.）W. Ye et R.-L. Zhu = Leucolejeunca turgida（Mitt.）Verd.

Cheilolejeunea ventricosa（Schiffn.）X.-L. He 膨叶唇鳞苔

Cheilolejeunea verrucosa Steph. 疣胞唇鳞苔

Cheilolejeunea vittata（Steph. ex Hoffm.）Schust. et Kachr. 南亚唇鳞苔

Cheilolejeunea xanthocarpa（Lehm. et Lindenb.）Malombe = Leucolejeunea xanthocarpa（Lehm. et Lindenb.）Ev.

Chenia Zand. 陈氏藓属

Chenia leptophylla（Muell. Hal.）Zand.［Chenia rhizophylla（Sak.）Zand.，Pottia splachnobryoides Muell. Hal.，Tortula rhizophylla（Sak.）Iwats. et Saito］耳叶陈氏藓（陈氏藓，耳叶丛藓）

Chenia rhizophylla（Sak.）Zand. = Chenia leptophylla（Muell. Hal.）Zand.

* Chenia subobliqua（Williams）Zand. 陈氏藓

* Chiastocaulon Carl 鞭羽苔属

Chiastocaulon dendroides（Nees）Carl = Plagiochila dendroides（Nees）Lindenb.

Chiloscyphus Corda 裂萼苔属

Chiloscyphus aposinensis Piippo［Lophocolea chinensis C. Gao et K.-C. Chang］刺毛裂萼苔（中华裂萼苔，束毛裂萼苔）

Chiloscyphus argutus（Reinw.，Bl. et Nees）Nees = Heteroscyphus argutus（Reinw.，Bl. et Nees）

Schiffn.

Chiloscyphus aselliformis （Reinw. , Bl. et Nees）
Nees = Heteroscyphus aselliformis（Reinw. , Bl. et
Nees）Schiffn.

Chiloscyphus aselliformis （Reinw. , Bl. et Nees）
var. neesii Schiffn. = Heteroscyphus aselliformis
（Reinw. , Bl. et Nees）Schiffn.

Chiloscyphus bescherellei Steph. = Heteroscyphus
coalitus（Hook. ）Schiffn.

Chiloscyphus breviculus Yang et Lee 台湾裂萼苔
（矮帽裂萼苔）

Chiloscyphus ciliolatus （Nees） Engel et Schust.
［Lophocolea ciliolata（Nees）Gott. ］毛口裂萼苔
（广毛裂萼苔）

Chiloscyphus coadunatus （Sw.） Engel et Schust. 弯
尖裂萼苔

Chiloscyphus communis Steph. = Heteroscyphus co-
alitus（Hook. ）Schiffn.

Chiloscyphus costatus（Nees）Engel et Schust.［Lo-
phocolea costata （Nees） Gott. , Lophocolea for-
mosana Horik.］大苞裂萼苔（中肋裂萼苔）

Chiloscyphus cuspidatus （Nees） Engel et Schust.
［Chiloscyphus mollis （Nees） Engel et Schust. ,
Lophocolea arisancola Horik. , Lophocolea cuspi-
data（Nees）Limpr. , Lophocolea mollis（Nees）
Nees］尖叶裂萼苔（阿里山齿萼苔，尖叶齿萼苔）

Chiloscyphus decurrens（Reinw. , Bl. et Nees）Nees
= Heteroscyphus splendens（Lehm. et Lindenb. ）
Grolle

Chiloscyphus decurrens（Reinw. , Bl. et Nees）Nees
var. chinensis Mass. = Heteroscyphus argutus
（Reinw. , Bl. et Nees）Schiffn.

Chiloscyphus endlicherianus （Nees） Nees var.
chinensis Mass. = Heteroscyphus argutus（Re-
inw. , Bl. et Nees）Schiffn.

Chiloscyphus fragrans（Moris et De Not. ）Engel et
Schust.［Lophocolea fragrans （Moris et De
Not. ）Gott. , Lindenb. et Nees］爽气裂萼苔（香
齿裂萼苔）

Chiloscyphus horikawanus （Hatt. ） Engel et
Schust.［Lophocolea horikawana Hatt. ］圆叶裂
萼苔

Chiloscyphus integristipulus （Steph. ） Engel et
Schust.［Lophocolea compacta Mitt. , Lophocolea
japonica Steph.］全缘裂萼苔（全缘齿萼苔）

Chiloscyphus itoanus（Inoue）Engel et Schust.［Lo-
phocolea itoana Inoue］疏叶裂萼苔

Chiloscyphus japonicus Steph. 东亚裂萼苔（全缘裂
萼苔）

Chiloscyphus latifolius（Nees）Engel et Schust.［Lo-
phocolea bidentata （Linn. ） Dum. ］双齿裂萼苔
（宽叶裂萼苔）

Chiloscyphus minor （Nees） Engel et Schust.［Lo-
phocolea minor Nees］芽胞裂萼苔（芽孢裂萼苔，
小裂萼苔，芽胞齿萼苔）

Chiloscyphus minor （Nees） Engel et Schust. var.
chinensis （Mass. ） Piippo ［Lophocolea minor
Nees var. chinensis Mass. ］芽胞裂萼苔陕西变种

Chiloscyphus mollis（Nees）Engel et Schust. = Chi-
loscyphus cuspidatus（Nees）Engel et Schust.

Chiloscyphus muricatus （Lehm. ） Engel et Schust.
［Lophocolea muricata（Lehm. ）Nees］锐刺裂萼
苔（刺毛裂萼苔，刺刺齿萼苔，尖齿裂萼苔）

Chiloscyphus pallescens （Hoffm. ） Dum. = Chi-
loscyphus polyanthus（Linn. ）Corda

Chiloscyphus planus Mitt. = Heteroscyphus planus
（Mitt. ）Schiffn.

Chiloscyphus polyanthus（Linn. ）Corda［Chiloscy-
phus pallescens （Hoffm. ） Dum. ］裂萼苔（淡色
裂萼苔，多苞裂萼苔）

Chiloscyphus polyanthus （Linn. ） Corda var. fragi-
lis（Roth）K. Muell. 裂萼苔脆叶变种

Chiloscyphus polyanthus （Linn. ） Corda var. rivu-
laris（Schrad. ）Nees 裂萼苔水生变种

Chiloscyphus profundus （Nees） Engel et Schust.
［Lophocolea heterophylla（Schrad. ）Dum. ］异
叶裂萼苔（异叶齿萼苔）

Chiloscyphus schiffneri Engel et Schust. 爪哇裂萼苔

Chiloscyphus semiteres （Lehm. ） Lehm. et Lin-
denb.［Lophocolea magniperianthia Horik. ］大裂
萼苔（大齿萼苔）

Chiloscyphus sikkimensis（Steph. ）Engel et Schust.
［Lophocolea sikkimensis （Steph. ） Herz. et
Grolle］锡金裂萼苔

Chiloscyphus sinensis Engel et Schust. ［Lophocolea regularis Steph.］中华裂萼苔

Chiloscyphus tener Steph. = Heteroscyphus tener （Steph.）Schiffn.

Chiloscyphus turgidus Schiffn. = Heteroscyphus turgidus（Schiffn.）Schiffn.

Chiloscyphus yunnanensis C. Gao et Y. -H. Wu 云南裂萼苔

Chiloscyphus zollingeri Gott. = Heteroscyphus zollingeri（Gott.）Schiffn.

Chionostomum Muell. Hal. 花锦藓属

Chionostomum hainanense Tan et Y. Jia 海南花锦藓

Chionostomum rostratum （Griff.） Muell. Hal. ［Chionostomum rostratum（Griff.）Muell. Hal. var. microcarpum Broth.］花锦藓（花锦藓小蒴变种）

Chionostomum rostratum（Griff.）Muell. Hal. var. microcarpum Broth. = Chionostomum rostratum （Griff.）Muell. Hal.

Chondriolejeunea（Bened.）Kis. et Pócs 硬鳞苔属

Chondriolejeunea chinii（Tix.）Kis. et Pócs ［Cololejeunea shimizui Kitag. subsp. shihuishanensis M. -L. So et R. -L. Zhu］薄壁硬鳞苔

* Chondriolejeunea pseudostipulata Schiffn. 硬鳞苔

Chrysocladium Fleisch. 垂藓属

Chrysocladium flammeum （Mitt.） Fleisch. = Sinskea flammea（Mitt.）Buck

Chrysocladium flammeum （Mitt.） Fleisch. subsp. ochraceum （Nog.） Nog. = Sinskea flammea （Mitt.）Fleisch.

Chrysocladium flammeum （Mitt.） Fleisch. subsp. rufifolioides （Broth.） Nog. = Sinskea flammea （Mitt.）Fleisch.

Chrysocladium kiusiuense（Broth. et Par.）Fleisch. = Chrysocladium retrorsum（Mitt.）Fleisch.

Chrysocladium pensile （Mitt.） Fleisch. = Chrysocladium retrorsum（Mitt.）Fleisch.

Chrysocladium phaeum （Mitt.） Fleisch. = Sinskea phaea（Mitt.）Buck

Chrysocladium retrorsum （Mitt.） Fleisch. ［Chrysocladium kiusiuense （Broth. et Par.） Fleisch. ,

Chrysocladium pensile （Mitt.） Fleisch. ,Chrysocladium retrorsum（Mitt.）Fleisch. var. kiusiuense （Broth. et Par.） Card. , Chrysocladium retrorsum （Mitt.） Fleisch. var. pensile （Mitt.） Ihs. , Chrysocladium retrorsum （Mitt.） Fleisch. var. pinfaense （Card. et Thér.） Redf. et P. -C. Wu, Chrysocladium retrorsum （Mitt.） Fleisch. var. pinnatum （Fleisch.） Nog. , Chrysocladium retrorsum （Mitt.） Fleisch. var. taiwanense Nog. , Chrysocladium scaberrimum （Muell. Hal.）Fleisch. ,Meteorium pensile Mitt. ,Meteorium retrorsum Mitt. ,Meteorium retrorsum Mitt. var. pinfaense Card. et Thér. ,Papillaria scaberrima Muell. Hal.］垂藓（垂藓九州变种，垂藓羽枝变种，垂藓台湾变种）

Chrysocladium retrorsum （Mitt.） Fleisch. var. kiusiuense （Broth. et Par.） Card. = Chrysocladium retrorsum（Mitt.）Fleisch.

Chrysocladium retrorsum（Mitt.）Fleisch. var. pensile （Mitt.） Ihs. = Chrysocladium retrorsum （Mitt.）Fleisch.

Chrysocladium retrorsum（Mitt.）Fleisch. var. pinfaense （Card. et Thér.） Redf. et P. -C. Wu = Chrysocladium retrorsum（Mitt.）Fleisch.

Chrysocladium retrorsum （Mitt.） Fleisch. var. pinnatum （Fleisch.） Nog. = Chrysocladium retrorsum（Mitt.）Fleisch.

Chrysocladium retrorsum （Mitt.） Fleisch. var. taiwanense Nog. = Chrysocladium retrorsum （Mitt.）Fleisch.

Chrysocladium robustum Nog. = Sinskea phaea （Mitt.）Buck

Chrysocladium scaberrimum （Muell. Hal.） Fleisch. = Chrysocladium retrorsum （Mitt.） Fleisch.

Cincinnulus Dum. = Calypogeia Raddi

Cincinnulus cordistipulus Steph. = Calypogeia cordistipula（Steph.）Steph.

Cinclidium Sw. 北灯藓属

Cinclidium arcticum （Bruch et Schimp.） Schimp. 极地北灯藓

Cinclidium stygium Sw. 北灯藓

Cinclidotus P. Beauv. 复边藓属

Cinclidotus fontinaloides（Hedw.）P. Beauv. 复边藓

Circulifolium Olsson, Enroth et Quandt 平枝藓属

Circulifolium exiguum（Bosch et S. Lac.）Olsson, Enroth et Quandt［Homalia exiguua Bosch et S. Lac., Homaliodendron exiguum（Bosch et S. Lac.）Fleisch., Homaliodendron pseudonitidulum（Okam.）Nog., Neckeropsis pseudonitidula Okam.］小平枝藓（小树平藓）

Circulifolium microdendron（Mont.）Olsson, Enroth et Quandt［Homalia glossophylla（Mitt.）Jaeg., Homaliodendron elegantulum Thér., Homaliodendron glossophyllum（Mitt.）Fleisch., Homaliodendron microdendron（Mont.）Fleisch., Homaliodendron spathulaefolium（Muell. Hal.）Fleisch., Hookeria microdendron Mont.］平枝藓（钝叶树平藓，剑叶树平藓）

Cirriphyllum Grout 毛尖藓属

Cirriphyllum cirrosum（Schwaegr.）Grout［Brachythecium cirrosum（Schwaegr.）Schimp., Brachythecium perpiliferum Muell. Hal., Cuspidaria giraldii Muell. Hal., Scleropodium giraldii（Muell. Hal.）Broth.］阔叶毛尖藓（毛尖藓，匙叶毛尖藓）

Cirriphyllum crassinervium（Tayl.）Loeske et Flesich. 强肋毛尖藓（粗肋毛尖藓）

Cirriphyllum piliferum（Hedw.）Grout［Brachythecium piliferum（Hedw.）Kindb.］毛尖藓（长毛尖藓，长毛青藓）

Cirriphyllum subnerve Dix. 短肋毛尖藓

Cladopodiella Buch 钝叶苔属

* Cladopodiella fluitans（Nees）Joerg. 钝叶苔

Cladopodiella francisci（Hook.）Buch 角胞钝叶苔

Claopodium（Lesq. et James）Ren. et Card. 麻羽藓属

Claopodium aciculum（Broth.）Broth.［Claopodium aciculum（Broth）Broth. var. brevifolium Card., Claopodium gracilescens Dix., Claopodium prionophylloides Sasaok, Claopodium sinicum Broth. et Par., Clapodium viridulum Card., Haplocladium minutifolium Thér.］狭叶麻羽藓（齿叶麻羽藓，小叶小羽藓）

Claopodium aciculum（Broth.）Broth. var. brevifolium Card. = Claopodium aciculum（Broth.）Broth.

Claopodium amblystegioides Dix. = Claopodium prionophyllum（Muell. Hal.）Broth.

Claopodium assurgens（Sull. et Lesq.）Card.［Claopodium assurgens（Sull. et Lesq.）Card. var. attenuatum Nog., Pseudoleskea crispula Bosch et S. Lac.］大麻羽藓（斜叶麻羽藓）

Claopodium assurgens（Sull. et Lesq.）Card. var. attenuatum Nog. = Claopodium assurgens（Sull. et Lesq.）Card.

* Claopodium crispifolium（Hook.）Ren. et Card. 麻羽藓

Claopodium fulvellum Herz. = Haplocladium angustifolium（Hampe et Muell Hal.）Broth.

Claopodium gracilescens Dix. = Claopodium aciculum（Broth.）Broth.

Claopodium gracillimum（Card. et Thér.）Nog. 细麻羽藓

Claopodium integrum Chen = Haplocladium microphyllum（Hedw.）Broth.

Claopodium leptopteris（Muell. Hal.）P. -C. Wu et M. -Z. Wang［Haplocladium leptopteris Muell. Hal.］卵叶麻羽藓

Claopodium leskeoides（Broth. et Par.）Broth. = Haplocladium larminatii（Broth. et Par.）Broth.

Claopodium nervosum（Harv.）Fleisch. = Claopodium prionophyllum（Muell. Hal.）Broth.

Claopodium papillicaule（Broth.）Broth. = Claopodium pellucinerve（Mitt.）Best

Claopodium pellucinerve（Mitt.）Best［Claopodium papillicaule（Broth.）Broth., Claopodium piliferum Broth., Claopodium subpiliferum（Lindb. et Arn.）Broth., Claopodium tenuissimum Dix.］多疣麻羽藓（拟毛尖麻羽藓，疣茎麻羽藓）

Claopodium piliferum Broth. = Claopodium pellucinerve（Mitt.）Best

Claopodium prionophylloides Broth. = Claopodium aciculum（Broth.）Broth.

Claopodium prionophyllum（Muell. Hal.）Broth.

［Claopodium amblystegioides Dix. , Claopodium nervosum（Harv.）Fleisch.］齿叶麻羽藓

Claopodium rugulosifolium S. -Y. Zeng 皱叶麻羽藓（偏叶麻羽藓）

Claopodium sinicum Broth. et Par. = Claopodium aciculum（Broth.）Broth.

Claopodium subpiliferum（Lindb. et Arn.）Broth. = Claopodium pellucinerve（Mitt.）Best

Claopodium tenuissimum Dix. = Claopodium pellucinerve（Mitt.）Best

Claopodium viridulum Card. = Claopodium aciculum（Broth.）Broth.

Clasmatocolea innovata Herz. = Solenostoma truncatum（Nees）Váňa et Long

Clasmatocolea truncata Steph. = Pedinophyllum truncatum（Steph.）Inoue

* Clastobryella Fleisch. 细疣胞藓属

Clastobryella glomerato-propagulifera（Toy.）Sak. = Gammiella tonkinensis（Broth. et Par.）Tan

* Clastobryella koningsbergeri（Fleisch.）Nog. ［Barbella koningsbergeri Fleisch.］小细疣胞藓

Clastobryella kusatsuensis（Besch.）Iwats. = Pylaisiadelpha tenuirostris（Sull.）Buck

Clastobryella tenerrima Broth. = Gammiella ceylonensis（Broth.）Tan et Buck

Clastobryella tsunodae（Broth. et Yas.）Broth. = Pylaisiadelpha tenuirostris（Sull.）Buck

Clastobryopsis Fleisch. 拟疣胞藓属

Clastobryopsis brevinervis Fleisch.［Aptychella brevinervis（Fleisch.）Fleisch.］短肋拟疣胞藓（短茎拟疣胞藓，短肋竹藓）

Clastobryopsis heteroclada Fleisch. = Clastobryopsis robusta（Broth.）Fleisch.

Clastobryopsis planula（Mitt.）Fleisch.［Aptychella planula（Mitt.）Fleisch. , Aptychella subdelicata Broth. , Aptychella yuennanensis Broth.］拟疣胞藓（柔叶竹藓，拟柔叶竹藓，云南竹藓）

Clastobryopsis planula（Mitt.）Fleisch. var. delicata（Fleisch.）Tan et Y. Jia［Aptychella delicata（Fleisch.）Fleisch.］拟疣胞藓纤枝变种

Clastobryopsis robusta（Broth.）Fleisch.［Aptychella heteroclada（Fleisch.）Fleisch. , Aptychella robusta（Broth.）Fleisch. , Clastobryopsis heteroclada Fleisch. , Clastobryum robustum Broth.］粗枝拟疣胞藓（异枝竹藓，大竹藓）

Clastobryum Dozy et Molk. 疣胞藓属

Clastobryum excavatum Broth. = Rozea pterogonioides（Harv.）Jaeg.

Clastobryum glabrescens（Iwats.）Tan, Iwats. et Norris［Tristichella glabrescens Iwats.］三列疣胞藓

Clastobryum glomerato-propaguliferum Toy. = Gammiella tonkinensis（Broth. et Par.）Tan

* Clastobryum indicum（Dozy et Molk）Dozy et Molk. 疣胞藓

Clastobryum katoi Broth. = Palisadula katoi（Broth.）Iwats.

Clastobryum merrillii Broth. = Gammiella ceylonensis（Broth.）Tan et Buck

Clastobryum robustum Broth. = Clastobryopsis robusta（Broth.）Fleisch.

Clastobryum sinense Dix. = Entodon giraldii Muell. Hal.

Clastobryum tonkinensis Broth. et Par. = Gammiella tonkinensis（Broth. et Par.）Tan

Cleistocarpidium Ochyra et Bednarek-Ochyra 闭蒴藓属

Cleistocarpidium japonicum（Deg. , Matsui et Iwats.）K. -L. Yip 东亚闭蒴藓

* Cleistocarpidium palustre（Bruch et Schimp.）Ochyra et Bednarek-Ochyra 闭蒴藓

Cleistostoma Brid. = Bryowijkia Nog.

Cleistostoma ambiguum（Hook.）Brid. = Bryowijkia ambigua（Hook.）Nog.

Clevea Lindb. 克氏苔属

Clevea chinensis（Steph.）Hatt. = Clevea pusilla（Steph.）Rubasinghe et Long

Clevea handelii Herz. = Athalamia handelii（Herz.）Hatt.

Clevea hyalina（Sommerf.）Lindb.［Athalamia hyalina（Sommerf.）Hatt. , Marchantia hyalina Sommerf.］克氏苔（托鳞克氏苔，托鳞高山苔，透明高山苔）

Clevea pusilla（Steph.）Rubasinghe et Long

［Athalamia chinensis（Steph.）Hatt.，Athalamia glauco-virens Shim. et Hatt.，Athalamia nana（Schim. et Hatt.）Hatt.，Clevea chinensis（Steph.）Hatt.］小克氏苔（中华克氏苔，中华高山苔，细疣高山苔，小高山苔）

Cleveaceae［Sauteriaceae］星孔苔科

Climaciaceae 万年藓科

Climacium Web. et Mohr 万年藓属

Climacium americanum Brid. subsp. japonicum（Lindb.）Perss. = Climacium japonicum Lindb.

Climacium dendroides（Hedw.）Web. et Mohr 万年藓

Climacium japonicum Lindb.［Climacium americanum Brid. subsp. japonicum（Lindb.）Perss.］东亚万年藓（万年藓东亚亚种，日本万年藓）

Codriophorus P. Beauv. 无尖藓属

*Codriophorus aciculare（Hedw.）P. Beauv.［Racomitrium aciculare（Hedw.）Brid.］无尖藓（钝叶砂藓）

Codriophorus anomodontoides（Card.）Bednarek-Ochyra et Ochyra［Racomitrium anomodontoides Card.，Racomitrium formosicum Sak.，Racomitrium yakushimense Sak.］黄无尖藓（黄砂藓，大叶砂藓）

*Codriophorus aquaticum（Schrad.）Bednarek-Ochyra et Ochyra［Racomitrium aquaticum（Schrad.）Brid.，Racomitrium protensum（Braun）Hueb.］匍枝无尖藓（匍枝砂藓，簇生砂藓，丛生砂藓，长叶砂藓，指砂藓）

Codriophorus brevisetus（Lindb.）Bednarek-Ochyra et Ochyra［Racomitrium brevisetum Lindb.，Racomitrium fasciculare（Hedw.）Brid. var. orientale Card.］短柄无尖藓（短柄砂藓）

Codriophorus carinatus（Card.）Bednarek-Ochyra et Ochyra［Racomitrium carinatum Card.，Racomitrium heterostichum（Hedw.）Brid. var. brachypodium（Besch.）Nog.］短无尖藓（短尖砂藓，异枝砂藓无毛变种）

Codriophorus corrugatus Bednarek-Ochyra 扭叶无尖藓

Codriophorus fascicularis（Hedw.）Bednarek-Ochyra et Ochyra［Racomitrium fasciculare（Hedw.）Brid.，Racomitrium fasciculare（Hedw.）Brid. var. atroviride Card.］丛枝无尖藓（丛枝砂藓，长叶砂藓，长叶砂藓黄色变种）

Codriophorus molle（Card.）Bednarek-Ochyra et Ochyra［Racomitrium molle Card.］柔叶无尖藓（柔叶砂藓）

Cololejeunea（Spruce）Schiffn.［Lasiolejeunea Herz. et Nog.，Leptocolea（Spruce）Ev.，Pedinolejeunea（Bened. ex Mizut.）Chen et P.-C. Wu，Physocolea（Spruce）Steph.］疣鳞苔属（片鳞苔属，残叶苔属）

Cololejeunea aequabilis（S. Lac.）Schiffn.［Cololejeunea yulensis（Steph.）Bened.，Lasiolejeunea yulensis（Steph.）Bened. ex Herz. et Nog.］粗叶疣鳞苔（耳蒴疣鳞苔，耳萼疣鳞苔）

Cololejeunea albodentata Chen et P.-C. Wu 刺边疣鳞苔

Cololejeunea amoena Bened. 美疣鳞苔

Cololejeunea angustifolia（Steph.）Mizut.［Cololejeunea mackeeana Tix.］狭叶疣鳞苔（狭瓣疣鳞苔）

Cololejeunea angustiloba（Horik.）Mizut. = Cololejeunea sintenisii（Steph.）Pócs

Cololejeunea aoshimensis（Horik.）Hatt. = Cololejeunea planissima（Mitt.）Abeyw.

Cololejeunea appressa（Ev.）Bened.［Taeniolejeunea appressa（Ev.）Zwickel］薄叶疣鳞苔

Cololejeunea bhutanica Grolle et Mizut. 不丹疣鳞苔

Cololejeunea caihuaella But et P.-C. Wu 长瓣疣鳞苔

*Cololejeunea calcarea（Libert）Schiffn. 疣鳞苔

Cololejeunea ceratilobula（Chen）Schust.［Cololejeunea formosana Mizut.，Leptocolea ceratilobula Chen，Pedinolejeunea formosana（Mizut.）Chen et P.-C. Wu，Pedinolejeunea formosana（Mizut.）Chen P.-C. Wu var. ceratilobula（Chen）Chen P.-C. Wu，Pedinolejeunea reineckeana（Steph.）P.-C. Wu et But］角瓣疣鳞苔（日本疣鳞苔，台湾疣鳞苔，台湾片鳞苔，台湾片鳞苔角瓣变种）

Cololejeunea ceylanica Onr. 锡兰疣鳞苔（南亚疣鳞苔）

Cololejeunea chenii Tix. ［Cololejeunea plagiophylla Bened. var. grossipapillosa Chen et P. -C. Wu］陈氏疣鳞苔（斜叶疣鳞苔粗疣变种）

Cololejeunea denticulata （Horik.） Hatt. ［Leptocolea denticulata （Horik.） Chen et P. -C. Wu, Physocolea denticulata Horik.］细齿疣鳞苔

Cololejeunea desciscens Steph. ［Leptocolea ceratilobula Chen var. linearilobula Chen et P. -C. Wu, Leptocolea ciliatilobula Horik., Pedinolejeunea desciscens（Steph.）But et P. -C. Wu, Pedinolejeunea formosana（Mizut.） Chen et P. -C. Wu var. linearilobula Chen et P. -C. Wu］线瓣疣鳞苔（细瓣疣鳞苔，线瓣片鳞苔，台湾片鳞苔线瓣变种）

Cololejeunea diaphana Ev. ［Aphanolejeunea truncatifolia Horik., Cololejeunea truncatifolia （Horik.） Mizut.］截叶疣鳞苔（截叶小鳞苔，半透疣鳞苔）

Cololejeunea dinghushana R. -L. Zhu et Y. -F. Wang 鼎湖疣鳞苔

Cololejeunea dolichostyla （Herz.） Bened. = Cololejeunea trichomanis （Gott.） Steph.

Cololejeunea dozyana （S. Lac.） Schiffn. 匙叶疣鳞苔

Cololejeunea equialbi Tix. 平叶疣鳞苔

Cololejeunea falcata （Horik.）Bened. 镰叶疣鳞苔（弯叶疣鳞苔，曲叶疣鳞苔）

Cololejeunea filicis （Herz.） Piippo ［Leptocolea filicis Herz.］楔瓣疣鳞苔

Cololejeunea flavida P. -C. Wu et J. -S. Lou 褐疣鳞苔

Cololejeunea floccosa （Lehm. et Lindenb.） Schiffn. ［Leptocolea floccosa （Lehm. et Lindenb.） Steph., Taeniolejeunea floccosa （Lehm. et Lindenb.） Zwickel］棉毛疣鳞苔

Cololejeunea formosana Mizut. = Cololejeunea ceratilobula （Chen） Schust.

Cololejeunea gemmifera （Chen） Shust. = Cololejeunea longifolia （Mitt.） Bened. ex Mizut.

Cololejeunea goebelii （Gott. ex Schiffn.） Schiffn. = Cololejeunea trichomanis （Gott.） Steph.

Cololejeunea gottschei （Steph.） Mizut. ［Cololejeunea yunnanensis （Chen） Pócs, Leptocolea yunnanensis Chen］云南疣鳞苔（格氏疣鳞苔，云南残叶苔）

Cololejeunea grossepapillosa （Horik.） Kitag. ［Aphanolejeunea grossepapillosa Horik.］粗疣疣鳞苔（粗疣小鳞苔）

Cololejeunea hainanensis R. -L. Zhu 海南疣鳞苔

Cololejeunea handelii （Herz.） Hatt. = Cololejeunea macounii （Spruce ex Underw.） Ev.

Cololejeunea haskarliana （Lehm. et Lindenb.） Steph. ［Cololejeunea hispidissima （Steph.） Pande, Srivast. et Ahmad., Cololejeunea venusta （S. Lac.） Schiffn., Lejeunea venusta S. Lac.］密刺疣鳞苔（哈斯卡疣鳞苔）

Cololejeunea hispidissima （Steph.） Pande et Misra = Cololejeunea haskarliana （Lehm. et Lindenb.） Steph.

Cololejeunea horikawana （ Hatt.） Mizut. 崛川疣鳞苔

Cololejeunea indosinica Tix. 海岛疣鳞苔（南亚疣鳞苔，长瓣疣鳞苔）

Cololejeunea inflata Steph. ［Cololejeunea oshimensis （Horik.） Bened., Physocolea oshimensis Horik., Taeniolejeunea oshimensis （Horik.） Hatt.］白边疣鳞苔（卵舌片鳞苔）

Cololejeunea inflectens （Mitt.） Bened. ［Campylolejeunea peculiaris （Herz.） Amak., Cololejeunea peculiaris （Herz.） Bened.］隐齿疣鳞苔（隐鳞苔）

Cololejeunea japonica （Schiffn.） Mizut. 东方疣鳞苔（东亚疣鳞苔）

Cololejeunea kodamae Kamim. 拟单胞疣鳞苔（单胞疣鳞苔）

Cololejeunea lanciloba Steph. ［Cololejeunea latilobula（Herz.） Tix. var. dentata （Chen et P. -C. Wu） Piippo, Leptocolea lanciloba （Steph.）Ev., Pedinolejeunea himalayensis （Pande et Misra） Chen et P. -C. Wu var. dentata Chen et P. -C. Wu, Pedinolejeunea lanciloba （Steph.） Chen et P. -C. Wu］狭瓣疣鳞苔（长瓣疣鳞苔，狭瓣片鳞苔，喜马拉雅片鳞苔齿瓣变种）

Cololejeunea latilobula （Herz.） Tix. ［Leptocolea latilobula Herz., Pedinolejeunea himalayensis

（Pande et Misra）Chen et P. -C. Wu，Pedinoleje-unea pseudolatilobula Chen et P. -C. Wu］阔瓣疣鳞苔（卵舌疣鳞苔，拟阔瓣片鳞苔，喜马拉雅片鳞苔）

Cololejeunea latilobula（Herz.）Tix. var. dentata（Chen et P. -C. Wu）Piippo = Cololejeunea lanciloba Steph.

Cololejeunea latilobula（Herz.）Tix. var. wuyiensis（Chen et P. -C. Wu）Piippo = Cololejeunea yakusimensis（Hatt.）Mizut.

Cololejeunea latistyla R. -L. Zhu 阔体疣鳞苔

Cololejeunea leonidens Bened. = Cololejeunea ocelloides（Horik.）Mizut.

Cololejeunea liukiuensis（Horik.）Mizut. = Cololejeunea stylosa（Steph.）Ev.

Cololejeunea longifolia（Mitt.）Bened. ex Mizut.［Cololejeunea gemmifera（Chen）Schust.，Cololejeunea minuta（Mitt.）Steph.，Cololejeunea oblonga（Herz.）Chen et P. -C. Wu，Leptocolea gemmifera（Chen）Chen，Leptocolea minuta（Mitt.）Chen et P. -C. Wu，Leptocolea oblonga（Herz.）Chen et P. -C. Wu，Physocolea gemmifera Chen，Physocolea oblonga Herz.］鳞叶疣鳞苔（鳞叶残叶苔，芽胞残叶苔，狭叶残叶苔，长叶疣鳞苔）

Cololejeunea longilobula（Horik.）Hatt. = Cololejeunea raduliloba Steph.

Cololejeunea mackeeana Tix. = Cololejeunea angustifolia（Steph.）Mizut.

Cololejeunea macounii（Spruce ex Underw.）Ev.［Cololejeunea handelii（Herz.）Hatt.，Cololejeunea rupicola Steph.，Physocolea handelii Herz.，Physocolea papillosa Horik.，Physocolea rupicola Steph.］距齿疣鳞苔

Cololejeunea madothecoides（Steph.）Bened. 大苞疣鳞苔

Cololejeunea magnilobula（Horik.）Hatt.［Leptocolea magnilobula（Horik.）Chen et P. -C. Wu，Physocolea magnilobula Horik.］大瓣疣鳞苔（大瓣残叶苔，大腹瓣疣鳞苔）

Cololejeunea magnipapillosa（Kamim.）Chen et P. -C. Wu = Cololejeunea peraffinis（Schiffn.）Schiffn.

Cololejeunea magnistyla（Horik.）Mizut.［Leptocolea magnistyla Horik.］条瓣疣鳞苔（条瓣残叶苔，巨体疣鳞苔）

Cololejeunea minuta（Mitt.）Steph. = Cololejeunea longifolia（Mitt.）Bened. ex Mizut.

Cololejeunea minutissima（Sm.）Schiffn.［Cololejeunea orbiculata（Herz.）Hatt.，Leptocolea orbiculata（Herz.）Chen，Physocolea orbiculata Herz.］圆叶疣鳞苔（细疣鳞苔，微齿疣鳞苔）

Cololejeunea nakaii（Hatt.）Amak. = Cololejeunea verrucosa Steph.

Cololejeunea nakaii（Horik.）Mill. = Cololejeunea planissima（Mitt.）Abeyw.

Cololejeunea nipponica（Horik.）Hatt. = Cololejeunea schmidtii Steph.

Cololejeunea obliqua（Nees et Mont.）Schiffn.［Cololejeunea scabriflora Gott. ex Steph.］粗萼疣鳞苔（粗叶疣鳞苔）

Cololejeunea oblonga（Herz.）Chen et P. -C. Wu = Cololejeunea longifolia（Mitt.）Bened. ex Mizut.

Cololejeunea oblongiperianthia（P. -C. Wu et J. -S. Lou）Piippo［Leptocolea oblongiperianthia P. -C. Wu et J. -S. Lou］长萼疣鳞苔

Cololejeunea ocellata（Horik.）Bened.［Leptocolea ocellata Horik.，Taeniolejeunea peraffinis（Schiffn.）Zwickel var. ocellata（Horik.）Hatt.］列胞疣鳞苔

Cololejeunea ocelloides（Horik.）Mizut.［Cololejeunea leonidens Bened.，Leptocolea ocelloides Horik.，Taeniolejeunea ocelloides（Horik.）Hatt.］多胞疣鳞苔（虎齿疣鳞苔）

Cololejeunea orbiculata（Herz.）Hatt. = Cololejeunea minutissima（Sm.）Schiffn.

Cololejeunea ornata Ev. 泛生疣鳞苔（粗柱疣鳞苔，腹刺疣鳞苔）

Cololejeunea oshimensis（Horik.）Bened. = Cololejeunea inflata Steph.

Cololejeunea peculiaris（Herz.）Bened. = Cololejeunea inflectens（Mitt.）Bened.

Cololejeunea peraffinis（Schiffn.）Schiffn.［Cololejeunea magnipapillosa（Kamim.）Chen et P. -C.

Wu，Leptocolea peraffinis（Schiffn.）Horik.，Taeniolejeunea peraffinis（Schiffn.）Zwickel］粗疣鳞苔（疣萼疣鳞苔，至亲疣鳞苔）

Cololejeunea peraffinis（Schiffn.）Schiffn. f. corticola（Bened.）S.-H. Lin［Taeniolejeunea peraffinis（Schiffn.）Zwickel f. corticola Bened.］粗疣鳞苔干生变型（至亲疣鳞苔干生变型）

* Cololejeunea plagiophylla Bened. 斜叶疣鳞苔

Cololejeunea plagiophylla Bened. var. grossipapillosa Chen et P.-C. Wu = Cololejeunea chenii Tix.

Cololejeunea planissima（Mitt.）Abeyw.［Cololejeunea aoshimensis（Horik.）Hatt.，Cololejeunea nakaii（Horik.）Mill.，Cololejeunea tonkinensis（Steph.）Hatt.，Leptocolea aoshimensis Horik.，Leptocolea miyajimensis Horik.，Leptocolea nakaii Horik.，Leptocolea tonkinensis（Steph.）Steph.，Pedinolejeunea aoshimensis（Horik.）Chen et P.-C. Wu，Pedinolejeunea nakaii（Horik.）Chen et P.-C. Wu，Pedinolejeunea planissima（Mitt.）Chen et P.-C. Wu］粗齿疣鳞苔（粗齿片鳞苔，卵舌片鳞苔，短舌片鳞苔）

Cololejeunea platyneura（Spruce）Ev. 假肋疣鳞苔

Cololejeunea pluridentata P.-C. Wu et J.-S. Lou 多齿疣鳞苔

Cololejeunea pseudocristallina Chen et P.-C. Wu 尖叶疣鳞苔

Cololejeunea pseudofloccosa（Horik.）Bened.［Leptocolea pseudofloccosa Horik.，Taeniolejeunea pseudofloccosa（Horik.）Hatt.］拟棉毛疣鳞苔

Cololejeunea pseudoplagiophylla P.-C. Wu et J.-S. Lou 拟斜叶疣鳞苔

Cololejeunea pseudoschmidtii Tix. 拟日本疣鳞苔

Cololejeunea raduliloba Steph.［Cololejeunea longilobula（Horik.）Hatt.，Cololejeunea uchimae Amak.，Leptocolea longilobula Horik.，Pedinolejeunea raduliloba（Steph.）P.-C. Wu et But，Pedinolejeunea uchimae（Amak.）Chen et P.-C. Wu］拟疣鳞苔（扁萼疣鳞苔，叉瓣疣鳞苔，叉瓣片鳞苔，拟片鳞苔）

Cololejeunea roselloides P.-C. Wu et P.-J. Lin = Cololejeunea verrucosa Steph.

Cololejeunea rotundilobula（P.-C. Wu et P.-J. Lin）Piippo［Pedinolejeunea rotundilobula P.-C. Wu et P.-J. Lin］圆瓣疣鳞苔（圆瓣片鳞苔）

Cololejeunea rupicola Steph. = Cololejeunea macounii（Spruce ex Underw.）Ev.

Cololejeunea scabriflora Gott. ex Steph. = Cololejeunea obliqua（Nees et Mont.）Schiffn.

Cololejeunea schmidtii Steph.［Cololejeunea nipponica（Horik.）Hatt.，Physocolea nipponica Horik.］日本疣鳞苔（许氏疣鳞苔，东亚疣鳞苔）

Cololejeunea schwabei Herz.［Pedinolejeunea schwabei（Herz.）Chen］全缘疣鳞苔（全缘片鳞苔）

Cololejeunea serrulata Steph. 锯齿疣鳞苔

Cololejeunea shibiensis Mizut. 卵叶疣鳞苔（狭体疣鳞苔）

Cololejeunea shikokiana（Horik.）Hatt.［Physocolea shikokiana Horik.］东亚疣鳞苔

Cololejeunea shimizui Kitag. subsp. shihuishanensis M.-L. So et R.-L. Zhu = Chondriolejeunea chinii（Tix.）Kis. et Pócs

Cololejeunea sigmoidea Jovet-Ast et Tix. 单胞疣鳞苔

Cololejeunea sintenisii（Steph.）Pócs［Aphanolejeunea angustiloba Horik.，Cololejeunea angustiloba（Horik.）Mizut.］岩生疣鳞苔（狭叶疣鳞苔，狭叶小鳞苔）

Cololejeunea sphaerodonta Mizut. 短齿疣鳞苔

Cololejeunea spinosa（Horik.）Hatt.［Physocolea spinosa Horik.］刺疣鳞苔（刺叶疣鳞苔）

Cololejeunea stephanii Schiffn. ex Bened. 斯氏疣鳞苔

Cololejeunea stylosa（Steph.）Ev.［Cololejeunea liukiuensis（Horik.）Mizut.，Leptocolea liukiuensis Horik.，Pedinolejeunea liukiuensis（Horik.）Chen et P.-C. Wu］长柱疣鳞苔（副体疣鳞苔，长柱片鳞苔）

Cololejeunea subfloccosa Mizut. 短肋疣鳞苔

Cololejeunea subkodamae Mizut. 疣瓣疣鳞苔（交齿疣鳞苔）

Cololejeunea subocelloides Mizut. 拟多胞疣鳞苔

Cololejeunea tenella Bened. 南亚疣鳞苔

Cololejeunea tonkinensis（Steph.）Hatt. = Cololejeunea planissima（Mitt.）Abeyw.

Cololejeunea trichomanis（Gott.）Steph.［Cololejeunea dolichostyla（Herz.）Bened. , Cololejeunea goebelii（Gott. ex Schiffn.）Schiffn. , Leptocolea dolichostyla Herz. , Leptocolea goebelii（Gott. ex Schiffn.）Ev. , Physocolea hainanica Chen］线柱疣鳞苔（东亚残叶苔，哥氏残叶苔，哥氏疣鳞苔，单体疣鳞苔）

Cololejeunea truncatifolia（Horik.）Mizut. = Cololejeunea diaphana Ev.

Cololejeunea uchimae Amak. = Cololejeunea raduliloba Steph.

Cololejeunea venusta（S. Lac.）Schiffn. = Cololejeunea haskarliana（Lehm. et Lindenb.）Schiffn.

Cololejeunea verdoornii（Hatt.）Mizut. 佛氏疣鳞苔

Cololejeunea verrucosa Steph.［Cololejeunea nakaii（Hatt.）Amak. , Cololejeunea roselloides P. -C. Wu et P. -J. Lin, Taeniolejeunea nakaii Hatt.］星疣疣鳞苔（密砂疣鳞苔）

Cololejeunea wightii Steph. 魏氏疣鳞苔

Cololejeunea yakusimensis（Hatt.）Mizut.［Cololejeunea latilobula（Herz.）Tix. var. wuyiensis（Chen et P. -C. Wu）Piippo, Pedinolejeunea himalayensis（Pande et Misra）Chen et P. -C. Wu var. wuyiensis Chen et P. -C. Wu］九洲疣鳞苔（阔瓣疣鳞苔武夷变种，喜马拉雅片鳞苔武夷变种）

Cololejeunea yipii R. -L. Zhu 狭边疣鳞苔（顶边疣鳞苔）

Cololejeunea yulensis（Steph.）Bened. = Cololejeunea aequabilis（S. Lac.）Schiffn.

Cololejeunea yunnanensis（Chen）Pócs = Cololejeunea gottschei（Steph.）Mizut.

Cololejeunea zangii R. -L. Zhu et M. -L. So 臧氏疣鳞苔

Cololejeuneoideae 疣鳞苔亚科

Colura（Dum.）Dum.［Colurolejeunea（Spurce）Schiffn.］管叶苔属

Colura acroloba（Mont. ex Steph.）Jovet-Ast 刀形管叶苔（顶瓣管叶苔）

Colura acutifolia Jovet-Ast = Colura conica（S. Lac.）Goebel

Colura alata（Gott.）Trev. = Lejeurea alata Gott.

Colura ari（Steph.）Steph. 气生管叶苔（阔叶管叶苔）

* Colura calyptrifolia（Hook.）Dum. 管叶苔

Colura calyptrifolia（Hook.）Dum. var. pseudocalyptrifolia（Horik.）Hatt. = Colura tenuicornis（Ev.）Steph.

Colura conica（S. Lac.）Goebel［Colura acutifolia Jovet-Ast］尖囊管叶苔（锐囊管叶苔）

Colura corynephora（Gott. , Lindenb. et Nees）Trev. 异瓣管叶苔

Colura inuii Horik. 印氏管叶苔（钝囊管叶苔）

Colura karstenii Goebel 粗管叶苔

Colura pseudocalyptrifolia Horik. = Colura tenuicornis（Ev.）Steph.

Colura tenuicornis（Ev.）Steph.［Colura calyptrifolia（Hook.）Dum. var. pseudocalyptrifolia（Horik.）Hatt. , Colura pseudocalyptrifolia Horik. , Colurolejeunea tenuicornis Ev.］细角管叶苔

Colurolejeunea（Spurce）Schiffn. = Colura（Dum.）Dum.

Colurolejeunea tenuicornis Ev. = Colura tenuicornis（Ev.）Steph.

Conardia Robins. 列胞藓属

Conardia compacta（Muell. Hal.）Robins. 列胞藓

Conocephalaceae 蛇苔科

Conocephalum Wigg.［Fegatella Raddi］蛇苔属

Conocephalum conicum（Linn.）Dum.［Fegatella conica（Linn.）Corda］蛇苔（大蛇苔）

Conocephalum japonicum（Thunb.）Grolle［Conocephalum supradecompositum（Lindb.）Steph. , Conocephalum supradecompositum（Lindb.）Steph. var. propagulifera（Mass.）Ladyzhenskaja et Vasiljeva, Fegatella supradecomposita Lindb. , Fegatella supradecomposita Lindb. f. propagulifera（Mass.）Levier］小蛇苔（日本蛇苔）

Conocephalum supradecompositum（Lindb.）Steph. = Conocephalum japonicum（Thunb.）Grolle

Conocephalum supradecompositum（Lindb.）Steph. var. propagulifera（Mass.）Ladyzhenskaja et

Vasiljeva = Conocephalum japonicum（Thunb.）Grolle

Conocephalum salebrosum Szweyk., Buczk. et Odrzyk. 暗色蛇苔

Conomitrium sinense Rabenh. = Fissidens crenulatus Mitt.

Conomitrium tenerrimum Muell. Hal. = Fissidens giraldii Broth.

Corsinia Raddi 花地钱属

Corsinia coriandrina（Spreng.）Lindb.［Corsinia marchantioides Raddi］花地钱（革质花地钱）

Corsinia marchantioides Raddi = Corsinia coriandrina（Spreng.）Lindb.

Corsiniaceae 花地钱科

Coscinodon Spreng. 筛齿藓属

Coscinodon cribrosus（Hedw.）Spruce［Coscinodon pulvinatus Spreng., Grimmia caespitica（Brid.）Jur., Grimmia cribrosa Hedw., Grimmia sinensi-anodon Muell. Hal.］筛齿藓（小孔筛齿藓，无齿紫萼藓）

Cratoneurella uncinifolia（Broth. et Par.）Robins. = Brachythecium uncinifolium Broth. et Par.

Cratoneuron（Sull.）Spruce 牛角藓属

Cratoneuron commutatum（Hedw.）Roth = Palustriella commutata（Hedw.）Ochyra

Cratoneuron commutatum（Hedw.）Roth var. falcatum（Brid.）Moenk. = Palustriella commutata（Hedw.）Ochyra

Cratoneuron commutatum（Hedw.）Roth var. sulcatum（Lindb.）Moenk. = Palustriella commutata（Hedw.）Ochyra

Cratoneuron curvicaule（Jur.）Roth = Callialaria curvicaulis（Jur.）Ochyra

Cratoneuron filicinum（Hedw.）Spruce［Amblystegium campyliopsis Dix., Amblystegium elegantifolium（Muell. Hal.）Broth., Amblystegium nivicalyx（Muell. Hal.）Broth., Amblystegium relaxum Card. et Thér., Amblystegium robustifolium（Muell. Hal.）Broth., Cratoneuron filicinum（Hedw.）Spruce var. fallax（Brid.）Roth, Cratoneuron formosanum Broth., Cratoneuron formosicum Sak., Cratoneuron longi-costatum X. -

L. Bai, Drepanocladus cuspidarioides（Muell. Hal.）Par., Drepanophyllaria cuspidarioides Muell. Hal., Drepanophyllaria elegantifolia Muell. Hal., Drepanophyllaria nivicalyx Muell. Hal., Drepanophyllaria robustifolia Muell. Hal., Hygroamblystegium filicinum（Hedw.）Loeske, Hygroamblystegium ramulosum Dix., Hypnum filicinum Hedw., Hypnum sinensi-molluscum（Muell. Hal.）Par. var. tenuis Muell. Hal.］牛角藓（短叶牛角藓）

Cratoneuron filicinum（Hedw.）Spruce var. atrovirens（Brid.）Ochyra［Cratoneuron taihangense J. -C. Zhao, X. -Q. Li et L. -F. Han］牛角藓宽肋变种

Cratoneuron filicinum（Hedw.）Spruce var. curvicaule（Jur.）Moenk. = Callialaria curvicaulis（Jur.）Ochyra

Cratoneuron filicinum（Hedw.）Spruce var. fallax（Brid.）Roth = Cratoneuron filicinum（Hedw.）Spruce

Cratoneuron formosanum Broth. = Cratoneuron filicinum（Hedw.）Spruce

Cratoneuron formosicum Sak. = Cratoneuron filicinum（Hedw.）Spruce

Cratoneuron longicostatum X. -L. Bai = Cratoneuron filicinum（Hedw.）Spruce

Crossidium Jur. 流苏藓属（流梳藓属）

Crossidium aberrans Holz. et Bartr. 短丝流苏藓

Crossidium crassinervium（De Not.）Jur. 厚肋流苏藓

Crossidium chloronotos（Brid.）Limpr. = Crossidium squamiferum（Viv.）Jur.

Crossidium seriatum Crum et Steere 多列流苏藓

* Crossidium squamiferum（Viv.）Jur.［Crossidium chloronotos（Brid.）Limpr.］流苏藓（绿色流苏藓）

Crossogyna（Schust.）Schljak. = Jamesoniella（Spruce）Carring.

Crossogyna nipponica（Hatt.）Schljak. = Syzygiella nipponica（Hatt.）Feldberg

* Crossotolejeunea（Spruce）Schiffn. 毛果苔属

Crossotolejeunea pellucida Horik. = Lepidolejeunea

bidentula（Steph.）Schust.

Cryphaea Mohr et Web. 隐蒴藓属

Cryphaea henryi Thér. = Cyptodontopsis leveillei（Thér.）P. -C. Rao et Enroth

*Cryphaea heteromalla（Hedw.）Mohr 隐蒴藓

Cryphaea lanceolata P. -C. Rao et Enroth 披针叶隐蒴藓

Cryphaea leptopteris Enroth et T. Kop. = Cryphaea songpanensis Enroth et T. Kop.

Cryphaea leveillei Thér. = Cyptodontopsis leveillei（Thér.）P. -C. Rao et Enroth

Cryphaea obovatocarpa Okam. 卵叶隐蒴藓

Cryphaea omeiensis P. -C. Rao 峨嵋隐蒴藓

Cryphaea sphaerocarpa（Hook.）Brid. = Sphaerotheciella sphaerocarpa（Hook.）Fleisch.

Cryphaea sinensis Bartr. = Sphaerotheciella sinensis（Bartr.）P. -C. Rao

Cryphaea songpanensis Enroth et T. Kop.［Cryphaea leptopteris Enroth et T. Kop.］松潘隐蒴藓

Cryphaea sphaerocarpa（Hook.）Brid. = Sphaerotheciella sphaerocarpa（Hook.）Fleisch.

Cryphaeaceae 隐蒴藓科

Cryptocoleopsis Amak. 拟隐苞苔属（拟隐萼苔属）

Cryptocoleopsis imbricata Amak. 拟隐苞苔

Cryptogonium phyllogonioides（Sull.）Isov. = Horikawaea tjibodensis（Fleisch.）M. -C. Ji et Enroth

Cryptomitrium Aust. ex Underw. 薄地钱属（平托苔属）

Cryptomitrium himalayense Kashyap 喜马拉雅薄地钱（平托苔，喜马拉雅平托苔）

*Cryptomitrium tenerum（Hook.）Underw. 薄地钱（平托苔）

Cryptopapillaria Menzel 隐松萝藓属

Cryptopapillaria chrysoclada（Muell. Hal.）Menzel［Papillaria chrysoclada（Muell. Hal.）Jaeg.］细尖隐松萝藓（细尖松萝藓）

Cryptopapillaria feae（Fleisch.）Menzel［Papillaria feae Fleisch.］扭尖隐松萝藓（扭尖松萝藓）

Cryptopapillaria fuscescens（Hook.）Menzel［Papillaria fuscescens（Hook.）Jaeg.］隐松萝藓（松萝藓，黄松萝藓）

*Cryptothallus Malmb. 腐生苔属

*Cryptothallus mirabilis Malmb. 腐生苔

Ctenidium（Schimp.）Mitt. 梳藓属

Ctenidium andoi Nishim.［Ctenidium forstenii（Bosch et S. Lac.）Broth.］柔枝梳藓

Ctenidium capillifolium（Mitt.）Broth.［Ctenidium robusticaule Broth. et Par.］毛叶梳藓（粗枝梳藓）

Ctenidium ceylanicum Card. ex Fleisch. 斯里兰卡梳藓

Ctenidium enerve（Herz. et Nog.）Nishim. = Ctenidium serratifolium（Card.）Broth.

Ctenidium forstenii（Bosch et S. Lac.）Broth. = Ctenidium andoi Nishim.

Ctenidium hastile（Mitt.）Lindb.［Stereodon hastilis Mitt.］戟叶梳藓（锯齿细湿藓）

Ctenidium homalophyllum Ihs.［Hylocomium scabrifolium Broth.］平叶梳藓

Ctenidium leskeoides Broth. et Par. = Haplocladium larminatii（Broth. et Par.）Broth.

Ctenidium lychnites（Mitt.）Broth.［Stereodon lychnites Mitt.］弯叶梳藓

Ctenidium malacobolum（Muell. Hal.）Broth.［Ctenidium polychaetum（Bosch et S. Lac.）Broth.］麻齿梳藓

Ctenidium molluscum（Hedw.）Mitt.［Hypnum balearicum Dix. , Hypnum molluscum Hedw.］梳藓

Ctenidium pinnatum（Broth. et Par.）Broth.［Ctenidium plumulosum Bartr. , Stereodon pinnatus Broth. et Par.］羽枝梳藓

Ctenidium plumulosum Bartr. = Ctenidium pinnatum（Broth. et Par.）Broth.

Ctenidium polychaetum（Bosch et S. Lac.）Broth. = Ctenidium malacobolum（Muell. Hal.）Broth.

Ctenidium procerrimum（Mol.）Lindb. = Pseudostereodon procerrimum（Mol.）Fleisch.

*Ctenidium pubescens（Hook. f. et Wils.）Broth. 毛尖梳藓（毛叶梳藓）

Ctenidium robusticaule Broth. et Par. = Ctenidium capillifolium（Mitt.）Broth.

Ctenidium scaberrimum（Card.）Broth. = Ectropothecium zollingeri（Muell. Hal.）Jaeg.

Ctenidium scaberrimum（Card.）Broth. var. erectocondensatum Dix. et Sak. = Ectropothecium zollingeri（Muell. Hal.）Jaeg.

Ctenidium serratifolium（Card.）Broth.［Campylium enerve Herz. et Nog. , Campylium serratifolium（Card.）Herz. et Nog. , Ctenidium enerve（Herz. et Nog.）Nishim. , Ectropothecium serratifolium Card.］齿叶梳藓（无肋细湿藓,锯齿细湿藓）

Ctenidium stellulatum Mitt.［Hypnum stellulatum（Mitt.）Par.］散枝梳藓（散叶梳藓）

Cupressina alaris Muell. Hal. = Hypnum plumaeforme Wils.

Cupressina filaris Muell. Hal. = Hypnum cupressiforme Hedw.

Cupressina leptothalla Muell. Hal. = Eurohypnum leptothallum（Muell. Hal.）Ando

Cupressina leucodontea Muell. Hal. = Eurohypnum leptothallum（Muell. Hal.）Ando

Cupressina minuta Muell. Hal. = Hypnum subimponens Lesq. subsp. ulophyllum（Muell. Hal.）Ando

Cupressina plumaeformis（Wils.）Muell. Hal. = Hypnum plumaeforme Wils.

Cupressina sinensimollusca Muell. Hal. = Hypnum plumaeforme Wils.

Cupressina tereticaulis Muell. Hal. = Eurohypnum leptothallum（Muell. Hal.）Ando

Cupressina turgens Muell. Hal. = Gollania turgens（Muell. Hal.）Ando

Cupressina ulophylla Muell. Hal. = Hypnum subimponens Lesq. subsp. ulophyllum（Muell. Hal.）Ando

Curvicladium Enroth 弯枝藓属

Curvicladium kurzii（Kindb.）Enroth［Thamnium kurzii Kindb. , Thamnium siamense Horik. et Ando］弯枝藓

Cuspidaria giraldii Muell. Hal. = Cirriphyllum cirrosum（Schwaegr.）Grout

Cuspidaria levieri Muell. Hal. = Entodon concinnus（De Not.）Par.

Cyathodiaceae 光苔科

Cyathodium Kunze 光苔属

Cyathodium aureo-nitens（Griff.）Schiffn. 黄光苔

Cyathodium cavernarum Kunze 光苔

Cyathodium smaragdinum Schiffn. ex Keissler 艳绿光苔（光苔，绿叶光苔）

Cyathodium tuberculatum Udar et Singh 细疣光苔

Cyathodium tuberosum Kashyap 芽胞光苔

Cyathophorella（Broth.）Fleisch. = Cyathophorum P. Beauv.

Cyathophorella burkillii（Dix.）Broth. = Cyathophorum hookerianum（Griff.）Mitt.

Cyathophorella densifolia Horik. = Cyathophorum hookerianum（Griff.）Mitt.

Cyathophorella grandistipulacea Dix. et Sak. = Cyathophorum hookerianum（Griff.）Mitt.

Cyathophorella hookeriana（Griff.）Fleisch. = Cyathophorum hookerianum（Griff.）Mitt.

Cyathophorella intermedia（Mitt.）Broth. = Cyathophorum hookerianum（Griff.）Mitt.

Cyathophorella japonica（Broth.）Broth. = Cyathophorum adiantum（Griff.）Mitt.

Cyathophorella kyusyuensis Horik. et Nog. = Cyathophorum hookerianum（Griff.）Mitt.

Cyathophorella kyusyuensis Horik. et Nog. var. grandistipulacea（Dix. et Sak.）Nog. = Cyathophorum hookerianum（Griff.）Mitt.

Cyathophorella rigidula Chen = Cyathophorum hookerianum（Griff.）Mitt.

Cyathophorella serrulata Chen = Cyathophorum adiantum（Griff.）Mitt.

Cyathophorella spinosa（Muell. Hal.）Fleisch. = Cyathophorum spinosum（Muell. Hal.）Akiy.

Cyathophorella subspinosa Chen = Cyathophorum adiantum（Griff.）Mitt.

Cyathophorella taiwaniana Lai = Cyathophorum hookerianum（Griff.）Mitt.

Cyathophorella tenera（Bosch et S. Lac.）Fleisch. = Cyathophorum parvifolium Bosch et S. Lac.

Cyathophorella tonkinensis（Broth. et Par.）Broth. = Cyathophorum adiantum（Griff.）Mitt.

Cyathophorum P. Beauv.［Cyathophorella（Broth.）Fleisch.］雉尾藓属

Cyathophorum adiantum （Griff.） Mitt. ［Cyathophorella japonica （Broth.） Broth.，Cyathophorella serrulata Chen，Cyathophorella subspinosa Chen，Cyathophorella tonkinensis （Broth. et Par.） Broth.］粗齿雉尾藓（刺叶雉尾藓）

* Cyathophorum bulbosum （Hedw.） Muell. Hal. ［Cythophorum pteridioides P. Beauv.］雉尾藓

Cyathophorum densifolia Horik. = Cyathophorum hookerianum（Griff.） Mitt.

Cyathophorum hookerianum（Griff.） Mitt. ［Cyathophorella burkillii（Dix.） Broth.，Cyathophorella densifolia Horik.，Cyathophorella grandistipulacea Dix. et Sak.，Cyathophorella hookeriana （Griff.） Fleisch.，Cyathophorella intermedia （Mitt.） Broth.，Cyathophorella kyusyuensis Horik. et Nog.，Cyathophorella kyusyuensis Horik. et Nog. var. grandistipulacea （Dix. et Sak.） Nog.，Cyathophorella rigidula Chen，Cyathophorella taiwaniana Lai，Dendrocyathophorum intermedium （Mitt.） Herz.］短肋雉尾藓（密叶雉尾藓，小雉尾藓，黄雉尾藓，九洲雉尾藓）

Cyathophorum intermedia （Mitt.） Broth. = Cyathophorum hookerianum （Griff.） Mitt.

Cyathophorum parvifolium Bosch et S. Lac. ［Cyathophorella tenera （Bosch et S. Lac.） Fleisch.］小叶雉尾藓

Cyathophorum pteridioides P. Beauv. = Cyathophorum bulbosum （Hedw.） Muell. Hal.

Cyathophorum spinosum（Muell. Hal.） Akiy. ［Cyathophorella spinosa （Muell. Hal.） Fleisch.，Cyathophorella subspinosa Chen］南亚雉尾藓（雉尾藓）

Cyclodictyon Mitt. 圆网藓属

Cyclodictyon blumeanum （Muell. Hal.） Kuntze ［Hookeria blumeana Muell. Hal.］南亚圆网藓

* Cyclodictyon laetevirens （Hook. et Tayl.） Mitt. 圆网藓

Cylindrocolea Schust. 筒萼苔属（柱萼苔属）

* Cylindrocolea chevalieri （Steph.） Schust. 筒萼苔

Cylindrocolea recurvifolia （Steph.） Inoue ［Acolea formosae Steph.，Cephaloziella recurvifolia Hatt.，Gymnomitrion formosae （Steph.） Horik.］台湾筒萼苔（弯叶筒萼苔，被卷筒萼苔，台湾全萼苔，柱萼苔）

Cylindrocolea tagawae （Kitag.） Schust. ［Marsupella fengchengensis C. Gao et K. -C. Chang］东亚筒萼苔（凤城钱袋苔）

Cynodontium Bruch et Schimp. 狗牙藓属

Cynodontium alpestre （Wahlenb.） Milde ［Oncophorus alpestris Lindb.］高山狗牙藓

Cynodontium fallax Limpr. 假狗牙藓

Cynodontium gracilescens （Web. et Mohr） Schimp. 高疣狗牙藓（狗牙藓）

Cynodontium pallidum （Hedw.） Mitt. = Ditrichum pallidum （Hedw.） Hampe

* Cynodontium polycarpum （Hedw.） Schimp. 狗牙藓

Cynodontium schisti （Web. et Mohr） Lindb. 纤细狗牙藓

Cynodontium sinensi-fugax （Muell. Hal.） C. Gao ［Rhabdoweisia sinensi-fugax （Muell. Hal.） Par.，Weissia sinensi-fugax Muell. Hal.］曲柄狗牙藓

Cyptodontopsis Dix. 线齿藓属

Cyptodontopsis laosiensis Dix. = Cyptodontopsis leveillei （Thér.） P. -C. Rao et Enroth

Cyptodontopsis leveillei （Thér.） P. -C. Rao et Enroth ［Cryphaea henryi Thér.，Cryphaea leveillei Thér.，Cyptodontopsis laosiensis Dix.］线齿藓（贵州隐蒴藓）

Cyrto-hypnum （Hampe） Hampe et Lor. = Pelekium Mitt.

Cyrto-hypnum bonianum （Besch.） Buck et Crum = Pelekium bonianum （Besch.） Touw

Cyrto-hypnum brachythecium （Hampe et Lor.） Hampe et Lor. = Pelekium muricatulum （Hampe） Touw

Cyrto-hypnum contortulum （Mitt.） P. -C. Wu，Crosby et S. He = Pelekium contortulum （Mitt.） Touw

Cyrto-hypnum fuscatum （Besch.） P. -C. Wu，Crosby et S. He = Pelekium fuscatum （Besch.） Touw

Cyrto-hypnum gratum （P. Beauv.） Buck et Crum = Pelekium gratum （P. Beauv.） Touw

Cyrto-hypnum haplohymenium （Harv.） Buck et Crum = Pelekium haplohymenium （Harv.） Touw

Cyrto-hypnum microphyllum （Schwaegr.） P.-C. Wu, Crosby et S. He = Pelekium microphyllum （Schwaegr.） T. Kop. et Touw

Cyrto-hypnum minusculum（Mitt.）Buck et Crum = Pelekium minusculum（Mitt.）Touw

Cyrto-hypnum minutulum（Hedw.）Buck et Crum = Pelekium minutulum（Hedw.）Touw

Cyrto-hypnum pelekinioides（Chen）Buck et Crum = Pelekium gratum（P. Beauv.）Touw

Cyrto-hypnum pygmaeum（Schimp.）Buck et Crum = Pelekium pygmaeum（Schimp.）Touw

Cyrto-hypnum rubiginosum（Besch.）Buck et Crum = Pelekium versicolor（Muell. Hal.）Touw

Cyrto-hypnum sparsifolium（Mitt.）Buck et Crum = Pelekium versicolor（Muell. Hal.）Touw

Cyrto-hypnum squarrosulum（Ren. et Card.）Buck et Crum = Pelekium microphyllum（Schwaegr.）

T. Kop. et Touw

Cyrto-hypnum talogense（Besch.）Buck et Crum = Pelekium fuscatum（Besch.）Touw

Cyrto-hypnum tamariscellum（Muell. Hal.）Buck et Crum = Pelekium versicolor（Muell. Hal.）Touw

Cyrto-hypnum venustulum（Besch.）Buck et Crum = Pelekium versicolor（Muell. Hal.）Touw

Cyrto-hypnum versicolor （Muell. Hal.） Buck et Crum = Pelekium versicolor（Muell. Hal.）Touw

Cyrto-hypnum vestitissimum （Besch.） Buck et Crum = Bryonoguchia vestitissimum （Besch.） Touw

Cyrtomnium Holm. 曲灯藓属

Cyrtomnium hymenophylloides（Hueb.）T. Kop. 蕨叶曲灯藓（蕨叶提灯藓）

* Cyrtomnium hymenophyllum（Bruch et Schimp.）Holm. 曲灯藓（卵叶北灯藓）

D

Daltonia Hook. et Tayl. 小黄藓属

Daltonia angustifolia Dozy et Molk.［Daltonia angustifolia Dozy et Molk. var. gemmiphylla Fleisch. , Daltonia angustifolia Dozy et Molk. var. strictifolia （Mitt.） Fleisch.］狭叶小黄藓（狭叶小黄藓直叶变种）

Daltonia angustifolia Dozy et Molk. var. gemmiphylla Fleisch. = Daltonia angustifolia Dozy et Molk.

Daltonia angustifolia Dozy et Molk. var. strictifolia （Mitt.） Fleisch. = Daltonia angustifolia Dozy et Molk.

Daltonia aristifolia Ren. et Card. 芒尖小黄藓

Daltonia semitorta Mitt. 折叶小黄藓

* Daltonia splachnoides（Sm.）Hook. et Tayl. 小黄藓

Daltoniaceae 小黄藓科

Delavayella Steph. 侧囊苔属

Delavayella serrata Steph.［Delavayella serrata Steph. var. purpurea Chen］侧囊苔（侧囊苔紫色变种）

Delavayella serrata Steph. var. purpurea Chen = Delavayella serrata Steph.

Delavayellaceae 侧囊苔科

Dendroceros Nees 树角苔属

* Dendroceros crispus（Sw.）Nees 树角苔

Dendroceros japonicus Steph. 日本树角苔

Dendroceros javanicus（Nees）Nees 爪哇树角苔

Dendroceros tubercularis Hatt. 东亚树角苔（肋瘤树角苔，中瘤树角苔）

Dendrocerotaceae 树角苔科

Dendrocerotales 树角苔目

Dendrocyathophorum Dix. 树雉尾藓属

Dendrocyathophorum assamicum Dix. = Dendrocyathophorum decolyi（Fleisch.）Kruijer

Dendrocyathophorum decolyi （Fleisch.） Kruijer ［Dendrocyathophorum assamicum Dix. , Dendrocyathophorum herzogii Gangulee, Dendrocyathophorum paradoxum（Broth.）Dix.］树雉尾藓

Dendrocyathophorum herzogii Gangulee = Dendrocyathophorum decolyi（Fleisch.）Kruijer

Dendrocyathophorum intermedium（Mitt.）Herz. = Cyathophorum hookerianum（Griff.）Mitt.

Dendrocyathophorum paradoxum（Broth.）Dix. = Dendrocyathophorum decolyi（Fleisch.）Kruijer

Dendro-hypnum Hampe 树形藓属

* Dendro-hypnum beccarii Hampe 树形藓

Dendro-hypnum reinwardtii（Schwaegr.）Nell. 落叶树形藓

Denotarisia Grolle 兜叶苔属

Denotarisia linguifolia（De Not.）Grolle［Jamesoniella ovifolia（Schiffn.）Schiffn.］兜叶苔

Desmatodon Brid. = Tortula Hedw.

Desmatodon capillaris Chen = Tortula capillaris（Chen）Zand.

Desmatodon cernuus Hueb. = Tortula cernua（Hueb.）Lindb.

Desmatodon convolutus（Brid.）Grout = Tortula atrovirens（Sm.）Lindb.

Desmatodon gemmascens Chen = Syntrichia gemmascens（Chen）Zand.

Desmatodon inermis（Brid.）Mitt. = Tortula inermis（Brid.）Mont.

Desmatodon latifolius（Hedw.）Brid. = Tortula hoppeana（Schultz）Ochyra

Desmatodon latifolius（Hedw.）Brid. var. muticus（Brid.）Brid. = Tortula hoppeana（Schultz）Ochyra

Desmatodon laureri（Schultz）Bruch et Schimp. = Tortula laureri（Schultz）Lindb. var. setschwanicus（Broth.）Zand.

Desmatodon laureri（Schultz）Bruch et Schimp. var. setschwanicus（Broth.）Chen = Tortula laureri（Schultz）Lindb. var. setschwanicus（Broth.）Zand.

Desmatodon leucostoma（Brown）Berggr. = Tortula leucostoma（Brown）Hook. et Grev.

Desmatodon limbatus Mitt. = Tortula sublimbata（Mitt.）Broth.

Desmatodon mucronifolius（Schwaegr.）Mitt. = Tortula mucronifolia Schwaegr.

Desmatodon muralis（Hedw.）Jur. = Tortula muralis Hedw.

Desmatodon raucopapillosum X. -J. Li = Tortula raucopapillosa（X. -J. Li）Zand.

Desmatodon rigidus（Hedw.）Mitt. = Aloina rigida（Hedw.）Limpr.

Desmatodon setschwanicus Broth. = Tortula laureri（Schultz）Lindb. var. setschwanicus（Broth.）Zand.

Desmatodon solomensis Broth. = Syntrichia sinensis（Muell. Hal.）Ochyra

Desmatodon suberectus（Hook.）Limpr. = Tortula leucostoma（Brown）Hook. et Grev.

Desmatodon subulatus（Hedw.）Jur. = Tortula subulata Hedw.

Desmatodon systylius Schimp. = Tortula systylia（Schimp.）Lindb.

Desmatodon thomsonii（Muell. Hal.）Jaeg. = Tortula thomsonii（Muell. Hal.）Zand.

Desmatodon yuennanensis Broth. = Tortula chungtienia Zand.

Desmatodon yuennanensis Broth. var. setschwanicus（Broth.）Chen = Tortula laureri（Schultz）Lindb. var. setschwanicus（Broth.）Zand.

Diaphanodon Ren. et Card. 异节藓属

Diaphanodon blandus（Harv.）Ren. et Card.［Diaphanodon thuidioides Ren. et Card., Haplocladium tibetanum（Salm.）Broth., Thuidium tibetanum Salm.］异节藓（西藏羽藓）

Diaphanodon thuidioides Ren. et Card. = Diaphanodon blandus（Harv.）Ren. et Card.

Dichelyma Myrin 弯刀藓属

* Dichelyma capillaceum（With.）Myrin 弯刀藓

Dichelyma falcatum（Hedw.）Myrin 网齿弯刀藓

Dichelyma sinense Muell. Hal. = Ditrichum gracile（Mitt.）Kuntze

Dichodontium Schimp. 裂齿藓属

Dichodontium integrum Sak. 全缘裂齿藓

Dichodontium pellucidum（Hedw.）Schimp.［Dichodontium verrucosum Card.］裂齿藓

Dichodontium verrucosum Card. = Dichodontium pellucidum（Hedw.）Schimp.

Dicladiella Buck = Barbellopsis Broth.

Dicladiella cubensis（Mitt.）Buck = Barbellopsis trichophora（Mont.）Buck

Dicladiella trichophora（Mont.）Redf. et Tan = Barbellopsis trichophora（Mont.）Buck

Dicranaceae 曲尾藓科

Dicranales 曲尾藓目

Dicranella（Muell. Hal.）Schimp. 小曲尾藓属

Dicranella amplexans（Mitt.）Jaeg. 鞘叶小曲尾藓（小曲尾藓）

Dicranella attenuata（Mitt.）Jaeg. = Dicranodontium didymodon（Griff.）Par.

Dicranella austoexiguus（Muell. Hal.）Broth. = Leptotrichella austroexiguus（Muell. Hal.）Ochyra

Dicranella austro-sinensis Herz. et Dix. 华南小曲尾藓

Dicranella cerviculata（Hedw.）Schimp. [Dicranum cerviculatum Hedw.] 短颈小曲尾藓

Dicranella coarctata（Muell. Hal.）Bosch et S. Lac. [Dicranella coarctata（Muell. Hal.）Bosch et S. Lac. var. obscura（Sull. et Lesq.）Iwats., Dicranella coartata（Muell. Hal.）Bosch et S. Lac. var. torrentium Card., Dicranella cylindrica Nog., Dicranella moutierii Par. et Broth., Dicranella obscura Sull. et Lesq.] 南亚小曲尾藓（小曲尾藓，暗绿小曲尾藓，南亚小曲尾藓急流变种）

Dicranella coarctata（Muell. Hal.）Bosch et S. Lac. var. obscura（Sull. et Lesq.）Iwats. = Dicranella coarctata（Muell. Hal.）Bosch et S. Lac.

Dicranella coarctata（Muell. Hal.）Bosch et S. Lac. var. torrentium Card. = Dicranella coarctata（Muell. Hal.）Bosch et S. Lac.

Dicranella cylindrica Nog. = Dicranella coarctata（Muell. Hal.）Bosch et S. Lac.

* Dicranella ditrichoides Broth. 毛叶小曲尾藓

* Dicranella divaricata（Mitt.）Jaeg. 稀叶小曲尾藓

Dicranella divaricatula Besch. 疏叶小曲尾藓

Dicranella euphoroclada（Muell. Hal.）Jaeg. = Campylopodium medium（Duby）Giese et Frahm

Dicranella fukienensis Broth. 福建小曲尾藓

Dicranella gonoi Card. [Dicranella microcarpa Broth., Dicranella tosaensis Broth.] 短柄小曲尾藓

Dicranella grevilleana（Brid.）Schimp. = Dicranella schreberiana（Hedw.）Crum et Anders.

Dicranella heteromalla（Hedw.）Schimp. [Dicranum heteromallum Hedw.] 多形小曲尾藓

* Dicranella leptoneura Dix. 纤肋小曲尾藓

Dicranella liliputana（Muell. Hal.）Par. [Aongstroemia liliputana Muell. Hal.] 陕西小曲尾藓

Dicranella microcarpa Broth. = Dicranella gonoi Card.

Dicranella microdivaricata（Muell. Hal.）Par. [Aongstroemia microdivaricata Muell. Hal.] 细叶小曲尾藓

Dicranella moutierii Par. et Broth. = Dicranella coarctata（Muell. Hal.）Bosch et S. Lac.

Dicranella obscura Sull. et Lesq. = Dicranella coarctata（Muell. Hal.）Bosch et S. Lac.

Dicranella palustris（Dicks.）Crundw. [Anisothecium palustre（Dicks.）Hagen, Anisothecium squarrosum（Schrad.）Lindb., Dicranella squarrosa（Schrad.）Schimp., Dicranum squarrosum Schrad.] 沼生小曲尾藓（粗叶异毛藓）

Dicranella rotundata（Broth.）Tak. [Anisothecium rotundatum Broth.] 圆叶小曲尾藓（圆叶异毛藓）

Dicranella rufescens（With.）Schimp. 红色小曲尾藓

Dicranella schreberiana（Hedw.）Crum et Anders. [Dicranella grevilleana（Brid.）Schimp., Dicranum schreberi Anon. var. grevilleanum（Brid.）Moenk.] 小曲尾藓（史贝小曲尾藓）

Dicranella secunda Lindb. = Dicranella subulata（Hedw.）Schimp.

* Dicranella setifera（Mitt.）Jaeg. 长柄小曲尾藓

Dicranella squarrosa（Schrad.）Schimp. = Dicranella palustris（Dicks.）Crundw.

Dicranella subulata（Hedw.）Schimp. [Dicranella secunda Lindb., Dicranum subulatum Hedw.] 偏叶小曲尾藓

Dicranella tosaensis Broth. = Dicranella gonoi Card.

Dicranella varia（Hedw.）Schimp. [Anisothecium ruberum Lindb., Anisothecium varium（Hedw.）Mitt.] 变形小曲尾藓（红色异毛藓）

Dicranellaceae 小曲尾藓科

Dicranodontium Bruch et Schimp. 青毛藓属

Dicranodontium aristatum Schimp. = Dicranodontium asperulum（Mitt.）Broth.

Dicranodontium asperulum（Mitt.）Broth. [Dicranodontium aristatum Schimp., Dicranodontium capillifolium（Dix.）Tak.] 粗叶青毛藓（齿边青毛藓）

Dicranodontium attenuatum（Mitt.）Jaeg. = Dicranodontium didymodon（Griff.）Par.

Dicranodontium blindioides（Besch.）Broth. = Dicranodontium uncinatum（Harv.）Jaeg.

Dicranodontium blindioides（Besch.）Broth. var. robustum Broth. = Dicranodontium uncinatum（Harv.）Jaeg.

Dicranodontium caespitosum（Mitt.）Par. = Dicranodontium didymodon（Griff.）Par.

Dicranodontium capillifolium（Dix.）Tak. = Dicranodontium asperulum（Mitt.）Broth.

Dicranodontium circinatum（Milde）Schimp. = Dicranodontium uncinatum（Harv.）Jaeg.

Dicranodontium decipiens（Mitt.）Broth. = Dicranodontium didymodon（Griff.）Par.

Dicranodontium denudatum（Brid.）Brutt.［Dicranodontium longirostre（Web. et Mohr）Bruch et Schimp., Dicranodontium uncinatulum Muell. Hal.,Dicranum denudatum Brid.］青毛藓

Dicranodontium didictyon（Mitt.）Jaeg.［Dicranum didictyon Mitt.］山地青毛藓

Dicranodontium didymodon（Griff.）Par.［Campylopus longigemmatus C. Gao, Dicranodontium attenuatum（Mitt.）Jaeg., Dicranodontium caespitosum（Mitt.）Par., Dicranodontium decipiens（Mitt.）Broth., Dicranodontium longigemmatum（C. Gao）Frahm, Dicranodontium subintegrifolium Broth.］长叶青毛藓（全缘青毛藓,丛叶青毛藓,拟青毛藓,鞭枝曲柄藓）

Dicranodontium filifolium Broth. 毛叶青毛藓

Dicranodontium fleischerianum Schultz-Motel = Dicranodontium uncinatum（Harv.）Jaeg.

Dicranodontium fleischerianum Schultz-Motel var. clemensiae（Bartr.）Schultz-Motel = Dicranodontium uncinatum（Harv.）Jaeg.

Dicranodontium longigemmatum（C. Gao）Frahm = Dicranodontium didymodon（Griff.）Par.

Dicranodontium longirostre（Web. et Mohr）Bruch et Schimp. = Dicranodontium denudatum（Brid.）Brutt.

Dicranodontium nitidum（Dozy et Molk.）Fleisch. = Dicranodontium uncinatum（Harv.）Jaeg.

Dicranodontium papillifolium C. Gao 疣叶青毛藓

（瘤叶青毛藓）

Dicranodontium porodictyon Card. et Thér. 孔网青毛藓

Dicranodontium sinense（Muell. Hal.）Par. = Campylopus sinensis（Muell. Hal.）Frahm

Dicranodontium subintegrifolium Broth. = Dicranodontium didymodon（Griff.）Par.

Dicranodontium subporodictyon Broth. = Dicranum subporodictyon（Broth.）C. Gao et T. Cao

Dicranodontium tenii Broth. et Herz. = Dicranum hamulosum Mitt.

Dicranodontium uncinatulum Muell. Hal. = Dicranodontium denudatum（Brid.）Brutt.

Dicranodontium uncinatum（Harv.）Jaeg.［Dicranodontium blindioides（Besch.）Broth., Dicranodontium blindioides（Besch.）Broth. var. robustum Broth., Dicranodontium circinatum（Milde）Schimp., Dicranodontium fleischerianum Schultz-Motel, Dicranodontium fleischerianum Schultz-Motel var. clemensiae（Bartr.）Schultz-Motel, Dicranodontium nitidum（Dozy et Molk.）Fleisch., Dicranoloma latilimbatum Sak., Dicranum blindioides Besch.］钩叶青毛藓（细叶青毛藓）

Dicranoloma（Ren.）Ren. 锦叶藓属

Dicranoloma assimile（Hampe）Par.［Dicranoloma formosanum Broth., Dicranoloma monocarpum Broth., Dicranum assimile Hampe, Dicranum sericifolium Dix.］大锦叶藓（台湾锦叶藓,丝光曲尾藓）

Dicranoloma blumii（Nees）Par.［Dicranum blumii Nees］直叶锦叶藓

Dicranoloma braunii（Muell. Hal.）Par. = Dicranoloma brevisetum（Dozy et Molk.）Par. var. samoanum（Broth.）Tan et T. Kop.

Dicranoloma braunii（Muell. Hal.）Par. f. mindanense Fleisch. = Dicranoloma brevisetum（Dozy et Molk.）Par. var. samoanum（Broth.）Tan et T. Kop.

Dicranoloma brevisetum（Dozy et Molk.）Par. 短柄锦叶藓

Dicranoloma brevisetum（Dozy et Molk.）Par. var.

samoanum（Broth.）Tan et T. Kop.［Dicranoloma braunii（Muell. Hal.）Par., Dicranoloma braunii（Muell. Hal.）Par. f. mindanense Fleisch., Dicranum braunii Muell. Hal.］短柄锦叶藓芽胞变种

Dicranoloma cylindrothecium （Mitt.） Sak.［Dicranoloma fragiliforme（Card.）Broth., Dicranoloma striatulum（Mitt.）Nog., Dicranoloma subcylindrothecium Broth., Dicranum cylindrothecium Mitt.］长荫锦叶藓（拟长荫锦叶藓）

Dicranoloma dicarpum （Nees） Par.［Dicranoloma kwangtungense Chen, Dicranum dicarpum Nees, Dicranum kwangtungense（Chen）T. Kop.］锦叶藓（广东锦叶藓）

Dicranoloma euryloma Sak. = Dicranodontium uncinatum（Harv.）Jaeg.

Dicranoloma formosanum Broth. = Dicranoloma assimile（Hampe）Par.

Dicranoloma fragile Broth. = Dicranum psathyrum Klazenga

Dicranoloma fragiliforme （Card.） Broth. = Dicranoloma cylindrothecium（Mitt.）Sak.

Dicranoloma kwangtungense Chen = Dicranoloma dicarpum（Nees）Par.

Dicranoloma latilimbatum Sak. = Dicranodontium uncinatum（Harv.）Jaeg.

Dicranoloma monocarpum Broth. = Dicranoloma assimile（Hampe）Par.

Dicranoloma serratum（Broth.）Par. = Dicranoloma dicarpum（Nees）Par.

Dicranoloma striatulum （Mitt.） Nog. = Dicranoloma cylindrothecium（Mitt.）Sak.

Dicranoloma subcylindrothecium Broth. = Dicranoloma cylindrothecium（Mitt.）Sak.

Dicranoloma tibetanum C. Gao = Dicranum himalayanum Mitt.

Dicranoweisia Milde 卷毛藓属

Dicranoweisia cirrata （Hedw.） Lindb. 细叶卷毛藓（刺叶真藓）

Dicranoweisia crispula （Hedw.） Milde ［Weissia crispula Hedw.］卷毛藓

Dicranoweisia indica （Wils.） Par.［Weissia indica Wils.］南亚卷毛藓

Dicranum Hedw. 曲尾藓属

Dicranum albicans Bruch et Schimp. = Paraleucobryum enerve（Thed.）Loeske

Dicranum assamicum Dix. 阿萨姆曲尾藓

Dicranum assimile Hampe = Dicranoloma assimile（Hampe）Par.

Dicranum bergeri Bland. = Dicranum undulatum Brid.

Dicranum blindioides Besch. = Dicranodontium uncinatum（Harv.）Jaeg.

Dicranum blumii Nees = Dicranoloma blumii（Nees）Par.

Dicranum blyttii Bruch et Schimp. = Kiaeria blyttii（Bruch et Schimp.）Broth.

Dicranum bonjeanii De Not. 细肋曲尾藓（沼泽曲尾藓,波氏曲尾藓）

Dicranum bonjeanii De Not. subsp. angustum（Lindb.）auct. non Podp. = Dicranum scoparium Hedw.

Dicranum braunii Muell. Hal. = Dicranoloma brevisetum （Dozy et Molk.） Par. var. samoanum（Broth.）Tan et T. Kop.

Dicranum caesium Mitt. = Dicranum drummondii Muell. Hal.

Dicranum caespitosum Mitt. = Dicranodontium didymodon（Griff.）Par.

Dicranum cerviculatum Hedw. = Dicranella cerviculata（Hedw.）Schimp.

Dicranum cheoi Bartr. 焦氏曲尾藓

Dicranum congestum Brid. = Dicranum fuscescens Turn.

Dicranum conanenum C. Gao = Pseudochorisodontium conanenum （C. Gao） C. Gao, Vitt, X. Fu et T. Cao

Dicranum crispifolium Muell. Hal. 卷叶曲尾藓

Dicranum crispofalcatum Schimp. ex Besch. = Dicranum hamulosum Mitt.

Dicranum cristatum Wils. = Dicranum lorifolium Mitt.

Dicranum cylindricum Broth. = Dicranum japonicum Mitt.

Dicranum cylindrothecium Mitt. = Dicranoloma cylindrotheciumn（Mitt.）Sak.

Dicranum delavayi Besch. = Dicranum majus Turn.

Dicranum denudatum Brid. = Dicranodontium denudatum（Brid.）Williams

Dicranum dicarpum Nees = Dicranoloma dicarpum（Nees）Par.

Dicranum didictyon Mitt. = Dicranodontium didictyon（Mitt.）Jaeg.

Dicranum didymodon Griff. = Dicranodontium didymodon（Griff.）Par.

Dicranum diplospiniferum C. Gao et C. -W. Aur = Dicranum drummondii Muell. Hal.

Dicranum drummondii Muell. Hal.［Dicranum caesium Mitt. , Dicranum diplospiniferum C. Gao et C. -W. Aur , Dicranum perfalcatum Broth. , Dicranum thelinotum Muell. Hal. , Dicranum truncicola Broth.］大曲尾藓（大叶曲尾藓,偏叶曲尾藓,厚角曲尾藓,陕西曲尾藓,附生曲尾藓）

Dicranum elongatum Schleich. ex Schwaegr. 长叶曲尾藓

Dicranum elongatum Schwaegr. subsp. groenlandicum（Brid.）Moenk. = Dicranum groenlandicum Brid.

Dicranum fauriei Broth. et Par. = Dicranum hamulosum Mitt.

Dicranum flagellare Hedw.［Orthodicranum flagellare（Hedw.）Loeske］鞭枝曲尾藓（鞭枝直毛藓）

Dicranum formosicum Broth. = Dicranum mayrii Broth.

Dicranum fragile Hook. = Dicranum psathyrum Klazenga

Dicranum fragilis Brid. = Campylopus fragilis（Brid.）Bruch et Schimp.

Dicranum fragilifolium Lindb.［Orthodicranum fragilifolium（Lindb.）Podp.］折叶曲尾藓（折叶直毛藓）

Dicranum fulvum Hook.［Dicranum subleiodontium Card. , Paraleucobryum fulvum（Hook.）Loeske］绒叶曲尾藓（绒叶拟白发藓,细叶曲尾藓）

Dicranum fuscescens Turn.［Dicranum congestum Brid. , Dicranum fuscescens Turn. subsp. congestum（Brid.）Kindb. , Dicranum scoparium Hedw. var. fuscescens（Turn.）Web. et Mohr］棕色曲尾藓

Dicranum fuscescens Turn. subsp. congestum（Brid.）Kindb. = Dicranum fuscescens Turn.

Dicranum gracile Mitt. = Campylopus gracilis（Mitt.）Jaeg.

Dicranum groenlandicum Brid.［Dicranum elongatum Schwaegr. subsp. groenlandicum（Brid.）Moenk.］格陵兰曲尾藓（长叶曲尾藓温生变种）

Dicranum gymnostomoides Broth. = Pseudochorisodontium gymnostomum（Mitt.）C. Gao, Vitt, X. Fu et T. Cao

Dicranum gymnostomoides Broth. var. microcarpum Broth. = Pseudochorisodontium gymnostomum（Mitt.）C. Gao, Vitt, X. Fu et T. Cao

Dicranum gymnostomum Mitt. = Pseudochorisodontium gymnostomum（Mitt.）C. Gao, Vitt, X. Fu et T. Cao

Dicranum gymnostomum Mitt. var. hokinense Besch. = Pseudochorisodontium hokinense（Besch.）C. Gao, Vitt, X. Fu et T. Cao

Dicranum hamulosum Mitt.［Dicranodontium tenii Broth. et Herz. , Dicranum crispofalcatum Schimp. ex Besch. , Dicranum fauriei Broth. et Par. , Dicranum perindutum Card.］钩叶曲尾藓（偏叶曲尾藓,粗肋曲尾藓,云南青毛藓）

Dicranum handelii Broth. = Pseudochorisodontium hokinense（Besch.）C. Gao, Vitt, X. Fu et T. Cao

Dicranum heteromallum Hedw. = Dicranella heteromalla（Hedw.）Schimp.

Dicranum himalayanum Mitt.［Dicranoloma tibetanum C. Gao］喜马拉雅曲尾藓（西藏锦叶藓）

Dicranum hokinense（Besch.）C. Gao et T. Cao = Pseudochorisodontium hokinense（Besch.）C. Gao, Vitt, X. Fu et T. Cao

Dicranum japonicum Mitt.［Dicranum cylindricum Broth. , Dicranum japonicum Mitt. var. yunnanense Salmon, Dicranum longicylindricum C. Gao et T. Cao, Dicranum schensianum Muell. Hal.］日本曲尾藓（东亚曲尾藓,柱鞘曲尾藓）

Dicranum japonicum Mitt. var. yunnanense Salmon = Dicranum japonicum Mitt.

Dicranum kashmirense Broth. 克什米尔曲尾藓

Dicranum kwangtungense （Chen） T. Kop. = Dicranoloma dicarpum（Nees）Par.

Dicranum latinerve Mitt. = Campylopus subulatus Schimp. ex Milde

Dicranum leiodontium Card. 无褶曲尾藓

Dicranum linzianum C. Gao 林芝曲尾藓

Dicranum longicylindricum C. Gao et T. Cao = Dicranum japonicum Mitt.

Dicranum lorifolium Mitt. ［Dicranum cristatum Wils.］硬叶曲尾藓

Dicranum majus Turn.［Dicranum delavayi Besch.］多蒴曲尾藓（德氏曲尾藓, 陕西曲尾藓）

Dicranum mamillosum C. Gao et C. -W. Aur = Pseudochorisodontium mamillosum（C. Gao et C. -W. Aur）C. Gao, Vitt, X. Fu et T. Cao

Dicranum mayrii Broth. ［Dicranum formosicum Broth.］马氏曲尾藓

Dicranum montanum Hedw.［Orthodicranum montanum（Hedw.）Loeske］直毛曲尾藓（直毛藓, 山直毛藓）

Dicranum muehlenbeckii Bruch et Schimp. ［Dicranum muehlenbeckii Bruch et Schimp. var. neglectum auct. non（De Not.）Pfeff. , Dicranum neglectum auct. non De Not. , Dicranum spadiceum auct. non Zett.］细叶曲尾藓（细叶曲尾藓枣色变种, 直叶曲尾藓）

Dicranum muehlenbeckii Bruch et Schimp. var. neglectum auct. non（De Not.）Pfeff. = Dicranum muehlenbeckii Bruch et Schimp.

Dicranum neglectum auct. non De Not. = Dicranum muehlenbeckii Bruch et Schimp.

Dicranum nipponense Besch.［Dicranum rufescens Par.］东亚曲尾藓（日本曲尾藓）

Dicranum orthophyllum Broth. = Dicranum scoparium Hedw.

Dicranum papillidens Broth. 疣齿曲尾藓

Dicranum perfalcatum Broth. = Dicranum drummondii Muell. Hal.

Dicranum perindutum Card. = Dicranum hamulosum Mitt.

Dicranum polysetum Sw.［Dicranum undulatum Web. et Mohr］波叶曲尾藓

Dicranum psathyrum Klazenga［Dicranoloma fragile Broth.］脆叶曲尾藓（脆叶锦叶藓）

Dicranum ramosum C. Gao et C. -W. Aur = Pseudochorisodontium ramosum（C. Gao et C. -W. Aur）C. Gao, Vitt, X. Fu et T. Cao

Dicranum rectifolium Muell. Hal. 挺叶曲尾藓（直叶曲尾藓）

Dicranum rufescens Par. = Dicranum nipponense Besch.

Dicranum schensianum Muell. Hal. = Dicranum japonicum Mitt.

Dicranum schrebei Anon. var. grevilleanum（Brid.）Moenk. = Dicranella schreberiana（Hedw.）Crum et Andrs.

Dicranum scoparium Hedw.［Dicranum bonjeanii De Not. subsp. angustum（Lindb.）Podp. , Dicranum orthophyllum Broth. , Dicranum scoparium Hedw. var. integrifolium Lindb.］曲尾藓（细肋曲尾藓狭叶亚种, 曲尾藓全缘变种, 直叶曲尾藓）

Dicranum scoparium Hedw. var. fuscescens（Turn.）Web. et Mohr = Dicranum fuscescens Turn.

Dicranum scoparium Hedw. var. integrifolium Lindb. = Dicranum scoparium Hedw.

Dicranum scopellifolium Muell. Hal. 旋叶曲尾藓

Dicranum scottianum Scott［Dicranum strictum Schleich. , Dicranum tauricum Sap. , Orthodicranum strictum Broth.］全缘曲尾藓（断叶曲尾藓, 全缘直毛藓, 断叶直毛藓）

Dicranum sericifolium Dix. = Dicranoloma assimile（Hampe）Par.

Dicranum setifolium Card. 毛叶曲尾藓

Dicranum setschwanicum Broth. = Pseudochorisodontium setschwanicum（Broth.）C. Gao, Vitt, X. Fu et T. Cao

Dicranum sinense Muell. Hal. = Campylopus sinensis（Muell. Hal.）Frahm

Dicranum spadiceum auct. non Zett. = Dicranum muehlenbeckii Bruch et Schimp.

Dicranum spurium Hedw. 齿肋曲尾藓

Dicranum squarrosum Schrad. = Dicranella palustris（Dicks.）Crundw.

Dicranum strictum Schleich. = Dicranum scottianum

Scott

Dicranum subleiodontium Card. = Dicranum fulvum Hook.

Dicranum subporodictyon (Broth.) C. Gao et T. Cao〔Dicranodontium subporodictyon Broth.〕拟孔网曲尾藓(拟孔网青毛藓)

Dicranum subulatum Hedw. = Dicranella subulata (Hedw.) Schimp.

Dicranum tauricum Sap. = Dicranum scottianum Scott

Dicranum thelinotum Muell. Hal. = Dicranum drummondii Muell. Hal.

Dicranum truncicola Broth. = Dicranum drummondii Muell. Hal.

Dicranum undulatum Web. et Mohr = Dicranum polysetum Sw.

Dicranum undulatum Brid.〔Dicranum bergeri Bland.〕皱叶曲尾藓(贝氏曲尾藓)

Dicranum viride (Sull. et Lesq.) Lindb. 绿色曲尾藓

Didymodon baii D. -P. Zhao 白氏对齿藓

Didymodon Hedw.〔Prionidium Hilp.〕对齿藓属(锯齿藓属)

Didymodon acutus (Brid.) Saito = Didymodon rigidulus Hedw. var. gracilis (Hook. et Grev.) Zand.

Didymodon anserinocapitatus (X. -J. Li) Zand.〔Barbula anserino-capitata X. -J. Li〕鹅头叶对齿藓(鹅头叶对齿藓,鹅头叶扭口藓)

Didymodon asperifolius (Mitt.) Crum, Steere et Anderson〔Barbula asperifolia Mitt.,Barbula rufa (Lor.) Jur., Barbula sinensi-fallax Muell. Hal., Didymodon rufus Lor.〕红对齿藓(对齿藓,红扭口藓)

Didymodon baii D. -P. Zhao 白氏对齿藓

Didymodon constrictus (Mitt.) Saito〔Barbula altipes Muell. Hal.,Barbula constricta Mitt.,Barbula magnifolia Muell. Hal.,Barbula nipponica Nog.,Barbula schensiana Muell. Hal. var. longifolia Muell. Hal.〕尖叶对齿藓(尖叶扭口藓,狭叶扭口藓)

Didymodon constrictus (Mitt.) Saito var. flexicuspis (Chen) Saito〔Barbula constricta Mitt. var. flexicuspis Chen, Barbula flexicuspis Broth., Barbula longicostata X. -J. Li〕尖叶对齿藓弯尖变种(尖叶对齿藓芒尖变种, 长肋扭口藓)

Didymodon ditrichoides (Broth.) X. -J. Li et S. He〔Barbula ditrichoides Broth., Didymodon rigidulus Hedw. var. ditrichoides (Broth.) Zand.〕长尖对齿藓(长尖扭口藓)

Didymodon ehrenbergii (Lor.) Kindb. = Barbula ehrenbergii (Lor.) Fleisch.

Didymodon eroso-denticulatus (Muell. Hal.) Saito〔Barbula eroso-denticulata Muell. Hal., Barbula trachyphylla Muell. Hal., Erythrophyllum barbuloides Herz., Leptodontium setschwanicum Broth., Morinia setschwanica (Broth.) Broth., Prionidium eroso-denticulatum (Muell. Hal.) Chen, Prionidium setschwanicum (Broth.) Hilp.〕粗对齿藓(锯齿藓,粗锯齿藓)

Didymodon fallacioides Dix. = Geheebia fallax (Hedw.) Zand.

Didymodon fallax (Hedw.) Zand. = Geheebia fallax (Hedw.) Zand.

Didymodon ferrugineus (Besch.) Hill = Geheebia ferruginea (Besch.) Zand.

Didymodon fortunatii Card. et Thér. = Reimersia inconspicua (Griff.) Chen

Didymodon fragilis Hook. et Wils. = Tortella fragilis (Hook. et Wils.) Limpr.

Didymodon gaochenii Tan et Y. Jia 高氏对齿藓

Didymodon gemmascens Chen = Syntrichia gemmascens (Chen) Zand.

Didymodon gemmascens Chen var. hopeiensis Chen = Syntrichia gemmascens (Chen) Zand.

Didymodon giganteus (Funck) Jur.〔Barbula gigantea Funck, Didymodon levieri Broth., Didymodon subrufus Broth., Geheebia gigantea (Funck) Boul.〕大对齿藓(大扭口藓)

Didymodon giraldii (Muell. Hal.) Broth. = Bryoerythrophyllum rubrum (Geb.) Chen

Didymodon gymnostomus Broth. = Bryoerythrophyllum gymnostomum (Broth.) Chen

Didymodon handelii Broth. = Didymodon rufidulus (Muell. Hal.) Broth.

Didymodon hedysariformis Otnyukova 阔裂尖对齿藓

Didymodon icmadophyllus auct. non (Muell. Hal.)

Saito = Didymodon acutus（Brid.）Saito

Didymodon japonicus （Broth.） Saito ［Hymenostyliella japonica（Broth.）Saito, Molendoa japonica Broth.］日本对齿藓（日本毛口藓）

Didymodon johansenii（Williams）Crum ［Barbula johansenii Williams］梭尖对齿藓

Didymodon levieri Broth. = Didymodon giganteus（Funck）Jur.

Didymodon luridus Hornsch. ［Barbula lurida（Hornsch.）Lindb. , Didymodon trifarius（Hedw.）Roehl.］棕色对齿藓

Didymodon mamillosus Dix. = Didymodon rivicolus（Brid.）Zand.

Didymodon michiganensis（Steere）Saito 密执安对齿藓

Didymodon nigrescens （Mitt.） Saito ［Andreaea yuennanensis Broth. , Barbula nigrescens Mitt. , Barbula subrivicola Chen, Barbula subrivicola Chen var. densifolia Chen］黑对齿藓（云南黑藓，黑扭口藓，西部扭口藓,拟溪边扭口藓）

Didymodon nodiflorus（Muell. Hal.）Broth. = Didymodon rufidulus（Muell. Hal.）Broth.

Didymodon obtusifolia Schultz = Didymodon rigidulus Hedw.

Didymodon opacus Thér. = Barbula indica（Hook.）Spreng.

Didymodon pallidobasis （Dix.） X. -J. Li et Iwats. ［Barbula pallidobasis Dix.］浅基对齿藓

Didymodon perobtusus Broth. ［Barbula perobtusa（Broth.）Chen, Barbula rigidula（Hedw.）Mitt. var. perobtusa Broth. , Didymodon rigidulus Hedw. var. perobtusus（Broth.）Redf. et Tan］细叶对齿藓（细叶扭口藓）

Didymodon proscriptus（Hornsch.）Brid. = Campylopodium proscriptum（Hornsch.）Broth.

Didymodon recurvirostre（Dicks.）Jenn. = Oxystegus recurvifolius（Tayl.）Zand.

Didymodon revolutus Broth. = Didymodon tectorus（Muell. Hal.）Saito

Didymodon rigidicaulis（Muell. Hal.）Saito = Geheebia ferruginea（Besch.）Zand.

Didymodon rigidulus Hedw. ［Barbula rigidula（Hedw.）Milde, Didymodon obtusifolia Schultz］对齿藓（硬叶对齿藓,硬叶扭口藓,钝叶扭口藓,钝叶扭毛藓）

Didymodon rigidulus Hedw. var. ditrichoides（Broth.）Zand. = Didymodon ditrichoides（Broth.）X. -J. Li et S. He

Didymodon rigidulus Hedw. var. gracilis（Hook. et Grev.）Zand. ［Barbula acuta（Brid.）Brid. , Barbula acuta （Brid.） Brid. var. bescherellei Sauerb. , Didymodon acutus（Brid.）Saito］对齿藓尖锐变种（尖锐对齿藓）

Didymodon rigidulus Hedw. var. icmadophilus（Muell. Hal.）Zand. ［Didymodon icmadophilus auct. non（Muell. Hal.）Saito］对齿藓细肋变种（硬叶对齿藓细肋变种）

Didymodon rigidulus Hedw. var. perobtusus（Broth.）Redf. et Tan = Didymodon perobtusus Broth.

Didymodon rivicolus（Brid.）Zand. ［Barbula rivicola Broth. , Didymodon mamillosus Dix.］溪边对齿藓（溪边扭口藓）

Didymodon rubellus Bruch et Schimp. = Bryoerythrophyllum recurvirostrum（Hedw.）Chen

Didymodon rufidulus（Muell. Hal.）Broth. ［Barbula rufidula Muell. Hal. , Didymodon handelii Broth. , Didymodon nodiflorus（Muell. Hal.）Broth. , Didymodon sulphuripes（Muell. Hal.）Jaeg. , Trichostomum nodiflorus Muell. Hal. , Trichostomum sulphuripes Muell. Hal.］剑叶对齿藓（剑叶扭口藓,斜叶扭口藓,剑叶拟扭口藓）

Didymodon rufus Lor. = Didymodon asperifolius（Mitt.）Crum, Steere et Anderson

Didymodon subandreaeoides （Kindb.） Zand. ［Andreaea kashyapii Vohra et Wadhwa］黑对齿藓

Didymodon submicrostomus Dix. = Bryoerythrophyllum recurvirostrum（Hedw.）Chen

Didymodon subrufus Broth. = Didymodon giganteus（Funck）Jur.

Didymodon sulphuripes（Muell. Hal.）Jaeg. = Didymodon rufidulus（Muell. Hal.）Broth.

Didymodon tectorus（Muell. Hal.） Saito ［Barbula defossa Muell. Hal. , Barbula ferrinervis Muell.

Hal. , Barbula ferrugineinervis Broth. , Barbula strictifolia C. -Y. Yang, Barbula tectorum Muell. Hal. , Didymodon revolutus Broth. , Vinealobryum tectorum(Muell. Hal.) Zand.]短叶对齿藓（短叶扭口藓）

Didymodon tenerrimus Broth. = Bellibarbula recurva (Griff.) Zand.

Didymodon tenii (Herz.) Broth. = Bryoerythrophyllum recurvirostrum (Hedw.) Chen

Didymodon tenuirostris (Hook. f. et Tayl.) Wils. = Trichostomum tenuirostre (Hook. f. et Tayl.) Lindb.

Didymodon tophaceus (Brid.) Lisa = Geheebia tophacea (Brid.) Zand.

Didymodon trifarius (Hedw.) Roehl. = Didymodon luridus Hornsch.

Didymodon vinealis (Brid.) Zand. [Barbula ellipsithecia Muell. Hal. , Barbula schensiana Muell. Hal. ,Barbula schensiana Muell. Hal. var. tenuissima Muell. Hal. ,Barbula subcontorta Broth. ,Barbula vinealis Brid.]土生对齿藓（土生扭口藓，北地扭口藓，拟尖叶扭口藓，狭叶扭口藓）

Didymodon vinealis (Brid.) Zand. var. luridus (Hornsch.) Zand. 土生对齿藓棕色变种

Didymodon wallichii (Mitt.) Broth. = Bryoerythrophyllum wallichii (Mitt.) Chen

Didymodon yunnanensis (Herz.) Broth. = Bryoerythrophyllum yunnanense (Herz.) Chen

Dilaenaceae (Pelliaceae, Pallaviciniaceae)溪苔科（带叶苔科）

Diphysciaceae 短颈藓科

Diphysciales 短颈藓目

Diphyscium Mohr [Theriotia Card.] 短颈藓属（厚叶藓属，朝鲜藓属）

Diphyscium buckii Tan = Diphyscium chiapense Norris var. unipapillosum (Deguchi) T. -Y. Chiang et S. -H. Lin

Diphyscium chiapense Norris var. unipapillosum (Deguchi) T. -Y. Chiang et S. -H. Lin [Diphyscium buckii Tan]乳突短颈藓

Diphyscium foliosum (Hedw.) Mohr [Diphyscium granulosum Chen, Diphyscium macrophyllum C. -

K. Wang et S. -H. Lin] 短颈藓（腐木短颈藓）

Diphyscium formosicum Horik. = Diphyscium mucronifolium Mitt.

Diphyscium fulvifolium Mitt. [Diphyscium fulvifolium Mitt. var. leveillei Thér. ,Diphyscium perminutum Tak. , Diphyscium rotundatifolium C. -K. Wang et S. -H. Lin]东亚短颈藓

Diphyscium fulvifolium Mitt. var. leveillei Thér. = Diphyscium fulvifolium Mitt.

Diphyscium granulosum Chen = Diphyscium foliosum (Hedw.) Mohr

Diphyscium involutum Mitt. = Diphyscium mucronifolium Mitt.

Diphyscium longifolium Griff. [Diphyscium rupestre Dozy et Molk.]齿边短颈藓

Diphyscium lorifolium (Card.) Magombo [Theriotia lorifolia Card.]厚叶短颈藓（厚叶藓，朝鲜藓）

Diphyscium macrophyllum C. -K. Wang et S. -H. Lin = Diphyscium foliosum (Hedw.) Mohr

Diphyscium mucronifolium Mitt. [Diphyscium formosicum Horik. ,Diphyscium involutum Mitt.]卷叶短颈藓（台湾短颈藓）

Diphyscium perminutum Tak. = Diphyscium fulvifolium Mitt.

Diphyscium rotundatifolium C. -K. Wang et S. -H. Lin = Diphyscium fulvifolium Mitt.

Diphyscium rupestre Dozy et Molk. = Diphyscium longifolium Griff.

Diphyscium satoi Tuzibe 小短颈藓（佐藤短颈藓，左藤短颈藓）

Diplasiolejeunea (Spruce) Schiffn. 双鳞苔属

Diplasiolejeunea brachyclada Ev. = Diplasiolejeunea cavifolia Steph.

Diplasiolejeunea cavifolia Steph. [Diplasiolejeunea brachyclada Ev.]凹叶双鳞苔（短枝双鳞苔）

Diplasiolejeunea cobrensis Gott. ex Steph. 曲瓣双鳞苔

Diplasiolejeunea pellucida (Meissn. ex Spreng.) Schiffn. 双鳞苔

Diplasiolejeunea rudolphiana Steph. 长齿双鳞苔

Diplasiolejeuneoideae 双鳞苔亚科

Diplophyllum（Dum.）Dum. 折叶苔属（褶叶苔属，二叶苔属）

Diplophyllum albicans（Linn.）Dum. 折叶苔（褶叶苔）

Diplophyllum andrewsii Ev. = Diplophyllum obtusifolium（Hook.）Dum.

Diplophyllum apiculatum（Ev.）Steph. 尖瓣折叶苔（安第折叶苔，尖瓣褶叶苔）

Diplophyllum michauxii（Web.）Warnst. = Anastrophyllum michauxii（Web.）Buch

Diplophyllum obtusifolium（Hook.）Dum.〔Diplophyllum andrewsii Ev.〕钝瓣折叶苔（钝瓣褶叶苔，全缘褶叶苔）

Diplophyllum serrulatum（K. Muell.）Steph. 齿边折叶苔（齿边褶叶苔）

Diplophyllum taxifolium（Wahlenb.）Dum. 鳞叶折叶苔（鳞叶褶叶苔，鳞叶二叶苔）

Diplophyllum trollii Grolle 裂齿折叶苔

Distichium Bruch et Schimp. 对叶藓属

Distichium brevifolium Muell. Hal. = Distichium capillaceum（Hedw.）Bruch et Schimp.

Distichium brevisetum C. Gao〔Distichium papillosum Muell. Hal. var. compactum Muell. Hal.〕短柄对叶藓

Distichium bryoxiphioidium C. Gao 短叶对叶藓

Distichium capillaceum（Hedw.）Bruch et Schimp.〔Distichium brevifolium Muell. Hal.，Distichium papillosum Muell. Hal.，Distichium trachyphyllum Muell. Hal.，Leptotrichum capillaceum（Hedw.）Mitt.〕对叶藓（高山对叶藓）

Distichium hagenii Philib.〔Distichium macrosporum C. Gao〕小对叶藓

Distichium inclinatum（Hedw.）Bruch et Schimp. 斜蒴对叶藓

Distichium macrosporum C. Gao = Distichium hagenii Philib.

Distichium papillosum Muell. Hal. = Distichium capillaceum（Hedw.）Bruch et Schimp.

Distichium papillosum Muell. Hal. var. compactum Muell. Hal. = Distichium brevisetum C. Gao

Distichium trachyphyllum Muell. Hal. = Distichium capillaceum（Hedw.）Bruch et Schimp.

Distichophyllum Dozy et Molk. 黄藓属

Distichophyllum brevirostratum Thér. = Distichophyllum collenchymatosum Card. var. brevirostratum（Thér.）Tan et P. -J. Lin

Distichophyllum carinatum Dix. et Nichols. 凸叶黄藓（折叶黄藓）

Distichophyllum cavaleriei Thér. = Distichophyllum collenchymatosum Card.

Distichophyllum cirratum Ren. et Card.〔Distichophyllum perundulatum Dix.〕卷叶黄藓

Distichophyllum cirratum Ren. et Card. var. elmeri（Broth.）Tan et P. -J. Lin〔Distichophyllum nigricaule Bosch et S. Lac. var. elmeri（Broth.）Tan et Robins.〕卷叶黄藓阔边变种（卷叶黄藓南亚变种）

Distichophyllum collenchymatosum Card.〔Distichophyllum cavaleriei Thér.，Distichophyllum sinense Dix.〕厚角黄藓（贵州黄藓）

Distichophyllum collenchymatosum Card. var. brevirostratum（Thér.）Tan et P. -J. Lin〔Distichophyllum brevirostratum Thér.〕厚角黄藓短喙变种（短喙黄藓）

Distichophyllum collenchymatosum Card. var. pseudosinense Tan et P. -J. Lin 厚角黄藓宽边变种（厚角黄藓宽沿变种）

Distichophyllum cuspidatum（Dozy et Molk.）Dozy et Molk. 尖叶黄藓

* Distichophyllum flavescens（Mitt.）Par. 黄藓

Distichophyllum jungermannioides（Muell. Hal.）Bosch et S. Lac. 圆叶黄藓

Distichophyllum maibarae Besch.〔Distichophyllum stillicidiorum Broth.〕东亚黄藓（狭边黄藓）

Distichophyllum meizhiiae Tan et P. -J. Lin 兜叶黄藓（贡山黄藓）

Distichophyllum mittenii Bosch et S. Lac. 钝叶黄藓

Distichophyllum nigricaule Bosch et S. Lac. var. elmeri（Broth.）Tan et Robins. = Distichophyllum cirratum Ren. et Card. var. elmeri（Broth.）Tan et P. -J. Lin

Distichophyllum oblongum Tan et P. -J. Lin 匙叶黄藓（圆尖黄藓）

Distichophyllum oblongum Tan et P. -J. Lin var. fanjingensis P. -J. Lin et Tan 匙叶黄藓贵州变种

Distichophyllum obtusifolium Thér. 钝尖黄藓

Distichophyllum osterwaldii Fleisch. 波叶黄藓（大型黄藓）

Distichophyllum perundulatum Dix. = Distichophyllum cirratum Ren. et Card.

Distichophyllum pseudomalayense T. -Y. Chiang et C. -M. Kuo 屏东黄藓

Distichophyllum sinense Dix. = Distichophyllum colenchymatosum Card.

Distichophyllum stillicidiorum Broth. = Distichophyllum maibarae Besch.

Distichophyllum subnigricaule Broth. 拟黑茎黄藓（黑茎黄藓）

Distichophyllum subnigricaule Broth. var. hainanensis P. -J. Lin et Tan 拟黑茎黄藓海南变种

Distichophyllum tortile Bosch et S. Lac. 粗尖黄藓（卷叶黄藓）

Distichophyllum wanianum Tan et P. -J. Lin 万氏黄藓

Ditrichaceae 牛毛藓科

Ditrichopsis Broth. 拟牛毛藓属

Ditrichopsis clausa Broth. 闭蒴拟牛毛藓

Ditrichopsis gymnostoma Broth. 拟牛毛藓

Ditrichum Hampe 牛毛藓属

Ditrichum aureum Bartr. 金黄牛毛藓

Ditrichum brevidens Nog. 短齿牛毛藓

Ditrichum crispatissimum (Muell. Hal.) Par. = Ditrichum gracile (Mitt.) Kuntze

Ditrichum crispatissimum (Muell. Hal.) Par. var. sinense (Muell. Hal.) T. Cao et C. Gao = Ditrichum gracile (Mitt.) Kuntze

Ditrichum darjeelingense Ren. et Card. 印度牛毛藓

Ditrichum difficile (Duby) Fleisch. [Ditrichum flexifolium Hampe, Ditrichum formosicum Nog.] 卷叶牛毛藓

Ditrichum divaricatum Mitt. 散叶牛毛藓（叉枝牛毛藓）

Ditrichum flexicaule (Schwaegr.) Hampe 细牛毛藓

Ditrichum flexifolium Hampe = Ditrichum difficile (Duby) Fleisch.

Ditrichum formosicum Nog. = Ditrichum difficile (Duby) Fleisch.

Ditrichum gracile (Mitt.) Kuntze [Dichelyma sinense Muell. Hal., Ditrichum crispatissimum (Muell. Hal.) Par., Ditrichum crispatissimum (Muell. Hal.) Par. var. sinense (Muell. Hal.) T. Cao et C. Gao, Leptotrichum crispatissimum Muell. Hal., Leptotrichum gracile Mitt.] 狭叶牛毛藓（扭叶牛毛藓, 扭叶牛毛藓中华变种）

Ditrichum heteromallum (Hedw.) Britt. [Ditrichum homomallum (Hedw.) Hampe, Ditrichum subtortile Card.] 牛毛藓

Ditrichum homomallum (Hedw.) Hampe = Ditrichum heteromallum (Hedw.) Britt.

Ditrichum microcarpum Broth. = Ditrichum pusillum (Hedw.) Hampe

Ditrichum pallidum (Hedw.) Hampe [Cynodontium pallidum (Hedw.) Mitt., Trichostomum pallidum Hedw.] 黄牛毛藓

Ditrichum pruinosum (Muell. Hal.) Par. = Saelania glaucescens (Hedw.) Broth.

Ditrichum pusillum (Hedw.) Hampe [Ditrichum microcarpum Broth., Ditrichum pusillum (Hedw.) Hampe var. tortile (Schrad.) Hag., Ditrichum setschwanicum Broth., Ditrichum tortile (Schrad.) Brockm.] 细叶牛毛藓（牛毛藓, 扭叶牛毛藓）

Ditrichum pusillum (Hedw.) Hampe var. tortile (Schrad.) Hag. = Ditrichum pusillum (Hedw.) Hampe

Ditrichum rhynchostegium Kindb. 长齿牛毛藓（长喙牛毛藓）

Ditrichum setschwanicum Broth. = Ditrichum pusillum (Hedw.) Hampe

Ditrichum subtortile Card. = Ditrichum heteromallum (Hedw.) Britt.

Ditrichum tortile (Schrad.) Brockm. = Ditrichum pusillum (Hedw.) Hampe

Ditrichum tortuloides Grout 拟扭叶牛毛藓

Dixonia Horik. et Ando 狄氏藓属

Dixonia orientalis (Mitt.) Akiyama et Tsubota [Dixonia thamnioides (Broth. et Dix.) Horik. et Ando] 狄氏藓

Dixonia thamnioides (Broth. et Dix.) Horik. et An-

do = Dixonia orientalis（Mitt.）Akiyama et Tsubota

Dolichomitra Broth. 船叶藓属

Dolichomitra cymbifolia（Lindb.）Broth.［Isothecium cymbifolium Lindb.］船叶藓

Dolichomitra cymbifolia（Lindb.）Broth. var. subintegerrima Okam. 船叶藓亚全叶变种（船叶藓异枝变种）

Dolichomitriopsis Okam. 拟船叶藓属

* **Dolichomitriopsis crenulata** Okam. 拟船叶藓

Dolichomitriopsis diversiformis（Mitt.）Nog.［Dolichomitriopsis diversiformis（Mitt.）Nog. var. longiseta（Nog.）Nog.］尖叶拟船叶藓

Dolichomitriopsis diversiformis（Mitt.）Nog. var. longiseta（Nog.）Nog. = Dolichomitriopsis diversiformis（Mitt.）Nog.

Dolichotheca silesiaca（Web. et Mohr）Fleisch. = Herzogiella seligeri（Brid.）Iwats.

Dolichotheca spinulosa Iwats. = Herzogiella perrobusta（Card.）Iwats.

Dolichotheca spinulosa（Sull. et Lesq.）Iwats. = Herzogiella perrobusta（Card.）Iwats.

Dozya S. Lac. 单齿藓属

Dozya breviseta Dix. = Forsstroemia trichomitria（Hedw.）Lindb.

Dozya japonica S. Lac. 单齿藓

Drepanocladus（Muell. Hal.）Roth 镰刀藓属

Drepanocladus aduncus（Hedw.）Warnst. 镰刀藓

Drepanocladus aduncus（Hedw.）Warnst. f. pseudofluitans（San.）Moenk. = Drepanocladus aduncus（Hedw.）Warnst. var. pseudofluitans（San.）Glow.

Drepanocladus aduncus（Hedw.）Warnst. var. kneiffii（Bruch et Schimp.）Moenk. 镰刀藓短叶变种（镰刀藓直叶变种）

Drepanocladus aduncus（Hedw.）Warnst. var. polycarpus（Voit）Roth 镰刀藓多蒴变种

Drepanocladus aduncus（Hedw.）Warnst. var. pseudofluitans（San.）Glow.［Drepanocladus aduncus（Hedw.）Warnst. f. pseudofluitans（San.）Moenk.］镰刀藓直叶变种

Drepanocladus cossonii（Schimp.）Loeske

［Drepanocladus revolvens（Sw.）Warnst. var. cossonii（Schimp.）Podp., Limprichtia cossonii（Schimp.）Anderson, Crum et Buck］大叶镰刀藓（扭叶镰刀藓大型变种）

Drepanocladus cuspidarioides（Muell. Hal.）Par. = Cratoneuron filicinum（Hedw.）Spruce

Drepanocladus exannulatus（Bruch et Schimp.）Warnst. = Warnstorfia exannulata（Bruch et Schimp.）Loeske

Drepanocladus exannulatus（Bruch et Schimp.）Warnst. f. angustissimus Moenk. = Warnstorfia exannulata（Bruch et Schimp.）Loeske

Drepanocladus exannulatus（Bruch et Schimp.）Warnst. var. angustissimus Moenk. = Warnstorfia exannulata（Bruch et Schimp.）Loeske

Drepanocladus filicalyx Muell. Hal. = Sanionia uncinata（Hedw.）Loeske

Drepanocladus fluitans（Hedw.）Warnst. = Warnstorfia fluitans（Hedw.）Loeske

Drepanocladus lycopodioides（Brid.）Warnst. = Pseudocalliergon lycopodioides（Brid.）Hedenaes

Drepanocladus lycopodioides（Brid.）Warnst. var. abbreviatus Moenk. = Pseudocalliergon angustifolium Hedenaes

Drepanocladus revolvens（Sw.）Warnst.［Limprichtia revolvens（Sw.）Loeske］扭叶镰刀藓（卷叶镰刀藓）

Drepanocladus revolvens（Sw.）Warnst. var. cossonii（Schimp.）Podp. = Drepanocladus cossonii（Schimp.）Loeske

Drepanocladus schulzei Roth = Warnstorfia fluitans（Hedw.）Loeske

Drepanocladus sendtneri（Schimp.）Warnst.［Drepanocladus sendtneri（Schimp.）Warnst. f. borealis（Arnell et C. Jens）Moenk., Drepanocladus sendtneri（Schimp.）Warnst. f. trivialis（San.）Moenk., Drepanocladus sendtneri（Schimp.）Warnst. f. wilsonii（Lindb.）Moenk.］粗肋镰刀藓（粗肋镰刀藓北方变型，粗肋镰刀藓细尖变型，粗肋镰刀藓阔叶变型）

Drepanocladus sendtneri（Schimp.）Warnst. f. borealis（Arnell et C. Jens）Moenk. = Drepanocladus sendtneri（Schimp.）Warnst.

Drepanocladus sendtneri（Schimp.）Warnst. f. trivialis（San.）Moenk. = Drepanocladus sendtneri（Schimp.）Warnst.

Drepanocladus sendtneri（Schimp.）Warnst. f. wilsonii（Lindb.）Moenk. = Drepanocladus sendtneri（Schimp.）Warnst.

Drepanocladus sinensi-uncinatus Muell. Hal. = Sanionia uncinata（Hedw.）Loeske

Drepanocladus tenuinervis T. Kop. 细肋镰刀藓

Drepanocladus trichophyllus（Warnst.）Podp. 毛叶镰刀藓

Drepanocladus uncinatus（Hedw.）Warnst. = Sanionia uncinata（Hedw.）Loeske

Drepanocladus uncinatus（Hedw.）Warnst. f. auriculatus Moenk. = Sanionia uncinata（Hedw.）Loeske

Drepanocladus uncinatus（Hedw.）Warnst. f. longicuspis Smirn. = Sanionia uncinata（Hedw.）Loeske

Drepanocladus uncinatus（Hedw.）Warnst. f. plumulosus Moenk. = Sanionia uncinata（Hedw.）Loeske

Drepanocladus vernicosus（Mitt.）Warnst. = Hamatocaulis vernicosus（Mitt.）Hedenaes

Drepanolejeunea（Spruce）Schiffn. 角鳞苔属

Drepanolejeunea angustifolia（Mitt.）Grolle［Drepanolejeunea szechuanica Chen，Drepanolejeunea tenuis（Reinw.，Bl. et Nees）Schiffn.，Lejeunea angustifolia Mitt.］线角鳞苔（小角鳞苔，四川角鳞苔，狭叶角鳞苔）

Drepanolejeunea apiculata Horik. = Leptolejeunea apiculata（Horik.）Hatt.

Drepanolejeunea asymmetrica Horik. = Drepanolejeunea vesiculosa（Mitt.）Steph.

Drepanolejeunea chiponensis Horik. = Drepanolejeunea pentadactyla（Mont.）Steph.

Drepanolejeunea commutata Grolle et R. -L. Zhu 丛生角鳞苔（东亚角鳞苔）

*Drepanolejeunea cyclops（S. Lac.）Grolle et R. -L. Zhu［Rhaphidolejeunea cyclops（S. Lac.）Herz.］钝叶角鳞苔（钝叶针鳞苔）

Drepanolejeunea dactylophora（Gott.，Lindenb. et Nees）Schiffn.［Drepanolejeunea grossidentata Horik.］粗齿角鳞苔

Drepanolejeunea emarginata Horik. = Leptolejeunea emarginata（Horik.）Hatt.

Drepanolejeunea erecta（Steph.）Mizut.［Drepanolejeunea japonica Horik.，Drepanolejeunea monophthalma（Herz.）Mizut.，Leptolejeunea erecta Steph.，Strepsilejeunea denticulata Kamim.，Strepsilejeunea monophthalma Herz.］钝尖角鳞苔（日本角鳞苔，展叶角鳞苔）

Drepanolejeunea filicuspis Steph. = Harpalejeunea filicuspis（Steph.）Mizut.

Drepanolejeunea fleischeri（Steph.）Grolle et R. -L. Zhu［Leptolejeunea fleischeri Steph.，Rhaphidolejeunea fleischeri（Steph.）Herz.］费氏角鳞苔（佛氏角鳞苔，费氏针鳞苔，弗氏针鳞苔）

Drepanolejeunea foliicola Horik.［Drepanolejeunea serrulata Horik.，Leptolejeunea foliicola（Horik.）Schust.，Leptolejeunea yangii M. -J. Lai，Rhaphidolejeunea foliicola（Horik.）Chen］叶生角鳞苔（叶生针鳞苔，叶生薄鳞苔）

Drepanolejeunea formosana Horik. = Stenolejeunea apiculata（S. Lac.）Schust.

Drepanolejeunea grandis Herz. 大角鳞苔

*Drepanolejeunea grossidens Steph. 宽齿角鳞苔（粗齿角鳞苔，角鳞苔）

Drepanolejeunea grossidentata Horik. = Drepanolejeunea dactylophora（Gott.，Lindenb. et Nees）Schiffn.

*Drepanolejeunea hamatifolia（Hook.）Schiffn. 角鳞苔

Drepanolejeunea herzogii R. -L. Zhu et M. -L. So［Drepanolejeunea ocellata（Herz.）R. -L. Zhu et M. -L. So］锡金角鳞苔

Drepanolejeunea japonica Horik. = Drepanolejeunea erecta（Steph.）Mizut.

Drepanolejeunea levicornua Steph. 平翼角鳞苔

Drepanolejeunea micholitzii Steph. = Drepanolejeunea pentadactyla（Mont.）Steph.

Drepanolejeunea monophthalma（Herz.）Mizut. = Drepanolejeunea erecta（Steph.）Mizut.

Drepanolejeunea obliqua Steph. 斜角角鳞苔

Drepanolejeunea ocellata（Herz.）R. -L. Zhu et M. -L. So = Drepanolejeunea herzogii R. -L. Zhu et M. -L. So

Drepanolejeunea pellucida（Horik.）Amak. = Lepidolejeunea bidentula（Steph.）Schust.

Drepanolejeunea pentadactyla （Mont.）Steph. ［Drepanolejeunea chiponensis Horik.，Drepanolejeunea micholitzii Steph.，Drepanolejeunea tenuioides Horik.］疏齿角鳞苔（五指角鳞苔，知本角鳞苔，细角鳞苔）

Drepanolejeunea serrulata Horik. = Drepanolejeunea foliicola Horik.

Drepanolejeunea spicata（Steph.）Grolle et R. -L. Zhu ［Leptolejeunea spicata Steph.，Rhaphidolejeunea spicata（Steph.）Grolle］长角角鳞苔（长角鳞苔，长角针鳞苔）

Drepanolejeunea subacuta（Horik.）Mill.，Bonner et Bischl. = Lejeunea exilis（Reinw.，Bl. et Nees）Grolle

Drepanolejeunea szechuanica Chen = Drepanolejeunea angustifolia（Mitt.）Grolle

Drepanolejeunea tenuioides Horik. = Drepanolejeunea pentadactyla（Mont.）Steph.

Drepanolejeunea tenuis （Reinw.，Bl. et Nees）Schiffn. = Drepanolejeunea angustifolia（Mitt.）Grolle

Drepanolejeunea ternatensis （Gott.）Schiffn. ［Drepanolejeunea ternatensis（Gott.）Schiffn. var. lancispina Herz.，Drepanolejeunea unidentata Horik.］单齿角鳞苔

Drepanolejeunea ternatensis（Gott.）Schiffn. var. lancispina Herz. = Drepanolejeunea ternatensis（Gott.）Schiffn.

Drepanolejeunea thwaitesiana（Mitt.）Steph. 多油胞角鳞苔

Drepanolejeunea thwaitesiana（Mitt.）Steph. var. zhengii R. -L. Zhu 多油胞角鳞苔疣萼变种（多油胞角鳞苔疣变种）

Drepanolejeunea tibetana（P. -C. Wu et J. -S. Lou）Grolle et R. -L. Zhu ［Raphidolejeunea tibetana P. -C. Wu et J. -S. Lou］西藏角鳞苔（西藏针鳞苔）

Drepanolejeunea tridactyla（Gott.）Steph. 南亚角鳞苔

Drepanolejeunea unidentata Horik. = Drepanolejeunea ternatensis（Gott.）Schiffn.

Drepanolejeunea vesiculosa（Mitt.）Steph. ［Drepanolejeunea asymmetrica Horik.，Drepanolejeunea yoshinagana（Steph.）Mizut.，Harpalejeunea intermedia Ev.］短叶角鳞苔

Drepanolejeunea yoshinagana （Steph.）Mizut. = Drepanolejeunea vesiculosa（Mitt.）Steph.

Drepanolejeunea yunnanensis（Chen）Grolle et R. -L. Zhu ［Leptolejeunea yunnanensis（Chen）Schust.，Raphidolejeunea yunnanensis Chen］云南角鳞苔（云南针鳞苔）

Drepanophyllaria cuspidarioides Muell. Hal. = Cratoneuron filicinum（Hedw.）Spruce

Drepanophyllaria elegantifolia Muell. Hal. = Cratoneuron filicinum（Hedw.）Spruce

Drepanophyllaria nivicalyx Muell. Hal. = Cratoneuron filicinum（Hedw.）Spruce

Drepanophyllaria robustifolia Muell. Hal. = Cratoneuron filicinum（Hedw.）Spruce

Drummondia Hook. 木衣藓属

Drummondia cavaleriei Thér. = Drummondia sinensis Muell. Hal.

˙Drummondia prorepens（Hedw.）Britt. 木衣藓

Drummondia prorepens（Hedw.）Britt. var. latifolia C. Gao 木衣藓宽叶变种

Drummondia rubiginosa Muell. Hal. = Schlotheimia Enroth vittii S. -L. Guo，Enroth et T. Kop.

Drummondia sinensis Muell. Hal. ［Drummondia cavaleriei Thér.，Drummondia thomsonii Mitt. var. tapintzensis Besch.］中华木衣藓（贵州木衣藓）

Drummondia thomsonii Mitt. 西南木衣藓（汤氏木衣藓）

Drummondia thomsonii Mitt. var. tapintzensis Besch. = Drummondia sinensis Muell. Hal.

Drummondiaceae 木衣藓科

Dumortiera Nees ［Hygrophila Tayl.］毛地钱属

Dumortiera hiroshima Burg. = Dumortiera hirsuta（Sw.）Nees

Dumortiera hirsuta（Sw.）Nees ［Dumortiera hiroshima Burg. , Dumortiera hirsuta（Sw.）Nees var. latior Gott. , Lindenb. et Nees, Dumortiera hirsuta （Sw.）Nees var. nepalensis（Tayl.）Frye et Clark, Dumortiera trichocephala（Hook.）Nees, Hygrophila irrigua（Wils.）Tayl.）毛地钱（山毛地钱，鹅绒毛地钱，被毛苔）

Dumortiera hirsuta（Sw.）Nees var. latior Gott. , Lindenb. et Nees = Dumortiera hirsuta（Sw.）Nees

Dumortiera hirsuta（Sw.）Nees var. nepalensis （Tayl.）Frye et Clark = Dumortiera hirsuta （Sw.）Nees

Dumortiera trichocephala（Hook.）Nees = Dumortiera hirsuta（Sw.）Nees

Dumortieraceae 毛地钱科

Duthiella Broth. 绿锯藓属

Duthiella declinata（Mitt.）Zant.〔Duthiella mussoriensis Reim. , Duthiella wallichii（Mitt.）Broth. f. robusta Broth.〕斜枝绿锯藓

Duthiella flaccida（Card.）Broth.〔Duthiella japonica Broth. , Duthiella pellucens Card. et Thér. , Duthiella perpapillata Broth. , Trachypodopsis flaccida（Card.）Fleisch. , Trachypus flaccidus Card.〕软枝绿锯藓

Duthiella flaccida （Card.）Broth. var. media （Nog.）Zant.〔Duthiella media Nog.〕软枝绿锯

薛南亚变种（南亚绿锯藓）

Duthiella flaccida （Card.）Broth. var. rigida （Broth.）Zant.〔Duthiella rigida Broth.〕软枝绿锯藓硬枝变种（硬枝绿锯藓）

Duthiella formosana Nog. 台湾绿锯藓

Duthiella japonica Broth. = Duthiella flaccida （Card.）Broth.

Duthiella media Nog. = Duthiella flaccida（Card.）Broth. var. media（Nog.）Zant.

Duthiella mussoriensis Reim. = Duthiella declinata （Mitt.）Zant.

Duthiella pellucens Card. et Thér. = Duthiella flaccida（Card.）Broth.

Duthiella perpapillata Broth. = Duthiella flaccida （Card.）Broth.

Duthiella rigida Broth. = Duthiella flaccida（Card.）Broth. var. rigida（Broth.）Zant.

Duthiella robusta Nog. = Duthiella wallichii（Mitt.）Broth.

Duthiella speciosissima Card. 美绿锯藓

Duthiella wallichii（Mitt.）Broth.〔Duthiella robusta Nog.〕绿锯藓

Duthiella wallichii（Mitt.）Broth. f. robusta Broth. = Duthiella declinata（Mitt.）Zant.

E

Eccremidium Wils. 裂蒴藓属

Eccremidium brisbanicum（Broth.）Steere et Scott 龙骨裂蒴藓

Ectropotheciella Fleisch. 短菱藓属

Ectropotheciella distichophylla（Hampe）Fleisch. 短菱藓

Ectropothecium Mitt. 偏蒴藓属

Ectropothecium aneitense Broth. et Watts 蕨叶偏蒴藓

Ectropothecium buitenzorgii（Bel.）Mitt. 偏蒴藓

Ectropothecium circinatum Bartr. = Hypnum plumaeforme Wils.

Ectropothecium dealbatum （Reinw. et Hornsch.）Jaeg. 淡叶偏蒴藓

Ectropothecium glossophylloides（Broth.）D. -K. Li 〔Plagiothecium glossophylloides Broth.〕亮叶偏蒴藓（舌叶棉藓）

Ectropothecium formosanum Broth. 台湾偏蒴藓

Ectropothecium inflectens（Brid.）Besch. = Vesicularia inflectens（Brid.）Muell. Hal.

Ectropothecium intorquatum（Dozy et Molk.）Jaeg. 扭尖偏蒴藓

Ectropothecium isocladum Dix. = Hypnum plumaeforme Wils. var. minus Broth. ex Ando

Ectropothecium kelungense（Card.）Fleisch. = Ectropothecium zollingeri（Muell. Hal.）Jaeg.

Ectropothecium kerstanii Dix. et Herz.〔Glossadelphus falcatulus Broth.〕镰叶偏蒴藓（弯叶扁锦

藓）

Ectropothecium kweichowense Bartr. 贵州偏蒴藓

Ectropothecium leptotapes（**Card.**）**Sak.** 〔**Isopterygium laxissimum Card. , Isopterygium leptotapes Card.**〕细尖偏蒴藓

Ectropothecium malacocladum（**Card.**）**Broth.** = **Ectropothecium zollingeri**（**Muell. Hal.**）**Jaeg.**

Ectropothecium monumentorum（**Dub.**）**Jaeg.** 多疣偏蒴藓（爪哇偏蒴藓）

Ectropothecium moritzii Jaeg. 南亚偏蒴藓（莫氏偏蒴藓）

Ectropothecium nervosum Dix. = **Ectropothecium zollingeri**（**Muell. Hal.**）**Jaeg.**

Ectropothecium obtusulum（**Card.**）**Iwats.** 〔**Isopterygium obtusulum Card. , Isopterygium ovalifolium Card. , Plagiothecium obtusulum**（**Card.**）**Broth. , Plagiothecium ovalifolium**（**Card.**）**Broth.**〕钝叶偏蒴藓

Ectropothecium ohosimense Card. et Thér. 〔**Ectropothecium shiragae Okam.**〕曲叶偏蒴藓（许拉偏蒴藓，卷叶偏蒴藓）

Ectropothecium penzigianum Fleisch. 大偏蒴藓

Ectropothecium perminutum Bartr. 小偏蒴藓

Ectropothecium perreticulatum Broth. = **Vesicularia reticulata**（**Dozy et Molk.**）**Broth.**

Ectropothecium planifrons Par. var. formosicum Sas. = **Ectropothecium zollingeri**（**Muell. Hal.**）**Jaeg.**

Ectropothecium planulum Card. = **Ectropothecium zollingeri**（**Muell. Hal.**）**Jaeg.**

Ectropothecium pulchellum Broth. et Par. = **Ectropothecium zollingeri**（**Muell. Hal.**）**Jaeg.**

Ectropothecium serratifolium Card. = **Ctenidium serratifolium**（**Card.**）**Broth.**

Ectropothecium shiragae Okam. = **Ectropothecium ohosimense Card. et Thér.**

Ectropothecium subobscurum Thér. = **Ectropothecium zollingeri**（**Muell. Hal.**）**Jaeg.**

Ectropothecium subplanulum Card. = **Ectropothecium zollingeri**（**Muell. Hal.**）**Jaeg.**

Ectropothecium subpulchellum Broth. et Thér. = **Ectropothecium zollingeri**（**Muell. Hal.**）**Jaeg.**

Ectropothecium wangianum Chen 密枝偏蒴藓

Ectropothecium yasudae Broth. 东亚偏蒴藓（台湾偏蒴藓）

Ectropothecium zollingeri（**Muell. Hal.**）**Jaeg.** 〔**Ctenidium scaberrimum**（**Card.**）**Broth. , Ctenidium scaberrimum**（**Card.**）**Broth. var. erectocondensatum Dix. et Sak. , Ectropothecium compactum Thér. , Ectropothecium corallicola Broth. et Par. , Ectropothecium nervosum Dix. , Ectropothecium obscurum Broth. et Par. , Ectropothecium planulum Card. , Ectropothecium pulchellum Broth. et Par. , Ectropothecium subobscurum Thér. , Ectropothecium subplanulum Card. , Ectropothecium subpulchellum Broth. et Par. , Ectropothecium zollingeri**（**Muell. Hal.**）**Jaeg. var. formosicum**（**Card.**）**M. -J. Lai, Glossadelphus malacocladus**（**Card.**）**Broth. , Hypnum planifrons**（**Broth. et Par.**）**Card. , Hypnum planifrons**（**Broth. et Par.**）**Card. var. formosicum Card. , Isopterygium kelungense Card. , Isopterygium planifrons Broth. , Isopterygium sasaokae Ihs. , Microthamnium malacocladum Card. , Microthamnium scaberrimum Card. , Taxiphyllum eximium**（**Sull. et Lesq.**）**Iwats. , Taxiphyllum formosanum Herz. et Nog. , Taxiphyllum planifrons**（**Broth. et Par.**）**Fleisch. , Taxiphyllum planifrons**（**Broth. et Par.**）**Fleisch. var. formosicum Card.**〕平叶偏蒴藓（强肋偏蒴藓，疣梳藓，软枝扁锦藓，平枝扁锦藓，水湿扁锦藓，台湾鳞叶藓）

Ectropothecium zollingeri（**Muell. Hal.**）**Jaeg. var. formosicum**（**Card.**）**M. -J. Lai** = **Ectropothecium zollingeri**（**Muell. Hal.**）**Jaeg.**

Elmeriobryum Broth. = **Gollania Broth.**

Elmeriobryum formosanum Broth. = **Gollania philippinensis**（**Broth.**）**Nog.**

Elmeriobryum formosanum Broth. var. minus Broth. = **Gollania philippinensis**（**Broth.**）**Nog.**

Elmeriobryum philippinense Broth. = **Gollania philippinensis**（**Broth.**）**Nog.**

Elodium paludosum Aust. = **Helodium paludosum**（**Aust.**）**Broth.**

Encalypta Hedw. 大帽藓属

Encalypta alpina Sm. 〔**Encalypta commutata Nees,**

Hornsch. et Sturm, Encalypta giraldii Muell. Hal.〕高山大帽藓（陕西大帽藓,格氏大帽藓）

Encalypta asiatica J.-C. Zhao et L. Li 贯顶大帽藓

Encalypta breviseta Muell. Hal. = Encalypta ciliata Hedw.

Encalypta buxbaumioidea T. Cao, C. Gao et X.-L. Bai 拟烟杆大帽藓

Encalypta ciliata Hedw.〔Encalypta breviseta Muell. Hal., Encalypta erythrodonta Muell. Hal., Encalypta laciniata Lindb.〕大帽藓（裂瓣大帽藓,短柄大帽藓,赤齿大帽藓）

Encalypta commutata Nees, Hornsch. et Sturm = Encalypta alpina Sm.

Encalypta erythrodonta Muell. Hal. = Encalypta ciliata Hedw.

Encalypta giraldii Muell. Hal. = Encalypta alpina Sm.

Encalypta intermedia Jur. 小形大帽藓

Encalypta laciniata Lindb. = Encalypta ciliata Hedw.

Encalypta rhabdocarpa Schwaegr. = Encalypta rhaptocarpa Schwaegr.

Encalypta rhabdocarpa Schwaegr. var. spathulata（Muell. Hal.）Husn. = Encalypta spathulata Muell. Hal.

Encalypta rhaptocarpa Schwaegr.〔Encalypta rhabdocarpa Schwaegr.〕尖叶大帽藓

Encalypta sibirica（Weinm.）Warnst.〔Encalypta ciliata Hedw. var. sibirica Weinm.〕西伯利亚大帽藓

Encalypta sinica J.-C. Zhao et M. Li 中华大帽藓

Encalypta spathulata Muell. Hal.〔Encalypta rhabdocarpa Schwaegr. var. spathulata（Muell. Hal.）Husn.〕剑叶大帽藓（尖叶大帽藓剑叶变种）

Encalypta streptocarpa Hedw. 东方大帽藓

Encalypta tianshanica J.-C. Zhao, R.-L. Hu et S. He 天山大帽藓

Encalypta tibetana Mitt. 西藏大帽藓

Encalypta vulgaris Hedw. 钝叶大帽藓

Encalyptaceae 大帽藓科

Encalyptales 大帽藓目

Endotrichella Muell. Hal. = Garovaglia Endl.

Endotrichella elegans（Dozy et Molk.）Fleisch. =

Garovaglia elegans（Dozy et Molk.）Bosch et S. Lac.

Endotrichella elegans（Dozy et Molk.）Fleisch. var. brevicuspis Nog. = Garovaglia elegans（Dozy et Molk.）Bosch et S. Lac.

Endotrichella fauriei（Broth. et Par.）Broth. = Garovaglia elegans（Dozy et Molk.）Bosch et S. Lac.

Endotrichella perrugosa Dix. = Garovaglia angustifolia Mitt.

Endotrichum densum Dozy et Molk. = Garovaglia plicata（Brid.）Bosch et S. Lac.

Endotrichum elegans Dozy et Molk. = Garovaglia elegans（Dozy et Molk.）Bosch et S. Lac.

Entodon Muell. Hal. 绢藓属

Entodon acutifolius R.-L. Hu = Platygyriella aurea（Schwaegr.）Buck

Entodon aeruginosus Muell. Hal. = Entodon schleicheri（Schimp.）Demet.

Entodon aeruginosus Muell. Hal. f. flavescens Muell. Hal. = Entodon schleicheri（Schimp.）Demet.

Entodon amblyophyllus Muell. Hal. = Entodon concinnus（De Not.）Par.

Entodon angustifolius（Mitt.）Jaeg. = Entodon macropodus（Hedw.）Muell. Hal.

Entodon attenuatus Mitt. = Entodon sullivantii（Muell. Hal.）Lindb. var. versicolor（Besch.）Mizush.

Entodon bandongiae（Muell. Hal.）Jaeg. = Entodon macropodus（Hedw.）Muell. Hal.

Entodon brevisetus（Hook. et Wils.）Lindb. = Entodon calycinus Card.

Entodon buckii S.-H. Lin = Entodon challengeri（Par.）Card.

Entodon caliginosus（Mitt.）Jaeg. = Entodon concinnus（De Not.）Par.

Entodon caliginosus（Mitt.）Jaeg. var. subtilis（Muell. Hal.）Redf. et Tan = Entodon concinnus（De Not.）Par.

Entodon calycinus Card.〔Entodon brevisetus（Hook. et Wils.）Lindb.〕暖地绢藓

Entodon challengeri（Par.）Card.〔Entodon buckii S.-H. Lin, Entodon challengeri（Par.）Card. var.

zikaiweiensis（Par.）R.-L. Hu，Entodon compressus（Hedw.）Muell. Hal.，Entodon compressus（Hedw.）Muell. Hal. var. parvisporus X.-S. Wen et Z.-T. Zhao，Entodon compressus（Hedw.）Muell. Hal. var. zikaiweiensis（Par.）R.-L. Hu，Entodon microthecius Broth.，Entodon nanocarpus Muell. Hal.，Entodon nanocarpus Muell. Hal. var. zikaiweiensis（Par.）C. Gao，Entodon zikaiweiensis Par.，Plagiothecium laevigatum Besch.］柱蒴绢藓（密叶绢藓，扁枝绢藓，小蒴绢藓，小果绢藓，短蒴绢藓，短蒴绢藓短柄变种，短柄疣齿绢藓，疣齿绢藓，舌叶绢藓，徐家汇绢藓，柱蒴绢藓徐家汇变种，全叶棉藓）

Entodon challengeri（Par.）Card. var. zikaiwiensis（Par.）R.-L. Hu = Entodon challengeri（Par.）Card.

Entodon chloropus Ren. et Card. 黄绿绢藓（高原绢藓）

Entodon cladorrhizans（Hedw.）Muell. Hal.［Entodon verruculosus X.-S. Wen，Leskea compressa Hedw.，Neckera cladorrhizans Hedw.］绢藓（异枝绢藓）

Entodon cochleatus Broth. = Entodon luridus（Griff.）Jaeg.

Entodon complanatulus（Muell. Hal.）Fleisch. = Entodon pulchellus（Griff.）Jaeg.

Entodon compressus（Hedw.）Muell. Hal. = Entodon challengeri（Par.）Card.

Entodon compressus（Hedw.）Muell. Hal. var. parvisporus X.-S. Wen et Z.-T. Zhao = Entodon challengeri（Par.）Card.

Entodon compressus（Hedw.）Muell. Hal. var. zikaiweiensis（Par.）R.-L. Hu = Entodon challengeri（Par.）Card.

Entodon conchophyllus Card. = Sakuraia conchophylla（Card.）Nog.

Entodon concinnus（De Not.）Par.［Cuspidaria levieri Muell. Hal.，Entodon amblyophyllus Muell. Hal.，Entodon caliginosus（Mitt.）Jaeg.，Entodon caliginosus（Mitt.）Jaeg. var. subtilis（Muell. Hal.）Redf. et Tan，Entodon concinnus（De Not.）Par. subsp. caliginosus（Mitt.）Mizush.，Entodon

orthocarpus（Brid.）Lindb.，Entodon pseudoorthocarpus Muell. Hal.，Entodon serpentinus Muell. Hal.，Entodon pseudoorthocarpus Muell. Hal. var. subtilis Muell. Hal. Entodon subramulosus Broth.，Hypnum levieri（Muell. Hal.）Par.，Pseudoscleropodium levieri（Muell. Hal.）Broth.］厚角绢藓（多胞绢藓，直蒴绢藓，直蒴绢藓荫地亚种，厚角绢藓荫地亚种，荫地直蒴绢藓，曲枝绢藓，东亚大绢藓）

Entodon concinnus（De Not.）Par. subsp. caliginosus（Mitt.）Mizush. = Entodon concinnus（De Not.）Par.

Entodon curvatiramenus Card. 曲枝绢藓

Entodon delavayi Besch. = Entodon macropodus（Hedw.）Muell. Hal.

Entodon divergens Broth. 变枝绢藓（异枝绢藓）

Entodon dolichocucullatus Okam.［Entodon excavatus Broth.］长帽绢藓（南绢藓，凹叶绢藓）

Entodon drummondii（Sull.）Jaeg. = Entodon macropodus（Hedw.）Muell. Hal.

Entodon eurhynchioides Herz. et Nog. = Entodon obtusatus Broth.

Entodon excavatus Broth. = Entodon dolichocucullatus Okam.

Entodon flavescens（Hook.）Jaeg.［Entodon griffithii（Mitt.）Jaeg.，Entodon ramulosus Mitt.，Entodon rubicundus（Mitt.）Jaeg.，Entodon variegatus Broth.，Entodon schwaegrichenii Broth.］广叶绢藓

Entodon giraldii Muell. Hal.［Clastobryum sinense Dix.，Entodon punctulatus Thér. et P. Varde，Entodon sinense（Dix.）Laz.］细绢藓（细孔绢藓，陕西绢藓，格氏绢藓）

Entodon griffithii（Mitt.）Jaeg. = Entodon flavescens（Hook.）Jaeg.

Entodon henryi Par. et Broth. = Entodon macropodus（Hedw.）Muell. Hal.

Entodon herbaceus Besch. var. versicolor Besch. = Entodon sullivantii（Muell. Hal.）Lindb. var. versicolor（Besch.）Mizush.

Entodon isopterygioides Dix. = Entodon obtusatus Broth.

Entodon julaceus Thér. = Erythrodontium julaceum（Schwaegr.）Par.

Entodon kungshanensis R. -L. Hu et Y. -F. Wang 贡山绢藓

Entodon latifolius Broth. = Entodon prorepens（Mitt.）Jaeg.

Entodon longicostatus Buck = Entodon prorepens（Mitt.）Jaeg.

Entodon longifolius（Muell. Hal.）Jaeg. 长叶绢藓

Entodon luridus（Griff.）Jaeg. ［Entodon cochleatus Broth. , Entodon okamurae Card. , Glossadelphus alaris Broth. et Yas. , Glossadelphus pernitens Sak. , Taxiphyllum alare（Broth. et Yas.）S. -H. Lin］深绿绢藓（匙叶绢藓，冈村绢藓，东亚绢藓，台湾扁锦藓）

Entodon maebarae Nog. = Entodon macropodus（Hedw.）Muell. Hal.

Entodon macropodus（Hedw.）Muell. Hal. ［Entodon angustifolius（Mitt.）Jaeg. , Entodon bandongiae（Muell. Hal.）Jaeg. , Entodon delavayi Besch. , Entodon drummondii（Sull.）Jaeg. , Entodon henryi Par. et Broth. , Entodon maebarae Nog. , ］长柄绢藓（狭叶绢藓，南亚绢藓，扁枝绢藓）

Entodon mairei Thér. et Copp. = Entodon prorepens（Mitt.）Jaeg.

Entodon microcarpus Muell. Hal. 细蒴绢藓

Entodon micropodus Besch. 短柄绢藓

Entodon microthecius Broth. = Entodon challengeri（Par.）Card.

Entodon morrisonensis Nog. 玉山绢藓

Entodon myurus（Hook.）Hampe 猫尾绢藓（尾枝绢藓）

Entodon myurus（Hook.）Hampe var. hokinensis Besch. 猫尾绢藓鹤庆变种

Entodon nanocarpus Muell. Hal. = Entodon challengeri（Par.）Card.

Entodon nanocarpus Muell. Hal. var. zikaiwiensis（Par.）C. Gao = Entodon challengeri（Par.）Card.

Entodon nepalensis Mizush. 尼泊尔绢藓

Entodon obtusatus Broth. ［Entodon eurhynchioides Herz. et Nog. , Entodon isopterygioides Dix. ］钝叶绢藓（台湾绢藓）

Entodon okamurae Broth. = Entodon luridus（Griff.）Jaeg.

Entodon orthocarpus（Brid.）Lindb. = Entodon concinnus（De Not.）Par.

Entodon plicatus Muell. Hal. 皱叶绢藓

Entodon prorepens（Mitt.）Jaeg. ［Entodon latifolius Broth. , Entodon longicostatus Buck, Entodon mairei Thér. et Copp. , Entodon stenopyxis Thér. , Entodon thomsonii（Mitt.）Jaeg. ］横生绢藓（宽叶绢藓，滇中绢藓，狭蒴绢藓）

Entodon pseudo-orthocarpus Muell. Hal. = Entodon concinnus（De Not.）Par.

Entodon pseudo-orthocarpus Muell. Hal. var. subtilis Muell. Hal. = Entodon concinnus（De Not.）Par.

Entodon pulchellus（Griff.）Jaeg. ［Entodon complanatulus（Muell. Hal.）Fleisch. , Neckera pulchellus Griff. , Pylaisia complanatula Muell. Hal. ］扁平绢藓（娇美绢藓）

Entodon punctulatus Thér. et P. Varde = Entodon giraldii Muell. Hal.

Entodon purus Muell. Hal. = Entodon schleicheri（Schimp.）Demet.

Entodon pylaisioides R. -L. Hu et Y. -F. Wang 锦叶绢藓

Entodon ramulosus Mitt. = Entodon flavescens（Hook.）Jaeg.

Entodon rostrifolius Muell. Hal. = Entodon schensianus Muell. Hal.

Entodon rubicundus（Mitt.）Jaeg. = Entodon flavescens（Hook.）Jaeg.

Entodon scabridens Lindb. 疣齿绢藓

Entodon scariosus Ren. et Card. 薄叶绢藓

Entodon schensianus Muell. Hal. ［Entodon rostrifolius Muell. Hal. ］陕西绢藓

Entodon schleicheri（Schimp.）Demet. ［Entodon aeruginosus Muell. Hal. , Entodon aeruginosus Muell. Hal. f. flavescens Muell. Hal. , Entodon purus Muell. Hal. ］亮叶绢藓

Entodon seductrix（Hedw.）Muell. Hal. 北美绢藓（兜叶绢藓）

Entodon serpentinus Muell. Hal. = Entodon concinnus（De Not.）Par.

Entodon sinense（Dix.）Laz. = Entodon giraldii Muell. Hal.

Entodon smaragdinus Par. et Broth. 中华绢藓

Entodon squamatulus Muell. Hal. = Taxiphyllum squamatulum（Muell. Hal.）Fleisch.

Entodon stenopyxis Thér. = Entodon prorepens（Mitt.）Jaeg.

Entodon subramulosus Broth. = Entodon concinnus（De Not.）Par.

Entodon sullivantii（Muell. Hal.）Lindb. 亚美绢藓

Entodon sullivantii（Muell. Hal.）Lindb. var. versicolor（Besch.）Mizush.［Entodon attenuatus Mitt. , Entodon herbaceus Besch. var. versicolor Besch.］亚美绢藓多色变种（亚美绢藓异色变种，苏氏多色绢藓，尖叶绢藓）

Entodon taiwanensis C. -K. Wang et S. -H. Lin 宝岛绢藓

Entodon thomsonii（Mitt.）Jaeg. = Entodon prorepens（Mitt.）Jaeg.

Entodon verruculosus X. -S. Wen = Entodon cladorrhizans（Hedw.）Muell. Hal.

Entodon viridulus Card. 绿叶绢藓

Entodon yunnanensis Thér. 云南绢藓

Entodon zikaiweiensis Par. = Entodon callengeri（Par.）Card.

Entodontaceae 绢藓科

Entodontopsis Broth. 拟绢藓属

Entodontopsis anceps（Bosch et S. Lac.）Buck et Ireland［Entodontopsis tavoyensis auct. non（Hook.）Buck et Ireland, Stereophyllum anceps（Bosch et S. Lac.）Broth. , Stereophyllum tavoyense auct. non（Harv.）Jaeg.］尖叶拟绢藓（尖叶硬叶藓）

* Entodontopsis contorte-operculata（Muell. Hal.）Broth. 拟绢藓

Entodontopsis nitens（Mitt.）Buck et Ireland［Stereophyllum ligulatum Jaeg.］舌叶拟绢藓（舌叶硬叶藓）

Entodontopsis pygmaea（Par. et Broth.）Buck et Ireland［Stereophyllum pygmaeum Par. et Broth.］异形拟绢藓（异形硬叶藓）

Entodontopsis setschwanica（Broth.）Buck et Ire-land［Hypnum setschwanicum（Broth.）Ando, Stereodon setschwanicus Broth. , Stereodontopsis setschwanica（Broth.）Ando, Stereophyllum setschwanicum Broth.］四川拟绢藓（四川灰藓，四川硬叶藓）

Entodontopsis tavoyensis auct. non（Hook.）Buck et Ireland = Entodontopsis anceps（Bosch et S. Lac.）Buck et Ireland

Entodontopsis wrightii（Mitt.）Buck et Ireland［Stereophyllum wightii（Mitt.）Jaeg. et Sauerb.］狭叶拟绢藓（狭叶硬叶藓）

Entosthodon Schwaegr. 梨蒴藓属

Entosthodon attenuatus（Dicks.）Bryhn = Funaria attenuata（Dicks.）Lindb.

Entosthodon buseanus Dozy et Molk.［Funaria buseana（Dozy et Molk.）Broth. , Funaria sinensis Dix. , Funaria subangustifolia Dix.］钝叶梨蒴藓（中华葫芦藓）

Entosthodon gracilis Hook. f. et Wils.［Funaria gracilis（Hook. f. et Wils.）Broth.］纤细梨蒴藓

Entosthodon javanicus Dozy et Molk. = Entosthodon physcomitrioides（Mont.）Mitt.

Entosthodon pallescens Jur. = Funaria pallescens（Jur.）Lindb.

Entosthodon physcomitrioides（Mont.）Mitt.［Entosthodon javanicus Dozy et Molk. , Funaria physcomitrioides Mont.］立碗梨蒴藓

Entosthodon pilifera Mitt. = Funaria pilifera（Mitt.）Broth.

* Entosthodon templetonii（Sm.）Schwaegr. 梨蒴藓

Entosthodon wichurae Fleisch.［Funaria wallichii（Mitt.）Broth.］尖叶梨蒴藓

Eopleurozia Schust. = Pleurozia Dum.

Eopleurozia giganteoides（Horik.）Inoue = Pleurozia subinflata（Aust.）Aust.

* Eotrichocolea Schust. 南绒苔属

Ephemeraceae 天命藓科

* Ephemeropsis Goeb. 拟天命藓属

* Ephemeropsis tjibodensis Goeb. 拟天命藓

Ephemerum Hampe 天命藓属

Ephemerum apiculatum Chen 尖顶天命藓

Ephemerum asiaticum Broth. et Par. 海南天命藓（亚

洲天命藓）

Ephemerum cohaerens（Hedw.）Hampe 北方天命藓
（天命藓）

* **Ephemerum serratum**（Hedw.）Hampe 天命藓
（齿叶天命藓）

Epipterygium Lindb. 小叶藓属

Epipterygium tozeri（Grev.）Lindb.［Pohlia tozeri
（Grev.）Del.］紫色小叶藓（小叶藓）

* **Epipterygium wrightii**（Sull.）Lindb. 小叶藓

Eremonotus Lindb. et Kaal. ex Pears. 湿生苔属

Eremonotus myriocarpus（Carring.）Lindb. et
Kaal. ex Pears. 湿生苔

Eriopus Brid. = Calyptrochaeta Desv.

Eriopus cristata（Hedw.）Brid. = Calyptrochaeta
cristata（Hedw.）Desv.

**Eriopus japonicus Card. et Thér. = Calyptrochaeta
japonica**（Card. et Thér.）Iwats. et Nog.

Eriopus mollis Card. = Calyptrochaeta japonica
（Card. et Thér.）Iwats. et Nog.

**Eriopus parviretis Fleisch. = Calyptrochaeta parvire-
tis**（Fleisch.）Iwats., Tan et Touw

Eriopus spinosus Nog. = Calyptrochaeta ramosa
（Fleisch.）Tan et Robins. subsp. spinosa（Nog.）
P. -J. Lin et Tan

Erpodiaceae 树生藓科

Erpodium（Brid.）Brid. 树生藓属

Erpodium abbreviatum（Mitt.）Stone = Aulacopilum
abbreviatum Mitt.

Erpodium biseriatum（Aust.）Aust. = Solmsiella bi-
seriata（Aust.）Steere

**Erpodium ceylonicum Thwait. et Mitt. = Solmsiella
biseriata**（Aust.）Steere

* **Erpodium domingense**（Spreng.）Brid. 树生藓

Erpodium guizhouensis Y. -X. Xiong et X. -L. Yan 贵
州树生藓

Erpodium mangiferae Muell. Hal. 芒果树生藓

Erpodium perrottetii（Mont.）Jaeg. 长胞树生藓

Erythrobarbula yunnanensis（Herz.）Steere = Bryo-
erythrophyllum yunnanense（Herz.）Chen

Erythrodontium Hampe 赤齿藓属

Erythrodontium julaceum（Schwaegr.）Par.［En-
todon julaceus（Schwaegr.）Muell. Hal., Pteri-

gynandrum julaceum（Schwaegr.）Par., Stere-
odon juliformis Mitt.］穗枝赤齿藓（赤齿藓，暖地
赤齿藓，柔茎绢藓，穗枝腋苞藓）

Erythrodontium leptothallum（Muell. Hal.）Nog. =
Eurohypnum leptothallum（Muell. Hal.）Ando

Erythrodontium leptothallum（Muell. Hal.）Nog. f.
tereticaule（Muell. Hal.）Nog. = Eurohypnum
leptothallum（Muell. Hal.）Ando

Erythrodontium squarrulosum（Mont.）Par. 粗枝赤
齿藓

Erythrodontium tereticaule（Muell. Hal.）Chen =
Eurohypnum leptothallum（Muell. Hal.）Ando

* **Erythrodontium warmingii Hampe** 赤齿藓

Erythrophyllum atrorubens（Besch.）Herz. = Bryo-
erythrophyllum wallichii（Mitt.）Chen

**Erythrophyllum barbuloides Herz. = Didymodon
erosodenticulatus**（Muell. Hal.）Saito

**Erythrophyllum hostile Herz. = Bryoerythrophyllum
hostile**（Herz.）Chen

**Erythrophyllum pulvinans Herz. = Bryoerythrophyl-
lum yunnanense**（Herz.）Chen var. pulvinans
（Herz.）Chen

**Erythrophyllum tenii Herz. = Bryoerythrophyllum
recurvirostrum**（Hedw.）Chen

Erythrophyllum wallichii（Mitt.）Herz. = Bryo-
erythrophyllum wallichii（Mitt.）Chen

**Erythrophyllum yunnanensis Herz. = Bryoerythro-
phyllum yunnanense**（Herz.）Chen

Eucladium Bruch et Schimp. 艳枝藓属

Eucladium verticillatum（Hedw.）Bruch et Schimp.
［Weissia verticillata Hedw.］艳枝藓

Eulejeunea Spruce ex Schiffn. = Lejeunea Libert

Eulejeunea flava（Sw.）Schiffn. = Lejeunea flava
（Sw.）Nees

Eumyurium Nog.［Myuriopsis Nog.］拟金毛藓属

Eumyurium sinicum（Mitt.）Nog.［Eumyurium si-
nicum（Mitt.）Nog. var. flagelliferum（Sak.）
Nog., Myuriopsis sinica（Mitt.）Nog., Myuriopsis
sinica（Mitt.）Nog. var. flagellifera（Sak.）Nog.,
Myurium sinicum（Mitt.）Broth., Oedicladium si-
nicum Mitt.］拟金毛藓（拟金毛藓鞭枝变种）

Eumyurium sinicum（Mitt.）Nog. var. flagelliferum

（Sak.）Nog. = Eumyurium sinicum（Mitt.）Nog.

Euosmolejeunea（Spruce）Schiffn. = Cheilolejeunea（Spruce）Schiffn.

Euosmolejeunea auriculata Steph. = Lejeunea compacta（Steph.）Steph.

Euosmolejeunea claviflora（Steph.）Hatt. = Lejeunea neelgherriana Gott.

Euosmolejeunea compacta（Steph.）Hatt. var. auriculata（Steph.）Hatt. = Lejeunea compacta（Steph.）Steph.

Euosmolejeunea duriuscula（Nees）Ev. = Cheilolejeunea rigidula（Nees ex Mont.）Schust.

Euosmolejeunea fukiensis Chen et P. -C. Wu = Cheilolejeunea fukiensis（Chen et P. -C. Wu）Piippo

Euosmolejeunea fuscobrunnea Horik. = Ceratolejeunea belangeriana（Gott.）Steph.

Euosmolejeunea giraldiana Mass. = Cheilolejeunea krakakammae（Lindenb.）Schust.

Euosmolejeunea gomphocalyx（Herz.）Hatt. = Cheilolejeunea krakakammae（Lindenb.）Schust.

Euosmolejeunea latifolia Horik. = Cheilolejeunea trifaria（Reinw.,Bl. et Nees）Mizut.

Euosmolejeunea sayeri Steph. = Cheilolejeunea trifaria（Reinw.,Bl. et Nees）Mizut.

Eurhynchium Bruch et Schimp. 美喙藓属

Eurhynchium angustirete（Broth.）T. Kop. ［Brachythecium angustirete Broth.,Eurhynchium striatum（Hedw.）Schimp.,Stokesiella striatum T. -Y. Chiang］短尖美喙藓（卵叶美喙藓,狭网美喙藓）

Eurhynchium arbusculum Broth. = Kindbergia arbuscula（Broth.）Ochyra

Eurhynchium arbusculum Broth. var. acuminatum Tak. = Kindbergia arbuscula（Broth.）Ochyra

Eurhynchium asperisetum（Muell. Hal.）Bartr. ［Oxyrrhynchium asperisetum（Muell. Hal.）Broth.］疣柄美喙藓

Eurhynchium coarctum Muell. Hal. 狭叶美喙藓

Eurhynchium eustegium（Besch.）Dix. ［Brachythecium eustegium Besch.,Rhynchostegium dasyphyllum Muell. Hal.］尖叶美喙藓（美喙藓）

Eurhynchium fauriei Card. = Eurhynchium savatieri Besch.

Eurhynchium filiforme（Muell. Hal.）Y. -F. Wang et R. -L. Hu［Rhynchostegium subspeciosum（Muell. Hal.）Muell. Hal. var. filiforme Muell. Hal.］小叶美喙藓

Eurhynchium hians（Hedw.）S. Lac.［Hypnum hians Hedw.,Oxyrrhynchium hians（Hedw.）Loeske,Oxyrrhynchium swartzii（Turn.）Warnst.］宽叶美喙藓（美喙藓,尖喙藓,卵叶尖喙藓,密枝尖喙藓）

Eurhynchium kirishimense Tak. 扭尖美喙藓

Eurhynchium latifolium Card. 阔叶美喙藓

Eurhynchium laxirete Broth.［Oxyrrhynchium laxirete（Broth.）Broth.］疏网美喙藓（疏网尖喙藓）

Eurhynchium longirameum（Muell. Hal.）Y. -F. Wang et R. -L. Hu［Platyhypnidium longirameum（Muell. Hal.）Fleisch.,Rhynchostegium longirameum Muell. Hal.］羽枝美喙藓（长枝平灰藓）

Eurhynchium patentifolium（Muell. Hal.）Fleisch. = Oxyrrhynchium vagans（Jaeg.）Ignatov et Huttunen

Eurhynchium polystictum Par. = Eurhynchium savatieri Besch.

Eurhynchium praelongum（Hedw.）Schimp. = Kindbergia praelonga（Hedw.）Ochyra

Eurhynchium praelongum（Hedw.）Schimp. var. stokesii（Turn.）Dix. = Kindbergia praelonga（Hedw.）Ochyra

Eurhynchium protractum Muell. Hal. = Eurhynchium savatieri Besch.

Eurhynchium pulchellum（Hedw.）Jenn. 美喙藓（鲜美喙藓）

Eurhynchium riparioides（Hedw.）Rich. = Torrentaria riparioides（Hedw.）Ochyra

Eurhynchium savatieri Besch.［Eurhynchium fauriei Card.,Eurhynchium polystictum Par.,Eurhynchium protractum Muell. Hal.,Eurhynchium savatieri Besch. var. satsumense（Sak.）Tak.,Nog. et Iwats.,Oxyrrhynchium polystictum（Par.）Broth.,Oxyrrhynchium protractum（Muell. Hal.）

Broth. , Oxyrrhynchium savatieri （Besch.） Broth. , Oxyrrhynchium savatieri（Besch.） Broth. var. satumense（Sak.）Wijk et Marg. , Rhynchostegium gracilescens Broth. , Rhynchostegium leptomitophyllum Muell. Hal.］密叶美喙藓（密叶尖喙藓，长枝尖喙藓）

Eurhynchium savatieri Besch. var. satsumense （Sak.）Tak. , Nog. et Iwats. = Eurhynchium savatieri Besch.

Eurhynchium serpenticaule Muell. Hal. = Rhynchostegium serpenticaule（Muell. Hal.）Broth.

Eurhynchium serricuspis Muell. Hal. = Pseudokindbergia dumosa（Mitt.）M. Li, Y. -F. Wang, Ignatov et Tan

Eurhynchium squarrifolium Iisiba ［Kindbergia squarrifolia（Iisiba）Ignatov et Huttunen］糙叶美喙藓

Eurhynchium stokesii（Turn.）Schimp. = Kindbergia praelonga（Hedw.）Ochyra

Eurhynchium striatulum（Spruce）Schimp. 卵叶美喙藓

Eurhynchium striatum（Hedw.）Schimp. = Eurhynchium angustirete（Broth.）T. Kop.

Eurhynchium subspeciosum Muell. Hal. = Rhynchostegium subspeciosum（Muell. Hal.）Muell. Hal.

Eurhynchium vagans（Jaeg.）Bartr. = Oxyrrhynchium vagans（Jaeg.）Ignatov et Huttunen

Eurohypnum Ando 美灰藓属

Eurohypnum leptothallum（Muell. Hal.）Ando［Cupressina leptothalla Muell. Hal. , Cupressina leucodontea Muell. Hal. , Cupressina tereticaulis Muell. Hal. , Erythrodontium leptothallum（Muell. Hal.） Nog. , Erythrodontium leptothallum （Muell. Hal.）Nog. f. tereticaule（Muell. Hal.） Nog. , Erythrodontium tereticaule（Muell. Hal.） Chen, Eurohypnum leptothallum（Muell. Hal.） Ando f. tereticaule（Muell. Hal.）C. Gao et K. -C. Chang, Eurohypnum leptothallum（Muell. Hal.） Ando var. tereticaule（Muell. Hal.）C. Gao et K. - C. Chang, Homomallium leptothallum（Muell. Hal.）Nog. , Homomallium leptothallum（Muell. Hal.）Nog. var. tereticaule（Muell. Hal.）Nog. , Hypnum leptothallum（Muell. Hal.）Par. , Hypnum leucodonteum（Muell. Hal.）Par. , Hypnum tereticaule（Muell. Hal.）Par. , Hypnum tereticaule（Muell. Hal.）Par. var. longeacuminatum Muell. Hal. , Platygyrium denticulifolium Muell. Hal. , Pylaisia appressifolia Thér. et Dix.］美灰藓 （美灰藓细枝变种，细枝赤齿藓，圆枝细枝赤齿藓，细枝毛灰藓，细枝毛灰藓圆枝变种）

Eurohypnum leptothallum（Muell. Hal.）Ando f. tereticaule（Muell. Hal.）C. Gao et K. -C. Chang = Eurohypnum leptothallum（Muell. Hal.）Ando

Eurohypnum leptothallum（Muell. Hal.）Ando var. tereticaule（Muell. Hal.）C. Gao et K. -C. Chang = Eurohypnum leptothallum（Muell. Hal.）Ando

Eustichia japonica Berggr. = Bryoxiphium norvegicum （Brid.）Mitt. subsp. japonicum（Berggr.） A. Loeve et D. Loeve

* Exodictyon Card. 外网藓属

Exodictyon blumii（Hampe）Fleisch. = Exostratum blumii（Hampe）Ellis

* Exodictyon dentatum（Mitt.）Card. 齿叶外网藓

Exodictyon sullivantii（Dozy et Molk.）Fleisch. = Exostratum sullivantii（Dozy et Molk.）Ellis

Exormotheca Mitt.［Corbierella Douin et Trab.］短托苔属

Exormotheca bischleri Furuki et Higuchi 四川短托苔

* Exormotheca pustulosa Mitt. 短托苔

Exormothecaceae 短托苔科

Exostratum Ellis 拟外网藓属

Exostratum blumii（Hampe）Ellis［Exodictyon blumii（Hampe）Fleisch.］拟外网藓

* Exostratum sullivantii（Dozy et Molk.）Ellis ［Exodictyon sullivantii（Dozy et Molk.）Fleisch.］ 南亚拟外网藓（南亚外网藓）

Exsertotheca Olsson, Enroth et Quandt 突蒴藓属

Exsertotheca crispa（Hedw.）Olsson, Enroth et Quandt［Neckera crispa Hedw.］突蒴藓（波叶平藓）

F

Fabronia Raddi 碎米藓属

Fabronia anacamptodens C. Gao 反齿碎米藓

Fabronia angustifolia C. Gao et X. Fu 狭叶碎米藓

Fabronia ciliaris（Brid.）Brid.［Fabronia imperfecta Sharp, Fabronia octoblepharis Schwaegr.］八齿碎米藓（碎米藓）

Fabronia curvirostris Dozy et Molk. 弯喙碎米藓

Fabronia enervis Broth. = Plagiothecium enerve（Broth.）Q. Zuo

Fabronia formosana Sak. = Helicodontium formosicum（Card.）Buck

Fabronia goughii Mitt. = Fabronia secunda Mont.

Fabronia matsumurae Besch. 东亚碎米藓

Fabronia matsumurae Besch. var. yunnanensis Thér. 东亚碎米藓云南变种

Fabronia microspora C. Gao = Fabronia schensiana Muell. Hal.

Fabronia octoblepharis Schwaegr. = Fabronia ciliaris（Brid.）Brid.

Fabronia papillidens C. Gao 疣齿碎米藓

Fabronia patentissima Muell. Hal. 展枝碎米藓

Fabronia perpilosa Broth. = Fabronia schensiana Muell. Hal.

Fabronia pusilla Raddi 碎米藓

Fabronia rostrata Broth. 毛尖碎米藓

Fabronia schensiana Muell. Hal.［Fabronia microspora C. Gao, Fabronia perpilosa Broth.］陕西碎米藓（小孢碎米藓）

Fabronia schmidii Muell. Hal. 东川碎米藓

Fabronia secunda Mont.［Fabronia goughii Mitt.］偏叶碎米藓（散叶碎米藓）

Fabroniaceae 碎米藓科

Fauriella Besch. 粗疣藓属

*Fauriella lepidoziacea Besch. 粗疣藓

Fauriella robustiuscula Broth. 大粗疣藓

Fauriella tenerrima Broth. 小粗疣藓

Fauriella tenuis（Mitt.）Card. 硬粗疣藓（粗疣藓）

Fegatella Raddi = Conocephalum Wigg.

Fegatella conica（Linn.）Corda = Conocephalum conicum（Linn.）Dum.

Fegatella supradecomposita Lindb. = Conocephalum japonicum（Thunb.）Grolle

Fegatella supradecomposita Lindb. f. propagulifera（Mass.）Levier = Conocephalum japonicum（Thunb.）Grolle

Felipponea Broth. = Pterogoniadelphus Fleisch.

Felipponea esquirolii（Thér.）Akiyama = Pterogoniadelphus esquirolii（Thér.）Ochyra et Zijlstra

Fimbraria Nees = Asterella P. Beauv.

Fimbraria angusta Steph. = Asterella angusta（Steph.）Pande, Sirvast. et Khan

Fimbraria angusta Steph. var. macrolepis Herz. = Asterella angusta（Steph.）Pande, Sirvast. et Khan var. macrolepis（Herz.）Piippo

Fimbraria khasyana Griff. = Asterella khasyana（Griff.）Pande, Sirvast. et Khan

Fimbraria monospiris Horik. = Asterella monospiris（Horik.）Horik.

Fimbraria multiflora Steph. = Asterella multiflora（Steph.）Pande, Sirvast. et Khan

Fimbraria purpureo-capsulata Herz. et Jens. = Asterella mussuriensis（Kashyap）Verd.

Fimbraria reflexa Herz. = Asterella reflexa（Herz.）Chen

Fimbraria valida Steph. = Reboulia hemisphaerica（Linn.）Raddi

Fimbraria yoshinagana Horik. = Asterella yoshinagana（Horik.）Horik.

Fissidens Hedw. 凤尾藓属

Fissidens acutus Jaeg. = Fissidens oblongifolius Hook. f. et Wils.

Fissidens adelphinus Besch. = Fissidens teysmannianus Dozy et Molk.

Fissidens adianthoides auct. non. Hedw. = Fissidens anomalus Mont.

Fissidens angustifolius Sull.［Fissidens diversiretis Dix., Fissidens dixonianus Bartr.］单疣凤尾藓

Fissidens anomalus Mont.［Fissidens adianthoides auct. non. Hedw.］异形凤尾藓（蕨叶凤尾藓）

Fissidens areolatus Griff. = Fissidens polypodioides

Hedw.

Fissidens auriculatus Muell. Hal. = Fissidens crispulus Brid.

Fissidens axilifolius Thwait. et Mitt. = Fissidens crenulatus Mitt.

Fissidens beckettii Mitt. 尖肋凤尾藓

Fissidens bipapillosus C. -S. Yang et S. -H. Lin 双疣凤尾藓

Fissidens bogoriensis Fleisch. 拟透明凤尾藓

Fissidens borealis C. Gao = Fissidens bryoides Hedw.

Fissidens brevinervis Broth. = Fissidens gardneri Mitt.

Fissidens bryoides Hedw. [Fissidens borealis C. Gao, Fissidens sinensi-bryoides Muell. Hal. , Fissidens taiwanensis Herz. et Nog.] 小凤尾藓（凤尾藓，阔叶凤尾藓）

Fissidens bryoides Hedw. subsp. viridulus （Sw.) Kindb. [Fissidens bryoides Hedw. var. hedwigii Limpr.] 小凤尾藓绿色亚种

Fissidens bryoides Hedw. var. esquirolii （Thér.) Iwats. et Suz. [Fissidens esquirolii Thér. , Fissidens shinii Sak. , Fissidens yamamotoi Sak.] 小凤尾藓厄氏变种

Fissidens bryoides Hedw. var. hedwigii Limpr. = Fissidens bryoides Hedw. subsp. viridulus （Sw.) Kindb.

Fissidens bryoides Hedw. var. lateralis （Broth.) Iwats. et Suz. [Fissidens lateralis Broth.] 小凤尾藓侧蒴变种

Fissidens bryoides Hedw. var. ramosissimus Thér. [Fissidens perexiguus Muell. Hal. , Fissidens ryukyuensis Bartr. , Fissidens sinensi-bryoides Muell. Hal. var. ramosissimus Thér.] 小凤尾藓多枝变种（细小凤尾藓）

Fissidens bryoides Hedw. var. schmidii（Muell. Hal.) Chopra et Kumar [Fissidens schmidii Muell. Hal.] 小凤尾藓乳突变种（小凤尾藓小室变种，小凤尾藓，斯氏凤尾藓）

Fissidens capitulatus Nog. 糙蒴凤尾藓

Fissidens ceylonensis Dozy et Molk. [Fissidens intromarginatulus Bartr.] 锡兰凤尾藓

Fissidens chungii Thér. = Fissidens minutus Thwait.

et Mitt.

Fissidens closteri Aust. subsp. kiusiuensis （Sak.) Iwats. [Fissidens kiusiuensis Sak.] 微形凤尾藓东亚亚种

Fissidens crassinervis S. Lac. = Fissides pellucidus Hornsch.

Fissidens crassipes Bruch et Schimp. 粗柄凤尾藓

Fissidens crenulatus Mitt. [Conomitrium sinense Rabenh. , Fissidens axilifolius Thwait. et Mitt. , Fissidens elmeri Broth. , Fissidens hueckii P. Varde, Fissidens sinensis （Rabenh.) Broth. , Fissidens virens Thwait. et Mitt.] 齿叶凤尾藓

Fissidens crenulatus Mitt. var. elmeri （Broth.) Iwats. et Suz. = Fissidens crenulatus Mitt.

Fissidens crenulatus Mitt. var. pursellii T. -Y. Chiang et C. -M. Kuo = Fissidens pursellii T. -Y. Chiang et C. -M. Kuo

Fissidens crispulus Brid. [Fissidens auriculatus Muell. Hal. , Fissidens incrassatus Sull. et Lesq. , Fissidens pepuensis Chen, Fissidens sakourae Par. et Broth. , Fissidens sylvaticus Griff. var. zippelianus （Dozy et Molk.) Gangulee, Fissidens zippelianus Dozy et Molk. , Fissidens zippelianus Dozy et Molk. var. robinsonii （Broth.) Iwats. et Suzuki] 黄叶凤尾藓

Fissidens crispulus Brid. var. robinsonii （Broth.) Iwats. et Z. -H. Li [Fissidens robinsonii Broth.] 黄叶凤尾藓鲁宾变种

Fissidens cristatus Mitt. = Fissidens dubius P. Beauv.

Fissidens curvatus Hornsch. [Fissidens saxatilis Tuz. et Nog. , Fissidens strictulus Muell. Hal. , Fissidens subxiphioides Broth.] 直叶凤尾藓（拟剑叶凤尾藓）

Fissidens decipiens De Not. = Fissidens dubius P. Beauv.

Fissidens diversifolius Mitt. [Fissidens plicatulus Thér.] 多形凤尾藓

Fissidens diversiretis Broth. = Fissidens grandifrons Brid.

Fissidens diversiretis Dix. = Fissidens angustifolius Sull.

Fissidens dubius P. Beauv. [Fissidens cristatus Mitt. ,

Fissidens decipiens De Not. , Fissidens micro-japonicus Par. , Fissidens obsoleto-marginatus Muell. Hal.] 卷叶凤尾藓

Fissidens elegans auct. non. Brid. = Fissidens gardneri Mitt.

Fissidens elmeri auct. non. Broth. = Fissidens schwabei Nog.

Fissidens elmeri Broth. = Fissidens crenulatus Mitt.

Fissidens esquirolii Thér. = Fissidens bryoides Hedw. var. esquirolii（Thér.）Iwats. et Suz.

Fissidens exilis Hedw. 凤尾藓

Fissidens filicinus Dozy et Molk. = Fissidens nobilis Griff.

Fissidens flabellulus Thwait. et Mitt. 扇叶凤尾藓

Fissidens flaccidus Mitt. [Fissidens maceratus Mitt. , Fissidens splachnobryoides Broth. , Fissidens splachnobryoides Broth. f. subbrachyneuron（Thér. et P. Varde）Herz.] 暖地凤尾藓

Fissidens formosanus Nog. = Fissidens oblongifolius Hook. f. et Wils. var. hyophilus（Mitt.）Beever et Stone

Fissidens ganguleei Nork. 拟粗肋凤尾藓

Fissidens garberi Lesq. et Jam. = Fissidens minutus Thwait. et Mitt. .

Fissidens gardneri Mitt. [Fissidens brevinervis Broth. , Fissidens elegans Brid. , Fissidens microcladus Thwait. et Mitt.] 短肋凤尾藓（厄氏凤尾藓）

Fissidens geminiflorus Dozy et Molk. [Fissidens geminiflorus Dozy et Molk. var. nagasakinus（Besch.）Iwats. , Fissidens irroratus Card. , Fissidens nagasakinus Besch.] 二形凤尾藓

Fissidens geminiflorus Dozy et Molk. var. nagasakinus（Besch.）Iwats. = Fissidens geminiflorus Dozy et Molk.

Fissidens geppii Fleisch. 黄边凤尾藓

Fissidens giraldii Broth. [Conomitrium tenerrimum Muell. Hal.] 格氏凤尾藓

Fissidens grandifrons Brid. [Fissidens diversiretis Broth. , Fissidens grandifrons Brid. var. planicaulis（Besch.）Nog. , Fissidens planicaulis Besch. , Fissidens subgrandifrons Muell. Hal. , Fissidens yunnanensis Besch.] 大叶凤尾藓（云南凤尾藓, 亚大

叶凤尾藓）

Fissidens grandifrons Brid. var. planicaulis（Besch.）Nog. = Fissidens grandifrons Brid.

Fissidens granulatus Hampe = Fissidens incognitus Gangulee

Fissidens guangdongensis Iwats. et Z. -H. Li 广东凤尾藓

Fissidens gymnogynus Besch. [Fissidens tokubuchii Broth.] 裸萼凤尾藓

Fissidens hetero-limbatus Sak. = Fissidens tosaensis Broth.

Fissidens hollianus Dozy et Molk. [Fissidens japonicopunctatus Shin] 糙柄凤尾藓

Fissidens hueckii P. Varde = Fissidens crenulatus Mitt.

Fissidens hyalinus Hook. et Wils. 透明凤尾藓

Fissidens hyophilus Mitt. = Fissidens oblongifolius Hook. f. Wils. var. hyophilus（Mitt.）Beever et Stone

Fissidens incognitus Gangulee [Fissidens granulatus Hampe] 聚疣凤尾藓

Fissidens incrassatus Sull. et Lesq. = Fissidens crispulus Brid.

Fissidens intromarginatulus Bartr. = Fissidens ceylonensis Dozy et Molk.

Fissidens involutus Mitt. [Fissidens irrigatus Broth. , Fissidens plagiochiloides Besch. , Fissidens subinteger Broth.] 内卷凤尾藓（羽叶凤尾藓）

Fissidens irrigatus Broth. = Fissidens involutus Mitt.

Fissidens irroratus Card. = Fissidens geminiflorus Dozy et Molk.

Fissidens japonicopunctatus Shin = Fissidens hollianus Dozy et Molk.

Fissidens japonicus Dozy et Molk. = Fissidens nobilis Griff.

Fissidens javanicus Dozy et Molk. 爪哇凤尾藓（厚边凤尾藓）

Fissidens jungermannioides Griff. 暗边凤尾藓

Fissidens kinabaluensis Iwats. 拟狭叶凤尾藓

Fissidens lateralis Broth. = Fissidens bryoides Hedw. var. lateralis（Broth.）Iwats. et Suz.

Fissidens laxus Sull. et Lesq. = Fissidens pellucidus

Hornsch.

Fissidens leptopelma Dix. = Fissidens subangustus Fleisch.

Fissidens linearis Brid. var. obscurirete（Broth. et Par.）Stone［Fissidens microserratus Sak., Fissidens obscurirete Broth. et Par.］线叶凤尾藓暗色变种（暗色凤尾藓）

Fissidens longisetus Griff. 长柄凤尾藓

Fissidens macaoensis L. Zhang 澳门凤尾藓

Fissidens maceratus Mitt. = Fissidens flaccidus Mitt.

Fissidens mangarevensis Mont. = Fissidens oblongifolius Hook. f. et Wils.

Fissidens micro-japonicus Par. = Fissidens dubius P. Beauv.

Fissidens microcladus Thwait. et Mitt. = Fissidens gardneri Mitt.

Fissidens microserratus Sak. = Fissidens linearis Brid. var. obscurirete（Broth. et Par.）Stone

Fissidens minutulus Sull. 小形凤尾藓

Fissidens minutus Thwait. et Mitt.［Fissidens chungii Thér., Fissidens garberi Lesq. et James］微凤尾藓

Fissidens mittenii Par. = Fissidens pellucidus Hornsch.

Fissidens nagasakinus Besch. = Fissidens geminiflorus Dozy et Molk.

Fissidens nankingensis Broth. et Par. = Fissidens teysmannianus Dozy et Molk.

Fissidens nobilis Griff.［Fissidens filicinus Dozy et Molk., Fissidens japonicus Dozy et Molk.］大凤尾藓（日本凤尾藓）

Fissidens oblongifolius Hook. f. et Wils.［Fissidens acutus Jaeg., Fissidens mangarevensis Mont., Fissidens pungeras Hampe et Muell. Hall., Fissidens pungens Sull. et Lesq.］曲肋凤尾藓（急尖凤尾藓）

Fissidens oblongifolius Hook. f. et Wils. var. hyophilus（Mitt.）Beever et Stone［Fissidens formosanus Nog., Fissidens hyophilus Mitt.］曲肋凤尾藓湿地变种

Fissidens obsoleto-marginatus Muell. Hal. = Fissidens dubius P. Beauv.

Fissidens obscurirete Broth. et Par. = Fissidens linearis Brid. var. obscurirete（Broth. et Par.）Stone

Fissidens obscurus Mitt. 垂叶凤尾藓

Fissidens obtusifolius Hook. f. et Wils.［Fissidens pungers Hampe et Muell. Hal., Fissidens pungens Sull. et Lesq.］钝尖凤尾藓

Fissidens osmundoides Hedw.［Fissidens taelingensis C. Gao］欧洲凤尾藓（带岭凤尾藓）

Fissidens papillosus S. Lac. = Fissidens serratus Muell. Hal.

Fissidens pellucidus Hornsch.［Fissidens crassinervis Thwait. et Mitt., Fissidens laxus Sull. et Lesq., Fissidens mittenii Par.］粗肋凤尾藓（厚肋凤尾藓）

Fissidens pepuensis Chen = Fissidens crispulus Brid.

Fissidens perdecurrens Besch. 延叶凤尾藓

Fissidens perexiguus Muell. Hal. = Fissidens bryoides Hedw. var. ramosissimus Thér.

Fissidens plagiochiloides Besch. = Fissidens involutus Mitt.

Fissidens planicaulis Besch. = Fissidens grandifrons Brid.

Fissidens plicatulus Thér. = Fissidens diversifolius Mitt.

Fissidens polyphyllus Bruch et Schimp. 多叶凤尾藓

Fissidens polypodioides Hedw.［Fissidens areolatus Griff.］网孔凤尾藓

Fissidens protonematicola Sak.［Fissidens gemmaceus Herz. et P. Varde］原丝凤尾藓

Fissidens pungens Hampe et Muell. Hal. = Fissidens obtusifolius Hook. f. et Wils.

Fissidens pungens Sull. et Lesq. = Fissidens obtusifolius Hook. f. et Wils.

Fissidens pursellii S. -H. Lin = Fissidens pursellii T. -Y. Chiang et C. -M. Kuo

Fissidens pursellii T. -Y. Chiang et C. -M. Kuo［Fissidens crenulatus Mitt. var. pursellii T. -Y. Chiang et C. -M. Kuo, Fissidens pursellii S. -H. Lin］波瑟凤尾藓

Fissidens robinsonii Broth. = Fissidens crispulus Brid. var. robinsonii（Broth.）Iwats. et Z. -H. Li

Fissidens rupicola Par. et Broth. 许氏凤尾藓

Fissidens ryukyuensis Bartr. = Fissidens bryoides Hedw. var. ramosissimus Thér.

Fissidens sakourae Par. et Broth. = Fissidens crispulus Brid.

Fissidens saxatilis Tuz. et Nog. = Fissidens curvatus Hornsch.

Fissidens schmidii Muell. Hal. = Fissidens bryoides Hedw. var. schmidii（Muell. Hal.）Chopra et Kumar

Fissidens schusteri Iwats. et P. -C. Wu 舒氏凤尾藓

Fissidens schwabei Nog.［Fissidens elmeri auct. non. Broth.］微疣凤尾藓

Fissidens serratus Muell. Hal.［Fissidens papillosus S. Lac.］锐齿凤尾藓

Fissidens shinii Sak. = Fissidens bryoides Hedw. var. esquirolii（Thér.）Iwats. et Suz.

Fissidens sinensis（Rabenh.）Broth. = Fissidens crenulatus Mitt.

Fissidens sinensi-bryoides Muell. Hal. = Fissidens bryoides Hedw.

Fissidens sinensi-bryoides Muell. Hal. var. ramosissimus Thér. = Fissidens bryoides Hedw. var. ramosissimus Thér.

Fissidens splachnobryoides Broth. = Fissidens flaccidus Mitt.

Fissidens splachnobryoides Broth. f. subbrachyneuron（Thér. et P. Varde）Herz. = Fissidens flaccidus Mitt.

Fissidens strictulus Muell. Hal. = Fissidens curvatus Hornsch.

Fissidens subangustus Fleisch.［Fissidens leptopelma Dix.］卷尖凤尾藓

Fissidens subbryoides Gangulee 细尖凤尾藓

Fissidens subgrandifrons Muell. Hal. = Fissidens grandifrons Brid.

Fissidens subinteger Broth. = Fissidens involutus Mitt.

Fissidens subsessilis Chen 短柄凤尾藓

Fissidens subxiphioides Broth. = Fissidens curvatus Hornsch.

Fissidens sylvaticus Griff. = Fissidens taxifolius Hedw.

Fissidens sylvaticus Griff. var. zippelianus（Dozy et Molk.）Gangulee = Fissidens crispulus Brid.

Fissidens taelingensis C. Gao = Fissidens osmundoides Hedw.

Fissidens taiwanensis Herz. et Nog. = Fissidens bryoides Hedw.

Fissidens taxifolius Hedw.［Fissidens sylvaticus Griff.］鳞叶凤尾藓（尖叶凤尾藓，黄叶凤尾藓）

Fissidens teysmannianus Dozy et Molk.［Fissidens adelphinus Besch. , Fissidens nankingensis Broth. et Par.］南京凤尾藓

Fissidens tokubuchii Broth. = Fissidens gymnogynus Besch.

Fissidens tosaensis Broth.［Fissidens hetero-limbatus Sak.］拟小凤尾藓

Fissidens virens Thwait. et Mitt. = Fissidens crenulatus Mitt.

Fissidens wichurae Broth. et Fleisch. 狭叶凤尾藓

Fissidens xiphioides Fleisch. = Fissidens zollingeri Mont.

Fissidens yamamotoi Sak. = Fissidens bryoides Hedw. var. esquirolii（Thér.）Iwats. et Suz.

Fissidens yunnanensis Besch. = Fissidens grandifrons Brid.

Fissidens zippelianus Dozy et Molk. = Fissidens crispulus Brid.

Fissidens zippelianus Dozy et Molk. var. robinsonii（Broth.）Iwats. et Suzuki = Fissidens crispulus Brid.

Fissidens zollingeri Mont.［Fissidens xiphioides Fleisch.］车氏凤尾藓（剑叶凤尾藓）

Fissidentaceae 凤尾藓科

Fleischerobryum Loeske 长柄藓属（佛氏藓属）

Fleischerobryum longicolle（Hampe）Loeske［Breutelia chrysocoma auct. non（Hedw.）Lindb. , Philonotis longicollis（Hampe）Mitt.］长柄藓（佛氏藓，热泽藓，黄毛热泽藓）

Fleischerobryum macrophyllum Broth.［Philonotis macrophylla Broth. , Philonotis turneriana（Schwaegr.）Mitt. var. robusta Bartr.］大叶长柄藓

Floribundaria Fleisch. 丝带藓属

Floribundaria armata Broth. = Floribundaria setschwanica Broth.

Floribundaria aurea（Mitt.）Broth. = Trachycladiella aurea（Mitt.）Menzel

Floribundaria aurea（Mitt.）Broth. subsp. nippo-

nica （ Nog. ） Nog. = Trachycladiella aurea
（ Mitt. ） Menzel

* Floribundaria chloronema （ Muell. Hal. ） Broth. 绿
色丝带藓

Floribundaria floribunda （ Dozy et Molk. ） Fleisch.
丝带藓

Floribundaria hookeri Broth. = Trachycladiella spar-
sa （ Mitt. ） Menzel

Floribundaria horridula Broth. = Sinskea flammea
（ Mitt. ） Buck

Floribundaria horridula Broth. var. rufescens Broth.
= Sinskea flammea （ Mitt. ） Buck

Floribundaria intermedia Thér. ［ Floribundaria
thuidioides Fleisch. ］中形丝带藓（西南丝带藓）

Floribundaria nipponica Nog. = Trachycladiella au-
rea （ Mitt. ） Menzel

Floribundaria pendula （ Sull. ） Fleisch. = Neodicla-
diella pendula （ Sull. ） Buck

Floribundaria pseudofloribunda Fleisch. 假丝带藓
（拟丝带藓）

Floribundaria setschwanica Broth. ［ Barbella ni-
itakayamensis （ Nog. ） S. -H. Lin, Floribundaria
armata Broth. , Pseudobarbella laxifolia Nog. ,
Pseudobarbella niitakayamensis Nog. ］四川丝带藓
（锐齿丝带藓,疏叶假悬藓,多疣假悬藓）

Floribundaria sparsa （ Mitt. ） Broth. = Trachycla-
diella sparsa （ Mitt. ） Menzel

Floribundaria sparsa （ Mitt. ） Broth. var. pilifera
（ Nog. ） Nog. = Trachycladiella sparsa （ Mitt. ）
Menzel

Floribundaria thuidioides Fleisch. = Floribundaria
intermedia Thér.

Floribundaria torquata C. -K. Wang et S. -H. Lin =
Papillaria torquata （ C. -K. Wang et S. -H. Lin ）
S. -H. Lin

Floribundaria unipapillata Dix. = Pseudobarbella
levieri （ Ren. et Card. ） Nog.

Floribundaria walkeri （ Ren. et Card. ） Broth. 疏叶
丝带藓

Flowersia sinensis （ Broth. ） Griff. et Buck = Anaco-
lia sinensis Broth.

Folioceros Bharadw. 褐角苔属（叶角苔属）

Folioceros amboinensis （ Schiffn. ） Piippo 乳孢褐角
苔

* Folioceros assamicus Bharadw. 褐角苔

Folioceros fuciformis （ Mont. ） Bharadw. ［ Antho-
ceros fuciformis Mont. , Anthoceros miyabeanus
Steph. , Anthoceros vesiculosus Aust. , Aspiromitus
miyabeanus Steph. , Aspiromitus vesiculosus
（ Aust. ） Steph. , Folioceros vesiculosus （ Aust. ）
Bharadw. ］东亚褐角苔（褐角苔, 粘腔褐角苔, 粘
腔角苔, 粘胞叶角苔, 温带角苔, 东亚角苔, 东亚
叶角苔）

Folioceros glandulosus （ Lehm. et Lindenb. ）
Bharadw. ［ Anthoceros glandulosus Lehm. et Lin-
denb. ］腺褐角苔（腺叶角苔）

Folioceros verruculosus （ Haseg. ） R. -L. Zhu et M. -
J. Lai 细疣褐角苔（黏胞褐角苔）

Folioceros vesiculosus （ Aust. ） Bharadw. = Folio-
ceros fuciformis （ Mont. ） Bharadw.

Foliocerotaceae 褐角苔科

Fontinalaceae 水藓科

Fontinalis Hedw. 水藓属

Fontinalis antipyretica Hedw. ［ Fontinalis antipyreti-
ca Hedw. f. livonica （ Roth. et Bock. ） Moenk. ,
Fontinalis antipyretica Hedw. subsp. gothica
（ Card. et Arn. ） Podp. , Fontinalis antipyretica
Hedw. var. gigantea （ Sull. et Lesq. ） Sull. , Fontin-
alis antipyretica Hedw. var. gracilis （ Lindb. ）
Schimp. , Fontinalis gigantea Sull. et Lesq. , Fontin-
alis gothica Card. et Arn. ］水藓（大水藓, 水藓狭
叶亚种, 水藓短枝变种, 水藓细枝变种）

Fontinalis antipyretica Hedw. f. livonica （ Roth. et
Bock. ） Moenk. = Fontinalis antipyretica Hedw.

Fontinalis antipyretica Hedw. subsp. gothica （ Card.
et Arn. ） Podp. = Fontinalis antipyretica Hedw.

Fontinalis antipyretica Hedw. var. gigantea （ Sull. et
Lesq. ） Sull. = Fontinalis antipyretica Hedw.

Fontinalis antipyretica Hedw. var. gracilis （ Lindb. ）
Schimp. = Fontinalis antipyretica Hedw.

Fontinalis gothica Card. et Arn. = Fontinalis antipy-
retica Hedw.

Fontinalis hypnoides Hartm. 羽枝水藓（柔枝水藓）

Fontinalis hypnoides Hartm. var. plicatus C. Gao 羽

枝水藓褶叶变种（褶叶柔枝水藓）

Fontinalis squamosa Hedw. 鳞叶水藓（仰叶水藓）

Foreauella Dix. et P. Varde 曲枝藓属

Foreauella orthothecia（Schwaegr.）Dix. et P. Varde 曲枝藓（直蒴曲枝藓）

Forsstroemia Lindb. 残齿藓属

Forsstroemia cordata Dix. = Forsstroemia cryphaeoides Card.

Forsstroemia cryphaeoides Card.〔Forsstroemia cordata Dix., Forsstroemia kusnezovii Broth., Forsstroemia mandschurica Broth.〕拟隐蒴残齿藓（心叶残齿藓，乌苏里残齿藓，东北残齿藓）

Forsstroemia cryphaeopsis Dix. = Forsstroemia producta（Hornsch.）Par.

Forsstroemia filiformis M.-X. Zhang = Leptopterigynandrum subintegrum（Mitt.）Broth.

Forsstroemia goughiana（Mitt.）Olsson, Enroth et Quandt〔Neckera goughiana Mitt., Neckera muratae Nog.〕短肋残齿藓（短肋平藓）

Forsstroemia indica（Mont.）Par.〔Forsstroemia recurvimarginata Nog., Forsstroemia recurvimarginata Nog. f. filiformis Nog., Leptodon recurvimarginatus（Nog.）Nog., Leptodon recurvimarginatus（Nog.）Nog. f. filiformis（Nog.）Nog.〕印度残齿藓（卷边残齿藓，卷边残齿藓纤枝变种）

Forsstroemia kusnezovii Broth. = Forsstroemia cryphaeoides Card.

Forsstroemia lasioides（Muell. Hal.）Nog. = Forsstroemia noguchii Stark

Forsstroemia mandschurica Broth. = Forsstroemia cryphaeoides Card.

Forsstroemia neckeroides Broth. 大残齿藓

Forsstroemia noguchii Stark〔Forsstroemia lasioides（Muell. Hal.）Nog., Leucodon lasioides Muell. Hal.〕野口残齿藓（纤枝残齿藓，纤枝白齿藓，长枝白齿藓）

Forsstroemia producta（Hornsch.）Par.〔Forsstroemia cryphaeopsis Dix., Forsstroemia schensiana Broth., Forsstroemia sinensis（Besch.）Par., Forsstroemia sinensis（Besch.）Par. var. minor Broth., Lasia sinensis Besch.〕匐枝残齿藓（中华残齿藓，中华残齿藓小叶变种，硬叶残齿藓，陕西残齿藓）

Forsstroemia recurvimarginata Nog. = Forsstroemia indica（Mont.）Par.

Forsstroemia recurvimarginata Nog. f. filiformis Nog. = Forsstroemia indica（Mont.）Par.

Forsstroemia schensiana Broth. = Forsstroemia producta（Hornsch.）Par.

Forsstroemia sinensis（Besch.）Par. = Forsstroemia producta（Hornsch.）Par.

Forsstroemia sinensis（Besch.）Par. var. minor Broth. = Forsstroemia producta（Hornsch.）Par.

Forsstroemia trichomitria（Hedw.）Lindb.〔Dozya breviseta Dix.〕残齿藓

Forsstroemia tripinnata（Dix.）Nog. = Pseudopterobryum tenuicuspis Broth.

Forsstroemia yezoana（Besch.）Olsson, Enroth et Quandt〔Neckera yezoana Besch., Neckera yezoana Besch. var. hayachinensis（Card.）Nog.〕短齿残齿藓（短齿平藓）

Fossombronia Raddi 小叶苔属

***Fossombronia angulosa**（Dicks.）Raddi 小叶苔

Fossombronia australi-nipponica Horik. = Fossombronia japonica Schiffn.

Fossombronia cristula Aust. = Fossombronia japonica Schiffn.

***Fossombronia foveolata** Lindenb. 密格小叶苔

Fossombronia himalayensis Kashyap〔Fossombronia levieri Steph.〕喜马拉雅小叶苔（南亚小叶苔，东亚小叶苔）

Fossombronia japonica Schiffn.〔Fossombronia australi-nipponica Horik., Fossombronia cristula Aust.〕暖地小叶苔（日本小叶苔，波叶小叶苔，冠状小叶苔）

Fossombronia levieri Steph. = Fossombronia himalayensis Kashyap

***Fossombronia longiseta** Aust. 宽翅小叶苔

Fossombronia pusilla（Linn.）Dum. 纤小叶苔（小叶苔）

***Fossombronia wondraczekii**（Corda）Dum. 多脊小叶苔

Fossombroniaceae 小叶苔科

Fossombroniales 小叶苔目

Fossombroniopsida 小叶苔纲

Frullania Raddi［Neohattoria Kamin.］耳叶苔属（服部苔属，新服部苔藓）

Frullania acutiloba Mitt. 喙尖耳叶苔（喙瓣耳叶苔，尖片耳叶苔）

Frullania acutiloba Mitt. var. schiffneri Verd. 喙尖耳叶苔斯氏变种

Frullania aeolotis Mont. et Nees = Frullania ericoides（Nees ex Mart.）Mont.

Frullania aeolotis Mont. et Nees var. aberrans Mass. = Frullania muscicola Steph.

Frullania alstonii Verd. 阿氏耳叶苔

Frullania amplicrania Steph. 黑耳叶苔

Frullania aoshimensis Horik.［Frullania tsukushiensis Horik.］青山耳叶苔

Frullania apiculata（Reinw.，Bl. et Nees）Dum. 尖叶耳叶苔

Frullania aposinensis Hatt. et P. -J. Lin［Frullania chinensis Steph.］华夏耳叶苔（类中华耳叶苔）

Frullania appendiculata Steph. = Frullania moniliata（Reinw.，Bl. et Nees）Mont.

Frullania appendistipula Hatt. 小褶耳叶苔

Frullania arecae（Spreng.）Gott.［Frullania wallichiana Mitt.］折扇耳叶苔（阿氏耳叶苔）

Frullania benjaminiana Inoue 马来耳叶苔

Frullania berthoumieuii Steph. 缅甸耳叶苔

Frullania bolanderi Aust. 细茎耳叶苔

Frullania bonincola Hatt.［Frullania viridis Horik.］绿耳叶苔（小笠原耳叶苔）

Frullania breviuscula Mitt. = Frullania neurota Tayl.

Frullania brittoniae Ev. subsp. truncatifolia（Steph.）Schust. et Hatt. = Frullania muscicola Steph.

Frullania caduca Hatt. 早落耳叶苔

Frullania changii Hatt. et C. Gao 张氏耳叶苔

Frullania chenii Hatt. et P. -J. Lin 陈氏耳叶苔

Frullania chinensis Steph. = Frullania aposinensis Hatt. et P. -J. Lin

Frullania chinlingensis X. -J. Li et M. -X. Zhang = Frullania dilatata（Linn.）Dum.

Frullania clavellata Mitt. = Frullania moniliata（Reinw.，Bl. et Nees）Mont.

Frullania claviloba Steph. 棒瓣耳叶苔

Frullania concava Horik. = Frullania ternatensis Gott.

Frullania consociata Steph. 西南耳叶苔

Frullania davurica Hampe［Frullania jackii Gott. subsp. japonica（S. Lac.）Hatt.，Frullania japonica S. Lac.，Frullania jishibae Steph.，Frullania microta Mass.，Frullania rotundistipula Steph.］达乌里耳叶苔（达呼里耳叶苔，日本耳叶苔，全缘耳叶苔日本亚种，圆瓣耳叶苔）

Frullania davurica Hampe f. dorsoblastos（Hatt.）Hatt. et P. -J. Lin［Frullania dorsoblastos Hatt.］达乌里耳叶苔孢叶变型（达呼里耳叶苔孢叶变型，达乌里耳叶苔芽胞变型）

Frullania davurica Hampe f. microphylla（Mass.）Hatt. et P. -J. Lin［Frullania microta Mass. β microphylla Mass.］达乌里耳叶苔小叶变型（达呼里耳叶苔小叶变型）

Frullania davurica Hampe subsp. jackii（Gott.）Hatt.［Frullania jackii Gott.］达乌里耳叶苔全缘亚种（全缘耳叶苔，达呼里耳叶苔全缘亚种，达乌里耳叶苔凹叶亚种，达乌里耳叶苔甲壳亚种）

Frullania davurica Hampe var. chichibuensis（Kamim.）Hatt.［Frullania jackii Gott. var. chichibuensis Kamim.］达乌里耳叶苔北地变种（达呼里耳叶苔日本变种，达呼里耳叶苔北地变种）

Frullania davurica Hampe var. concava K. -C. Chang 达乌里耳叶苔凹叶变种（达呼里耳叶苔凹叶变种）

Frullania delavayi Steph. = Frullania inflexa Mitt.

Frullania densiloba Ev. 密瓣耳叶苔

Frullania dilatata（Linn.）Dum.［Frullania chinlingensis X. -J. Li et M. -X. Zhang］秦岭耳叶苔

Frullania dilatata（Linn.）Dum. subsp. subdilatata（Mass.）Hatt. = Frullania sinensis Steph.

Frullania diversitexta Steph. 筒瓣耳叶苔（异织耳叶苔）

Frullania dorsoblastos Hatt. = Frullania davurica Hampe f. dorsoblastos（Hatt.）Hatt. et P. -J. Lin

Frullania duthiana Steph. 圆瓣耳叶苔（园瓣耳叶苔）

Frullania duthiana Steph. var. szechuanensis Hatt. et C. Gao 圆瓣耳叶苔四川变种（园瓣耳叶苔四川变种）

Frullania ericoides（Nees ex Mart.）Mont.［Fru-
llania aeolotis Mont. et Nees，Frullania laciniosa
Lehm.，Frullania squarrosa（Reinw.，Bl. et Nees）
Dum.，Frullania squarrosa（Reinw.，Bl. et Nees）
Dum. f. ericoides（Nees ex Mart.）Verd.］皱叶耳
叶苔（仰叶耳叶苔）

Frullania ericoides（Nees ex Mart.）Mont. var. pla-
nescens（Verd.）Hatt.［Frullania squarrosa（Re-
inw.，Bl. et Nees）Dum. var. planescens Verd.］皱
叶耳叶苔平叶变种

Frullania evelynae Hatt. et Thaith. 波脊耳叶苔

Frullania eymae Hatt. 波叶耳叶苔

Frullania fauriana Steph. 远东耳叶苔（佛氏耳叶苔）

Frullania fengyangshanensis R. -L. Zhu et M. -L. So
凤阳山耳叶苔

Frullania formosae Steph. 美丽岛耳叶苔（台湾耳叶
苔）

Frullania fragilifolia（Tayl.）Gott.，Lindenb. et Nees
碎叶耳叶苔

Frullania fuscovirens Steph. 暗绿耳叶苔

Frullania fuscovirens Steph. var. gemmipara
（Schust. et Hatt.）Hatt. et P. -J. Lin［Frullania
gemmipara Schust. et Hatt.］暗绿耳叶苔芽胞变种

Frullania galeata（Reinw.，Bl. et Nees）Dum. =
Frullania riojaneirensis（Raddi）Spruce

Frullania gaoligongensis X. -L. Bai et C. Gao 高黎贡
耳叶苔

Frullania gaudichaudii（Nees et Mont.）Nees et
Mont. 短瓣耳叶苔

Frullania gemmipara Schust. et Hatt. = Frullania fus-
covirens Steph. var. gemmipara（Schust. et Hatt.）
Hatt. et P. -J. Lin

Frullania gemmulosa Hatt. et Thaith. 多胞耳叶苔
（芽胞耳叶苔）

Frullania giraldiana Mass.［Frullania nepalensis
（Spreng.）Lehm. et Lindenb. f. rotundata Verd.］
心叶耳叶苔（陕西耳叶苔，格氏耳叶苔）

Frullania giraldiana Mass. var. handelii（Verd.）
Hatt.［Frullania nepalensis（Spreng.）Lehm. et
Lindenb. var. handelii Verd.］心叶耳叶苔耳基变
种（心叶耳叶苔大耳变种，陕西耳叶苔大耳变种，
陕西耳叶苔耳基变种，韩氏耳叶苔）

Frullania gracilis（Reinw.，Bl. et Nees）Dum. 油体耳
叶苔（油胪耳叶苔）

Frullania grevilleana Tayl. = Frullania nepalensis
（Spreng.）Lehm. et Lindenb.

Frullania hainanensis Hatt. et P. -L. Lin 海南耳叶苔

Frullania hamatiloba Steph.［Frullania pedicellata
Steph. var. hamatiloba（Steph.）Hatt.］钩瓣耳叶
苔

Frullania hampeana Nees = Frullania monocera
（Tayl.）Gott.，Lindenb. et Nees

Frullania handelii Verd. = Frullania giraldiana
Mass. var. handelii（Verd.）Hatt.

Frullania handel-mazzettii Hatt. 斜基耳叶苔（亨氏耳
叶苔）

* Frullania herzogii Hatt.［Hattoria herzogii（Hatt.）
Kamin.，Neohattoria herzogii（Hatt.）Kamim.］
厚壁耳叶苔（新服部苔，服部苔）

Frullania hiroshii Hatt. 浩耳叶苔

Frullania hongkongensis Verd. = Frullania moniliata
（Reinw.，Bl. et Nees）Mont.

Frullania horikawana Verd. = Frullania yuennanen-
sis Steph.

Frullania hunanensis Hatt. = Frullania kagoshimensis
Steph. subsp. hunanensis（Hatt.）Hatt. et P. -J.
Lin

Frullania hutchinsiae（Hook.）Nees = Jubula
hutchinsiae（Hook.）Dum.

Frullania hypoleuca Nees 细瓣耳叶苔（白基耳叶苔，
下白耳叶苔）

Frullania inflata Gott.［Frullania mayebarae Hatt.，
Frullania saxicola Aust.］石生耳叶苔（内弯耳叶
苔）

Frullania inflexa Mitt.［Frullania delavayi Steph.］
楔形耳叶苔（德氏耳叶苔，大耳耳叶苔）

Frullania inouei Hatt. 圆叶耳叶苔（井上耳叶苔）

Frullania inopinata Verd. = Frullania motoyana
Steph.

Frullania jackii Gott. = Frullania davurica Hampe
subsp. jackii（Gott.）Hatt.

Frullania jackii Gott. subsp. japonica（S. Lac.）
Hatt. = Frullania davurica Hampe

Frullania jackii Gott. var. chichibuensis Kamim. =

Frullania davurica Hampe var. chichibuensis（Kamim.）Hatt.

Frullania japonica S. Lac. = Frullania davurica Hampe

Frullania jishibae Steph. = Frullania davurica Hampe

Frullania kagoshimensis Steph. 鹿儿岛耳叶苔（鹿耳岛耳叶苔）

Frullania kagoshimensis Steph. subsp. hunanensis（Hatt.）Hatt. et P. -J. Lin［Frullania hunanensis Hatt.］鹿儿岛耳叶苔湖南亚种

Frullania kagoshimensis Steph. subsp. minor Kamim. 鹿儿岛耳叶苔小形亚种

Frullania kamimurae Inoue = Frullania moniliata（Reinw. , Bl. et Nees）Mont.

Frullania kashyapii Verd. 卡氏耳叶苔（日本耳叶苔）

Frullania koponenii Hatt. 鞭枝耳叶苔

Frullania lacerostipula Steph. = Frullania moniliata（Reinw. , Bl. et Nees）Mont.

Frullania laciniosa Lehm. = Frullania ericoides（Nees ex Mart.）Mont.

Frullania laevi-periantha X. -L. Bai et C. Gao 光萼耳叶苔

Frullania linii Hatt. 弯瓣耳叶苔

Frullania lushanensis Hatt. et P. -J. Lin 庐山耳叶苔

Frullania macrophylla Hatt. 大叶耳叶苔

Frullania major Raddi = Frullania tamarisci（Linn.）Dum.

Frullania makinoana Steph. = Frullania moniliata（Reinw. , Bl. et Nees）Mont.

Frullania maritima Steph. = Frullania tamarisci（Linn.）Dum.

Frullania mayebarae Hatt. = Frullania inflata Gott.

Frullania meyeniana Lindenb. 美圆耳叶苔

Frullania microta Mass. = Frullania davurica Hampe

Frullania microta Mass. β microphylla Mass. = Frullania davurica Hampe f. microphylla（Mass.）Hatt. et P. -J. Lin

Frullania moniliata（Reinw. , Bl. et Nees）Mont.［Frullania appendiculata Steph. , Frullania clavellata Mitt. , Frullania hongkongensis Verd. , Frullania kamimurae Inoue, Frullania lacerostipula Steph. , Frullania makinoana Steph. , Frullania moniliata（Reinw. , Bl. et Nees）Mont. f. alpina Verd. , Frullania moniliata（Reinw. , Bl. et Nees）Mont. f. appendiculata（Steph.）Verd. , Frullania moniliata（Reinw. , Bl. et Nees）Mont. f. obtusiloba Verd. , Frullania moniliata（Reinw. , Bl. et Nees）Mont. f. parva Verd. , Frullania moniliata（Reinw. , Bl. et Nees）Mont. subsp. obscura Verd. , Frullania moniliata（Reinw. , Bl. et Nees）Mont. var. balansae（Steph.）Hatt. , Frullania moniliata（Reinw. , Bl. et Nees）Mont. var. breviramea（Steph.）Hatt. , Frullania tamarisci（Linn.）Dum. f. alpina Verd. , Frullania tamarisci（Linn.）Dum. subsp. moniliata（Reinw. , Bl. et Nees）Kamim.］列胞耳叶苔（裂瓣耳叶苔，巴兰耳叶苔）

Frullania moniliata（Reinw. , Bl. et Nees）Mont. f. alpina Verd. = Frullania moniliata（Reinw. , Bl. et Nees）Mont.

Frullania moniliata（Reinw. , Bl. et Nees）Mont. f. appendiculata（Steph.）Verd. = Frullania moniliata（Reinw. , Bl. et Nees）Mont.

Frullania moniliata（Reinw. , Bl. et Nees）Mont. f. obtusiloba Verd. = Frullania moniliata（Reinw. , Bl. et Nees）Mont.

Frullania moniliata（Reinw. , Bl. et Nees）Mont. f. parva Verd. = Frullania moniliata（Reinw. , Bl. et Nees）Mont.

Frullania moniliata（Reinw. , Bl. et Nees）Mont. subsp. obscura Verd. = Frullania moniliata（Reinw. , Bl. et Nees）Mont.

Frullania moniliata（Reinw. , Bl. et Nees）Mont. var. balansae（Steph.）Hatt. = Frullania moniliata（Reinw. , Bl. et Nees）Mont.

Frullania moniliata（Reinw. , Bl. et Nees）Mont. var. breviramea（Steph.）Hatt. = Frullania moniliata（Reinw. , Bl. et Nees）Mont.

Frullania moniliata（Reinw. , Bl. et Nees）Mont. var. elongatistipula Verd. = Frullania tamarisci（Linn.）Dum. var. elongatistipula（Verd.）Hatt.

Frullania monocera（Tayl.）Gott. , Lindenb. et Nees［Frullania hampeana Nees, Frullania tortuosa Verd.］羊角耳叶苔（南亚耳叶苔）

Frullania monocera（Tayl.）Gott.，Lindenb. et Nees var. depauperata Hatt. 羊角耳叶苔多形变种（羊角耳叶苔畸变种）

Frullania motoyana Steph.［Frullania inopinata Verd.］小囊耳叶苔（钝叶耳叶苔，短萼耳叶苔，头颅耳叶苔）

Frullania muscicola Steph.［Frullania aeolotis Mont. et Nees var. aberrans Mass.，Frullania brittoniae Ev. subsp. truncatifolia（Steph.）Schust. et Hatt.］盔瓣耳叶苔

Frullania muscicola Steph. var. chungii Verd. = Frullania nepalensis（Spreng.）Lehm. et Lindenb.

Frullania nepalensis（Spreng.）Lehm. et Lindenb.［Frullania grevilleana Tayl.，Frullania muscicola Steph. var. chungii Verd.，Frullania nepalensis（Spreng.）Lehm. et Lindenb. var. nishiyamensis（Steph.）Hatt.，Frullania nishiyamensis Steph.，Frullania sanguinea Steph.］尼泊尔耳叶苔（东亚耳叶苔，格氏耳叶苔）

Frullania nepalensis（Spreng.）Lehm. et Lindenb. f. rotundata Verd. = Frullania giraldiana Mass.

Frullania nepalensis（Spreng.）Lehm. et Lindenb. var. handelii Verd. = Frullania giraldiana Mass. var. handelii（Verd.）Hatt.

Frullania nepalensis（Spreng.）Lehm. et Lindenb. var. nishiyamensis（Steph.）Hatt. = Frullania nepalensis（Spreng.）Lehm. et Lindenb.

Frullania neurota Tayl.［Frullania breviuscula Mitt.］兜瓣耳叶苔

Frullania nishiyamensis Steph. = Frullania nepalensis（Spreng.）Lehm. et Lindenb.

Frullania nivimontana Hatt. 雪山耳叶苔

Frullania nodulosa（Reinw.，Bl. et Nees）Nees 厚角耳叶苔

Frullania obovata Hatt. 卵圆耳叶苔

Frullania ontakensis Steph. = Frullania schensiana Mass.

Frullania orientalis S. Lac. 东方耳叶苔

Frullania osumiensis（Hatt.）Hatt. 大隅耳叶苔

Frullania pallide-virens Steph. 淡色耳叶苔（灰绿耳叶苔）

Frullania pariharii Hatt. et Thaith. 圆片耳叶苔

Frullania parvifolia Steph. 小叶耳叶苔（巨盔耳叶苔）

Frullania parvistipula Steph. 钟瓣耳叶苔

Frullania pedicellata Steph. 喙瓣耳叶苔

Frullania pedicellata Steph. var. hamatiloba（Steph.）Hatt. = Frullania hamatiloba Steph.

Frullania philippinensis Steph. 菲律宾耳叶苔

Frullania physantha Mitt. 大蒴耳叶苔（顶脊耳叶苔）

Frullania polyptera Tayl. 多褶耳叶苔

Frullania punctata Reim. 点胞耳叶苔

Frullania ramuligera（Nees）Mont. 刺苞叶耳叶苔（刺苞耳叶苔，多枝耳叶苔）

Frullania retusa Mitt. 微凹耳叶苔

Frullania retusa Mitt. var. hirsuta Hatt. et Thaith. 微凹耳叶苔毛萼变种

Frullania rhystocolea Herz. ex Verd. 粗萼耳叶苔

Frullania rhytidantha Hatt. 微齿耳叶苔

Frullania riojaneirensis（Raddi）Spruce［Frullania galeata（Reinw.，Bl. et Nees）Dum.］褶瓣耳叶苔（褐瓣耳叶苔，兜形耳叶苔，日内卢耳叶苔）

Frullania riparia Hampe ex Lehm. 原瓣耳叶苔

Frullania rotundistipula Steph. = Frullania davurica Hampe

Frullania sackawana Steph. 离瓣耳叶苔（中叶耳叶苔）

Frullania sanguinea Steph. = Frullania nepalensis（Spreng.）Lehm. et Lindenb.

Frullania saxicola Aust. = Frullania inflata Gott.

Frullania schensiana Mass.［Frullania ontakensis Steph.，Frullania schensiana Mass. var. formosana Hatt.］陕西耳叶苔

Frullania schensiana Mass. var. formosana Hatt. = Frullania schensiana Mass.

Frullania serrata Gott. 齿叶耳叶苔（锯片耳叶苔）

Frullania sinensis Steph.［Frullania dilatata（Linn.）Dum. subsp. subdilatata（Mass.）Hatt.，Frullania subdilatata Mass.］中华耳叶苔（拟耳叶苔，拟阔叶耳叶苔）

Frullania sinosphaerantha Hatt. et P. -J. Lin 无脊耳叶苔（平萼耳叶苔）

Frullania squarrosa（Reinw.，Bl. et Nees）Dum. = Frullania ericoides（Nees ex Mart.）Mont.

Frullania squarrosa（Reinw. , Bl. et Nees）Dum. f. ericoides（Nees ex Mart.）Verd. = Frullania ericoides（Nees ex Mart.）Mont.

Frullania squarrosa（Reinw. ,Bl. et Nees）Dum. var. planescens Verd. = Frullania ericoides（Nees ex Mart.）Mont. var. planescens（Verd.）Hatt.

Frullania sphaerolobulata S. -H. Lin 圆囊耳叶苔

Frullania subdilatata Mass. = Frullania sinensis Steph.

Frullania tagawana（Hatt. et Thaith.）Hatt. 钝瓣耳叶苔

Frullania taiheizana Horik. 台北耳叶苔（太平山耳叶苔）

Frullania tamarisci（Linn.）Dum. [Frullania major Raddi, Frullania maritima Steph.] 耳叶苔（欧耳叶苔）

Frullania tamarisci（Linn.）Dum. f. alpina Verd. = Frullania moniliata（Reinw. ,Bl. et Nees）Mont.

Frullania tamarisci（Linn.）Dum. f. minshanensis（Hatt.）Hatt. [Frullania tamarisci（Linn.）Dum. var. minshanensis Hatt.] 耳叶苔岷山变型（欧耳叶苔岷山变型）

Frullania tamarisci（Linn.）Dum. subsp. moniliata（Reinw. ,Bl. et Nees）Kamim. = Frullania moniliata（Reinw. ,Bl. et Nees）Mont.

Frullania tamarisci（Linn.）Dum. subsp. obscura（Verd.）Hatt. 耳叶苔高山亚种（欧耳叶苔列胞亚种，串珠耳叶苔）

Frullania tamarisci（Linn.）Dum. var. elongatistipula（Verd.）Hatt. [Frullania moniliata（Reinw. ,Bl. et Nees）Mont. var. elongatistipula Verd.] 耳叶苔长叶变种（欧耳叶苔长叶变种）

Frullania tamarisci（Linn.）Dum. var. minshanensis Hatt. = Frullania tamarisci（Linn.）Dum. f. minshanensis（Hatt.）Hatt.

Frullania tamarisci（Linn.）Dum. var. vietnamica（Hatt.）Hatt. 耳叶苔卷边变种（欧耳叶苔卷边变种）

Frullania tamsuina Steph. 淡水耳叶苔

Frullania taradakensis Steph. 亚洲耳叶苔（塔拉大克耳叶苔,细耳叶苔）

Frullania tenuicaulis Mitt. = Frullania trichodes Mitt.

Frullania ternatensis Gott. [Frullania concava Horik.] 卷茎耳叶苔(凹瓣耳叶苔)

Frullania ternatensis Gott. var. non-appendiculata Hatt. 卷茎耳叶苔无饰变种

Frullania tortuosa Verd. = Frullania monocera（Tayl.）Gott. ,Lindenb. et Nees

Frullania trichodes Mitt. [Frullania tenuicaulis Mitt.]纤枝耳叶苔（油胞耳叶苔，细毛耳叶苔）

Frullania tsukushiensis Horik. = Frullania aoshimensis Horik.

Frullania tubercularis Hatt. et P. -J. Lin 疣萼耳叶苔（瘤萼耳叶苔，疣蒴耳叶苔）

Frullania usamiensis Steph. 本州耳叶苔

Frullania valida Steph. 硬叶耳叶苔（粗叶耳叶苔）

Frullania viridis Horik. = Frullania bonincola Hatt.

Frullania wallichiana Mitt. = Frullania arecae（Spreng.）Gott.

Frullania wangii Hatt. et P. -J. Lin 卵瓣耳叶苔（圆基耳叶苔）

Frullania yuennanensis Steph. [Frullania horikawana Verd. ,Frullania yuennanensis Steph. f. refleximarginata Verd.] 云南耳叶苔

Frullania yuennanensis Steph. f. refleximarginata Verd. = Frullania yuennanensis Steph.

Frullania yuennanensis Steph. var. siamensis（Kitag. ,Thaith. et Hatt.）Hatt. et P. -J. Lin 云南耳叶苔密叶变种

Frullania yuzawana Hatt. 汤泽耳叶苔（汤耳叶苔）

Frullania zangii Hatt. et P. -J. Lin 半圆耳叶苔（疏疣耳叶苔，疏瘤耳叶苔）

Frullania zhenjingensis（C. Gao et K. -C. Chang）Jia et S. He [Neohattoria zhenjingensis C. Gao et K. -C. Chang] 浙江耳叶苔（浙江服部苔）

Frullaniaceae 耳叶苔科

Funaria Hedw. 葫芦藓属

Funaria americana Lindb. 美洲葫芦藓

Funaria attenuata（Dicks.）Lindb. [Entosthodon attenuatus（Dicks.）Bryhn, Funaria templetonii Sm.] 狭叶葫芦藓

Funaria buseana（Dozy et Molk.）Broth. = Entosthodon buseanus Dozy et Molk.

Funaria calcarea Wahlenb. = Funaria muhlenbergii Turn.

Funaria calvescens Schwaegr. = Funaria hygrometrica Hedw.

Funaria connivens Muell. Hal. = Funaria hygrometrica Hedw.

Funaria dentata Crome = Funaria muhlenbergii Turn.

Funaria discelioides Muell. Hal. 直蒴葫芦藓

Funaria globicarpa Muell. Hal. = Funaria hygrometrica Hedw.

Funaria gracilis（Hook. f. et Wils.）Broth. = Entosthodon gracilis Hook. f. et Wils.

Funaria hygrometrica Hedw.［Funaria calvescens Schwaegr. ,Funaria connivens Muell. Hal. ,Funaria globicarpa Muell. Hal. , Funaria hygrometrica Hedw. var. calvescens（Schwaegr.）Mont. ,Funaria leptopoda Griff. var. gemmacea Besch.］葫芦藓（合叶葫芦藓,葫芦藓暖地变种）

Funaria hygrometrica Hedw. var. calvescens（Schwaegr.）Mont. = Funaria hygrometrica Hedw.

Funaria japonica Broth.［Funaria mutica Broth.］日本葫芦藓

Funaria leptopoda Griff. var. gemmacea Besch. = Funaria hygrometrica Hedw.

Funaria lignicola Broth. = Orthodontopsis lignicola

（Broth.）Ignatov et Tan

Funaria microstoma Schimp.［Funaria submicrostoma Muell. Hal.］小口葫芦藓

Funaria muhlenbergii Turn.［Funaria calcarea Wahlenb. ,Funaria dentata Crome］刺边葫芦藓（齿叶葫芦藓）

Funaria mutica Broth. = Funaria japonica Broth.

Funaria orthocarpa Mitt. 西藏葫芦藓

* Funaria pallescens（Jur.）Lindb.［Entosthodon pallescens Jur.］黄葫芦藓

Funaria physcomitrioides Mont. = Entosthodon physcomitrioides（Mont.）Mitt.

Funaria pilifera（Mitt.）Broth.［Entosthodon pilifer Mitt.］毛尖葫芦藓

Funaria sinensis Dix. = Entosthodon buseanus Dozy et Molk.

Funaria subangustifolia Dix. = Entosthodon buseanus Dozy et Molk.

Funaria submicrostoma Muell. Hal. = Funaria microstoma Bruch ex Schimp.

Funaria templetonii Sm. = Funaria attenuata（Dicks.）Lindb.

Funaria wallichii（Mitt.）Broth. = Entosthodon wichurae Fleisch.

Funariaceae 葫芦藓科

Funariales 葫芦藓目

G

Gammiella Broth. 厚角藓属（格氏藓属）

Gammiella ceylonensis（Broth.）Tan et Buck［Clastobryella tenerrima Broth. , Clastobryum merrillii Broth. ,Gammiella merrillii（Broth.）Tix.］小厚角藓（柔叶细疣胞藓）

Gammiella merrillii（Broth.）Tix. = Gammiella ceylonensis（Broth.）Tan et Buck

Gammiella panchienii Tan et Y. Jia 平边厚角藓

Gammiella pterogonioides（Griff.）Broth. 厚角藓

Gammiella tonkinensis（Broth. et Par.）Tan［Aptychella glomerato-propagulifera（Toy.）Seki, Clastobryella glomerato-propagulifera（Toy.）Sak. ,

Clastobryum glomerato-propaguliferum Toy. , Clastobryum tonkinensis Broth. et Par. ,Gammiella touwii Tan］狭叶厚角藓（厚角藓）

Gammiella touwii Tan = Gammiella tonkinensis（Broth. et Par.）Tan

Garckea Muell. Hal. 荷包藓属

Garckea comosa（Dozy et Molk.）Wijk et Marg. = Garckea flexuosa（Griff.）Marg. et Nork.

Garckea flexuosa（Griff.）Marg. et Nork.［Garckea comosa（Dozy et Molk.）Wijk et Marg. ,Garckea phascoides Muell. Hal.］荷包藓

Garckea phascoides Muell. Hal. = Garckea flexuosa

（Griff.）**Marg. et Nork.**

Garovaglia Endl.［**Endotrichella Muell. Hal.**］绳藓属（美蕨藓属）

Garovaglia angustifolia Mitt.［**Endotrichella perrugosa Dix.**，**Garovaglia longifolia Herz.**］狭叶绳藓

Garovaglia crassiuscula Card. = **Pterobryopsis crassiuscula**（**Card.**）**Broth.**

* **Garovaglia crispata Tix.** 卷叶绳藓

Garovaglia elegans（**Dozy et Molk.**）**Bosch et S. Lac.**［**Endotrichella elegans**（**Dozy et Molk.**）**Fleisch.**，**Endotrichella elegans**（**Dozy et Molk.**）**Fleisch. var. brevicuspis Nog.**，**Endotrichella fauriei**（**Broth. et Par.**）**Broth.**，**Endotrichum elegans Dozy et Molk.**，**Garovaglia fauriei Broth. et Par.**，**Garovaglia formosica Okam.**］南亚绳藓（南亚美蕨藓，东亚美蕨藓，无肋美蕨藓）

Garovaglia elegans（**Dozy et Molk.**）**Bosch et S. Lac. var. sinensis Nog.** 南亚绳藓中华变种

Garovaglia fauriei Broth. et Par. = **Garovaglia elegans**（**Dozy et Molk.**）**Bosch et S. Lac.**

Garovaglia formosica Okam. = **Garovaglia elegans**（**Dozy et Molk.**）**Bosch et S. Lac.**

Garovaglia longifolia Herz. = **Garovaglia angustifolia Mitt.**

Garovaglia plicata（**Brid.**）**Bosch et S. Lac.**［**Endotrichum densum Dozy et Molk.**］绳藓

Garovaglia plicata（**Brid.**）**Bosch et S. Lac. subsp. punctidens**（**Williams**）**During**［**Garovaglia taiwanensis Nog.**］绳藓台湾亚种（台湾绳藓）

Garovaglia powellii Mitt.［**Garovaglia brevifolia Bartr.**，**Garovaglia densifolia Thwait. et Mitt.**，**Garovaglia obtusifolia Thwait. et Mitt.**］背刺绳藓

Garovaglia taiwanensis Nog. = **Garovaglia plicata**（**Brid.**）**Bosch et S. Lac. subsp. punctidens**（**Williams**）**During**

Geheebia Schimp. 微疣藓属

* **Geheebia cataractarum Schimp.** 微疣藓

Geheebia fallax（**Hedw.**）**Zand.**［**Barbula fallacioides Dix.**，**Barbula fallax Hedw.**，**Didymodon fallacioides Dix.**，**Didymodon fallax**（**Hedw.**）**Zand.**］北地微疣藓（短叶扭口藓，北地扭口藓，北地对齿藓）

Geheebia ferruginea（**Besch.**）**Zand.**［**Barbula falcifolia Muell. Hal.**，**Barbula reflexa**（**Brid.**）**Brid.**，**Barbula rigidicaulis Muell. Hal.**，**Barbula serpenticaulis Muell. Hal.**，**Didymodon rigidicaulis**（**Muell. Hal.**）**Saito**，**Tortula reflexa Brid.**］反叶微疣藓（对齿藓，反叶对齿藓，反叶扭口藓）

Geheebia gigantea（**Funck**）**Boul.** = **Didymodon giganteus**（**Funck**）**Jur.**

Geheebia tophacea（**Brid.**）**Zand.**［**Barbula tophacea**（**Brid.**）**Mitt.**，**Didymodon tophaceus**（**Brid.**）**Lisa**，**Trichostomum tophaceum Brid.**，**Weissia platyphylla**（**Lindb.**）**Kindb.**］灰土微疣藓（灰土扭口藓，灰土对齿藓）

Geocalycaceae 地萼苔科（假苞萼苔科，齿萼苔科，地囊苔科）

Geocalyx Nees 地萼苔属（假苞苔属，地囊苔属）

* **Geocalyx graveolens**（**Schrad.**）**Nees** 地萼苔（假苞苔，地囊苔）

Geocalyx lancistipulus（**Steph.**）**Hatt.** 狭叶地萼苔（狭叶地囊苔）

Georgia pellucida（**Hedw.**）**Rabenh.** = **Tetraphis pellucida Hedw.**

Giraldiella Muell. Hal. = **Pylaisia Bruch et Schimp.**

Giraldiella levieri Muell. Hal. = **Pylaisia levieri**（**Muell. Hal.**）**Arikawa**

Girgensohnia（**Lindb.**）**Kindb.** = **Pleuroziopsis Britt.**

Girgensohnia ruthenica（**Weinm.**）**Kindb.** = **Pleuroziopsis ruthenica**（**Weinm.**）**Britt.**

Glossadelphus Fleisch. 扁锦藓属

Glossadelphus alaris Broth. et Yas. = **Entodon luridus**（**Griff.**）**Jaeg.**

Glossadelphus anomalus Thér. = **Glossadelphus prostratus**（**Dozy et Molk.**）**Fleisch.**

Glossadelphus attenuatus Broth. = **Sematophyllum borneense**（**Broth.**）**Câmara**

Glossadelphus bilobatus（**Dix.**）**Broth.** = **Phyllodon bilobatus**（**Dix.**）**Câmara**

Glossadelphus borneensis（**Broth. et Geh.**）**Broth.** = **Sematophyllum borneense**（**Broth.**）**Câmara**

Glossadelphus falcatulus Broth. = **Ectropothecium kerstanii Dix. et Herz.**

Glossadelphus glossoides（Bosch et S. Lac.）Fleisch. = Phyllodon glossoides（Bosch et S. Lac.）Câmara

Glossadelphus julaceus Tix. 鼠尾扁锦藓

Glossadelphus laevifolius（Mitt.）Bartr. = Phyllodon lingulatus（Card.）Buck

Glossadelphus lingulatus（Card.）Fleisch. = Phyllodon lingulatus（Card.）Buck

Glossadelphus malacocladus（Card.）Broth. = Ectropothecium zollingeri（Muell. Hal.）Jaeg.

Glossadelphus nitidus Thér. = Sematophyllum borneense（Broth.）Câmara

Glossadelphus planifrons（Broth. et Par.）Fleisch. = Ectropothecium zollingri（Muell. Hal.）Jaeg.

Glossadelphus planifrons（Broth. et Par.）Fleisch. var. formosicum Ihs. = Ectropothecium zollingeri（Muell. Hal.）Jaeg.

Glossadelphus prostratus（Dozy et Molk.）Fleisch. ［Glossadelphus anomalus Thér. , Myurella brevicosta J. -S. Lou et P. -C. Wu］扁锦藓（异常扁锦藓，短肋小鼠尾藓）

Glossadelphus rivicola Broth. = Ectropothecium zollingeri（Muell. Hal.）Jaeg.

Glossadelphus similans（Bosch et S. Lac.）Fleisch. 爪哇扁锦藓

Glossadelphus zollingeri（Muell. Hal.）Fleisch. = Ectropothecium zollingri（Muell. Hal.）Jaeg.

Glyphocarpus laevisphaerus（Tayl.）Jaeg. = Anacolia laevisphaera（Tayl.）Flow.

Glyphomitrium Brid. 高领藓属

Glyphomitrium acuminatum Broth. 尖叶高领藓

Glyphomitrium acuminatum Broth. var. brevifolium Broth. 尖叶高领藓短叶变种

Glyphomitrium calycinum（Mitt.）Card. ［Aulacomitrium warburgii Broth. , Glyphomitrium warburgii（Broth.）Card. , Macromitrium calycinum Mitt.］暖地高领藓（东亚高领藓）

* Glyphomitrium crispifolium Nog. 卷叶高领藓

* Glyphomitrium daviesii（With.）Brid. 高领藓

* Glyphomitrium elatum Tak. 长枝高领藓

Glyphomitrium formosanum Iwats.［Glyphomitrium formosanum Iwats. var. serratum Iwats.］台湾高领藓

Glyphomitrium formosanum Iwats. var. serratum Iwats. = Glyphomitrium formosanum Iwats.

Glyphomitrium grandirete Broth. 滇西高领藓

Glyphomitrium humillimum（Mitt.）Card.［Aulacomitrium humillimum Mitt. , Macromitrium humillimum（Mitt.）Par.］短枝高领藓

Glyphomitrium hunanense Broth. 湖南高领藓

Glyphomitrium microcarpum（Muell. Hal.）Broth. = Ptychomitrium sinense（Mitt.）Jaeg.

* Glyphomitrium minutissimum（Okam.）Broth. 纤小高领藓（滇西高领藓）

Glyphomitrium polyphylloides（Muell. Hal.）Broth. = Ptychomitrium gardneri Lesq.

Glyphomitrium sinense Mitt. = Ptychomitrium sinense（Mitt.）Jaeg.

Glyphomitrium tortifolium Y. Jia，M. -Z. Wang et Y. Liu 卷尖高领藓

Glyphomitrium warburgii（Broth.）Card. = Glyphomitrium calycinum（Mitt.）Card.

Glyphomitrium warburgii（Broth.）Card. var. yunnanense Thér. et Henry 东亚高领藓云南变种

Glyphothecium Hampe 直稜藓属

Glyphothecium sciuroides（Hook.）Hampe 直稜藓

* Goebeliella Steph. 戈贝苔属

* Goebeliellaceae 戈贝苔科

Gollania Broth.［Elmeriobryum Broth.］粗枝藓属（双肋藓属，高氏藓属，艾氏藓属）

Gollania arisanensis Sak. 阿里粗枝藓

Gollania clarescens（Mitt.）Broth. 扭尖粗枝藓（粗枝藓）

Gollania cochlearifolia Dix. = Taxiphyllum alternans（Card.）Iwats.

Gollania cochlearifolia Dix. f. minor Ihs. = Taxiphyllum alternans（Card.）Iwats.

Gollania cylindricarpa（Mitt.）Broth. 长蒴粗枝藓

Gollania densepinnata Dix. = Gollania turgens（Muell. Hal.）Ando

Gollania densifolia Dix. = Taxiphyllum aomoriense（Besch.）Iwats.

Gollania eurhynchioides Broth. = Gollania ruginosa（Mitt.）Broth.

Gollania homalothecioides Higuchi 拟同蒴粗枝藓

Gollania horrida Broth. = Gollania varians（Mitt.）Broth.

Gollania isopterygioides（Broth. et Par.）Broth. = Taxiphyllum taxirameum（Mitt.）Fleisch.

Gollania japonica（Card.）Ando et Higuchi［Macrothamnium setschwanicum Broth.］日本粗枝藓（四川南木藓）

Gollania macrothamnioides Broth. = Gollania varians（Mitt.）Broth.

Gollania neckerella（Muell. Hal.）Broth.［Gollania neckerella（Muell. Hal.）Broth. var. coreensis（Card.）Broth., Hylocomium neckerella Muell. Hal.］粗枝藓（平肋粗枝藓,平叶粗枝藓,粗枝藓朝鲜变种）

Gollania neckerella（Muell. Hal.）Broth. var. coreensis（Card.）Broth. = Gollania neckerella（Muell. Hal.）Broth.

Gollania philippinensis（Broth.）Nog.［Elmeriobryum formosanum Broth., Elmeriobryum formosanum Broth. var. minus Broth., Elmeriobryum philippinense Broth., Isotheciopsis formosica Broth. et Yas.］菲律宾粗枝藓（双肋藓,台湾双肋藓,台湾双肋藓小形变种）

Gollania revoluta Higuchi 卷边粗枝藓

Gollania robusta Broth. 大粗枝藓

Gollania ruginosa（Mitt.）Broth.［Gollania eurhynchioides Broth., Gollania subtereticaulis Broth. et Yas.］皱叶粗枝藓（长叶粗枝藓,拟圆枝粗枝藓,美喙高氏藓）

Gollania schensiana Higuchi 陕西粗枝藓

Gollania sinensis Broth. et Par. 中华粗枝藓

Gollania subtereticaulis Broth. et Yas. = Gollania ruginosa（Mitt.）Broth.

Gollania taxiphylloides Ando et Higuchi 鳞粗枝藓

Gollania tereticaulis Broth. 圆枝粗枝藓

Gollania turgens（Muell. Hal.）Ando［Cupressina turgens Muell. Hal., Gollania densepinnata Dix., Hypnum turgens（Muell. Hal.）Par.］密枝粗枝藓

Gollania varians（Mitt.）Broth.［Gollania horrida Broth., Gollania macrothamnioides Broth.］多变粗枝藓（粗枝藓,粗叶粗枝藓）

Gongylanthus Nees 对叶苔属（对叶萼苔属,假萼苔属）

* Gongylanthus ericetorum（Raddi）Nees 对叶苔（对叶萼苔,假萼苔）

Gongylanthus gollanii（Steph.）Grolle = Southbya gollanii Steph.

Gongylanthus himalayensis Grolle 喜马拉雅对叶苔（喜马拉雅假萼苔）

Gottschea Nees ex Mont. = Schistochila Dum.

Gottschea aligera（Nees et Bl.）Nees = Schistochila aligera（Nees et Bl.）Jack et Steph.

Gottschea macrodonta（Nichols.）C. Gao et Y. -H. Wu = Schistochila macrodonta Nichols.

Gottschea nuda（Horik.）Grolle et Zijlstra = Schistochila nuda Horik.

Gottschea philippinensis Mont. = Schistochila aligera（Nees et Bl.）Jack et Steph.

Gottschelia Grolle 戈氏苔属（裂鳞苔属）

Gottschelia grollei Long et Váňa 云南戈氏苔（古氏戈氏苔）

Gottschelia patoniae Grolle, Schill et Long 高山戈氏苔

Gottschelia schizopleura（Spruce）Grolle［Jamesoniella microphylla（Nees）Schiffn.］戈氏苔（全缘戈氏苔,裂鳞苔）

Grimaldia Raddi = Mannia Opiz

Grimaldia fragrans（Balb.）Corda = Mannia fragrans（Balb.）Frye et Clark

Grimaldia rupestris Nees = Mannia triandra（Scop.）Grolle

Grimaldia sibirica（K. Muell.）K. Muell. = Mannia sibirica（K. Muell.）Frye et Clark

Grimaldia subpilosa Horik. = Mannia subpilosa（Horik.）Horik.

Grimaldiaceae = Aytoniaceae

Grimmia Hedw. 紫萼藓属

Grimmia affinis Hornsch. = Grimmia longirostris Hook.

* Grimmia alpestris（Web. et Mohr）Schleich.［Grimmia alpestris（Web. et Mohr）Schleich. var. holzingeri（Card. et Thér.）Jones］高地紫萼藓（高地紫萼藓无毛尖变种）

Grimmia alpestris（Web. et Mohr）Schileich. var.

holzingeri（Card. et Thér.）Jones = Grimmia alpestris（Web. et Mohr）Schleich.

Grimmia alpicola Hedw. = Schistidium agastsizii Sull. et Lesq.

Grimmia alpicola Hedw. var. rivularis（Brid.）Wahlenb. = Schistidium rivulare（Brid.）Podp.

Grimmia anodon Bruch et Schimp.［Anodon ventricosus Rabenh., Schistidium anodon（Bruch et Schimp.）Loeske, Schistidium tibetanum J.-S. Lou et P.-C. Wu］无齿紫萼藓（硬叶紫萼藓, 西藏裂齿藓）

Grimmia apiculata Hornsch. = Grimmia fuscolutea Hook.

Grimmia apocarpa Hedw. = Schistidium apocarpum（Hedw.）Bruch et Schimp.

Grimmia apocarpa Hedw. var. ambigua（Sull.）Jones = Schistidium apocarpum（Hedw.）Bruch et Schimp.

Grimmia apocarpa Hedw. var. gracile Schliech. ex Roehl. = Schistidium trichodon（Brid.）Poelt

Grimmia apocarpa Hedw. var. rivularis（Brid.）Nees et Hornsch. = Schistidium rivulare（Brid.）Podp.

Grimmia aspera Muell. Hal. = Grimmia elatior Bals. et De Not.

Grimmia atrata Hornsch. 黑色紫萼藓

Grimmia caespitica（Brid.）Jur. = Coscinodon cribrosus（Hedw.）Spruce

Grimmia commutata Hueb. = Grimmia ovalis（Hedw.）Lindb.

Grimmia cribrosa Hedw. = Coscinodon cribrosus（Hedw.）Spruce

Grimmia crinita Brid. 长毛紫萼藓

Grimmia cucullata J.-S. Lou et P.-C. Wu = Syntrichia caninervis Mitt.

Grimmia curvata（Brid.）De Sloover 弯曲紫萼藓

Grimmia decalvata Card. = Grimmia elongata Kaulf.

Grimmia decipiens（Schultz）Lindb. 北方紫萼藓

Grimmia dimorphula Muell. Hal. = Grimmia longirostris Hook.

Grimmia donniana Sm. 卷边紫萼藓

Grimmia elatior Bals. et De Not.［Grimmia aspera Muell. Hal., Trichostomum incurvum Hoppe et Hornsch.］直叶紫萼藓（粗叶紫萼藓）

Grimmia elatior Bals. et De Not. var. squarrifolia Dix. et Thér. = Grimmia pilifera P. Beauv.

Grimmia elongata Kaulf.［Dryptodon elongatus（Kaulf.）Hartm., Grimmia decalvata Card.］长枝紫萼藓

Grimmia filicaulis Muell. Hal. = Schistidium strictum（Turn.）Maert.

Grimmia funalis（Schwaegr.）Bruch et Schimp.［Racomitrium funale（Schwaegr.）Hueb.］绳茎紫萼藓

Grimmia fuscolutea Hook.［Grimmia micropyxis Broth., Grimmia pulvinata（Hedw.）Sm. var. apiculata（Hornsch.）Hueb.］尖顶紫萼藓（尖叶紫萼藓, 小蒴紫萼藓）

Grimmia grevenii C. Feng, X.-L. Bai et J. Kou 火山紫萼藓

Grimmia handelii Broth. 韩氏紫萼藓

Grimmia hartmanii Schimp. 亮叶紫萼藓（大紫萼藓）

Grimmia heterosticha（Hedw.）Muell. Hal. = Racomitrium heterostichum（Hedw.）Brid.

Grimmia himalayana Chen = Schistidium chenii（S.-H. Lin）T. Cao, C. Gao et J.-C. Zhao

Grimmia himalayana Mitt. = Bucklandiella himalayana（Mitt.）Bednarek-Ochyra et Ochyra

Grimmia incurva Schwaegr. 卷叶紫萼藓

Grimmia indica（Dix. et Vard.）Goffinet et Greven 喜马拉雅紫萼藓

Grimmia kansuana Muell. Hal. = Grimmia tergestina Bruch et Schimp.

Grimmia khasiana Mitt. = Grimmia longirostris Hook.

Grimmia kirienensis C. Gao = Grimmia pilifera P. Beauv.

Grimmia laevigata（Brid.）Brid.［Campylopus laevigatus Brid.］阔叶紫萼藓

Grimmia liliputana Muell. Hal. = Schistidium liliputanum（Muell. Hal.）Deguchi

Grimmia longicapusula C. Gao et T. Cao = Grimmia macrotheca Mitt.

Grimmia longirostris Hook. [Grimmia affinis Hornsch., Grimmia dimorphula Muell. Hal., Grimmia khasiana Mitt., Grimmia ovalis (Hedw.) Lindb. var. affinis (Hornsch.) Broth.] 近缘紫萼藓（变形紫萼藓, 卷边紫萼藓无毛变种, 高地紫萼藓无毛变种）

Grimmia macrotheca Mitt. [Grimmia longicapusula C. Gao et T. Cao] 长蒴紫萼藓

Grimmia mammosa C. Gao et T. Cao 粗疣紫萼藓（粗瘤紫萼藓）

Grimmia maritima Turn. = Schistidium maritimum (Turn.) Bruch et Schimp.

Grimmia micropyxis Broth. = Grimmia fuscolutea Hook.

Grimmia montana Bruch et Schimp. 高山紫萼藓

Grimmia obtusifolia C. Gao et T. Cao 钝叶紫萼藓

Grimmia ovalis (Hedw.) Lindb. [Campylopus ovalis (Hedw.) Wahlenb., Grimmia commutata Hueb., Grimmia ovata Web. et Mohr] 卵叶紫萼藓（紫萼藓, 长柄紫萼藓）

Grimmia ovalis (Hedw.) Lindb. var. affinis (Hornsch.) Broth. = Grimmia longirostris Hook.

Grimmia ovata Web. et Mohr = Grimmia ovalis (Hedw.) Lindb.

Grimmia percarinata (Dix. et Sak.) Deguchi 脊叶紫萼藓

Grimmia pilifera P. Beauv. [Grimmia atroviridis Card., Grimmia elatior Bals. et De Not. var. squarrifolia Dix. et Thér., Grimmia kirienensis C. Gao, Grimmia tenax Muell. Hal.] 毛尖紫萼藓（多齿紫萼藓, 吉林紫萼藓）

Grimmia plagiopodia Hedw. 紫萼藓

Grimmia poecilostoma Card. et Sebille 多色紫萼藓

Grimmia pulvinata (Hedw.) Sm. [Campylopus pulvinatus (Hedw.) Brid.] 垫丛紫萼藓

Grimmia reflexidens Muell. Hal. [Grimmia sessitana De Not.] 厚壁紫萼藓

Grimmia sinensi-anodon Muell. Hal. = Coscinodon cribrosus (Hedw.) Spruce

Grimmia sinensiapocarpa Muell. Hal. = Schistidium strictum (Turn.) Maert.

Grimmia subanodon Ochyra 拟无齿紫萼藓

Grimmia subconferta Broth. = Schistidium subconfertum (Broth.) Deguchi

Grimmia subtergestina Muell. Hal. = Grimmia tergestina Bruch et Schimp.

Grimmia tenax Muell. Hal. = Grimmia pilifera P. Beauv.

Grimmia tergestina Bruch et Schimp. [Grimmia kansuana Muell. Hal., Grimmia subtergestina Muell. Hal.] 南欧紫萼藓（柱蒴紫萼藓, 甘肃紫萼藓）

Grimmia torquata Hornsch. 短叶紫萼藓

Grimmia ulaandamana Muñoz, C. Feng, X. -L. Bai et J. Kou 长褶紫萼藓

Grimmia unicolor Hook. [Dryptodon unicolor (Hook.) Hartm.] 厚边紫萼藓（一色紫萼藓）

Grimmia wrightii (Sull.) Aust. = Jaffueliobryum wrightii (Sull.) Thér.

Grimmiaceae 紫萼藓科

Grimmiales 紫萼藓目

Groutiella Steere 小蓑藓属（裸帽藓属）

Groutiella tomentosa (Hornsch.) Wijk et Marg. 小蓑藓（绒毛裸帽藓, 裸帽藓）

* **Gymnocolea (Dum.) Dum.** 高萼苔属

Gymnomitriaceae 全萼苔科（缺萼苔科）

Gymnomitrion Corda 全萼苔属（缺萼苔属）

Gymnomitrion alpinum (Gott. ex Husn.) Schiffn. = Marsupella alpina (Gott. ex Husn.) Bernet

Gymnomitrion concinnatum (Lightf.) Corda 全萼苔（缺萼苔）

* **Gymnomitrion corallioides Nees** 珊胞全萼苔

Gymnomitrion crenulatum Gott. ex Carring. 细齿全萼苔

Gymnomitrion formosae (Steph.) Horik. = Cylindrocolea recurvifolia (Steph.) Inoue

Gymnomitrion laceratum (Steph.) Horik. 附基全萼苔（附基缺萼苔）

Gymnomitrion reflexifolium Horik. = Apomarsupella revoluta (Nees) Schust.

Gymnomitrion revolutum (Nees) Philib. = Apomarsupella revoluta (Nees) Schust.

Gymnomitrion sinense K. Muell. 中华全萼苔（中华缺萼苔）

Gymnomitrion uncrenulatum C. Gao et K. -C. Chang = Marsupella commutata (Limpr.) Bernet

Gymnomitrion verrucosum Nichols. = Apomarsupella verrucosa (Nichols.) Váňa

Gymnostomiella Fleisch. 疣壶藓属

Gymnostomiella longinervis Broth. 长肋疣壶藓

*Gymnostomiella vernicosa (Hook.) Fleisch. 疣壶藓

Gymnostomiella vernicosa (Hook.) Fleisch. var. tenerum (Dus.) Arts [Splachnobryum tenerum Dus.] 疣壶藓小形变种

Gymnostomum Nees et Hornsch. 净口藓属

Gymnostomum aeruginosum Sm. [Gymnostomum rupestre Schwaegr.] 铜绿净口藓（石生净口藓）

Gymnostomum angustifolium Saito = Tuerckheimia svihlae (Bartr.) Zand.

Gymnostomum aurantiacum (Mitt.) Jaeg. = Hymenostylium recuvirostrum (Hedw.) Dix. var. cylindricum (Bartr.) Zand.

Gymnostomum calcareum Nees et Hornsch. [Hymenostylium calcareum (Nees et Hornsch.) Mitt.] 净口藓（钙土净口藓，灰岩净口藓）

Gymnostomum curvirostrum Brid. = Hymenostylium recurvirostrum (Hedw.) Dix.

Gymnostomum kurzianum Hampe = Bellibarbula kurziana (Hampe) Chen

Gymnostomum laxirete (Broth.) Chen [Hymenostylium laxirete Broth.] 厚壁净口藓

Gymnostomum recurvirostrum Hedw. = Hymenostylium recurvirostrum (Hedw.) Dix.

Gymnostomum rupestre Schwaegr. = Gymnostomum aeruginosum Sm.

Gymnostomum subrigidulum (Broth.) Chen = Hymenostylium recurvirostrum (Hedw.) Dix. var. insigne (Dix.) Bartr.

Gymnostomum truncatum Hedw. = Tortula truncata (Hedw.) Mitt.

*Gyrothyra Howe 圆萼苔属

Gyrothyraceae 圆萼苔科

Gyroweisia Schimp. 圆口藓属

Gyroweisia brevicaulis (Muell. Hal.) Broth. = Luisierella barbula (Schwaegr.) Steere

Gyroweisia shansiensis Sak. 五台山圆口藓

*Gyroweisia tenuis (Hedw.) Schimp. 圆口藓

Gyroweisia yuennanensis Broth. 云南圆口藓

H

Habrodon Schimp. 柔齿藓属

Habrodon leucotrichus (Mitt.) Perss. = Iwatsukiella leucotricha (Mitt.) Buck et Crum

Habrodon notarisii Schimp. = Habrodon perpusillus (De Not.) Lindb.

Habrodon perpusillus (De Not.) Lindb. [Habrodon notarisii Schimp.] 柔齿藓

Habrodon piliferus Card. = Iwatsukiella leucotricha (Mitt.) Buck et Crum

Habrodontaceae 柔齿藓科

Hageniella Broth. 拟小锦藓属

Hageniella micans (Mitt.) Tan et Y. Jia 凹叶拟小锦藓

Hageniella sikkimensis Broth. 拟小锦藓

Hamatocaulis Hedenaes 钩茎藓属

Hamatocaulis lapponicus (Norrlin) Hedenaes 葡地钩茎藓

*Hamatocaulis vernicosus (Mitt.) Hedenaes [Drepanocladus vernicosus (Mitt.) Warnst.] 钩茎藓（漆光镰刀藓）

Hamatostrepta Váňa et Long 拟卷叶苔属

Hamatostrepta concinna Váňa et Long 拟卷叶苔

Hampeella Muell. Hal. 汉氏藓属（无褶藓属）

Hampeella pallens (S. Lac.) Fleisch. 汉氏藓（无褶藓）

Handeliobryum Brid. 拟厚边藓属

Handeliobryum setschwanicum Broth. = Handeliobryum sikkimense (Par.) Ochyra

Handeliobryum sikkimense (Par.) Ochyra [Handeliobryum setschwanicum Broth.] 拟厚边藓

Haplocladium (Muell. Hal.) Muell. Hal. [Bryohaplocladium Watan. et Iwats.] 小羽藓属

Haplocladium amblystegioides (Broth. et Par.)

Broth. = Haplocladium angustifolium（Hampe et Muell. Hal.）Broth.

Haplocladium angustifolium（Hampe et Muell. Hal.）Broth.［Bryohaplocladium angustifolium（Hampe et Muell. Hal.）Watan. et Iwats.，Claopodium fulvellum Herz.，Haplocladium amblystegioides（Broth. et Par.）Broth.，Haplocladium fuscissimum Muell. Hal.，Haplocladium incurvum Broth.，Haplocladium macropilum Muell. Hal.，Haplocladium rubicundulum Muell. Hal.，Haplocladium subulaceum（Mitt.）Broth.，Haplocladium subulaceum（Mitt.）Broth. var. amblystegioides（Broth. et Par.）Thér.，Haplocladium subulaceum（Mitt.）Broth. var. fuscissimum（Muell. Hal.）Thér.，Haplocladium subulaceum（Mitt.）Broth. var. macropilum（Muell. Hal.）Thér.，Haplocladium subulaceum（Mitt.）Broth. var. subulatum（Card.）Thér.，Pseudoleskea lutescens Card.，Pseudoleskea macropilum（Muell. Hal.）Salm.，Thuidium rubicundulum（Muell. Hal.）Par.］小羽藓（狭叶小羽藓，细羽藓，单毛羽藓）

Haplocladium capillatum（Mitt.）Broth. = Haplocladium microphyllum（Hedw.）Broth.

Haplocladium capillatum（Mitt.）Broth. f. robusta Dix. = Haplocladium microphyllum（Hedw.）Broth.

Haplocladium capillatum（Mitt.）Broth. f. subflaecifolium Dix. = Haplocladium microphyllum（Hedw.）Broth.

Haplocladium capillatum（Mitt.）Broth. var. mittenii Thér. = Haplocladium microphyllum（Hedw.）Broth.

Haplocladium capillatum（Mitt.）Broth. var. papillariaceum（Muell. Hal.）Thér. = Haplocladium microphyllum（Hedw.）Broth.

Haplocladium capillatum（Mitt.）Broth. var. spuriocapillatum（Broth.）Ihs. = Haplocladium microphyllum（Hedw.）Broth.

Haplocladium discolor（Par. et Broth.）Broth.［Thuidium discolor Par. et Broth.，Thuidium miser Par. et Broth.］卵叶小羽藓

Haplocladium fauriei（Broth. et Par.）Watan. =

Haplocladium strictulum（Card.）Reim.

Haplocladium fuscissimum Muell. Hal. = Haplocladium angustifolium（Hampe et Muell. Hal.）Broth.

Haplocladium himalayanum Bartr. = Haplocladium strictulum（Card.）Reim.

Haplocladium imbricatum Broth. = Haplocladium larminatii（Broth. et Par.）Broth.

Haplocladium incurvum Broth. = Haplocladium angustifolium（Hampe et Muell. Hal.）Broth.

Haplocladium larminatii（Broth. et Par.）Broth.［Bryohaplocladium larminatii（Broth. et Par.）Watan. et Iwats.，Claopodium leskeoides（Broth. et Par.）Broth.，Ctenidium leskeoides Broth. et Par.，Haplocladium imbricatum Broth.，Haplocladium leskeoides Card.，Pseudoleskea larminatii Broth. et Par.］异叶小羽藓（瓦叶小羽藓）

Haplocladium latifolium（S. Lac.）Broth. = Haplocladium microphyllum（Hedw.）Broth.

Haplocladium leptopteris Muell. Hal. = Claopodium leptopteris（Muell. Hal.）P. -C. Wu et M. -Z. Wang

Haplocladium leskeoides Card. = Haplocladium larminatii（Broth. et Par.）Broth.

Haplocladium macropilum Muell. Hal. = Haplocladium angustifolium（Hampe et Muell. Hal.）Broth.

Haplocladium microphyllum（Hedw.）Broth.［Bryohaplocladium microphyllum（Hedw.）Watan. et Iwats.，Claopodium integrum Chen，Haplocladium capillatum（Mitt.）Broth.，Haplocladium capillatum（Mitt.）Broth. f. robustum Dix.，Haplocladium capillatum（Mitt.）Broth. f. subflaecifolium Dix.，Haplocladium capillatum（Mitt.）Broth. var. mittenii Thér.，Haplocladium capillatum（Mitt.）Broth. var. papillariaceum（Muell. Hal.）Thér.，Haplocladium capillatum（Mitt.）Broth. var. spuriocapillatum（Broth.）Ihs.，Haplocladium latifolium（S. Lac.）Broth.，Haplocladium microphyllum（Hedw.）Broth. subsp. capillatum（Mitt.）Reim.，Haplocladium microphyllum（Hedw.）Broth. subsp. eumicrophyllum Reim.，Haplocladium microphyllum（Hedw.）Broth. var. latifolium（S. Lac.）Thér.，Haplocladium microphyllum（Hedw.）Broth. var. papillariaceum

（Muell. Hal.）Redf. ,Tan et S. He, Haplocladium obscuriusculum（Mitt.）Broth. ,Haplocladium occultissimum Muell. Hal. ,Haplocladium papillariaceum Muell. Hal. ,Haplocladium paraphylliferum Broth. ,Haplocladium spurio-capillatum Broth. ,Hypnum microphyllum Hedw. ,Pseudoleskea capillata（Mitt.）Sauerb. ,Pseudoleskea latifolia S. Lac.］细叶小羽藓

Haplocladium microphyllum（Hedw.）Broth. subsp. capillatum（Mitt.）Reim. = Haplocladium microphyllum（Hedw.）Broth.

Haplocladium microphyllum（Hedw.）Broth. subsp. eumicrophyllum Reim. = Haplocladium microphyllum（Hedw.）Broth.

Haplocladium microphyllum（Hedw.）Broth. var. latifolium（S. Lac.）Thér. = Haplocladium microphyllum（Hedw.）Broth.

Haplocladium microphyllum（Hedw.）Broth. var. papillariaceum（Muell. Hal.）Redf. ,Tan et S. He = Haplocladium microphyllum（Hedw.）Broth.

Haplocladium minutifolium Thér. = Claopodium aciculum（Broth.）Broth.

Haplocladium obscuriusculum（Mitt.）Broth. = Haplocladium microphyllum（Hedw.）Broth.

Haplocladium occultissimum Muell. Hal. = Haplocladium microphyllum（Hedw.）Broth.

Haplocladium papillariaceum Muell. Hal. = Haplocladium microphyllum（Hedw.）Broth.

Haplocladium paraphylliferum Broth. = Haplocladium microphyllum（Hedw.）Broth.

Haplocladium rubicundulum Muell. Hal. = Haplocladium angustifolium（Hampe et Muell. Hal.）Broth.

Haplocladium spurio-capillatum Broth. = Haplocladium microphyllum（Hedw.）Broth.

Haplocladium strictulum（Card.）Reim.［Bryohaplocladium strictulum（Card.）Watan. et Iwats. ,Haplocladium fauriei（Broth. et Par.）Watan. ,Haplocladium himalayanum Bartr. ,Thuidium substrictulum Dix.］硬枝小羽藓（东亚小羽藓,单枝羽藓）

Haplocladium subulaceum（Mitt.）Broth. = Haplocladium angustifolium（Hampe et Muell. Hal.）Broth.

Haplocladium subulaceum（Mitt.）Broth. var. amblystegioides（Broth. et Par.）Thér. = Haplocladium angustifolium（Hampe et Muell. Hal.）Broth.

Haplocladium subulaceum（Mitt.）Broth. var. fuscissimum（Muell. Hal.）Thér. = Haplocladium angustifolium（Hampe et Muell. Hal.）Broth.

Haplocladium subulaceum（Mitt.）Broth. var. macropilum（Muell. Hal.）Thér. = Haplocladium angustifolium（Hampe et Muell. Hal.）Broth.

Haplocladium subulaceum（Mitt.）Broth. var. subulatum（Card.）Thér. = Haplocladium angustifolium（Hampe et Muell. Hal.）Broth.

Haplocladium tibetanum（Salm.）Broth. = Diaphanodon blandus（Harv.）Ren. et Card.

Haplohymenium Dozy et Molk. 多枝藓属

Haplohymenium cristatum Nog. = Haplohymenium flagelliforme Savicz

Haplohymenium fasciculare Nog. = Haplohymenium pseudo-triste（Muell. Hal.）Broth.

Haplohymenium filiforme（Thwait. et Mitt.）Broth. = Haplohymenium pseudo-triste（Muell. Hal.）Broth.

Haplohymenium flagelliforme Savicz［Haplohymenium cristatum Nog.］鞭枝多枝藓

Haplohymenium flagiliforme Nog. = Haplohymenium triste（Cés.）Kindb.

Haplohymenium formosanum Nog. = Haplohymenium triste（Cés.）Kindb.

Haplohymenium longiglossum Chen = Haplohymenium triste（Cés.）Kindb.

Haplohymenium longinerve（Broth.）Broth.［Anomodon longinerve Broth. ,Haplohymenium longinerve（Broth.）Broth. f. piliferum（Broth. et Yas.）Nog. ,Haplohymenium piliferum Broth. et Yas. ,Haplohymenium spinosum Nog.］长肋多枝藓

Haplohymenium longinerve（Broth.）Broth. f. piliferum（Broth. et Yas.）Nog. = Haplohymenium longinerve（Broth.）Broth.

Haplohymenium mithouardii（Broth. et Par.）Broth.

var. viride Thér. = Haplohymenium pseudo-triste（Muell. Hal.）Broth.

Haplohymenium microphyllum Schwaegr. = Pelekium microphyllum（Schwaegr.）T. Kop. et Touw

Haplohymenium microphyllum （Broth. et Par.）Broth. = Haplohymenium triste（Cés.）Kindb.

Haplohymenium pellucens Broth. = Haplohymenium sieboldii（Dozy et Molk.）Dozy et Molk.

Haplohymenium pellucens Broth. var. obtusifolium Broth. = Haplohymenium pseudo-triste （Muell. Hal.）Broth.

Haplohymenium piliferum Broth. et Yas. = Haplohymenium longinerve（Broth.）Broth.

Haplohymenium pinnatum Nog. = Haplohymenium sieboldii（Dozy et Molk.）Dozy et Molk.

Haplohymenium pseudo-triste（Muell. Hal.）Broth.［Haplohymenium fasciculare Nog., Haplohymenium filiforme（Thwait. et Mitt.）Broth., Haplohymenium mithouardii（Broth. et Par.）Broth. var. viride Thér., Haplohymenium pellucens Broth. var. obtusifolium Broth., Haplohymenium submicrophyllum（Card.）Broth., Hypnum pseudotriste Muell. Hal., Hypnum tenerrimum Broth.］拟多枝藓

Haplohymenium sieboldii（Dozy et Molk.）Dozy et Molk.［Anomodon submicrophyllus Card., Haplohymenium pellucens Broth., Haplohymenium pinnatum Nog., Leptohymenium sieboldii Dozy et Molk.］多枝藓

Haplohymenium sinensi-triste（Muell. Hal.）Broth. = Haplohymenium triste（Cés.）Kindb.

Haplohymenium spinosum Nog. = Haplohymenium longinerve（Broth.）Broth.

Haplohymenium submicrophyllum（Card.） Broth. = Haplohymenium pseudo-triste （Muell. Hal.）Broth.

Haplohymenium triste （Cés.）Kindb.［Anomodon microphyllum Broth. et Par., Anomodon sinensi-tristis Muell. Hal., Anomodon tristis（Cés.）Sull. et Lesq., Haplohymenium flagiliforme Nog., Haplohymenium formosanum Nog., Haplohymenium longiglossum Chen, Haplohymenium microphyl-lum （Broth. et Par.）Broth., Haplohymenium sinensi-triste（Muell. Hal.）Broth., Leskea tristi Cés.］暗绿多枝藓（台湾多枝藓，小多枝藓，多枝藓）

Haplomitriaceae［Calobryaceae］裸蒴苔科（美苔科）

Haplomitriales［Calobryales］裸蒴苔目（美苔目）

Haplomitriopsida 裸蒴苔纲

Haplomitrium Nees ［Calobryum Nees］ 裸蒴苔属（美苔属，烛台苔属）

Haplomitrium blumii （Nees）Schust.［Calobryum blumii（Nees）Gott.］爪哇裸蒴苔（裸蒴苔，美苔，布氏烛台苔）

Haplomitrium hookeri （Sm.）Nees 裸蒴苔

Haplomitrium mnioides （Lindb.）Schust.［Calobryum mnioides （Lindb.）Steph., Calobryum rotundifolium （Mitt.）Schiffn.］圆叶裸蒴苔（圆叶美苔，烛台苔）

Haplomitrium mnioides （Lindb.） Schust. var. delicatum C. -H. Gao et D. -K. Li 圆叶裸蒴苔纤弱变种（圆叶裸蒴苔纤枝变种）

Haplozia Dum. ex K. Muell. = Jungermannia Linn.

Haplozia ariadne （Tayl. ex Lehm.）Horik. = Solenostoma ariadne （Tayl. ex Lehm.）Schust. ex Váňa et Long

Haplozia chiloscyphoides Horik. = Solenostoma truncatum （Nees）Váňa et Long

Haplozia cordifolia （Hook.） Dum. = Jungermannia exsertifolia Steph. subsp. cordifolia （Dum.）Váňa

Haplozia rotundifolia Horik. = Solenostoma appressifolium （Mitt.）Váňa et Long

Harpalejeunea （Spruce）Schiffn. 镰叶苔属（镰叶鳞苔属）

Harpalejeunea filicuspis （Steph.） Mizut.［Drepanolejeunea filicuspis Steph.］细枝镰叶苔（细枝角鳞苔）

Harpalejeunea indica Steph. = Lejeunea neelgherriana Gott.

Harpalejeunea intermedia Ev. = Drepanolejeunea vesiculosa （Mitt.）Steph.

* Harpalejeunea ovata （Hook.）Schiffn. 镰叶苔

Harpanthus Nees 镰萼苔属

Harpanthus flotovianus （Nees）Nees 镰萼苔（微裂镰

尊苔)

Harpanthus scutatus（Web. et Mohr）Spruce 盾叶镰尊苔

Hattoria Schust. 服部苔属

Hattoria herzogii （Hatt.） Kamim. = Frullania herzogii Hatt.

Hattoria yakushimensis（Horik.）Schust. 服部苔

Hattorianthus Schust. et Inoue 拟带叶苔属（假带叶苔属）

Hattorianthus erimonus（Steph.）Schust. et Inoue 拟带叶苔（假带叶苔）

Hattorioceros（Haseg.）Haseg. 服角苔属（服部角苔属）

Hattorioceros striatisporus（Haseg.）Haseg.［Phaeoceros striatisporus Haseg.］服角苔

Hedwigia P. Beauv. 虎尾藓属

Hedwigia albicans Lindb. = Hedwigia ciliata（Hedw.）P. Beauv.

Hedwigia ciliata（Hedw.）P. Beauv.［Hedwigia albicans Lindb.，Hedwigia ciliata（Hedw.）P. Beauv. var. viridis（Bruch et Schimp.）Limpr.］虎尾藓

Hedwigia ciliata （Hedw.） P. Beauv. var. viridis（Bruch et Schimp.）Limpr. = Hedwigia ciliata（Hedw.）P. Beauv.

Hdewigiaceae 虎尾藓科

Hedwigiales 虎尾藓目

* **Hedwigidium Bruch et Schimp.** 棕尾藓属

Hedwigidium imberbe （Sm.） Bruch et Schimp. = Hedwigidium integrifolium（P. Beauv.）Dix.

* **Hedwigidium integrifolium （P. Beauv.） Dix.**［Hedwigidium imberbe（Sm.）Bruch et Schimp.］棕尾藓

Helicodontium（Mitt.）Jaeg. 旋齿藓属

Helicodontium doii （Sak.） Taoda［Helicodontium robustum（Toy.）Shin］大旋齿藓

Helicodontium fabronia Schwaegr. = Schwetschkeopsis fabronia（Schwaegr.）Broth.

Helicodontium formosicum（Card.）Buck［Fabronia formosana Sak.，Schwetschkea formosica Card.］台湾旋齿藓（台湾附干藓）

Helicodontium robustum（Toy.）Shin = Helicodontium doii（Sak.）Taoda

* **Helicodontium tenuirostre Schwaegr.** 旋齿藓

Helodium Warnst. 沼羽藓属

Helodium blandowii （Web. et Mohr） Warnst. = Helodium paludosum（Aust.）Broth.

Helodium paludosum（Aust.）Broth.［Elodium paludosum Aust.，Helodium blandowii（Web. et Mohr）Warnst.］沼羽藓（狭叶沼羽藓）

Helodium sachalinense （Lindb.） Broth.［Bryochenea sachalinensis （Lindb.） C. Gao et K. -C. Chang，Tetracladium osadae Sak.］东亚沼羽藓（萨哈林沼羽藓，萨哈林陈氏藓，小毛羽藓）

Hennediella Par. 细齿藓属

Hennediella heimii （Hedw.） Zand.［Pottia heimii （Hedw.）Hampe］宽叶细齿藓

* **Hennediella macrophylla（R. Br.）Par.** 细齿藓

Hepaticae（Hepaticopsida）苔纲

Hepaticites Hueb. = Pallaviciniites Schust.

Hepaticites devonicus Hueb. = Pallaviciniites devonicus（Hueb.）Schust.

Hepaticopsida = Hepaticae

Herberta Gray = Herbertus Gray

Herbertaceae 剪叶苔科

Herbertus Gray［Herberta Gray］剪叶苔属

Herbertus aduncus（Dicks.）Gray［Herbertus minor Horik.，Herbertus remotiusculifolius Horik.，Herbertus sakuraii （Warnst.） Hatt. f. remotiusculifolius（Horik.）Hatt.］剪叶苔（小叶剪叶苔，疏叶剪叶苔，钩叶剪叶苔）

Herbertus aduncus （Dicks.） Gray f. minor K. -C. Chang = Herbertus aduncus（Dicks.）Gray subsp. tenuis（Ev.）Mill. et Scott

Herbertus aduncus （Dicks.） Gray subsp. tenuis （Ev.） Mill. et Scott［Herbertus aduncus（Dicks.）Gray f. minor K. -C. Chang］剪叶苔细小亚种（剪叶苔细小变型，剪叶苔纤细亚种）

Herbertus angustissimus（Herz.）Mill. 狭叶剪叶苔

Herbertus armitanus（Steph.）Mill.［Herbertus decurrense （Steph.） Mill.，Herbertus divaricatus（Herz.）Mill.］钝角剪叶苔（延生剪叶苔，延叶剪叶苔）

Herbertus chinensis Steph. = Herbertus dicranus（Tayl.）Trev.

Herbertus ceylanicus（Steph.）Mill. 南亚剪叶苔

Herbertus decurrense（Steph.）Mill. = Herbertus armitanus（Steph.）Mill.

Herbertus delavayii Steph. = Herbertus sendtneri（Nees）Ev.

Herbertus dicranus（Tayl.）Trev.［Herbertus chinensis Steph.，Herbertus fleischeri Steph.，Herbertus giraldianus（Steph.）Nichols.，Herbertus hainanensis P. -J. Lin et Piippo，Herbertus himalayanus（Steph.）Herz.，Herbertus longifolius Horik.，Herbertus mastigophoroides Mill.，Herbertus minimus Horik.，Herbertus pseudoceylanicus Hatt.，Herbertus sakuraii（Warnst.）Hatt.，Herbertus sikkimensis（Steph.）Nichols.，Herbertus wichurae Steph.，Schisma chinense（Steph.）Steph.，Schisma giraldianum Steph.，Schisma wichurae（Steph.）Steph.］长角剪叶苔（中华剪叶苔，长叶剪叶苔，锡金剪叶苔，佛氏剪叶苔，格氏剪叶苔，樱井剪叶苔，喜马拉雅剪叶苔，小剪叶苔，皱叶剪叶苔，韦氏剪叶苔，鞭枝剪叶苔）

Herbertus divaricatus（Herz.）Mill. = Herbertus armitanus（Steph.）Mill.

Herbertus fleischeri Steph. = Herbertus dicranus（Tayl.）Trev.

Herbertus fragilis（Steph.）Herz.［Herbertus suafangnesis K. -C. Chang］纤细剪叶苔（双峰剪叶苔）

Herbertus gaochienii X. Fu 高氏剪叶苔

Herbertus giraldianus（Steph.）Nichols. = Herbertus dicranus（Tayl.）Trev.

Herbertus guangdongii P. -J. Lin et Piippo 海南剪叶苔

Herbertus gymnocoloides X. Fu = Herbertus subrotundatus Y. -J. Yi, X. Fu et C. Gao

Herbertus hainanensis P. -J. Lin et Piippo = Herbertus dicranus（Tayl.）Trev.

Herbertus handelii Nichols. = Herbertus kurzii（Steph.）Mill.

Herbertus herpocladioides Scott et Mill. 卵叶剪叶苔

Herbertus himalayanus（Steph.）Herz. = Herbertus dicranus（Tayl.）Trev.

Herbertus huerlimannii Mill. 红枝剪叶苔

Herbertus imbricatus Horik. = Herbertus kurzii（Steph.）Mill.

Herbertus javanicus（Steph.）Mill. = Herbertus ramosus（Steph.）Mill.

Herbertus kurzii（Steph.）Mill.［Herbertus handelii Nichols.，Herbertus imbricatus Horik.，Herbertus nepalensis Mill.］细指剪叶苔（韩氏剪叶苔，密叶剪叶苔，尼泊尔剪叶苔，库芝剪叶苔）

Herbertus longifissus Steph. 长肋剪叶苔

Herbertus longifolius Horik. = Herbertus dicranus（Tayl.）Trev.

Herbertus longispinus Jack et Steph. 长刺剪叶苔

Herbertus longispinus Jack et Steph. var. calvum Mass.［Schisma longispinum（Jack et Steph.）Steph. var. calvum（Mass.）Levieri］长刺剪叶苔短叶变种

Herbertus mastigophoroides Mill. = Herbertus dicranus（Tayl.）Trev.

Herbertus minimus Horik. = Herbertus dicranus（Tayl.）Trev.

Herbertus minor Horik. = Herbertus aduncus（Dicks.）Gray

Herbertus nepalensis Mill. = Herbertus kurzii（Steph.）Mill.

Herbertus parisii（Steph.）Mill. 长茎剪叶苔

Herbertus pseudoceylanicus Hatt. = Herbertus dicranus（Tayl.）Trev.

Herbertus ramosus（Steph.）Mill.［Herbertus javanicus（Steph.）Mill.］多枝剪叶苔（爪哇剪叶苔）

Herbertus remotiusculifolius Horik. = Herbertus aduncus（Dicks.）Gray

Herbertus sakuraii（Warnst.）Hatt. = Herbertus dicranus（Tayl.）Trev.

Herbertus sakuraii（Warnst.）Hatt. f. remotiusculifolius（Horik.）Hatt. = Herbertus aduncus（Dicks.）Gray

Herbertus sendtneri（Nees）Ev.［Herbertus delavayii Steph.，Schisma delavayii（Steph.）Steph.］短叶剪叶苔（德氏剪叶苔）

Herbertus sikkimensis（Steph.）Nichols. = Herbertus dicranus（Tayl.）Trev.

Herbertus suafangnesis K. -C. Chang = Herbertus

fragilis（Steph.）Herz.

Herbertus subrotundatus Y. -J. Yi，X. Fu et C. Gao
［Herbertus gymnocoloides X. Fu］拟圆叶剪叶苔
（亚圆叶剪叶苔，拟高萼剪叶苔）

Herbertus wichurae Steph. = Herbertus dicranus
（Tayl.）Trev.

Herpetineuron（Muell. Hal.）Card. 羊角藓属

Herpetineuron acutifolium（Mitt.）Granzow［Ano-
modon acutifolius Mitt.，Bryonorrisia acutifolia
（Mitt.）Enroth］尖叶羊角藓

Herpetineuron attenuatum Okam. = Herpetineuron
toccoae（Sull. et Lesq.）Card.

Herpetineuron formosicum Broth. = Herpetineuron
toccoae（Sull. et Lesq.）Card.

Herpetineuron serratinerve Sak. = Trachycystis ussu-
riensis（Maack et Regel）T. Kop.

Herpetineuron toccoae（Sull. et Lesq.）Card.［Ano-
modon devolutus Mitt.，Anomodon flagelliferus
Muell. Hal.，Anomodon toccoae Sull. et Lesq.，
Herpetineuron attenuatum Okam.，Herpetineuron
formosicum Broth.］羊角藓

Herzogiella Broth. 长灰藓属（黑泽藓属）

* Herzogiella boliviana（Broth.）Fleisch. 长灰藓

Herzogiella perrobusta（Card.）Iwats.［Dolichothe-
ca spinulosa Iwats.，Dolichotheca spinulosa（Sull.
et Lesq.）Iwats.，Isopterygium perrobustum
Card.，Sharpiella spinulosa（Iwats.）Iwats.，
Sharpiella spinulosa（Sull. et Lesq.）Iwats.］齿边
长灰藓（黑泽藓）

Herzogiella renitens（Mitt.）Iwats.［Stereodon reni-
tens Mitt.］残齿长灰藓

Herzogiella seligeri（Brid.）Iwats.［Dolichotheca
silesiaca（Web. et Mohr）Fleisch.，Isopterygium
repens（Brid.）Delogn.，Isopterygium seligeri
（Brid.）Dix.，Plagiothecium repens Lindb.，
Sharpiella seligeri（Brid.）Iwats.］卵叶长灰藓
（长灰藓）

Herzogiella striatella（Brid.）Iwats.［Dolichotheca
striatella（Brid.）Loeske，Leskea striatella Brid.，
Plagiothecium striatellum（Brid.）Lindb.］明角
长灰藓

Herzogiella turfacea（Lindb.）Iwats.［Isopterygium
turfaceum（Lindb.）Lindb.，Rhynchostegium ob-
soletinerve Broth.，Sharpiella turfacea（Lindb.）
Iwats.］沼生长灰藓（隐肋长喙藓）

Heterocladiaceae 异枝藓科

Heterocladium Bruch et Schimp. 异枝藓属

Heterocladium angustifolium（Dix.）Watan.［Rauia
angustifolia Dix.］狭叶异枝藓

* Heterocladium heteropterum（Brid.）Bruch et
Schimp. 异翅异枝藓

Heterocladium papillosum（Lindb.）Lindb. = Pseu-
doleskeella papillosa（Lindb.）Kindb.

* Heterocladium procurrens（Mitt.）Jaeg. 异枝藓

Heterophyllium（Schimp.）Kindb. 腐木藓属

Heterophyllium affine（Hook.）Fleisch.［Brotherella
formosana Broth.，Heterophyllium brachycarpum
Fleisch.，Heterophyllium confine（Mitt.）
Fleisch.，Heterophyllium foliolatum（Card.）Wijk
et Marg.，Heterophyllium nemorosum（Brid.）
Kindb.，Pylaisiadelpha formosana（Broth.）
Buck］腐木藓（台湾小锦藓）

Heterophyllium albicans Thér. 淡色腐木藓

Heterophyllium brachycarpum Fleisch. = Hetero-
phyllium affine（Hook.）Fleisch.

Heterophyllium confine（Mitt.）Fleisch. = Hetero-
phyllium affine（Hook.）Fleisch.

Heterophyllium foliolatum（Card.）Wijk et Marg.
= Heterophyllium affine（Hook.）Fleisch.

Heterophyllium haldanianum（Grev.）Fleisch. =
Callicladium haldanianum（Grev.）Crum

Heterophyllium microcarpum Thér. 小蒴腐木藓

Heterophyllium nemorosum（Brid.）Kindb. = Het-
erophyllium affine（Hook.）Fleisch.

Heteroscyphus Schiffn. 异萼苔属

* Heteroscyphus acutangulus（Schiffn.）Schiffn. 锐齿
异萼苔

Heteroscyphus argutus（Reinw.，Bl. et Nees）
Schiffn.［Chiloscyphus argutus（Reinw.，Bl. et
Nees）Nees，Chiloscyphus decurrens（Reinw.，Bl.
et Nees）Nees var. chinensis Mass.，Chiloscyphus
endlicherianus（Nees）Nees var. chinensis Mass.，
Heteroscyphus splendens（Lehm. et Lindenb.）
Grolle var. chinensis（Mass.）Piippo］四齿异萼苔

（尖异萼苔，尖裂萼苔）

Heteroscyphus argutus （ Reinw. , Bl. et Nees ） Schiffn. var. brevidens Schiffn. 四齿异萼苔短齿变种

Heteroscyphus aselliformis （ Reinw. , Bl. et Nees ） Schiffn. ［Chiloscyphus aselliformis（ Reinw. ,Bl. et Nees ） Nees, Chiloscyphus aselliformis （ Reinw. , Bl. et Nees ） var. neesii Schiffn. , Heteroscyphus subcuriosissimus（ Horik.） Chen, Saccogyna subcuriosissima Horik.］异萼苔（厚角异萼苔，异鞍异萼苔）

Heteroscyphus bescherellei （ Steph.） Hatt. = Heteroscyphus coalitus （ Hook.） Schiffn.

Heteroscyphus coalitus （ Hook.） Schiffn.［Chiloscyphus bescherellei Steph. , Chiloscyphus communis Steph. , Heteroscyphus bescherellei （ Steph.） Hatt. , Heteroscyphus communis （ Steph.） Schiffn.］双齿异萼苔（贝氏异萼苔）

Heteroscyphus communis （ Steph.） Schiffn. = Heteroscyphus coalitus （ Hook.） Schiffn.

Heteroscyphus flaccidus （ Mitt.） Srivast. et Srivast. 脆叶异萼苔

Heteroscyphus lophocoleoides Hatt. 叉齿异萼苔

Heteroscyphus planus （ Mitt.） Schiffn.［Chiloscyphus planus Mitt.］平叶异萼苔

Heteroscyphus saccogynoides Herz. 全缘异萼苔

Heteroscyphus spiniferus C. Gao, T. Cao et Y. -H. Wu 长齿异萼苔

Heteroscyphus splendens （ Lehm. et Lindenb.） Grolle ［ Chiloscyphus decurrens （ Reinw. , Bl. et Nees ） Nees］亮叶异萼苔

Heteroscyphus splendens （ Lehm. et Lindenb.） Grolle var. chinensis （ Mass.） Piippo = Heteroscyphus argutus （ Reinw. , Bl. et Nees ） Schiffn.

Heteroscyphus succulentus（ Gott.） Schiffn. 鲜绿异萼苔

Heteroscyphus subcuriosissimus （ Horik.） Chen = Heteroscyphus aselliformis （ Reinw. , Bl. et Nees ） Schiffn.

Heteroscyphus tener （ Steph.） Schiffn.［Chiloscyphus tener Steph. ,Saccogyna curiosissima Horik.］柔叶异萼苔（圆叶异萼苔）

Heteroscyphus tridentatus（ S. Lac.） Grolle 三齿异萼苔

Heteroscyphus turgidus （ Schiffn.） Schiffn.［Chiloscyphus turgidus Schiffn.］膨体异萼苔

Heteroscyphus zollingeri （ Gott.） Schiffn.［Chiloscyphus zollingeri Gott. , Heteroscyphus zollingeri （ Gott.） Schiffn. f. pluridentatus Herz.］南亚异萼苔

Heteroscyphus zollingeri （ Gott.） Schiffn. f. pluridentatus Herz. = Heteroscyphus zollingeri （ Gott.） Schiffn.

Hilpertia Zand. 卵叶藓属

Hilpertia velenovskyi （ Schiffn.） Zand.［Tortula velenovskyi Schiffn.］卵叶藓

Himantocladium （ Mitt.） Fleisch. 波叶藓属

Himantocladium bipinnatum Dix. 羽枝波叶藓

Himantocladium cyclophyllum （ Muell. Hal.） Fleisch.［Himantocladium elegantulum Nog. , Himantocladium loriforme （ Bosch et S. Lac.） Fleisch.］波叶藓（轮叶波叶藓,阔叶波叶藓）

Himantocladium elegantulum Nog. = Himantocladium cyclophyllum （ Muell. Hal.） Fleisch.

Himantocladium formosicum Broth. et Yas. 台湾波叶藓

Himantocladium loriforme （ Bosch et S. Lac.） Fleisch. = Himantocladium cyclophyllum （ Muell. Hal.） Fleisch.

Himantocladium plumula （ Nees ） Fleisch.［Pilotrichum plumula Nees］小波叶藓

Himantocladium speciosum Nog. = Taiwanobryum crenulatum （ Harv.） Olsson, Enroth et Quandt

Holomitrium Brid. 苞领藓属

Holomitrium cylindraceum （ P. Beauv.） Wijk et Marg.［Holomitrium javanicum Dozy et Molk. , Holomitrium vaginatum （ Hook.） Brid.］柱鞘苞领藓（苞领藓）

Holomitriun densifolium （ Wils.） Wijk et Marg.［Holomitrium densifolium （ Wils.） Wijk et Marg. var. pseudautoicum （ Card.） S. -H. Lin, Holomitrium griffithianum Mitt. , Holomitrium griffithianum Mitt. var. pseudautoicum Card.］密叶苞领藓（格氏苞领藓,苞领藓）

Holomitrium densifolium（Wils.）Wijk et Marg. var. pseudautoicum（Card.）S.-H. Lin = Holomitriun densifolium（Wils.）Wijk et Marg.

Holomitrium enerve Dozy et Molk. = Braunfelsia enervis（Dozy et Molk.）Par.

Holomitrium griffithianum Mitt. = Holomitrium densifolium（Wils.）Wijk et Marg.

Holomitrium griffithianum Mitt. var. pseudautoicum Card. = Holomitrium densifolium（Wils.）Wijk et Marg.

Holomitrium javanicum Dozy et Molk. = Holomitrium cylindraceum（P. Beauv.）Wijk et Marg.

*Holomitrium perichaetiale（Hook.）Brid. 苞领藓

Holomitrium vaginatum（Hook.）Brid. = Holomitrium cylindraceum（P. Beauv.）Wijk et Marg.

Homalia Brid. 扁枝藓属

Homalia arcuata Bosch et S. Lac. = Taxiphyllum arcuatum（Bosch et S. Lac.）S. He

Homalia exiguua Bosch et S. Lac. = Circulifolium exiguum（Bosch et S. Lac.）Olsson, Enroth et Quandt

Homalia fauriei Broth. = Homalia trichomanoides（Hedw.）Schimp.

Homalia glossophylla（Mitt.）Jaeg. = Circulifolium microdendron（Mont.）Olsson, Enroth et Quandt

Homalia japonica Besch. = Homalia trichomanoides（Hedw.）Schimp. var. japonica（Besch.）S. He

Homalia leptodontea Muell. Hal. = Alleniella complanata（Hedw.）Olsson, Enroth et Quandt

Homalia levieri Muell. Hal. = Homaliadelphus targionianus（Mitt.）Dix. et P. Varde

Homalia ligulaefolia（Mitt.）Bosch et S. Lac. = Homaliodendron ligulaefolium（Mitt.）Fleisch.

Homalia montagneana（Muell. Hal.）Jaeg. = Homaliodendron montagneanum（Muell. Hal.）Fleisch.

Homalia obtusata Mitt. = Homalia trichomanoides（Hedw.）Schimp.

Homalia spathulata Dix. = Homalia trichomanoides（Hedw.）Schimp.

Homalia subarcuata Broth. = Taxiphyllum arcuatum（Besch. et S. Lac.）S. He

Homalia targioniana（Mitt.）Jaeg. = Homaliadelphus targionianus（Mitt.）Dix. et P. Varde

Homalia trichomanoides（Hedw.）Schimp.［Homalia fauriei Broth., Homalia obtusata Mitt., Homalia spathulata Dix., Homaliodendron obtusatum（Mitt.）Gangulee, Neckera spathulata（Dix.）Dix.］扁枝藓（东亚扁枝藓,钝叶扁枝藓,钝叶平藓）

Homalia trichomanoides（Hedw.）Schimp. var. japonica（Besch.）S. He［Homalia japonica Besch.］扁枝藓日本变种

Homaliadelphus Dix. et P. Varde 拟扁枝藓属

Homaliadelphus laevidentatus（Okam.）Iwats. = Homaliadelphus targionianus（Mitt.）Dix. et P. Varde var. laevidentatus（Okam.）Nog.

*Homaliadelphus sharpii（Williams）Sharp 夏氏拟扁枝藓

Homaliadelphus sharpii（Williams）Sharp var. rotundatus（Nog.）Iwats.［Homaliadelphus targionianus（Mitt.）Dix. et P. Varde var. rotundata Nog.］夏氏拟扁枝藓圆叶变种（拟扁枝藓圆叶变种）

Homaliadelphus targionianus（Mitt.）Dix. et P. Varde［Homalia levieri Muell. Hal., Homalia targioniana（Mitt.）Jaeg., Homaliopsis targioniana（Mitt.）Dix. et P. Varde, Neckeropsis sinensis Chen］拟扁枝藓

Homaliadelphus targionianus（Mitt.）Dix. et P. Varde var. laevidentatus（Okam.）Nog.［Homaliadelphus laevidentatus（Okam.）Iwats.］拟扁枝藓细齿变种

Homaliadelphus targionianus（Mitt.）Dix. et P. Varde var. rotundatus Nog. = Homaliadelphus sharpii（Williams）Sharp var. rotundatus（Nog.）Iwats.

Homaliodendron Fleisch. 树平藓属

Homaliodendron crassinervium Thér. 粗肋树平藓

Homaliodendron exiguum（Bosch et S. Lac.）Fleisch. = Circulifolium exiguum（Bosch et S. Lac.）Olsson, Enroth et Quandt

Homaliodendron flabellatum（Sm.）Fleisch.［Homalia flabellata（Sm.）Bosch et S. Lac., Homaliodendron javanicum（Muell. Hal.）Fleisch., Homaliodendron microphyllum C. Gao, Neckera javanicum（Muell. Hal.）Fleisch.] 树平藓（爪哇树平藓，小叶树平藓）

Homaliodendron fruticosum（Mitt.）Olsson, Enroth et Quandt ［Porotrichum fruticosum （Mitt.）Jaeg., Thamnium flabellatum Nog. var. attenuatum Nog., Thamnium fruticosum （Mitt.）Kindb., Thamnobryum fruticosum （Mitt.）Gangulee] 树枝树平藓（树枝硬枝藓）

Homaliodendron glossophyllum（Mitt.）Fleisch. = Circulifolium microdendron（Mont.）Olsson, Enroth et Quandt

Homaliodendron handelii Broth. = Homaliodendron papillosum Broth.

Homaliodendron intermedium Herz. 马来树平藓

Homaliodendron javanicum（Muell. Hal.）Fleisch. = Homaliodendron flabellatum（Sw.）Fleisch.

Homaliodendron ligulaefolium（Mitt.）Fleisch.［Homalia ligulaefolia（Mitt.）Bosch et S. Lac., Neckera ligulaefolia Mitt.］舌叶树平藓

Homaliodendron microdendron（Mont.）Fleisch. = Circulifolium microdendron（Mont.）Olsson, Enroth et Quandt

Homaliodendron microphyllum C. Gao = Homaliodendron flabellatum（Sm.）Fleisch.

Homaliodendron montagneanum （Muell. Hal.）Fleisch.［Homalia montagneana（Muell. Hal.）Jaeg.]西南树平藓（孟氏树平藓）

Homaliodendron neckeroides Broth. = Neckera neckeroides（Broth.）Enroth et Tan

Homaliodendron obtusatum（Mitt.）Gangulee = Homalia trichomanoides（Hedw.）Schimp.

Homaliodendron opacum Nog. = Homaliodendron papillosum Broth.

Homaliodendron papillosum Broth.［Homaliodendron handelii Broth., Homaliodendron opacum Nog., Homaliodendron rectifolium （Mitt.）Fleisch., Homaliodendron squarrulosum Fleisch., Homaliodendron undulatum Nog., Porotrichum perplexans Dix.］疣叶树平藓（云南树平藓，波叶树平藓，台湾树平藓，密叶硬枝藓）

Homaliodendron pseudonitidulum（Okam.）Nog. =

Circulifolium exiguum（Bosch et S. Lac.）Olsson, Enroth et Quandt

Homaliodendron pulchrum L. -Y. Pei et Y. Jia 无肋树平藓

Homaliodendron pygmaeum Herz. et Nog. = Pinnatella anacamptolepis（Muell. Hal.）Broth.

Homaliodendron rectifolium（Mitt.）Fleisch. = Homaliodendron papillosum Broth.

Homaliodendron scalpellifolium （Mitt.）Fleisch.［Homaliodendron scalpellifolium（Mitt.）Fleisch. var. angustifolium Fleisch.］刀叶树平藓

Homaliodendron scalpellifolium （Mitt.）Fleisch. var. angustifolium Fleisch. = Homaliodendron scapellifolium（Mitt.）Fleisch.

Homaliodendron spathulaefolium （Muell. Hal.）Fleisch. = Circulifolium microdendron（Mont.）Olsson, Enroth et Quandt

Homaliodendron squarrulosum Fleisch. = Homaliodendron papillosum Broth.

Homaliodendron undulatum Nog. = Homaliodendron papillosum Broth.

Homaliopsis targioniana（Mitt.）Dix. et P. Varde = Homaliadelphus targionianus （Mitt.）Dix. et P. Varde

Homalotheciella（Card.）Broth. 小同蒴藓属（拟同蒴藓属）

Homalotheciella sinensis Card. et Thér. 中华小同蒴藓（中华拟同蒴藓）

* Homalotheciella subcapillata（Hedw.）Broth. 小同蒴藓

Homalothecium Bruch et Schimp. 同蒴藓属

Homalothecium laevisetum S. Lac.［Homalothecium tokiadense（Mitt.）Besch.］无疣同蒴藓（光柄同蒴藓，东京同蒴藓）

Homalothecium leucodonticaule （Muell. Hal.）Broth.［Homalothecium perimbricatum Broth., Homalothecium perimbricatum Broth. var. brevifolium Tak., Homalothecium sinense Par. et Broth., Ptychodium leucodonticaule Muell. Hal.］白色同蒴藓（密叶同蒴藓，密叶同蒴藓短叶变种，中华同蒴藓）

Homalothecium longicuspis Broth. = Palamocladium

leskeoides（Hook.）Britton

Homalothecium nitens（Hedw.）Robins. = Tomenthypnum nitens（Hedw.）Loeske

Homalothecium perimbricatum Broth. = Homalothecium leucodonticaule（Muell. Hal.）Broth.

Homalothecium perimbricatum Broth. var. brevifolium Tak. = Homalothecium leucodonticaule（Muell. Hal.）Broth.

Homalothecium philippeanum（Spruce）Bruch et Schimp. 直枝同蒴藓

Homalothecium sericeum（Hedw.）Bruch et Schimp. 同蒴藓

Homalothecium sinense Par. et Broth. = Homalothecium leucodonticaule（Muell. Hal.）Broth.

Homalothecium tokiadense（Mitt.）Besch. = Homalothecium laevisetum S. Lac.

Homomallium（Schimp.）Loeske 毛灰藓属

Homomallium connexum（Card.）Broth.［Homomallium denticulatum Dix., Homomallium hwangshanense Chen et P. -C. Wu］东亚毛灰藓（黄山毛灰藓）

Homomallium denticulatum Dix. = Homomallium connexum（Card.）Broth.

Homomallium hwangshanense Chen et P. -C. Wu = Homomallium connexum（Card.）Broth.

Homomallium incurvatum（Brid.）Loeske 毛灰藓（凹叶毛灰藓）

Homomallium japonico-adnatum（Broth.）Broth.［Homomallium leskeoides Sak.］贴生毛灰藓

Homomallium leptothallum（Muell. Hal.）Nog. = Eurohypnum leptothallum（Muell. Hal.）Ando

Homomallium leptothallum（Card.）Broth. var. tereticaule（Muell. Hal.）Nog. = Eurohypnum leptothallum（Muell. Hal.）Ando

Homomallium loriforme Broth. = Homomallium simlaense（Mitt.）Broth.

Homomallium mexicanum Card. 墨西哥毛灰藓

Homomallium plagiangium（Muell. Hal.）Broth.［Hypnum plagiangium（Muell. Hal.）Levier, Pylaisia plagiangia Muell. Hal.］华中毛灰藓

Homomallium simlaense（Mitt.）Broth.［Homomallium loriforme Broth., Stereodon simlaensis

Mitt.］南亚毛灰藓

Homomallium yuennanense Broth. 云南毛灰藓

Hondaella Dix. et Sak. 拟灰藓属（丝光藓属）

Hondaella aulacophylla Dix. et Sak. = Hondaella caperata（Mitt.）Tan et Iwats.

Hondaella brachytheciella（Broth. et Par.）Ando = Hondaella caperata（Mitt.）Tan et Iwats.

Hondaella caperata（Mitt.）Tan et Iwats.［Hondaella aulacophylla Dix. et Sak., Hondaella brachytheciella（Broth. et Par.）Ando］拟灰藓（丝光藓）

Hondaella entodontea（Muell. Hal.）Buck［Pylaisia entodontea Muell. Hal.］绢光拟灰藓（绢光金灰藓）

Hookeria Sm. 油藓属

Hookeria acutifolia Hook. et Grev.［Hookeria nipponensis（Besch.）Broth.］尖叶油藓（东亚油藓）

Hookeria blumeana Muell. Hal. = Cyclodictyon blumeanum（Muell. Hal.）Kuntze

* Hookeria lucens（Hedw.）Sm. 油藓

Hookeria microdendron Mont. = Circulifolium microdendron（Mont.）Olsson, Enroth et Quandt

Hookeria nipponensis（Besch.）Broth. = Hookeria acutifolia Hook. et Grev.

Hookeria pappeana Hampe = Hookeriopsis utacamundiana（Mont.）Broth.

Hookeriaceae 油藓科

Hookeriales 油藓目

Hookeriopsis（Besch.）Jaeg. 拟油藓属

Hookeriopsis geminidens Broth. = Hookeriopsis utacamundiana（Mont.）Broth.

* Hookeriopsis leiophylla（Besch.）Jaeg. 拟油藓

Hookeriopsis pappeana（Hampe）Jaeg. = Hookeriopsis utacamundiana（Mont.）Broth.

Hookeriopsis sumatrana（Bosch et S. Lac.）Broth. = Hookeriopsis utacamundiana（Mont.）Broth.

Hookeriopsis utacamundiana（Mont.）Broth.［Hookeria pappeana Hampe, Hookeriopsis geminidens Broth., Hookeriopsis pappeana（Hampe）Jaeg.,Hookeriopsis sumatrana（Bosch et S. Lac.）Broth., Thamniopsis pappeana（Hampe）Buck, Thamniopsis secunda（Griff.）Buck, Thamniopsis utacamundiana（Mont.）Buck］并齿拟油藓（拟油

薛）

Horikawaea Nog. 兜叶藓属（崛川藓属）

Horikawaea dubia（Tix.）S. -H. Lin 平尖兜叶藓

Horikawaea nitida Nog. 兜叶藓

Horikawaea redfearnii Tan et P. -J. Lin = Horikawaea tjibodensis（Fleisch.）M. -C. Ji et Enroth

Horikawaea tjibodensis（Fleisch.）M. -C. Ji et Enroth［Cryptogonium phyllogonioides（Sull.）Isov. ,Horikawaea redfearnii Tan et P. -J. Lin］双肋兜叶藓

Horikawaella Hatt. et Amak. 疣叶苔属

Horikawaella grosse-verrucosa Amak. et Hatt. 粗疣叶苔

Horikawaella rotundifolia C. Gao et Y. -J. Yi = Mylia taylorii（Hook.）Gray

Horikawaella subacuta（Herz.）Hatt. et Amak. 疣叶苔（尖叶疣叶苔）

Hydrocryphaea Dix. 湿隐蒴藓属（湿隐藓属）

Hydrocryphaea wardii Dix. 湿隐蒴藓（湿隐藓）

*** Hydrogonium**（Muell. Hal.）Jaeg. 石灰藓属

Hydrogonium amplexifolium（Mitt.）Chen = Barbula amplexifolia（Mitt.）Jaeg.

Hydrogonium anceps（Card.）Herz. et Nog. = Barbula anceps Card.

Hydrogonium arcuatum（Griff.）Wijk et Marg. = Barbula arcuata Griff.

Hydrogonium comosum（Dozy et Molk.）Hilp. = Barbula arcuata Griff.

Hydrogonium consanguineum（Thwait. et Mitt.）Hilp. = Barbula javanica Dozy et Molk.

Hydrogonium dixonianum Chen = Barbula dixoniana（Chen）Redf. et Tan

Hydrogonium ehrenbergii（Lor.）Jaeg. = Barbula ehrenbergii（Lor.）Fleisch.

Hydrogonium gangeticum（Muell. Hal.）Chen = Barbula gangetica Muell. Hal.

Hydrogonium gracilentum（Mitt.）Chen = Barbula gracilenta Mitt.

Hydrogonium inflexum（Duby）Chen = Barbula inflexa（Duby）Muell. Hal.

Hydrogonium javanicum（Dozy et Molk.）Hilp. = Barbula javanica Dozy et Molk.

Hydrogonium javanicum（Dozy et Molk.）Hilp. var. convolutifolium（Dix.）Chen = Barbula javanica Dozy et Molk.

Hydrogonium laevifolium（Broth. et Yas.）Chen = Barbula subcomosa Broth.

Hydrogonium majusculum（Muell. Hal.）Chen = Barbula majuscula Muell. Hal.

Hydrogonium novoguineense（Broth.）Chen = Barbula novoguineensis Broth.

Hydrogonium pseudoehrenbergii（Fleisch.）Chen = Barbula pseudoehrenbergii Fleisch.

Hydrogonium setschwanicum（Broth.）Chen = Barbula indica（Hook.）Spreng.

Hydrogonium sordidum（Besch.）Chen = Barbula sordida Besch.

Hydrogonium subcomosum（Broth.）Chen = Barbula subcomosa Broth.

Hydrogonium subpellucidum（Mitt.）Hilp. = Barbula subpellucida Mitt.

Hydrogonium subpellucidum（Mitt.）Hilp. var. hyaloloma Herz. = Barbula subpellucida Mitt.

Hydrogonium williamsii Chen = Barbula williamsii（Chen）Iwats. et Tan

Hygroamblystegium Loeske 湿柳藓属

Hygroamblystegium filicinum（Hedw.）Loeske = Cratoneuron filicinum（Hedw.）Spruce

Hygroamblystegium fluviatile（Hedw.）Loeske［Amblystegium fluviatile（Hedw.）Schimp.］溪流湿柳藓（水生湿柳藓）

Hygroamblystegium fluviatile（Hedw.）Loeske var. irriguum（Hook. et Wils.）Grout = Hygroamblystegium tenax（Hedw.）Jenn.

Hygroamblystegium irriguum（Hook. et Wils.）Loeske = Hygroamblystegium tenax（Hedw.）Jenn.

*** Hygroamblystegium noterophilum**（Sull. et Lesq.）Warnst. 水生湿柳藓（沼生湿柳藓）

Hygroamblystegium ramulosum Dix. = Cratoneuron filicinum（Hedw.）Spruce

Hygroamblystegium tenax（Hedw.）Jenn.［Amblystegium tenax（Hedw.）Jens. ,Hygroamblystegium fluviatile（Hedw.）Loeske var. irriguum（Hook. et Wils.）Grout，Hygroamblystegium irriguum（Hook. et Wils.）Loeske］湿柳藓

Hygroamblystegium tenax（Hedw.）Jenn. var. spinifolium（Schimp.）Jenn.［Amblystegium tenax（Hedw.）Jenn. var. spinifolium（Schimp.）Crum et Anders.］湿柳藓刺叶变种（湿生柳叶藓刺叶变种）

Hygrobiella Spruce 湿地苔属（长胞苔属）

Hygrobiella laxifolia（Hook.）Spruce 湿地苔（长胞苔）

Hygrohypnum Lindb. 水灰藓属

Hygrohypnum alpestre（Hedw.）Loeske 高山水灰藓（高寒水灰藓）

*Hygrohypnum alpinum（Lindb.）Loeske 高地水灰藓（高山水灰藓）

Hygrohypnum dilatatum（Wils.）Loeske = Hygrohypnum molle（Hedw.）Loeske

Hygrohypnum eugyrium（Bruch et Schimp.）Broth.［Limnobium eugyrium Bruch et Schimp.］扭叶水灰藓（水灰藓）

Hygrohypnum fontinaloides Chen 长枝水灰藓

Hygrohypnum luridum（Hedw.）Jenn.［Calliergidium bakeri（Ren.）Grout，Hygrohypnum palustre Loeske，Hypnum pachycarpulum（Muell. Hal.）Par.，Limnobium pachycarpulum Muell. Hal.，Stereodon palustris Mitt.］水灰藓（沼泽水灰藓）

Hygrohypnum luridum（Hedw.）Jenn. var. ehlei（Arn.）Wijk et Marg. 水灰藓长肋变种

Hygrohypnum luridum（Hedw.）Jenn. var. subsphaericarpum（Brid.）Jens. 水灰藓圆蒴变种（圆蒴沼泽水灰藓）

Hygrohypnum molle（Hedw.）Loeske［Hygrohypnum dilatatum（Wils.）Loeske］柔叶水灰藓（圆叶水灰藓）

Hygrohypnum montanum（Lindb.）Broth. 山地水灰藓

*Hygrohypnum norvegicum（Bruch et Schimp.）Amann 淡绿水灰藓

Hygrohypnum ochraceum（Wils.）Loeske 褐黄水灰藓（水灰藓,黄色水灰藓）

Hygrohypnum palustre Loeske = Hygrohypnum luri-dum（Hedw.）Jenn.

Hygrohypnum poecilophyllum Dix. = Hygrohypnum purpurascens Broth.

Hygrohypnum purpurascens Broth.［Hygrohypnum poecilophyllum Dix.］紫色水灰藓

Hygrohypnum smithii（Sw.）Broth. 钝叶水灰藓（阔叶水灰藓）

*Hygrohypnum smithii（Sw.）Broth. var. goulardii（Schimp.）Wijk et Marg. 钝叶水灰藓短肋变种

Hygrolejeunea（Spruce）Schiffn. = Lejeunea Libert

Hygrolejeunea cerina（Lehm. et Lindenb.）Steph. = Lejeunea cerina（Lehm. et Lindenb.）Gott.，Lindenb. et Nees

Hygrolejeunea formosana Horik. = Lejeunea leratii（Steph.）Mizut.

Hygrolejeunea matteola（Spruce）Steph. = Lejeunea matteola Spruce

Hygrolejeunea obscura（Mitt.）Steph. = Lejeunea obscura Mitt.

Hygrophila Tayl. = Dumortiera Nees

Hygrophila irrigua（Wils.）Tayl. = Dumortiera hirsuta（Sw.）Nees

Hylocomiaceae 塔藓科

Hylocomiastrum Broth. 星塔藓属

Hylocomiastrum himalayanum（Mitt.）Broth.［Hylocomium himalayanum（Mitt.）Jaeg.］喜马拉雅星塔藓（喜马拉雅塔藓）

Hylocomiastrum pyrenaicum（Spruce）Broth.［Hylocomium pyrenaicum（Spruce）Lindb.］星塔藓（山地塔藓）

Hylocomiastrum umbratum（Hedw.）Broth.［Hylocomium umbratum（Hedw.）Bruch et Schimp.］仰叶星塔藓（阴地塔藓）

Hylocomiopsis Card. 拟塔藓属

Hylocomiopsis ovicarpa（Besch.）Card. 拟塔藓

Hylocomium Schimp. 塔藓属（假蔓藓属）

Hylocomium alaskanum（Lesq. et James）Aust. = Hylocomium splendens（Hedw.）Schimp.

Hylocomium brevirostre（Brid.）Schimp. = Loeskeobryum brevirostre（Brid.）Broth.

Hylocomium brevirostre（Brid.）Schimp. var. cavifolium（S. Lac.）Nog. = Loeskeobryum cavifolium

129

（S. Lac.）Broth.

Hylocomium cavifolium S. Lac. = Loeskeobryum cavifolium（S. Lac.）Broth.

Hylocomium himalayanum（Mitt.）Jaeg. = Hylocomiastrum himalayanum（Mitt.）Broth.

Hylocomium isopterygioides Broth. et Par. = Taxiphyllum taxirameum（Mitt.）Fleisch.

Hylocomium neckerella Muell. Hal. = Gollania neckerella（Muell. Hal.）Broth.

Hylocomium proliferum（Brid.）Lindb. = Hylocomium splendens（Hedw.）Schimp.

Hylocomium pyrenaicum（Spruce）Lindb. = Hylocomiastrum pyrenaicum（Spruce）Broth.

Hylocomium rugosum（Hedw.）De Not. = Rhytidium rugosum（Hedw.）Kindb.

Hylocomium scabrifolium Broth. = Ctenidium homalophyllum Ihs.

Hylocomium schreberi（Brid.）De Not. = Pleurozium schreberi（Brid.）Mitt.

Hylocomium splendens（Hedw.）Schimp.［Hylocomium alaskanum（Lesq. et Jam.）Aust. , Hylocomium proliferum（Brid.）Lindb.］塔藓（阿拉斯加塔藓）

Hylocomium triquetrum（Hedw.）Schimp. = Rhytidiadelphus triquetrus（Hedw.）Warnst.

Hylocomium umbratum（Hedw.）Schimp. = Hylocomiastrum umbratum（Hedw.）Broth.

Hylocomium yunnanense Besch. = Neodolichomitra yunnanensis（Besch.）T. Kop.

Hymenoloma Dusén 疣叶藓属

Hymenoloma mulahacenii（Hoehn.）Ochyra 直叶疣叶藓

* Hymenophyton Dum.［Umberaculum Gott.］蕨叶苔属

Hymenostomum edentulum（Mitt.）Besch. = Weissia eduntula Mitt.

Hymenostomum exsertum（Broth.）Broth. = Weissia exserta（Broth.）Chen

Hymenostomum fuscum Dix. = Weissia breviseta（Thér.）Chen

Hymenostomum latifolium Nog. = Weissia newcomeri（Bartr.）Saito

Hymenostomum leptotrichaceum（Muell. Hal.）Par. = Weissia eduntula Mitt.

Hymenostomum malayense Fleisch. = Barbula indica（Hook.）Spreng.

Hymenostomum minutissimum Par. = Weissia controversa Hedw.

Hymenostyliella japonica（Broth.）Saito = Didymodon japonicus（Broth.）Saito

* Hymenostyliella Barlt. 菲岛藓属

Hymenostylium Brid. 立膜藓属

Hymenostylium anoectangioides（Muell. Hal.）Broth. = Hymenostylium recurvirostrum（Hedw.）Dix.

Hymenostylium aurantiacum Mitt. = Hymenostylium recurvirostrum（Hedw.）Dix. var. cylindricum（Bartr.）Zand.

Hymenostylium calcareum（Nees et Hornsch.）Mitt. = Gymnostomum calcareum Nees et Hornsch.

Hymenostylium commutatum Mitt. = Hymenostylium recurvirostrum（Hedw.）Dix.

Hymenostylium courtoisii Broth. et Par. = Hymenostylium recuvirostrum（Hedw.）Dix. var. cylindricum（Bartr.）Zand.

Hymenostylium curvirostrum Mitt. = Hymenostylium recurvirostrum（Hedw.）Dix.

Hymenostylium curvirostrum Mitt. var. commutatum（Mitt.）Hag. = Hymenostylium recurvirostrum（Hedw.）Dix.

Hymenostylium curvirostrum Mitt. var. sinense Card. et Thér. = Hymenostylium recurvirostrum（Hedw.）Dix.

Hymenostylium diversirete Broth. = Reimersia inconspicua（Griff.）Chen

Hymenostylium formosicum Broth. et Yas. = Molendoa sendtneriana（Bruch et Schimp.）Limpr.

Hymenostylium laxirete Broth. = Gymnostomum laxirete（Broth.）Chen

Hymenostylium pellucidum Broth. et Yas. = Hymenostylium recurvirostrum（Hedw.）Dix.

Hymenostylium recurvirostrum（Hedw.）Dix.［Amphidium formosicum Card. , Amphidium mougeotii（Bruch et Schimp.）Schimp. var. formosicum

Card. , Gymnostomum curvirostrum Brid. , Gymnostomum recurvirostrum Hedw. , Hymenostylium anoectangioides（Muell. Hal.）Broth. , Hymenostylium commutatum Mitt. , Hymenostylium curvirostrum Mitt. var. commutatum（Mitt.）Hag. , Hymenostylium curvirostrum Mitt. , Hymenostylium curvirostrum Mitt. var. commutatum（Mitt.）Hag. , Hymenostylium curvirostrum Mitt. var. sinense Card. et Thér. , Hymenostylium pellucidum Broth. et Yas. , Hymenostylium recurvirostrum（Hedw.）Dix. var. commutatum（Mitt.）Podp. , Hymenostylium recurvirostrum（Hedw.）Dix. var. latifolium（Zett.）Wijk et Marg. , Trichostomum anoectangioides Muell. Hal.］立膜藓（立膜藓宽叶变种，净口藓，钩喙净口藓，曲喙净口藓，苗氏瓶藓，苗氏瓶藓台湾变种）

Hymenostylium recurvirostrum（Hedw.）Dix. var. commutatum（Mitt.）Podp. = Hymenostylium recurvirostrum（Hedw.）Dix.

Hymenostylium recurvirostrum（Hedw.）Dix. var. cylindricum（Bartr.）Zand.［Anoectangium fortunatii Card. et Thér. , Gymnostomum aurantiacum（Mitt.）Jaeg. , Hymenostylium aurantiacum Mitt. , Hymenostylium courtoisii Broth. et Par.］立膜藓橙色变种（橙色净口藓，橙蒴净口藓，柱蒴立膜藓）

Hymenostylium recurvirostrum（Hedw.）Dix. var. insigne（Dix.）Bartr.［Barbula subrigidula Broth. , Gymnostomum subrigidulum（Broth.）Chen］立膜藓硬叶变种（硬叶净口藓）

Hymenostylium recurvirostrum（Hedw.）Dix. var. latifolium（Zett.）Wijk et Marg. = Hymenostylium recurvirostrum（Hedw.）Dix.

Hymenostylium sinense Sak. 中华立膜藓

Hyocomium Bruch et Schimp. 水梳藓属

Hyocomium armoricum（Brid.）Wijk et Marg. 水梳藓

Hyophila Brid. 湿地藓属

Hyophila acutifolia Saito 尖叶湿地藓

Hyophila angustifolia Card. = Trichostomum platyphyllum（Ihs.）Chen

Hyophila aristatula Broth. = Trichostomum zanderi Redf. et Tan

Hyophila attenuata Broth. = Hyophila involuta（Hook.）Jaeg.

Hyophila barbuloides Broth. = Trichostomum sinochenii Redf. et Tan

Hyophila cucullatifolia C. Gao, X. -Y. Jia et T. Cao = Weisiopsis anomala（Broth. et Par.）Broth.

Hyophila dittei Thér. et P. Varde = Hyophila javanica（Nees et Bl.）Brid.

Hyophila grandiretis Sak. = Molendoa sendtneriana（Bruch et Schimp.）Limpr.

Hyophila involuta（Hook.）Jaeg.［Hyophila attenuata Broth. , Hyophila micholitzii Broth. , Hyophila moutieri Par. et Broth. , Hyophila sinensis Dix. , Hyophila tortula（Schwaegr.）Hampe］卷叶湿地藓（欧洲湿地藓）

Hyophila javanica（Nees et Bl.）Brid.［Hyophila dittei Thér. et P. Varde, Hyophila minutitheca Dix.］湿地藓（爪哇湿地藓）

Hyophila micholitzii Broth. = Hyophila involuta（Hook.）Jaeg.

Hyophila minutitheca Dix. = Hyophila javanica（Nees et Bl.）Brid.

Hyophila moutieri Par. et Broth. = Hyophila involuta（Hook.）Jaeg.

Hyophila nymaniana（Fleisch.）Menzel［Hyophila rosea Williames］花状湿地藓

Hyophila propagulifera Broth.［Hyophila naganoi Sak. , Hyophila okamurae Broth. , Trichostomum uematsuii Iis.］芽胞湿地藓

Hyophila rosea Williams = Hyophila nymaniana（Fleisch.）Menzel

Hyophila setschwanica（Broth.）Chen［Weisiopsis setschwanica Broth.］四川湿地藓

Hyophila sinensis Dix. = Hyophila involuta（Hook.）Jaeg.

Hyophila spathulata（Harv.）Jaeg. 匙叶湿地藓

Hyophila stenophylla Card. = Trichostomum platyphyllum（Ihs.）Chen

Hyophila tortula（Schwaegr.）Hampe = Hyophila involuta（Hook.）Jaeg.

Hypnaceae 灰藓科

Hypnales 灰藓目

Hypnodendraceae 树灰藓科

Hypnodendrales 树灰藓目

Hypnodendron (Muell. Hal.) Mitt. 树灰藓属

Hypnodendron formosicum Card. = Hypnodendron vitiense Mitt.

Hypnodendron reinwardtii (Schwaegr.) Jaeg. et Sauerb. 长叶树灰藓 (树灰藓)

Hypnodendron vitiense Mitt. [Hypnodendron formosicum Card.] 树灰藓 (小叶树灰藓, 台湾树灰藓)

Hypnum Hedw. 灰藓属

Hypnum aduncoides (Brid.) Muell. Hal. = Hypnum macrogynum Besch.

Hypnum alare (Muell. Hal.) Par. = Hypnum plumaeforme Wils.

Hypnum arcuatum Mol. = Calliergonella lindbergii (Mitt.) Hedenaes

Hypnum balearicum Dix. = Ctenidium molluscum (Hedw.) Mitt.

Hypnum bambergeri Schimp. 镰叶灰藓

* Hypnum brevicuspis Dix. 短尖灰藓

Hypnum calcicolum Ando 钙生灰藓

Hypnum callichroum Brid. 尖叶灰藓

Hypnum circinale Hook. [Hypnum pseudo-recurvans (Kindb.) Kindb., Hypnum sequoieti Muell. Hal., Stereodon circinalis (Hook.) Mitt.] 拳叶灰藓

Hypnum commutatum Hedw. = Palustriella commutata (Hedw.) Ochyra

Hypnum crista-castrensis Hedw. = Ptilium crista-castrensis (Hedw.) De Not.

Hypnum cupressiforme Hedw. [Cupressina filaris Muell. Hal., Hypnum filare (Muell. Hal.) Par., Stereodon cupressiformis (Hedw.) Mitt.] 灰藓 (柏状灰藓, 欧灰藓)

Hypnum cupressiforme Hedw. var. lacunosum Brid. 灰藓凹叶变种

Hypnum densirameum Ando 密枝灰藓

Hypnum erectiusculum Sull. et Lesq. = Breidleria erectiuscula (Sull. et Lesq.) Hedenaes

Hypnum erythrocaule (Mitt.) Jaeg. = Brotherella erythrocaulis (Mitt.) Fleisch.

Hypnum fauriei Card. 东亚灰藓

Hypnum fertile Sendt. [Hypnum pseudo-circinale Kindb.] 多蒴灰藓 (果灰藓)

Hypnum filare (Muell. Hal.) Par. = Hypnum cupressiforme Hedw.

Hypnum filicalyx (Muell. Hal.) Par. = Sanionia uncinata (Hedw.) Loeske

Hypnum filicinum Hedw. = Cratoneuron filicinum (Hedw.) Spruce

Hypnum flaccens Besch. = Hypnum macrogynum Besch.

Hypnum fujiyamae (Broth.) Par. [Stereodon fujiyamae Broth.] 长喙灰藓

Hypnum glaciale (Bruch et Schimp.) Mitt. = Sciuro-hypnum glaciale (Bruch et Schimp.) Ignatov et Huttunen

Hypnum glaucocarpoides Salmon = Campyliadelphus glaucocarpoides (Salmon) Hedenaes

Hypnum glaucocarpon Schwaegr. = Chaetomitriopsis glaucocarpa (Schwaegr.) Fleisch.

Hypnum haldanianum Grev. = Callicladium haldanianum (Grev.) Crum

Hypnum hamulosum Bruch et Schimp. 弯叶灰藓

Hypnum hians Hedw. = Eurhynchium hians (Hedw.) S. Lac.

Hypnum homaliaceum (Besch.) Doign. = Breidleria erectiuscula (Sull. et Lesq.) Hedenaes

Hypnum kushakuense Card. 凹叶灰藓

Hypnum latifolium Broth. 宽叶灰藓 (阔叶灰藓)

Hypnum leptothallum (Muell. Hal.) Par. = Eurohypnum leptothallum (Muell. Hal.) Ando

Hypnum leucodonteum (Muell. Hal.) Par. = Eurohypnum leptothallum (Muell. Hal.) Ando

Hypnum levieri (Muell. Hal.) Par. = Entodon concinnus (De Not.) Par.

Hypnum lindbergii Mitt. = Calliergonella lindbergii (Mitt.) Hedenaes

Hypnum lutescens Hedw. = Camptothecium lutescens (Hedw.) Bruch et Schimp.

Hypnum macrogynum Besch. [Hypnum aduncoides (Brid.) Muell. Hal., Hypnum flaccens Besch., Hypnum zickendrahtii Ren. et Card.] 长蒴灰藓 (柔叶灰藓)

Hypnum microcarpum Hook. = Trichosteleum boschii（Dozy et Molk.）Jaeg.

Hypnum microphyllum Hedw. = Haplocladium microphyllum（Hedw.）Broth.

Hypnum minutirameum Muell. Hal. = Isopterygium minutirameum（Muell. Hal.）Jaeg.

Hypnum minutum（Muell. Hal.）Par. = Hypnum subimponens Lesq. subsp. ulophyllum（Muell. Hal.）Ando

Hypnum molluscum Hedw. = Ctenidium molluscum（Hedw.）Mitt.

Hypnum oblongifolium Sull. et Lesq. = Taxithelium oblongifolium（Sull. et Lesq.）Iwats.

Hypnum oldhamii（Mitt.）Jaeg. 南亚灰藓（敖氏灰藓）

Hypnum pachycarpulum（Muell. Hal.）Par. = Hygrohypnum luridum（Hedw.）Jenn.

Hypnum pallescens（Hedw.）P. Beauv.［Hypnum pallescens（Hedw.）P. Beauv. var. reptile（Michx.）Husn., Hypnum reptile Michx., Stereodon reptilis（Michx.）Mitt.］黄灰藓（黄灰藓匍枝变种）

Hypnum pallescens（Hedw.）P. Beauv. var. reptile（Michx.）Husn. = Hypnum pallescens（Hedw.）P. Beauv.

Hypnum plagiangium（Muell. Hal.）Levier = Homomallium plagiangium（Muell. Hal.）Broth.

Hypnum planifrons（Broth. et Par.）Card. = Ectropothecium zollingeri（Muell. Hal.）Jaeg.

Hypnum planifrons（Broth. et Par.）Card. var. formosicum Card. = Ectropothecium zollingeri（Muell. Hal.）Jaeg.

Hypnum plumaeforme Wils.［Cupressina alaris Muell. Hal., Cupressina plumaeformis（Wils.）Muell. Hal., Cupressina sinensimollusca Muell. Hal., Ectropothecium circinatum Bartr., Hypnum alare（Muell. Hal.）Par., Hypnum plumaeforme Wils. var. alare（Par.）Ihs., Hypnum plumaeforme Wils. var. sinensimolluscum（Muell. Hal.）Ando, Hypnum sinensimolluscum（Muell. Hal.）Par., Stereodon plumaeformis（Wils.）Mitt., Stereodon plumaeformis（Wils.）Mitt. var. alare Par.］大灰藓（多形灰藓,羽枝灰藓,明角灰藓,卷叶偏蒴藓）

Hypnum plumaeforme Wils. var. alare（Par.）Ihs. = Hypnum plumaeforme Wils.

Hypnum plumaeforme Wils. var. gracile Broth. 灰藓纤弱变种

Hypnum plumaeforme Wils. var. minus Broth. ex Ando［Ectropothecium isocladum Dix.］灰藓小形变种（单枝偏蒴藓）

Hypnum plumaeforme Wils. var. sinensimolluscum（Muell. Hal.）Ando = Hypnum plumaeforme Wils.

Hypnum plumaeforme Wils. var. strictifolium Broth. 灰藓缩叶变种

Hypnum plumosum Hedw. = Sciuro-hypnum plumosum（Hedw.）Ignatov et Huttunen

Hypnum porphyriticum（Muell. Hal.）Par. = Campylium porphyriticum Muell. Hal.

Hypnum praelongum Hedw. = Kindbergia praelonga（Hedw.）Ochyra

Hypnum pratense Spruce = Breidleria pratensis（Spruce）Loeske

Hypnum procerrimum Mol. = Pseudostereodon procerrimum（Mol.）Fleisch.

Hypnum pseudo-recurvans（Kindb.）Kindb. = Hypnum circinale Hook.

Hypnum pseudorevolutum Reim. = Stereodontopsis pseudorevoluta（Reim.）Ando

Hypnum pseudo-triste Muell. Hal. = Haplohymenium pseudo-triste（Muell. Hal.）Broth.

Hypnum radicosum Mitt. = Lescuraea radicosa（Mitt.）Moenk.

Hypnum recurvatum（Lindb. et Arn.）Kindb. 多毛灰藓

Hypnum reflexum Stark. = Sciuro-hypnum reflexum（Stark.）Ignatov et Huttunen

Hypnum reptile Michx. = Hypnum pallescens（Hedw.）P. Beauv.

Hypnum revolutum（Mitt.）Lindb.［Stereodon revolutus Mitt.］卷叶灰藓

Hypnum rhynchothecium Ihsiba = Pylaisiadelpha tristoviridis（Broth.）Afonina

Hypnum riparium Hedw. = Leptodictyum riparium（Hedw.）Warnst.

Hypnum rivicola Mitt. = Leptodictyum humile（P. Beauv.）Ochyra

Hypnum rusciforme Brid. = Torrentaria riparioides（Hedw.）Ochyra

Hypnum rutabulum Hedw. = Brachythecium rutabulum（Hedw.）Schimp.

Hypnum sakuraii（Sak.）Ando 湿地灰藓（日本灰藓）

Hypnum salebrosum Web. et Mohr = Brachythecium salebrosum（Web. et Mohr）Schimp.

Hypnum schreberi Brid. = Pleurozium schreberi（Brid.）Mitt.

Hypnum scitum P. Beauv. = Rauiella scita（P. Beauv.）Reim.

Hypnum sequoieti Muell. Hal. = Hypnum circinale Hook.

Hypnum serpens Hedw. = Amblystegium serpens（Hedw.）Bruch et Schimp.

Hypnum setschwanicum（Broth.）Ando = Entodontopsis setschwanica（Broth.）Buck et Ireland

Hypnum shensianum Ando = Hypnum subimponens Lesq. subsp. ulophyllum（Muell. Hal.）Ando

Hypnum sinensimolluscum（Muell. Hal.）Par. = Hypnum plumaeforme Wils.

Hypnum sinensiuncinatum Par. = Sanionia uncinata（Hedw.）Loeske

Hypnum siuzewii（Broth.）Broth. = Pylaisiadelpha tenuirostris（Bruch et Schimp. ex Sull.）Buck

Hypnum sommerfeltii Myr. = Campylidium sommerfeltii（Myr.）Ochyra

Hypnum stellulatum（Mitt.）Par. = Ctenidium stellulatum Mitt.

Hypnum subimponens Lesq. subsp. ulophyllum（Muell. Hal.）Ando［Cupressina minuta Muell. Hal., Cupressina ulophylla Muell. Hal., Hypnum minutum（Muell. Hal.）Par., Hypnum shensianum Ando］温带灰藓强弯亚种

Hypnum submolluscum Besch. 拟梳灰藓

Hypnum tenerrimum Broth. = Haplohymenium pseudo-triste（Muell. Hal.）Broth.

Hypnum tenuissimum（Bruch et Schimp.）Mitt. = Platydictya subtilis（Hedw.）Crum

Hypnum tereticaule（Muell. Hal.）Par. = Eurohypnum leptothallum（Muell. Hal.）Ando

Hypnum tereticaule（Muell. Hal.）Par. var. longeacuminatum Muell. Hal. = Eurohypnum leptothallum（Muell. Hal.）Ando

Hypnum thelidictyon Sull. et Lesq. = Trichosteleum boschii（Dozy et Molk.）Jaeg.

Hypnum tibetanum Mitt. = Campyliadelphus polygamus（Bruch et Schimp.）Kanda

Hypnum tristoviride（Broth.）Par. = Pylaisiadelpha tristoviridis（Broth.）Afonina

Hypnum tristoviride（Broth.）Par. var. brevisetum Ando = Pylaisiadelpha tristoviridis（Broth.）Afonina

Hypnum turgens（Muell. Hal.）Par. = Gollania turgens（Muell. Hal.）Ando

Hypnum ulophyllum（Muell. Hal.）Par. = Hypnum subimponens Lesq. subsp. ulophyllum（Muell. Hal.）Ando

Hypnum uncinatum Hedw. = Sanionia uncinata（Hedw.）Loeske

Hypnum uninervium（Muell. Hal.）Par. = Campylium uninervium Muell. Hal.

Hypnum vaucheri Lesq.［Stereodon vaucheri（Lesq.）Broth., Stereodon vaucheri（Lesq.）Broth. var. tenuis（Muell. Hal.）Dix.］直叶灰藓

Hypnum vaucheri Lesq. f. gracile Ando 直叶灰藓细枝变型

Hypnum vaucheri Lesq. f. julaceum Podp.［Hypnum vaucheri Lesq. var. julaceum（Brid.）Husn.］直叶灰藓鳞枝变型

Hypnum vaucheri Lesq. f. tereticaulis Ando 直叶灰藓圆枝变型

Hypnum vaucheri Lesq. var. julaceum（Brid.）Husn. = Hypnum vaucheri Lesq. f. julaceum Podp.

Hypnum zickendrahtii Ren. et Card. = Hypnum macrogynum Besch.

Hypnum yokohamae（Broth）Par. = Pylaisiadelpha yokohamae（Broth.）Buck

Hypnum yokohamae（Broth）Broth. var. kusatsuensis （ Besch. ） Seki = Pylaisiadelpha tenuirostris （Sull. ） Buck

Hypopterygiaceae 孔雀藓科

Hypopterygium Brid. 孔雀藓属

Hypopterygium aristatum Bosch et S. Lac. = Hypopterygium flavolimbatum Muell. Hal.

Hypopterygium ceylanicum Mitt. = Hypopterygium tamarisci（Sw. ）Muell. Hal.

Hypopterygium elatum Tix. 大形孔雀藓

Hypopterygium fauriei Besch. = Hypopterygium flavolimbatum Muell. Hal.

Hypopterygium flavolimbatum Muell. Hal. ［Hypopterygium aristatum Bosch et S. Lac. , Hypopterygium fauriei Besch. , Hypopterygium formosanum Nog. , Hypopterygium japonicum Mitt. , Hypopterygium tibetanum Mitt. ］黄边孔雀藓（长肋孔雀藓, 毛尖孔雀藓, 东亚孔雀藓, 拟东亚孔雀藓, 台湾孔雀藓, 西藏孔雀藓）

Hypopterygium formosanum Nog. = Hypopterygium flavolimbatum Muell. Hal.

Hypopterygium japonicum Mitt. = Hypopterygium flavolimbatum Muell. Hal.

*** Hypopterygium rotulatum**（Hedw. ）Brid. 孔雀藓

Hypopterygium sinicum Mitt. = Hypopterygium tamarisci（Sw. ）Muell. Hal.

Hypopterygium tamarisci （Sw. ）Muell. Hal. ［Hypopterygium ceylanicum Mitt. , Hypopterygium sinicum Mitt. , Hypopterygium tenellum Muell. Hal. ］南亚孔雀藓（中华孔雀藓）

Hypopterygium tenellum Muell. Hal. = Hypopterygium tamarisci（Sw. ）Muell. Hal.

Hypopterygium tibetanum Mitt. = Hypopterygium flavolimbatum Muell. Hal.

I

Indothuidium Touw 南羽藓属

Indothuidium kiasense（Williams）Touw ［Thuidium indicum Watan. , Thuidium kiasense Williams］南羽藓

Indusiella Broth. et Muell. Hal. 旱藓属

Indusiella thianschanica Broth. et Muell. Hal. 旱藓

Ishibaea japonica Broth. et Okam. = Lescuraea mutabilis（Brid. ）Hag.

Isobryales 变齿藓目

Isocladiella Dix. 鞭枝藓属

Isocladiella flagellifera（Sak. ）S. -H. Lin = Isocladiella surcularis（Dix. ）Tan et Mohamed

Isocladiella surcularis （ Dix. ） Tan et Mohamed ［Acroporium flagelliferum Sak. , Isocladiella flagellifera （ Sak. ） S. -H. Lin, Neoacroporium flagelliferum（Sak. ）Iwats. et Nog. ］鞭枝藓

Isopterygiopsis Iwats. 拟同叶藓属

Isopterygiopsis muelleriana （ Schimp. ） Iwats. ［Isopterygium muellerianum （Schimp. ）Jaeg. et Sauerb. , Orthothecium catagonioides Levier］拟同叶藓（北地拟同叶藓, 北地同叶藓）

Isopterygiopsis pulchella（Hedw. ）Iwats. ［Isopterygium pulchellum（Hedw. ）Jaeg. et Sauerb. ］美丽拟同叶藓

Isopterygium Mitt. 同叶藓属

Isopterygium albescens（Hook. ）Jaeg. ［Isopterygium expallescens Levier］淡色同叶藓（白色同叶藓）

*** Isopterygium applanatum Fleisch.** 扁平同叶藓

Isopterygium bancanum（S. Lac. ）Jaeg. 南亚同叶藓

Isopterygium courtoisii Broth. et Par. 华东同叶藓

Isopterygium cuspidifolium Card. = Taxiphyllum cuspidifolium（Card. ）Iwats.

Isopterygium densum Card. = Pseudotaxiphyllum densum（Card. ）Iwats.

Isopterygium distichaceum（Mitt. ）Jaeg. = Pseudotaxiphyllum distichaceum（Mitt. ）Iwats.

Isopterygium expallescens Levier = Isopterygium albescens（Hook. ）Jaeg.

Isopterygium giraldii（Muell. Hal. ）Par. = Taxiphyllum giraldii（Muell. Hal. ）Fleisch.

Isopterygium kelungense Card. = Ectropothecium zollingeri（Muell. Hal. ）Jaeg.

Isopterygium laxissimum Card. = Ectropothecium leptotapes（Card. ）Sak.

Isopterygium leptotapes Card. = Ectropothecium lep-
totapes（Card.）Sak.

Isopterygium lioui Thér. et P. Varde 刘氏同叶藓

Isopterygium lutschianum（Broth. et Par.）Card. =
Ectropothecium zollingeri（Muell. Hal.）Jaeg.

Isopterygium micans（Sw.）Kindb. = Isopterygium
tenerum（Sw.）Mitt.

Isopterygium micans（Sw.）Kindb. var. fulvum
（Jaeg.）Iwats. = Isopterygium tenerum（Sw.）
Mitt.

Isopterygium microplumosum（Muell. Hal.）Broth.
小羽枝同叶藓

* Isopterygium minutifolium Card. et Thér. 小叶同叶
藓

Isopterygium minutirameum（Muell. Hal.）Jaeg.
［Hypnum minutirameum Muell. Hal. , Isopterygi-
um subalbidum（Sull. et Lesq.）Mitt.］纤枝同叶
藓

Isopterygium muellerianum（Schimp.）Jaeg. et
Sauerb. = Isopterygiopsis muelleriana（Schimp.）
Iwats.

Isopterygium obtusulum Card. = Ectropothecium ob-
tusulum（Card.）Iwats.

Isopterygium ovalifolium Card. = Ectropothecium
obtusulum（Card.）Iwats.

Isopterygium pendulum Bartr. 垂生同叶藓

Isopterygium perchlorosum Broth. = Pseudotaxiphyl-
lum pohliaecarpum（Sull. et Lesq.）Iwats.

Isopterygium perrobustum Card. = Herzogiella per-
robusta（Card.）Iwats.

Isopterygium piliferum（Hartm.）Loeske = Plagio-
thecium piliferum（Hartm.）Bruch et Schimp.

Isopterygium planifrons Broth. = Ectropothecium
zollingeri（Muell. Hal.）Jaeg.

* Isopterygium planissimum Mitt.［Plagiothecium
planissimum（Mitt.）Bartr.］同叶藓（平截棉藓）

Isopterygium pohliaecarpum（Sull. et Lesq.）Jaeg.
= Pseudotaxiphyllum pohliaecarpum（Sull. et
Lesq.）Iwats.

Isopterygium propaguliferum Toy. 芽胞同叶藓

Isopterygium pulchellum（Hedw.）Jaeg. et Sauerb.
= Isopterygiopsis pulchella（Hedw.）Iwats.

Isopterygium repens（Brid.）Delogn. = Herzogiella
seligeri（Brid.）Iwats.

Isopterygium sasaokae Ihs. = Ectropothecium
zollingeri（Muell. Hal.）Jaeg.

Isopterygium saxense Williams 石生同叶藓

Isopterygium seligeri（Brid.）Dix. = Herzogiella
seligeri（Brid.）Iwats.

Isopterygium serrulatum Fleisch. 齿边同叶藓

Isopterygium sinense Broth. et Par. = Pseudo-
taxiphyllum pohliaecarpum（Sull. et Lesq.）Iwats.

Isopterygium squamatulum（Muell. Hal.）Broth. =
Taxiphyllum squamatulum（Muell. Hal.）Fleisch.

Isopterygium strictirameum Dix. 密枝同叶藓

Isopterygium subalbidum（Sull. et Lesq.）Mitt. =
Isopterygium minutirameum（Muell. Hal.）Jaeg.

Isopterygium subarcuatum（Broth.）Nog. =
Taxiphyllum arcuatum（Besch. et S. Lac.）S. He

Isopterygium subpinnatum（Salm.）Par.［Plagiothe-
cium subpinnatum Salm.］羽枝同叶藓

Isopterygium taxirameum（Mitt.）Jaeg. = Taxiphyl-
lum taxirameum（Mitt.）Fleisch.

Isopterygium tenerum（Sw.）Mitt.［Isopterygium
micans（Sw.）Kindb., Isopterygium micans
（Sw.）Kindb. var. fulvum（Jaeg.）Iwats. ,Plagio-
thecium micans（Sw.）Par.］柔叶同叶藓

Isopterygium textorii（S. Lac.）Mitt. = Pseudo-
taxiphyllum pohliaecarpum（Sull. et Lesq.）Iwats.

Isopterygium tosaense Broth. = Pseudotaxiphyllum
densum（Card.）Iwats.

Isopterygium tosaense Ihs. = Pseudotaxiphyllum den-
sum（Card.）Iwats.

Isopterygium turfaceum（Lindb.）Lindb. = Herzo-
giella turfacea（Lindb.）Iwats.

Isotachis Mitt. 直蒴苔属

Isotachis armata（Nees）Gott. 瓢叶直蒴苔

Isotachis chinensis C. Gao, T. Cao et J. Sun 中华直
蒴苔

Isotachis japonica Steph. 东亚直蒴苔

* Isotachis lyallii Mitt. 直蒴苔

* Isotheciopsis Broth. 拟猫尾藓属

Isotheciopsis comes（Griff.）Nog. = Neobarbella
comes（Griff.）Nog.

Isotheciopsis formosica Broth. et Yas. = Gollania philippinensis（Broth.）Nog.

Isotheciopsis formosica Broth. et Yas. f. flagellata Nog. = Neobarbella comes（Griff.）Nog.

Isotheciopsis pilifera（Broth. et Yas.）Nog. = Neobarbella comes（Griff.）Nog. var. pilifera（Broth. et Yas.）Tan, S. He et Isov.

Isotheciopsis sinensis（Broth.）Broth. = Neobarbella comes（Griff.）Nog.

Isotheciopsis sinensis（Broth.）Broth. var. flagellifera Broth. = Neobarbella comes（Griff.）Nog.

Isothecium Brid. 猫尾藓属

Isothecium alopecuroides（Dub.）Isov.［Isothecium myurum Brid., Isothecium viviparum Lindb.］猫尾藓（卵叶猫尾藓）

Isothecium coellophyllum Card. et Thér. = Thamnobryum subseriatum（S. Lac.）Tan

Isothecium cymbifolium Lindb. = Dolichomitra cymbifolia（Lindb.）Broth.

Isothecium myosuroides Brid.［Pseudisothecium myosuroides（Brid.）Grout］圆枝猫尾藓

Isothecium myurum Brid. = Isothecium alopecuroides（Dub.）Isov.

Isothecium subdiversiforme Broth. 异猫尾藓

Isothecium subdiversiforme Broth. var. filiforme Nog. = Isothecium subdiversiforme Broth.

Isothecium subdiversiforme Broth. var. formosanum Nog. 异猫尾藓台湾变种

Isothecium viviparum Lindb. = Isothecium alopecuroides（Dub.）Isov.

Iwatsukiella Buck et Crum 小柔齿藓属（岩月藓属）

Iwatsukiella leucotricha（Mitt.）Buck et Crum［Habrodon leucotrichus（Mitt.）Perss., Habrodon piliferus Card.］小柔齿藓（毛尖柔齿藓，岩月藓）

J

Jackiella Schiffn. 甲克苔属（甲壳苔属）

Jackiella brunnea（Horik.）Hatt. = Jackiella javanica Schiffn.

Jackiella javanica Schiffn.［Jackiella brunnea（Horik.）Hatt., Jamesoniella brunnea Horik., Jamesoniella wichurae Steph.］甲克苔（爪哇甲克苔，爪哇甲壳苔）

Jackiella javanica Schiffn. var. cavifolia Schiffn. 甲克苔兜叶变种

Jackiella sinensis（Nichols.）Grolle［Aplozia sinensis Nichols.］中华甲克苔（中华甲壳苔）

Jackiellaceae 甲克苔科

Jaffueliobryum Thér. 缨齿藓属

Jaffueliobryum latifolium Thér. = Jaffueliobryum wrightii（Sull.）Thér.

Jaffueliobryum marginatum Thér. = Jaffueliobryum wrightii（Sull.）Thér.

Jaffueliobryum wrightii（Sull.）Thér.［Grimmia wrightii（Sull.）Aust., Jaffueliobryum latifolium Thér., Jaffueliobryum marginatum Thér.］缨齿藓（全缘缨齿藓）

* Jamesoniella（Spruce）Carring.［Crossogyna（Schust.）Schljak.］圆叶苔属

Jamesoniella autumnalis（DC.）Steph. = Syzygiella autumnalis（DC.）Feldberg

Jamesoniella brunnea Horik. = Jackiella javanica Schiffn.

Jamesoniella carringtonii（Balf.）Schiffn. = Plagiochila carringtonii（Balf.）Grolle

Jamesoniella carringtonii（Balf.）Schiffn. var. recurvata Nichols. = Plagiochila recurvata（Nichols.）Grolle

Jamesoniella colorata（Lehm.）Spruce ex Schiffn. = Syzygiella autumnalis（DC.）Feldberg

Jamesoniella elongella（Tayl.）Steph. = Syzygiella elongella（Tayl.）Feldberg

Jamesoniella horikawana Hatt. = Syzygiella nipponica（Hatt.）Feldberg

Jamesoniella microphylla（Nees）Schiffn. = Gottschelia schizopleura（Spruce）Grolle

Jamesoniella nipponica Hatt. = Syzygiella nipponica（Hatt.）Feldberg

Jamesoniella ovifolia（Schiffn.）Schiffn. = Denotarisia linguifolia（De Not.）Grolle

Jamesoniella undulifolia（Nees）K. Muell. = Biantheridion undulifolium（Nees）Konstant. et Vilnet

Jamesoniella verrucosa Horik. = Syzygiella nipponica（Hatt.）Feldberg

Jamesoniella wichurae Steph. = Jackiella javanica Schiffn.

Jamesoniellaceae 圆叶苔科

Jamesoniellales 圆叶苔目

* Jensenia Lindb. ［Mittenia Gott.］假带叶苔属

Jubula Dum. 毛耳苔属

* Jubula hutchinsiae（Hook.）Dum. ［Frullania hutchinsiae（Hook.）Nees］毛耳苔

Jubula hutchinsiae（Hook.）Dum. subsp. japonica（Steph.）Verd. et Ando = Jubula japonica Steph.

Jubula hutchinsiae（Hook.）Dum. subsp. javanica（Steph.）Verd. = Jubula javanica Steph.

Jubula jaoii Chen = Jubula japonica Steph.

Jubula japonica Steph.［Jubula hutchinsiae（Hook.）Dum. subsp. japonica（Steph.）Verd. et Ando, Jubula jaoii Chen］日本毛耳苔（四川毛耳苔，饶氏毛耳苔）

Jubula javanica Steph.［Jubula hutchinsiae（Hook.）Dum. subsp. javanica（Steph.）Verd. ,Jubula rostrata Steph. ,Jubula trifida Steph.］爪哇毛耳苔

Jubula kwangsiensis C. Gao et K. -C. Chang 广西毛耳苔

Jubula rostrata Steph. = Jubula javanica Steph.

Jubula trifida Steph. = Jubula javanica Steph.

Jubulaceae 毛耳苔科

Jubulales 毛耳苔目

Jungermannia Linn.［Aplozia（Dum.）Dum. ,Haplozia Dum. ex K. Muell.］叶苔属

Jungermannia amakawana Grolle = Liochlaena subulata（Ev.）Schljak.

Jungermannia appressifolia Mitt. = Solenostoma appressifolium（Mitt.）Váňa et Long

Jungermannia ariadne Tayl. ex Lehm. = Solenostoma ariadne（Tayl. ex Lehm.）Schust. ex Váňa et Long

Jungermannia atrobrunnea Amak. = Solenostoma at-

robrunneum（Amak.）Váňa et Long

Jungermannia atrorevoluta Grolle ex Amak. = Solenostoma atrorevolutum（Grolle ex Amak.）Váňa et Long

Jungermannia atrovirens Dum.［Aplozia atrovirens（Dum.）Dum. , Aplozia lanceolata（Linn.）Dum. , Aplozia riparia（Tayl.）Dum. , Jungermannia atrovirens Dum. f. tristis（Nees）Schljak. , Jungermannia lanceolata Linn. , Jungermannia tristis Nees, Jungermannia tristis Nees var. rivularis Hatt. , Solenostoma atrovirens（Dum.）K. Muell. , Solenostoma lanceolata（Linn.）Steph. , Solenostoma triste（Nees）K. Muell.］叶苔（深绿叶苔，绿色管口苔，长叶管口苔，深色管口苔）

Jungermannia atrovirens Dum. f. tristis（Nees）Schljak. = Jungermannia atrovirens Dum.

Jungermannia bengalensis Amak. = Solenostoma bengalensis（Amak.）Váňa et Long

Jungermannia boninensis（Horik.）Inoue = Solenostoma truncatum（Nees）Váňa et Long

Jungermannia brevicaulis C. Gao et X. -L. Bai = Solenostoma gongshanensis（C. Gao et J. Sun）Váňa et Long

Jungermannia breviperianthia C. Gao = Liochlaena subulata（Ev.）Schljak.

Jungermannia caoii C. Gao et X. -L. Bai = Solenostoma caoii（C. Gao et X. -L. Bai）Váňa et Long

Jungermannia cheniana C. Gao, Y. -H. Wu et Grolle = Solenostoma chenianum（C. Gao, Y. -H. Wu et Grolle）Váňa et Long

Jungermannia chiloscyphoides（Horik.）Hatt. = Solenostoma truncatum（Nees）Váňa et Long

Jungermannia clavellata（Mitt. ex Steph.）Amak. = Solenostoma clavellatum Mitt. ex Steph.

Jungermannia comata Nees = Solenostoma comatum（Nees）C. Gao

Jungermannia conchata Grolle et Váňa 耳状叶苔

Jungermannia confertissima Nees = Solenostoma confertissimum（Nees）Váňa et Long

Jungermannia cordifolia Hook. = Jungermannia exsertifolia Steph. subsp. cordifolia（Dum.）Váňa

Jungermannia cordifolia Hook. subsp. exsertifolia

（Steph.） Amak. = Jungermannia exsertifolia Steph.

Jungermannia cyclops Hatt. = Solenostoma cyclops （Hatt.） Schust.

Jungermannia decolyana Schiffn. ex Steph. = Solenostoma appressifolium（Mitt.） Váňa et Long

Jungermannia duthiana Steph. = Solenostoma confertissimum（Nees）Váňa et Long

Jungermannia erecta（Amak.） Amak. = Solenostoma erectum（Amak.） C. Gao

Jungermannia erectifolia Steph. = Anastrepta orcadensis（Hook.） Schiffn.

Jungermannia exsecta Schmid. ex Schrad. = Tritomaria exsecta （Schmid. ex Schrad.） Schiffn. ex Loeske

Jungermannia exsertifolia Steph. ［Jungermannia cordifolia Hook. subsp. exsertifolia （Steph.） Amak.］长萼叶苔

Jungermannia exsertifolia Steph. subsp. cordifolia （Dum.）Váňa［Aplozia cordifolia Dum., Haplozia cordifolia（Hook.） Dum., Jungermannia cordifolia Hook., Jungermannia senjoensis Amak., Solenostoma cordifolium（Dum.） Steph.］长萼叶苔心叶亚种（心叶管口苔，单萼叶苔，单萼苔）

Jungermannia fauriana P. Beauv. = Solenostoma faurianum（P. Beauv.） Schust.

Jungermannia filamentosa Lehm. et Lindenb. = Lepidozia filamentosa （Lehm. et Lindenb.） Gott., Lindenb. et Nees

Jungermannia flagellalioides （C. Gao）Piippo = Solenostoma flagellalioides C. Gao

Jungermannia flagellaris Amak. = Solenostoma flagellaris（Amak.） Váňa et Long

Jungermannia flagellata（Hatt.） Amak. = Solenostoma flagellatum（Hatt.）Váňa et Long

Jungermannia formosa Meissn. ex Spreng. = Radula formosa（Meissn. ex Spreng.） Nees

Jungermannia fusiformis（Steph.） Steph. = Solenostoma fusiforme（Steph.） Amak.

Jungermannia gollanii Steph. = Solenostoma appressifolium（Mitt.） Váňa et Long

Jungermannia gongshanensis C. Gao et J. Sun = Solenostoma gongshanensis（C. Gao et J. Sun）Váňa et Long

Jungermannia gracillima Sm. = Solenostoma gracillimum（Sm.） Schust.

Jungermannia granulata （Steph.） Amak. = Plectocolea granulata（Steph.）Bakalin

Jungermannia handelii （Schiffn.） Amak. = Solenostoma handelii（Schiffn.） K. Muell.

Jungermannia hasskarliana（Nees）Steph. = Solenostoma hasskarlianum （Nees） Schust. ex Váňa et Long

Jungermannia heterolimbata Amak. = Solenostoma heterolimbatum（Amak.） Váňa et Long

Jungermannia horikawana（Amak.） Amak. 东亚叶苔

Jungermannia hyalina Lyell. = Solenostoma hyalinum （Lyell.） Mitt.

Jungermannia infusca（Mitt.） Steph. = Solenostoma infusca（Mitt.） Hentschel

Jungermannia lanceolata Linn. = Jungermannia atrovirens Dum.

Jungermannia lanigera Mitt. = Solenostoma lanigerum（Mitt.） Váňa et Long

Jungermannia laxifolia C. Gao = Jungermannia sparsofolia C. Gao et J. Sun

Jungermannia leiantha Grolle = Liochlaena lanceolata Nees

Jungermannia lixingjiangii C. Gao et X.-L. Bai = Solenostoma lixingjiangii （C. Gao et X.-L. Bai） Váňa et Long

Jungermannia longidens Lindb. = Lophozia longidens （Lindb.） Macoun

Jungermannia louae C. Gao et X.-L. Bai = Solenostoma louae（C. Gao et X.-L. Bai）Váňa et Long

Jungermannia macrocarpa Schiffn. ex Steph. = Solenostoma macrocarpum （Schiffn. ex Steph.） Váňa et Long

Jungermannia microphylla （C. Gao） K.-C. Chang = Jungermannia sparsofolia C. Gao et J. Sun

Jungermannia microrevoluta C. Gao et X.-L. Bai = Solenostoma microrevolutum（C. Gao et X.-L. Bai）Váňa et Long

Jungermannia multicarpa C. Gao et J. Sun = Solenostoma multicarpum（C. Gao et J. Sun）Váňa et Long

Jungermannia obovata Nees = Solenostoma obovatum（Nees）Mass.

Jungermannia ohbae Amak. = Solenostoma ohbae（Amak.）C. Gao

Jungermannia orbicularifolia（C. Gao）Piippo［Plectocolea orbicularifolia（C. Gao）C. Gao, Solenostoma orbicularifolium C. Gao］圆叶叶苔（圆叶管口苔,圆叶扭萼苔,拟圆叶叶苔）

Jungermannia parviperiantha C. Gao et X.-L. Bai［Plectocolea parviperiantha（C. Gao et X.-L. Bai）C. Gao］小萼叶苔（小萼扭萼苔）

Jungermannia parvitexta Amak. = Solenostoma parvitextum（Amak.）Váňa et Long

Jungermannia plagiochilacea Grolle = Solenostoma plagiochilaceum（Grolle）Váňa et Long

Jungermannia plagiochiloides Amak. = Solenostoma plagiochilaceum（Grolle）Váňa et Long

Jungermannia polycarpa C. Gao et X.-L. Bai = Solenostoma multicarpum（C. Gao et J. Sun）Váňa et Long

Jungermannia pseudocyclops Inoue = Solenostoma pseudocyclops（Inoue）Váňa et Long

Jungermannia pumila With.［Aplozia pumila（With.）Dum.］矮细叶苔（细小叶苔）

Jungermannia purpurata Mitt. = Solenostoma purpuratum（Mitt.）Steph.

Jungermannia pusilla（Jens.）Buch = Solenostoma pusillum（Jens.）Steph.

Jungermannia pyriflora Steph. = Solenostoma pyriflorum Steph.

Jungermannia pyriflora Steph. var. gracillima Amak. = Solenostoma pyriflorum Steph. var. gracillimum（Amak.）Váňa et Long

Jungermannia pyriflora Steph. var. minutissima Amak. = Solenostoma pyriflorum Steph. var. minutissimum（Amak.）Váňa et Long

Jungermannia radicellosa（Mitt.）Steph.［Plectocolea radicellosa（Mitt.）Mitt.］垂根叶苔（垂根扭萼苔）

Jungermannia reticulatopapillata Steph. = Mylia taylorii（Hook.）Gray

Jungermannia rosulans（Steph.）Steph. = Solenostoma rosulans（Steph.）Váňa et Long

Jungermannia rotundata（Amak.）Amak. = Solenostoma rotundatum Amak.

Jungermannia rotundifolia（Horik.）Hatt. = Solenostoma appressifolium（Mitt.）Váňa et Long

Jungermannia rubripunctata（Hatt.）Amak. = Solenostoma rubripunctatum（Hatt.）Schust.

Jungermannia rupicola Amak. = Solenostoma rupicolum（Amak.）Váňa et Long

Jungermannia sanguinolenta Griff. = Solenostoma sanguinolentum（Griff.）Steph.

Jungermannia scalaris Schrad. = Nardia scalaris（Schrad.）Gray

Jungermannia schauliana Steph. = Solenostoma schaulianum（Steph.）Váňa et Long

Jungermannia senjoensis Amak. = Jungermannia exsertifolia Steph. subsp. cordifolia（Dum.）Váňa

Jungermannia shinii Amak. = Solenostoma truncatum（Nees）Váňa et Long

Jungermannia sikkimensis Steph. = Solenostoma sikkimensis（Steph.）Váňa et Long

Jungermannia sparsofolia C. Gao et J. Sun［Jungermannia laxifolia C. Gao, Jungermaninia laxiphylla C. Gao et X.-L. Bai, Jungermannia microphylla（C. Gao）K.-C. Chang, Solenostoma microphyllum C. Gao］疏叶叶苔（小叶管口苔）

Jungermannia speciosa（Horik.）Kitag. = Scaphophyllum speciosum（Horik.）Inoue

Jungermannia sphaerocarpa Hook. = Solenostoma sphaerocarpum（Hook.）Steph.

Jnngermannia stephanii（Schiffn.）Amak. = Solenostoma stephanii（Schiffn.）Steph.

Jungermannia subelliptica（Lindb. ex Heeg）Levier = Solenostoma subellipticum（Lindb. ex Heeg）Schust.

Jungermannia subrubra Steph. = Solenostoma subrubrum（Steph.）Váňa et Long

Jungermannia subulata Ev. = Liochlaena subulata（Ev.）Schljak.

Jungermannia tetragona Lindenb. = Solenostoma tetragonum（Lindenb.）Váňa et Long

Jungermannia torticalyx Steph. = Solenostoma torticalyx（Steph.）C. Gao

Jungermannia trilobata Linn. = Bazzania trilobata（Linn.）Gray

Jungermannia trilobata Steph. = Tritomaria quinquedentata（Huds.）Buch

Jungermannia tristis Nees = Jungermannia atrovirens Dum.

Jungermannia tristis Nees var. rivularis Hatt. = Jungermannia atrovirens Dum.

Jungermannia truncata Nees = Solenostoma truncatum（Nees）Váňa et Long

Jungermannia truncata Nees var. setulosa（Herz.）Amak. = Solenostoma truncatum（Nees）Váňa et Long

Jungermannia virgata（Mitt.）Steph. = Solenostoma virgatum（Mitt.）Váňa et Long

Jungermannia yangii M. -J. Lai = Solenostoma truncatum（Nees）Váňa et Long

Jungermannia zangmuii C. Gao et X. -L. Bai = Solenostoma zangmuii（C. Gao et X. -L. Bai）Váňa et Long

Jungermannia zantenii Amak. = Solenostoma zantenii（Amak.）Váňa et Long

Jungermannia zengii C. Gao et X. -L. Bai = Solenostoma zengii（C. Gao et X. -L. Bai）Váňa et Long

Jungermanniaceae 叶苔科

Jungermanniales 叶苔目

Jungermanniidae 叶苔亚纲

Jungermanniopsida 叶苔纲

* Juratzkaea Lor. 无毛藓属（犹氏藓属）

* Juratzkaea seminervis（Schwaegr.）Lor. 无毛藓

Juratzkaea sinensis Broth. = Juratzkaeella sinensis（Broth.）Buck

Juratzkaeella Buck 拟无毛藓属

Juratzkaeella sinensis（Broth.）Buck［Juratzkaea sinensis Broth.］拟无毛藓（中华拟无毛藓，中华无毛藓）

K

Kantia Gray = Calypogeia Raddi

Kantius Gray = Calypogeia Raddi

Kantius cordistipulus（Steph.）Steph. = Calypogeia cordistipula（Steph.）Steph.

Kiaeria Hag. 凯氏藓属（拟直毛藓属

Kiaeria blyttii（Bruch et Schimp.）Broth.［Dicranum blyttii Bruch et Schimp.］白氏凯氏藓（白氏拟直毛藓，白氏曲尾藓）

Kiaeria falcata（Hedw.）Hag. 镰叶凯氏藓（镰刀拟直毛藓）

Kiaeria glacialis（Berggr.）Hag. 细叶凯氏藓

Kiaeria starkei（Web. et Mohr）Hag. 泛生凯氏藓（泛生拟直毛藓）

Kindbergia Ochyra 异叶藓属

Kindbergia arbuscula（Broth.）Ochyra［Eurhynchium arbuscula Broth., Eurhynchium arbusculum Broth. var. acuminatum Tak., Kindbergia arbuscula（Broth.）Ochyra var. acuminata（Tak.）Ochyra, Stokesiella arbuscula（Broth.）Robins., Stokesiella arbuscula（Broth.）Robins. var. acuminata（Tak.）Tak. et Iwats.］树状异叶藓（树状美喙藓，树状美喙藓尖叶变种

Kindbergia arbuscula（Broth.）Ochyra var. acuminata（Tak.）Ochyra = Kindbergia arbuscula（Broth.）Ochyra

Kindbergia praelonga（Hedw.）Ochyra［Eurhynchium praelongum（Hedw.）Schimp., Eurhynchium praelongum（Hedw.）Schimp. var. stokesii（Turn.）Dix., Eurhynchium stokesii（Turn.）Schimp., Hypnum praelongum Hedw., Kindbergia praelonga（Hedw.）Ochyra var. stokesii（Turn.）Ochyra, Oxyrrhynchium biforme Broth., Oxyrrhynchium praelongum（Hedw.）Warnst., Oxyrrhynchium praelongum（Hedw.）Warnst. var. stokesii（Turn.）Podp., Stokesiella praelonga（Hedw.）Robins.］异叶藓（异叶尖喙藓，尖喙藓，密枝美喙藓，密枝燕尾藓）

Kindbergia praelonga（Hedw.）Ochyra var. stokesii

（Turn.）Ochyra = Kindbergia praelonga
（Hedw.）Ochyra

Kindbergia squarrifolia（Iisiba）Ignatov et Huttunen
= Eurhynchium squarrifolium Iisiba

Kurzia Mart.［Microlepidozia（Spruce）Joerg.］细
指苔属

Kurzia abietinella（Herz.）Grolle 掌叶细指苔

Kurzia gonyotricha（S. Lac.）Grolle［Kurzia crena-
canthoidea Mart. , Lepidozia gonyotricha S. Lac.］
细指苔（南亚细指苔）

Kurzia crenacanthoidea Mart. = Kurzia gonyotricha
（S. Lac.）Grolle

Kurzia makinoana（Steph.）Grolle［Microlepidozia
makinoana（Steph.）Hatt.］牧野细指苔

Kurzia pauciflora（Dicks.）Grolle［Kurzia setacea
（Web.） Grolle, Lepidozia setacea （Web.）
Mitt. ,Microlepidozia setacea（Web.）Joerg.］刺
毛细指苔

Kurzia setacea（Web.）Grolle = Kurzia pauciflora
（Dicks.）Grolle

Kurzia sinensis K. -C. Chang 中华细指苔

Kurzia sylvatica（Ev.）Grolle［Lepidozia sylvatica
Ev. ,Microlepidozia sylvatica（Ev.）Joerg.］林下
细指苔

L

Lasia sinense Besch. = Forsstroemia producta（Horn-
sch.）Par.

Lasiolejeunea Herz. et Nog. = Cololejeunea（Spruce）
Schiffn.

Lasiolejeunea yulensis（Steph.）Bened. ex Herz. et
Nog. = Cololejeunea aequabilis（S. Lac.）Schiffn.

Leiocolea（K. Muell.）Buch 无褶苔属

Leiocolea bantriensis（Hook.）Steph.［Lophozia
bantriensis（Hook.）Steph.］方叶无褶苔（方形无
褶苔,方叶裂叶苔）

Leiocolea collaris（Nees）Joerg.［Lophozia collaris
（Nees）Dum. ,Lophozia muelleri（Nees）Dum.］
小无褶苔（小裂叶苔, 丛生裂叶苔）

Leiocolea heterocolpos（Thed. ex Hartm.）Buch =
Lophozia heterocolpos（Thed. ex Hartm.）Howe

Leiocolea igiana（Hatt.）Inoue［Lophozia igiana
Hatt.］粗疣无褶苔（粗疣裂叶苔）

Leiocolea obtusa Buch［Lophozia obtusa（Lindb.）
Ev.］秃瓣无褶苔（秃瓣裂叶苔）

Leiodontium Broth. 平齿藓属

Leiodontium gracile Broth. 平齿藓

Leiodontium robustum Broth. 大平齿藓

Lejeunea Libert［Byssolejeunea Herz. , Eulejeunea
Spruce ex Schiffn. , Hygrolejeunea（Spruce）
Schiffn.］细鳞苔属（湿鳞苔属,织丝苔属）

Lejeunea alata Gott.［Colura alata（Gott.）Trev. ,
Lejeunea mitracalyx（Eifrig）Mizut.］角萼细鳞苔

（宽脊细鳞苔）

Lejeunea angustifolia Mitt. = Drepanolejeunea an-
gustifolia（Mitt.）Grolle

Lejeunea anisophylla Mont.［Lejeunea boninensis
Horik. ,Lejeunea borneensis Steph. ,Lejeunea ca-
tanduana（Steph.）Mill. ,Bonner et Bisch. ,Rec-
tolejeunea obliqua Herz.］狭瓣细鳞苔（异叶细鳞
苔, 东亚细鳞苔, 齿瓣细鳞苔, 卡岛细鳞苔, 斜叶
直鳞苔）

Lejeunea aquatica Horik. 湿生细鳞苔（水生细鳞苔）

Lejeunea barbata（Herz.）R. -L. Zhu et M. -J. Lai
［Rectolejeunea barbata Herz.］多根细鳞苔（多根
直鳞苔, 多假根直鳞苔, 多棍细鳞苔）

Lejeunea bidentula Herz. 双齿细鳞苔

Lejeunea bidentula Steph. = Lepidolejeunea bidentu-
la（Steph.）Schust.

Lejeunea biseriata Aust. = Solmsiella biseriata
（Aust.）Steere

Lejeunea boninensis Horik. = Lejeunea anisophylla
Mont.

Lejeunea borneensis Steph. = Lejeunea anisophylla
Mont.

Lejeunea catanduana （Steph.） Mill. , Bonner et
Bisch. = Lejeunea anisophylla Mont.

Lejeunea cavifolia（Ehrh.）Lindb.［Lejeunea liber-
tiae Bonner et Mill. ,Lejeunea serpillifolia Libert］
细鳞苔（兜叶细鳞苔）

*Lejeunea cerina（Lehm. et Lindenb.）Gott. ，Lindenb. et Nees［Hygrolejeunea cerina（Lehm. et Lindenb.）Steph.］湿细鳞苔（湿鳞苔）

Lejeunea ceylanica Gott. = Cheilolejeunea ceylanica（Gott.）Schust. et Kachr.

Lejeunea chaishanensis S. -H. Lin 柴山细鳞苔

Lejeunea chinensis（Herz.）R. -L. Zhu et M. -L. So［Trachylejeunea chinensis Herz.］中华细鳞苔（中华粗鳞苔）

Lejeunea claviflora（Steph.）Hatt. = Lejeunea neelgherriana Gott.

Lejeunea cocoes Mitt. 瓣叶细鳞苔（芽条细鳞苔，芽叶细鳞苔）

Lejeunea compacta（Steph.）Steph.［Euosmolejeunea auriculata Steph. ，Euosmolejeunea compacta（Steph.）Hatt. var. auriculata（Steph.）Hatt.］耳瓣细鳞苔（耳瓣淡叶苔）

Lejeunea convexiloba M. -L. So et R. -L. Zhu 凹瓣细鳞苔

Lejeunea cordistipula Lindenb. et Gott. 心瓣细鳞苔

Lejeunea cucullata（Reinw. ，Bl. et Nees）Nees = Metalejeunea cucullata（Reinw. ，Bl. et Nees）Grolle

Lejeunea curviloba Steph. 弯叶细鳞苔（弯瓣细鳞苔）

Lejeunea discreta Lindenb.［Lejeunea vaginata Steph.］长叶细鳞苔（疏叶细鳞苔）

Lejeunea eifrigii Mizut.［Taxilejeunea acutiloba Eifrig］神山细鳞苔（小腹瓣细鳞苔）

Lejeunea exilis（Reinw. ，Bl. et Nees）Grolle［Byssolejeunea abnormis Herz. ，Drepanolejeunea subacuta（Horik.）Mill. ，Bonner et Bischl. ，Microlejeunea subacuta Horik.］纤细细鳞苔（尖叶纤鳞苔，尖叶角鳞苔，织丝苔）

Lejeunea flava（Sw.）Nees［Eulejeunea flava（Sw.）Schiffn. ，Taxilejeunea crassiretis Herz.］黄色细鳞苔（厚壁整鳞苔）

Lejeunea grandiamphigastria C. Gao 大腹叶细鳞苔

Lejeunea hartmannii Steph. = Acrolejeunea securifolia（Endl.）Watts ex Steph. subsp. hartmannii（Steph.）Gradst.

Lejeunea hui R. -L. Zhu 胡氏细鳞苔

Lejeunea infestans（Steph.）Mizut. 芽胞细鳞苔（有芽细鳞苔）

Lejeunea infuscata Mitt. = Trocholejeunea infuscata（Mitt.）Verd.

Lejeunea japonica Mitt. 日本细鳞苔（东亚细鳞苔）

Lejeunea kodamae Ikegami et Inoue 巨齿细鳞苔（单胞细鳞苔）

Lejeunea konosensis Mizut. 科诺细鳞苔

Lejeunea laetevirens Nees et Mont. 拟淡绿细鳞苔

Lejeunea laii R. -L. Zhu［Lejeunea ramulosa（Herz.）Schust. ，Microlejeunea ramulosa Herz.］多枝细鳞苔（赖氏细鳞苔，多枝纤鳞苔）

Lejeunea latilobula（Herz.）R. -L. Zhu et M. -L. So［Taxilejeunea latilobula Herz.］阔瓣细鳞苔（宽叶细鳞苔，宽瓣整鳞苔，阔瓣整鳞苔）

Lejeunea leratii（Steph.）Mizut.［Hygrolejeunea formosana Horik.］里拉细鳞苔（台湾湿鳞苔，里拉湿鳞苔）

Lejeunea libertiae Bonner et Mill. = Lejeunea cavifolia（Ehrh.）Lindb.

Lejeunea lumbricoides（Nees）Nees 树生细鳞苔

Lejeunea lunulatiloba（Horik.）Mizut. = Lejeunea ulicina（Tayl.）Gott. ，Lindenb. et Nees

Lejeunea luzonensis（Steph.）R. -L. Zhu et M. -J. Lai［Taxilejeunea luzonensis Steph.］吕宋细鳞苔（吕宋整鳞苔）

Lejeunea magohukui Mizut. 三重细鳞苔

Lejeunea matteola Spruce［Hygrolejeunea matteola（Spruce）Steph.］暗细鳞苔（暗湿鳞苔）

Lejeunea micholitzii Mizut. 麦氏细鳞苔

Lejeunea mitracalyx（Eiftig）Mizut. = Lejeunea alata Gott.

Lejeunea neelgherriana Gott.［Euosmolejeunea claviflora（Steph.）Hatt. ，Harpalejeunea indica Steph. ，Lejeunea claviflora（Steph.）Hatt. ，Lejeunea libertiae Bonner et Mill. ，Strepsilejeunea claviflora Steph. Strepsilejeunea neelgherriana（Gott.）Steph.］尖叶细鳞苔（兜叶细鳞苔，陕西纽鳞苔，尖叶纽鳞苔）

Lejeunea obscura Mitt.［Hygrolejeunea obscura（Mitt.）Steph. ，Taxilejeunea subcompressiuscula Herz.］暗绿细鳞苔（台湾整鳞苔）

Lejeunea otiana Hatt. 角齿细鳞苔

Lejeunea pallida（Hatt.）Hatt. = Lejeunea pallide-virens Hatt.

Lejeunea pallide-virens Hatt.［Lejeunea pallida（Hatt.）Hatt.］灰绿细鳞苔（淡绿细鳞苔，白绿细鳞苔）

Lejeunea parva（Hatt.）Mizut.［Lejeunea patens Lindb. var. uncrenata K. -C. Chang，Lejeunea rotundistipula（Steph.）Hatt.］小叶细鳞苔（小细鳞苔，圆尖细鳞苔，展叶细鳞苔全缘变种）

Lejeunea patens Lindb. 展叶细鳞苔

Lejeunea patens Lindb. var. uncrenata K. -C. Chang = Lejeunea parva（Hatt.）Mizut.

Lejeunea planiloba Ev. 平瓣细鳞苔

Lejeunea proliferans Herz. 瓣叶细鳞苔（芽叶细鳞苔）

Lejeunea punctiformia Tayl. = Lejeunea ulicina（Tayl.）Gott. ,Lindenb. et Nees

Lejeunea ramulosa（Herz.）Schust. = Lejeunea laii R. -L. Zhu

Lejeunea riparia Mitt. 湄生细鳞苔（小胞细鳞苔）

Lejeunea rotundistipula（Steph.）Hatt. = Lejeunea parva（Hatt.）Mizut.

Lejeunea serpillifolia Libert = Lejeunea cavifolia（Ehrh.）Lindb.

Lejeunea sordida（Nees）Nees 大叶细鳞苔（圆叶细鳞苔）

Lejeunea stevensiana（Steph.）Mizut. 喜马拉雅细鳞苔

Lejeunea subacuta Mitt. 落叶细鳞苔

Lejeunea subigiensis（Steph.）Steph. 树基细鳞苔

Lejeunea subopaca Mitt. = Cheilolejeunea subopaca（Mitt.）Mizut.

Lejeunea szechuanensis（Chen）Schust.［Microlejeunea szechuanensis Chen］四川细鳞苔（四川纤鳞苔）

Lejeunea trifaria（Reinw. ,Bl. et Nees）Nees = Cheilolejeunea trifaria（Reinw. ,Bl. et Nees）Mizut.

Lejeunea tuberculosa Steph. 疣萼细鳞苔

Lejeunea ulicina（Tayl.）Gott. , Lindenb. et Nees［Lejeunea lunulatiloba（Horik.）Mizut. ,Lejeunea punctiformia Tayl. ,Microlejeunea lunulatiloba Horik. ,Microlejeunea punctiformis（Tayl.）Spruce ,Microlejeunea ulicina（Tayl.）Ev.］斑叶细鳞苔（片瓣纤鳞苔,疏叶细鳞苔,斑叶纤鳞苔）

Lejeunea vaginata Steph. = Lejeunea discreta Lindenb.

Lejeunea venusta S. Lac. = Cololejeunea haskarliana（Lehm. et Lindenb.）Schiffn.

Lejeunea wightii Lindenb. 魏氏细鳞苔

Lejeuneaceae 细鳞苔科

Lejeunia biseriata Aust. = Solmsiella biseriata（Aust.）Steere

Lembophyllaceae 船叶藓科

Lepicolea Dum. 复叉苔属

Lepicolea scolopendra（Hook.）Dum. 复叉苔（暖地复叉苔）

Lepicolea yakushimensis（Hatt.）Hatt. 东亚复叉苔

Lepicoleaceae 复叉苔科

Lepicoleales 复叉苔目

*Lepidolaena Dum. 多囊苔属

*Lepidolaena clavigera（Hook.）Dum. ex Trev. 多囊苔

Lepidolaenaceae 多囊苔科

Lepidolejeunea Schust. 指鳞苔属（鳞叶鳞苔属）

Lepidolejeunea badia（Steph.）Engel et Tan = Lepidolejeunea bidentula（Steph.）Schust.

Lepidolejeunea bidentula（Steph.）Schust.［Crossotolejeunea pellucida Horik. ,Drepanolejeunea pellucida（Horik.）Amak. , Lejeunea bidentula Steph. , Lepidolejeunea badia（Steph.）Engel et Tan, Lepidolejeunea pellucida（Horik.）Schust. , Pycnolejeunea badia Steph. , Pycnolejeunea bidentula Steph. , Pycnolejeunea pellucida（Horik.）Amak.］双齿指鳞苔（二齿指鳞苔，散胞指鳞苔，双齿细鳞苔,明叶毛果苔,明叶密鳞苔，二齿鳞叶苔）

*Lepidolejeunea falcata（Herz.）Schust. 指鳞苔

Lepidolejeunea pellucida（Horik.）Schust. = Lepidolejeunea bidentula（Steph.）Schust.

Lepidozia（Dum.）Dum. 指叶苔属

Lepidozia ceratophylla Mitt. = Takakia ceratophylla（Mitt.）Grolle

Lepidozia chinensis Steph. = Lepidozia reptans（Linn.）Dum.

Lepidozia cupressina （Sw.） Lindenb. ［Lepidozia pinnata（Hook.） Dum.］羽枝指叶苔

Lepidozia fauriana Steph. 东亚指叶苔

Lepidozia filamentosa （Lehm. et Lindenb.） Gott., Lindenb. et Nees ［Jungermannia filamentosa Lehm. et Lindenb.］丝形指叶苔

Lepidozia filamentosa （Lehm. et Lindenb.） Gott., Lindenb. et Nees subsp. subtransversa （Steph.） Hatt. = Lepidozia subtransversa Steph.

Lepidozia flexuosa Mitt. 曲叶指叶苔

Lepidozia formosae Steph. = Lepidozia vitrea Steph.

Lepidozia gonyotricha S. Lac. = Kurzia gonyotricha （S. Lac.） Grolle

Lepidozia hainanensis K. -C. Chang = Telaranea wallichiana （Gott.） Schust.

Lepidozia handelii Herz. 韩氏指叶苔

Lepidozia himalayensis Steph. = Lepidozia reptans （Linn.） Dum.

Lepidozia hokinensis Steph. = Lepidozia reptans （Linn.） Dum.

Lepidozia macrocalyx Steph. = Lepidozia reptans （Linn.） Dum.

Lepidozia obtusistipula Steph. = Lepidozia subtransversa Steph.

Lepidozia omeiensis Mizut. et K. -C. Chang 峨眉指叶苔

Lepidozia pearsonii Spruce 密叶指叶苔

Lepidozia pinnata （Hook.） Dum. = Lepidozia cupressina （Sw.） Lindenb.

Lepidozia remotifolia Horik. = Lepidozia trichodes （Reinw., Bl. et Nees） Gott.

Lepidozia reptans （Linn.） Dum. ［Lepidozia chinensis Steph., Lepidozia himalayensis Steph., Lepidozia hokinensis Steph., Lepidozia macrocalyx Steph.］指叶苔（中华指叶苔，鹤庆指叶苔，大萼指叶苔）

Lepidozia robusta Steph. 大指叶苔（粗枝指叶苔）

Lepidozia sandvicensis Lindenb. 深裂指叶苔

Lepidozia setacea （Web.） Mitt. = Kurzia pauciflora （Dicks.） Grolle

Lepidozia squamifolia Nichols. = Lepidozia subintegra Lindenb.

Lepidozia subintegra Lindenb. ［Lepidozia squamifolia Nichols.］鳞片指叶苔

Lepidozia subtransversa Steph. ［Lepidozia filamentosa （Lehm. et Lindenb.） Gott., Lindenb. et Nees subsp. subtransversa （Steph.） Hatt., Lepidozia obtusistipula Steph.］圆钝指叶苔（丝形指叶苔）

Lepidozia suyungii C. Gao et X. -L. Bai 苏氏指叶苔

Lepidozia sylvatica Ev. = Kurzia sylvatica （Ev.） Grolle

Lepidozia trichodes （Reinw., Bl. et Nees） Gott. ［Lepidozia remotifolia Horik.］细指叶苔（疏叶指叶苔）

Lepidozia vitrea Steph. ［Lepidozia formosae Steph.］硬指叶苔（台湾指叶苔）

Lepidozia wallichiana Gott. = Telaranea wallichiana （Gott.） Schust.

Lepidoziaceae［Trigonanthaceae］指叶苔科（枝鳞叶苔科）

Lepidoziales 指叶苔目

Lepidoziineae 指叶苔亚目

Leptobryum （Bruch et Schimp.） Wils. 薄囊藓属

Leptobryum lutescens （Limpr.） Moenk. = Pohlia lutescens （Limpr.） Lindb.

Leptobryum pyriforme （Hedw.） Wils. ［Webera pyriformis Hedw.］薄囊藓

Leptocladiella Fleisch. 薄壁藓属

Leptocladiella delicatula （Broth.） Rohrer［Macrothamnium delicatulum Broth.］纤枝薄壁藓（纤枝南木藓）

Leptocladiella psilura （Mitt.） Fleisch. ［Leptohymenium macroalare Herz., Macrothamnium psilurum （Mitt.） Nog.］薄壁藓（大角薄膜藓，大薄命藓，光南木藓）

Leptocladium Broth. 薄羽藓属

Leptocladium sinense Broth. 薄羽藓（中华薄羽藓）

Leptocolea （Spruce） Ev. = Cololejeunea （Spruce） Schiffn.

Leptocolea aoshimensis Horik. = Cololejeunea planissima （Mitt.） Abeyw.

Leptocolea ceratilobula Chen = Cololejeunea ceratilobula （Chen） Schust.

Leptocolea ceratilobula Chen var. linearilobula Chen

et P. -C. Wu = Cololejeunea desciscens Steph.

Leptocolea ciliatilobula Horik. = Cololejeunea desciscens Steph.

Leptocolea denticulata（Horik.）Chen et P. -C. Wu = Cololejeunea desciscens Steph.

Leptocolea dolichostyla Herz. = Cololejeunea trichomanis（Gott.）Steph.

Leptocolea filicis Herz. = Cololejeunea filicis（Herz.）Piippo

Leptocolea floccosa（Lehm. et Lindenb.）Steph. = Cololejeunea floccosa（Lehm. et Lindenb.）Steph.

Leptocolea gemmifera（Chen）Chen = Cololejeunea longifolia（Mitt.）Bened. ex Mizut.

Leptocolea goebelii（Gott. ex Schiffn.）Ev. = Cololejeunea trichomanis（Gott.）Steph.

Leptocolea lanciloba（Steph.）Ev. = Cololejeunea lanciloba Steph.

Leptocolea latilobula Herz. = Cololejeunea latilobula（Herz.）Tix.

Leptocolea longilobula Horik. = Cololejeunea raduliloba Steph.

Leptocolea liukiuensis Horik. = Cololejeunea stylosa（Steph.）Ev.

Leptocolea magnilobula（Horik.）Chen et P. -C. Wu = Cololejeunea magnilobula（Horik.）Hatt.

Leptocolea magnistyla Horik. = Cololejeunea magnistyla（Horik.）Mizut.

Leptocolea minuta（Mitt.）Chen et P. -C. Wu = Cololejeunea longifolia（Mitt.）Bened. ex Mizut.

Leptocolea miyajimensis Horik. = Cololejeunea planissima（Mitt.）Abeyw.

Leptocolea nakaii Horik. = Cololejeunea planissima（Mitt.）Abeyw.

Leptocolea oblonga（Herz.）Chen et P. -C. Wu = Cololejeunea longifolia（Mitt.）Bened. ex Mizut.

Leptocolea oblongiperianthia P. -C. Wu et J. -S. Lou = Cololejeunea oblongiperianthia（P. -C. Wu et J. -S. Lou）Piippo

Leptocolea ocellata Horik. = Cololejeunea ocellata（Horik.）Bened.

Leptocolea ocelloides Horik. = Cololejeunea ocelloides（Horik.）Mizut.

Leptocolea orbiculata（Herz.）Chen = Cololejeune minutissima（Sm.）Schiffn.

Leptocolea peraffinis（Schiffn.）Horik. = Cololejeunea peraffinis（Schiffn.）Schiffn.

Leptocolea pseudofloccosa Horik. = Cololejeunea pseudofloccosa（Horik.）Bened.

Leptocolea tonkinensis（Steph.）Steph. = Cololejeunea planissima（Mitt.）Adeyw.

Leptocolea yunnanensis Chen = Cololejeunea gottschei（Steph.）Mizut.

Leptodictyum（Schimp.）Warnst. 薄网藓属

Leptodictyum humile（P. Beauv.）Ochyra［Amblystegium kochii Bruch et Schimp. , Amblystegium rivicola（Mitt.）Jaeg. , Amblystegium schensianum Muell. Hal. , Amblystegium trichopodium（Schultz）Hartm. , Hypnum rivicola Mitt. , Leptodictyum kochii（Bruch et Schimp.）Warnst. 曲肋薄网藓（阔叶薄网藓）

Leptodictyum kochii（Bruch et Schimp.）Warnst. = Leptodictyum humile（P. Beauv.）Ochyra

Leptodictyum riparium（Hedw.）Warnst.［Amblystegium brevipes Card. et Thér. , Amblystegium riparium（Hedw.）Schimp. , Hypnum riparium Hedw.］薄网藓

Leptodon recurvimarginatus（Nog.）Nog. = Forsstroemia indica（Mont.）Par.

Leptodon recurvimarginatus（Nog.）Nog. f. filiformis（Nog.）Nog. = Forsstroemia indica（Mont.）Par.

Leptodontaceae 细齿藓科

Leptodontium（Muell. Hal.）Lindb. 薄齿藓属

Leptodontium chenianum X. -J. Li et M. Zang 陈氏薄齿藓

Leptodontium chungdiensis Chen 中甸薄齿藓（金顶薄齿藓）

Leptodontium flexifolium（Dicks.）Hampe［Bryoerythrophyllum dentatum（Mitt.）Chen, Bryoerythrophyllum pergemmascens（Broth.）Chen, Bryoerythrophyllum yichunense C. Gao, Leptodontium gracillimum Nog. , Leptodontium nakaii Okam. , Lep-todontium pergemmascens Broth. , Leptodontium warnstorfii Fleisch.］厚壁薄齿藓

（芽苞薄齿藓，芽苞红叶藓，锯齿红叶藓，齿边红叶藓，伊春红叶藓，扭叶薄齿藓）

Leptodontium gracillimum Nog. = Leptodontium flexifolium（Dicks.）Hampe

Leptodontium handelii Thér.〔Leptodontium subfilescens Broth.〕齿叶薄齿藓（韩氏薄齿藓）

Leptodontium nakaii Okam. = Leptodontium flexifolium（Dicks.）Hampe

Leptodontium pergemmascens Broth. = Leptodontium flexifolium（Dicks.）Hampe

Leptodontium scaberrimum Broth. 疣薄齿藓

Leptodontium setschwanicum Broth. = Didymodon eroso-denticulatus（Muell. Hal.）Saito

Leptodontium squarrosum（Hook.）Hampe = Leptodontium viticulosoides（P. Beauv.）Wijk et Marg.

Leptodontium squarrosum（Hook.）Hampe var. abbreviatum（Dix.）Chen = Leptodontium viticulosoides（P. Beauv.）Wijk et Marg.

Leptodontium subdenticulatum（Muell. Hal.）Par. = Leptodontium viticulosoides（P. Beauv.）Wijk et Marg.

Leptodontium subfilescens Broth. = Leptodontium handelii Thér.

Leptodontium taiwanense Nog. = Leptodontium viticulosoides（P. Beauv.）Wijk et Marg.

Leptodontium viticulosoides（P. Beauv.）Wijk et Marg.〔Leptodontium squarrosum（Hook.）Hampe，Leptodontium squarrosum（Hook.）Hampe var. abbreviatum（Dix.）Chen，Leptodontium subdenticulatum（Muell. Hal.）Par.，Leptodontium taiwanense Nog.，Leptodontium viticulosoides（P. Beauv.）Wijk et Marg. var. abbreviatum（Dix.）Wijk et Marg.〕薄齿藓（粗叶薄齿藓，台湾薄齿藓）

Leptodontium viticulosoides（P. Beauv.）Wijk et Marg. var. abbreviatum（Dix.）Wijk et Marg. = Leptodontium viticulosoides（P. Beauv.）Wijk et Marg.

Leptodontium warnstorfii Fleisch. = Leptodontium flexifolium（Dicks.）Hampe

Leptohymenium Schwaegr. 薄膜藓属

Leptohymenium brachystegium Besch. 短柄薄膜藓

Leptohymenium hokinense Besch. 鹤庆薄膜藓

Leptohymenium macroalare Herz. = Leptocladiella psilura（Mitt.）Fleisch.

Leptohymenium sieboldii Dozy et Molk. = Haplohymenium sieboldii（Dozy et Molk.）Dozy et Molk.

Leptohymenium tenue（Hook.）Schwaegr. 薄膜藓

Leptolejeunea（Spruce）Schiffn. 薄鳞苔属

Leptolejeunea aberrantia Horik. = Leptolejeunea truncatifolia Steph.

Leptolejeunea amphiophthalma Zwichel〔Leptolejeunea picta Herz.〕南亚薄鳞苔（斑点薄鳞苔）

Leptolejeunea apiculata（Horik.）Hatt.〔Drepanolejeunea apiculata Horik.〕拟薄鳞苔（尖叶薄鳞苔）

Leptolejeunea balansae Steph. 巴氏薄鳞苔

Leptolejeunea elliptica（Lehm. et Lindenb.）Schiffn.〔Leptolejeunea elliptica（Lehm. et Lindenb.）Schiffn. subsp. subacuta（Ev.）Schust.，Leptolejeunea subacuta Steph. ex Ev.〕尖叶薄鳞苔（卵圆薄鳞苔，卵圆小瓣薄鳞苔）

Leptolejeunea elliptica（Lehm. et Lindenb.）Schiffn. subsp. subacuta（Ev.）Schust. = Leptolejeunea elliptica（Lehm. et Lindenb.）Schiffn.

Leptolejeunea emarginata（Horik.）Hatt.〔Drepanolejeunea emarginata Horik.〕四齿薄鳞苔（四齿角鳞苔，凹瓣薄鳞苔，微齿薄鳞苔）

Leptolejeunea epiphylla（Mitt.）Steph. 小瓣薄鳞苔（叶附薄鳞苔）

Leptolejeunea erecta Steph. = Drepanolejeunea erecta（Steph.）Mizut.

Leptolejeunea fleischeri Steph. = Drepanolejeunea fleischeri（Steph.）Grolle et R. -L. Zhu

Leptolejeunea foliicola（Horik.）Schust. = Drepanolejeunea foliicola Horik.

Leptolejeunea grossidens Steph. = Leptolejeunea maculata（Mitt.）Schiffn.

Leptolejeunea hainanensis Chen = Leptolejeunea maculata（Mitt.）Schiffn.

Leptolejeunea latifolia Herz. 阔叶薄鳞苔（宽叶薄鳞苔）

Leptolejeunea maculata（Mitt.）Schiffn.〔Leptolejeunea grossidens Steph.，Leptolejeunea hainanensis

Chen, Leptolejeunea radiata（Mitt.）Steph.] 散生薄鳞苔（海南薄鳞苔，大薄鳞苔）

Leptolejeunea picta Herz. = Leptolejeunea amphiophthalma Zwichel

Leptolejeunea radiata（Mitt.）Steph. = Leptolejeunea maculata（Mitt.）Schiffn.

Leptolejeunea revoluta Chen 卷边薄鳞苔

Leptolejeunea spicata Steph. = Drepanolejeunea spicata（Steph.）Grolle et R. -L. Zhu

Leptolejeunea subacuta Steph. ex Ev. = Leptolejeunea elliptica（Lehm. et Lindenb.）Schiffn.

Leptolejeunea subdentata Schiffn. ex Herz. 细齿薄鳞苔（弱齿薄鳞苔，拟粗齿薄鳞苔）

Leptolejeunea truncatifolia Steph.［Leptolejeunea aberrantia Horik.]截叶薄鳞苔

*Leptolejeunea vitrea（Nees）Schiffn. 薄鳞苔

Leptolejeunea yangii M. -J. Lai = Drepanolejeunea foliicola Horik.

Leptolejeunea yunnanensis（Chen）Schust. = Drepanolejeunea yunnanensis（Chen）Grolle et R. -L. Zhu

Leptopterigynandrum Muell. Hal. 叉羽藓属

Leptopterigynandrum autoicum Gangulee 角疣叉羽藓

Leptopterigynandrum austro-alpinum Muell. Hal. 叉羽藓

Leptopterigynandrum brevirete Dix. 小叉羽藓

Leptopterigynandrum decolor（Mitt.）Fleisch. 心叶叉羽藓

Leptopterigynandrum filiforme（M. -X. Zhang）Stark et Buck = Leptopterigynandrum subintegrum（Mitt.）Broth.

Leptopterigynandrum incurvatum Broth. 卷叶叉羽藓

Leptopterigynandrum piliferum S. He 毛尖叉羽藓

Leptopterigynandrum stricticaule Broth. 直茎叉羽藓

Leptopterigynandrum subintegrum（Mitt.）Broth.［Forsstroemia filiformis M. -X. Zhang, Leptopterigynandrum filiforme（M. -X. Zhang）Stark et Buck] 全缘叉羽藓（角疣叉羽藓）

Leptopterigynandrum tenellum Broth. 细叉羽藓

Leptoscyphus Mitt. 薄萼苔属

*Leptoscyphus liebmannianus（Lindenb. et Gott.）

Mitt. 薄萼苔

Leptoscyphus sichuanensis C. Gao et Y. -H. Wu 四川薄萼苔

Leptoscyphus taylorii（Hook.）Mitt. = Mylia taylorii（Hook.）Gray

Leptoscyphus verrucosus（Lindb.）K. Muell. = Mylia verrucosa Lindb.

Leptotrichella（Muell. Hal.）Lindb. 纤毛藓属

Leptotrichella austroexiguus（Muell. Hal.）Ochyra［Dicranella austroexiguus（Muell. Hal.）Broth., Microdus austroexiguus（Muell. Hal.）Par.]华南纤毛藓（华南小曲尾藓，华南小毛藓）

Leptotrichella brasiliensis（Duby）Ochyra［Microdus brasiliensis（Duby）Thér., Microdus pomiformis（Griff.）Besch.] 梨蒴纤毛藓（梨蒴小毛藓）

Leptotrichella miqueliana（Mont.）Broth.［Microdus miquelianus（Mont.）Besch.] 纤毛藓（红柄纤毛藓）

Leptotrichella sinensis（Herz.）Ochyra［Microdus sinensis Herz.] 中华纤毛藓（中华小毛藓）

Leptotrichella yuennanensis（C. Gao）Ochyra［Microdus brotheri Redf. et Tan, Microdus laxiretis Broth., Microdus yuennanensis C. Gao] 云南纤毛藓（云南小毛藓）

Leptotrichum capillaceum（Hedw.）Mitt. = Distichium capillaceum（Hedw.）Bruch et Schimp.

Leptotrichum crispatissimum Meull. Hal. = Ditrichum gracile（Mitt.）Kuntze

Leptotrichum gracile Mitt. = Ditrichum gracile（Mitt.）Kuntze

Leptotrichum pruinosum Muell. Hal. = Saelania glaucescens（Hedw.）Broth.

Leptotrichum virens（Hedw.）Mitt. = Oncophorus virens（Hedw.）Brid.

Leratia Broth. et Par. 疣毛藓属

Leratia exigua（Sull.）Goffinet［Orthotrichum decurrens Thér., Orthotrichum exiguum Sull., Orthotrichum szuchuanicum Chen] 小疣毛藓（小木灵藓，延叶木灵藓）

*Leratia neocaledonica Broth. et Par. 疣毛藓

Lescuraea Bruch et Schimp. 多毛藓属（列藓属）

Lescuraea incurvata（Hedw.）Lawt.［Leskea incurvata Hedw.〕弯叶多毛藓（列藓）

Lescuraea julacea Besch. et Card. = Lescuraea saxicola（Schimp.）Milde

Lescuraea morrisonensis（Tak.）Nog. et Tak. = Pseudopleuropus morrisonensis Tak.

Lescuraea morrisonensis（Tak.）Nog. et Tak. f. sichuanensis Y. -F. Wang，R. -L. Hu et Redf. = Actinothuidium hookeri（Mitt.）Broth.

Lescuraea mutabilis（Brid.）Hag.〔Ishibaea japonica Broth. et Okam.〕多态多毛藓

Lescuraea radicosa（Mitt.）Moenk.〔Hypnum radicosum Mitt.，Pseudoleskea denudata（Kindb.）Best，Pseudoleskea radicosa（Mitt.）Macoun et Kindb.，Pseudoleskea radicosa（Mitt.）Macoun et Kindb. var. denudata（Kindb.）Wijk et Marg.〕密根多毛藓（密根草藓，密根草藓皱叶变种）

Lescuraea saxicola（Schimp.）Milde〔Lescuraea julacea Besch. et Card.〕石生多毛藓

Lescuraea setschwanica（Broth.）T. Cao et W. -H. Wang〔Pseudoleskea setschwanica Broth.〕川南多毛藓（四川多毛藓，四川草藓）

Lescuraea sichuanensis Y. -F. Wang，R. -L. Hu et Redf. = Pseudopleuropus morrisonensis Tak.

*Lescuraea striata（Schwaegr.）Bruch et Schimp. 多毛藓

Lescuraea yunnanensis（Broth.）T. Cao et W. -H. Wang〔Pseudoleskea yunnanensis Broth.〕云南多毛藓（云南草藓）

Leskea Hedw. 薄罗藓属

Leskea arenicola Best = Leskea polycarpa Hedw.

Leskea consanguinea（Mont.）Mitt. 异枝薄罗藓（喜马拉雅薄罗藓）

Leskea gracilescens Hedw. 纤枝薄罗藓（细枝薄罗藓）

Leskea incurvata Hedw. = Lescuraea incurvata（Hedw.）Lawt.

Leskea magniretis Muell. Hal. = Lindbergia sinensis（Muell. Hal.）Broth.

Leskea minuscula Mitt. = Pelekium minusculum（Mitt.）Touw

Leskea polycarpa Hedw.〔Leskea arenicola Best〕薄罗藓（多蒴薄罗藓，沙地薄罗藓）

Leskea rufa Reinw. et Hornsch. = Acroporium rufum

（Reinw. et Hornsch.）Fleisch.

Leskea scabrinervis Broth. et Par. 粗肋薄罗藓

Leskea straminea Reinw. et Hornsch. = Acroporium stramineum（Reinw. et Hornsch.）Fleisch.

Leskea subacuminata Nog. 短肋薄罗藓

Leskea subfiliramea Broth. et Par. 细枝薄罗藓（拟细枝薄罗藓）

Leskea tectorum（Brid.）Hag. = Pseudoleskea tectorum（Brid.）Kindb.

Leskea varia Hedw. = Amblystegium varium（Hedw.）Lindb.

Leskeaceae 薄罗藓科

Leskeella（Limpr.）Loeske 细罗藓属

Leskeella nervosa（Brid.）Loeske〔Leskea nervosa（Brid.）Myr.，Pseudoleskea papillarioides Muell. Hal.，Pseudoleskeella nervosa（Brid.）Nyl.〕细罗藓（粗肋细罗藓，疣叶草藓）

Leskeella tectorum（Brid.）Hag. = Pseudoleskeella tectorum（Brid.）Kindb.

Leucobryaceae 白发藓科

Leucobryum Hampe 白发藓属

Leucobryum aduncum Dozy et Molk.〔Leucobryum candidum（P. Beauv.）Wils. var. penstastichum（Dozy et Molk.）Dix.〕弯叶白发藓（原色白发藓暖地变种，暖地白发藓）

Leucobryum aduncum Dozy et Molk. var. scalare（Fleisch.）Eddy〔Leucobryum scalare Fleisch.，Leucobryum subscalare P. Varde〕弯叶白发藓丛叶变种（丛叶白发藓）

Leucobryum aduncum Dozy et Molk. var. teysmannianum（Dozy et Molk.）Yamaguchi〔Leucobryum teysmannianum Dozy et Molk.〕弯叶白发藓海南变种

Leucobryum angustifolium Wils. = Leucobryum bowringii Mitt.

Leucobryum angustissimum Broth. = Leucobryum juniperoideum（Brid.）Muell. Hal.

Leucobryum arfakianum Geh.〔Leucobryum subsanctum Broth.〕海岛白发藓

Leucobryum armatum Broth. = Leucobryum boninense Sull. et Lesq.

Leucobryum auriculatum Muell. Hal. = Leucobryum

sanctum（Brid.）Hampe

Leucobryum boninense Sull. et Lesq. ［Leucobryum armatum Broth. , Leucobryum nakaii Horik. , Leucobryum salmonii Card. , Leucobryum scaberulum Card. , Leucobryum scaberulum Card. var. divaricatum Dix.］粗叶白发藓（小笠原白发藓）

Leucobryum bowringii Mitt. ［Leucobryum angustifolium Wils. , Leucobryum bowringii Mitt. f. brevifolium Card. , Leucobryum bowringii Mitt. var. sericeum（Geh.）Dix. , Leucobryum confine Card. , Leucobryum lutschianum Muell. Hal. , Leucobryum sericeum Geh. , Leucobryum subsericeum Dix.］狭叶白发藓（包氏白发藓）

Leucobryum bowringii Mitt. f. brevifolium Card. = Leucobryum bowringii Mitt.

Leucobryum brevicaule Besch. = Leucobryum juniperoideum（Brid.）Muell. Hal.

Leucobryum candidum（P. Beauv.）Wils. 原色白发藓

Leucobryum candidum（P. Beauv.）Wils. var. penstastichum（Dozy et Molk.）Dix. = Leucobryum aduncum Dozy et Molk.

Leucobryum chlorophyllosum Muell. Hal. 绿色白发藓

Leucobryum confine Card. = Leucobryum bowringii Mitt.

Leucobryum cucullifolium Card. = Leucobryum humillimum Card.

Leucobryum galeatum Besch. = Leucobryum humillimum Card.

Leucobryum galeatum Besch. f. longifolium Broth. = Leucobryum humillimum Card.

Leucobryum glaucum（Hedw.）Aoengstr. 白发藓

Leucobryum humillimum Card. ［Leucobryum cucullifolium Card. , Leucobryum galeatum Besch. , Leucobryum galeatum Besch. f. longifolium Broth. , Leucobryum mittenii Besch. , Leucobryum neilgherrense Muell. Hal. var. galeatum（Besch.）Dix. , Ochrobryum propaguliferum Dix.］短枝白发藓（白发藓，勺叶白发藓）

Leucobryum japonicum（Besch.）Card. = Leucobryum juniperoideum（Brid.）Muell. Hal.

Leucobryum javense（Brid.）Mitt. 爪哇白发藓

Leucobryum juniperoideum（Brid.）Muell. Hal. ［Leucobryum angustissimum Broth. , Leucobryum brevicaule Besch. , Leucobryum japonicum（Besch.）Card. , Leucobryum neilgherrense Muell. Hal. , Leucobryum neilgherrense Muell. Hal. var. minus Card. , Leucobryum textorii Besch. , Ochrobryum japonicum Besch.］桧叶白发藓（庭园白发藓，南亚白发藓，兜叶白发藓）

Leucobryum lutschianum Muell. Hal. = Leucobryum bowringii Mitt.

Leucobryum mittenii Besch. = Leucobryum humillimum Card.

Leucobryum nakaii Horik. = Leucobryum boninense Sull. et Lesq.

Leucobryum neilgherrense Muell. Hal. = Leucobryum juniperoideum（Brid.）Muell. Hal.

Leucobryum neilgherrense Muell. Hal. var. galeatum（Besch.）Dix. = Leucobryum humillimum Card.

Leucobryum neilgherrense Muell. Hal. var. minus Card. = Leucobryum juniperoideum（Brid.）Muell. Hal.

Leucobryum papuense Par. = Leucobryum sanctum（Brid.）Hampe

Leucobryum salmonii Card. = Leucobryum boninense Sull. et Lesq.

Leucobryum sanctum（Brid.）Hampe ［Leucobryum auriculatum Muell. Hal. , Leucobryum papuense Par.］耳叶白发藓

Leucobryum scaberulum Card. = Leucobryum boninense Sull. et Lesq.

Leucobryum scaberulum Card. var. divaricatum Dix. = Leucobryum boninense Sull. et Lesq.

Leucobryum scabrum S. Lac. 疣叶白发藓（疣白发藓）

Leucobryum scalare Fleisch. = Leucobryum aduncum Dozy et Molk. var. scalare（Fleisch.）Eddy

Leucobryum sericeum Geh. = Leucobryum bowringii Mitt.

Leucobryum subsanctum Broth. = Leucobryum arfakianum Geh.

Leucobryum subscalare P. Varde = Leucobryum

aduncum Dozy et Molk. var. scalare（Fleisch.）Eddy

Leucobryum subsericeum Dix. = Leucobryum bowringii Mitt.

Leucobryum textorii Besch. = Leucobryum juniperoideum（Brid.）Muell. Hal.

Leucobryum teysmannianum Dozy et Molk. = Leucobryum aduncum Dozy et Molk. var. teysmannianum（Dozy et Molk.）Yamaguchi

Leucodon Schwaegr.［Leucodontella Nog.］白齿藓属（小白齿藓属）

Leucodon alpinus Akiyama 高山白齿藓

Leucodon angustiretis Dix. = Leucodon jaegerinaceus（Muell. Hal.）Akiyama

Leucodon coreensis Card. 朝鲜白齿藓

Leucodon denticulatus Broth. ex Dix. = Leucodon secundus（Harv.）Mitt.

Leucodon denticulatus Broth. ex Dix. var. pinnatus Muell. Hal. = Leucodon jaegerinaceus（Muell. Hal.）Akiyama

Leucodon esquirolii Thér. = Pterogoniadelphus esquirolii（Thér.）Ochyra et Zijlstra

Leucodon esquirolii Thér. var. latifolium（Broth.）M. -X. Zhang = Pterogoniadelphus esquirolii（Thér.）Ochyra et Zijlstra

Leucodon exaltatus Muell. Hal.［Leucodon giraldii Muell. Hal.］陕西白齿藓（齿叶白齿藓，格氏白齿藓）

Leucodon flagelliformis Muell. Hal.［Leucodon mollis Dix.］鞭枝白齿藓（柔枝白齿藓，柔叶白齿藓）

Leucodon flexisetum（Besch.）Par. = Leucodon sapporensis Besch.

Leucodon formosanus Akiyama［Leucodon luteus Besch.］宝岛白齿藓

Leucodon giraldii Muell. Hal. = Leucodon exaltatus Muell. Hal.

Leucodon giraldii Muell. Hal. var. jaegerinaceus Muell. Hal. = Leucodon jaegerinaceus（Muell. Hal.）Akiyama

Leucodon jaegerinaceus（Muell. Hal.）Akiyama［Leucodon angustiretis Dix. , Leucodon denticulatus Broth. ex Dix. var. pinnatus Muell. Hal. , Leu-

codon giraldii Muell. Hal. var. jaegerinaceus Muell. Hal.］羽枝白齿藓（狭胞白齿藓，狭叶白齿藓，多根白齿藓，短柄白齿藓）

Leucodon lasioides Muell. Hal. = Forsstroemia noguchii Stark

Leucodon latifolium Broth. = Pterogoniadelphus esquirolii（Thér.）Ochyra et Zijlstra

Leucodon luteolus Dix. = Leucodon pendulus Lindb.

Leucodon luteus Besch. = Leucodon formosanus Akiyama

[*] Leucodon luteus Besch. 黄色白齿藓

Leucodon mollis Dix. = Leucodon flagelliformis Muell. Hal.

Leucodon morrisonensis Nog. 玉山白齿藓

Leucodon pendulus Lindb.［Leucodon luteolus Dix. , Leucodon perdependens Okam. , Leucodon radicalis M. -X. Zhang, Leucodontella perdependens（Okam.）Nog.］垂悬白齿藓（鞭枝白齿藓，小白齿藓，多根白齿藓，短柄白齿藓）

Leucodon perdependens Okam. = Leucodon pendulus Lindb.

Leucodon radicalis M. -X. Zhang = Leucodon pendulus Lindb.

Leucodon sapporensis Besch.［Leucodon flexisetum（Besch.）Par. , Macrosporiella sapporensis（Besch.）Nog.］札幌白齿藓

Leucodon sciuroides（Hedw.）Schwaegr. 白齿藓

Leucodon secundus（Harv.）Mitt.［Astrodontium secundum（Harv.）Besch. , Leucodon denticulatus Broth. ex Dix.］偏叶白齿藓（齿叶白齿藓）

Leucodon secundus（Harv.）Mitt. var. strictus（Harv.）Akiyama［Leucodon strictus（Harv.）Jaeg. , Leucodon subulatulus Broth.］偏叶白齿藓硬叶变种（长尖白齿藓，拟白齿藓）

Leucodon sinensis Thér. 中华白齿藓

Leucodon sphaerocarpus Akiyama 龙珠白齿藓

Leucodon squarricuspis Broth. et Par. = Pterogoniadelphus esquirolii（Thér.）Ochyra et Zijlstra

Leucodon strictus（Harv.）Jaeg. = Leucodon secundus（Harv.）Mitt. var. strictus（Harv.）Akiyama

Leucodon subulatulus Broth. = Leucodon morrisonensis Nog.

Leucodon subulatulus Broth. = Leucodon secundus（Harv.）Mitt. var. strictus（Harv.）Akiyama

Leucodon subulatus Broth. 长叶白齿藓（尖枝白齿藓）

Leucodon temperatus Akiyama 长柄白齿藓（中台白齿藓）

Leucodon tibeticus M. -X. Zhang 西藏白齿藓

Leucodontaceae 白齿藓科

Leucodontella Nog. = Leucodon Schwaegr.

Leucodontella perdependens（Okam.）Nog. = Leucodon pendulus Lindb.

Leucolejeunea Ev. 白鳞苔属

* Leucolejeunea clypeata（Schwein.）Ev. 白鳞苔

Leucolejeunea japonica（Hook.）Verd. 东亚白鳞苔

Leucolejeunea paroica Kitag.［Cheilolejeunea kitagawae（Kitag.）W. Ye et R. -L Zhu］多油体白鳞苔（异苞唇鳞苔）

Leucolejeunea turgida（Mitt.）Verd.［Cheilolejeunea turgida（Mitt.）W. Ye et R. -L Zhu］弯叶白鳞苔（膨白鳞苔，粗枝唇鳞苔，粗唇鳞苔）

Leucolejeunea xanthocarpa（Lehm. et Lindenb.）Ev.［Cheilolejeunea xanthocarpa（Lehm. et Lindenb.）Malombe］卷边白鳞苔（白鳞苔，短齿白鳞苔，黄色白鳞苔，卷边唇鳞苔）

Leucoloma Brid. 白锦藓属

* Leucoloma bifidum（Brid.）Brid. 白锦藓

Leucoloma mitteni Fleisch. 小白锦藓

Leucoloma molle（Muell. Hal.）Mitt. 柔叶白锦藓

Leucoloma okamurae Broth. 东亚白锦藓

Leucoloma perviride Broth. 绿色白锦藓

Leucoloma walkeri Broth. 狭叶白锦藓

Leucomiaceae 白藓科

Leucomium Mitt. 白藓属

Leucomium aneurodictyon（Muell. Hal.）Jaeg. = Leucomium strumosum（Hornsch.）Mitt.

Leucomium debile（Sull.）Mitt. = Leucomium strumosum（Hornsch.）Mitt.

Leucomium strumosum（Hornsch.）Mitt.［Leucomium aneurodictyon（Muell. Hal.）Jaeg., Leucomium debile（Sull.）Mitt.］白藓（宽叶白藓）

Leucophanes Brid. 白睫藓属

Leucophanes albescens Muell. Hal. = Leucophanes glaucum（Schwaegr.）Mitt.

Leucophanes candidum（Schwaegr.）Lindb. 原色白睫藓（白睫藓）

Leucophanes glaucum（Schwaegr.）Mitt.［Leucophanes albescens Muell. Hal.］刺肋白睫藓

Leucophanes octoblepharioides Brid. 白睫藓

Levierella Muell. Hal. 白翼藓属

Levierella fabroniacea Muell. Hal. = Levierella neckeroides（Griff.）O'Shea et Matcham

Levierella neckeroides（Griff.）O'Shea et Matcham［Levierella fabroniacea Muell. Hal.］白翼藓

Limnobium eugyrium Bruch et Schimp. = Hygrohypnum eugyrium（Bruch et Schimp.）Broth.

Limnobium pachycarpulum Muell. Hal. = Hygrohypnum luridum（Hedw.）Jenn.

Limprichtia cossonii（Schimp.）Anderson, Crum et Buck = Drepanocladus cossonii（Schimp.）Loeske

Lindbergia Kindb. 细枝藓属

Lindbergia austinii（Sull.）Broth. = Lindbergia brachyptera（Mitt.）Kindb.

Lindbergia brachyptera（Mitt.）Kindb.［Leskea austinii Sull., Lindbergia brachyptera（Mitt.）Kindb. var. austinii（Sull.）Grout, Pterogonium brachypterium Mitt.］细枝藓（疣胞细枝藓，疣齿细枝藓）

Lindbergia brachyptera（Mitt.）Kindb. var. austinii（Sull.）Grout = Lindbergia brachyptera（Mitt.）Kindb.

Lindbergia brevifolia（C. Gao）C. Gao［Lindbergia ovata C. Gao］阔叶细枝藓（卵叶细枝藓）

Lindbergia japonica Card. 东亚细枝藓

Lindbergia magniretis（Muell. Hal.）Broth. = Lindbergia sinensis（Muell. Hal.）Broth.

Lindbergia ovata C. Gao = Lindbergia brevifolia（C. Gao）C. Gao

Lindbergia serrulatus C. Gao, T. Cao et W. -H. Wang 齿边细枝藓

Lindbergia sinensis（Muell. Hal.）Broth.［Leskea magniretis Muell. Hal., Lindbergia magniretis

（Muell. Hal.） Broth., Schwetschkea sinensis Muell. Hal.］中华细枝藓（粗网细枝藓）

Liochlaena Nees 狭叶苔属

Liochlaena lanceolata Nees［Jungermannia leiantha Grolle］狭叶苔（光萼叶苔）

Liochlaena subulata（Ev.）**Schljak.**［Jungermannia amakawana Grolle，Jungermannia breviperianthia C. Gao，Jungermannia subulata Ev.］短萼狭叶苔（短萼叶苔，狭叶苔）

Lobatiriccardia（Mizut. et Hatt.）**Furuki** 宽片苔属

Lobatiriccardia coronopus（De Not.）**Furuki**［Aneura lobata（Schiffn.）Steph.，Lobatiriccardia lobata（Schiffn.）Furuki］宽片苔（羽枝绿片苔）

Lobatiriccardia lobata（Schiffn.）**Furuki** = Lobatiriccardia coronopus（De Not.）Furuki

Lobatiriccardia yunnanensis Furuki et Long 云南宽片苔

Loeskeobryum Broth. 假蔓藓属

Loeskeobryum brevirostre（Brid.）**Broth.**［Hylocomium brevirostre（Brid.）Schimp.］假蔓藓（短喙塔藓）

Loeskeobryum cavifolium（S. Lac.）**Broth.**［Hylocomium brevirostre（Brid.）Schimp. var. cavifolium（S. Lac.）Nog.，Hylocomium cavifolium S. Lac.］船叶假蔓藓（船叶塔藓）

Lophochaete Schust. = Pseudolepicolea Fulf. et Tayl.

Lophochaete andoi Schust. = Pseudolepicolea quadrilaciniata（Sull.）Fulf. et Tayl.

Lophochaete trollii（Herz.）**Schust.** = Pseudolepicolea quadrilaciniata（Sull.）Fulf. et Tayl.

*＊**Lophocolea**（Dum.）**Dum.** 齿萼苔属

Lophocolea arisancola Horik. = Chiloscyphus cuspidatus（Nees）Engel et Schust.

Lophocolea bidentata（Linn.）**Dum.** = Chiloscyphus latifolius（Nees）Engel et Schust.

Lophocolea chinensis C. Gao et K. -C. Chang = Chiloscyphus aposinensis Piippo

Lophocolea ciliolata（Nees）**Gott.** = Chiloscyphus ci-liolatus（Nees）Engel et Schust.

Lophocolea compacta Mitt. = Chiloscyphus integristipulus（Steph.）Engel et Schust.

Lophocolea costata（Nees）**Gott.** = Chiloscyphus costatus（Nees）Engel et Schust.

Lophocolea cuspidata（Nees）**Limpr.** = Chiloscyphus cuspidatus（Nees）Engel et Schust.

Lophocolea formosana Horik. = Chiloscyphus costatus（Nees）Engel et Schust.

Lophocolea fragrans（Moris et De Not.）**Gott.，Lindenb. et Nees** = Chiloscyphus fragrans（Moris et De Not.）Engel et Schust.

Lophocolea heterophylla（Schrad.）**Dum.** = Chiloscyphus profundus（Nees）Engel et Schust.

Lophocolea horikawana Hatt. = Chiloscyphus horikawanus（Hatt.）Engel et Schust.

Lophocolea itoana Inoue = Chiloscyphus itoanus（Inoue）Engel et Schust.

Lophocolea japonica Steph. = Chiloscyphus integristipulus（Steph.）Engal et Schust.

Lophocolea magniperianthia Horik. = Chiloscyphus semiteres（Lehm.）Lehm. et Lindenb.

Lophocolea minor Nees = Chiloscyphus minor（Nees）Engel et Schust.

Lophocolea minor Nees var. chinensis Mass. = Chiloscyphus minor（Nees）Engel et Schust. var. chinensis（Mass.）Piippo

Lophocolea mollis（Nees）**Nees** = Chiloscyphus cuspidatus（Nees）Engel et Schust.

Lophocolea muricata（Lehm.）**Nees** = Chiloscyphus muricatus（Lehm.）Engel et Schust.

Lophocolea pseudoverrucosa Horik. = Saccogynidium muricellum（De Not.）Grolle

Lophocolea regularis Steph. = Chiloscyphus sinensis Engel et Schust.

Lophocolea sikkimensis（Steph.）**Herz. et Grolle** = Chiloscyphus sikkimensis（Steph.）Engel et Schust.

Lophocoleaceae 齿萼苔科

Lophocoleales 齿萼苔目

Lopholejeunea（Spruce）**Schiffn.** 冠鳞苔属

Lopholejeunea aberrantia Horik. 土生冠鳞苔

Lopholejeunea applanata（Reinw.，Bl. et Nees）**Schiffn.**［Lopholejeunea levieriana Mass.］尖叶冠鳞苔（冠鳞苔）

Lopholejeunea brunnea Horik. = Lopholejeunea nigricans（Lindenb.）Schiffn.

Lopholejeunea ceylanica Steph.［Lopholejeunea longiloba Steph.］锡兰冠鳞苔

Lopholejeunea eulopha（Tayl.）Schiffn.［Lopholejeunea magniamphigastria Horik.，Lopholejeunea minutilobula Horik.，Lopholejeunea nicobarica Steph.，Lopholejeunea schwabei Herz.］大叶冠鳞苔（全缘冠鳞苔，双齿冠鳞苔，圆叶冠鳞苔，小瓣冠鳞苔）

Lopholejeunea formosana Horik. = Lopholejeunea subfusca（Nees）Steph.

Lopholejeunea herzogiana Verd. 赫氏冠鳞苔

Lopholejeunea javanica（Nees）Schiffn. = Lopholejeunea nigricans（Lindenb.）Schiffn.

Lopholejeuhea latiloba Verd. 阔瓣冠鳞苔

Lopholejeunea levieriana Mass. = Lopholejeunea applanata（Reinw.，Bl. et Nees）Schiffn.

Lopholejeunea magniamphigastria Horik. = Lopholejeunea eulopha（Tayl.）Schiffn.

Lopholejeunea minuta R. -L. Zhu et Gradst. 小冠鳞苔

Lopholejeunea minutilobula Horik. = Lopholejeunea eulopha（Tayl.）Schiffn.

Lopholejeunea mitis Herz. = Lopholejeunea nigricans（Lindenb.）Schiffn.

Lopholejeunea nicobarica Steph. = Lopholejeunea eulopha（Tayl.）Schiffn.

Lopholejeunea nigricans（Lindenb.）Schiffn.［Lopholejeunea brunnea Horik.，Lopholejeunea javanica（Nees）Schiffn.，Lopholejeunea mitis Herz.，Lopholejeunea sikkimensis Steph.］黑冠鳞苔（锡金冠鳞苔，爪哇冠鳞苔，纤枝冠鳞苔，淡褐冠鳞苔）

Lopholejeunea nipponica Horik. = Lopholejeunea zollingeri（Steph.）Schiffn.

* Lopholejeunea sagraeana（Mont.）Schiffn. 冠鳞苔

Lopholejeunea schwabei Herz. = Lopholejeunea eulopha（Tayl.）Schiffn.

Lopholejeunea sikkimensis Steph. = Lopholejeunea nigricans（Lindenb.）Schiffn.

Lopholejeunea soae R. -L. Zhu et Gradst. 苏氏冠鳞苔

Lopholejeunea subfusca（Nees）Steph.［Lopholejeunea formosana Horik.］褐冠鳞苔

Lopholejeunea subfusca（Nees）Steph. var. yoshinagana Hatt. = Acanthocoleus yoshinaganus（Hatt.）Kruijt

Lopholejeunea toyoshimae Horik. 东亚冠鳞苔

Lopholejeunea zollingeri（Steph.）Schiffn.［Lopholejeunea nipponica Horik.］宽叶冠鳞苔（圆瓣冠鳞苔，东亚冠藓苔，冠鳞苔）

Lophozia（Dum.）Dum. 裂叶苔属

Lophozia alpestris（Schleich.）Ev. = Lophozia sudetica（Hueb.）Grolle

Lophozia ascendens（Warnst.）Schust. 倾立裂叶苔

Lophozia asymmetrica Horik. = Tritomaria quinquedentata（Huds.）Buch

Lophozia bantriensis（Hook.）Steph. = Leiocolea bantriensis（Hook.）Steph.

Lophozia barbata（Schreb.）Dum. = Barbilophozia barbata（Schreb.）Loeske

Lophozia chichibuensis Inoue 秩父裂叶苔

Lophozia chinensis Steph. = Lophozia excisa（Dicks.）Dum.

Lophozia collaris（Nees）Dum. = Leiocolea collaris（Nees）Joerg.

Lophozia cornuta（Steph.）Hatt.［Lophozia undulata Horik.］波叶裂叶苔

Lophozia curiosissima Horik. = Acrobolbus ciliatus（Mitt.）Schiffn.

Lophozia decolorans（Limpr.）Steph. 暗色裂叶苔

Lophozia decurrentia Horik. = Anastrepta orcadensis（Hook.）Schiffn.

Lophozia diversiloba Hatt. 异瓣裂叶苔

Lophozia excisa（Dicks.）Dum.［Lophozia chinensis Steph.，Lophozia jurensis Meyl. ex K. Muell.］阔瓣裂叶苔（中华裂叶苔）

Lophozia formosana Horik. = Lophozia wenzelii（Nees）Steph.

Lophozia guttulata（Lindb. et Arnell）Ev. 油胞裂叶苔（油滴裂叶苔）

Lophozia handelii Herz. 全缘裂叶苔（韩氏裂叶苔）

Lophozia heterocolpos（Thed. ex Hartm.）Howe［Leiocolea heterocolpos（Thed. ex Hartm.）Buch］异沟裂叶苔（异沟无褶苔）

Lophozia igiana Hatt. = Leiocolea igiana（Hatt.）

Inoue

Lophozia incisa（Schrad.）Dum. 皱叶裂叶苔

Lophozia jurensis Meyl. ex K. Muell. = Lophozia excisa（Dicks.）Dum.

Lophozia lacerata Kitag. 刺瓣裂叶苔

Lophozia longidens（Lindb.）Macoun［Jungermannia longidens Lindb., Lophozia ventricosa（Dicks.）Dum. var. longidens（Lindb.）Levier］长齿裂叶苔

Lophozia lycopodioides（Wallr.）Cogn. = Barbilophozia lycopodioides（Wallr.）Loeske

Lophozia morrisoncola Horik. 玉山裂叶苔

Lophozia muelleri（Nees）Dum. = Leiocolea collaris（Nees）Joerg.

Lophozia nakanishii Inoue 仲西裂叶苔

Lophozia obtusa（Lindb.）Ev. = Leiocolea obtusa Buch

Lophozia pallida（Steph.）Grolle［Anastrophyllum pallidum Steph.］黄瓣裂叶苔

Lophozia pilifera Horik. = Temnoma setigerum（Lindenb.）Schust.

Lophozia quadriloba（Lindb.）Ev. = Barbilophozia quadriloba（Lindb.）Loeske

Lophozia quinquedentata（Huds.）Cogn. = Tritomaria quinquedentata（Huds.）Buch

Lophozia rotundifolia Horik. = Anastrepta orcadensis（Hook.）Schiffn.

Lophozia setosa（Mitt.）Steph. 刺叶裂叶苔（裂叶苔）

Lophozia sudetica（Hueb.）Grolle［Lophozia alpestris（Schleich.）Ev.］高山裂叶苔

Lophozia undulata Horik. = Lophozia cornuta（Steph.）Hatt.

Lophozia ventricosa（Dicks.）Dum.［Jungermannia rentricosa（Dicks.）Dum.］裂叶苔（囊苞裂叶苔）

Lophozia ventricosa（Dicks.）Dum. var. longidens（Lindb.）Levier = Lophozia longidens（Lindb.）Macoun

Lophozia verrucosa Steph. = Tritomaria quinquedentata（Huds.）Buch

Lophozia wenzelii（Nees）Steph.［Lophozia formosana Horik.］圆叶裂叶苔

Lophoziaceae 裂叶苔科

Lophoziales 裂叶苔目

Lopidium Hook. f. et Wils. 雀尾藓属

* **Lopidium concinnum**（Hook.）Wils. 雀尾藓

Lopidium javanicum Hampe = Lopidium struthiopteris（Brid.）Fleisch.

Lopidium nazeense（Thér.）Broth. = Lopidium struthiopteris（Brid.）Fleisch.

Lopidium struthiopteris（Brid.）Fleisch.［Lopidium javanicum Hampe, Lopidium nazeense（Thér.）Broth., Lopidium trichocladon（Bosch et S. Lac.）Fleisch.］爪哇雀尾藓（东亚雀尾藓，毛枝雀尾藓）

Lopidium trichocladon（Bosch et S. Lac.）Fleisch. = Lopidium struthiopteris（Brid.）Fleisch.

Lorentzia Hampe = Pelekium Mitt.

Lorentzia bifaria（Bosch et S. Lac.）Buck et Crum = Aequatoriella bifaria（Bosch et S. Lac.）Touw

Lorentzia longirostris Hampe = Pelekium velatum Mitt.

Lorentzia velata（Mitt.）Buck et Crum = Pelekium velatum Mitt.

Loxotis semitorta（Muell. Hal.）Buck = Toloxis semitorta（Muell. Hal.）Buck

Luisierella Thér. et P. Varde 基叶藓属(芦氏藓属)

Luisierella barbula（Schwaegr.）Steere［Gyroweisia brevicaulis（Muell. Hal.）Broth.］基叶藓(芦氏藓，短茎芦氏藓，短茎圆口藓)

Lunularia Adans. 半月苔属（新半月苔属）

Lunularia cruciata（Linn.）Dum. ex Lindb. 半月苔（新半月苔）

Lunulariaceae 半月苔科

Lunulariales 半月苔目

Lyellia Brown 异蒴藓属（扁蒴藓属，风铃藓属）

Lyellia crispa Brown 异蒴藓（扁蒴藓）

Lyellia minor W. -X. Xu et R. -L. Xiong = Lyellia platycarpa Card. et Thér.

Lyellia platycarpa Card. et Thér.［Lyellia minor W. -X. Xu et R. -L. Xiong, Pogonatum handelii Broth.］宽果异蒴藓（宽果扁蒴藓，扁蒴藓，小异蒴藓）

M

Macrocoma（Muell. Hal.）Grout 直叶藓属

Macrocoma filiforme（Hook. et Grev.）Grout = Macrocoma orthotrichoides（Raddi）Wijk et Marg.

Macrocoma okamurae Broth. = Macrocoma sullivantii（Muell. Hal.）Grout

*Macrocoma orthotrichoides（Raddi）Wijk et Marg.［Macrocoma filiforme（Hook. et Grev.）Grout］直叶藓

Macrocoma perrottetii Muell. Hal. = Macrocoma sullivantii（Muell. Hal.）Grout

Macrocoma sullivantii（Muell. Hal.）Grout［Macrocoma okamurae Broth.，Macrocoma perrottetii Muell. Hal.，Macrocoma tenue（Hook. et Grev.）Vitt subsp. sullivantii（Muell. Hal.）Vitt，Macromitrium consanguineum Card.，Macromitrium hymenostomum Mont.，Macromitrium perrottetii Muell. Hal.］细枝直叶藓（直叶蓑藓，细枝蓑藓，西南蓑藓）

Macrocoma tenue（Hook. et Grev.）Vitt subsp. sullivantii（Muell. Hal.）Vitt = Macrocoma sullivantii（Muell. Hal.）Grout

*Macrodiplophyllum（Buch）Perss. 褶萼苔属（大褶叶苔属）

Macrodiplophyllum plicatum（Lindb.）Perss. = Douinia plicata（Lindb.）Konstant. et Vilnet

Macrohymenium sinense Thér. = Pylaisia levieri（Muell. Hal.）Arikawa

Macromitrium Brid. 蓑藓属

Macromitrium aciculare Brid. = Macromitrium pallidum（P. Beauv.）Wijk et Marg.

Macromitrium angustifolium Dozy et Molk.［Macromitrium fruhstorferi Card.］狭叶蓑藓

Macromitrium brachycladulum Broth. et Par. = Macomitrium prolongatum Mitt.

Macromitrium brevituberculatum Dix. = Macromitrium gymnostomum Sull. et Lesq.

Macromitrium calycinum Mitt. = Glyphomitrium calycinum（Mitt.）Card.

Macromitrium cancellatum Y. -X. Xiong = Macro-mitrium ferriei Card. et Thér.

Macromitrium cavaleriei Card. et Thér.［Macromitrium gebaueri Broth.，Macromitrium sinense Bartr.，Macromitrium syntrichophyllum Thér. et P. Varde，Macromitrium syntrichophyllum Thér. et P. Varde var. longisetum Thér. et Reim.］中华蓑藓（云南蓑藓，密叶蓑藓，密叶蓑藓长柄变种）

Macromitrium chungkingense Chen = Macromitrium tosae Besch.

Macromitrium clastophyllum Card. 折叶蓑藓

Macromitrium comatulum Broth. = Macromitrium ferriei Card. et Thér.

Macromitrium comatum Mitt. 黄肋蓑藓

Macromitrium consanguineum Card. = Macrocoma sullivantii（Muell. Hal.）Grout

Macromitrium courtoisii Broth. et Par. = Macromitrium tosae Besch.

Macromitrium cylindrothecium Nog. = Macromitrium tosae Besch.

Macromitrium fasciculare Mitt. 多枝蓑藓

Macromitrium ferriei Card. et Thér.［Macromitrium cancellatum Y. -X. Xiong，Macromitrium comatulum Broth.，Macromitrium quercicola Broth.，Macromitrium quercicola Broth. var. angustifolium Broth.］福氏蓑藓（狭叶蓑藓，橡树蓑藓，橡树蓑藓狭叶变种）

Macromitrium formosae Card. 长枝蓑藓

Macromitrium fortunatii Card. et Thér. 贵州蓑藓

Macromitrium gebaueri Broth. = Macromitrium cavaleriei Card. et Thér.

Macromitrium giraldii Muell. Hal. = Macromitrium japonicum Dozy et Molk.

Macromitrium goniostomum Broth. = Macromitrium macrosporum Broth.

Macromitrium gymnostomum Sull. et Lesq.［Macromitrium brevituberculatum Dix.，Macromitrium rupestre Mitt.］缺齿蓑藓（短柄蓑藓）

Macromitrium hainanense S. -L. Guo et S. He 海南蓑藓

Macromitrium handelii Broth. 西南蓑藓

Macromitrium heterodictyon Dix. 异枝蓑藓

Macromitrium holomitrioides Nog. 阔叶蓑藓

Macromitrium humillimum（Mitt.）Par. = Glyphomitrium humillimum（Mitt.）Card.

Macromitrium hymenostomum Mont. = Macrocoma sullivantii（Muell. Hal.）Grout

Macromitrium incrustatifolium Robins. 粗叶蓑藓

Macromitrium incurvum（Lindb.）Mitt. = Macromitrium japonicum Dozy et Molk.

Macromitrium involutifolium（Hook. et Grev.）Schwaegr. 卷叶蓑藓

Macromitrium japonicum Dozy et Molk.［Macromitrium giraldii Muell. Hal.，Macromitrium incurvum（Lindb.）Mitt.，Macromitrium makinoi（Broth.）Par.，Macromitrium spathulare Mitt.］钝叶蓑藓（日本蓑藓，弯尖蓑藓）

Macromitrium japonicum Dozy et Molk. var. makinoi（Broth.）Nog. = Macromitrium japonicum Dozy et Molk.

Macromitrium macrosporum Broth.［Macromitrium goniostomum Broth.］棱蒴蓑藓

Macromitrium makinoi（Broth.）Par. = Macromitrium japonicum Dozy et Molk.

Macromitrium melanostomum Par. et Broth. = Macromitrium tosae Besch.

Macromitrium microstomum（Hook. et Grev.）Schwaegr.［Macromitrium reinwardtii Schwaegr.］长柄蓑藓

Macromitrium moorcroftii（Hook. et Grev.）Schwaegr. 扭叶蓑藓

Macromitrium neelgheriense Muell. Hal. = Macromitrium sulcatum（Hook.）Brid. var. neelgheriense（Muell. Hal.）Muell. Hal.

Macromitrium neilgherrense Muell. Hal. 南亚蓑藓

Macromitrium nepalense（Hook. et Grev.）Schwaegr. 尼泊尔蓑藓

Macromitrium okamurae Broth. = Macrocoma sullivantii（Muell. Hal.））Grout

Macromitrium ousiense Broth. et Par. 无锡蓑藓

* Macromitrium pallidum（P. Beauv.）Wijk et Marg.［Macromitrium aciculare Brid.］蓑藓

Macromitrium perrottetii Muell. Hal. = Macrocoma sullivantii（Muell. Hal.）Grout

Macromitrium prolongatum Mitt.［Macromitrium brachycladulum Broth. et Par.，Macromitrium prolongatum Mitt. var. brevipes Card.］短枝蓑藓（短柄蓑藓）

Macromitrium prolongatum Mitt. var. brevipes Card. = Macromitrium prolongatum Mitt.

Macromitrium quercicola Broth. = Macromitrium ferriei Card. et Thér.

Macromitrium quercicola Broth. var. angustifolium Broth. = Macromitrium ferriei Card. et Thér.

Macromitrium reinwardtii Schwaegr. = Macromitrium microstomum（Hook. et Grev.）Schwaegr.

Macromitrium rhacomitrioides Nog. 长叶蓑藓

Macromitrium rupestre Mitt. = Macromitrium gymnostomum Sull. et Lesq.

Macromitrium schmidii Muell. Hal. var. macroperichaetialium S. -L. Guo et T. Cao 史氏蓑藓大苞叶变种

Macromitrium sinense Bartr. = Macromitrium cavaleriei Card. et Thér.

Macromitrium spathulare Mitt. = Macromitrium japonicum Dozy et Molk.

Macromitrium subincurvum Card. et Thér. 短芒尖蓑藓

Macromitrium sulcatum（Hook.）Brid. var. neelgheriense（Muell. Hal.）Muell. Hal.［Macromitrium neelgheriense Muell. Hal.］凹叶蓑藓西南变种

Macromitrium syntrichophyllum Thér. et P. Varde = Macromitrium cavaleriei Card. et Thér.

Macromitrium syntrichophyllum Thér. et P. Varde var. longisetum Thér. et Reim. = Macromitrium cavaleriei Card. et Thér.

Macromitrium taiheizanense Nog. 尖叶蓑藓

Macromitrium taiwanense Nog. 台湾蓑藓

Macromitrium tosae Besch.［Macromitrium chungkingense Chen，Macromitrium courtoisii Broth. et Par.，Macromitrium cylindrothecium Nog.，Macromitrium melanostomum Par. et Broth.］长帽蓑藓（重庆蓑藓，川南蓑藓，华东蓑藓，长蒴蓑藓，黑蒴蓑藓）

Macromitrium tuberculatum Dix. 厚壁蓑藓

Macromitrium uraiense Nog. 乳胞蓑藓

Macrosporiella sapporensis（Besch.）Nog. = Leucodon sapporensis Besch.

Macrothamnium Fleisch. 南木藓属（大木藓属）

Macrothamnium cucullatophyllum C. Gao et C. -W. Aur = Neodolichomitra yunnanensis（Besch.）T. Kop.

Macrothamnium delicatulum Broth. = Leptocladiella delicatula（Broth.）Rohrer

Macrothamnium javense Fleisch. 爪哇南木藓（爪哇大木藓）

Macrothamnium leptohymenioides Nog. 直蒴南木藓

Macrothamnium macrocarpum（Reinw. et Hornsch.）Fleisch.［Macrothamnium longirostre Dix.］南木藓

Macrothamnium psilurum（Mitt.）Nog. = Leptocladiella psilura（Mitt.）Fleisch.

Macrothamnium setschwanicum Broth. = Gollania japonica（Card.）Ando et Higuchi

Macrothamnium stigmatophyllum Fleisch. = Macrothamnium submacrocarpum（Ren. et Card.）Fleisch.

Macrothamnium submacrocarpum（Ren. et Card.）Fleisch.［Macrothamnium stigmatophyllum Fleisch.］亚南木藓

Macvicaria Nichols. 多瓣苔属

Macvicaria fossombronioides Nichols. = Macvicaria ulophylla（Steph.）Hatt.

Macvicaria ulophylla（Steph.）Hatt.［Macvicaria fossombronioides Nichols. , Madotheca fossombronioides（Nichols.）Schiffn. , Porella ulophylla（Steph.）Hatt.］多瓣苔（多瓣光萼苔）

Madotheca Dum. = Porella Linn.

Madotheca acutifolia Lehm. et Lindenb. = Porella acutifolia（Lehm. et Lindenb.）Trev.

Madotheca appendiculata Steph. = Porella densifolia（Steph.）Hatt. subsp. appendiculata（Steph.）Hatt.

Madotheca blepharophylla（Mass.）Steph. = Ascidiota blepharophylla Mass.

Madotheca caespitans Steph. = Porella caespitans（Steph.）Hatt.

Madotheca chinensis Steph. = Porella chinens（Steph.）Hatt.

Madotheca circinans Nichols. = Porella caespitar（Steph.）Hatt.

Madotheca conduplicata Steph. = Porella conduplcata（Steph.）Hatt.

Madotheca densifolia Steph. = Porella densifoli（Steph.）Hatt.

Madotheca densiramea Steph. = Porella chinens（Steph.）Hatt.

Madotheca fallax Mass. = Porella densifoli（Steph.）Hatt.

Madotheca formosana Herz. = Porella plumos（Mitt.）Hatt.

Madotheca fossombronioides（Nichols.）Schiffn. = Macvicaria ulophylla（Steph.）Hatt.

Madotheca frullanioides Steph. = Porella chinensi（Steph.）Hatt.

Madotheca fulva Steph. = Porella obtusata（Tayl.）Trev.

Madotheca hastata Steph. = Porella chinensi（Steph.）Hatt. var. hastata（Steph.）Hatt.

Madotheca japonica S. Lac. = Porella japonica（S. Lac.）Mitt.

Madotheca lancifolia Steph. = Porella acutifolia（Lehm. et Lindenb.）Trev. var. lancifolia（Steph.）Hatt.

Madotheca macroloba Steph. = Porella obtusata（Tayl.）Trev.

Madotheca niitakensis Horik. = Porella gracillima Mitt.

Madotheca nitens Steph. = Porella nitens（Steph.）Hatt.

Madotheca nitidula Mass. ex Steph. = Porella nitidula（Mass. ex Steph.）Hatt.

Madotheca pallida Nichols. = Porella japonica（S. Lac.）Mitt.

Madotheca paraphyllina Chen = Porella densifolia（Steph.）Hatt. var. paraphyllina（Chen）Pócs

Madotheca parvistipula Steph. = Porella grandiloba Lindb.

Madotheca pearsoniana Mass. = Porella caespitans（Steph.）Hatt.

Madotheca perrottetiana Mont. = Porella perrottetiana（Mont.）Trev.

Madotheca platyphylla（Linn.）Dum. = Porella platyphylla（Linn.）Pfeiff.

Madotheca platyphylla（Linn.）Dum. var. subcrenulata Mass. = Porella platyphylla（Linn.）Pfeiff. var. subcrenulata（Mass.）Piippo

Madotheca propinqua Mass. = Porella revoluta（Lehm. et Lindenb.）Trev. var. propinqua（Mass.）Hatt.

Madotheca ptychanthoides Horik. = Porella acutifolia（Lehm. et Lindenb.）Trev. subsp. tosana（Steph.）Hatt.

Madotheca revoluta Lehm. et Lindenb. = Porella revoluta（Lehm. et Lindenb.）Trev.

Madotheca schiffneriana Mass. = Porella chinensis（Steph.）Hatt.

Madotheca setigera Steph. = Porella caespitans（Steph.）Hatt. var. setigera（Steph.）Hatt.

Madotheca stephaniana Mass. = Porella stephaniana（Mass.）Hatt.

Madotheca thuja（Dicks.）Dum. = Porella obtusata（Tayl.）Trev.

Madotheca thuja（Dicks.）Dum. f. macroloba（Steph.）Hatt. = Porella obtusata（Tayl.）Trev.

Madotheca thuja（Dicks.）Dum. f. ovalis（Steph.）Hatt. = Porella obtusata（Tayl.）Trev.

Madotheca thuja（Dicks.）Dum. var. torva De Not. = Porella obtusata（Tayl.）Trev.

Madotheca urogea Mass. = Porella gracillima Mitt.

Madotheca urophylla Mass. = Porella caespitans（Steph.）Hatt. var. setigera（Steph.）Hatt.

Madotheca ussuriensis Steph. = Porella gracillima Mitt.

Madothecaceae = Porellaceae

Makednothallus isoblastus Herz. = Pallavicinia ambigua（Mitt.）Steph.

Makinoa Miyake 南溪苔属（牧野苔属）

Makinoa crispata（Steph.）Miyake 南溪苔（牧野苔）

Makinoaceae 南溪苔科（牧野苔科）

Mannia Opiz［Grimaldia Raddi］疣冠苔属（瘤冠苔属

Mannia californica（Gott.）Wheel. 北美疣冠苔

Mannia controversa（Meyl.）Schill subsp. asiatica Schill et Long 狭腔疣冠苔亚洲亚种

Mannia fragrans（Balb.）Frye et Clark［Grimaldia fragrans（Balb.）Corda］无隔疣冠苔（无隔瘤冠苔，瘤冠苔）

Mannia raddii（Corda）Opiz = Mannia triandra（Scop.）Grolle

Mannia rupestris（Nees）Frye et Clark = Mannia triandra（Scop.）Grolle

Mannia sibirica（K. Muell.）Frye et Clark［Grimaldia sibirica（K. Muell.）K. Muell.］西伯利亚疣冠苔（西伯利亚瘤冠苔）

Mannia subpilosa（Horik.）Horik.［Grimaldia subpilosa Horik.］拟毛柄疣冠苔（拟毛柄瘤冠苔，亚柔毛疣冠苔）

Mannia triandra（Scop.）Grolle［Grimaldia rupestris Nees, Mannia raddii（Corda）Opiz, Mannia rupestris（Nees）Frye et Clark］疣冠苔（小疣冠苔，瘤冠苔，小瘤冠苔）

Manniaceae = Aytoniaceae

Marchantia Linn.［Marchantiopsis C. Gao et K. -C. Chang］地钱属（拟地钱属）

Marchantia aquatica（Nees）Burgeff 全缘地钱（水生地钱）

Marchantia chinensis Steph. = Marchantia emarginata Reinw., Bl. et Nees subsp. tosana（Steph.）Bisch.

Marchantia confissa Steph. = Marchantia paleacea Bertol.

Marchantia convoluta C. Gao et K. -C. Chang = Marchantia subintegra Mitt.

Marchantia cuneiloba Steph. = Marchantia emarginata Reinw., Bl. et Nees subsp. tosana（Steph.）Bisch.

Marchantia cuneiloba Steph. f. multiradiata Herz. = Marchantia emarginata Reinw., Bl. et Nees subsp. tosana（Steph.）Bisch.

Marchantia cuneiloba Steph. f. paucifibrosa Herz. =

Marchantia emarginata Reinw. , Bl. et Nees subsp. tosana（Steph.）Bisch.

Marchantia diptera Nees et Mont. = Marchantia paleacea Bertol. subsp. diptera（Nees et Mont.）Inoue

Marchantia emarginata Reinw. , Bl. et Nees［Marchantia palmata Reinw. , Bl. et Nees］楔瓣地钱（掌托地钱）

Marchantia emarginata Reinw. , Bl. et Nees subsp. tosana（Steph.）Bisch.［Marchantia chinensis Steph. , Marchantia cuneiloba Steph. , Marchantia cuneiloba Steph. f. multiradiata Herz. , Marchantia cuneiloba Steph. f. paucifibrosa Herz. , Marchantia esquirolii Steph. , Marchantia fallax Herz. , Marchantia radiata Horik. , Marchantia tosana Steph.］楔瓣地钱东亚亚种（东亚地钱，裂瓣地钱，假地钱）

Marchantia esquirolii Steph. = Marchantia emarginata Reinw. , Bl. et Nees subsp. tosana（Steph.）Bisch.

Marchantia fallax Herz. = Marchantia emarginata Reinw. , Bl. et Nees subsp. tosana（Steph.）Bisch.

Marchantia fargesiana Steph. = Marchantia paleacea Bertol.

Marchantia formosana Horik. 台湾地钱

Marchantia grossibarba Steph. = Marchantia papillata Raddi subsp. grossibarba（Steph.）Bisch.

Marchantia hariotiana Steph. ex Bonner = Marchantia paleacea Bertol. subsp. diptera（Nees et Mont.）Inoue

Marchantia hastata Steph. ex Bonner = Marchantia paleacea Bertol. subsp. diptera（Nees et Mont.）Inoue

Marchantia nepalensis Lehm. et Lindenb. 尼泊尔地钱

Marchantia nitida Lehm. et Lindenb. = Marchantia paleacea Bertol.

Marchantia paleacea Bertol.［Marchantia confissa Steph. , Marchantia fargesiana Steph. , Marchantia nitida Lehm. et Lindenb. , Marchantia paleacea Bertol. f. purpurascens Herz. , Marchantia

pulcherrima Steph.］粗裂地钱（裂齿地钱，绢花地钱）

Marchantia paleacea Bertol. f. purpurascens Herz. = Marchantia paleacea Bertol.

Marchantia paleacea Bertol. subsp. diptera（Nees et Mont.）Inoue［Marchantia diptera Nees et Mont. , Marchantia hariotiana Steph. ex Bonner , Marchantia hastata Steph. ex Bonner］粗裂地钱风兜亚种（风兜地钱）

Marchantia palmata Reinw. , Bl. et Nees = Marchantia emarginata Reinw. , Bl. et Nees

Marchantia papillata Raddi 疣鳞地钱（瘤鳞地钱）

Marchantia papillata Raddi subsp. grossibarba（Steph.）Bisch.［Marchantia grossibarba Steph.］疣鳞地钱粗鳞亚种（瘤鳞地钱粗鳞亚种，粗鳞地钱）

Marchantia pinnata Steph. 羽状地钱

Marchantia polymorpha Linn. 地钱

Marchantia polymorpha Linn. subsp. montivagans Bisch. et Boisselier-Dubayle 地钱高山亚种

Marchantia polymorpha Linn. subsp. ruderalis Bisch. et Boisselier-Dubayle 地钱土生亚种

Marchantia pulcherrima Steph. = Marchantia paleacea Bertol.

Marchantia radiata Horik. = Marchantia emarginata Reinw. , Bl. et Nees subsp. tosana（Steph.）Bisch.

Marchantia robusta Steph. 巨雄地钱（巨托地钱）

Marchantia stoloniscyphula（C. Gao et K. -C. Chang）Piippo［Marchantiopsis stoloniscyphulus C. Gao et K. -C. Chang］拟地钱

Marchantia subintegra Mitt.［Marchantia convoluta C. Gao et K. – C. Chang］短裂地钱（全缘地钱）

Marchantia tosana Steph. = Marchantia emarginata Reinw. , Bl. et Nees subsp. tosana（Steph.）Bisch.

Marchantiaceae 地钱科

Marchantiales 地钱目

Marchantiophyta 苔类植物门

Marchantiopsida 地钱纲

Marchantiopsis C. Gao et K. -C. Chang = Marchantia Linn.

Marchantiopsis stoloniscyphulus C. Gao et K. -C. Chang = Marchantia stoloniscyphula（C. Gao et K. -C. Chang）Piippo

Marsupella Dum. 钱袋苔属

Marsupella alpina（Gott. ex Husn.）Bernet［Gymnomitrion alpinum（Gott. ex Husn.）Schiffn.］高山钱袋苔（高山全萼苔）

* Marsupella arctica（Berggr.）Bryhn et Kaal. 北极钱袋苔

Marsupella brevissima（Dum.）Grolle 矮钱袋苔

Marsupella commutata（Limpr.）Bernet［Gymnomitrion uncrenulatum C. Gao et K. -C. Chang, Marsupella commutata（Limpr.）Bernet var. microfolia C. Gao et K. -C. Chang］锐裂钱袋苔（锐裂钱袋苔小叶变种，无齿全萼苔）

Marsupella commutata（Limpr.）Bernet var. microfolia C. Gao et K. -C. Chang = Marsupella commutata（Limpr.）Bernet

Marsupella condensata（Aongstr. ex Hartm.）Kaal. 簇丛钱袋苔

Marsupella delavayi Steph. = Apomarsupella revoluta（Nees）Schust.

Marsupella emarginata（Ehrh.）Dum. 钱袋苔（缺刻钱袋苔）

Marsupella emarginata（Ehrh.）Dum. subsp. tubulosa（Steph.）Kitag.［Marsupella tubulosa Steph.］钱袋苔小形亚种（缺刻钱袋苔小亚种，小钱袋苔）

Marsupella fengchengensis C. Gao et K. -C. Chang = Cylindrocolea tagawae（Kitag.）Schust.

Marsupella pseudofunckii Hatt. 假冯氏钱袋苔

Marsupella revoluta（Nees）Dum. = Apomarsupella revoluta（Nees）Schust.

Marsupella rubida（Mitt.）Grolle = Apomarsupella rubida（Mitt.）Schust.

Marsupella sprucei（Limpr.）Bernet［Marsupella ustulata（Hueb.）Spruce］黑钱袋苔

Marsupella tubulosa Steph. = Marsupella emarginata（Ehrh.）Dum. subsp. tubulosa（Steph.）Kitag.

Marsupella ustulata（Hueb.）Spruce = Marsupella sprucei（Limpr.）Bernet

Marsupella verrucosa（Nichols.）Grolle = Apomarsupella verrucosa（Nichols.）Vǎná

Marsupella yakushimensis（Horik.）Hatt. 东亚钱袋苔

Marsupellaceae 钱袋苔科

Marsupidium Mitt. 囊蒴苔属（囊萼苔属，蒴袋苔属）

Marsupidium knightii Mitt.［Adelanthus piliferus Horik., Tylimanthus knightii Haessel et Solari］囊蒴苔（囊萼苔，毛叶囊萼苔，毛叶隐蒴苔，蒴袋苔）

Mastigobryum Lindenb. et Gott. = Bazzania Gray

Mastigobryum albicans（Steph.）Steph. = Bazzania tridens（Reinw., Bl. et Nees）Trev.

Mastigobryum alpinum Steph. = Bazzania tricrenata（Wahl.）Trev.

Mastigobryum bidentulum（Steph.）Steph. = Bazzania bidentula（Steph.）Steph. ex Yas.

Mastigobryum cordifolium Steph. = Bazzania tricrenata（Wahl.）Trev.

Mastigobryum cucullistipulum Steph. = Bazzania japonica（S. Lac.）Lindb.

Mastigobryum divaricatum Gott., Lindenb. et Nees = Acromastigum divaricatum（Gott., Lindenb. et Nees）Ev.

Mastigobryum formosae Steph. = Bazzania tridens（Reinw., Bl. et Nees）Trev.

Mastigobryum integrifolium Aust. = Acromastigum integrifolium（Aust.）Ev.

Mastigobryum sinense Gott. ex Steph. = Bazzania tridens（Reinw., Bl. et Nees）Trev.

Mastigobryum wichurae Steph. = Bazzania pearsonii Steph.

Mastigolejeunea（Spruce）Schiffn. 鞭鳞苔属

Mastigolejeunea auriculata（Wils. et Hook.）Schiffn.［Mastigolejeunea humilis（Gott.）Schiffn., Mastigolejeunea liukiuensis（Horik.）Hatt., Thysananthus liukiuensis Horik.］鞭鳞苔（小鞭鳞苔，耳叶鞭鳞苔，琉球毛鳞苔）

Mastigolejeunea chinensis（Steph.）Kachr. = Tuzibeanthus chinensis（Steph.）Mizut.

Mastigolejeunea formosensis Steph. = Trocholejeunea sandvicensis（Gott.）Mizut.

Mastigolejeunea humilis（Gott.）Schiffn. = Mastigolejeunea auriculata（Wils. et Hook.）Schiffn.

Mastigolejeunea indica Steph. 大瓣鞭鳞苔

Mastigolejeunea liukiuensis（Horik.）Hatt. = Mastigolejeunea auriculata（Wils. et Hook.）Schiffn.

Mastigolejeunea mariana Steph. = Ptychanthus striatus（Lehm. et Lindenb.）Nees

Mastigolejeunea repleta（Tayl.）Steph.［Thysananthus setaceus B. -Y. Yang］南亚鞭鳞苔

Mastigolejeunea virens（Åongstr.）Steph. 绿叶鞭鳞苔

Mastigophora Nees 须苔属

Mastigophora diclados（Brid.）Nees 硬须苔

Mastigophora spinosa Horik. = Plicanthus hirtellus（Web.）Schust.

Mastigophora woodsii（Hook.）Nees［Blepharozia woodsii（Hook.）Dum., Mastigophora woodsii（Hook.）Nees var. orientalis Nichols.］须苔

Mastigophora woodsii（Hook.）Nees var. orientalis Nichols. = Mastigophora woodsii（Hook.）Nees

Mastigophoraceae 须苔科

Mastopoma perundulatum（Dix.）Horik. et Ando = Pseudotrismegistia undulata（Broth. et Yas.）Akiy. et Tsubota

Meesia Hedw. 寒藓属

Meesia longiseta Hedw.［Amblyodon longisetum（Hedw.）P. Beauv.］寒藓

Meesia trichodes Spruce = Meesia uliginosa Hedw.

Meesia triquetra（Richt.）Åongstr.［Meesia triquetra（Richt.）Åongstr. f. crassifolia Kab.］三叶寒藓（三叶寒藓短叶变型）

Meesia triquetra（Richt.）Åongstr. f. crassifolia Kab. = Meesia triquetra（Richt.）Åongstr.

Meesia uliginosa Hedw.［Meesia trichodes Spruce］钝叶寒藓

Meesia uliginosa Hedw. var. alpina（Bruch）Hampe 钝叶寒藓狭叶变种

Meesiaceae 寒藓科

Megaceros Campb. 大角苔属

Megaceros flagellaris（Mitt.）Steph.［Megaceros tosanus Steph.］东亚大角苔

˚Megaceros tjibodensis Campb. 大角苔

Megaceros tosanus Steph. = Megaceros flagellaris（Mitt.）Steph.

Meiothecium Mitt. 小蒴藓属

Meiothecium angustirete Broth. = Sematophyllum subhumile（Muell. Hal.）Fleisch.

Meiothecium microcarpum（Hook.）Mitt. 东亚小蒴藓

˚Meiothecium negreense Mitt. 小蒴藓

Merceya Schimp. = Scopelophila（Mitt.）Lindb.

Merceya gedeana（S. Lac.）Nog. = Scopelophila cataractae（Mitt.）Broth.

Merceya ligulata（Spruce）Schimp. = Scopelophila ligulata（Spruce）Spruce

Merceya thermalis Broth. var. compacta Fleisch. = Scopelophila ligulata（Spruce）Spruce

Merceya tubulosa Chen = Scopelophila ligulata（Spruce）Spruce

Merceyopsis Broth. et Dix. = Scopelophila（Mitt.）Lindb.

Merceyopsis formosica Sak. = Scopelophila cataractae（Mitt.）Broth.

Merceyopsis sikkimensis（Muell. Hal.）Broth. et Dix. = Scopelophila cataractae（Mitt.）Broth.

Mesoceros Piippo 中角苔属

˚Mesoceros mesophorus Piippo 中角苔

Mesoceros porcatus Piippo 脊疣中角苔（脊瘤中角苔，版纳中角苔）

Mesonodon Hampe［Campylodontium Schwaegr.］斜齿藓属

Mesonodon flavescens（Hook.）Buck［Campylodontium flavescens（Hook.）Bosch et S. Lac.］黄色斜齿藓

˚Mesonodon onustus Hampe 斜齿藓

Mesoptychiaceae 斜裂苔科

Mesoptychia（Lindb. et Arnell）Ev. 斜裂苔属

Mesoptychia badensis（Gott.）Soederstr. et Váňa 方叶斜裂苔

Mesoptychia igiana（Hatt.）Soederstr. et Váňa 粗疣斜裂苔

Metacalypogeia（Hatt.）Inoue 假护蒴苔属

Metacalypogeia alternifolia（Nees）Grolle［Bazzania subdistans Horik.，Calypogeia remotifolia Herz.，Metacalypogeia remotifolia（Herz.）Inoue］疏叶假护蒴苔

Metacalypogeia cordifolia（Steph.）Inoue［Calypogeia rigida Horik.］假护蒴苔

Metacalypogeia quelpaertensis Hatt. et Inoue 济州岛假护蒴苔

Metacalypogeia remotifolia（Herz.）Inoue = Metacalypogeia alternifolia（Nees）Grolle

* Metacalypogeia sendaica Steph. 沙生假护蒴苔

Metalejeunea Grolle 假细鳞苔属（蔓鳞苔属）

Metalejeunea cucullata（Reinw.，Bl. et Nees）Grolle［Lejeunea cucullata（Reinw.，Bl. et Nees）Nees，Microlejeunea sundaica Steph.］假细鳞苔（山地纤鳞苔,蔓鳞苔）

Meteoriaceae 蔓藓科

Meteoriella Okam. 小蔓藓属

Meteoriella cuspidata Okam. = Calyptothecium hookeri（Mitt.）Broth.

Meteoriella kudoi（Okam.）Okam. = Meteoriella soluta（Mitt.）Okam.

Meteoriella soluta（Mitt.）Okam.［Meteoriella kudoi（Okam.）Okam.，Meteoriella soluta（Mitt.）Okam. f. flagellata Nog.，Meteoriella soluta（Mitt.）Okam. f. kudoi（Okam.）Nog.］小蔓藓（小蔓藓鞭枝变型）

Meteoriella soluta（Mitt.）Okam. f. flagellata Nog. = Meteoriella soluta（Mitt.）Okam.

Meteoriella soluta（Mitt.）Okam. f. kudoi（Okam.）Nog. = Meteoriella soluta（Mitt.）Okam.

Meteoriopsis Broth. 粗蔓藓属

Meteoriopsis ancistrodes（Ren. et Card.）Broth. = Meteoriopsis reclinata（Muell. Hal.）Fleisch.

Meteoriopsis conanensis C. Gao = Meteoriopsis reclinata（Muell. Hal.）Fleisch.

Meteoriopsis formosana Nog. = Meteoriopsis reclinata（Muell. Hal.）Fleisch.

* Meteoriopsis javensis Fleisch. 爪哇粗蔓藓

Meteoriopsis reclinata（Muell. Hal.）Fleisch.［Meteoriopsis ancistrodes（Ren. et Card.）Broth.，Meteoriopsis conanensis C. Gao，Meteoriopsis formosana Nog.，Meteoriopsis reclinata（Muell. Hal.）Fleisch. f. pilifera（Muell. Hal.）Fleisch.，Meteoriopsis reclinata（Muell. Hal.）Fleisch var. ancistrodes（Ren. et Card.）Nog.，Meteoriopsis reclinata（Muell. Hal.）Fleisch. var. ceylonensis Fleisch.，Meteoriopsis reclinata（Muell. Hal.）Fleisch. var. formosana（Nog.）Nog.，Meteoriopsis reclinata（Muell. Hal.）Fleisch. var. subreclinata Fleisch.，Meteoriopsis sinensis（Muell. Hal.）Broth.，Meteoriopsis squarrosa（Hook.）Fleisch. var. pilifera J.-S. Lou，Meteorium reclinatum（Muell. Hal.）Mitt.，Meteorium sinense Muell. Hal.，Pseudobarbella ancistrodes（Ren. et Card.）Manuel］反叶粗蔓藓（粗蔓藓,粗蔓藓毛尖变种，钩叶粗蔓藓，错那粗蔓藓，锡兰粗蔓藓，台湾粗蔓藓,陕西粗蔓藓,中华粗蔓藓,短尖粗蔓藓）

Meteoriopsis reclinata（Muell. Hal.）Fleisch. f. pilifera（Muell. Hal.）Fleisch. = Meteoriopsis reclinata（Muell. Hal.）Fleisch.

Meteoriopsis reclinata（Muell. Hal.）Fleisch var. ancistrodes（Ren. et Card.）Nog. = Meteoriopsis reclinata（Muell. Hal.）Fleisch.

Meteoriopsis reclinata（Muell. Hal.）Fleisch. var. ceylonensis Fleisch. = Meteoriopsis reclinata（Muell. Hal.）Fleisch.

Meteoriopsis reclinata（Muell. Hal.）Fleisch. var. formosana（Nog.）Nog. = Meteoriopsis reclinata（Muell. Hal.）Fleisch.

Meteoriopsis reclinata（Muell. Hal.）Fleisch. var. subreclinata Fleisch. = Meteoriopsis reclinata（Muell. Hal.）Fleisch.

Meteoriopsis sinensis（Muell. Hal.）Broth. = Meteoriopsis reclinata（Muell. Hal.）Fleisch.

Meteoriopsis squarrosa（Hook.）Fleisch.［Meteoriopsis squarrosa（Hook.）Fleisch. var. longicuspis Nog.］粗蔓藓（粗蔓藓长尖变种）

Meteoriopsis squarrosa（Hook.）Fleisch. var. longicuspis Nog. = Meteoriopsis squarrosa（Hook.）Fleisch.

Meteoriopsis squarrosa（Hook.）Fleisch. var. pilifera J. -S. Lou = Meteoriopsis reclinata（Muell. Hal.）Fleisch.

Meteoriopsis undulata Horik. et Nog. 波叶粗蔓藓

Meteorium（Brid.）**Dozy et Molk.** 蔓藓属

Meteorium acutirameum Thér. et Copp. = Meteorium buchananii（Brid.）Broth.

Meteorium assimile Card. = Pseudobarbella attenuata（Thwait. et Mitt.）Nog.

Meteorium atratum（Mitt.）**Broth.** = Aerobryidium aureo-nitens（Schwaegr.）Broth.

Meteorium atrovariegatum Card. et Thér.［Meteorium miquelianum（Muell. Hal.）Fleisch. subsp. atrovariegatum（Card. et Thér.）Nog.］东亚蔓藓（蔓藓）

Meteorium buchananii（Brid.）**Broth.**［Meteorium acutirameum Thér. et Copp., Meteorium helminthocladulum（Card.）Broth., Meteorium rigidum Broth., Papillaria helminthocladula Card., Pilotrichella buchananii（Brid.）Besch.］川滇蔓藓（布氏蔓藓, 锐枝蔓藓, 圆枝蔓藓）

Meteorium buchananii（Brid.）**Broth. subsp. helminthocladulum**（Card.）**Nog.** = Meteorium buchananii（Brid.）Broth.

Meteorium ciliaphyllum J. -S. Lou = Meteorium subpolytrichum（Besch.）Broth.

Meteorium crispifolium Herz. 波状蔓藓

Meteorium cucullatum S. -H. Lin et S. -H. Wu 兜叶蔓藓

Meteorium elatipapilla J. -S. Lou 疣突蔓藓

Meteorium flagelliferum Card. = Neodicladiella flagellifera（Card.）Huttunen et Quandt

Meteorium flammeum Mitt. = Sinskea flammea（Mitt.）Buck

Meteorium helminthocladulum（Card.）**Broth.** = Meteorium buchananii（Brid.）Broth.

Meteorium helminthocladum（Muell. Hal.）**Fleisch.** = Meteorium subpolytrichum（Besch.）Broth.

Meteorium hookeri Mitt. = Calyptothecium hookeri（Mitt.）Broth.

Meteorium horikawae Nog. = Meteorium subpolytrichum（Besch.）Broth.

Meteorium horridum Card. = Pseudospiridentopsis horrida（Card.）Fleisch.

Meteorium lanosum Mitt. = Aerobryopsis wallichii（Brid.）Fleisch.

Meteorium latiphyllum J. -S. Lou = Meteorium subpolytrichum（Besch.）Broth.

Meteorium levieri Ren. et Card. = Pseudobarbella levieri（Ren. et Card.）Nog.

Meteorium longipilum Nog. 狭长蔓藓

Meteorium miquelianum（Muell. Hal.）**Fleisch.** = Meteorium polytrichum Dozy et Molk.

Meteorium miquelianum（Muell. Hal.）**Fleisch. subsp. atrovariegatum**（Card. et Thér.）**Nog.** = Meteorium atrovariegatum Card. et Thér.

Meteorium papillarioides Nog.［Papillaria appressa（Hornsch.）Jaeg., Papillaria nigrescens（Hedw.）Jaeg.］细枝蔓藓（松罗藓, 黑松罗藓, 密叶松罗藓）

Meteorium parisii Card. = Aerobryopsis parisii（Card.）Broth.

Meteorium pensile Mitt. = Chrysocladium retrorsum（Mitt.）Fleisch.

Meteorium piliferum Nog. = Meteorium subpolytrichum（Besch.）Broth.

Meteorium polytrichum Dozy et Molk.［Meteorium miquelianum（Muell. Hal.）Fleisch., Neckera miqueliana Muell. Hal.］蔓藓（尖叶蔓藓）

Meteorium reclinatum（Muell. Hal.）**Mitt.** = Meteoriopsis reclinata（Muell. Hal.）Fleisch.

Meteorium retrorsum Mitt. = Chrysocladium retrorsum（Mitt.）Fleisch.

Meteorium retrorsum Mitt. var. pinfaense Card. et Thér. = Chrysocladium retrorsum（Mitt.）Fleisch.

Meteorium rigens Ren. et Card. = Calyptothecium hookeri（Mitt.）Broth.

Meteorium rigidum Broth. = Meteorium buchananii（Brid.）Broth.

Meteorium sinense Muell. Hal. = Meteoriopsis reclinata（Muell. Hal.）Fleisch.

Meteorium sparsum Mitt. = Trachycladiella sparsa（Mitt.）Menzel

Meteorium speciosum （Dozy et Molk.）Mitt. = Aerobryum speciosum Dozy et Molk.

Meteorium spiculatum Mitt. = Barbella spiculata （Mitt.）Broth.

Meteorium stevensii Red. et Card. = Barbella stevensii （Ren. et Card.）Fleisch.

Meteorium subdivergens Broth. = Aerobryopsis subdivergens（Broth.）Broth.

Meteorium subpolytrichum（Besch.）Broth.［Meteorium ciliaphyllum J.-S. Lou，Meteorium helminthocladum （Muell. Hal.）Fleisch.，Meteorium horikawae Nog.，Meteorium latiphyllum J.-S. Luo，Meteorium piliferum Nog.，Meteorium subpolytrichum （Besch.） Broth. subsp. horikawae（Nog.）Nog.，Meteorium taiwanense Nog.，Papillaria helminthoclada Muell. Hal.，Papillaria helminthoclada Muell. Hal. var. progediens Muell. Hal.，Papillaria subpolytricha Besch.］粗枝蔓藓（粗枝蔓藓毛尖变种，毛叶蔓藓，阔叶蔓藓，凹尖蔓藓，毛尖蔓藓，台湾蔓藓）

Meteorium subpolytrichum （Besch.）Broth. subsp. horikawae（Nog.）Nog. = Meteorium subpolytrichum（Besch.）Broth.

Meteorium taiwanense Nog. = Meteorium subpolytrichum（Besch.）Broth.

Metzgeria Raddi 叉苔属

Metzgeria albinea Spruce 白叉苔

Metzgeria conjugata Lindb.［Metzgeria conjugata Lindb. var. japonica Hatt.］平叉苔

Metzgeria conjugata Lindb. var. japonica Hatt. = Metzgeria conjugata Lindb.

Metzgeria conjugata Lindb. var. minor Schiffn. = Metzgeria lindbergii Schiffn.

Metzgeria consanguinea Schiffn.［Metzgeria sinensis Chen］狭尖叉苔（中华叉苔）

Metzgeria crassipilis （Lindb.）Ev.［Metzgeria novicrassipilis Kuwah.］背胞叉苔

Metzgeria darjeelinguinea Schiffn. 蓝叉苔

Metzgeria decipiens （Mass.）Schiffn. = Metzgeria furcata（Linn.）Dum.

Metzgeria duricosta Steph. 细肋叉苔

Metzgeria fauriana Steph. = Metzgeria furcata（Linn.）Dum.

Metzgeria foliicola Schiffn. 背毛叉苔

Metzgeria formosana Masuzaki 台湾叉苔（东海叉苔）

Metzgeria fruticulosa （Dicks.）Ev.［Metzgeria furcata （Linn.）Dum. var. fruticulosa （Dicks.）Lindb.］大叉苔

Metzgeria furcata （Linn.）Dum.［Metzgeria decipiens （Mass.） Schiffn.，Metzgeria fauriana Steph.，Metzgeria glabra Raddi，Metzgeria liaoningensis C. Gao，Metzgeria quadriseriata Ev.］叉苔（疏毛叉苔，台湾叉苔，辽宁叉苔）

Metzgeria furcata （Linn.）Dum. var. fruticulosa （Dicks.）Lindb. = Metzgeria fruticulosa（Dicks.）Ev.

Metzgeria glabra Raddi = Metzgeria furcata （Linn.）Dum.

Metzgeria hamata Lindb. = Metzgeria leptoneura Spruce

Metzgeria himalayensis Kashyap = Metzgeria lindbergii Schiffn.

Metzgeria kinabaluensis（Kuwah.）Masuzaki 二岐叉苔

Metzgeria leptoneura Spruce ［Metzgeria hamata Lindb.，Metzgeria subhamata Hatt.］钩毛叉苔（钩刺叉苔，拟钩毛叉苔）

Metzgeria liaoningensis C. Gao = Metzgeria furcata （Linn.）Dum.

Metzgeria lindbergii Schiffn.［Metzgeria conjugata Lindb. var. minor Schiffn.，Metzgeria himalayensis Kashyap，Metzgeria minor （Schiffn.）Kuwah.］林氏叉苔（喜马拉雅叉苔）

Metzgeria longifrondis C. Gao = Apometzgeria pubescens （Schrank.）Kuwah. var. kinabaluensis Kuwah.

Metzgeria mauina Steph. 长叉苔

Metzgeria minor （Schiffn.）Kuwah. = Metzgeria lindbergii Schiffn.

Metzgeria novicrassipilis Kuwah. = Metzgeria crassipilis （Lindb.）Ev.

Metzgeria pubescens （Schrank.）Raddi = Apometzgeria pubescens （Schrank.）Kuwah.

Metzgeria quadriseriata Ev. = Metzgeria furcata（Linn.）Dum.

Metzgeria sinensis Chen = Metzgeria consanguinea Schiffn.

Metzgeria subhamata Hatt. = Metzgeria leptoneura Spruce

Metzgeriaceae 叉苔科

Metzgeriales 叉苔目

* Metzgeriopsis Goebel 拟叉苔属

Metzleriella Limpr. = Atractylocarpus Mitt.

Metzlerella Hag. = Atractylocarpus Mitt.

Metzlerella alpina（Milde）Hag. = Atractylocarpus alpinus（Milde）Lindb.

Metzlerella sinensis Broth. = Atractylocarpus alpinus（Milde）Lindb.

Micralsopsis Buck 细树藓属

Micralsopsis complanata（Dix.）Buck 细树藓

Microbryum Schimp. 细丛藓属

Microbryum davallianum（Sm.）Zand. 刺孢细丛藓

Microbryum davallianum（Sm.）Zand. var. conicum（Schwaegr.）Zand. 刺孢细丛藓残齿变种

* Microbryum floerkeanum（Web. et Mohr）Schimp. 细丛藓

Microbryum rectum（With.）Zand.［Pottia recta（With.）Mitt.］直齿细丛藓

Microbryum starckeanum（Hedw.）Zand. 条纹细丛藓

Microcampylopus（Muell. Hal.）Fleisch. 小曲柄藓属

Microcampylopus khasianus（Griff.）Giese et Frahm［Microcampylopus subnanus（Muell. Hal.）Fleisch.］小曲柄藓

Microcampylopus laevigatus（Thér.）Giese et Frahm［Microcampylopus longifolius Nog., Microcampylopus longifolius Nog. f. densifolius Nog.］阔叶小曲柄藓

Microcampylopus longifolius Nog. = Microcampylopus laevigatus（Thér.）Giese et Frahm

Microcampylopus longifolius Nog. f. densifolius Nog. = Microcampylopus laevigatus（Thér）Giese et Frahm

Microcampylopus subnanus（Muell. Hal.）Fleisch. = Microcampylopus khasianus（Griff.）Giese et Frahm

Microctenidium Fleisch. 小梳藓属

Microctenidium assimile Broth. 绿色小梳藓

Microctenidium heterophyllum Thér. = Palisadula chrysophylla（Card.）Toy.

* Microctenidium leveilleanum（Dozy et Molk.）Fleisch. 小梳藓

Microdendron Broth. 树发藓属

Microdendron sinense Broth.［Pogonatum sinense（Broth.）Hyvoenen et P. -C. Wu］树发藓（树形小金发藓）

* Microdus Besch. 小毛藓属

Microdus austroexiguus（Muell. Hal.）Par. = Leptotrichella austroexiguus（Muell. Hal.）Ochyra

Microdus brasiliensis（Duby）Thér. = Leptotrichella brasiliensis（Duby）Ochyra

Microdus brotheri Redf. et Tan = Leptotrichella yuennanensis（C. Gao）Ochyra

* Microdus exguus（Schwaegr.）Besch. 小毛藓

Microdus laxiretis Broth. = Leptotrichella yuennanensis（C. Gao）Ochyra

Microdus miquelianus（Mont.）Besch. = Leptotrichella miqueliana（Mont.）Broth.

Microdus pomiformis（Griff.）Besch. = Leptotrichella brasiliensis（Duby）Ochyra

Microdus sinensis Herz. = Leptotrichella sinensis（Herz.）Ochyra

Microdus yuennanensis C. Gao = Leptotrichella yuennanensis（C. Gao）Ochyra

* Microlejeunea Steph. 纤鳞苔属

* Microlejeunea africana Steph. 纤鳞苔

Microlejeunea lunulatiloba Horik. = Lejeunea ulicina（Tayl.）Gott., Lindenb. et Nees

Microlejeunea punctiformis（Tayl.）Spruce = Lejeunea ulicina（Tayl.）Gott., Lindenb. et Nees

Microlejeunea ramulosa Herz. = Lejeunea laii R. -L. Zhu

Microlejeunea subacuta Horik. = Lejeunea exilis（Reinw., Bl. et Nees）Grolle

Microlejeunea sundaica Steph. = Metalejeunea cucullata（Reinw., Bl. et Nees）Grolle

Microlejeunea szechuanensis Chen = Lejeunea szechuanensis（Chen）Schust.

Microlejeunea ulicina（Tayl.）Ev. = Lejeunea ulicina（Tayl.）Gott., Lindenb. et Nees

Microlepidozia（Spruce）Joerg. = Kurzia Mart.

Microlepidozia makinoana（Steph.）Hatt. = Kurzia makinoana（Steph.）Grolle

Microlepidozia setacea（Web.）Joerg. = Kurzia pauciflora（Dicks.）Grolle

Microlepidozia sylvatica（Ev.）Joerg. = Kurzia sylvatica（Ev.）Grolle

Micromitrium Aust. 细蓑藓属

* Micromitrium austinii Aust. 细蓑藓

Micromitrium tenerum（Bruch et Schimp.）Crosby 小细蓑藓（细蓑藓）

Microthamnium malacocladum Card. = Ectropothecium zollingeri（Muell. Hal.）Jaeg.

Microthamnium scaberrimum Card. = Ectropothecium zollingeri（Muell. Hal.）Jaeg.

Miehea Ochyra = Pseudopleuropus Tak.

Miehea himalayana Ochyra = Pseudopleuropus himalayana（Ochyra）T. -Y. Chiang

Miehea indicum（Dix.）Ochyra = Pseudopleuropus indicus（Dix.）T. -Y. Chiang

Mielichhoferia Nees et Hornsch. 缺齿藓属

Mielichhoferia himalayana Mitt. 喜马拉雅缺齿藓

Mielichhoferia japonica Besch. ［Mielichhoferia mielichhoferiana（Funck）Loeske var. japonica（Besch.）Ochi］日本缺齿藓

Mielichhoferia mielichhoferi Wijk et Margad. = Mielichhoferia mielichhoferiana（Funck）Loeske

Mielichhoferia mielichhoferiana（Funck）Loeske ［Mielichhoferia mielichhoferi Wijk et Margad., Mielichhoferia nitida Nees et Hornsch.］缺齿藓

Mielichhoferia mielichhoferiana（Funck）Loeske var. japonica（Besch.）Ochi = Mielichhoferia japonica Besch.

Mielichhoferia nitida Nees et Hornsch. = Mielichhoferia mielichhoferiana（Funck）Loeske

Mielichhoferia sinensis Dix. 中华缺齿藓

Mittenia Gott. = Jensenia Lindb.

* Mittenia Lindb. 拟带叶苔属

Mitthyridium Robins.［Thyridium Mitt.］匐网藓属

Mitthyridium fasciculatum（Hook. et Grev.）Robins.［Thyridium fasciculatum（Hook. et Grev.）Mitt.］匐网藓

Mitthyridium flavum（Muell. Hal.）Robins.［Thyridium flavum（Muell. Hal.）Fleisch.］黄匐网藓

* Mitthyridium undulatum（Dozy et Molk.）Robins.［Thyridium undulatum（Dozy et Molk.）Fleisch.］波叶匐网藓

Miyabea Broth. 瓦叶藓属

Miyabea fruticella（Mitt.）Broth.［Pterigynandrum sinense P. Varde］瓦叶藓

Miyabea rotundifolia Card. 圆叶瓦叶藓

Miyabea thuidioides Broth. 羽枝瓦叶藓

Mniaceae 提灯藓科

Mniadelphus mittenii（Bosch et S. Lac.）Muell. Hal. = Distichophyllum mittenii Bosch et S. Lac.

Mniobryum Limpr. = Pohlia Hedw.

Mniobryum albicans（Wahlenb.）Limpr. = Pohlia wahlenbergii（Web. et Mohr）Andr.

Mniobryum delicatulum（Hedw.）Dix. = Pohlia melanodon（Brid.）Shaw

Mniobryum ludwigii（Schwaegr.）Loeske = Pohlia ludwigii（Schwaegr.）Broth.

Mniobryum lutescens（Limpr.）Loeske = Pohlia lutescens（Limpr.）Lindb.

Mniobryum pulchellum（Hedw.）Loeske = Pohlia lescuriana（Sull.）Grout

Mniobryum tapintzense（Besch.）Broth. = Pohlia tapintzensis（Besch.）Redf. et Tan

Mniobryum wahlenbergii（Web. et Mohr）Jenn. = Pohlia wahlenbergii（Web. et Mohr）Andr.

Mnioloma Herz. 疣胞苔属（疣护蒴苔属）

Mnioloma fuscum（Lehm.）Schust. 棕色疣胞苔（疣胞苔, 疣护蒴苔）

* Mnioloma rhynchophyllum Herz. 疣胞苔

Mnium Hedw. 提灯藓属

Mnium affine Funck = Plagiomnium affine（Funck）T. Kop.

Mnium affine Funck var. elatum Bruch et Schimp. = Plagiomnium elatum（Bruch et Schimp.）T. Kop.

Mnium albo-limbatum Muell. Hal. = Mnium lycopodioides Schwaegr.

Mnium ambiguum Muell. Hal. = Mnium lycopodioides Schwaegr.

Mnium arbusculum Muell. Hal. = Plagiomnium arbusculum（Muell. Hal.）T. Kop.

Mnium arbusculum Muell. Hal. f. minutum Kab. = Plagiomnium arbusculum（Muell. Hal.）T. Kop.

Mnium arcuatum Broth. = Trachycystis ussuriensis（Maack et Regel）T. Kop.

Mnium areolosum X. -J. Li et M. Zang = Plagiomnium arbusculum（Muell. Hal.）T. Kop.

Mnium arisanense Sak. = Mnium laevinerve Card.

Mnium blyttii Bruch et Schimp. 变色提灯藓

Mnium brevinerve Dix. = Plagiomnium japonicum（Lindb.）T. Kop.

Mnium carolinianum Anders. = Plagiomnium carolinianum（Anders.）T. Kop.

Mnium cinclidioides Hueb. = Pseudobryum cinclidioides（Hueb.）T. Kop.

Mnium confertidens（Lindb. et Arn.）Kindb. = Plagiomnium confertidens（Lindb. et Arn.）T. Kop.

Mnium curvulum Muell. Hal. = Trachycystis ussuriensis（Maack et Regel）T. Kop.

Mnium cuspidatulum Dix. = Plagiomnium acutum（Lindb.）T. Kop.

Mnium cuspidatum Hedw. = Plagiomnium cuspidatum（Hedw.）T. Kop.

Mnium cuspidatum Hedw. subsp. eucuspidatum Kab. = Plagiomnium cuspidatum（Hedw.）T. Kop.

Mnium cuspidatum Hedw. subsp. trichomanes（Mitt.）Kab. = Plagiomnium acutum（Lindb.）T. Kop.

Mnium cuspidatum Hedw. var. subintegrum Chen ex X. -J. Li et M. Zang = Plagiomnium acutum（Lindb.）T. Kop.

Mnium cuspidatum Hedw. var. trichomanes（Mitt.）Chen ex X. -J. Li et M. Zang = Plagiomnium acutum（Lindb.）T. Kop.

Mnium decurrens Schimp. = Plagiomnium japonicum（Lindb.）T. Kop.

Mnium denticulosum Chen ex X. -J. Li et M. Zang = Plagiomnium succulentum（Mitt.）T. Kop.

Mnium drummondii Bruch et Schimp. = Plagiomnium drummondii（Bruch et Schimp.）T. Kop.

Mnium elatum（Bruch et Schimp.）Torre et Sarnth. = Plagiomnium elatum（Bruch et Schimp.）T. Kop.

Mnium ellipticum Brid. = Plagiomnium ellipticum（Brid.）T. Kop.

Mnium esquirolii Card. et Thér. = Plagiomnium succulentum（Mitt.）T. Kop.

Mnium excurrens Par. et Broth. = Plagiomnium acutum（Lindb.）T. Kop.

Mnium filicaule Muell. Hal. = Mnium lycopodioides Schwaegr.

Mnium flagellare Sull. et Lesq. = Trachycystis flagellaris（Sull. et Lesq.）Lindb.

Mnium formosicum Card. = Plagiomnium succulentum（Mitt.）T. Kop.

Mnium gracillimum Muell. Hal. = Mnium thomsonii Schimp.

Mnium handelii Broth. = Orthomnion handelii（Broth.）T. Kop.

Mnium heterophyllum（Hook.）Schwaegr. ［Mnium heterophyllum（Hook.）Schwaegr. var. euheterophyllum Kab. , Mnium heterophyllum（Hook.）Schwaegr. var. sapporense（Besch.）Kab. , Mnium sapporense Besch. ］异叶提灯藓

Mnium heterophyllum（Hook.）Schwaegr. var. euheterophyllum Kab. = Mnium heterophyllum（Hook.）Schwaegr.

Mnium heterophyllum（Hook.）Schwaegr. var. sapporense（Besch.）Kab. = Mnium heterophyllum（Hook.）Schwaegr.

Mnium horikawae Nog. = Rhizomnium horikawae（Nog.）T. Kop.

Mnium hornum Hedw. 提灯藓

Mnium hymenophylloides Hueb. = Cyrtomnium hymenophylloides（Hueb.）T. Kop.

Mnium immarginatum Broth. = Trachycystis ussuriensis（Maack et Regel）T. Kop.

Mnium incrassatum Muell. Hal. = Plagiomnium acutum（Lindb.）T. Kop.

Mnium integroradiatum Dix. = Plagiomnium succulentum（Mitt.）T. Kop.

Mnium integrum Bosch et S. Lac. = Plagiomnium integrum（Bosch et S. Lac.）T. Kop.

Mnium japonicum Lindb. = Plagiomnium japonicum（Lindb.）T. Kop.

Mnium laevinerve Card.［Mnium arisanense Sak.］平肋提灯藓（疏叶提灯藓）

Mnium latilimbatum X. -J. Li et M. Zang = Plagiomnium ellipticum（Brid.）T. Kop.

Mnium leucolepioides X. -J. Li et M. Zang = Trachycystis ussuriensis（Maack et Regel）T. Kop.

Mnium longimucronatum X. -J. Li et M. Zang = Mnium lycopodioides Schwaegr.

Mnium longiroste Brid. = Plagiomnium rostratum（Schrad.）T. Kop.

Mnium longispinum X. -J. Li et M. Zang = Mnium lycopodioides Schwaegr.

Mnium luteolimbatum Broth. = Plagiomnium succulentum（Mitt.）T. Kop.

Mnium lycopodioides Schwaegr.［Atrichum speciosum（Horik.）Wijk et Marg.，Catharinea speciosa Horik.，Mnium albo-limbatum Muell. Hal.，Mnium ambiguum Muell. Hal.，Mnium filicaule Muell. Hal.，Mnium longimucronatum X. -J. Li et M. Zang，Mnium longispinum X. -J. Li et M. Zang，Mnium lycopodioides Schwaegr. f. albolimbatum（Muell. Hal）Kab.，Mnium pseudolycopodioides Mull. Hal. et Kindb.，Mnium sinensipunctatum Muell. Hal.］长叶提灯藓（长齿提灯藓，长尖提灯藓，长叶提灯藓白边变型，美丽仙鹤藓）

Mnium lycopodioides Schwaegr. f. albolimbatum（Muell. Hal.）Kab. = Mnium lycopodioides Schwaegr.

Mnium lycopodioides Schwaegr. subsp. orthorrhynchum（Brid.）Wijk et Marg. = Mnium thomsonii Schimp.

Mnium magnirete（Lindb. et Arn.）Kindb. = Mnium marginatum（With.）P. Beauv.

Mnium magnirete（Lindb. et Arn.）Kindb. var. polymorphum X. -J. Li et M. Zang = Mnium marginatum（With.）P. Beauv.

Mnium marginatum（With.）P. Beauv.［Mnium magnirete（Lindb. et Arn.）Kindb，Mnium magnirete（Lindb. et Arn.）Kindb. var. polymorphum X. -J. Li et M. Zang，Mnium marginatum（With.）P. Beauv. var. riparium（Mitt.）Hush.］具缘提灯藓（具缘提灯藓小叶变种，小叶提灯藓，大网提灯藓，大网提灯藓异叶变种）

Mnium marginatum（With.）P. Beauv. var. riparium（Mitt.）Hush. = Mnium marginatum（With.）P. Beauv.

Mnium maximoviczii Lindb. = Plagiomnium maximoviczii（Lindb.）T. Kop.

Mnium maximoviczii Lindb. var. angustilimbatum Dix. = Plagiomnium maximoviczii（Lindb.）T. Kop.

Mnium maximoviczii Lindb. var. emarginatum Chen ex X. -J. Li et M. Zang = Plagiomnium maximoviczii（Lindb.）T. Kop.

Mnium medium Bruch et Schimp. = Plagiomnium medium（Bruch et Schimp.）T. Kop.

Mnium microovale Muell. Hal. = Plagiomnium maximoviczii（Lindb.）T. Kop.

Mnium microovale Muell. Hal. var. minutifolium Muell. Hal. = Plagiomnium maximoviczii（Lindb.）T. Kop.

Mnium microphyllum Dozy et Molk. = Trachycystis microphylla（Dozy et Molk.）Lindb.

Mnium microrete Muell. Hal. = Plagiomnium acutum（Lindb.）T. Kop.

Mnium minutulum Besch. = Rhizomnium parvulum（Mitt.）T. Kop.

Mnium nakanishikii Broth. = Plagiomnium succulenteum（Mitt.）T. Kop.

Mnium nazeense Card. et Thér. = Plagiomnium succulenteum（Mitt.）T. Kop.

Mnium orthorrhynchum Brid. = Mnium thomsonii Schimp.

Mnium pseudolycopodioides Muell. Hal. et Kindb. = Mium lycopodioides Schwaegr.

Mnium pseudopunctatum Bruch et Schimp. = Rhizomnium pseudopunctatum（Bruch et Schimp.）T. Kop.

Mnium pseudopunctatum Muell. Hal. = Rhizomnium punctatum（Hedw.）T. Kop.

Mnium punctatum Hedw. = Rhizomnium punctatum（Hedw.）T. Kop.

Mnium punctatum Hedw. var. appalachianum（T. Kop.）Crum et Anders. = Rhizomnium appalachianum T. Kop.

Mnium punctatum Hedw. var. eupunctatum Kab. = Rhizomnium punctatum（Hedw.）T. Kop.

Mnium punctatum Hedw. var. horikawae（Nog.）Nog. = Rhizomnium horikawae（Nog.）T. Kop.

Mnium purpureoneuron Muell. Hal. = Mnium thomsonii Schimp.

Mnium rhynchophorum Hook. = Plagiomnium rhynchophorum（Hook.）T. Kop.

Mnium riparium Mitt. = Mnium marginatum（With.）P. Beauv.

Mnium rostellatum Par. = Mnium thomsonii Schimp.

Mnium rostratum Schrad. = Plagiomnium rostratum（Schrad.）T. Kop.

Mnium rostratum Schrad. f. coriaceum（Griff.）Kab. = Plagiomnium rhynchophorum（Hook.）T. Kop.

Mnium rostratum Schrad. f. laxirete Kab. = Plagiomnium succulentum（Mitt.）T. Kop.

Mnium rostratum Schrad. f. microovale（Muell. Hal.）Kab. = Plagiomnium maximoviczii（Lindb.）T. Kop.

Mnium rugicum Laur. = Plagiomnium ellipticum（Brid.）T. Kop.

Mnium sapporense Besch. = Mnium heterophyllum（Hook.）Schwaegr.

Mnium seligeri Warnst. = Plagiomnium elatum（Bruch et Schimp.）T. Kop.

Mnium sichuanense X. -J. Li et M. Zang = Plagiomnium arbusculum（Muell. Hal.）T. Kop.

Mnium sinensi-punctatum Muell. Hal. = Mnium lycopodioides Schwaegr.

Mnium spathulatum Hornsch. = Rhodobryum roseum（Hedw.）Limpr.

Mnium spinoso-heterophyllum Dix. = Mnium thomsonii Schimp.

Mnium spinosum（Voit）Schwaegr. 刺叶提灯藓

Mnium spinulosum Bruch et Schimp. 小刺叶提灯藓

Mnium stellare Hedw. 硬叶提灯藓

Mnium striatulum Mitt. = Rhizomnium striatulum（Mitt.）T. Kop.

Mnium subglobosum Bruch et Schimp. = Rhizomnium pseudopunctatum（Bruch et Schimp.）T. Kop.

Mnium subundulatum Dix. = Plagiomnium maximoviczii（Lindb.）T. Kop.

Mnium succulentum Mitt. = Plagiomnium succulentum（Mitt.）T. Kop.

Mnium succulentum Mitt. var. integrum（Bosch et S. Lac.）Nog. = Plagiomnium integrum（Bosch et S. Lac.）T. Kop.

Mnium tanegashimense Sak. = Plagiomnium vesicatum（Besch.）T. Kop.

Mnium tezukae Sak. = Plagiomnium tezukae（Sak.）T. Kop.

Mnium thomsonii Schimp. ［Mnium gracillimum Muell. Hal. , Mnium lycopodioides Schwaegr. subsp. orthorrhynchum（Brid.）Wijk et Marg. , Mnium orthorrhynchum Brid. , Mnium purpureoneuron Muell. Hal. , Mnium rostellatum Par. , Mnium spinoso-heterophyllum Dix.］偏叶提灯藓（直喙提灯藓）

Mnium trichomanes Mitt. = Plagiomnium acutum（Lindb.）T. Kop.

Mnium undulatum Hedw. = Plagiomnium undulatum（Hedw.）T. Kop.

Mnium undulatum Hedw. var. densirete Broth. = Plagiomnium arbusculum（Muell. Hal.）T. Kop.

Mnium venustum Mitt. = Plagiomnium venustum（Mitt.）T. Kop.

Mnium vesicatum Besch. = Plagiomnium vesicatum（Besch.）T. Kop.

Mnium vesicatum Besch. var. euvesicatum Kab. = Plagiomnium vesicatum（Besch.）T. Kop.

Mnium yakusimense Card. et Thér. = Plagiomnium

succulentum（Mitt.）T. Kop.

Mnium yunnanense Thér. = Plagiomnium maximoviczii（Lindb.）T. Kop.

＊Moerckia Gott. 莫氏苔属（拟带叶苔属）

Moerckiaceae 莫氏苔科

Molendoa Lindb. 大丛藓属（毛氏藓属，毛叶藓属）

Molendoa hornschuchiana（Hook.）Limpr.［Molendoa hornschuchiana（Hook.）Limpr. f. barbuloides Broth. ,Molendoa hornschuchiana（Hook.）Limpr. f. fragilis Gyoerffy］大丛藓（毛氏藓，毛氏藓扭口变型）

Molendoa hornschuchiana（Hook.）Limpr. f. barbuloides Broth. = Molendoa hornschuchiana（Hook.）Limpr.

Molendoa hornschuchiana（Hook.）Limpr. f. fragilis Gyoerffy = Molendoa hornschuchiana（Hook.）Limpr.

Molendoa japonica Broth. = Didymodon japonicus（Broth.）Saito

Molendoa roylei（Mitt.）Broth. = Molendoa sendtneriana（Bruch et Schimp.）Limpr.

Molendoa schliephackei（Limpr.）Zand.［Pleuroweisia schliephackei Limpr.］侧立大丛藓（侧立藓）

Molendoa sendtneriana（Bruch et Schimp.）Limpr.［Anoectangium sendtnerianum Bruch et Schimp. , Hymenostylium formosicum Broth. et Yas. , Hyophila grandiretis Sak.］高山大丛藓（高山毛氏藓）

Molendoa sendtneriana（Bruch et Schimp.）Limpr. var. yunnanensis（Broth.）Gyoerffy［Molendoa yuennanensis Hilp.］高山大丛藓云南变种（高山毛氏藓云南变种，云南毛氏藓）

Molendoa yuennanensis Hilp. = Molendoa sendtneriana（Bruch et Schimp.）Limpr. var. yunnanensis（Broth.）Gyoerffy

＊Monoclea Hook. 单片苔属

＊Monocleaceae 单片苔科

Monosoleniaceae 单月苔科

Monosoleniineae 单月苔亚目

Monosolenium Griff. 单月苔属

Monosolenium tenerum Griff. 单月苔

Morinia setchwanica（Broth.）Broth. = Didymodon eroso-denticulatus（Muell. Hal.）Saito

Mylia Gray 小萼苔属

Mylia nuda Inoue et Yang 裸萼小萼苔

Mylia taylorii（Hook.）Gray［Horikawaella rotundifolia C. Gao et Y. -J. Yi, Jungermannia reticulato-papillata Steph. , Leptoscyphus taylorii（Hook.）Mitt.］小萼苔（圆叶疣叶苔）

Mylia verrucosa Lindb.［Leptoscyphus verrucosus（Lindb.）K. Muell.］疣萼小萼苔（瘤萼小萼苔）

Myliaceae 小萼苔科

＊Myriocolea Spruce 多果苔属

＊Myriocoleopsis Schiffn. 拟多果苔属

Myurella Bruch et Schimp. 小鼠尾藓属

Myurella brevicosta J. -S. Lou et P. -C. Wu = Glossadelphus prostratus（Dozy et Molk.）Fleisch.

Myurella gracillima Par. = Myurella julacea（Schwaegr.）Bruch et Schimp.

Myurella gracilis Lindb. = Myurella sibirica（Muell. Hal.）Reim.

Myurella julacea（Schwaegr.）Bruch et Schimp.［Myurella gracillima Par. , Myurella sinensi-julacea Muell. Hal.］小鼠尾藓（钝叶小鼠尾藓）

Myurella maximowiczii Lindb. = Myuroclada maximowiczii（Borszcz.）Steere et Schof.

Myurella sibirica（Muell. Hal.）Reim.［Myurella gracilis Lindb.］刺叶小鼠尾藓

Myurella sinensi-julacea Muell. Hal. = Myurella julacea（Schwaegr.）Bruch et Schimp.

Myurella tenerrima（Brid.）Lindb. 细枝小鼠尾藓（柔叶小鼠尾藓，尖叶小鼠尾藓）

Myuriaceae 金毛藓科

Myuriopsis Nog. = Eumyurium Nog.

Myuriopsis sinica（Mitt.）Nog. = Eumyurium sinicum（Mitt.）Nog.

Myuriopsis sinica（Mitt.）Nog. var. flagellifera（Sak.）Nog. = Eumyurium sinicum（Mitt.）Nog.

＊Myurium Schimp. 金毛藓属

Myurium chrysophyllum（Card.）Seki = Palisadula chrysophylla（Card.）Toy.

Myurium foxworthyii（Broth.）Broth. = Oedicladium fragile Card.

Myurium fragile （Card.） Broth. = Oedicladium fragile Card.

Myurium hebridarum Schimp. = Myurium hochstetteri（Schimp.）Kindb.

* Myurium hochstetteri（Schimp.）Kindb.［Myurium hebridarum Schimp.］金毛藓

Myurium katoi （Broth.） Seki = Palisadula katoi （Broth.）Iwats.

Myurium rufescens （Reinw. et Hornsch.） Fleisch. = Oedicladium rufescens （Reinw. et Hornsch.） Mitt.

Myurium sinicum（Mitt.）Broth. = Eumyurium sinicum（Mitt.）Nog.

Myurium tortifolium Chen = Oedicladium tortifolium （Chen）Iwats.

Myuroclada Besch. 鼠尾藓属

Myuroclada concinna Besch. = Myuroclada maximowiczii（Borszcz.）Steere et Schof.

Myuroclada maximowiczii （Borszcz.） Steere et Schof.［Myurella maximowiczii Borszcz., Myuroclada concinna Besch.］鼠尾藓

N

Nardia Gray［Alicularia Corda］被萼苔属

Nardia appressifolia （Mitt.） Besch. = Solenostoma appressifolium（Mitt.）Váňa et Long

Nardia assamica（Mitt.）Amak.［Alicularia connata Horik., Nardia grandistipula Steph., Nardia sieboldii（S. Lac.）Steph.］南亚被萼苔（大瓣被萼苔）

Nardia comata（Nees）Schiffn. = Solenostoma comatum（Nees）C. Gao

Nardia compressa （Hook.） Gray ［Alicularia compressa（Hook.）Nees］被萼苔（扁叶被萼苔）

Nardia crenulata （Mitt.） Lindb. = Solenostoma gracillimum（Sm.）Schust.

Nardia grandistipula Steph. = Nardia assamica （Mitt.）Amak.

Nardia japonica Steph. 东亚被萼苔

Nardia leptocaulis C. Gao 细茎被萼苔

Nardia macroperiantha Y. -H. Wu et C. Gao 大萼被萼苔

Nardia scalaris （Schrad.） Gray ［Alicularia scalaris （Schrad.）Corda, Jungermannia scalaris Schrad.］密叶被萼苔

Nardia sieboldii（S. Lac.）Steph. = Nardia assamica （Mitt.）Amak.

Nardia subclavata（Steph.）Amak. 拟瓢叶被萼苔

Nardia truncata（Nees）Schiffn. = Solenostoma truncatum（Nees）Váňa et Long

Neckera Hedw. 平藓属

Neckera anacamptolepis Muell. Hal. = Pinnatella anacamptolepis（Muell. Hal.）Broth.

Neckera bescherellei Nog. = Taiwanobryum crenulatum（Harv.）Olsson, Enroth et Quandt

Neckera bhutanensis Nog. 不丹平藓

Neckera borealis Nog.［Neckera laeviuscula Card.］阔叶平藓

Neckera brachyclada Besch. = Taiwanobryum crenulatum（Harv.）Olsson, Enroth et Quandt

Neckera brevicaulis Broth. = Neckeropsis obtusata （Mont.）Fleisch.

Neckera complanata （Hedw.） Hueb. = Alleniella complanata（Hedw.）Olsson, Enroth et Quandt

Neckera coreana Card. 东亚平藓

Neckera crenulata Harv. = Taiwanobryum crenulatum（Harv.）Olsson, Enroth et Quandt

Neckera crinita Griff. = Neckeropsis crinita（Griff.）Fleisch.

Neckera crispa Hedw. = Exsertotheca crispa（Hedw.）Olsson, Enroth et Quandt

Neckera curvirostris Schwaegr. = Brotherella curvirostris（Schwaegr.）Fleisch.

Neckera decurrens Broth.［Neckera decurrens Broth. var. rupicola Broth.］延叶平藓

Neckera decurrens Broth. var. rupicola Broth. = Neckera decurrens Broth.

Neckera dendroides Sw. 树形平藓

Neckera denigricans Enroth 南亚平藓（深色平藓）

Neckera douglasii Hook. 杜氏平藓

Neckera enrothiana M. -C. Ji 无肋平藓

Neckera fauriei Card. 东方平藓

Neckera flexiramea Card. ［Neckera flexiramea Card. var. attenuata Nog. , Neckera flexiramea Card. var. planiuscula Nog. ］曲枝平藓

Neckera flexiramea Card. var. attenuata Nog. = Neckera flexiramea Card.

Neckera flexiramea Card. var. planiuscula Nog. = Neckera flexiramea Card.

Neckera formosana Nog. = Taiwanobryum crenulatum（Harv. ）Olsson，Enroth et Quandt

Neckera goughiana Mitt. = Forsstroemia goughiana（Mitt. ）Olsson，Enroth et Quandt

Neckera humilis Mitt. ［Neckera humilis Mitt. var. complanatula Card. ］矮平藓

Neckera konoi Broth. 八列平藓

Neckera laevidens P. -C. Wu et Y. Jia 平齿平藓

Neckera laeviuscula Card. = Neckera borealis Nog.

Neckera lepineana Mont. = Neckeropsis lepineana（Mont. ）Fleisch.

Neckera leptodontea Muell. Hal. 薄齿平藓

Neckera menziesi Hook. = Neckera polyclada Muell. Hal.

Neckera morrisonensis Nog. = Taiwanobryum crenulatum（Harv. ）Olsson，Enroth et Quandt

Neckera muratae Nog. = Forsstroemia goughiana（Mitt. ）Olsson，Enroth et Quandt

Neckera neckeroides（Broth. ）Enroth et Tan［Homaliodendron neckeroides Broth. ］扁枝平藓（扁枝树平藓）

Neckera nitidula（Mitt. ）Broth. = Neckeropsis nitidula（Mitt. ）Fleisch.

Neckera obtusata Mont. = Neckeropsis obtusata（Mont. ）Fleisch.

Neckera obtusata Mitt. = Homalia trichomanoides（Hedw. ）Bruch et Schimp.

Neckera pennata Hedw. 平藓（羽平藓）

Neckera pennata Hedw. var. leiophylla Dix. 平藓羽枝变种

Neckera perpinnata Card. et Thér. 翠平藓

Neckera polyclada Muell. Hal. ［Neckera menziesii

Hook. ］多枝平藓（假平藓）

Neckera pusilla Mitt. 小平藓

Neckera serrulatifolia Enroth et M. -C. Ji 粗齿平藓

Neckera setschwanica Broth. 四川平藓

Neckera spathulata（Dix. ）Dix. = Homalia trichomanoides（Hedw. ）Schimp.

Neckera speciosa（Nog. ）Nog. = Taiwanobryum crenulatum（Harv. ）Olsson，Enroth et Quandt

Neckera tosaensis Broth. = Neckeropsis obtusata（Mont. ）Fleisch.

Neckera undulatifolia（Tix. ）Enroth［Neckera undulatifolia Mitt. ］粗肋平藓

Neckera viticulosa Hedw. var. minor Hedw. = Anomodon minor（Hedw. ）Lindb.

Neckera xizangensis Enroth et M. -C. Ji 西藏平藓

Neckera yezoana Besch. = Forsstroemia yezoana（Besch. ）Olsson，Enroth et Quandt

Neckera yezoana Besch. var. hayachinensis（Card. ）Nog. = Forsstroemia yezoana（Besch. ）Olsson，Enroth et Quandt

Neckera yunnanensis Enroth = Taiwanobryum crenulatum（Harv. ）Olsson，Enroth et Quandt

Neckeraceae 平藓科

* Neckeradelphus Steere 假平藓属

Neckeradelphus menziesii（Hook. ）Steere = Neckera polyclada Muell. Hal.

Neckeropsis Reichdt. 拟平藓属

Neckeropsis boniana（Besch. ）Touw et Ochyra 疏枝拟平藓

Neckeropsis calcicola Nog. 东亚拟平藓

Neckeropsis crinita（Griff. ）Fleisch. ［Neckera crinita Griff. ］长毛拟平藓（卷枝平藓）

Neckeropsis exserta（Schwaegr. ）Broth. 长柄拟平藓

Neckeropsis gracilenta（Bosch et S. Lac. ）Fleisch. 细肋拟平藓

Neckeropsis lepineana（Mont. ）Fleisch. ［Neckera lepineana Mont. ］截叶拟平藓

Neckeropsis moutieri（Broth. et Par. ）Fleisch. 缘边拟平藓

Neckeropsis nitidula（Mitt. ）Fleisch. ［Neckera nitidula（Mitt. ）Broth. ］光叶拟平藓（小拟平藓）

Neckeropsis obtusata（Mont. ）Fleisch. ［Neckera

brevicaulis Broth. ，Neckera obtusata Mont. ，Neckera tosaensis Broth.］短枝拟平藓（钝叶拟平藓）

Neckeropsis pseudonitidula Okam. = Circulifolium exiguum（Bosch et S. Lac.）Olsson，Enroth et Quandt

Neckeropsis semperiana（Muell. Hal.）Touw 舌叶拟平藓

Neckeropsis sinensis Chen = Homaliadelphus targionianus（Mitt.）Dix. et P. Varde

Neckeropsis takahashii Higuchi，Iwats.，Ochyra et X. -J. Li 厚边拟平藓

Neckeropsis undulata（Hedw.）Reichdt. 拟平藓

Neoacroporium flagelliferum（Sak.）Iwats. et Nog. = Isocladiella surcularis（Dix.）Tan et Mohamed

Neobarbella Nog. 新悬藓属

Neobarbella amoena（Broth.）J. -S. Lou = Neobarbella comes（Griff.）Nog. var. pilifera（Broth. et Yas.）Tan，S. He et Isov.

Neobarbella attenuata Nog. = Neobarbella comes（Griff.）Nog. var. pilifera（Broth. et Yas.）Tan，S. He et Isov.

Neobarbella comes（Griff.）Nog.［Camptochaete sinensis Broth.，Isotheciopsis formosica Broth. et Yas. f. flagellata Nog.，Isotheciopsis sinensis（Broth.）Broth.，Isotheciopsis sinensis（Broth.）Broth. var. flagellifera Broth.，Neobarbella serratiacuta J. -S. Lou］新悬藓（拟猫尾藓，南亚拟猫尾藓，中华匙叶藓）

Neobarbella comes（Griff.）Nog. var. pilifera（Broth. et Yas.）Tan，S. He et Isov.［Barbella pilifera Broth. et Yas.，Isotheciopsis pilifera（Broth. et Yas.）Nog.，Neobarbella amoena（Broth.）J. -S. Lou，Neobarbella attenuata Nog.，Neobarbella pilifera（Broth. et Yas）Nog.］新悬藓毛尖变种（拟猫尾藓）

Neobarbella pilifera（Broth. et Yas.）Nog. = Neobarbella comes（Griff.）Nog. var. pilifera（Broth. et Yas.）Tan，S. He et Isov.

Neobarbella serratiacuta J. -S. Lou = Neobarbella comes（Griff.）Nog.

Neodicladiella（Nog.）Buck 新丝藓属

Neodicladiella flagellifera（Card.）Huttunen et

Quandt［Barbella asperifolia Card.，Barbella flagellifera（Card.）Nog.，Barbella trichodes Fleisch.，Meteorium flagelliferum Card.］鞭枝新丝藓（鞭枝悬藓，大悬藓，糙叶悬藓）

Neodicladiella pendula（Sull.）Buck［Barbella pendula（Sull.）Fleisch.，Floribundaria pendula（Sull.）Fleisch.，Papillaria pendula（Sull.）Ren. et Card.］新丝藓（悬藓，多疣悬藓）

Neodolichomitra Nog. 新船叶藓属

Neodolichomitra gigantea Nog. = Neodolichomitra yunnanensis（Besch.）T. Kop.

Neodolichomitra robusta（Broth.）Nog. = Neodolichomitra yunnanensis（Besch.）T. Kop.

Neodolichomitra yunnanensis（Besch.）T. Kop.［Hylocomium yunnanense Besch.，Macrothamnium cucullatophyllum C. Gao et C. -W. Aur，Neodolichomitra gigantea Nog.，Neodolichomitra robusta（Broth.）Nog.，Penzigiella robusta Broth.，Rhytidiadelphus yunnanensis（Besch.）Broth.］新船叶藓（兜叶南木藓）

Neohattoria Kamim. = Frullania Raddi

Neohattoria herzogii（Hatt.）Kamim. = Frullania herzogii Hatt.

Neohattoria zhenjingensis C. Gao et K. -C. Chang = Frullania zhenjingensis（C. Gao et K. -C. Chang）Jia et S. He

Neolepidozia Fulf. et Tayl. = Telaranea Spruce ex Schiffn.

Neolepidozia wallichiana（Gott.）Fulf. et Tayl. = Telaranea wallichiana（Gott.）Schust.

* Neolindbergia Fleisch. 挺枝藓属

* Neolindbergia veloirae Akiy.［Taiwanobryum robustum Veloira］挺枝藓

Neonoguchia S. -H. Lin 耳蔓藓属

Neonoguchia auriculata（Thér.）S. -H. Lin［Aerobryopsis auriculata Thér.］耳蔓藓（耳叶灰气藓，耳叶新野口藓）

Neopogonatum W. -X. Xu et R. -L. Xiong = Pogonatum P. Beauv.

Neopogonatum semiangulatum W. -X. Xu et R. -L. Xiong = Pogonatum cirratum（Sw.）Brid.

Neopogonatum tibeticum W. -X. Xu et R. -L. Xiong =

Pogonatum cirratum（Sw.）Brid. subsp. fuscatum（Mitt.）Hyvoenen

Neopogonatum yunnanense W. -X. Xu et R. -L. Xiong = Pogonatum cirratum（Sw.）Brid.

Neotrichocolea Hatt. 新绒苔属

Neotrichocolea bissetii（Mitt.）Hatt.[Trichocoleopsis bissetii（Mitt.）Horik.] 新绒苔

Neotrichocoleaceae 新绒苔科

* **Neurolejeunea（Spruce）Schiffn.** 脉鳞苔属

Neurolejeunea fukiensis Chen et P. -C. Wu = Cheilolejeunea chenii R. -L. Zhu et M. -L. So

Niphotrichum（Bednarek-Ochyra）Bednarek-Ochyra et Ochyra 长齿藓属

Niphotrichum barbuloides（Card.）Bednarek-Ochyra et Ochyra[Racomitrium barbuloides Card.] 硬叶长齿藓（硬叶砂藓）

Niphotrichum canescens（Hedw.）Bednarek-Ochyra et Ochyra[Racomitrium canescens（Hedw.）Brid. , Racomitrium canescens（Hedw.）Brid. var. strictum Schlieph.] 长齿藓（砂藓）

Niphotrichum canescens（Hedw.）Bednarek-Ochyra et Ochyra subsp. latifolium（Lang. et Jens.）Bednarek-Ochyra et Ochyra 长齿藓宽叶亚种

Niphotrichum ericoides（Brid.）Bednarek-Ochyra et Ochyra[Racomitrium canescens（Hedw.）Brid. var. epilosum Milde , Racomitrium canescens（Hedw.）Brid. var. ericoides（Hedw.）Hampe , Racomitrium ericoides（Hedw.）Brid.] 长枝长齿藓（砂藓长枝变种，长枝砂藓）

Niphotrichum japonicum（Dozy et Molk.）Bednarek-Ochyra et Ochyra[Racomitrium japonicum Dozy et Molk. , Racomitrium szuchuanicum Chen] 东亚长齿藓（东亚砂藓）

Nipponolejeunea Hatt. 日鳞苔属

Nipponolejeunea pilifera（Steph.）Hatt.[Pycnolejeunea pilifera Steph.] 日鳞苔

Nipponolejeunea subalpina（Horik.）Hatt. 高山日鳞苔（小日鳞苔）

Nipponolejeuneoideae 日鳞苔亚科

Noguchia Hatt. = Plagiochilion Hatt.

Noguchia mayebarae（Hatt.）Hatt. = Plagiochilion mayebarae Hatt.

Noguchia opposita（Reinw. , Bl. et Nees）Inoue = Plagiochilion oppositum（Reinw. , Bl. et Nees）Hatt.

Noguchiodendron T. N. Ninh et Pócs 卷枝藓属

Noguchiodendron sphaerocarpum T. N. Ninh et Pócs 卷枝藓（球蒴卷枝藓）

* **Noteroclada Tayl. ex Hook. et Wils.[Androcryhia Nees]** 侧叶苔属（侧萼苔属）

* **Noterocladaceae** 侧叶苔科

Notoscyphus Mitt. 假苞苔属（假蒴苞苔属，杯囊苔属）

Notoscyphus collenchymatosus C. Gao, X. -Y. Jia et T. Cao = Notoscyphus lutescens（Lehm. et Lindenb.）Mitt.

Notoscyphus lutescens（Lehm. et Lindenb.）Mitt.[Notoscyphus collenchymatosus C. Gao, X. -Y. Jia et T. Cao, Notoscyphus paroicus Schiffn. , Notoscyphus parvus C. Gao, X. -Y. Jia et T. Cao, Odontoschisma speciosum Horik.] 假苞苔（黄色假苞苔，黄色假蒴苞苔，黄色杯囊苔，厚角杯囊苔，小杯囊苔）

Notoscyphus paroicus Schiffn. = Notoscyphus lutescens（Lehm. et Lindenb.）Mitt.

Notoscyphus parvus C. Gao, X. -Y. Jia et T. Cao = Notoscyphus lutescens（Lehm. et Lindenb.）Mitt.

Notothyladaceae 短角苔科

Notothyladales 短角苔目

Notothylas Sull. ex Gray 短角苔属

Notothylas japonica Horik. = Notothylas orbicularis（Schwein.）Sull. ex Gray

Notothylas javanica（S. Lac.）Gott. 爪哇短角苔（东亚短角苔）

Notothylas levieri Schiffn. ex Steph. 南亚短角苔

Notothylas orbicularis（Schwein.）Sull. ex Gray[Notothylas japonica Horik.] 短角苔（东亚短角苔）

Nowellia Mitt. 拳叶苔属

Nowellia aciliata（Chen et P. -C. Wu）Mizut.[Nowellia curvifolia（Dicks.）Mitt. var. aciliata Chen et P. -C. Wu] 无毛拳叶苔（拳叶苔无毛变种）

Nowellia curvifolia（Dicks.）Mitt. 拳叶苔

Nowellia curvifolia（Dicks.）Mitt. var. aciliata Chen et P. -C. Wu = Nowellia aciliata（Chen et P. -C. Wu）Mizut.

O

Ochrobryum Mitt. 褐曲尾藓属

Ochrobryum gardneri（Muell. Hal.）**Lindb.**［Schistomitrium gardnerianum Mitt.］园林褐曲尾藓

Ochrobryum japonicum Besch. = Leucobryum juniperoideum（Brid.）Muell. Hal.

Ochrobryum propaguliferum Dix. = Leucobryum humillimum Card.

Octoblepharum Hedw. 八齿藓属

Octoblepharum albidum Hedw. 八齿藓

Odontoschisma（Dum.）**Dum.** 裂齿苔属

Odontoschisma cavifolium Steph. = Odontoschisma denudatum（Nees）Dum.

Odontoschisma denudatum（Nees）**Dum.**［Odontoschisma cavifolium Steph. , Odontoschisma denudatum（Nees）Dum. var. cavifolium（Steph.）Hatt.］合叶裂齿苔（凹叶裂齿苔）

Odontoschisma denudatum（Nees）**Dum. var. cavifolium**（Steph.）**Hatt.** = Odontoschisma denudatum（Nees）Dum.

Odontoschisma grosseverrucosum Steph. 粗疣裂齿苔（瘤壁裂齿苔）

Odontoschisma speciosum Horik. = Notoscyphus lutescens（Lehm. et Lindenb.）Mitt.

Odontoschisma sphagni（Dicks.）**Dum.** 裂齿苔（湿生裂齿苔）

Odontoschisma zhui Gradst. 朱氏裂齿苔

Oedicladium Mitt. 红毛藓属

Oedicladium doii（Sak.）**Iwats.** = Oedicladium serricuspe（Broth.）Nog. et Iwats.

Oedicladium fragile Card.［Myurium foxworthyii（Broth.）Broth. , Myurium fragile（Card.）Broth.］脆叶红毛藓（南亚金毛藓, 脆叶金毛藓）

Oedicladium rufescens（Reinw. et Hornsch.）**Mitt.**［Myurium rufescens（Reinw. et Hornsch.）Fleisch.］红毛藓（红色金毛藓, 金毛藓）

Oedicladium serricuspe（Broth.）**Nog. et Iwats.**［Oedicladium doii（Sak.）Iwats.］小红毛藓

Oedicladium sinicum Mitt. = Eumyurium sinicum（Mitt.）Nog.

Oedicladium tortifolium（Chen）**Iwats.**［Myuriur tortifolium Chen］扭叶红毛藓（扭叶金毛藓）

Oedipodiales 长台藓目

Oedipodiopsida 长台藓纲

Oedipodium Schwaegr. 长台藓属

Oedipodium griffithianum（Dicks.）**Schwaegr.**［Bryum bulbiforme Broth. , Bryum griffithianun Dicks.］长台藓

Okamuraea Broth. 褶藓属（褶叶藓属, 摺藓属, 折藓属）

Okamuraea brachydictyon（Card.）**Nog.** 短枝褶藓（褶叶藓）

Okamuraea hakoniensis（Mitt.）**Broth.** 褶藓（长枝褶藓, 长枝褶叶藓, 摺藓, 折藓）

Okamuraea hakoniensis（Mitt.）**Broth. f. multiflagellifera**（Okam.）**Nog.** 褶藓鞭枝变型（长枝褶藓鞭枝变型, 鞭枝长枝褶叶藓）

Okamuraea hakoniensis（Mitt.）**Broth. var. ussuriensis**（Broth.）**Nog.**［Bryhnia ussuriensis Broth.］褶藓乌苏里变种（长枝褶藓乌苏里变种, 乌苏里长枝褶叶藓）

Okamuraea micrangia（Muell. Hal.）**Y. -F. Wang e R. -L. Hu**［Brachythecium micrangium Muell. Hal.］小叶褶藓（小叶褶叶藓, 细青藓）

Oligotrichum Lam. et Cand. 小赤藓属

Oligotrichum aligerum Mitt. 高梳小赤藓（小赤藓）

Oligotrichum aristatulum Broth. 芒刺小赤藓（刺叶小赤藓）

Oligotrichum armatum Broth. = Pogonatum subfuscatum Broth.

Oligotrichum crossidioides Chen et T. -L. Wan ex W. -X. Xu et R. -L. Xiong 花梳小赤藓（流苏小赤藓）

Oligotrichum falcatum Steere［Psilopilum falcatum（Steere）Crum, Steere et Anderson］镰叶小赤藓

Oligotrichum formosanum Nog. = Oligotrichum suzukii（Broth.）Chuang

*** Oligotrichum hercynicum**（Hedw.）**Lam. et Cand.** 小赤藓

Oligotrichum obtusatum Broth. 钝叶小赤藓

Oligotrichum semilamellatum（Hook. f.）Mitt.［Pogonatum semilamellatum（Hook. f.）Chen］半栉小赤藓

Oligotrichum semilamellatum（Hook. f.）Mitt. var. yunnanense Besch. 半栉小赤藓云南变种

Oligotrichum serratomarginatum J. -S. Lou et P. -C. Wu = Pogonatum subfuscatum Broth.

Oligotrichum suzukii（Broth.）Chuang［Oligotrichum formosanum Nog., Pogonatum suzukii Broth.］台湾小赤藓

Oncophoraceae 曲背藓科

Oncophorus（Brid.）Brid. 曲背藓属

Oncophorus bicolor（Par.）Broth. = Oncophorus virens（Hedw.）Brid.

Oncophorus crispifolius（Mitt.）Lindb. 卷叶曲背藓

Oncophorus crispifolius（Mitt.）Lindb. var. brevipes（Card.）Thér. = Oncophorus crispifolius（Mitt.）Lindb.

Oncophorus curvicaulis（Muell. Hal.）Broth. = Oncophorus virens（Hedw.）Brid.

Oncophorus gracilentus S. -Y. Zeng 细曲背藓

Oncophorus sinensis Muell. Hal. = Oncophorus wahlenbergii Brid.

Oncophorus virens（Hedw.）Brid.［Aongstroemia bicolor Muell. Hal., Aongstroemia curvicaulis Muell. Hal., Leptotrichum virens（Hedw.）Mitt., Oncophorus bicolor（Par.）Broth., Oncophorus curvicaulis（Muell. Hal.）Broth.］曲背藓（大曲背藓）

Oncophorus wahlenbergii Brid.［Cynodontium wahlenbergii（Brid.）Hartm., Oncophorus sinensis Muell. Hal., Oncophorus wahlenbergii Brid. var. japonicus Nog.］山曲背藓（曲背藓,中华曲背藓）

Oncophorus wahlenbergii Brid. var. japonicus Nog. = Oncophorus wahlenbergii Brid.

Oreas Brid. 山毛藓属

Oreas martiana（Hopp. et Hornsch.）Brid. 山毛藓

Oreoweisia（Bruch et Schimp.）De Not. 石毛藓属

Oreoweisia laxifolia（Hook. f.）Kindb.［Oreoweisia schmidii（Muell. Hal.）Par., Oreoweisia serrulata（Funck）De Not., Oreoweisia torquescens（Brid.）Wijk et Marg.］石毛藓（疏叶石毛藓,阔叶石毛藓,齿叶石毛藓）

Oreoweisia schmidii（Muell. Hal.）Par. = Oreoweisia laxifolia（Hook. f.）Kindb.

Oreoweisia serrulata（Funck）De Not. = Oreoweisia laxifolia（Hook. f.）Kindb.

Oreoweisia setschwanica Broth. 四川石毛藓

Oreoweisia torquescens（Brid.）Wijk et Marg. = Oreoweisia laxifolia（Hook. f.）Kindb.

Oreoweisia weisioides Broth. 小石毛藓

Orthoamblystegium Dix. et Sak. 拟柳叶藓属

Orthoamblystegium longinerve（Card.）Toy. = Orthoamblystegium spurio-subtile（Broth. et Par.）Kanda et Nog.

Orthoamblystegium nipponicum Dix. et Sak. = Orthoamblystegium spurio-subtile（Broth. et Par.）Kanda et Nog.

Orthoamblystegium spurio-subtile（Broth. et Par.）Kanda et Nog.［Orthoamblystegium longinerve（Card.）Toy., Orthoamblystegium nipponicum Dix. et Sak.］拟柳叶藓（长肋拟柳叶藓）

Orthocaulis Buch = Barbilophozia Loeske

Orthocaulis attenuatus（Nees）Ev. = Barbilophozia attenuata（Nees）Loeske

* Orthodicranum（Bruch et Schimp.）Loeske 直毛藓属

Orthodicranum flagellare（Hedw.）Loeske = Dicranum flagellare Hedw.

Orthodicranum fragilifolium（Lindb.）Podp. = Dicranum fragilifolium Lindb.

Orthodicranum montanum（Hedw.）Loeske = Dicranum montanum Hedw.

Orthodicranum strictum Broth. = Dicranum scottianum Scott

Orthodon delavayi Besch. = Tayloria rudolphiana（Garov.）Bruch et Schimp.

Orthodon subglabra Griff. = Tayloria subglabra（Griff.）Mitt.

Orthodontiaceae 直齿藓科

Orthodontiales 直齿藓目

* Orthodontium Schwaegr. 直齿藓属

Orthodontium bilimbatum X. -J. Li et D. -C. Zhang

= Orthodontopsis lignicola （Broth.） Ignatov et Tan

Orthodontium lignicolum （Broth.） D. -C. Zhang = Orthodontopsis lignicola （Broth.） Ignatov et Tan

Orthodontopsis Ignatov et Tan 拟直齿藓属

* Orthodontopsis bardunovii Ignatov et Tan 拟直齿藓

Orthodontopsis lignicola （Broth.） Ignatov et Tan ［Funaria lignicola Broth. , Orthodontium bilimbatum X. -J. Li et D. -C. Zhang, Orthodontium lignicolum （Broth.） D. -C. Zhang］具边拟直齿藓（木生葫芦藓）

Orthomitrium Lewinsky-Haapasaari et Crosby = Orthotrichum Hedw.

Orthomitrium schofieldii Tan et Y. Jia = Orthotrichum schofiedii （Tan et Y. Jia） Allen

Orthomitrium tuberculatum Lewinsky-Haapasaari et Crosby = Orthotrichum jetteae Allen

Orthomnion Wils. 立灯藓属（双灯藓属）

Orthomnion bryoides （Griff.） Nork. ［Orthomnion crispum Wils. , Orthomnion trichomitrium Wils. ］立灯藓（南亚立灯藓）

Orthomnion curiosissimum Horik. = Orthomnion dilatatum （Mitt.） Chen

Orthomnion dilatatum （Mitt.） Chen ［Orthomnion curiosissimum Horik. , Orthomniopsis dilatata （Mitt.） Nog. , Orthomniopsis japonica Broth.］柔叶立灯藓（双灯藓）

Orthomnion handelii （Broth.） T. Kop. ［Mnium handelii Broth.］挺枝立灯藓（挺枝提灯藓）

Orthomnion loheri Broth. 隐缘立灯藓（立灯藓）

Orthomnion nudum Bartr. 多荫立灯藓（裸帽立灯藓）

Orthomnion piliferum T. Kop. 毛枝立灯藓（立灯藓）

Orthomnion trichomitrium Wils. = Orthomnion bryoides （Griff.） Nork.

Orthomnion wui T. Kop. 吴氏立灯藓

Orthomnion yunnanense T. Kop. , X. -J. Li et M. Zang 云南立灯藓

Orthomniopsis dilatata （Mitt.） Nog. = Orthomnion dilatatum （Mitt.） Chen

Orthomniopsis japonica Broth. = Orthomnion dilata-tum （Mitt.） Chen

* Orthostichopsis Broth. 穗叶藓属

* Orthostichopsis tetragona （Hedw.） Broth. 穗叶藓

Orthothecium Schimp. 灰石藓属

Orthothecium catagonioides Levier = Isopterygiopsis muelleriana （Schimp.） Iwats.

Orthothecium chryseum （Schwaegr.） Schimp. ［Entodon chryseum （Schwaegr.） Bruch et Schimp. , Stereodon chryseus （Schwaegr.） Mitt.］金黄灰石藓

Orthothecium hyalopiliferum Redf. et Allen = Orthothecium intricatum （Hartm.） Bruch et Schimp.

Orthothecium intricatum （Hartm.） Bruch et Schimp. ［Orthothecium hyalopiliferum Redf. et Allen］直叶灰石藓

Orthothecium rufescens （Brid.） Bruch et Schimp. 灰石藓

Orthothecium strictum Lor. 细叶灰石藓

Orthotrichaceae 木灵藓科

Orthotrichales 木灵藓目

Orthotrichum Hedw. ［Orthomitrium Lewinsky-Haapasaari et Crosby］木灵藓属

Orthotrichum affine Brid. 拟木灵藓（木灵藓）

Orthotrichum anomalum Hedw. 木灵藓

Orthotrichum brassii Bartr. 卷边木灵藓

Orthotrichum callistomoides Broth. = Orthotrichum callistomum Bruch et Schimp.

Orthotrichum callistomum Bruch et Schimp. ［Orthotrichum callistomoides Broth. , Orthotrichum delavayi （Broth. et Par.） T. Cao, Racomitrium delavayi Broth. et Par.］美孔木灵藓（云南木灵藓,德氏砂藓）

Orthotrichum consobrinum Card. ［Orthotrichum courtoisii Broth. et Par.］丛生木灵藓（华东木灵藓）

Orthotrichum courtoisii Broth. et Par. = Orthotrichum consobrinum Card.

Orthotrichum crenulatum Mitt. 舌叶木灵藓

Orthotrichum crispifolium Broth. 皱叶木灵藓

Orthotrichum cupulatum Brid. 小果木灵藓（小葫木灵藓）

Orthotrichum dasymitrium Lewinsky 毛帽木灵藓

Orthotrichum decurrens Thér. = Leratia exigua （Sull.）Goffinet

Orthotrichum delavayi（Broth. et Par.）T. Cao = Orthotrichum callistomum Bruch et Schimp.

Orthotrichum erosum Lewinsky 蚀齿木灵藓

Orthotrichum erubescens Muell. Hal.［Orthotrichum fortunatii Thér.］红叶木灵藓（贵州木灵藓）

Orthotrichum exiguum Sull. = Leratia exigua（Sull.）Goffinet

Orthotrichum fortunatii Thér. = Orthotrichum erubescens Muell. Hal.

Orthotrichum griffithii Dix. 折叶木灵藓

Orthotrichum hallii Sull. et Lesq. 半裸蒴木灵藓

Orthotrichum hooglandii Bartr. 颈领木灵藓

Orthotrichum hookeri Mitt. 中国木灵藓

Orthotrichum hookeri Mitt. var. granulatum Lewinsky［Orthotrichum macrosporum Muell. Hal., Orthotrichum microsporum Muell. Hal.］中国木灵藓细疣变种（小蒴木灵藓，大孢木灵藓）

Orthotrichum ibukiense Toy. 东亚木灵藓（日本木灵藓）

Orthotrichum jetteae Allen［Orthomitrium tuberculatum Lewinsky-Haapasaari et Crosby］疣孢木灵藓

Orthotrichum laevigatum Zett. var. japonicum （Iwats.）Lewinsky［Orthotrichum macounii Aust. subsp. japonicum Iwats.］北美木灵藓日本变种（球蒴木灵藓东亚变种）

Orthotrichum laxum Lewinsky-Haapasaari 散生木灵藓

Orthotrichum leiocarpum Bruch et Schimp. = Orthotrichum striatum Hedw.

Orthotrichum leiolecythis Muell. Hal. 球蒴木灵藓

Orthotrichum macounii Aust. subsp. japonicum Iwats. = Orthotrichum laevigatum Zett. var. japonicum（Iwats.）Lewinsky

Orthotrichum macrosporum Muell. Hal. = Orthotrichum hookeri Mitt. var. granulatum Lewinsky

Orthotrichum microsporum Muell. Hal. = Orthotrichum hookeri Mitt. var. granulatum Lewinsky

Orthotrichum notabile Lewinsky-Haapasaari 密生木灵藓

Orthotrichum obtusifolium Brid. 钝叶木灵藓

Orthotrichum pallens Brid. 裸帽木灵藓

Orthotrichum pulchrum Lewinsky 美丽木灵藓

Orthotrichum pumilum Sw. 矮丛木灵藓

Orthotrichum revolutum Muell. Hal. 卷叶木灵藓

Orthotrichum rupestre Schwaegr. 石生木灵藓

Orthotrichum scaberrimum Broth. 疣边木灵藓

Orthotrichum schofieldii（Tan et Y. Jia）Allen［Orthomitrium schofieldii Tan et Y. Jia］苏氏木灵藓

Orthotrichum sinuosum Lewinsky 扭肋木灵藓

Orthotrichum sordidum Sull. et Lesq. 暗色木灵藓（污色木灵藓）

Orthotrichum speciosum Nees［Orthotrichum speciosum Nees var. elegans（Hook. et Grev.）Warnst.］黄木灵藓

Orthotrichum speciosum Nees var. elegans（Hook. et Grev.）Warnst. = Orthotrichum speciosum Nees

Orthotrichum striatum Hedw.［Orthotrichum leiocarpum Bruch et Schimp.］条纹木灵藓（宽毛木灵藓，平蒴木灵藓）

Orthotrichum subpumilum Lewinsky 粗柄木灵藓

Orthotrichum szuchuanicum Chen = Leratia exigua （Sull.）Goffinet

Orthotrichum taiwanense Lewinsky 台湾木灵藓

Orthotrichum urnigerum Myr. 蒴壶木灵藓

Orthotrichum vermiferum Lewinsky-Haapasaari 蠕齿木灵藓

Osterwaldiella Broth. 山地藓属

Osterwaldiella monostricta Broth. 山地藓

Otolejeunea Grolle et Tix. 耳萼苔属（耳鳞苔属）

* Otolejeunea moniliata Grolle 耳萼苔（耳鳞苔）

Otolejeunea semperiana（Gott. ex Steph.）Grolle ［Prionolejeunea semperiana Gott. ex Steph.］常绿耳萼苔（森泊耳鳞苔）

* Oxymitra Bisch. ex Lindenb. 假钱苔属

* Oxymitra paleacea Bisch. ex Lindenb. 假钱苔

* Oxymitraceae 假钱苔科

Oxyrrhynchium（Bruch et Schimp.）Warnst. 尖喙藓属

Oxyrrhynchium asperisetum（Muell. Hal.）Broth. = Eurhynchium asperisetum（Muell. Hal.）Bartr.

Oxyrrhynchium biforme Broth. = Kindbergia praelonga（Hedw.）Ochyra

Oxyrrhynchium hians（Hedw.）Loeske = Eurhynchium hians（Hedw.）S. Lac.

Oxyrrhynchium laxirete（Broth.）Broth. = Eurhynchium laxirete Broth.

Oxyrrhynchium patentifolium（Muell. Hal.）Broth. = Oxyrrhynchium vagans（Jaeg.）Ignatov et Huttunen

Oxyrrhynchium patulifolium Card. et Thèr = Rhynchostegium patulifolium Card. et Thér.

Oxyrrhynchium platyphyllum（Muell. Hal.）Broth. = Torrentaria riparioides（Hedw.）Ochyra

Oxyrrhynchium polystictum（Par.）Broth. = Eurhynchium savatieri Besch.

Oxyrrhynchium praelongum（Hedw.）Warnst. = Kindbergia praelonga（Hedw.）Ochyra

Oxyrrhynchium praelongum（Hedw.）Warnst. var. stokesii（Turn.）Podp. = Kindbergia praelonga（Hedw.）Ochyra

Oxyrrhynchium protractum（Muell. Hal.）Broth. = Eurhynchium savatieri Besch.

Oxyrrhynchium riparioides（Hedw.）Jenn. = Torrentaria riparioides（Hedw.）Ochyra

Oxyrrhynchium rusciforme Warnst. = Torrentaria riparioides（Hedw.）Ochyra

Oxyrrhynchium sasaokae Sak. = Rhynchostegium inclinatum（Mitt.）Jaeg.

Oxyrrhynchium savatieri（Besch.）Broth. = Eurhynchium savatieri Besch.

Oxyrrhynchium savatieri（Besch.）Broth. var. satumense（Sak.）Wijk et Marg. = Eurhynchium savatieri Besch.

Oxyrrhynchium speciosum（Brid.）Warnst. 美尖喙藓

Oxyrrhynchium swartzii（Turn.）Warnst. = Eurhynchium hians（Hedw.）S. Lac.

Oxyrrhynchium vagans（Jaeg.）Ignatov et Huttunen ［Eurhynchium patentifolium（Muell. Hal.）Fleisch，Eurhynchium vagans（Jaeg.）Bartr.，Platyhypnidium patentifolium（Muell. Hal.）Fleisch.，Rhynchostegium patentifolium Muell. Hal.，Rhynchostegium vagans Jaeg.］泛生尖喙藓（泛生长喙藓，展叶美喙藓，展叶平灰藓）

* Oxystegus（Limpr.）Hilp. 酸土藓属

Oxystegus cuspidatus（Dozy et Molk.）Chen = Trichostomum tenuirostre（Hook. f. et Tayl.）Lindb.

Oxystegus cylindricus（Brid.）Hilp. = Trichostomum tenuirostre（Hook. f. et Tayl.）Lindb.

Oxystegus obtusifolius Hilp. = Barbula chenia Redf. et Tan

Oxystegus recurvifolius（Tayl.）Zand. = Trichostomum recurvifolium（Tayl.）Zand.

Oxystegus tenuirostris（Hook. f. et Tayl.）Sm. = Trichostomum tenuirostre（Hook. f. et Tayl.）Lindb.

Oxystegus tenuirostris（Hook. f. et Tayl.）Sm. var. stenocarpus（Thér.）Zand. = Trichostomum spirale Grout

P

* Pachyglossa Herz. et Grolle 厚舌苔属

Palamocladium Muell. Hal.［Pleuropus Brid.］褶叶藓属（摺叶藓属，折叶藓属）

Palamocladium euchloron（Muell. Hal.）Wijk et Marg.［Pleuropus euchloron（Muell Hal.）Broth.，Ptychodium tanguticum Broth.］深绿褶叶藓

Palamocladium leskeoides（Hook.）Britt.［Homalothecium longicuspis Broth.，Palamocladium macrostegium（Sull. et Lesq.）Par.，Palamocladium macrostegium（Sull. et Lesq.）Par. f. pilifolium（Toy.）Tak. et Iwats.，Palamocladium macrostegium（Sull. et Lesq.）Par. var. excavatum（Dix. et Sak.）Tak. et Iwats.，Palamocladium nilgheriense（Mont.）Muell. Hal.，Palamocladium nilgheriense（Mont.）Muell. Hal. f. luzonense（Broth.）Tak.，Nog. et Iwats.，Palamocladium sciureum（Mitt.）Broth.，Pleuropus fenestratus Griff.，Pleuropus luzonensis Broth.，Pleuropus nilgheriensis（Mont.）Card.，Pleuropus nilgheriensis（Mont.）Card. f.

luzonensis（Broth.）Toy. , Pleuropus nilgheriensis（Mont.）Card. var. luzonensis C. -K. Wang, Pleuropus sciureus（Mitt.）Toy. , Ptychodium perattenuatum Okam. , Ptychodium plicatulum Card.] 褶叶藓（摺叶藓,折叶藓,东亚褶叶藓,褶叶藓弯叶变种,长喙同蒴藓）

Palamocladium macrostegium（Sull. et Lesq.）Par. = Palamocladium leskeoides（Hook.）Britt.

Palamocladium macrostegium（Sull. et Lesq.）Par. f. pilifolium（Toy.）Tak. et Iwats. = Palamocladium leskeoides（Hook.）Britt.

Palamocladium macrostegium（Sull. et Lesq.）Par. var. excavatum（Dix. et Sak.）Tak. et Iwats. = Palamocladium leskeoides（Hook.）Britt.

Palamocladium nilgheriense（Mont.）Muell. Hal. = Palamocladium leskeoides（Hook.）Britt.

Palamocladium nilgheriense（Mont.）Muell. Hal. f. luzonense（Broth.）Tak. ,Nog. et Iwats. = Palamocladium leskeoides（Hook.）Britt.

Palamocladium sciureum（Mitt.）Broth. = Palamocladium leskeoides（Hook.）Britt.

Palisadula Toy. 栅孔藓属

Palisadula chrysophylla（Card.）Toy.［Microctenidium heterophyllum Thér. , Myurium chrysophyllum（Card.）Seki, Palisadula japonica Toy. , Pylaisia chrysophylla Card.］栅孔藓（绿色栅孔藓,异叶小梳藓）

Palisadula japonica Toy. = Palisadula chrysophylla（Card.）Toy.

Palisadula katoi（Broth.）Iwats.［Clastobryum katoi Broth. , Myurium katoi（Broth.）Seki］小叶栅孔藓（细尖疣胞藓）

Pallavicinia Gray 带叶苔属

Pallavicinia ambigua（Mitt.）Steph.［Makednothallus isoblastus Herz. , Pallavicinia isoblasta（Herz.）Schust. et Inoue, Pallavicinia nigricans Herz. , Symphyogyna sinensis C. Gao, E. -Z. Bai et C. Li］多形带叶苔

Pallavicinia chinensis Steph. = Pallavicinia lyellii（Hook.）Gray

Pallavicinia indica Schiffn. = Pallavicinia lyellii（Hook.）Gray

Pallavicinia isoblasta（Herz.）Schust. et Inoue = Pallavicinia ambigua（Mitt.）Steph.

Pallavicinia levieri Schiffn. 暖地带叶苔

Pallavicinia longispina Steph. = Pallavicinia subciliata（Aust.）Steph.

Pallavicinia lyellii（Hook.）Gray［Pallavicinia chinensis Steph. , Pallavicinia indica Schiffn.］带叶苔（中华带叶苔, 南亚带叶苔）

Pallavicinia nigricans Herz. = Pallavicinia ambigua（Mitt.）Steph.

Pallavicinia subciliata（Aust.）Steph.［Pallavicinia longispina Steph.］长刺带叶苔

Pallaviciniaceae 带叶苔科

Pallaviciniales 带叶苔目

Pallaviciniites Schust.［Hepaticites Hueb.］古带叶苔属（古苔属）〈化石〉

Pallaviciniites devonicus（Hueb.）Schust.［Hepaticites devonicus Hueb.］古带叶苔（古苔）〈化石〉

Pallaviciniopsida 带叶苔纲

* Pallavicinius Gray 假带叶苔属

Paludella Brid. 沼寒藓属

Paludella squarrosa（Hedw.）Brid. 沼寒藓

Palustriella Ochyra 沼地藓属

Palustriella commutata（Hedw.）Ochyra［Cratoneuron commutatum（Hedw.）Roth, Cratoneuron commutatum（Hedw.）Roth var. falcatum（Brid.）Moenk. , Cratoneuron commutatum（Hedw.）Roth var. sulcatum（Lindb.）Moenk. , Hypnum commutatum Hedw. ,Palustriella commutata（Hedw.）Ochyra var. falcatum（Brid.）Ochyra］沼地藓（沼地藓钩叶变种,沼地藓槽叶变种,长叶沼地藓,长叶牛角藓,长叶牛角藓槽叶变种）

Palustriella commutata（Hedw.）Ochyra var. falcatum（Brid.）Ochyra = Palustriella commutata（Hedw.）Ochyra

Palustriella commutata（Hedw.）Ochyra var. sulcata（Lindb.）Ochyra = Palustriella commutata（Hedw.）Ochyra

Papillaria（Muell. Hal.）Muell. Hal. 松萝藓属（松罗藓属）

Papillaria acuminata Nog. = Papillaria flexicaulis

（Wils.）Jaeg.

Papillaria appressa（Hornsch.）Jaeg. = Meteorium papillarioides Nog.

Papillaria atrata（Mitt.）Salm. = Aerobryidium aureo-nitens（Schwaegr.）Broth.

Papillaria chrysoclada（Muell. Hal.）Jaeg. = Cryptopapillaria chrysoclada（Muell. Hal.）Menzel

Papillaria cordifolia J. -S. Lou 心叶松萝藓（心叶松萝藓）

* Papillaria crocea（Hampe）Jaeg.［Papillaria cuspidifera（Hook. f. et Wils.）Jaeg.］尖叶松萝藓（尖叶松萝藓）

Papillaria cuspidifera（Hook. f. et Wils.）Jaeg. = Papillaria crocea（Hampe）Jaeg.

Papillaria feae Fleisch. = Cryptopapillaria feae（Fleisch.）Menzel

Papillaria flexicaulis（Wils.）Jaeg.［Papillaria acuminata Nog.］曲茎松萝藓

Papillaria formosana Nog. = Trachycladiella sparsa（Mitt.）Menzel

Papillaria fuscescens（Hook.）Jaeg. = Cryptopapillaria fuscescens（Hook.）Menzel

Papillaria helminthoclada Muell. Hal. = Meteorium subpolytrichum（Besch.）Broth.

Papillaria helminthoclada Muell. Hal. var. progediens Muell. Hal. = Meteorium subpolytrichum（Besch.）Broth.

Papillaria helminthocladula Card. = Meteorium buchananii（Brid.）Broth.

Papillaria nigrescens（Hedw.）Jaeg. = Meteorium papillarioides Nog.

Papillaria pendula（Sull.）Ren. et Card. = Neodicladiella pendula（Sull.）Buck

Papillaria scaberrima Muell. Hal. = Chrysocladium retrorsum（Mitt.）Fleisch.

Papillaria semitorta（Muell. Hal.）Jaeg. = Toloxis semitorta（Muell. Hal.）Buck

Papillaria sinensis Muell. Hal. = Trachypus bicolor Reinw. et Hornsch.

Papillaria subpolytricha Besch. = Meteorium subpolytrichum（Besch.）Broth.

Papillaria torquata（C. -K. Wang et S. -H. Lin）S. -

H. Lin［Floribundaria torquata C. -K. Wang et S. -H. Lin］台湾松萝藓

* Papillaria wagneri Lorentz 松萝藓（松罗藓）

Papillidiopsis Buck et Tan 拟刺疣藓属

* Papillidiopsis bruchii（Dozy et Molk.）Buck et Tan 拟刺疣藓

Papillidiopsis complanata（Dix.）Buck et Tan［Acroporium complanatum Dix.，Rhaphidostichum longicuspidatum Seki］疣柄拟刺疣藓

Papillidiopsis macrosticta（Broth. et Par.）Buck et Tan［Rhaphidostichum macrostictum（Broth. et Par.）Broth.］褶边拟刺疣藓（粗枝狗尾藓）

Papillidiopsis ramulina（Thwait. et Mitt.）Buck et Tan［Sematophyllum ramulinum Thwait. et Mitt.］光泽拟刺疣藓

Papillidiopsis stissophylla（Hampe et Muell. Hal.）Tan et Y. Jia［Rhaphidostichum stissophyllum（Hampe et Muell. Hal.）T. -Y. Chiang et C. -M. Kuo，Trichosteleum stissophyllum（Hampe et Muell. Hal.）Jaeg.］圆齿拟刺疣藓

Paraleptodontium Long 拟薄齿藓属

Paraleptodontium recurvifolium（Tayl.）Loeske 拟薄齿藓

Paraleucobryum（Limpr.）Loeske 拟白发藓属

Paraleucobryum albicans（Schwaegr.）Loeske = Paraleucobryum enerve（Thed.）Loeske

Paraleucobryum enerve（Thed.）Loeske［Dicranum albicans Bruch et Schimp.，Paraleucobryum albicans（Schwaegr.）Loeske，Paraleucobryum enerve（Thed.）Loeske f. falcatum Nog.］拟白发藓（硬叶拟白发藓）

Paraleucobryum enerve（Thed.）Loeske f. falcatum Nog. = Paraleucobryum enerve（Thed.）Loeske

Paraleucobryum fulvum（Hook.）Loeske = Dicranum fulvum Hook.

Paraleucobryum longifolium（Hedw.）Loeske 长叶拟白发藓（拟白发藓）

Paraleucobryum sauteri（Bruch et Schimp.）Loeske 狭肋拟白发藓

Paraleucobryum schwarzii（Schimp.）C. Gao et Vitt［Campylopus schwarzii Schimp.］疣肋拟白发藓（疣肋曲柄藓）

* **Paraschistochila Schust.** 拟岐舌苔属

Paraschistochila nuda（Horik.）Inoue = Schistochila nuda Horik.

Paraschistochila philippinensis（Mont.）Schust. = Schistochila aligera（Nees et Bl.）Jack et Steph.

Pedinolejeunea（Bened. ex Mizut.）Chen et P. -C. Wu = Cololejeunea（Spruce）Schiffn.

Pedinolejeunea aoshimensis（Horik.）Chen et P. -C. Wu = Cololejeunea planissima（Mitt.）Abeyw.

Pedinolejeunea desciscens（Steph.）But et P. -C. Wu = Cololejeunea desciscens Steph.

Pedinolejeunea formosana（Mizut.）Chen et P. -C. Wu = Cololejeunea ceratilobula（Chen）Schust.

Pedinolejeunea formosana（Mizut.）Chen et P. -C. Wu var. ceratilobula（Chen）Chen et P. -C. Wu = Cololejeunea ceratilobula（Chen）Schust.

Pedinolejeunea formosana（Mizut.）Chen et P. -C. Wu var. linearilobula Chen et P. -C. Wu = Cololejeunea desciscens Steph.

Pedinolejeunea himalayensis（Pande et Misra）Chen et P. -C. Wu = Cololejeunea latilobula（Herz.）Tix.

Pedinolejeunea himalayensis（Pande et Misra）Chen et P. -C. Wu var. dentata Chen et P. -C. Wu = Cololejeunea lanciloba Steph.

Pedinolejeunea himalayensis（Pande et Misra）Chen et P. -C. Wu var. wuyiensis Chen et P. -C. Wu = Cololejeunea yakusimensis（Hatt.）Mizut.

Pedinolejeunea lanciloba（Steph.）Chen et P. -C. Wu = Cololejeunea lanciloba Steph.

Pedinolejeunea liukiuensis（Horik.）Chen et P. -C. Wu = Cololejeunea stylosa（Steph.）Ev.

Pedinolejeunea nakaii（Horik.）Chen et P. -C. Wu = Cololejeunea planissima（Mitt.）Abeyw.

Pedinolejeunea planissima（Mitt.）Chen et P. -C. Wu = Cololejeunea planissima（Mitt.）Abeyw.

Pedinolejeunea pseudolatilobula Chen et P. -C. Wu = Cololejeunea latilobula（Herz.）Tix.

Pedinolejeunea raduliloba（Steph.）P. -C. Wu et But = Cololejeunea raduliloba Steph.

Pedinolejeunea reineckeana（Steph.）P. -C. Wu et But = Cololejeunea ceratilobula（Chen）Schust.

Pedinolejeunea rotundilobula P. -C. Wu et P. -J. Lin = Cololejeunea rotundilobula（P. -C. Wu et P. -J. Lin）Piippo

Pedinolejeunea schwabei（Herz.）Chen = Cololejeunea schwabei Herz.

Pedinolejeunea uchimae（Amak.）Chen et P. -C. Wu = Cololejeunea raduliloba Steph.

Pedinophyllum（Lindb.）Lindb. 平叶苔属（平羽苔属）

Pedinophyllum interruptum（Nees）Lindb.［Pedinophyllum pyrenaicum（Spruce）Lindb. var. interruptum（Nees）Lindb.］平叶苔（广口平叶苔）

Pedinophyllum major-perianthium C. Gao et K. -C. Chang = Pedinophyllum truncatum（Steph.）Inoue

* **Pedinophyllum pyrenaicum**（Spruce）Lindb. 梨形平叶苔

Pedinophyllum pyrenaicum（Spruce）Lindb. var. interruptum（Nees）Lindb. = Pedinophyllum interruptum（Nees）Lindb.

Pedinophyllum truncatum（Steph.）Inoue［Clasmatocolea truncata Steph. , Pedinophyllum major-perianthium C. Gao et K. -C. Chang］大萼平叶苔（平叶苔，截叶平叶苔）

Pelekium Mitt.［Cyrto-hypnum（Hampe）Hampe et Lor. , Lorentzia Hampe］鹤嘴藓属（细羽藓属，细喙藓属）

Pelekium bifarium（Bosch et S. Lac.）Fleisch. = Aequatoriella bifaria（Bosch et S. Lac.）Touw

Pelekium bonianum（Besch.）Touw［Cyrto-hypnum bonianum（Besch.）Buck et Crum, Thuidium bonianum Besch. , Thuidium lejeuneoides Nog.］纤枝鹤嘴藓（纤枝细羽藓，纤枝羽藓）

Pelekium contortulum（Mitt.）Touw［Cyrto-hypnum contortulum（Mitt.）P. -C. Wu, Crosby et S. He, Thuidium contortulum（Mitt.）Jaeg.］美丽鹤嘴藓（美丽细羽藓，扭叶羽藓）

Pelekium erosifolium（S. -Y. Zeng）Touw［Thuidium erosifolium S. -Y. Zeng］齿蚀叶鹤嘴藓（齿蚀叶羽藓，异齿羽藓）

Pelekium fissicalyx Muell. Hal. = Pelekium velatum Mitt.

Pelekium fuscatum（Besch.）Touw［Cyrto-hypnum fuscatum（Besch.）P.-C. Wu, Crosby et S. He, Cyrto-hypnum talogense（Besch.）Buck et Crum, Thuidium burmense Bartr., Thuidium fuscatum Besch., Thuidium koelzii Robins., Thuidium talogense Besch.］尖毛鹤嘴藓（尖毛细羽藓,大龙细羽藓,大龙细羽藓,褶羽藓）

Pelekium gratum（P. Beauv.）Touw［Cyrto-hypnum gratum（P. Beauv.）Buck et Crum, Cyrto-hypnum peleki noides（Chen）Buck et Crum, Thuidium gratum（P. Beauv.）Jaeg., Thuidium kuripanum（Dozy et Molk.）Watan., Thuidium pelekinioides Chen］密毛鹤嘴藓（密毛细羽藓,多疣细羽藓）

Pelekium haplohymenium（Harv.）Touw Pelekium microphyllum（Schuaegr.）T. Kop. et Touw

Pelekium investe（Mitt.）Touw 断尖鹤嘴藓

Pelekium microphyllum（Schwaegr.）T. Kop. et Touw［Cyrto-hypnum haplohymenium（Harv.）Buck et Crum, Cyrto-hypnum microphyllum（Schwaegr.）P.-C. Wu, Crosby et S. He, Haplohymenium microphyllum Schwaegr., Pelekium haplohymenium（Harv. et Hook. f.）Touw, Thuidium brachymenium Herz., Thuidium haplohymenium（Harv.）Jaeg., Thuidium squarrosulum Ren. et Card.］小叶鹤嘴藓（小叶细羽藓,卷枝鹤嘴藓,卷枝细羽藓,卷枝羽藓）

Pelekium minusculum（Mitt.）Touw［Cyrto-hypnum minusculum（Mitt.）Buck et Crum, Leskea minuscula Mitt., Thuidium asperulisetum Ren. et Card.］糙柄鹤嘴藓（糙柄细羽藓）

* Pelekium minutulum（Hedw.）Touw［Thuidium minutulum（Hedw.）Schimp.］细小鹤嘴藓（羽藓,单毛羽藓,细羽藓）

Pelekium pygmaeum（Schimp.）Touw［Cyrto-hypnum pygmaeum（Schimp.）Buck et Crum, Thuidium perpapillosum Watan., Thuidium pygmaeum Schimp.］多疣鹤嘴藓（多疣细羽藓,多疣羽藓,疣茎羽藓）

Pelekium velatum Mitt.［Lorentzia longirostris Hampe, Lorentzia velata（Mitt.）Buck et Crum, Pelekium fissicalyx Muell. Hal., Thuidium velatum

（Mitt.）Par.］鹤嘴藓

Pelekium versicolor（Muell. Hal.）Touw［Cyrto-hypnum rubiginosum（Besch.）Buck et Crum, Cyrto-hypnum tamariscellum（Muell. Hal.）Buck et Crum, Cyrto-hypnum venustulum（Besch.）Buck et Crum, Thuidium bipinnatulum Mitt., Thuidium micropteris Besch., Thuidium rubiginosum Besch., Thuidium sparsifolium（Mitt.）Jaeg., Thuidium tamariscellum（Muell. Hal.）Bosch et S. Lac., Thuidium venustulum Besch., Thuidium versicolor（Muell. Hal.）Broth.］红毛鹤嘴藓（红毛细羽藓,密枝细羽藓,羽藓,密枝羽藓,二岐羽藓,锈色羽藓,散叶羽藓,美丽羽藓）

Pellia Raddi 溪苔属

Pellia endiviifolia（Dicks.）Dum. 花叶溪苔（溪苔）

Pellia epiphylla（Linn.）Corda［Pellia fabbroniana Raddi］溪苔（袋苞溪苔）

Pellia fabbroniana Raddi = Pellia epiphylla（Linn.）Corda

Pellia neesiana（Gott.）Limpr. 波绿溪苔

Pelliaceae 溪苔科

Pelliales 溪苔目

Pelliopsida 溪苔纲

* Peltolepis Lindb. 月鳞苔属

* Peltolepis japonica（Shimizu et Hatt.）Hatt. 日本月鳞苔

* Peltolepis quadrata（Sauter）K. Muell. 方月鳞苔

Penzigiella Fleisch. 长蕨藓属

Penzigiella cordata（Harv.）Fleisch.［Neckera cordata Hook. et Harv., Penzigiella hookeri Gangulee］长蕨藓

Penzigiella robusta Broth. = Neodolichomitra yunnanensis（Besch.）T. Kop.

* Perssoniella Herz. 蚌叶苔属

* Perssoniellaceae 蚌叶苔科

Perssoniellales 蚌叶苔目（异舌苔目）

* Petalophyllum Gott. 瓣叶苔属

Phaeoceros Prosk. 黄角苔属

Phaeoceros bulbiculosus（Brot.）Prosk.［Anthoceros bulbiculosus Brot., Anthoceros dichotomus Raddi］球根黄角苔（叉角苔）

Phaeoceros carolinianus（Michx.）Prosk.［Phaeoceros laevis（Linn.）Prosk. subsp. carolinianus（Michx.）Prosk.］高领黄角苔（黄角苔高领亚种,北美黄角苔）

Phaeoceros esquirolii（Steph.）Udar et Singh［Anthoceros esquirolii Steph.］贵州黄角苔

Phaeoceros exiguus（Steph.）Haseg. 小黄角苔

Phaeoceros fulvisporus（Steph.）Prosk.［Anthoceros fulvisporus Steph.］黄孢黄角苔

Phaeoceros laevis（Linn.）Prosk.［Anthoceros laevis Linn.］黄角苔（角苔,平滑角苔,泛生角苔）

Phaeoceros laevis（Linn.）Prosk. subsp. carolinianus（Michx.）Prosk. = Phaeoceros carolinianus（Michx.）Prosk.

Phaeoceros miyakeanus（Schiffn.）Hatt.［Anthoceros miyakeanus Schiffn.］东亚黄角苔（球管黄角苔）

Phaeoceros pearsonii（Howe）Prosk.［Anthoceros pearsonii Howe］粗疣黄角苔（培氏黄角苔,培氏角苔）

Phaeoceros striatisporus Haseg. = Hattorioceros striatisporus（Haseg.）Haseg.

Phaeoceros subalpinus（Steph.）Udar et Singh［Anthoceros subalpinus Steph.］亚高山黄角苔（亚高山角苔）

Phaeolejeunea Mizut. 黑鳞苔属（深褐鳞苔属）

Phaeolejeunea latistipula（Schiffn.）Mizut. 黑鳞苔（宽瓣深褐鳞苔）

* Phasconica Muell. Hal. 拟球藓属

* Phascum Hedw. 球藓属

Phascum crispum Hedw. = Weissia longifolia Mitt.

Phascum cuspidatum Hedw. = Tortula acaulon（With.）Zand.

Philonotis Brid. 泽藓属

Philonotis angularis Muell. Hal. = Philonotis falcata（Hook.）Mitt.

Philonotis angusta Mitt. 窄叶泽藓

Philonotis angustissima Tix. = Philonotis runcinata Aongstr.

Philonotis appressifolia Dix. = Philonotis thwaitesii Mitt.

Philonotis bartramioides（Griff.）Griff. et Buck［Bartramidula bartramioides（Griff.）Wijk et

Marg. ,Bartramidula griffithiana Kab. , Philonotis griffithiana Mitt.］珠状泽藓（单齿小珠藓,格氏小珠藓）

Philonotis bodinierii Card. et Thér. = Philonotis falcata（Hook.）Mitt.

Philonotis bonatii Copp. = Philonotis falcata（Hook.）Mitt.

Philonotis calcarea（Bruch et Schimp.）Schimp. 钙土泽藓

Philonotis calomicra Broth. 小泽藓

Philonotis capilliformis J. -S. Lou et P. -C. Wu = Philonotis falcata（Hook.）Mitt.

Philonotis cernua（Wils.）Griff. et Buck［Bartramidula cernua（Wils.）Lindb. ,Bartramidula wilsonii Bruch et Schimp.］垂蒴泽藓（小珠藓）

Philonotis courtoisii Broth. et Par. = Philonotis lancifolia Mitt.

Philonotis falcata（Hook.）Mitt.［Bartramia angularis（Muell. Hal.）Muell. Hal. ,Bartramia tomentosula Muell. Hal. , Bartramia tsanii Muell. Hal. , Philonotis angularis Muell. Hal. , Philonotis bodinieri Card. et Thér. ,Philonotis bonatii Copp. ,Philonotis capilliformis J. -S. Lou et P. -C. Wu，Philonotis giraldii Muell. Hal. , Philonotis palustris Mitt. ,Philonotis plumulosa Card. et Thér. ,Philonotis rufocuspis Besch. , Philonotis setschuanica（Muell. Hal.）Par. var. formosica Card. ,Philonotis tomentosula（Muell. Hal.）Par. ,Philonotis tsanii（Muell. Hal.）Par.］偏叶泽藓（毛尖泽藓,沼泽藓,羽叶泽藓）

Philonotis falcata（Hook.）Mitt. var. carinata（Mitt.）Ochi 偏叶泽藓凸肋变种

Philonotis fontana（Hedw.）Brid.［Philonotis lutea Mitt.］泽藓（黄泽藓,溪泽藓）

Philonotis fontana（Hedw.）Brid. f. aristinervis Moenk. 泽藓长肋变型（长肋溪泽藓）

Philonotis fontana（Hedw.）Brid. var. seriata（Mitt.）Kindb. = Philonotis seriata Mitt.

Philonotis giraldii Muell. Hal. = Philonotis falcata（Hook.）Mitt.

* Philonotis glomerata Mitt. 钝叶泽藓

Philonotis griffithiana Mitt. = Philonotis bartramioides（Griff.）Griff. et Buck

Philonotis hastata（Dub.）Wijk et Marg.［Philonotis imbricatula Mitt.，Philonotis laxissima Mitt.，Philonotis papillatomarginata J.-S. Lou et P.-C. Wu，Philonotis vitrea Herz. et Nog.］密叶泽藓（疣边泽藓，硬叶泽藓）

Philonotis imbricatula Mitt. = Philonotis hastata（Dub.）Wijk et Marg.

Philonotis laii T. Kop. 赖氏泽藓

Philonotis lancifolia Mitt.［Philonotis courtoisii Broth. et Par.，Philonotis wichurae Broth.］毛叶泽藓

Philonotis laxissima Mitt. = Philonotis hastata（Dub.）Wijk et Marg.

Philonotis leptocarpa Mitt. 长蒴泽藓

Philonotis lizangii T. Kop. 残齿泽藓

Philonotis longicollis（Hampe）Mitt. = Fleischerobryum longicolle（Hampe）Loeske

Philonotis longiseta（Michx.）Britt. 多根泽藓

Philonotis lutea Mitt. = Philonotis fontana（Hedw.）Brid.

Philonotis marchica（Hedw.）Brid. 直叶泽藓

Philonotis mollis（Dozy et Molk.）Mitt. 柔叶泽藓

Philonotis nitida Mitt. = Philonotis turneriana（Schwaegr.）Mitt.

Philonotis palustris Mitt. = Philonotis falcata（Hook.）Mitt.

Philonotis papillatomarginata J.-S. Lou et P.-C. Wu = Philonotis hastata（Dub.）Wijk et Marg.

Philonotis parisii Thér. = Philonotis runcinata Aongstr.

Philonotis plumulosa Card. et Thér. = Philonotis falcata（Hook.）Mitt.

Philonotis radicalis（P. Beauv.）Brid.. = Philonotis turneriana（Schwaegr.）Mitt.

Philonotis revoluta Bosch et S. Lac. = Philonotis turneriana（Schwaegr.）Mitt.

Philonotis roylei（Hook. f.）Mitt.［Bartramidula roylei（Hook. f.）Bruch et Schimp.］狭叶泽藓（罗氏泽藓，罗氏小珠藓，狭叶小珠藓）

Philonotis rufocuspis Besch. = Philonotis falcata（Hook.）Mitt.

Philonotis runcinata Aongstr.［Philonotis angustissima Tix.，Philonotis parisii Thér.，Philonotis yunckeriana Bartr.］倒齿泽藓

Philonotis savatieri Broth. = Philonotis thwaitesii Mitt.

Philonotis secunda（Dozy et Molk.）Bosch et S. Lac.［Bartramia secunda Dozy et Molk.］斜叶泽藓

Philonotis seriata Mitt.［Philonotis fontana（Hedw.）Brid. var. seriata（Mitt.）Kindb.］齿缘泽藓

Philonotis setschuanica（Muell. Hal.）Par. = Philonotis turneriana（Schwaegr.）Mitt.

Philonotis setschuanica（Muell. Hal.）Par. var. formosica Card. = Philonotis falcata（Hook.）Mitt.

Philonotis socia Mitt. = Philonotis thwaitesii Mitt.

Philonotis speciosa Mitt. 秀叶泽藓

Philonotis thwaitesii Mitt.［Philonotis appressifolia Dix.，Philonotis savatieri Broth.，Philonotis socia Mitt.］细叶泽藓（贴叶泽藓）

Philonotis tomentosula（Muell. Hal.）Par. = Philonotis falcata（Hook.）Mitt.

Philonotis tsanii（Muell. Hal.）Par. = Philonotis falcata（Hook.）Mitt.

Philonotis turneriana（Schwaegr.）Mitt.［Bartramia setschuanica Muell. Hal.，Philonotis nitida Mitt.，Philonotis revoluta Bosch et S. Lac.，Philonotis setschuanica（Muell. Hal.）Par.，Philonotis turneriana（Schwaegr.）Mitt. var. euturneriana Kab.］东亚泽藓（四川泽藓，美丽泽藓，山泽藓，卷叶泽藓）

Philonotis turneriana（Schwaegr.）Mitt. var. euturneriana Kab. = Philonotis turneriana（Schwaegr.）Mitt.

Philonotis turneriana（Schwaegr.）Mitt. var. robusta Bartr. = Fleischerobryum macrophyllum Broth.

Philonotis vitrea Herz. et Nog. = Philonotis hastata（Dub.）Wijk et Marg.

Philonotis wichurae Broth. = Philonotis lancifolia Mitt.

Philonotis yezoana Besch. et Card. 粗尖泽藓

Philonotis yunckeriana Bartr. = Philonotis runcinata Aongstr.

* Phragmatocolea Grolle 隔萼苔属

Phragmatocolea innovata（Herz.）Grolle = Solenostoma truncatum（Nees）Váňa et Long

Phyllodon Bruch et Schimp. 叶齿藓属

Phyllodon bilobatus（Dix.）Câmara［Glossadelphus bilobatus（Dix.）Broth.］双齿叶齿藓（双齿扁锦藓）

Phyllodon glossoides（Bosch et S. Lac.）Câmara［Glossadelphus glossoides（Bosch et S. Lac.）Fleisch.］锐齿叶齿藓（锐齿扁锦藓）

Phyllodon lingulatus（Card.）Buck［Glossadelphus laevifolius（Mitt.）Bartr., Glossadelphus lingulatus（Card.）Fleisch., Taxithelium lingulatum Card.］舌形叶齿藓（舌叶扁锦藓）

* Phyllodon truncatulus（Muell. Hal.）Buck 叶齿藓

* Phyllothallia Hodgson 对瓣苔属

* Phyllothalliaceae 对瓣苔科

Physcomitrella Bruch et Schimp. 小立碗藓属

* Physcomitrella patens（Hedw.）Bruch et Schimp. 小立碗藓

Physcomitrella patens（Hedw.）Bruch et Schimp. subsp. californica（Crum et Anders.）Tan = Physcomitrella readeri（Muell. Hal.）Stone et Scott

Physcomitrella readeri（Muell. Hal.）Stone et Scott［Physcomitrella patens（Hedw.）Bruch et Schimp. subsp. californica（Crum et Anders.）Tan］加州小立碗藓（小立碗藓加州亚种）

Physcomitrium（Brid.）Brid. 立碗藓属

Physcomitrium acuminatum Bruch et Schimp. = Physcomitrium eurystomum Sendtn.

Physcmitrium angustifolium Broth. = Physcomitrium japonicum（Hedw.）Mitt.

Physcomitrium coorgense Broth. 狭叶立碗藓

Physcomitrium courtoisii Par. et Broth. 江岸立碗藓

Physcomitrium eurystomum Sendtn.［Physcomitrium acuminatum Bruch et Schimp., Physcomitrium spurio-acuminatum Dix.］红蒴立碗藓（尖叶立碗藓，广口立碗藓）

Physcomitrium formosicum Broth. = Physcomitrium japonicum（Hedw.）Mitt.

Physcomitrium immersum Sull. 隐蒴立碗藓

Physcomitrium japonicum（Hedw.）Mitt.［Physcomitrium angustifolium Broth., Physcomitrium formosicum Broth., Physcomitrium limbatulum Broth. et Par., Physcomitrium limbatulum Broth. et Par. var. brevisetum Bartr., Physcomitrium longifolium Sak., Physcomitrium subeurystomum Card.］日本立碗藓（黄边立碗藓，拟红蒴立碗藓）

Physcomitrium limbatulum Broth. et Par. = Physcomitrium japonicum（Hedw.）Mitt.

Physcomitrium limbatulum Broth. et Par. var. brevisetum Bartr. = Physcomitrium japonicum（Hedw.）Mitt.

Physcomitrium longifolium Sak. = Physcomitrium japonicum（Hedw.）Mitt.

Physcomitrium platyphylloides Par. 亮叶立碗藓

Physcomitrium pyriforme（Hedw.）Hampe 梨蒴立碗藓

Physcomiitrium repandum（Griff.）Mitt. 匍生立碗藓

Physcomitrium sinensi-sphaericum Muell. Hal. 中华立碗藓

Physcomitrium sphaericum（Ludw.）Fuernr.［Physcomitrium systylioides Muell. Hal.］立碗藓（球蒴立碗藓，尖喙立碗藓）

Physcomitrium spurio-acuminatum Dix. = Physcomitrium eurystomum Sendtn.

Physcomitrium subeurystomum Card. = Physcomitrium japonicum（Hedw.）Mitt.

Physcomitrium systylioides Muell. Hal. = Physcomitrium sphaericum（Ludw.）Fuernr.

Physocolea（Spruce）Steph. = Cololejeunea（Spruce）Schiffn.

Physocolea denticulata Horik. = Cololejeunea denticulata（Horik.）Hatt.

Physocolea gemmifera Chen = Cololejeunea longifolia（Mitt.）Bened. ex Mizut.

Physocolea hainanica Chen = Cololejeunea trichomanis（Gott.）Steph.

Physocolea handelii Herz. = Cololejeunea macounii（Spruce ex Underw.）Ev.

Physocolea leptolejeuneoides Schiffn. = Cololejeunea longifolia（Mitt.）Bened. ex Mizut.

Physocolea magnilobula Horik. = Cololejeunea magnilobula（Horik.）Hatt.

Physocolea oblonga Herz. = Cololejeunea longifolia（Mitt.）Bened. ex Mizut.

Physocolea orbiculata Herz. = Cololejeunea minutissima（Sm.）Schiffn.

Physocolea oshimensis Horik. = Cololejeunea inflata Steph.

Physocolea nipponica Horik. = Cololejeunea schmidtii Steph.

Physocolea papillosa Horik. = Cololejeunea macounii（Spruce ex Underw.）Ev.

Physocolea rupicola Steph. = Cololejeunea macounii（Spruce ex Underw.）Ev.

Physocolea shikokiana Horik. = Cololejeunea shikokiana（Horik.）Hatt.

Physocolea spinosa Horik. = Cololejeunea spinosa（Horik.）Hatt.

Pilopogon nigrescens（Mitt.）Broth. = Campylopus umbellatus（Arn.）Par.

Pilotrichaceae 毛帽藓科（毛枝藓科）

Pilotrichella buchananii（Brid.）Besch. = Meteorium buchananii（Brid.）Broth.

Pilotrichopsis Besch. 毛枝藓属

Pilotrichopsis dentata（Mitt.）Besch.［Pilotrichopsis dentata（Mitt.）Besch. var. hamulata Nog., Pilotrichopsis robusta Chen］毛枝藓（粗毛枝藓）

Pilotrichopsis dentata（Mitt.）Besch. var. hamulata Nog. = Pilotrichopsis dentata（Mitt.）Besch.

Pilotrichopsis robusta Chen = Pilotrichopsis dentata（Mitt.）Besch.

Pilotrichum plumula Nees = Himantocladium plumula（Nees）Fleisch.

Pinnatella Fleisch. 羽枝藓属

Pinnatella alopecuroides（Mitt.）Fleisch.［Pinnatella intralimbata Fleisch.］异苞羽枝藓

Pinnatella ambigua（Bosch et S. Lac.）Fleisch.［Pinnatella pusilla Nog., Porotrichum ambigum（Bosch et S. Lac.）Jaeg.］小羽枝藓

Pinnatella anacamptolepis（Muell. Hal.）Broth.［Homaliodendron pygmaeum Herz. et Nog., Neckera anacamptolepis Muell. Hal., Porotrichum anacamptolepis（Muell. Hal.）Fleisch., Porotrichum gracilescens Nog., Shevockia anacamptolepis（Muell. Hal.）Enroth et M. -C. Ji］卵叶羽枝藓（矮株树平藓,小硬枝藓,卵叶亮蒴藓）

Pinnatella foreauana Thér. et P. Varde［Porotrichum microcarpum Gangulee］卵舌羽枝藓

Pinnatella formosana Okam. = Pinnatella makinoi（Broth.）Broth.

Pinnatella homaliadelphoides Enroth, Olsson, S. He, Shevock et Quandt 扁枝羽枝藓

Pinnatella intralimbata Fleisch. = Pinnatella alopecuroides（Mitt.）Fleisch.

Pinnatella kuehliana（Bosch et S. Lac.）Fleisch.［Porotrichum elegantissima Mitt.］羽枝藓（小羽枝藓,小叶羽枝藓）

Pinnatella makinoi（Broth.）Broth.［Pinnatella formosana Okam., Porotrichum makinoi Broth.］东亚羽枝藓

Pinnatella mariei（Besch.）Broth. = Caduciella mariei（Besch.）Enroth

Pinnatella microptera Fleisch. = Caduciella mariei（Besch.）Enroth

Pinnatella pusilla Nog. = Pinnatella ambigua（Bosch et S. Lac.）Fleisch.

Pinnatella robusta Nog. 粗羽枝藓

Pinnatella taiwanensis Nog. 台湾羽枝藓

Pireella Card. 小蕨藓属

Pireella formosana Broth. 台湾小蕨藓

＊Pireella mariae（Card.）Card. 小蕨藓

Plagiobryum Lindb. 平蒴藓属

Plagiobryum demissum（Hook.）Lindb. 尖叶平蒴藓

Plagiobryum giraldii（Muell. Hal.）Par.［Bryum giraldii Muell. Hal., Bryum zierii Hedw. var. longicollum Muell. Hal., Plagiobryum zierii（Hedw.）Lindb. var. longicollum（Muell. Hal.）Par.］钝叶平蒴藓

Plagiobryum japonicum Nog. 日本平蒴藓

Plagiobryum yunnanese D. -C. Zhang et X. -J. Li 云南平蒴藓

Plagiobryum zierii（Hedw.）Lindb.［Bryum zierii Hedw.］平蒴藓

Plagiobryum zierii（Hedw.）Lindb. var. longicollum（Muell. Hal.）Par. = Plagiobryum giraldii（Muell. Hal.）Par.

Plagiochasma Lehm. et Lindenb. 紫背苔属

Plagiochasma appendiculatum Lehm. et Lindenb. ［Plagiochasma reboulioides Horik.］钝鳞紫背苔（大紫背苔，锐铃紫背苔）

Plagiochasma cordatum Lehm. et Lindenb. ［Aytonia fissisquama Steph.，Plagiochasma fissisquamum（Steph.）Steph.］紫背苔（心瓣紫背苔，裂片紫背苔）

Plagiochasma elongatum Lindenb. et Gott. β ambiguum Mass. = Plagiochasma pterospermum Mass.

Plagiochasma elongatum Lindenb. et Gott. var. ambiguum Mass. = Plagiochasma pterospermum Mass.

Plagiochasma fissisquamum（Steph.）Steph. = Plagiochasma cordatum Lehm. et Lindenb.

*Plagiochasma intermedium Lindenb. et Gott. 无纹紫背苔

Plagiochasma japonicum（Steph.）Mass. ［Plagiochasma japonicum（Steph.）Mass. var. chinense Mass.，Plagiochasma levieri Steph.，Plagiochasma macrosporum Steph.］日本紫背苔（秦岭紫背苔，大孢紫背苔）

Plagiochasma japonicum（Steph.）Mass. var. chinense Mass. = Plagiochasma japonicum（Steph.）Mass.

Plagiochasma levieri Steph. = Plagiochasma japonicum（Steph.）Mass.

Plagiochasma macrosporum Steph. = Plagiochasma japonicum（Steph.）Mass.

Plagiochasma pterospermum Mass. ［Plagiochasma elongatum Lindenb. et Gott. β ambiguum Mass.，Plagiochasma elongatum Lindenb. et Gott. var. ambiguum Mass.，Plagiochasma sessilicephalum Horik.］翼边紫背苔（短柄紫背苔）

Plagiochasma reboulioides Horik. = Plagiochasma appendiculatum Lehm. et Lindenb.

Plagiochasma rupestre（Forst.）Steph. 小孔紫背苔（紫背苔）

Plagiochasma sessilicephalum Horik. = Plagiochasma pterospermum Mass.

Plagiochila（Dum.）Dum. 羽苔属

Plagiochila acanthophylla Gott. = Plagiochila sciophi- la Nees ex Lindenb.

Plagiochila acanthophylla Gott. subsp. japonica（S. Lac.）Inoue = Plagiochila sciophila Nees ex Lindenb.

Plagiochila acicularis Herz. = Plagiochila gracilis Lindenb. et Gott.

Plagiochila akiyamae Inoue 埃氏羽苔

Plagiochila amboynensis Tayl. 海南羽苔

Plagiochila arbuscula（Brid. ex Lehm. et Lindenb.）Lindenb. ［Plagiochila belangeriana Lindenb.，Plagiochila formosae Steph.，Plagiochila yuwandakensis Horik.］树形羽苔（南亚羽苔，台湾羽苔，刺边羽苔）

Plagiochila aspericaulis Grolle et M. -L. So 有刺羽苔

Plagiochila asplenioides（Linn.）Dum. 羽苔（大羽苔）

Plagiochila asplenioides（Linn.）Dum. subsp. ovalifolia（Mitt.）Inoue = Plagiochila ovalifolia Mitt.

Plagiochila asplenioides（Linn.）Dum. var. miyoshiana（Steph.）Inoue = Plagiochila ovalifolia Mitt.

Plagiochila assamica Steph. 阿萨姆羽苔（阿萨密羽苔，阿萨羽苔）

Plagiochila bantamensis（Reinw.，Bl. et Nees）Mont. ［Plagiochila scalpellifolia Chen et P. -C. Wu］刀叶羽苔（毛囊羽苔）

Plagiochila beddomei Steph. 贝多羽苔

Plagiochila belangeriana Lindenb. = Plagiochila arbuscula（Brid. ex Lehm. et Lindenb.）Lindenb.

Plagiochila blepharophora（Nees）Nees 细毛羽苔（海岛羽苔）

Plagiochila biondiana Mass. 秦岭羽苔

Plagiochila bischleriana Grolle et M. -L. So 大明叶羽苔

Plagiochila brauniana（Nees）Lindb. = Plagiochilion braunianum（Nees）Hatt.

Plagiochila capillaris Schiffn. ex Steph. = Plagiochila corticola Steph.

*Plagiochila carringtonii（Balf.）Grolle ［Jamesoniella carringtonii（Balf.）Schiffn.］加氏羽苔

Plagiochila carringtonii（Balf.）Grolle subsp. lobuchensis Grolle 加氏羽苔卢贝亚种

Plagiochila caulimammillosa Grolle et M. -L. So 疣茎

羽苔（瘤茎羽苔）

Plagiochila chenii Grolle et M. -L. So 陈氏羽苔

Plagiochila chinensis Steph.〔Plagiochila hokinensis Steph.，Plagiochila irrigata Herz.，Plagiochila maireana Steph.，Plagiochila tongtschuana Steph.，Plagiochila wilsoniana Steph.〕中华羽苔（鹤庆羽苔，东川羽苔，潼川羽苔，威氏羽苔）

Plagiochila ciliata Gott. = Plagiochila sciophila Nees ex Lindenb.

Plagiochila corticola Steph.〔Plagiochila capillaris Schiffn. ex Steph.，Plagiochila togashii Inoue〕树生羽苔（细羽苔，细茎羽苔）

Plagiochila crassitexta Steph. = Plagiochila peculiaris Schiffn.

Plagiochila cuspidata Steph. 尖头羽苔

Plagiochila debilis Mitt. 脆叶羽苔

Plagiochila defolians Grolle et M. -L. So 落叶羽苔

Plagiochila delavayi Steph.〔Plagiochila delavayi Steph. var. subintegra Mass.，Plagiochila sikut-zuisana Mass.〕德氏羽苔（狮岭羽苔）

Plagiochila delavayi Steph. var. subintegra Mass. = Plagiochila delavayi Steph.

Plagiochila dendroides（Nees）Lindenb.〔Chiastocaulon dendroides（Nees）Carl〕羽状羽苔（鞭羽苔）

Plagiochila denticulata Mitt. 细齿羽苔

Plagiochila detecata M. -L. So et Grolle 亚洲羽苔（裸茎羽苔）

Plagiochila determii Steph. = Plagiochila subtropica Steph.

Plagiochila devexa Steph.〔Plagiochila microphylla Steph.〕小叶羽苔

Plagiochila durelii Schiffn.〔Plagiochila hamulispina Herz.，Plagiochila sawadae Inoue，Plagiochila torquescens Herz.，Plagiochila unialata Inoue，Plagiochila vietnamica Inoue〕密鳞羽苔（卷叶羽苔，钩齿羽苔，锐齿羽苔，深色羽苔）

Plagiochila durelii Schiffn. subsp. guizhouensis Grolle et M. -L. So 密鳞羽苔贵州亚种

Plagiochila duthiana Steph. 圆叶羽苔

Plagiochila eberhaldtii Steph. = Plagiochila obtusa Lindenb.

Plagiochila elegans Mitt.〔Plagiochila magnifolia Horik.，Plagiochila permagna Schiffn. ex Steph.，Plagiochila schutscheana Herz.〕大叶羽苔（大尤羽苔，滇西羽苔）

Plagiochila emeiensis Grolle et M. -L. So 峨眉羽苔

Plagiochila erlangensis M. -L. So 二郎羽苔

Plagiochila euryphyllon Carl ex Herz. = Plagiochila sciophila Nees ex Lindenb.

Plagiochila exigua（Tayl.）Tayl. 纤幼羽苔

Plagiochila firma Mitt. = Plagiochila gracilis Lindenb. et Gott.

Plagiochila firma Mitt. subsp. rhizophora（Hatt.）Inoue = Plagiochila gracilis Lindenb. et Gott.

Plagiochila flexuosa Mitt.〔Plagiochila titibuensis Hatt.〕长叶羽苔

Plagiochila fordiana Steph.〔Plagiochila minor Horik.〕福氏羽苔（小叶羽苔）

Plagiochila formosae Steph. = Plagiochila arbuscula（Brid. ex Lehm. et Lindenb.）Lindenb.

Plagiochila frondescens（Nees）Lindenb. 树叶羽苔

Plagiochila fruticosa Mitt. 多枝羽苔（羽枝羽苔）

Plagiochila furcifolia Mitt. 裂叶羽苔

Plagiochila ghatiensis Steph. 鸽尾羽苔

Plagiochila gollanii Steph. = Plagiochila nepalensis Lindenb.

Plagiochila gracilis Lindenb. et Gott.〔Plagiochila acicularis Herz.，Plagiochila firma Mitt.，Plagiochila firma Mitt. subsp. rhizophora（Hatt.）Inoue，Plagiochila pseudopunctata Inoue，Plagiochila rhizophora Hatt.，Plagiochila subrigidula Inoue〕纤细羽苔（坚羽苔，硬叶羽苔）

Plagiochila gregaria（Hook. f. et Tayl.）Gott.，Lindenb. et Nees 卷叶羽苔

Plagiochila griffithiana Steph. = Plagiochila peculiaris Schiffn.

Plagiochila grollei Inoue 古氏羽苔

Plagiochila grossa Grolle et M. -L. So 拟纤幼羽苔（小羽苔）

Plagiochila gymnoclada S. Lac. 裸茎羽苔

Plagiochila hakkodensis Steph.〔Plagiochila lenis Inoue〕齿萼羽苔

Plagiochila hamulispina Herz. = Plagiochila durelii Schiffn.

Plagiochila handelii Herz. = Plagiochila zonata Steph.

Plagiochila hattoriana Inoue = Plagiochila parvifolia Lindenb.

Plagiochila himalayana Schiffn. 喜马拉雅羽苔

Plagiochila hokinensis Steph. = Plagiochila chinensis Steph.

Plagiochila hyalodermica Grolle et M. -L. So 明层羽苔

Plagiochila integrilobula Schiffn. 〔Plagiochila kurzii Steph. , Plagiochila tobagensis Herz. et Hatt. 〕背瓣羽苔（红头屿羽苔）

Plagiochila irrigata Herz. = Plagiochila chinensis Steph.

Plagiochila japonica S. Lac. = Plagiochila sciophila Nees ex Lindenb.

Plagiochila japonica S. Lac. f. fragilis Hatt. = Plagiochila sciophila Nees ex Lindenb.

Plagiochila japonica S. Lac. f. oblongifolia Hatt. = Plagiochila sciophila Nees ex Lindenb.

Plagiochila junghuhniana S. Lac. 〔Plagiochila massalongoana Schiffn. 〕容氏羽苔

Plagiochila khasiana Mitt. 加萨羽苔

Plagiocnila kunmingensis Piippo 昆明羽苔

Plagiochila kurzii Steph. = Plagiochila integrilobula Schiffn.

Plagiochila lacerata Steph. = Plagiochila nepalensis Lindenb.

Plagiochila lenis Inoue = Plagiochila hakkodensis Steph.

Plagiochila magna Inoue 粗壮羽苔

Plagiochila magnifolia Horik. = Plagiochila elegans Mitt.

Plagiochila maireana Steph. = Plagiochila chinensis Steph.

Plagiochila makinoana Hatt. = Plagiochila nepalensis Lindenb.

Plagiochila massalongoana Schiffn. = Plagiochila junghuhniana S. Lac.

Plagiochila microdonta Mitt. 微齿羽苔

Plagiochila microphylla Steph. = Plagiochila devexa Steph.

Plagiochila minor Horik. = Plagiochila fordiana Steph.

Plagiochila minutistipula Herz. = Plagiochila sciophila Nees ex Lindenb.

Plagiochila miyoshiana Steph. = Plagiochila ovalifolia Mitt.

Plagiochila multipinnula Herz. et Hatt. 复枝羽苔

Plagiochila nepalensis Lindenb. 〔Plagiochila gollanii Steph. , Plagiochila lacerata Steph. , Plagiochila makinoana Hatt. 〕尼泊尔羽苔（毛齿羽苔，高氏羽苔）

Plagiochila nitens Inoue 明叶羽苔

Plagiochila nuda Horik. = Syzygiella securifolia （Nees）Inoue

Plagiochila oblonga Inoue 矩叶羽苔

Plagiochila obtusa Lindenb. 〔Plagiochila eberhaldtii Steph. 〕钝叶羽苔

Plagiochila opposita （Reinw. , Bl. et Nees）Dum. = Plagiochilion oppositum （Reinw. , Bl. et Nees）Hatt.

Plagiochila ovalifolia Mitt. 〔Plagiochila asplenioides （Linn.）Dum. subsp. ovalifolia （Mitt.）Inoue, Plagiochila asplenioides （Linn.）Dum. var. miyoshiana （Steph.）Inoue, Plagiochila miyoshiana Steph. 〕卵叶羽苔（羽苔钟萌变种）

Plagiochila paraphyllosa Grolle et M. -L. So 拟刺羽苔

Plagiochila parvifolia Lindenb. 〔Plagiochila hattoriana Inoue, Plagiochila yokogurensis Steph. 〕圆头羽苔（脆羽苔）

Plagiochila parviramifera Inoue 小枝羽苔

Plagiochila peculiaris Schiffn. 〔Plagiochila crassitexta Steph. , Plagiochila griffithiana Steph. 〕大胞羽苔（大蠕形羽苔，蠕形羽苔）

Plagiochila permagna Schiffn. ex Steph. = Plagiochila elegans Mitt.

Plagiochila perserrata Herz. 多齿羽苔

Plagiochila philippinensis Steph. 菲律宾羽苔

Plagiochila poeltii Inoue et Grolle 波氏羽苔

Plagiochila porelloides（Torrey ex Nees）Lindenb. 〔Plagiochila satoi Hatt. 〕密齿羽苔

Plagiochila pseudofirma Herz. 粗齿羽苔（拟硬羽苔）

Plagiochila pseudopoeltii Inoue 拟波氏羽苔

Plagiochila pseudopunctata Inoue = Plagiochila gracilis Lindenb. et Gott.

Plagiochila pseudorenitens Schiffn. 尖齿羽苔

Plagiochila pulcherrima Horik. 美姿羽苔

Plagiochila recurvata （Nichols.） Grolle 〔Jamesoniella carringtonii（Balf.）Schiffn. var. recurvata Nichols.〕反叶羽苔

Plagiochila retusa Mitt. 微凹羽苔

Plagiochila rhizophora Hatt. = Plagiochila gracilis Lindenb. et Gott.

Plagiochila robustissima Horik. = Plagiochila semidecurrens（Lehm. et Lindenb.）Lindenb.

Plagiochila salacensis Gott. 沙拉羽苔

Plagiochila satoi Hatt. = Plagiochila porelloides （Torrey ex Nees）Lindenb.

Plagiochila sawadae Inoue = Plagiochila durelii Schiffn.

Plagiochila scalpellifolia Chen et P. -C. Wu = Plagiochila bantamensis（Reinw., Bl. et Nees）Mont.

Plagiochila schutscheana Herz. = Plagiochila elegans Mitt.

Plagiochila sciophila Nees ex Lindenb. 〔Plagiochila acanthophylla Gott., Plagiochila acanthophylla Gott. subsp. japonica（S. Lac.）Inoue, Plagiochila ciliata Gott., Plagiochila euryphyllon Carl ex Herz., Plagiochila japonica S. Lac., Plagiochila japonica S. Lac. f. fragilis Hatt., Plagiochila japonica S. Lac. f. oblongifolia Hatt., Plagiochila minutistipula Herz., Plagiochila subacanthophylla Herz., Plagiochila tonkinensis Steph.〕刺叶羽苔（宽叶羽苔，日本羽苔，日本羽苔残叶变种，亚刺羽苔，毛齿羽苔）

Plagiochila secretifolia Mitt. 疏叶羽苔

Plagiochila semidecurrens（Lehm. et. Lindenb.）Lindenb. 〔Plagiochila robustissima Horik., Plagiochila semidecurrens（Lehm. et Lindenb.）Lindenb. var. grossidens Herz., Plagiochila semidecurrens（Lehm. et. Lindenb.）Lindenb. var. undulata Carl, Plagiochila shimizuana Hatt., Plagiochila yunnanensis Steph.〕延叶羽苔（延叶羽苔粗齿变种，粗羽苔，宽叶羽苔，云南羽苔）

Plagiochila semidecurrens（Lehm. et. Lindenb.）Lindenb. var. grossidens Herz. = Plagiochila semidecurrens（Lehm. et Lindenb.）Lindenb.

Plagiochila semidecurrens（Lehm. et. Lindenb.）Lindenb. var. undulata Carl = Plagiochila semidecurrens（Lehm. et Lindenb.）Lindenb.

Plagiochila shanghaica Steph. 上海羽苔

Plagiochila shimizuana Hatt. = Plagiochila semidecurrens（Lehm. et. Lindenb.）Lindenb.

Plagiochila sichuanensis Grolle et M. -L. So 四川羽苔

Plagiochila sikutzuisana Mass. = Plagiochila delavayi Steph.

Plagiochila simplex（Sw.）Dum. = Plagiochila spathulaefolia Mitt.

Plagiochila singularis Schiffn. 〔Plagiochila stenophylla Schiffn.〕密疣羽苔

Plagiochila spathulaefolia Mitt. 〔Plagiochila simplex （Sw.）Dum.〕剑叶羽苔

Plagiochila stenophylla Schiffn. = Plagiochila singularis Schiffn.

Plagiochila stevensiana Steph. 司氏羽苔

Plagiochila subacanthophylla Herz. = Plagiochila sciophila Nees ex Lindenb.

Plagiochila subrigidula Inoue = Plagiochila gracilis Lindenb. et Gott.

Plagiochila subtropica Steph. 〔Plagiochila determii Steph.〕大耳羽苔

Plagiochila tagawae Inoue 戴氏羽苔

Plagiochila taiwanensis Inoue 台湾羽苔

Plagiochila titibuensis Hatt. = Plagiochila flexuosa Mitt.

Plagiochila tobagensis Herz. et Hatt. = Plagiochila integrilobula Schiffn.

Plagiochila togashii Inoue = Plagiochila corticola Steph.

Plagiochila tongtschuana Steph. = Plagiochila chinensis Steph.

Plagiochila tonkinensis Steph. = Plagiochila sciophila Nees ex Lindenb.

Plagiochila torquescens Herz. = Plagiochila durelii Schiffn.

Plagiochila trabeculata Steph. 狭叶羽苔

Plagiochila unialata Inoue = Plagiochila durelii Schiffn.

Plagiochila vexans Schiffn. ex Steph. 短齿羽苔

Plagiochila vietnamica Inoue = Plagiochila durelii Schiffn.

Plagiochila wallichiana Steph. 瓦氏羽苔

Plagiochila wangii Inoue 王氏羽苔

Plagiochila wightii Nees ex Lindenb. 韦氏羽苔

Plagiochila wilsoniana Steph. = Plagiochila chinensis Steph.

Plagiochila yokogurensis Steph. = Plagiochila parvi-folia Lindenb.

Plagiochila yunnanensis Steph. = Plagiochila semide-currens（Lehm. et Lindenb.）Lindenb.

Plagiochila yulongensis Piippo 玉龙羽苔

Plagiochila yuwandakensis Horik. = Plagiochila ar-buscula（Brid. ex Lehm. et Lindenb.）Lindenb.

Plagiochila zangii Grolle et M. -L. So 臧氏羽苔

Plagiochila zhuensis Grolle et M. -L. So 朱氏羽苔

Plagiochila zonata Steph.〔Plagiochila handelii Herz.〕短羽苔（韩氏羽苔，带状羽苔）

Plagiochilaceae 羽苔科

* **Plagiochilidium Herz.** 假羽苔属

Plagiochilion Hatt.〔Noguchia Hatt.〕对羽苔属（对生苔属）

Plagiochilion braunianum（Nees）Hatt.〔Plagiochila brauniana（Nees）Lindb.〕褐色对羽苔

Plagiochilion mayebarae Hatt.〔Noguchia mayebarae（Hatt.）Hatt.〕稀齿对羽苔

Plagiochilion oppositum（Reinw. , Bl. et Nees）Hatt.〔Noguchia opposita（Reinw. , Bl. et Nees）Inoue, Plagiochila opposita（Reinw. , Bl. et Nees）Dum.〕对羽苔

Plagiochilion theriotianum（Steph.）Inoue 卵叶对羽苔

Plagiomnium T. Kop. 匐灯藓属（匍枝藓属，匐灯藓属，走灯藓属）

Plagiomnium acutum（Lindb.）T. Kop.〔Mnium cuspidatulum Dix. , Mnium cuspidatum Hedw. sub-sp. trichomanes（Mitt.）Kab. , Mnium cuspidatum Hedw. var. subintegrum Chen ex X. -J. Li et M. Zang, Mnium cuspidatum Hedw. var. trichomanes（Mitt.）X. -J. Li et M. Zang, Mnium excurrens Par. et Broth. , Mnium incrassatum Muell. Hal. , Mnium microrete Muell. Hal. , Mnium trichomanes Mitt. , Plagiomnium cuspidatum（Hedw.）T. Kop. var. subintegrum（Chen ex X. -J. Li et M. Zang）T. Kop. , Plagiomnium cuspidatum（Hedw.）T. Kop. var. trichomanes（Mitt.）Nog. , Plagiomnium trichomanes（Mitt.）T. Kop.〕尖叶匐灯藓（尖叶提灯藓，尖叶提灯藓厚角亚种，尖叶提灯藓厚角变种，拟尖叶提灯藓，小尖叶提灯藓，湿地匐灯藓，厚角匍枝藓，缘边走灯藓，尖叶提灯藓拟全缘亚种）

Plagiomnium affine（Funck.）T. Kop.〔Mnium af-fine Funck〕寒地匐灯藓（寒地提灯藓，欧洲匍灯藓）

Plagiomnium arbusculum（Muell. Hal.）T. Kop〔Mnium arbusculum Muell. Hal. , Mnium arbuscu-lum Muell. Hal. f. minutum Kab. , Mnium areolo-sum X. -J. Li et M. Zang, Mnium sichuanense X. -J. Li et M. Zang, Mnium undulatum Hedw. var. densirete Broth.〕皱叶匐灯藓（皱叶提灯藓，树形提灯藓，树形走灯藓，四川提灯藓，密网提灯藓）

Plagiomnium carolinianum（Anders.）T. Kop.〔Mnium carolinianum Anders.〕北美匐灯藓

Plagiomnium confertidens（Lindb. et Arn.）T. Kop.〔Mnium confertidens（Lindb. et Arn.）Kindb.〕密集匐灯藓（密集走灯藓）

Plagiomnium cuspidatum（Hedw.）T. Kop.〔Mnium cuspidatum Hedw.〕匐灯藓（尖叶提灯藓，尖叶匍枝藓）

Plagiomnium cuspidatum（Hedw.）T. Kop. var. sub-integrum（Chen ex X. -J. Li et M. Zang）T. Kop. = Plagiomnium acutum（Lindb.）T. Kop.

Plagiomnium cuspidatum（Hedw.）T. Kop. var. trichomanes（Mitt.）Nog. = Plagiomnium acutum（Lindb.）T. Kop.

Plagiomnium drummondii（Bruch et Schimp.）T. Kop.〔Mnium drummondii Bruch et Schimp.〕粗齿匐灯藓（粗齿提灯藓，长齿提灯藓，长齿匍枝藓）

Plagiomnium elatum（Bruch et Schimp.）T. Kop.〔Mnium elatum（Bruch et Schimp.）Torre et Sarnth. , Mnium seligeri Warnst.〕卵叶匐灯藓（卵叶提灯藓）

Plagiomnium elimbatum（Fleisch.）T. Kop. 无边匐灯藓

Plagiomnium ellipticum（Brid.）T. Kop.［Mnium ellipticum Brid.，Mnium latilimbatum X. -J. Li et M. Zang.，Mnium rugicum Laur.，Plagiomnium rugicum（Laur.）T. Kop.］阔边匐灯藓（阔边提灯藓，皱叶提灯藓）

Plagiomnium integroradiatum（Dix.）C. Gao et K. -C. Chang = Plagiomnium succulentum（Mitt.）T. Kop.

Plagiomnium integrum（Bosch et S. Lac.）T. Kop.［Mnium integrum Bosch et S. Lac.，Mnium succulentum Mitt. var. integrum（Bosch et S. Lac.）Nog.］全缘匐灯藓（全缘提灯藓，阔边提灯藓，大叶提灯藓全缘变种）

Plagiomnium japonicum（Lindb.）T. Kop.［Mnium brevinerve Dix.，Mnium decurrens Schimp.，Mnium japonicum Lindb.］日本匐灯藓（日本提灯藓，直喙提灯藓，东亚提灯藓，日本走灯藓，东亚匍枝藓）

Plagiomnium luteolimbatum（Broth.）X. -J. Li et M. Zang = Plagiomnium succulentum（Mitt.）T. Kop.

Plagiomnium maximoviczii（Lindb.）T. Kop.［Mnium maximoviczii Lindb，Mnium maximoviczii Lindb. var. angustilimbatum Dix.，Mnium maximoviczii Lindb. var. emarginatum Chen ex X. -J. Li et M. Zang，Mnium microovale Muell. Hal.，Mnium microovale Muell. Hal. var. minutifolium Muell. Hal.，Mnium rostratum Schrad. f. microovale（Muell. Hal.）Kab.，Mnium subundulatum Dix.，Mnium yunnanense Thér.，Plagiomnium maximoviczii（Lindb.）T. Kop. var. emarginatum（X. -J. Li et M. Zang）T. Kop.，Plagiomnium rostratum（Schrad.）T. Kop. f. microovale（Muell. Hal.）C. Gao et K. -C. Chang］侧枝匐灯藓（侧枝提灯藓，侧枝走灯藓，侧枝提灯藓凹顶变种，侧叶匍枝藓，丛枝提灯藓，亚波叶提灯藓，莫氏提灯藓，钝叶提灯藓小圆叶变型）

Plagiomnium maximoviczii（Lindb.）T. Kop. var. emarginatum（X. -J. Li et M. Zang）T. Kop. = Plagiomnium maximoviczii（Lindb.）T. Kop.

Plagiomnium medium（Bruch et Schimp.）T. Kop.［Mnium medium Bruch et Schimp.］多蒴匐灯藓（多蒴提灯藓，长尖提灯藓）

Plagiomnium rhynchophorum（Hook.）T. Kop.［Mnium rostratum Schrad. f. coriaceum（Griff.）Kab.，Mnium rhynchophorum Hook.，Plagiomnium rostratum（Schrad.）T. Kop. subsp. rhynchophorum（Hook.）Nog.］具喙匐灯藓（具喙走灯藓，钝叶提灯藓革叶变型

Plagiomnium rostratum（Schrad.）T. Kop.［Mnium longiroste Brid.，Mnium rostratum Schrad.］钝叶匐灯藓（钝叶提灯藓，钝叶匍灯藓）

Plagiomnium rostratum（Schrad.）T. Kop. subsp. rhynchophorum（Hook.）Nog. = Plagiomnium rhynchophorum（Hook.）T. Kop.

Plagiomnium rostratum（Schrad.）T. Kop. subsp. vesicatum（Besch.）Nog.. = Plagiomnium vesicatum（Besch.）T. Kop.

Plagiomnium rugicum（Laur.）T. Kop. = Plagiomnium ellipticum（Brid.）T. Kop.

Plagiomnium succulentum（Mitt.）T. Kop.［Mnium denticulosum Chen ex X. -J. Li et M. Zang，Mnium esquirolii Card. et Thér.，Mnium formosicum Card.，Mnium integroradiatum Dix.，Mnium luteolimbatum Broth.，Mnium nakanishikii Broth.，Mnium nazeense Card. et Thér.，Mnium rostratum Schrad. f. laxirete Kab.，Mnium succulentum Mitt.，Mnium yakusimense Card. et Thér.，Plagiomnium integroradiatum（Dix.）C. Gao et K. -C. Chang，Plgiomnium luteolimbatum（Broth.）X. -J. Li et M. Zang］大叶匐灯藓（大叶提灯藓，大叶走灯藓，钝叶提灯藓疏网变型）

Plagiomnium tezukae（Sak.）T. Kop. 毛齿匐灯藓（毛齿提灯藓，密齿提灯藓）

Plagiomnium trichomanes（Mitt.）T. Kop. = Plagiomnium acutum（Lindb.）T. Kop.

* Plagiomnium undulatum（Hedw.）T. Kop.［Mnium undulatum Hedw.］波叶匐灯藓（波叶提灯藓）

Plagiomnium venustum（Mitt.）T. Kop. 疣柄匐灯藓（瘤柄匐灯藓，瘤柄提灯藓，瘤柄走灯藓）

Plagiomnium vesicatum（Besch.）T. Kop.［Mnium tanegashimense Kab.，Mnium vesicatum Besch.，

Mnium vesicatum Besch. var. euvesicatum Kab. , Plagiomnium rostratum（Schrad.）T. Kop. subsp. vesicatum（Besch.）Nog. , Rhizomnium vesicatum（Besch.）T. Kop.］圆叶匐灯藓（圆叶提灯藓，圆叶走灯藓）

Plagiopus Brid. 平珠藓属

Plagiopus oederi（Brid.）Limpr. = Plagiopus oederianus（Sw.）Crum et Anders.

Plagiopus oederi（Brid.）Limpr. var. alpinus（Schwaegr.）Torre et Sarnth. = Plagiopus oederianus（Sw.）Crum et Anders.

Plagiopus oederianus（Sw.）Crum et Anders.［Bartramia oederi Brid. , Plagiopus oederi（Brid.）Limpr. , Plagiopus oederi（Brid.）Limpr. var. alpinus（Schwaegr.）Torre et Sarnth.］平珠藓（寒地平珠藓，寒地平珠藓高山变种）

Plagiotheciaceae 棉藓科

Plagiothecium Bruch et Schimp. 棉藓属

Plagiothecium brevicuspis Broth. = Taxiphyllum alternans（Card.）Iwats.

Plagiothecium cavifolium（Brid.）Iwats.［Plagiothecium roeseanum Schimp.］圆条棉藓（圆枝棉藓，兜叶棉藓）

Plagiothecium cavifolium（Brid.）Iwats. f. otii（Sak.）Iwats. 圆条棉藓长角变型

Plagiothecium cavifolium（Brid.）Iwats. var. fallax（Card. et Thér.）Iwats. 圆条棉藓阔叶变种

Plagiothecium curvifolium Limpr. 弯叶棉藓

Plagiothecium delicatulum Broth. = Vesicularia flaccida（Sull. et Lesq.）Iwats.

Plagiothecium denticulatum（Hedw.）Bruch et Schimp.［Stereodon denticulatus（Hedw.）Mitt.］棉藓（齿叶棉藓）

Plagiothecium denticulatum（Hedw.）Bruch et Schimp. var. obtusifolium（Turn.）Moore 棉藓钝叶变种

Plagiothecium denticulatum（Hedw.）Bruch et Schimp. var. undulatum Geh. 棉藓日本变种

Plagiothecium enerve（Broth.）Q. Zuo［Fabronia enervis Broth. , Struckia argentata（Mitt.）Muell. Hal. var. enervis（Broth.）Tan, Buck et Ignatov, Struckia enervis（Broth.）Ignatov, T. Kop. et Long］无肋棉藓（无肋碎米藓）

Plagiothecium euryphyllum（Card. et Thér.）Iwats.［Plagiothecium splendens Card.］直叶棉藓

Plagiothecium euryphyllum（Card. et Thér.）Iwats. var. brevirameum（Card.）Iwats. 直叶棉藓短尖变种

Plagiothecium formosanum Broth. et Yas. = Plagiothecium formosicum Broth. et Yas.

Plagiothecium formosicum Broth. et Yas.［Pagiothecium formosanum Broth. et Yas.］台湾棉藓

Plagiothecium formosicum Broth. et Yas. var. rectiapex D. -K. Li 台湾棉藓直尖变种（台湾棉藓直叶变种）

Plagiothecium giraldii Muell. Hal. = Taxiphyllum giraldii（Muell. Hal.）Fleisch.

Plagiothecium glossophylloides Broth. = Ectropothecium glossophylloides（Broth.）D. -K. Li

Plagiothecium handelii Broth. 滇边棉藓

Plagiothecium kelungense（Card.）Broth. 绿色棉藓

Plagiothecium laetum Bruch et Schimp. 光泽棉藓（平棉藓）

Plagiothecium laevigatum Besch. = Entodon challengeri（Par.）Card.

Plagiothecium latebricola（Wils.）Schimp. 小叶棉藓

Plagiothecium longisetum Lindb. = Plagiothecium nemorale（Mitt.）Jaeg.

Plagiothecium micans（Sw.）Par. = Isopterygium tenerum（Sw.）Mitt.

Plagiothecium neckeroideum Bruch et Schimp. 扁平棉藓（平棉藓，拟平棉藓，扁枝棉藓）

Plagiothecium neckeroideum Bruch et Schimp. var. niitakayamae（Toy.）Iwats.［Plagiothecium niitakayamae Toy.］扁平棉藓宽叶变种

Plagiothecium neckeroideum Bruch et Schimp. var. sikkimense Ren. et Card. 扁平棉藓锡金变种

Plagiothecium neglectum Moenk. = Plagiothecium nemorale（Mitt.）Jaeg.

Plagiothecium nemorale（Mitt.）Jaeg.［Plagiothecium longisetum Lindb. , Plagiothecium neglectum Moenk. , Plagiothecium silvaticum Bruch et Schimp. , Plagiothecium sylvaticum（Brid.）Bruch et Schimp.］垂蒴棉藓（丛林棉藓，林地棉藓）

Plagiothecium niitakayamae Toy. = Plagiothecium neckeroideum Bruch et Schimp. var. niitakayamae (Toy.) Iwats.

Plagiothecium obtusulum (Card.) Broth. = Ectropothecium obtusulum (Card.) Iwats.

Plagiothecium ovalifolium (Card.) Broth. = Ectropothecium obtusulum (Card.) Iwats.

Plagiothecium paleaceum (Mitt.) Jaeg. [Plagiothecium rotundifolium D.-K. Li, Stereodon paleaceus Mitt.] 圆叶棉藓

Plagiothecium piliferum (Hartm.) Bruch et Schimp. [Isopterygium piliferum (Hartm.) Loeske] 毛尖棉藓 (毛尖同叶藓)

Plagiothecium pilosum Broth. et Yas. = Taxiphyllum pilosum (Broth. et Yas.) Iwats.

Plagiothecium planissimum (Mitt.) Bartr. = Isopterygium planissimum Mitt.

Plagiothecium platyphyllum Moenk. 阔叶棉藓

Plagiothecium repens Lindb. = Herzogiella seligeri (Brid.) Iwats.

Plagiothecium roseanum Schimp. = Plagiothecium cavifolium (Brid.) Iwats.

Plagiothecium rotundifolium D.-K. Li = Plagiothecium paleaceum (Mitt.) Jaeg.

Plagiothecium shevockii S. He 石氏棉藓

Plagiothecium shinii Sak. 亚棉藓

Plagiothecium silvaticum Bruch et Schimp. = Plagiothecium nemorale (Mitt.) Jaeg.

Plagiothecium splendens Card. = Plagiothecium euryphyllum (Card. et Thér.) Iwats.

Plagiothecium splendescens Muell. Hal. = Taxiphyllum splendescens (Muell. Hal.) Fleisch.

Plagiothecium subpinnatum Salm. = Isopterygium subpinnatum (Salm.) Par.

Plagiothecium subulatum Broth. 狭叶棉藓

Plagiothecium succulentum (Wils.) Lindb. [Plagiothecium succulentum (Wils.) Lindb. var. longifolium Moenk.] 长喙棉藓 (长喙棉藓长叶变型, 小棉藓)

Plagiothecium succulentum (Wils.) Lindb. var. longifolium Moenk. = Plagiothecium succulentum (Wils.) Lindb.

Plagiothecium sylvaticum (Brid.) Bruch et Schimp. = Plagiothecium nemorale (Mitt.) Jaeg.

Plagiothecium sylvaticum (Brid.) Bruch et Schimp. var. brevirameum (Card.) Iwats. 林地棉藓短尖变种

Plagiothecium sylvaticum (Brid.) Bruch et Schimp. var. neglectum (Moenk.) Koppe 林地棉藓垂蒴变种

Plagiothecium turgescens Broth. = Taxiphyllum alternans (Card.) Iwats.

Plagiothecium undulatum (Hedw.) Bruch et Schimp. 波叶棉藓

Platydictya Berk. [Amblystegiella Loeske] 细柳藓属

Platydictya jungermannioides (Brid.) Crum [Amblystegiella jungermannioides (Brid.) Giac., Amblystegiella sprucei (Bruch) Loeske, Amblystegiella yuennanensis Broth., Amblystegium yuennanensis (Broth.) Redf. et Tan, Platydictya spruce (Bruch et Schimp.) Berk., Platydictya yuennanensis (Broth.) Redf. et Tan] 细柳藓 (北细柳藓, 云南细柳藓)

Platydictya sinensis-subtilis (Muell. Hal.) Redf. et Tan = Platydictya subtilis (Hedw.) Crum

Platydictya sprucei (Bruch et Schimp.) Berk. = Platydictya jungermannioides (Brid.) Crum

Platydictya subtilis (Hedw.) Crum [Amblystegiella sinensis-subtile (Muell. Hal.) Broth., Amblystegium sinensis-subtile Muell. Hal.] 小细柳藓 (中华细柳藓)

Platydictya yuennanensis (Broth.) Redf. et Tan = Platydictya jungermannioides (Brid.) Crum

Platygyriella Card. 拟平锦藓属

Platygyriella aurea (Schwaegr.) Buck [Entodon acutifolius R.-L. Hu] 尖叶拟平锦藓 (尖叶绢藓)

* Platygyriella helicodontioides Card. 拟平锦藓

Platygyrium Schimp. 平锦藓属 (平灰藓属)

Platygyrium denticulifolium Muell. Hal. = Eurohypnum leptothallum (Muell. Hal.) Ando

Platygyrium repens (Brid.) Bruch et Schimp. 平锦藓 (平灰藓)

* Platygyrium russulum (Mitt.) Jaeg. 红色平锦藓

Platyhypnidium Fleisch. 平灰藓属

Platyhypnidium esquirolii（Card. et Thér.）Broth.
［Rhynchostegium esquirolii Card. et Thér.］贵州
平灰藓

Platyhypnidium longirameum（Muell. Hal.）Fleisch.
= Eurhynchium longirameum（Muell. Hal.）Y. -F.
Wang et R. -L. Hu

Platyhypnidium microrusciforme（Muell. Hal.）
Fleisch. = Brachythecium buchananii（Hook.）
Jaeg.

* Platyhypnidium mulleri（Jaeg.）Fleisch. 平灰藓

Platyhypnidium patentifolium（Muell. Hal.）Fleisch.
= Oxyrrhynchium vagans（Jaeg.）Ignatov et Hut-
tunen

Platyhypnidium patulifolium（Card. et Thér.）
Broth. = Rhynchostegium patulifolium Card. et
Thér.

Platyhypnidium platyphyllum（Muell. Hal.）Fleisch.
= Torrentaria riparioides（Hedw.）Ochyra

Platyhypnidium riparioides（Hedw.）Dix. = Torren-
taria riparioides（Hedw.）Ochyra

Platyhypnidium rusciforme Fleisch. = Torrentaria ri-
parioides（Hedw.）Ochyra

Platyhypnidium schottmuelleri（Broth.）Fleisch. =
Torrentaria riparioides（Hedw.）Ochyra

Platyhypnum Loeke 棉灰藓属

Platyhypnum dilatatum（Wils. ex Schimp.）Loeske
棉灰藓

Plaubelia Brid. 卷边藓属

Plaubelia involuta（Magill）Zand. 匙叶卷边藓

* Plaubella tortuosa Brid. 卷边藓

* Plectocolea（Mitt.）Mitt. 扭萼苔属

Plectocolea ariadne（Tayl. ex Lehm.）Mitt. =Solen-
ostoma ariadne（Tayl. ex Lehm.）Schust. ex Váňa
et Long

Plectocolea boninensis（Horik.）Chen = Solenosto-
ma truncatum（Nees）Váňa et Long

Plectocolea brevicaulis（C. Gao et X. -L. Bai）C. Gao
= Solenostoma gongshanensis（C. Gao et J. Sun）
Váňa et Long

Plectocolea comata（Nees）Hatt. = Solenostoma co-
matum（Nees）C. Gao

Plectocolea erecta Amak. = Solenostoma erectum

（Amak.）C. Gao

Plectocolea flagellalioides（C. Gao）Piippo = Solenos-
toma flagellalioides C. Gao

Plectocolea flagellata Hatt. = Solenostoma flagel-
latum（Hatt.）Váňa et Long

* Plectocolea granulata（Steph.）Bakalin 长疣扭萼苔
（长疣叶苔）

Plectocolea harana Amak. = Solenostoma rotunda-
tum Amak.

Plectocolea hasskarliana（Nees）Mitt. = Solenostoma
hasskarlianum（Nees）Schust. ex Váňa et Long

Plectocolea hyalina（Lyell）Mitt. = Solenostoma hya-
linum（Lyell）Mitt.

Plectocolea infusca Mitt. = Solenostoma infusca
（Mitt.）Hentschel.

Plectocolea lixingjiangii（C. Gao et X. -L. Bai）C.
Gao = Solenoatoma lixingjiangii（C. Gao et X. -L.
Bai）Váňa et Long

Plectocolea obovata（Nees）Lindb. = Solenostoma
obovatum（Nees）Mass.

Plectocolea orbicularifolia（C. Gao）C. Gao =
Jungermannia orbicularifolia（C. Gao）Piippo

Plectocolea parviperiantha（C. Gao et X. -L. Bai）C.
Gao = Jungermannia parviperiantha C. Gao et X. -
L. Bai

Plectocolea plagiochiloides（Amak.）C. Gao = Solen-
ostoma plagiochilaceum（Grolle）Váňa et Long

Plectocolea radicellosa（Mitt.）Mitt. = Jungerman-
nia radicellosa（Mitt.）Steph.

Plectocolea rosulans（Steph.）Hatt. = Solenostoma
rosulans（Steph.）Váňa et Long

Plectocolea rubripunctata Hatt. = Solenostoma ru-
bripunctatum（Hatt.）Schust.

Plectocolea rupicola（Amak.）C. Gao = Solenostoma
rupicolum（Amak.）Váňa et Long

Plectocolea setulosa Herz. = Solenostoma truncatum
（Nees）Váňa et Long

Plectocolea sikkimensis（Steph.）C. Gao = Solenosto-
ma sikkimensis（Steph.）Váňa et Long

Plectocolea sordida Herz. = Solenostoma truncatum
（Nees）Váňa et Long

Plectocolea subelliptica（Lindb. ex Heeg）Ev. = Solenostoma subellipticum（Lindb. ex Heeg）Schust.

Plectocolea torticalyx（Steph.）Hatt. = Solenostoma torticalyx（Steph.）C. Gao

Plectocolea virgata Mitt. = Solenostoma virgatum （Mitt.）Váňa et Long

Plectocolea zangmuii（C. Gao et X. -L. Bai）C. Gao = Solenostoma zangmuii（C. Gao et X. -L. Bai）Váňa et Long

Pleuridium Rabenh. 丛毛藓属

Pleuridium acuminatum Lindb. 尖叶丛毛藓（丛毛藓）

Pleuridium julaceum Besch. = Astomiopsis julacea （Besch.）Yip et Snider

Pleuridium subulatum（Hedw.）Rabenh. 丛毛藓

Pleuridium tenue Mitt. 纤叶丛毛藓

Pleurochaete Lindb. 侧出藓属

Pleurochaete squarrosa（Brid.）Lindb. 侧出藓

Pleurochaete squarrosa（Brid.）Lindb. var. crispifolia Nog. = Pseudosymblepharis angustata（Mitt.）Hilp.

Pleuroclada Spruce = Pleurocladula Grolle

Pleuroclada albescens（Hook.）Spruce = Pleurocladula albescens（Hook.）Grolle

Pleurocladula Grolle［Pleuroclada Spruce］侧枝苔属

Pleurocladula albescens（Hook.）Grolle［Pleuroclada albescens（Hook.）Spruce］侧枝苔

Pleuropus Brid. = Palamocladium Muell. Hal.

Pleuropus euchloron（Muell. Hal.）Broth. = Palamocladium euchloron（Muell. Hal.）Wijk et Marg.

Pleuropus fenestratus Griff. = Palamocladium leskeoides（Hook.）Britt.

Pleuropus luzonensis Broth. = Palamocladium leskeoides（Hook.）Britt.

Pleuropus nilgheriensis（Mont.）Card. = Palamocladium leskeoides（Hook.）Britt.

Pleuropus nilgheriensis（Mont.）Card. f. luzonensis （Broth.）Toy. = Palamocladium leskeoides （Hook.）Britt.

Pleuropus nilgheriensis（Mont.）Card. var. luzonensis C. -K. Wang = Palamocladium leskeoides （Hook.）Britt.

Pleuropus sciureus（Mitt.）Toy. = Palamocladium leskeoides（Hook.）Britt.

Pleuroschisma Dum. = Bazzania Gray

Pleuroschisma alpinum Steph. = Bazzania tricrenata （Wahl.）Trev.

Pleuroschisma bidentulum Steph. = Bazzania bidentula（Steph.）Steph. ex Yas.

Pleuroschisma cordifolium Steph. = Bazzania tricrenata（Wahl.）Trev.

Pleuroschisma tricrenatum（Wahl.）Dum. var. deflexum（Mart.）Trev. = Bazzania tricrenata （Wahl.）Trev.

* Pleuroweisia Limpr. 侧立藓属

Pleuroweisia schliephackei Limpr. = Molendoa schliephackei（Limpr.）Zand.

Pleurozia Dum.［Eopleurozia Schust.］紫叶苔属（拟紫叶苔属）

Pleurozia acinosa（Mitt.）Trev. 南亚紫叶苔

Pleurozia arcuata Horik. = Pleurozia purpurea Lindb.

Pleurozia caledonica（Gott. ex Jack）Steph. 宽叶紫叶苔

Pleurozia gigantea（Web.）Lindb.［Pleurozia sphagnoides Dum.］紫叶苔（大紫叶苔）

Pleurozia giganteoides Horik. = Pleurozia subinflata （Aust.）Aust.

Pleurozia purpurea Lindb.［Pleurozia arcuata Horik.］曲瓣紫叶苔（紫叶苔）

Pleurozia sphagnoides Dum. = Pleurozia gigantea （Web.）Lindb.

Pleurozia subinflata（Aust.）Aust.［Eopleurozia giganteoides（Horik.）Inoue, Pleurozia giganteoides Horik.］拟大紫叶苔（拟紫叶苔，真紫叶苔）

Pleuroziaceae 紫叶苔科

Pleuroziales 紫叶苔目

Pleuroziineae 紫叶苔亚目

Pleuroziopsis Britt.［Girgensohnia（Lindb.）Kindb.］树藓属

Pleuroziopsis ruthenica（Weinm.）Britt.［Girgensohnia ruthenica（Weinm.）Kindb.］树藓

Pleurozium Mitt. 赤茎藓属

Pleurozium schreberi（Brid.）Mitt.［Calliergonella schreberi（Brid.）Grout, Hylocomium schreberi

（Brid.）De Not. ,Hypnum schreberi Brid.]赤茎藓（赤茎塔藓）

Plicanthus Schust. 皱褶苔属（褶萼苔属）

Plicanthus birmensis（Steph.）Schust. [Chandonanthus birmensis Steph. ,Temnoma birmense（Steph.）Hatt.]全缘皱褶苔（全缘褶萼苔,全缘广萼苔）

* **Plicanthus giganteus**（Steph.）Schust. 皱褶苔（褶萼苔）

Plicanthus hirtellus（Web.）Schust. [Chandonanthus hirtellus（Web.）Mitt. ,Mastigophora spinosa Horik. ,Temnoma hirtellus（Web.）Horik.]齿边皱褶苔（齿边褶萼苔,齿边广萼苔）

Podperaea Iwats. et Glime 齿灰藓属

Podperaea krylovii（Podp.）Iwats. et Glime 齿灰藓

Pogonatum P. Beauv. [Neopogonatum W. -X. Xu et R. -L. Xiong,Pseudatrichum Reim.]小金发藓属（金发藓属, 新小金发藓属,拟仙鹤藓属）

Pogonatum akitense Besch. = Pogonatum neesii（Muell. Hal.）Dozy

Pogonatum aloides（Hedw.）P. Beauv. [Polytrichum aloides Hedw.]小金发藓（高山小金发藓）

Pogonatum alpinum（Hedw.）Roehl. = Polytrichastrum alpinum（Hedw.）Sm.

Pogonatum alpinum（Hedw.）Roehl. var. brevifolium（Brown）Brid. = Polytrichastrum alpinum（Hedw.）Sm.

Pogonatum arisanense Okam. = Pogonatum fastigiatum Mitt.

Pogonatum camusii（Thér.）Touw [Racelopodopsis camusii Thér. ,Rhacelopodopsis camusii Thér.]穗发小金发藓（穗发藓）

Pogonatum capillare（Michx.）Brid. = Pogonatum dentatum（Brid.）Brid.

Pogonatum cirratum（Sw.）Brid. [Neopogonatum semiangulatum W. -X. Xu et R. -L. Xiong,Neopogonatum yunnanense W. -X. Xu et R. -L. Xiong,Polytrichum convolutum Hedw. var. cirratum（Sw.）Muell. Hal.]刺边小金发藓（新小金发藓,云南新小金发藓,卷叶小金发藓,拟刺边小金发藓）

Pogonatum cirratum（Sw.）Brid. subsp. fuscatum（Mitt.）Hyvoenen [Neopogonatum tibeticum W. -

X. Xu et R. -L. Xiong,Pogonatum kweitschouense Broth. ,Pogonatum spurio-cirratum Broth. ,Pogonatum spurio-cirratum Broth. var. pumilum Reim. , Pogonatum spurio-cirratum Broth. var. pumilum Reim. f. hemisphaericum Rem. , Polytrichum convolutum Hedw. var. cirratum（Sw.）Muell. Hal.]刺边小金发藓拟刺亚种（刺边小金发藓褐色亚种,西藏新小金发藓）

* **Pogonatum cirratum**（Sw.）Brid. subsp. macrophyllum（Dozy et Molk.）Hyvoenen [Pogonatum macrophyllum Dozy et Molk.]刺边小金发藓大叶亚种（大叶小金发藓）

Pogonatum contortum（Brid.）Lesq. 扭叶小金发藓

Pogonatum dentatum（Brid.）Brid. [Pogonatum capillare（Michx.）Brid. ,Polytrichum dentatum Brid.]细疣小金发藓（细叶小金发藓）

Pogonatum fastigiatum Mitt. [Pogonatum arisanense Okam. , Pogonatum nudicaule（Wright.）Par. , Pogonatum submacrophyllum Broth. ,Polytrichum nudicaule Wright]暖地小金发藓（多枝小金发藓,裸茎小金发藓）

Pogonatum flexicaule Mitt. = Pogonatum cirratum（Sw.）Brid. subsp. fuscatum（Mitt.）Hyvoenen

Pogonatum formosanum Horik. = Pogonatum subfuscatum Broth.

Pogonatum grandifolium（Lindb.）Jaeg. = Pogonatum japonicum Sull. et Lesq.

Pogonatum gymnophyllum Mitt. = Pogonatum proliferum（Griff.）Mitt.

Pogonatum handelii Broth. = Lyellia platycarpa Card. et Thér.

Pogonatum hetero-contortum Horik. = Pogonatum cirratum（Sw.）Brid.

Pogonatum hetero-proliferum Horik. = Pogonatum nudiusculum Mitt.

Pogonatum himalayanum Mitt. = Pogonatum urnigerum（Hedw.）P. Beauv.

Pogonatum iliangense Chen et Wan = Pogonatum neesii（Muell. Hal.）Dozy

Pogonatum inflexum（Lindb.）S. Lac. [Pogonatum inflexum（Lindb.）S. Lac. var. elatum Reim. , Pogonatum pelleanum Reim.]东亚小金发藓（小

金发藓）

Pogonatum inflexum（Lindb.）S. Lac. var. elatum Reim. = Pogonatum inflexum（Lindb.）S. Lac.

Pogonatum japonicum Sull. et Lesq.［Pogonatum grandifolium（Lindb.）Jaeg.，Polytrichum grandifolium Lindb.］东北小金发藓（日本小金发藓）

* Pogonatum junghuhnianum（Dozy et Molk.）Dozy et Molk.［Polytrichum junghuhnianum Dozy et Molk.］爪哇小金发藓

Pogonatum kweitschouense Broth. = Pogonatum cirratum（Sw.）Brid. subsp. fuscatum（Mitt.）Hyvoenen

Pogonatum longicollum Chen et Wan = Pogonatum microstomum（Schwaegr.）Brid.

Pogonatum macrocarpum Broth. = Pogonatum microstomum（Schwaegr.）Brid.

Pogonatum macrophyllum Dozy et Molk. = Pogonatum cirratun（Sw.）Brid. subsp. macrophyllum（Dozy et Molk.）Hyvoenen

Pogonatum manchuricum Horik. = Pogonatum nudiusculum Mitt.

Pogonatum microdendron（Muell. Hal.）Par. = Pogonatum urnigerum（Hedw.）P. Beauv.

Pogonatum microstomum（Schwaegr.）Brid.［Pogonatum longicollum Chen et Wan, Pogonatum macrocarpum Broth., Pogonatum microstomum（Schwaegr.）Brid. var. ciliatum W.-X, Xu et R.-L. Xiong, Pogonatum mirabile Horik.，Pogonatum paucidens Besch.，Pogonatum submicrostomum Broth.，Polytrichum microstomum Schwaegr.］小口小金发藓（小口小金发藓白毛变种，长瓶小金发藓，双瓶小金发藓，大蒴小金发藓，红帽小金发藓）

Pogonatum microstomum（Schwaegr.）Brid. var. ciliatum W.-X. Xu et R.-L. Xiong = Pogonatum microstomum（Schwaegr.）Brid.

Pogonatum minus W.-X. Xu et R.-L. Xiong 细小金发藓

Pogonatum mirabile Horik. = Pogonatum microstomum（Schwaegr.）Brid.

Pogonatum muticum Broth. = Pogonatum neesii（Muell. Hal.）Dozy

Pogonatum neesii（Muell. Hal.）Dozy［Pogonatum

akitense Besch.，Pogonatum iliangense Chen et Wan, Pogonatum muticum Broth.，Pogonatum yunnanense Besch.，Polytrichum yunnanense（Besch.）Muell. Hal.］硬叶小金发藓（小叶小金发藓，云南小金发藓）

Pogonatum nudicaule（Wright）Par. = Pogonatum fastigiatum Mitt.

Pogonatum nudiusculum Mitt.［Pogonatum heteroproliferum Horik.，Pogonatum manchuricum Horik.，Pogonatum nudiusculum Mitt. f. minus Broth.，Pogonatum oligotrichoides Horik.，Polytrichum manchuricum（Horik.）C. Gao et K.-C. Chang, Pseudatrichum spinosissimum Reim.］川西小金发藓（拟仙鹤藓）

Pogonatum nudiusculum Mitt. f. minus Broth. = Pogonatum nudiusculum Mitt.

Pogonatum oligotrichoides Horik. = Pogonatum nudiusculum Mitt.

* Pogonatum otaruense Besch. 短茎小金发藓

Pogonatum paucidens Besch. = Pogonatum microstomum（Schwaegr.）Brid.

Pogonatum pelleanum Reim. = Pogonatum inflexum（Lindb.）S. Lac.

Pogonatum pergranulatum Chen 双珠小金发藓

Pogonatum perichaetiale（Mont.）Jaeg.［Pogonatum integerrimum Hampe, Pogonatum setschwanicum Broth.，Polytrichum perichaetiale Mont.］全缘小金发藓（四川小金发藓）

Pogonatum perichaetiale（Mont.）Jaeg. subsp. thomsonii（Mitt.）Hyvoenen［Pogonatum thomsonii（Mitt.）Jaeg.，Pogonatum thomsonii（Mitt.）Jaeg. var. tibetanum Chen, Pogonatum tortipes（Mitt.）Jaeg.，Polytrichum tortipes Mitt.］全缘小金发藓芒刺亚种（芒刺小金发藓，芒刺小金发藓西藏变种，汤氏小金发藓，卷叶小金发藓）

Pogonatum philippinense（Muell. Hal.）Touw［Pseudoracelopus philippinensis Broth.］菲律宾小金发藓（长穗藓）

Pogonatum polythamnium（Moell.）Par. = Pogonatum urnigerum（Hedw.）P. Beauv.

Pogonatum proliferum（Griff.）Mitt.［Pogonatum gymnophyllum Mitt.，Pogonatum takao-montanum

Horik. , Polytrichum gymnophyllum （ Mitt. ） Kindb. ,Polytrichum proliferum Griff.] 南亚小金发藓（稀栉小金发藓）

Pogonatum semilamellatum（Hook. f.）Chen = Oligotrichum semilamellatum（Hook. f.）Mitt.

Pogonatum setschwanicum Broth. = Pogonatum perichaetiale（Mont.）Jaeg.

Pogonatum sinense（Broth.）Hyvoenen et P. -C. Wu = Microdendron sinense Broth.

Pogonatum spinulosum Mitt.［Pogonatum spinulosum Mitt. var. serricalyx Bartr. , Polytrichum spinulosum（Mitt.）Broth.］苞叶小金发藓

Pogonatum spinulosum Mitt. var. serricalyx Bartr. = Pogonatum spinulosum Mitt.

Pogonatum spurio-cirratum Broth. = Pogonatum cirratum （ Sw. ） Brid. subsp. fuscatum （ Mitt. ） Hyvoenen

Pogonatum spurio-cirratum Broth. var. pumilum Reim. = Pogonatum cirratum Broth. subsp. fuscatum（Mitt.）Hyvoenen

Pogonatum spurio-cirratum Broth. var. pumilum Reim. f. hemisphaericum Reim. = Pogonatum cirratum Broth. subsp. fuscatum（Mitt.）Hyvoenen

Pogonatum subfuscatum Broth.［Oligotrichum armatum Broth. , Oligotrichum serratomarginatum J. -S. Lou et P. -C. Wu， Pogonatum formosanum Horik.］半栉小金发藓（齿边小赤藓, 黄褐金发藓）

Pogonatum submacrophyllum Broth. = Pogonatum fastigiatum Mitt.

Pogonatum submicrostomum Broth. = Pogonatum microstomum（Schwaegr.）Brid.

Pogonatum suzukii Broth. = Oligotrichum suzukii（Broth.）Chuang

Pogonatum tahitense Schimp. 海岛小金发藓

Pogonatum takao-montanum Horik. = Pogonatum proliferum（Griff.）Mitt.

Pogonatum thelicarpum（Muell. Hal.）Par. = Pogonatum urnigerum（Hedw.）P. Beauv.

Pogonatum thomsonii （ Mitt. ） Jaeg. = Pogonatum perichaetiale （ Mont. ） Jaeg. subsp. thomsonii（Mitt.）Hyvoenen

Pogonatum thomsonii（Mitt.）Jaeg. var. tibetanum Chen = Pogonatum perichaetiale（Mont.）Jaeg. subsp. thomsonii（Mitt.）Hyvoenen

Pogonatum tortipes （ Mitt. ） Jaeg. = Pogonatum perichaetiale （ Mont. ） Jaeg. subsp. thomsonii （ Mitt. ） Hyvoenen

Pogonatum urnigerum（Hedw.）P. Beauv.［Pogonatum himalayanum Mitt. , Pogonatum microdendron（Muell. Hal.）Par. , Pogonatum polythamnium（Muell. Hal.）Par. , Pogonatum thelicarpum（ Muell. Hal.）Par. , Pogonatum urnigerum（Hedw.）P. Beauv. var. subintegrifolium（Arn. et Jens.）Moell. , Pogonatum urnigerum（Hedw.）P. Beauv. var. tsangense Besch. , Pogonatum wallisii（Muell. Hal.）Jaeg. , Polytrichastrum alpinum（Hedw.）Sm. var. leptocarpum（Broth.）Redf. et P. -C. Wu， Polytrichastrum alpinum （Hedw.）Sm. var. secundifolium（Broth.）Redf. et P. -C. Wu， Polytrichum alpinum Hedw. var. leptocarpum Broth. , Polytrichum alpinum Hedw. var. secundifolium Broth. , Polytrichum microdendron Muell. Hal. , Polytrichum polythamnium Muell. Hal. , Polytrichum thelicarpum Muell. Hal. , Polytrichum urnigerum Hedw. , Polytrichum urnigerum Hedw. var. tsangense Besch.］疣小金发藓（疣小金发藓全缘变种）

Pogonatum urnigerum（Hedw.）P. Beauv. var. subintegrifolium（Arn. et Jens.）Moell. = Pogonatum urnigerum（Hedw.）P. Beauv.

Pogonatum urnigerum（Hedw.）P. Beauv. var. tsangense Besch. = Pogonatum urnigerum（Hedw.）P. Beauv.

Pogonatum wallisii（Muell. Hal.）Jaeg. = Pogonatum urnigerum（Hedw.）P. Beauv.

Pogonatum yunnanense Besch. = Pogonatum neesii（Muell. Hal.）Dozy

Pohlia Hedw.［Mniobryum Limpr. , Webera Hedw.］丝瓜藓属（广口藓属）

Pohlia acuminata Hoppe et Hornsch. = Pohlia elongata Hedw.

Pohlia annotina（Hedw.）Lindb. 天命丝瓜藓（一年生丝瓜藓）

Pohlia atrothecia（Muell. Hal.）Broth.［Bryum atrothecium Muell. Hal.，Webera atrothecia（Muell. Hal.）Par.］红蒴丝瓜藓

Pohlia barbuloides（Broth.）Ochi = Pohlia drummondii（Muell. Hal.）Andr.

Pohlia bulbifera（Warnst.）Warnst. 珠芽丝瓜藓

Pohlia camptotrachela（Ren. et Card.）Broth. 糙枝丝瓜藓

Pohlia camptotrachela（Ren. et Card.）Broth. var. vestitissima（Sak.）Ochi = Pohlia proligera（Limpr.）Arn.

Pohlia cavaleriei（Card. et Thér.）Chen ex Redf. et Tan［Webera cavaleriei Card. et Thér.］贵州丝瓜藓

Pohlia ciliifera（Broth.）Chen ex Redf. et Tan = Pohlia elongata Hedw.

Pohlia commutata（Schimp.）Lindb. = Pohlia drummondii（Muell. Hal.）Andr.

Pohlia cruda（Hedw.）Lindb.［Bryum longescens Muell. Hal.，Webera cruda（Hedw.）Fuernr.］泛生丝瓜藓（丝瓜藓，山丝瓜藓）

Pohlia crudoides（Sull. et Lesq.）Broth. 小丝瓜藓

Pohlia crudoides（Sull. et Lesq.）Broth. var. revolvens（Card.）Ochi 小丝瓜藓狭叶变种

Pohlia drummondii（Muell. Hal.）Andr.［Bryum barbuloides Broth.，Pohlia commutata（Schimp.）Lindb.，Webera commutata Schimp.］林地丝瓜藓（硬叶真藓）

Pohlia elongata Hedw.［Bryum imbricatum（Schwaegr.）Bruch et Schimp.，Pohlia acuminata Hoppe et Hornsch.，Pohlia ciliifera（Broth.）Chen ex Redf. et Tan，Pohlia elongata Hedw. subsp. polymorpha（Hoppe et Hornsch.）Nyh.，Pohlia minor Schwaegr.，Pohlia minor Schwaegr. subsp. acuminata（Hoppe et Hornsch.）Wijk et Marg.，Pohlia polymorpha Hoppe et Hornsch.，Pohlia pygmaea（Broth.）Chen ex Redf. et Tan，Webera acuminata（Hoppe et Hornsch.）Schimp.，Webera ciliifera Broth.，Webera elongata（Hedw.）Schwaegr.，Webera polymorpha（Hoppe et Hornsch.）Schimp.，Webera pygmaea Broth.］丝瓜藓（长蒴丝瓜藓，尖叶丝瓜藓，毛尖丝瓜藓，矮生丝瓜藓，多态丝瓜藓，多态丝瓜藓尖叶亚种）

Pohlia elongata Hedw. subsp. polymorpha（Hoppe et Hornsch.）Nyh. = Pohlia elongata Hedw.

Pohlia flexuosa Hook.［Pohlia scabridens（Mitt.）Broth.，Pohlia subflexuosa Broth.，Webera compactula Par.，Webera nutans（Schreb.）Hedw.，Webera scabridens（Mitt.）Jaeg.，Webera subcompactula（Chen）Chen，Webera subflexuosa（Broth.）Broth.］疣齿丝瓜藓（扭叶丝瓜藓，拟密叶丝瓜藓，密叶丝瓜藓）

Pohlia gedeana（Bosch et S. Lac.）Gangulee［Bryum gedeanum Bosch et S. Lac.］南亚丝瓜藓

Pohlia graciliformis（Card. et Thér.）Chen ex Redf. et Tan［Webera graciliformis Card. et Thér.］细枝丝瓜藓（纤细丝瓜藓）

Pohlia gracillima（Card.）Horik. et Ochi = Pohlia leucostoma（Bosch et S. Lac.）Fleisch.

Pohlia hisae T. Kop. et J. -S. Lou 纤毛丝瓜藓

Pohlia hyaloperistoma D. -C. Zhang，X. -J. Li et Higuchi 明齿丝瓜藓

Pohlia laticuspis（Broth.）Chen ex Redf. et Tan = Pohlia oerstediana（Muell. Hal.）Shaw

Pohlia lescuriana（Sull.）Grout［Mniobryum pulchellum（Hedw.）Loeske，Pohlia pulchella（Hedw.）Lindb.］美丝瓜藓（兰广口藓，兰丝瓜藓）

Pohlia leucostoma（Bosch et S. Lac.）Fleisch. 异芽丝瓜藓（纤细丝瓜藓）

Pohlia longicollis（Hedw.）Lindb. 拟长蒴丝瓜藓（丝瓜藓）

Pohlia ludwigii（Schwaegr.）Broth.［Mniobryum ludwigii（Schwaegr.）Loeske］勒氏丝瓜藓（勒氏广口藓）

Pohlia lutescens（Limpr.）Lindb.［Leptobryum lutescens（Limpr.）Moenk.，Mniobryum lutescens（Limpr.）Loeske］念珠丝瓜藓（黄柄广口藓，黄柄薄囊藓）

Pohlia macrocarpa D. -C. Zhang，X. -J. Li. et Higuchi 疏叶丝瓜藓

Pohlia marchica Osterw. 西南丝瓜藓

*Pohlia melanodon**（Brid.）Shaw［Mniobryum delicatulum（Hedw.）Dix.］广口丝瓜藓（广口藓）

Pohlia minor Schwaegr. = Pohlia elongata Hedw.

Pohlia minor Schwaegr. subsp. acuminata（Hoppe et Hornsch.）Wijk et Marg. = Pohlia elongata Hedw.

Pohlia nemicaulon（Muell. Hal.）Broth.［Bryum nemicaulon Muell. Hal., Webera nemicaulon（Muell. Hal.）Par.］纤枝丝瓜藓

Pohlia nutans（Hedw.）Lindb.［Webera nutans Hedw., Webera nutans Hedw. var. hokinensis Besch.］黄丝瓜藓

Pohlia oedoneura（Muell. Hal.）Broth.［Bryum oedoneurum Muell. Hal., Webera oedoneura（Muell. Hal.）Par.］陕西丝瓜藓

Pohlia oerstediana（Muell. Hal.）Shaw［Pohlia laticuspis（Broth.）Chen ex Redf. et Tan, Webera laticuspis Broth.］粗枝丝瓜藓

Pohlia orthocarpula（Muell. Hal.）Broth.［Bryum orthocarpulum Muell. Hal., Webera orthocarpula（Muell. Hal.）Par.］直蒴丝瓜藓

Pohlia polymorpha Hoppe et Hornsch. = Pohlia elongata Hedw.

Pohlia proligera（Limpr.）Arn.［Pohlia camptotrachela（Ren. et Card.）Broth. var. vestitissima（Sak.）Ochi, Pohlia propagulifera（Broth.）Chen ex Redf. et Tan, Webera propagulifera Levier］卵蒴丝瓜藓（芽胞丝瓜藓）

Pohlia propagulifera（Broth.）Chen ex Redf. et Tan = Pohlia proligera（Limpr.）Arn.

Pohlia pulchella（Hedw.）Lindb. = Pohlia lescuriana（Sull.）Grout

Pohlia pygmaea（Broth.）Chen ex Redf. et Tan = Pohlia elongata Hedw.

Pohlia saprophila（Muell. Hal.）Broth. 腐生丝瓜藓

Pohlia scabridens（Mitt.）Broth. = Pohlia flexuosa Hook.

Pohlia sphagnicola（Bruch et Schimp.）Broth. 大丝瓜藓

Pohlia subcompactula（Par.）Wijk et Marg. = Pohlia flexuosa Hook.

Pohlia subflexuosa Broth. = Pohlia flexuosa Hook.

Pohlia tapintzensis（Besch.）Redf. et Tan［Mniobryum tapintzense（Besch.）Broth., Webera tapintzensis Besch.］大坪丝瓜藓（大坪广口藓）

Pohlia timmioides（Broth.）Chen ex Redf. et Tan［Webera timmioides Broth.］狭叶丝瓜藓

Pohlia tozeri（Grev.）Del. = Epipterygium tozeri（Grev.）Lindb.

Pohlia wahlenbergii（Web. et Mohr）Andr.［Mniobryum wahlenbergii（Web. et Mohr）Jenn., Webera albicans Schimp.］白色丝瓜藓（广口藓，白色广口藓）

Pohlia yunnanensis（Besch.）Broth.［Webera yunnanensis Besch.］云南丝瓜藓

Polytrichaceae 金发藓科

Polytrichales 金发藓目

Polytrichastrum Sm. 拟金发藓属

Polytrichastrum alpinum（Hedw.）Sm.［Pogonatum alpinum（Hedw.）Roehl., Pogonatum alpinum（Hedw.）Roehl. var. brevifolium（Brown）Brid., Polytrichastrum alpinum（Hedw.）Sm. var. brevifolium（Brown）Brass., Polytrichum alpinum Hedw., Polytrichum alpinum Hedw. var. brevifolium（Brown）Muell. Hal., Polytrichum brevifolium Brown］拟金发藓（高山金发藓，高山小金发藓，高山拟金发藓，金发藓，金发藓短叶变种，高山金发藓短叶变种，短叶高山金发藓）

Polytrichastrum alpinum（Hedw.）Sm. var. brevifolium（Brown）Brass. = Polytrichastrum alpinum（Hedw.）Sm.

Polytrichastrum alpinum（Hedw.）Sm. var. fragariformis（W. -X. Xu et R. -L. Xiong）Redf. et P. -C. Wu［Polytrichum fragile Bryhn］= Polytrichastrum papillatum Sm.

Polytrichastrum alpinum（Hedw.）Sm. var. fragile（Bryhn）Long［Polytrichum fragile Bryhn］拟金发藓脆叶变种

Polytrichastrum alpinum（Hedw.）Sm. var. leptocarpum（Broth.）Redf. et P. -C. Wu = Pogonatum urnigerum（Hedw.）P. Beauv.

Polytrichastrum alpinum（Hedw.）Sm. var. secundifolium（Broth.）Redf. et P. -C. Wu = Pogonatum urnigerum（Hedw.）P. Beauv.

Polytrichastrum emodi Sm.［Polytrichum crassilamellatum W. -X. Xu et R. -L. Xiong］厚栉拟金发藓（厚栉金发藓）

Polytrichastrum formosum（Hedw.）Sm.［Polytrichum attenuatum Brid., Polytrichum formosum Hedw., Polytrichum intersedens Card., Polytrichum pallidisetum Funck］台湾拟金发藓（台湾金发藓，拟金发藓）

Polytrichastrum formosum（Hedw.）Sm. var. densifolium（Mitt.）Iwats. et Nog.［Polytrichum densifolium Mitt., Polytrichum formosum Hedw. var. densifolium（Mitt.）Osada］台湾拟金发藓圆齿变种（密叶金发藓）

Polytrichastrum longisetum（Brid.）Sm.［Polytrichum gracile Dicks., Polytrichum longisetum Brid.］细叶拟金发藓（细叶金发藓，细叶异发藓）

Polytrichastrum norwegicum（Hedw.）Schljak. = Polytrichastrum sexangulare（Brid.）Sm.

Polytrichastrum ohioense（Ren. et Card.）Sm.［Polytrichum decipiens Limpr., Polytrichum ohioense Ren. et Card.］多形拟金发藓（多形金发藓，变形金发藓）

Polytrichastrum papillatum Sm.［Polytrichastrum alpinum（Hedw.）Sm. var. fragariformis（W.-X. Xu et R.-L. Xiong）Redf. et. P.-C. Wu, Polytrichum alpinum Hedw. var. fragariformis W.-X. Xu et R.-L. Xiong, Polytrichum alpinum Hedw. vsr. strawberriforme W.-X. Xu et R.-L. Xiong］莓疣拟金发藓（高山金发藓莓疣变种，高山金发藓草莓疣变种）

Polytrichastrum sexangulare（Brid.）Sm.［Polytrichastrum norwegicum（Hedw.）Schljak., Polytrichum microcarpum Brown, Polytrichum norwegicum Hedw., Polytrichum sexagulare Brid.］长栉拟金发藓（长栉金发藓）

Polytrichastrum xanthopilum（Mitt.）Sm.［Polytrichum tibetanum C. Gao, Polytrichum xanthopilum Mitt.］黄尖拟金发藓（黄尖金发藓，西藏金发藓）

Polytrichopsida 金发藓纲

Polytrichum Hedw. 金发藓属

Polytrichum aloides Hedw. = Pogonatum aloides（Hedw.）P. Beauv.

Polytrichum alpinum Hedw. = Polytrichastrum alpinum（Hedw.）Sm.

Polytrichum alpinum Hedw. var. brevifolium（Brown）Muell. Hal. = Polytrichastrum alpinum（Hedw.）Sm.

Polytrichum alpinum Hedw. var. fragariformis W.-X. Xu et R.-L. Xiong = Polytrichastrum papillatum Sm.

Polytrichum alpinum Hedw. var. leptocarpum Broth. = Pogonatum urnigerum（Hedw.）P. Beauv.

Polytrichum alpinum Hedw. var. secundifolium Broth. = Pogonatum urnigerum（Hedw.）P. Beauv.

Polytrichum alpinum Hedw. var. strawberriforme W.-X. Xu et R.-L. Xiong = Polytrichastrum papillatum Sm.

Polytrichum angustatum Brid. = Atrichum angustatum（Brid.）Bruch et Schimp.

Polytrichum attenuatum Brid. = Polytrichastrum formosanum（Hedw.）Sm.

Polytrichum brevifolium Brown = Polytrichastrum alpinum（Hedw.）Sm.

Polytrichum chingdingense Chen 金顶金发藓

Polytrichum commune Hedw.［Polytrichum commune Hedw. var. maximovickizii Lindb., Polytrichum commune Hedw. var. nigrescens Warnst., Polytrichum subformosum Besch. var. yunnanense Thér. et Coppe］金发藓

Polytrichum commune Hedw. subsp. swartzii（Hartm.）Nyh. = Polytrichum swartzii Hartm.

Polytrichum commune Hedw. var. jensenii（Hag.）Moenk.［Polytrichum jensenii Hag.］金发藓钝齿变种（钝齿金发藓，钝齿大金发藓）

Polytrichum commune Hedw. var. maximovickizii Lindb. = Polytrichum commune Hedw.

Polytrichum commune Hedw. var. nigrescens Warnst. = Polytrichum commune Hedw.

Polytrichum commune Hedw. var. swartzii（Hartm.）Nyh. = Polytrichum swartzii Hartm.

Polytrichum convolutum Hedw. var. cirratum（Sw.）Muell. Hal. = Pogonatum cirratum（Sm.）Brid.

Polytrichum crassilamellatum W.-X. Xu et R.-L. Xiong = Polytrichastrum emodi Sm.

Polytrichum decipiens Limpr. = Polytrichastrum ohioense（Ren. et Card.）Sm.

Polytrichum densifolium Mitt. = Polytrichastrum formosum （Hedw.） Sm. var. densifolium （Mitt.） Iwats. et Nog.

Polytrichum dentatum Brid. = Pogonatum dentatum （Brid.） Brid.

Polytrichum formosum Hedw. = Polytrichastrum formosum （Hedw.） Sm.

Polytrichum formosum Hedw. var. densifolium （Mitt.） Osada = Polytrichastrum formosum （Hedw.） Sm. var. densifolium （Mitt.） Iwats. et Nog.

Polytrichum fragile Bryhn = Polytrichastrum alpinum （Hedw） Sm. var. fragile （Bryhn） Long

Polytrichum gracile Dicks. = Polytrichastrum longisetum （Brid.） Sm.

Polytrichum grandifolium Lindb. = Pogonatum japonicum Sull. et Lesq.

Polytrichum gymnophyllum （Mitt.） Kindb. = Pogonatum proliferum （Griff.） Mitt.

Polytrichum intersedens Card. = Polytrichastrum formosum （Hedw.） Sm.

Polytrichum jensenii Hag. = Polytrichum commune Hedw. var. jensenii （Hag.） Moenk.

Polytrichum junghuhnianum Dozy et Molk. = Pogonatum junghuhnianum （Dozy et Molk.） Dozy et Molk.

Polytrichum juniperinum Hedw. ［Polytrichum juniperinum Hedw. var. alpinum Schimp.］ 桧叶金发藓 （桧叶金发藓高山变种，直叶大金发藓）

Polytrichum juniperinum Hedw. subsp. strictum （Brid.） Nyh. et Sael. ［Polytrichum juniperinum Hedw. var. gracilius Wahlenb. , Polytrichum strictum Brid.］ 桧叶金发藓直叶亚种（直叶金发藓）

Polytrichum juniperinum Hedw. var. alpinum Schimp. = Polytrichum juniperinum Hedw.

Polytrichum juniperinum Hedw. var. gracilius Wahlenb. = Polytrichum juniperinum Hedw. subsp. strictum （Brid.） Nyh. et Sael.

Polytrichum juniperinum Hedw. var. piliferoides W. -X. Xu et R. -L. Xiong = Polytrichum piliferum Hedw.

Polytrichum longisetum Brid. = Polytrichastrum longisetum （Brid.） Sm.

Polytrichum microcarpum Brown = Polytrichastrum sexangulare （Brid.） Sm.

Polytrichum manchuricum （Horik.） C. Gao et K. -C. Chang = Pogonatum nudiusculum Mitt.

Polytrichum microdendron Muell. Hal. = Pogonatum urnignerum （Hedw.） P. Beauv.

Polytrichum microstomum Schwaegr. = Pogonatum microstomum （Schwaegr.） Brid.

Polytrichum norwegicum Hedw. = Polytrichastrum sexangulare （Brid.） Sm.

Polytrichum nudicaule Wright = Pogonatum fastigiatum Mitt.

Polytrichum nudiusculum （Mitt.） Muell. Hal. = Pogonatum nudiusculum Mitt.

Polytrichum ohioense Ren. et Card. = Polytrichastrum ohioense （Ren. et Card.） Sm.

Polytrichum pallidisetum Funck = Polytrichastrum formosanum （Hedw.） Sm.

Polytrichum perichaetiale Mont. = Pogonatum perichaetiale （Mont.） Jaeg.

Polytrichum piliferum Hedw. ［Polytrichum juniperinum Hedw. var. piliferoides W. -X. Xu et R. -L. Xiong］毛尖金发藓（桧叶金发藓白尖变种）

Polytrichum polythamnium Muell. Hal. = Pogonatum urnigerum （Hedw.） P. Beauv.

Polytrichum proliferum Griff. = Pogonatum proliferum （Griff.） Mitt.

Polytrichum sinense Card. et Thér. = Polytrichum swartzii Hartm.

Polytrichum sphaerothecium （Besch.） Muell. Hal. 球蒴金发藓（珠蒴小金发藓）

Polytrichum spinulosum （Mitt.） Broth. = Pogonatum spinulosum Mitt.

Polytrichum strictum Brid. = Polytrichum juniperinum Hedw. subsp. strictum （Brid.） Nyl. et Sael.

Polytrichum subformosum Besch. var. yunnanense Thér. et Coppe = Polytrichum commune Hedw.

Polytrichum swartzii Hartm. ［Polytrichum commune Hedw. subsp. swartzii （Hartm.） Nyh. , Polytrichum commune Hedw. var. swartzii （Hartm.） Nyh. , Polytrichum sinense Card. et Thér.］ 微齿金

发藓

Polytrichum thelicarpum Muell. Hal. = Pogonatum urnigerum（Hedw.）**P. Beauv.**

Polytrichum tibetanum C. Gao = Polytrichastrum xanthopilum（Mitt.）**Sm.**

Polytrichum tortipes Mitt. = Pogonatum perichaetiale（Mont.）**Jaeg. subsp. thomsonii**（Mitt.）**Hyvoenen**

Polytrichum urnigerum Hedw. = Pogonatum urnigerum（Hedw.）**P. Beauv.**

Polytrichum urnigerum Hedw. var. tsangense Besch. = Pogonatum urnigerum（Hedw.）**P. Beauv.**

Polytrichum xanthopilum Mitt. = Polytrichastrum xanthopilum（Mitt.）**Sm.**

Polytrichum yunnanense（Besch.）**Muell. Hal. = Pogonatum neesii**（Muell. Hal.）**Dozy**

Porella Linn.［Madotheca Dum.］光萼苔属

Porella acutifolia（Lehm. et Lindenb.）**Trev.** ［Madotheca acutifolia Lehm. et Lindenb.］尖瓣光萼苔

Porella acutifolia（Lehm. et Lindenb.）**Trev. subsp. tosana**（Steph.）**Hatt.**［Madotheca ptychanthoides Horik., Porella campylophylla（Lehm. et Lindenb.）Trev. subsp. tosana（Steph.）Hatt., Porella tosana（Steph.）Hatt.］尖瓣光萼苔东亚亚种（粗齿光萼苔东亚亚种）

Porella acutifolia（Lehm. et Lindenb.）**Trev. var. birmanica Hatt.** 尖瓣光萼苔暖地变种（暖地光萼苔）

Porella acutifolia（Lehm. et Lindenb.）**Trev. var. hattoriana**（Pócs）**Hatt.** 尖瓣光萼苔尖齿变种

Porella acutifolia（Lehm. et Lindenb.）**Trev. var. lancifolia**（Steph.）**Hatt.**［Madotheca lancifolia Steph.］尖瓣光萼苔细叶变种

Porella apiculata Chen et P. -C. Wu = Porella densifolia（Steph.）**Hatt. var. paraphyllina**（Chen）**Pócs**

Porella appendiculata（Steph.）**Hatt. = Porella densifolia**（Steph.）**Hatt. subsp. appendiculata**（Steph.）**Hatt.**

Porella arboris-vitae（With.）**Grolle**［Porella laevigata（Schrad.）Pfeiff.］树生光萼苔

Porella arboris-vitae（With.）**Grolle subsp. nitidula**（Mass. ex Steph.）**Hatt. = Porella nitidula**（Mass. ex Steph.）**Hatt.**

Porella caespitans（Steph.）**Hatt.**［Madotheca caespitans Steph., Madotheca circinans Nichols., Madotheca pearsoniana Mass., Porella circinans（Nichols.）Hatt., Porella pearsoniana（Mass.）Hatt.］丛生光萼苔（狭叶光萼苔，皮氏光萼苔）

Porella caespitans（Steph.）**Hatt. var. cordifolia**（Steph.）**Hatt. ex Katagiri et Yamag.**［Porella cordifolia Steph., Porella piligera（Steph.）Pócs］丛生光萼苔心叶变种（心叶光萼苔）

Porella caespitans（Steph.）**Hatt. var. nipponica Hatt.**［Porella setigera（Steph.）Hatt. var. nipponica（Hatt.）J. -S. Lou］丛生光萼苔日本变种（尖叶光萼苔日本变种，丛生光萼苔毛齿变种）

Porella caespitans（Steph.）**Hatt. var. setigera**（Steph.）**Hatt.**［Madotheca setigera Steph., Madotheca urophylla Mass., Porella setigera（Steph.）Hatt., Porella urophylla（Mass.）Hatt.］丛生光萼苔尖叶变种（尖叶光萼苔，卷叶光萼苔，丛生光萼苔细柄变种）

Porella campylophylla（Lehm. et Lindenb.）**Trev.**［Porella denticulata（Kashyap et Chopra）J. -S. Lou, Porella gollanii（Steph.）Chen, Porella ptychantha（Mitt.）Hatt.］多齿光萼苔（粗齿光萼苔，高氏光萼苔，短瓣光萼苔，齿尖光萼苔）

Porella campylophylla（Lehm. et Lindenb.）**Trev. subsp. tosana**（Steph.）**Hatt. = Porella acutifolia**（Lehm. et Lindenb.）**Trev. subsp. tosana**（Steph.）**Hatt.**

Porella campylophylla（Lehm. et Lindenb.）**Trev. var. ligulifera**（Tayl.）**Hatt.**［Porella ligulifera（Tayl.）Trev.］多齿光萼苔舌叶变种（舌叶光萼苔）

Porella chenii Hatt. 陈氏光萼苔

Porella chinensis（Steph.）**Hatt.**［Madotheca chinensis Steph., Madotheca densiramea Steph., Madotheca frullanioides Steph., Madotheca schiffneriana Mass., Porella chinensis（Steph.）Hatt. f. frullanioides（Steph.）Hatt., Porella densiramea Steph., Porella frullanioides（Steph.）J. -S. Lou, Porella schiffneriana（Mass.）Hsu］中华光萼苔

（密枝光萼苔，耳叶光萼苔，席氏光萼苔）

**Porella chinensis（Steph.）Hatt. f. frullanioides
（Steph.）Hatt. = Porella chinensis（Steph.）
Hatt.**

**Porella chinensis（Steph.）Hatt. var. decurrens
（Steph.）Hatt.〔Porella decurrens（Steph.）
Hatt.〕**中华光萼苔延叶变种（延叶光萼苔）

**Porella chinensis（Steph.）Hatt. var. hastata
（Steph.）Hatt.〔Madotheca hastata Steph.，Porel-
la hastata（Steph.）Chen〕**中华光萼苔戟叶变种
（戟叶光萼苔）

**Porella chinensis（Steph.）Hatt. var. irregularis
（Steph.）Hatt.〔Porella irregularis（Steph.）
Hatt.〕**中华光萼苔刺齿变种（稠齿光萼苔）

**Porella ciliatodentata Chen et P.-C. Wu = Porella
perrottetiana（Mont.）Trev. var. ciliatodentata
（Chen et P.-C. Wu）Hatt. ex Katagiri et Yamag.**

**Porella circinans（Nichols.）Hatt. = Porella caespi-
tans（Steph.）Hatt.**

**Porella conduplicata（Steph.）Hatt.〔Madotheca
conduplicata Steph.〕**折叶光萼苔

Porella cordaeana（Hueb.）Moore 波叶光萼苔

**Porella cordifolia Steph. = Porella caespitans
（Steph.）Hatt. var. cordifolia（Steph.）Hatt. ex
Katagiri et Yamag.**

**Porella decurrens（Steph.）Hatt. = Porella chinensis
（Steph.）Hatt. var. decurrens（Steph.）Hatt.**

**Porella densifolia（Steph.）Hatt.〔Madotheca densi-
folia Steph.，Madotheca fallax Mass.〕**密叶光萼苔
（黄光萼苔）

**Porella densifolia（Steph.）Hatt. subsp. appendicula-
ta（Steph.）Hatt.〔Madotheca appendiculata
Steph，Porella appendiculata（Steph.）Hatt.〕**密
叶光萼苔长叶亚种

**Porella densifolia（Steph.）Hatt. var. fallax（Mass.）
Hatt.** 密叶光萼苔脱叶变种

**Porella densifolia（Steph.）Hatt. var. paraphyllina
（Chen）Pócs〔Madotheca paraphyllina Chen，
Porella apiculata Chen et P.-C. Wu，Porella pa-
raphyllina（Chen）Chen et Hatt.〕**密叶光萼苔细
尖变种（密叶光萼苔细尖变种，密叶光萼苔鳞毛
变种，细尖光萼苔，鳞毛光萼苔，毛光萼苔）

**Porella densiramea Steph. = Porella chinensis
（Steph.）Hatt.**

**Porella denticulata（Kashyap et Chopra）J.-S. Lou
= Porella campylophylla（Lehm. et Lindenb.）
Trev.**

Porella fengii Chen et Hatt. 小叶光萼苔

**Porella frullanioides（Steph.）J.-S. Lou = Porella
chinensis（Steph.）Hatt.**

**Porella gollanii（Steph.）Chen = Porella campylo-
phylla（Lehm. et Lindenb.）Trev.**

**Porella gracillima Mitt.〔Madotheca niitakensis
Horik.，Madotheca urogea Mass.，Madotheca us-
suriensis Steph.，Porella gracillima Mitt. subsp.
urogea（Mass.）Hatt. et M.-X. Zhang，Porella
gracillima Mitt. var. urogea（Mass.）Hatt.，Porel-
la niitakensis（Horik.）Hatt.，Porella urogea
（Mass.）Hatt.，Porella ussuriensis（Steph.）
Chen〕**细光萼苔（细枝光萼苔，乌苏里光萼苔，兴
安光萼苔，细光萼苔陕西亚种）

**Porella gracillima Mitt. subsp. urogea（Mass.）Hatt.
et M.-X. Zhang = Porella gracillima Mitt.**

**Porella gracillima Mitt. var. urogea（Mass.）Hatt. =
Porella gracillima Mitt.**

Porella grandifolia（Steph.）Hatt. 大叶光萼苔

**Porella grandiloba Lindb.〔Madotheca parvistipula
Steph.，Porella parvistipula（Steph.）Hatt.〕**北亚
光萼苔（短瓣光萼苔，钝瓣光萼苔，巨瓣光萼苔）

Porella handelii Hatt. 尾尖光萼苔

**Porella hastata（Steph.）Chen = Porella chinensis
（Steph.）Hatt. var. hastata（Steph.）Hatt.**

**Porella heilingensis C. Gao et C.-W. Aur = Porella
subobtusa（Steph.）Hatt.**

Porella hsinganica C. Gao et C.-W. Aur 兴安光萼苔

**Porella irregularis（Steph.）Hatt. = Porella chinen-
sis（Steph.）Hatt. var. irregularis（Steph.）Hatt.**

**Porella japonica（S. Lac.）Mitt.〔Madotheca japoni-
ca S. Lac.，Madotheca pallida Nichols.，Porella
pallida（Nichols.）Hsu，Porella pusilla（Steph.）
Hatt.〕**日本光萼苔（淡色光萼苔）

**Porella japonica（S. Lac.）Mitt. var. dense-spinosa
Hatt. et M.-X. Zhang** 日本光萼苔密齿变种

Porella javanica（Gott. ex Steph.）Inoue 全缘光萼苔

Porella laevigata（Schrad.）Pfeiff. = Porella arboris-vitae（With.）Grolle

Porella latifolia J. -S. Lou et Q. Li 宽叶光萼苔

Porella ligulifera（Tayl.）Trev. = Porella campylo-phylla（Lehm. et Lindenb.）Trev. var. ligulifera（Tayl.）Hatt.

Porella longifolia（Steph.）Hatt. 长叶光萼苔

Porella macroloba（Steph.）Hatt. et Inoue = Porella obtusata（Tayl.）Trev.

Porella madagascariensis（Nees et Mont.）Trev. 基齿光萼苔

Porella niitakensis（Horik.）Hatt. = Porella gracilli-ma Mitt.

Porella nitens（Steph.）Hatt.［Madotheca nitens Steph.］亮叶光萼苔（绢丝光萼苔）

Porella nitidula（Mass. ex Steph.）Hatt.［Madotheca nitidula Mass. ex Steph., Porella arboris-vitae（With.）Grolle subsp. nitidula（Mass. ex Steph.）Hatt.］绢丝光萼苔（亚绢丝光萼苔）

Porella oblongifolia Hatt. 高山光萼苔

Porella obtusata（Tayl.）Trev.［Madotheca fulva Steph., Madotheca macroloba Steph., Madotheca thuja（Dicks.）Dum., Madotheca thuja（Dicks.）Dum. f. macroloba（Steph.）Hatt., Madotheca thuja（Dicks.）Dum. f. ovalis（Steph.）Hatt., Madotheca thuja（Dicks.）Dum. var. torva De Not., Porella macroloba（Steph.）Hatt. et Inoue, Porella obtusata（Tayl.）Trev. var. macroloba（Steph.）Hatt. et M. -X. Zhang, Porella thuja（Dicks.）Moore］钝叶光萼苔（鳞叶光萼苔，大叶光萼苔，黄光萼苔，钝叶光萼苔鳞叶变种）

Porella obtusata（Tayl.）Trev. var. macroloba（Steph.）Hatt. et M. -X. Zhang = Porella obtusata（Tayl.）Trev.

Porella obtusiloba Hatt. 钝尖光萼苔（钝瓣光萼苔）

Porella pallida（Nichols.）Hsu = Porella japonica（S. Lac.）Mitt.

Porella paraphyllina（Chen）Chen et Hatt. = Porella densifolia（Steph.）Hatt. var. paraphyllina（Chen）Pócs

Porella parvistipula（Steph.）Hatt. = Porella grandi-loba Lindb.

Porella pearsoniana（Mass.）Hatt. = Porella caespi-tans（Steph.）Hatt.

Porella perrottetiana（Mont.）Trev.［Madotheca perrottetiana Mont.］毛边光萼苔

Porella perrottetiana（Mont.）Trev. var. ciliatodent-ata（Chen et P. -C. Wu）Hatt.［Porella ciliatoden-tata Chen et P. -C. Wu］毛边光萼苔齿叶变种

Porella perrottetiana（Mont.）Trev. var. triciliata（Steph.）Pócs = Porella triciliata（Steph.）Hatt.

Porella piligera（Steph.）Pócs = Porella caespitans（Steph.）Hatt. var. cordifolia（Steph.）Hatt. ex Katagiri et Yamag.

Porella pinnata Linn. 光萼苔（羽枝光萼苔）

Porella planifolia J. -S. Lou 平叶光萼苔

Porella platyphylla（Linn.）Pfeiff.［Madotheca platyphylla（Linn.）Dum.］温带光萼苔（光萼苔）

Porella platyphylla（Linn.）Pfeiff. var. subcrenulata（Mass.）Piippo［Madotheca platyphylla（Linn.）Dum. var. subcrenulata Mass.］温带光萼苔圆齿变种

Porella plicata J. -S. Lou 褶叶光萼苔

Porella plumosa（Mitt.）Hatt.［Madotheca formosa-na Herz.］小瓣光萼苔

Porella propinqua（Mass.）Hatt. = Porella revoluta（Lehm. et Lindenb.）Trev. var. propinqua（Mass.）Hatt.

Porella ptychantha（Mitt.）Hatt. = Porella campylo-phylla（Lehm. et Lindenb.）Trev.

Porella pusilla（Steph.）Hatt. = Porella japonica（S. Lac.）Mitt.

Porella recurve-loba Y. Jia et Q. He 卷瓣光萼苔

Porella revoluta（Lehm. et Lindenb.）Trev.［Mado-theca revoluta Lehm. et Lindenb.］卷叶光萼苔

Porella revoluta（Lehm. et Lindenb.）Trev. var. pro-pinqua（Mass.）Hatt.［Madotheca propinqua Mass., Porella propinqua（Mass.）Hatt.］卷叶光萼苔陕西变种（卷叶光萼苔微卷变种，陕西光萼苔）

Porella schiffneriana（Mass.）Hsu = Porella chinen-sis（Steph.）Hatt.

Porella setigera（Steph.）Hatt. = Porella caespitans（Steph.）Hatt. var. setigera（Steph.）Hatt.

Porella setigera（Steph.）Hatt. var. nipponica（Hatt.）J.-S. Lou = Porella caespitans（Steph.）Hatt. var. nipponica Hatt.

Porella spinulosa（Steph.）Hatt. 疏刺光萼苔

Porella stephaniana （Mass.）Hatt.［Madotheca stephaniana Mass.］齿边光萼苔（斯氏光萼苔）

Porella subobtusa（Steph.）Hatt.［Porella heilingensis C. Gao et C.-W. Aur］细齿光萼苔（钝瓣光萼苔，海林光萼苔）

Porella subparaphyllina J.-S. Lou 齿尖光萼苔

Porella thuja （Dicks.）Moore = Porella obtusata（Tayl.）Trev.

Porella tosana （Steph.）Hatt. = Porella acutifolia（Lehm. et Lindenb.）Trev. subsp. tosana（Steph.）Hatt.

Porella triciliata （Steph.）Hatt.［Porella perrottetiana （Mont.）Trev. var. triciliata （Steph.）Pócs］三毛光萼苔

Porella truncata J.-S. Lou 截叶光萼苔

Porella ulophylla（Steph.）Hatt. = Macvicaria ulophylla（Steph.）Hatt.

Porella undato-revoluta J.-S. Lou 卷波光萼苔

Porella urceolata Hatt. 美唇光萼苔（瓶萼光萼苔）

Porella urogea （Mass.）Hatt. = Porella gracillima Mitt.

Porella urophylla（Mass.）Hatt. = Porella caespitans（Steph.）Hatt. var. setigera（Steph.）Hatt.

Porella ussuriensis （Steph.）Chen = Porella gracillima Mitt.

Porella vernicosa Lindb. 毛缘光萼苔（毛边光萼苔）

Porellaceae［Madothecaceae］光萼苔科

Porellales 光萼苔目

Porellineae 光萼苔亚目

* Porotrichodendron Fleisch. 树枝藓属

* Porotrichodendron mahahaicum （Muell. Hal）Fleisch. 树枝藓

* Porotrichum（Brid.）Hampe 硬枝藓属

Porotrichum ambigum（Bosch et S. Lac.）Jaeg. = Pinnatella ambigua（Bosch et S. Lac.）Fleisch.

Porotrichum anacamptolepis （Muell. Hal.）Fleisch. = Pinnatella anacamptolepis（Muell. Hal.）Broth.

Porotrichum elegantissima Mitt. = Pinnatella kuehliana（Bosch et S. Lac.）Fleisch.

Porotrichum fruticosum （Mitt.）Jaeg. = Homaliodendron fruticosum （Mitt.）Olsson，Enroth et Quandt

Porotrichum gracilescens Nog. = Pinnatella anacamptolepis（Muell. Hal.）Broth.

* Porotrichum longirostre（Hook.）Mill. 硬枝藓

Porotrichum makinoi Broth. = Pinnatella makinoi（Broth.）Broth.

Porotrichum microcarpum Gangulee = Pinnatella foreauana Thér. et P. Varde

Porotrichum perplexans Dix. = Homaliodendron papillosum Broth.

Porotrichum plagiorhynchum Ren. et Card. 斜喙硬枝藓

Porotrichum tripinnatum Dix. = Pseudopterobryum tenuicuspis Broth.

* Pottia（Reichenb.）Fuernr. 丛藓属

Pottia heimii（Hedw.）Hampe = Hennediella heimii（Hedw.）Zand.

Pottia intermedia（Turn.）Fuernr. = Tortula modica Zand.

Pottia lanceolata （Hedw.）Muell. Hal. = Tortula lanceola Zand.

Pottia latifolia（Schwaegr.）Muell. Hal. = Stegonia latifolia（Schwaegr.）Broth.

Pottia recta （With.）Mitt. = Microbryum rectum（With.）Zand.

Pottia sinensi-truncata Muell. Hal. = Tortula truncata（Hedw.）Mitt.

Pottia splachnobryoides Muell. Hal. = Chenia leptophylla（Muell. Hal.）Zand.

Pottia truncata（Hedw.）Bruch et Schimp. = Tortula truncata（Hedw.）Mitt.

Pottia truncatula（With.）Buse = Tortula truncata（Hedw.）Mitt.

Pottia sinensi-truncata Muell. Hal. = Tortula truncata（Hedw.）Mitt.

Pottiaceae 丛藓科

Pottiales 丛藓目

* Powellia Mitt. 拟卷柏藓属

* Powellia involutifolia Mitt. 拟卷柏藓

Prasanthus Lindb. 穗枝苔属

Prasanthus suecicus Lindb. 穗枝苔

Preissia Corda 背托苔属

Preissia italica Corda = Preissia quadrata （Scop.） Nees

Preissia quadrata （Scop.） Nees ［Preissia italica Corda］背托苔

Pringleella Card. 并列藓属

* Pringleella pleuridioides Card. 并列藓

Pringleella sinensis Broth. 中华并列藓

Prionidium Hilp. = Didymodon Hedw.

Prionidium eroso-denticulatum （Muell. Hal.） Chen = Didymodon eroso-denticulatus （Muell. Hal.） Saito

Prionidium setschwanicum （Broth.） Hilp. = Didymodon eroso-denticulatus （Muell. Hal.） Saito

* Prionolejeunea （Spruce） Schiffn. 齿鳞苔属

* Prionolejeunea microdonta （Gott.） Steph. 齿鳞苔

Prionolejeunea semperiana Gott. ex Steph. = Otolejeunea semperiana （Gott. ex Steph.） Grolle

Prionolejeunea ungulata Herz. = Stenolejeunea apiculata （S. Lac.） Schust.

Pseudatrichum Reim. = Pogonatum P. Beauv.

Pseudatrichum spinosissimum Reim. = Pogonatum nudiusculum Mitt.

Pseudisothecium myosuroides （Brid.） Grout = Isothecium myosuroides Brid.

Pseudobarbella Nog. 假悬藓属

Pseudobarbella ancistrodes （Ren. et Card.） Manuel = Meteoriopsis reclinata （Muell. Hal.） Fleisch.

Pseudobarbella angustifolia Nog. = Barbella lineariifolia S. -H. Lin

Pseudobarbella assimilis （Card.） Nog. = Pseudobarbella attenuata （Thwait. et Mitt.） Nog.

Pseudobarbella attenuata （Thwait. et Mitt.） Nog. ［Aerobryopsis assimilis （Card.） Broth. , Aerobryopsis brevicuspis Broth. , Aerobryopsis concavifolia Nog. , Barbella kiushiuensis Broth. , Meteorium assimile Card. , Pseudobarbella assimilis （Card.） Nog.］短尖假悬藓（短尖灰气藓，假悬藓，凹叶假悬藓）

Pseudobarbella brevicuspes （Broth.） Nog. = Pseudo-

barbella attenuata （Thwait. et Mitt.） Nog.

Pseudobarbella concavifolia （Nog.） Nog. = Pseudobarbella attenuata （Thwait. et Mitt.） Nog.

Pseudobarbella formosica （Broth.） Nog. = Barbella compressiramea （Ren. et Card.） Fleisch.

Pseudobarbella kiushiuensis （Broth.） Nog. = Pseudobarbella attenuata （Thwait. et Mitt.） Nog.

Pseudobarbella laosiensis （Broth. et Par.） Nog. ［Aerobryidium laosiensis （Broth. et Par.） S. -H. Lin, Aerobryopsis laosiensis Broth. et Par. , Aerobryopsis mollissima Broth. , Pseudobarbella mollissima （Broth.） Nog.］波叶假悬藓（波叶毛扭藓，泰国毛扭藓）

Pseudobarbella laxifolia Nog. = Floribundaria setschwanica Broth.

Pseudobarbella levieri （Ren. et Card.） Nog. ［Aerobryidium levieri （Ren. et Card.） S. -H. Lin, Barbella levieri （Ren. et Card.） Fleisch. , Floribundaria unipapillata Dix. , Meteorium levieri Ren. et Card.］假悬藓（南亚假悬藓，莱氏假悬藓，莱氏毛扭藓，日本毛扭藓）

Pseudobarbella mollissima （Broth.） Nog. = Pseudobarbella laosiensis （Broth. et Par.） Nog.

Pseudobarbella niitakayamensis Nog. = Floribundaria setschwanica Broth.

Pseudobarbella ochracea （Nog.） Nog. = Sinskea flammea （Mitt.） Buck

Pseudobarbella propagulifera Nog. ［Barbella niitakayamensis （Nog.） S. -H. Lin var. propagulifera （Nog.） S. -H. Lin］芽胞假悬藓

Pseudobarbella validiramosa P. -C. Wu et J. -S. Lou = Barbellopsis trichophora （Mont.） Buck

Pseudobryum （Kindb.） T. Kop. 拟真藓属

Pseudobryum cinclidioides （Hueb.） T. Kop. ［Mnium cinclidioides Hueb.］拟真藓（北地拟真藓，北地提灯藓）

Pseudocalliergon （Limpr.） Loeske 拟湿原藓属

Pseudocalliergon angustifolium Hedenaes ［Drepanocladus lycopodioides （Brid.） Warnst. var. abbreviatus Moenk.］狭叶拟湿原藓（褶叶镰刀藓小叶变种）

Pseudocalliergon lycopodioides （Brid.） Hedenaes

［Drepanocladus lycopodioides （Brid.） Warnst.］褶叶拟湿原藓（褶叶镰刀藓）

Pseudocalliergon turgescens （Jens.） Loeske ［Calliergon turgescens （Jens.） Kindb., Scorpidium turgescens （Jens.）Loeske］大拟湿原藓（大蝎尾藓）

Pseudochorisodontium （Broth.） C. Gao, Vitt, X. Fu et T. Cao 无齿藓属

Pseudochorisodontium conanenum （C. Gao） C. Gao, Vitt, X. Fu et T. Cao ［Dicranum conanenum C. Gao］错那无齿藓（错那曲尾藓）

Pseudochorisodontium gymnostomum （Mitt.） C. Gao, Vitt, X. Fu et T. Cao ［Dicranum gymnostomoides Broth., Dicranum gymnostomoides Broth. var. microcarpum Broth., Dicranum gymnostomum Mitt.］无齿藓（无齿曲尾藓，拟无齿曲尾藓）

Pseudochorisodontium hokinense （Besch.） C. Gao, Vitt, X. Fu et T. Cao ［Dicranum gymnostomum Mitt. var. hokinense Besch., Dicranum handelii Broth., Dicranum hokinense （Besch.） C. Gao et T. Cao］韩氏无齿藓（韩氏曲尾藓）

Pseudochorisodontium mamillosum （C. Gao et C. -W. Aur） C. Gao, Vitt, X. Fu et T. Cao ［Dicranum mamillosum C. Gao et C. -W. Aur］疣叶无齿藓（瘤叶无齿藓，瘤叶曲尾藓）

Pseudochorisodontium ramosum （C. Gao et C. -W. Aur） C. Gao, Vitt, X. Fu et T. Cao ［Dicranum ramosum C. Gao et C. -W. Aur］多枝无齿藓（多枝曲尾藓）

Pseudochorisodontium setschwanicum （Broth.） C. Gao, Vitt, X. Fu et T. Cao ［Dicranum setschwanicum Broth.］四川无齿藓（四川曲尾藓）

Pseudocrossidium Williams 花杯藓属

* Pseudocrossidium chilense Williams 花杯藓

Pseudocrossidium hornschuchianum （Schultz）Bruch et Schimp. 湿地花杯藓

Pseudokindbergia M. Li, Y. -F. Wang, Ignatov. et Tan 拟异叶藓属

Pseudokindbergia dumosa （Mitt.） M. Li, Y. F. Wang, Ignatov et Tan ［Bryhnia serricuspis （Muell. Hal.）Y. -F. Wang et R. -L. Hu, Eurhynchium serricuspis Muell. Hal.］拟异叶藓（密枝燕尾藓，密枝美喙藓）

Pseudolepicolea Fulf. et Tayl. ［Lophochaete Schust.］拟复叉苔属（冠毛苔属）

Pseudolepicolea andoi （Schust.） Inoue ＝Pseudolepicolea quadrilaciniata （Sull.） Fulf. et Tayl.

Pseudolepicolea quadrilaciniata （Sull.） Fulf. et Tayl. ［Lophochaete andoi Schust., Lophochaete trollii （Herz.） Schust., Pseudolepicolea andoi （Schust.） Inoue, Pseudolepicolea trollii （Herz.） Grolle et Ando, Pseudolepicolea trollii （Herz.） Grolle et Ando subsp. andoi （Schust.） Hatt. et Mizut.］拟复叉苔（东亚拟复叉苔，南亚拟复叉苔）

Pseudolepicolea trollii （Herz.） Grolle et Ando ＝Pseudolepicolea quadrilaciniata （Sull.） Fulf. et Tayl.

Pseudolepicolea trollii （Herz.） Grolle et Ando subsp. andoi （Schust.）Hatt. et Mizut. ＝Pseudolepicolea quadrilaciniata （Sull.） Fulf. et Tayl.

Pseudolepicoleaceae 拟复叉苔科

Pseudolepicoleales 拟复叉苔目

* Pseudoleskea Schimp. 草藓属

Pseudoleskea atrovirens （Brid.） Schimp. ＝Pseudoleskea incurvata （Hedw.） Loeske

Pseudoleskea capillata （Mitt.） Sauerb. ＝Haplocladium microphyllum （Hedw.） Broth.

Pseudoleskea crispula Bosch et S. Lac. ＝Claopodium assurgens （Sull. et Lesq.） Card.

Pseudoleskea denudata （Kindb.） Best ＝Lescuraea radicosa （Mitt.） Moenk.

Pseudoleskea filamentosa （With.） Jens. ＝Pseudoleskea incurvata （Hedw.） Loeske

* Pseudoleskea incurvata （Hedw.） Loeske ［Pseudoleskea atrovirens （Brid.） Schimp., Pseudoleskea filamentosa （With.） Jens.］草藓（疣叶草藓）

Pseudoleskea larminatii Broth. et Par. ＝Haplocladium larminatii （Broth. et Par.） Broth.

Pseudoleskea latifolia S. Lac. ＝Haplocladium microphyllum （Hedw.） Broth.

Pseudoleskea lutescens Card. ＝Haplocladium angustifolium （Hampe et Muell. Hal.） Broth.

Pseudoleskea macropilum （Muell. Hal.） Salm. ＝Haplocladium angustifolium （Hampe et Muell.

Hal.）Broth.

Pseudoleskea papillarioides Muell. Hal. = Leskeella nervosa（Brid.）Loeske

Pseodoleskea radicosa（Mitt.）Macoun et Kindb. = Lescuraea radicosa（Mitt.）Moenk.

Pseudoleskea radicosa（Mitt.）Macoun et Kindb. var. denudata（Kindb.）Wijk et Marg. = Lescuraea radicosa（Mitt.）Moenk.

Pseudoleskea setschwanica Broth. = Lescuraea setschwanica（Broth.）T. Cao et W. -H. Wang

Pseudoleskea yuennanensis Broth. = Lescuraea yunnanensis（Broth.）T. Cao et W. -H. Wang

Pseudoleskeaceae 拟薄罗藓科

Pseudoleskeella Kindb. 假细罗藓属

Pseudoleskeella catenulata（Schrad.）Kindb. 假细罗藓

Pseudoleskeella nervosa（Brid.）Nyl. = Leskeella nervosa（Brid.）Loeske

Pseudoleskeella papillosa（Lindb.）Kindb.［Heterocladium papillosum（Lindb.）Lindb.］疣叶假细罗藓（粗疣异枝藓）

Pseudoleskeella tectorum（Brid.）Kindb.［Leskeella tectorum（Brid.）Hag.］瓦叶假细罗藓（叉肋细罗藓）

Pseudoleskeellaceae 假细罗藓科

Pseudoleskeopsis Broth. 拟草藓属

Pseudoleskeopsis compressa（Mitt.）Broth. = Pseudoleskeopsis zippelii（Dozy et Molk.）Broth.

Pseudoleskeopsis decurvata（Mitt.）Broth. = Pseudoleskeopsis zippelii（Dozy et Molk.）Broth.

Pseudoleskeopsis integrifolia Broth. = Pseudoleskeopsis zippelii（Dozy et Molk.）Broth.

Pseudoleskeopsis japonica（Sull. et Lesq.）Iwats. = Pseudoleskeopsis zippelii（Dozy et Molk.）Broth.

Pseudoleskeopsis laticuspis（Card.）Broth. = Pseudoleskeopsis zippelii（Dozy et Molk.）Broth.

Pseudoleskeopsis orbiculata（Mitt.）Broth. = Pseudoleskeopsis zippelii（Dozy et Molk.）Broth.

Pseudoleskeopsis orbiculata（Mitt.）Broth. var. laticuspis（Card.）Thér. = Pseudoleskeopsis zippelii（Dozy et Molk.）Broth.

Pseudoleskeopsis serrulata Card. et Thér. = Pseu-

doleskeopsis zippelii（Dozy et Molk.）Broth.

Pseudoleskeopsis tosana Card. 尖叶拟草藓

Pseudoleskeopsis zippelii（Dozy et Molk.）Broth.［Pseudoleskeopsis compressa（Mitt.）Broth., Pseudoleskeopsis decurvata（Mitt.）Broth., Pseudoleskeopsis integrifolia Broth., Pseudoleskeopsis japonica（Sull. et Lesq.）Iwats., Pseudoleskeopsis laticuspis（Card.）Broth., Pseudoleskeopsis orbiculata（Mitt.）Broth., Pseudoleskeopsis orbiculata（Mitt.）Broth. var. laticuspis（Card.）Thér., Pseudoleskeopsis serrulata Card. et Thér.］拟草藓（曲枝拟草藓，全缘拟草藓，圆叶拟草藓，圆叶拟草藓多枝变种，刺边拟草藓）

Pseudopleuropus Tak.［Miehea Ochyra］拟褶叶藓属

Pseudopleuropus himalayana（Ochyra）T. -Y. Chiang［Miehea himalayana Ochyra］喜马拉雅拟褶叶藓

Pseudopleuropus indicus（Dix.）T. -Y. Chiang［Miehea indicum（Dix.）Ochyra］纤枝拟褶叶藓（南亚褶叶藓）

Pseudopleuropus morrisonensis Tak.［Lescuraea morrisonensis（Tak.）Nog. et Tak., Lescuraea sichuanensis Y. -F. Wang, R. -L. Hu et Redf.］拟褶叶藓（玉山多毛藓，台湾多毛藓，四川多毛藓）

Pseudopohlia Williams 拟丝瓜藓属

Pseudopohlia bulbifera Williams = Pseudopohlia microstomum（Harv.）Mizushima

Pseudopohlia microstoma（Harv.）Mizushima［Pseudopohlia bulbifera Williams, Pseudopohlia yunnenansis Herz.］拟丝瓜藓（云南拟丝瓜藓）

Pseudopohlia yunnenansis Herz. = Pseudopohlia microstoma（Harv.）Mizushima

Pseudopterobryum Broth. 滇蕨藓属

Pseudopterobryum laticuspis Broth. 大滇蕨藓

Pseudopterobryum tenuicuspis Broth.［Forsstroemia tripinnata（Dix.）Nog., Porotrichum tripinnatum Dix.］滇蕨藓（柔枝滇蕨藓，羽形残齿藓）

[*] Pseudoracelopus Broth. 长穗藓属

Pseudoracelopus philippinensis Broth. = Pogonatum philippinense（Broth.）Touw

Pseudoscleropodium（Limpr.）Fleisch. 大绢藓属

Pseudoscleropodium levieri（Muell. Hal.）Broth. = Entodon concinnus（De Not.）Par.

Pseudoscleropodium purum（Hedw.）Fleisch. 大绢藓

Pseudospiridentopsis（Broth.）Fleisch. 拟木毛藓属

Pseudospiridentopsis horrida（Card.）Fleisch.［Meteorium horridum Card., Pseudospiridentopsis horrida（Card.）Fleisch. f. laxifolia Nog., Trachypodopsis horrida（Card.）Broth.］拟木毛藓（拟木毛藓疏叶变型）

Pseudospiridentopsis horrida（Card.）Fleisch. f. laxifolia Nog. = Pseudospiridentopsis horrida（Card.）Fleisch.

Pseudostereodon（Broth.）Fleisch. 假丛灰藓属

Pseudostereodon procerrimum（Mol.）Fleisch.［Ctenidium procerrimum（Mol.）Lindb., Hypnum procerrimum Mol.］假丛灰藓

Pseudosymblepharis Broth. 拟合睫藓属

Pseudosymblepharis angustata（Mitt.）Hilp.［Pleurochaete squarrosa（Brid.）Lindb. var. crispifolia Nog., Pseudosymblepharis papillosula（Card. et Thér.）Broth., Psedosymblepharis subduriuscula（Muell. Hal.）Chen, Symblepharis angustata（Mitt.）Chen, Symblepharis papillosula Card. et Thér., Tortella tortuosa（Hedw.）Limpr., Tortella yuennanensis Broth., Trichostomum angustatum（Mitt.）Fleisch.］拟合睫藓（狭叶拟合睫藓，硬叶拟合睫藓）

Pseudosymblepharis duriuscula（Mitt.）Chen［Didymodon duriuscula Wils., Tortula apiculata Wils.］细拟合睫藓

Pseudosymblepharis papillosula（Card. et Thér.）Broth. = Pseudosymblepharis angustata（Mitt.）Hilp.

Pseudosymblepharis subduriuscula（Muell. Hal.）Chen = Pseudosymblepharis angustata（Mitt.）Hilp.

Pseudotaxiphyllum Iwats. 拟鳞叶藓属

Pseudotaxiphyllum arquifolium（Sull. et Lesq.）Iwats. 爪哇拟鳞叶藓

Pseudotaxiphyllum densum（Card.）Iwats.［Isopterygium densum Card., Isopterygium to-saense Broth., Isopterygium tosaense Ihs.］密叶拟鳞叶藓

Pseudotaxiphyllum distichaceum（Mitt.）Iwats.［Isopterygium distichaceum（Mitt.）Jaeg.］二列拟鳞叶藓

*Pseudotaxiphyllum elegans（Brid.）Iwats. 拟鳞叶藓

Pseudotaxiphyllum fauriei（Card.）Iwats. 弯叶拟鳞叶藓

Pseudotaxiphyllum pohliaecarpum（Sull. et Lesq.）Iwats.［Isopterygium perchlorosum Broth., Isopterygium pohliaecarpum（Sull. et Lesq.）Jaeg., Isopterygium sinense Broth. et Par., Isopterygium textorii（S. Lac.）Mitt.］东亚拟鳞叶藓（东亚同叶藓，中华同叶藓，红色同叶藓，绿色同叶藓）

Pseudotrismegistia Akiy. et Tsubota 拟金枝藓属

Pseudotrismegistia undulata（Broth. et Yas.）Akiy. et Tsubota［Mastopoma perundulatum（Dix.）Horik. et Ando, Trismegistia perundulata Dix., Trismegistia undulata Broth. et Yas.］拟金枝藓（波叶拟金枝藓，波叶金枝藓，拟波叶金枝藓）

*Psiloclada Mitt. 爪叶苔属

Psilopilum Brid. 拟赤藓属

Psilopilum arcticum Brid. = Psilopilum laevigatum（Wahlenb.）Lindb.

Psilopilum cavifolium（Wils.）Hag. 全缘拟赤藓

*Psilopilum laevigatum（Wahlenb.）Lindb.［Psilopilum arcticum Brid.］拟赤藓

Pterigynandraceae 腋苞藓科

Pterigynandrum Hedw. 腋苞藓属

Pterigynandrum filiforme Hedw. 腋苞藓

Pterigynandrum julaceum（Schwaegr.）Par. = Erythrodontium julaceum（Schwaegr.）Par.

Pterigynandrum sinense P. Varde = Miyabea fruticella（Mitt.）Broth.

Pterobryaceae 蕨藓科

Pterobryon Hornsch. 蕨藓属（大蕨藓属）

Pterobryon arbuscula Mitt. 树形蕨藓

*Pterobryon densum Hornsch. 蕨藓

Pterobryon subarbuscula Broth. 大蕨藓

Pterobryon subarbuscula Broth. var. longissima Nog.

大蕨藓长枝变种

Pterobryopsis Fleisch. 拟蕨藓属

Pterobryopsis acuminata（Hook.）Fleisch.［Pterobryopsis conchophylla（Ren. et Card.）Broth.，Pterobryopsis handelii Broth.，Pterobryopsis morrisonicola Nog.］尖叶拟蕨藓（川滇拟蕨藓，玉山拟蕨藓）

Pterobryopsis angustifolia Nog. 狭叶拟蕨藓

Pterobryopsis arcuata Nog. = Pterobryopsis orientalis（Muell. Hal.）Fleisch.

Pterobryopsis auriculata Dix. = Calyptothecium auriculatum（Dix.）Nog.

Pterobryopsis conchophylla（Ren. et Card.）Broth. = Pterobryopsis acuminata（Hook.）Fleisch.

Pterobryopsis crassicaulis（Muell. Hal.）Fleisch. 拟蕨藓（粗茎拟蕨藓）

Pterobryopsis crassiuscula（Card.）Broth.［Garovaglia crassiuscula Card.］兜尖拟蕨藓

Pterobryopsis cucullatifolia Okam. 兜叶拟蕨藓

Pterobryopsis foulkesiana（Mitt.）Fleisch.［Pterobryopsis gracilis（Broth.）Broth.］鞭枝拟蕨藓

Pterobryopsis frondosa（Mitt.）Fleisch. = Pterobryopsis scabriuscula（Mitt.）Fleisch.

*　**Pterobryopsis gedehensis** Fleisch. 裂齿拟蕨藓

Pterobryopsis handelii Broth. = Pterobryopsis acuminata（Hook.）Fleisch.

Pterobryopsis morrisonicola Nog. = Pterobryopsis acuminata（Hook.）Fleisch.

*　**Pterobryopsis nematosa**（Muell. Hal.）Dix.

Pterobryopsis orientalis（Muell. Hal.）Fleisch.［Pterobryopsis arcuata Nog.，Pterobryopsis orientalis（Muell. Hal.）Fleisch. subsp. yunnanensis（Broth.）Nog.，Pterobryopsis yuennanensis Broth.］南亚拟蕨藓（弯枝拟蕨藓，云南拟蕨藓）

Pterobryopsis orientalis（Muell. Hal.）Fleisch. subsp. yunnanensis（Broth.）Nog. = Pterobryopsis orientalis（Muell. Hal.）Fleisch.

Pterobryopsis scabriuscula（Mitt.）Fleisch.［Pterobryopsis frondosa（Mitt.）Fleisch.］大拟蕨藓

Pterobryopsis setschwanica Broth. 四川拟蕨藓

Pterobryopsis subcrassicaulis Broth. 海岛拟蕨藓

Pterobryopsis yuennanensis Broth. = Pterobryopsis orientalis（Muell. Hal.）Fleisch.

Pterogoniadelphus Fleisch.［Felipponea Broth.］拟白齿藓属

Pterogoniadelphus esquirolii（Thér.）Ochyra et Zijlstra［Felipponea esquirolii（Thér.）Akiyama，Leucodon esquirolii Thér.，Leucodon esquirolii Thér. var. latifolium（Broth.）M. -X. Zhang，Leucodon latifolium Broth.，Leucodon squarricuspis Broth. et Par.，Pterogonium gracile（Hedw.）Sw. var. tsinlingense Chen ex M. -X. Zhang］卵叶拟白齿藓（拟白齿藓，白齿藓，卵叶白齿藓，卵叶白齿藓宽叶变种，阔叶白齿藓，短条藓秦岭变种，圆枝藓秦岭变种）

*　**Pterogoniadelphus montevidensis**（Muell. Hal.）Fleisch. 拟白齿藓

*　**Pterogonium** Sw. 短条藓属（圆枝藓属）

Pterogonium brachypterium Mitt. = Lindbergia brachyptera（Mitt.）Kindb.

*　**Pterogonium gracile**（Hedw.）Sw. 短条藓（圆枝藓）

Pterogonium gracile（Hedw.）Sw. var. tsinlingense Chen ex M. -X. Zhang = Pterogoniadelphus esqurolii（Thér.）Ochyra et Zijlstra

Pterogonium laxum Wils. = Schwetschkea laxa（Wils.）Jaeg.

*　**Pteropsiella** Spruce 小蕨苔属

Pterygoneurum Jur. 盐土藓属

Pterygoneurum cavifolium Jur. = Pterygoneurum subsessile（Brid.）Jur.

Pterygoneurum kozlovii Lazar. 芒尖盐土藓

Pterygoneurum ovatum（Hedw.）Dix. 卵叶盐土藓

Pterygoneurum subsessile（Brid.）Jur.［Pterygoneurum cavifolium Jur.］盐土藓（短茎盐土藓）

Ptilidiaceae 毛叶苔科（毛鳞苔科）

Ptilidiales 毛叶苔目

Ptilidium Nees 毛叶苔属

Ptilidium ciliare（Linn.）Hampe 毛叶苔

Ptilidium pulcherrimum（Web.）Hampe 深裂毛叶苔

Ptilium De Not. 毛梳藓属

Ptilium crista-castrensis（Hedw.）De Not.［Hypnum crista-castrensis Hedw.］毛梳藓

Ptychanthoideae 皱萼苔亚科

Ptychanthus Nees 皱萼苔属

Ptychanthus caudatus Herz. = Ptychanthus striatus（Lehm. et Lindenb.）Nees

Ptychanthus chinensis Steph. = Tuzibeanthus chinensis（Steph.）Mizut.

Ptychanthus integerrimus Horik. = Ptychanthus striatus（Lehm. et Lindenb.）Nees

Ptychanthus irawaddensis（Steph.）Steph. = Ptychanthus striatus（Lehm. et Lindenb.）Nees

Ptychanthus madothecoides Horik. = Spruceanthus semirepandus（Nees）Verd.

Ptychanthus mamillilobulus Herz. = Spruceanthus mamillilobulus（Herz.）Verd.

Ptychanthus nipponicus Hatt. = Acrolejeueea pusilla（Stebp.）Grolle et Gradst.

Ptychanthus perrottetii Steph. = Ptychanthus striatus（Lehm. et Lindenb.）Nees

Ptychanthus pycnocladus Tayl. = Acrolejeunea pycnoclada（Tayl.）Schiffn.

Ptychanthus sexplicatus Horik. = Spruceanthus polymorphus（S. Lac.）Verd.

Ptychanthus striatus（Lehm. et Lindenb.）Nees ［Ptychanthus caudatus Herz., Ptychanthus integerrimus Horik., Ptychanthus irawaddensis（Steph.）Steph., Ptychanthus perrottetii Steph., Ptycholejeunea irawaddensis Steph.］皱萼苔（全缘皱萼苔）

*Ptychocoleus Trev. 褐鳞苔属

Ptychocoleus cordistipulus Steph. = Trocholejeunea infuscata（Mitt.）Verd.

Ptychocoleus haskarlianus（Gott.）Steph. = Schiffneriolejeunea tumida（Nees et Mont.）Gradst. var. haskarliana（Gott.）Gradst. et Terken

Ptychodium leucodonticaule Muell. Hal. = Homalothecium leucodonticaule（Muell. Hal.）Broth.

Ptychodium perattenuatum Okam. = Palamocladium leskeoides（Hook.）Britt.

Ptychodium plicatulum Card. = Palamocladium leskeoides（Hook.）Britt.

Ptychodium tanguticum Broth. = Palamocladium euchloron（Muell. Hal.）Wijk et Marg.

Ptycholejeunea irawaddensis Steph. = Ptychanthus

striatus（Lehm. et Lindenb.）Nees

Ptychomitriaceae 缩叶藓科

Ptychomitrium Fuernr. 缩叶藓属

Ptychomitrium dentatum（Mitt.）Jaeg. 齿边缩叶藓

Ptychomitrium evanidinerve（Broth.）Broth. = Ptychomitrium wilsonii Sull. et Lesq.

Ptychomitrium fauriei Besch. 东亚缩叶藓

Ptychomitrium formosicum Broth. et Yas. 台湾缩叶藓

Ptychomitrium gardneri Lesq. ［Brachysteleum polyphylloides Muell. Hal., Glyphomitrium polyphylloides（Muell. Hal.）Broth., Ptychomitrium longisetum Reim. et Sak., Ptychomitrium polyphylloides（Muell. Hal.）Par., Ptychomitrium robustum Broth., Trichostomum sinense Muell. Hal.］多枝缩叶藓（长柄缩叶藓）

Ptychomitrium linearifolium Reim. et Sak. 狭叶缩叶藓

Ptychomitrium longisetum Reim. et Sak. = Ptychomitrium gardneri Lesq.

Ptychomitrium mairei（Thér.）Broth. = Ptychomitrium tortula（Harv.）Jaeg.

Ptychomitrium mamillosum S. -L. Guo, T. Cao et C. Gao 疣胞缩叶藓

Ptychomitrium microcarpum（Muell. Hal.）Par. = Ptychomitrium sinense（Mitt.）Jaeg.

Ptychomitrium polyphylloides（Muell. Hal.）Par. = Ptychomitrium gardneri Lesq.

*Ptychomitrium polyphyllum（Sw.）Bruch et Schimp. 缩叶藓

Ptychomitrium robustum Broth. = Ptychomitrium gardneri Lesq.

Ptychomitrium sinense（Mitt.）Jaeg. ［Brachysteleum microcarpum Muell. Hal., Glyphomitrium microcarpum（Muell. Hal.）Broth., Glyphomitrium sinense Mitt., Ptychomitrium microcarpum（Muell. Hal.）Par., Ptychomitrium sinense（Mitt.）Jaeg. var. humile Nog., Ptychomitrium sinense（Mitt.）Jaeg. var. microcarpum（Muell. Hal.）Card., Trichostomum brachypelma Muell. Hal., Ttichostomum micrangium Muell. Hal.］中华缩叶藓（缩叶藓,中华缩叶藓小形变种, 小形缩

叶藓）

Ptychomitrium sinense （Mitt.） Jaeg. var. humile Nog. = Ptychomitrium sinense（Mitt.） Jaeg.

Ptychomitrium sinense （Mitt.） Jaeg. var. microcarpum （Muell. Hal.） Card. = Ptychomitrium sinense（Mitt.） Jaeg.

Ptychomitrium speciosum Wils. = Ptychomitrium tortula（Harv.） Jaeg.

Ptychomitrium tortula（Harv.） Jaeg.［Brachysteleum mairei Thér.，Ptychomitrium mairei（Thér.） Broth.，Ptychomitrium speciosum Wils.］扭叶缩叶藓（具齿缩叶藓）

Ptychomitrium wilsonii Sull. et Lesq.［Brachysteleum evanidinerve Broth.，Ptychomitrium evanidinerve（Broth.） Broth.］威氏缩叶藓

Ptychomitrium yulongshanum T. Cao et S. -L. Guo 玉龙缩叶藓

Ptychomniaceae 稜蒴藓科

Ptychomniales 稜蒴藓目

Pycnolejeunea（Spruce） Schiffn. 密鳞苔属

Pycnolejeunea badia Steph. = Lepidolejeunea bidentula（Steph.） Schust.

Pycnolejeunea bidentula Steph. = Lepidolejeunea bidentula（Steph.） Schust.

Pycnolejeunea ceylanica（Gott.） Schiffn. = Cheilolejeunea ceylanica（Gott.） Schust. et Kachr.

*Pycnolejeunea contigua（Nees） Grolle 密鳞苔

*Pycnolejeunea eximia S. J. A. et Tix. 异密鳞苔

Pycnolejeunea grandiocellata Steph. 多胞密鳞苔（多油胞密鳞苔，大胞密鳞苔，大眼密鳞苔）

Pycnolejeunea imbricata（Nees） Schiffn. = Cheilolejeunea trapezia（Nees） Kachr. et Schust.

Pycnolejeunea obtusilobula Hatt. = Cheilolejeunea obtusilobula（Hatt.） Hatt.

Pycnolejeunea pellucida（Horik.） Amak. = Lepidolejeunea bidentula（Steph.） Schust.

Pycnolejeunea pilifera Steph. = Nipponolejeunea pilifera（Steph.） Hatt.

Pycnolejeunea tosana Steph. = Cheilolejeunea trapezia（Nees） Kachr. et Schust.

Pylaisia Bruch et Schimp.［Giraldiella Muell. Hal.］金灰藓属（丝灰藓属）

Pylaisia appressifolia Thér. et Dix. = Eurohypnum leptothallum（Muell. Hal.） Ando

Pylaisia brotheri Besch.［Pylaisiella brotheri（Besch.） Iwats. et Nog.］东亚金灰藓（白氏金灰藓）

Pylaisia buckii T. -Y. Chiang et C. -Y. Lin 骤尖金灰藓

Pylaisia chrysophylla Card. = Palisadula chrysophylla（Card.） Toy.

Pylaisia complanatula Muell. Hal. = Entodon pulchellus（Griff.） Jaeg.

Pylaisia cristata Card.［Pylaisia robusta Broth. et Par.，Pylaisiella robusta（Broth. et Par.） C. Gao et K. -C. Chang］大金灰藓

Pylaisia curviramea Dix.［Pylaisiella curviramea（Dix.） Redf.，Tan et S. He］弯枝金灰藓

Pylaisia entodontea Muell. Hal. = Hondaella entodontea（Muell. Hal.） Buck

Pylaisia extenta （Mitt.） Jaeg.［Pylaisiella extenta（Mitt.） Ando，Pylaisiella falcata（Schimp.） Ando var. recurvatula （Broth.） Ando，Stereodon subfalcatus（Schimp.） Fleisch. var. recurvatulus Broth.］泛生金灰藓

Pylaisia falcata Bruch et Schimp.［Pylaisia hamata（Mitt.） Card.，Pylaisia subfalcata Bruch et Schimp.，Pylaisiella falcata（Schimp.） Ando，Stereodon subfalcatus（Schimp.） Fleisch.］弯叶金灰藓

Pylaisia hamata （Mitt.） Card. = Pylaisia falcata Bruch et Schimp.

Pylaisia intricata（Hedw.） Bruch et Schimp.［Pylaisiella intricata（Hedw.） Grout］节齿金灰藓

Pylaisia levieri（Muell. Hal.） Arikawa［Giraldiella levieri Muell. Hal.］丝金灰藓（丝灰藓）

Pylaisia plagiangia Muell. Hal. = Homomallium plagiangium（Muell. Hal.） Broth.

Pylaisia polyantha （Hedw.） Schimp.［Pylaisiella polyantha（Hedw.） Grout］金灰藓

Pylaisia robusta Broth. et Par. = Pylaisia cristata Card.

Pylaisia schimperi Card. = Pylaisia selwynii Kindb.

Pylaisia selwynii Kindb.［Pylaisia schimperi Card.，Pylaisiella selwynii（Kindb.） Crum，Steere et Anderson〕北方金灰藓

Pylaisia speciosa（Mitt.）Par.〔Pylaisiopsis speciosa（Mitt.）Broth.〕异金灰藓（拟金灰藓）

Pylaisia steerei（Ando et Higuchi）Ignatov 多胞金灰藓

Pylaisia subcircinata Card. 合齿金灰藓（拟金灰藓）

Pylaisia subfalcata Bruch et Schimp. = Pylaisia falcata Bruch et Schimp.

Pylaisia subimbricata Broth. et Par.〔Pylaisiella subimbricata（Broth. et Par.）Redf., Tan et S. He〕叠叶金灰藓（密叶假金灰藓）

Pylaisiaceae 金灰藓科

Pylaisiadelpha Buck 毛锦藓属

Pylaisiadelpha brotherella Buck = Brotherella nictans（Mitt.）Broth.

Pylaisiadelpha crassipes（Sak.）Buck = Brotherella crassipes Sak.

Pylaisiadelpha erythrocaulis（Mitt.）Buck = Brotherella erythrocaulis（Mitt.）Fleisch.

Pylaisiadelpha falcata（Dozy et Molk.）Buck = Brotherella falcata（Dozy et Molk.）Fleisch.

Pylaisiadelpha falcatula（Broth.）Buck = Brotherella henonii（Duby）Fleisch. var. falcatula（Broth.）Tan et Y. Jia

Pylaisiadelpha fauriei（Card.）Buck = Brotherella fauriei（Card.）Broth.

Pylaisiadelpha formosana（Broth.）Buck = Heterophyllium affine（Hook.）Fleisch.

Pylaisiadelpha handelii（Broth.）Buck = Brotherella nictans（Mitt.）Broth.

Pylaisiadelpha henonii（Duby）Buck = Brotherella henonii（Duby）Fleisch.

Pylaisiadelpha herbacea（Sak.）Buck = Brotherella herbacea Sak.

Pylaisiadelpha himalayana（Chen）S.-H. Lin = Brotherella curvirostris（Schwaegr.）Fleisch.

Pylaisiadelpha integrifolia（Broth.）Buck = Pylaisiadelpha tristoviridis（Broth.）Afonina

Pylaisiadelpha nictans（Mitt.）Buck = Brotherella nictans（Mitt.）Broth.

Pylaisiadelpha piliformis（Broth.）Buck = Wijkia hornschuchii（Fleisch.）Crum

Pylaisiadelpha recurvans（Michx.）Buck = Brotherella recurvans（Michx.）Fleisch.

* Pylaisiadelpha rhaphidostegioides（Card.）Card. 毛锦藓

Pylaisiadelpha subintegra（Broth.）Buck = Wijkia deflexifolia（Ren. et Card.）Crum

Pylaisiadelpha tenuirostris（Sull.）Buck〔Brotherella tenuirostris（Sull.）Broth., Clastobryella kusatsuensis（Besch.）Iwats., Clastobryella tsunodae（Broth. et Yas.）Broth., Hypnum siuzewii（Broth.）Broth., Hypnum yokohamae（Broth.）Broth. var. kusatsuensis（Besch.）Seki, Stereodon siuzewii Broth.〕弯叶毛锦藓（台湾细疣胞藓，日本细疣胞藓，日本灰藓）

Pylaisiadelpha tristoviridis（Broth.）Afonina〔Brotherella integrifolia Broth., Hypnum rhynchostegium Ihsiba, Hypnum tristoviride（Broth.）Par., Hypnum tristoviride（Broth.）Par. var. brevisetum Ando, Pylaisiadelpha integrifolia（Broth.）Buck, Stereodon rhynchothecius Broth.〕暗绿毛锦藓（暗绿灰藓，全缘小锦藓）

Pylaisiadelpha yokohamae（Broth.）Buck〔Brotherella yokohamae（Broth.）Broth.〕短叶毛锦藓（扁枝小锦藓，东亚小锦藓）

Pylaisiadelphaceae 毛锦藓科

* Pylaisiella Kindb. ex Grout 拟毛锦藓属（金秋藓属）

Pylaisiella brotheri（Besch.）Iwats. et Nog. = Pylaisia brotheri Besch.

Pylaisiella curviramea（Dix.）Redf., Tan et S. He = Pylaisia curviramea Dix.

Pylaisiella extenta（Mitt.）Ando = Pylaisia extenta（Mitt.）Jaeg.

Pylaisiella falcata（Schimp.）Ando = Pylaisia falcata Bruch et Schimp.

Pylaisiella falcata（Schimp.）Ando var. recurvatula（Broth.）Ando = Pylaisia extenta（Mitt.）Jaeg.

Pylaisiella intricata（Hedw.）Grout = Pylaisia intricata（Hedw.）Bruch et Schimp.

Pylaisiella polyantha（Hedw.）Grout = Pylaisia polyantha（Hedw.）Schimp.

Pylaisiella robusta（Broth. et Par.）C. Gao et K.-C. Chang = Pylaisia cristata Card.

Pylaisiella selwynii（Kindb.）Crum，Steere et Anderson = Pylaisia selwynii Kindb.

Pylaisiella subcircinata（Card.）Iwats. et Nog. = Pylaisia subcircinata Card.

Pylaisiella subimbricata（Broth. et Par.）Redf.，Tan et S. He = Pylaisia subimbricata Broth. et Par.

* Pylaisiopsis Broth. 拟金灰藓属

Pylaisiopsis speciosa（Mitt.）Broth. = Pylaisia speciosa（Mitt.）Par.

Pyrrhobryum Mitt.［Rhizogonium Brid.］桧藓属

Pyrrhobryum dozyanum（S. Lac.）Manuel［Rhizogonium dozyanum S. Lac.］大桧藓

Pyrrhobryum latifolium（Bosch et S. Lac.）Mitt.

［Rhizogonium longiflorum（Mitt.）Jaeg.］阔叶桧藓（刺叶桧藓）

Pyrrhobryum spiniforme（Hedw.）Mitt.［Rhizogonium armatum Sak.，Rhizogonium spiniforme（Hedw.）Bruch］桧藓（刺叶桧藓）

Pyrrhobryum spiniforme（Hedw.）Mitt. var. badakense（Fleisch.）Manuel［Rhizogonium badakense Fleisch.，Rhizogonium spiniforme（Hedw.）Bruch var. badakense（Fleisch.）Iwats.］桧藓爪哇变种

Pyrrhobryum spiniforme（Hedw.）Mitt. var. ryukyuense（Iwats.）Manuel［Rhizogonium spiniforme（Hedw.）Bruch var. ryukyuense Iwats.］桧藓琉球变种

R

* Racelopodopsis Thér.［Rhacelopodopsis Thér.］穗发藓属

Racelopodopsis camusii Thér. = Pogonatum camusii（Thér.）Touw

Racemigemma densa Hatt. et Inoue = Xenochila integrifolia（Mitt.）Inoue

Racomitrium Brid.［Rhacomitrium Brid.］砂藓属

Racomitrium aciculare（Hedw.）Brid. = Codriophorus aciculare（Hedw.）P. Beauv.

Racomitrium albipiliferum C. Gao et T. Cao = Bucklandiella albipilifera（C. Gao et T. Cao）Bednarek-Ochyra et Ochyra

Racomitrium angustifolium Broth. = Bucklandiella angustifolia（Broth.）Bednarek-Ochyra et Ochyra

Racomitrium anomodontoides Card. = Codriophorus anomodontoides（Card.）Bednarek-Ochyra et Ochyra

Racomitrium aquaticum（Schrad.）Brid. = Codriophorus aquaticum（Schrad.）Bednarek-Ochyra et Ochyra

Racomitrium barbuloides Card. = Niphotrichum barbuloides（Card.）Bednarek-Ochyra et Ochyra

Racomitrium brevisetum Lindb. = Codriophorus brevisetus（Lindb.）Bednarek-Ochyra et Ochyra

Racomitrium canescens（Hedw.）Brid. = Niphotrichum canescens（Hedw.）Bednarek-Ochyra et Ochyra

Racomitrium canescens（Hedw.）Brid. var. epilosum Milde = Niphotrichum ericoides（Hedw.）Bednarek-Ochyra et Ochyra

Racomitrium canescens（Hedw.）Brid. var. ericoides（Hedw.）Hampe = Niphotrichum ericoides（Hedw.）Bednarek-Ochyra et Ochyra

Racomitrium canescens（Hedw.）Brid. var. strictum Schlieph. = Niphotrichum canescens（Hedw.）Bednarek-Ochyra et Ochyra

Racomitrium capillifolium Frisvoll = Bucklandiella albipilifera（C. Gao et T. Cao）Bednarek-Ochyra et Ochyra

Racomitrium carinatum Card. = Codriophorus carinatus（Card.）Bednarek-Ochyra et Ochyra

Racomitrium crispulum（Hook. f. et Wils.）Dix. = Bucklandiella crispula（Hook. f. et Wils.）Bednarek-Ochyra et Ochyra

Racomitrium cucullatulum Broth. = Bucklandiella cucullatula（Broth.）Bednarek-Ochyra et Ochyra

Racomitrium delavayi Broth. et Par. = Orthotrichum callistomum Bruch et Schimp.

Racomitrium dicarpum Broth. = Bucklandiella himalayana（Mitt.）Bednarek-Ochyra et Ochyra

Racomitrium diminutum Card. = Racomitrium laetum Besch. et Card.

Racomitrium ericoides （Hedw.） Brid. = Niphotrichum ericoides （Hedw.） Bednarek-Ochyra et Ochyra

Racomitrium fasciculare （Hedw.） Brid. = Codriophorus fascicularis （Hedw.） Bednarek-Ochyra et Ochyra

Racomitrium fasciculare （Hedw.） Brid. var. atroviride Card. = Codriophorus fascicularis （Hedw.） Bednarek-Ochyra et Ochyra

Racomitrium fasciculare （Hedw.） Brid. var. brachyphyllum Card. = Codriophorus anomodontoides （Card.） Bednarek-Ochyra et Ochyra

Racomitrium fasciculare （Hedw.） Brid. var. orientale Card. = Codriophorus brevisetus （Lindb.） Bednarek-Ochyra et Ochyra

Racomitrium formosicum Broth. = Codriophorus anomodontoides （Card.） Bednarek-Ochyra et Ochyra

Racomitrium formosicum Sak. = Codriophorus anomodontoides （Card.） Bednarek-Ochyra et Ochyra

Racomitrium heterostichum （Hedw.） Brid. ［Grimmia heterosticha （Hedw.） Muell. Hal.］ 异枝砂藓

Racomitrium heterostichum （Hedw.） Brid. var. brachypodium （Besch.） Nog. = Codriophorus carinatus （Card.） Bednarek-Ochyra et Ochyra

Racomitrium heterostichum （Hedw.） Brid. var. diminutum （Card.） Nog. = Racomitrium laetum Besch. et Card.

Racomitrium heterostichum （Hedw.） Brid. var. microcarpum （Hedw.） Boul. = Bucklandiella microcarpa （Hedw.） Bednarek-Ochyra et Ochyra

Racomitrium heterostichum （Hedw.） Brid. var. obtusum （Brid.） Delogn. 异枝砂藓钝叶变种

* Racomitrium heterostichum （Hedw.） Brid. var. occidentale Ren. et Card. 异枝砂藓长枝变种

Racomitrium heterostichum （Hedw.） Brid. var. ramulosum （Lindb.） Corb. = Bucklandiella microcarpa （Hedw.） Bednarek-Ochyra et Ochyra

Racomitrium heterostichum （Hedw.） Brid. var. sudeticum （Funck） Bauer = Bucklandiella sudetica （Funck） Bednarek-Ochyra et Ochyra

Racomitrium himalayanum （Mitt.） Jaeg. = Bucklandiella himalayana （Mitt.） Bednarek-Ochyra et Ochyra

Racomitrium hypnoides Lindb. = Racomitrium lanuginosum （Hedw.） Brid.

Racomitrium japonicum Dozy et Molk. = Niphotrichum japonicum （Dozy et Molk.） Bednarek-Ochyra et Ochyra

Racomitrium javanicum Dozy et Molk. = Bucklandiella subsecunda （Harv.） Bednarek-Ochyra et Ochyra

Racomitrium javanicum Dozy et Molk. var. incanum Broth. = Bucklandiella subsecunda （Harv.） Bednarek-Ochyra et Ochyra

Racomitrium joseph-hookeri Frisvoll = Bucklandiella joseph-hookeri （Frisvoll） Bednarek-Ochyra et Ochyra

Racomitrium laetum Besch. et Card. ［Racomitrium diminutum Card.， Racomitrium heterostichum （Hedw.） Brid. var. diminutum （Card.） Nog.］ 多枝砂藓（异枝砂藓，异枝砂藓短枝变种）

Racomitrium lanuginosum （Hedw.） Brid. ［Racomitrium hypnoides Lindb.， Trichostomum lanuginosum Hedw.］ 长毛砂藓（白毛砂藓）

Racomitrium microcarpum （Hedw.） Brid. = Bucklandiella microcarpa （Hedw.） Bednarek-Ochyra et Ochyra

Racomitrium molle Card. = Codriophorus molle （Card.） Bednarek-Ochyra et Ochyra

Racomitrium nitidulum Card. 阔叶砂藓

Racomitrium obtusum （Brid.） Brid. 钝尖砂藓

Racomitrium perpusillum Broth. = Rhachithecium perpusillum （Thwait. et Mitt.） Broth.

Racomitrium polyphylloides （Muell. Hal.） Par. = Ptychomitrium gardneri Lesq.

Racomitrium protensum （Braun） Hueb. = Codriophorus aquaticum （Schrad.） Bednarek-Ochyra et Ochyra

Racomitrium shevockii （Bednarek-Ochyra et Ochyra） Larraín et Muñoz ［Bucklandiella shevockii Ochyra et Bednarek-Ochyra］贡山砂藓（西南短齿藓）

Racomitrium subsecundum （Harv.） Mitt. = Bucklandiella subsecunda（Harv.）Bednarek-Ochyra et Ochyra

Racomitrium sudeticum（Funck）Bruch et Schimp. = Bucklandiella sudetica （Funck）Bednarek-Ochyra et Ochyra

Racomitrium szuchuanicum Chen = Niphotrichum japonicum （Dozy et Molk.） Bednarek-Ochyra et Ochyra

* Racomitrium varium（Mitt.）Jaeg. 长蒴砂藓

Racomitrium verrucosum Frisvoll = Bucklandiella verrucosa（Frisvoll）Bednarek-Ochyra et Ochyra

Racomitrium verrucosum Frisvoll var. emodense Frisvoll = Bucklandiella verrucosa （Frisvoll） Bednarek-Ochyra et Ochyra var. emodensis（Frisvoll）Bednarek-Ochyra et Ochyra

Racomitrium yakushimense Sak. = Codriophorus anomodontoides （Card.） Bednarek-Ochyra et Ochyra

Racopilaceae 卷柏藓科

Racopilum P. Beauv. 卷柏藓属

Racopilum aristatum Mitt. = Racopilum cuspidigerum（Schwaegr.）Aongstr.

Racopilum convolutaceum （Muell. Hal.） Reichdt. ［Racopilum cuspidigerum（Schwaegr.）Aongstr. var. convolutaceum（Muell. Hal.）Zant. et Dijikstra］疣卷柏藓

Racopilum cuspidigerum （Schwaegr.） Aongstr. ［Racopilum aristatum Mitt., Racopilum ferriei Thér.］毛尖卷柏藓（薄壁卷柏藓）

Racopilum cuspidigerum（Schwaegr.）Aongstr. var. convolutaceum（Muell. Hal.）Zant. et Dijikstra = Racopilum convolutaceum（Muell. Hal.）Reichdt.

Racopilum ferriei Thér. = Racopilum cuspidigerum（Schwaegr.）Aongstr.

Racopilum formosicum Horik. = Reimersia inconspicua（Griff.）Chen

Racopilum mnioides P. Beauv. = Racpilum tomentosum（Hedw.）Brid.

Racopilum orthocarpum Wils. ex Mitt. 直蒴卷柏藓

Racopilum spectabile Reinw. et Hornsch. 粗齿卷柏藓

* Racopilum tomentosum （Hedw.） Brid. ［Racopilum mnioides P. Beauv.］卷柏藓

Radula Dum. 扁萼苔属

Radula acuminata Steph. ［Radula yunnanensis Chen］尖舌扁萼苔

Radula amoena Herz. 美丽扁萼苔

Radula anceps S. Lac. 齿边扁萼苔

* Radula aneurysmalis （Hoot. f. et Tayl.） Gott., Lindenb. et Nees 兜瓣扁萼苔

Radula apiculata S. Lac. ex Steph. 尖瓣扁萼苔

Radula aquiligia（Hook. f. et Tayl.）Gott., Lindenb. et Nees 长枝扁萼苔（钝瓣扁萼苔）

Radula assamica Steph. ［Radula platyglossa Chen］广舌扁萼苔（阿萨密扁萼苔，阿萨姆扁萼苔）

Radula auriculata Steph. 耳瓣扁萼苔

Radula borneensis Steph. 婆罗洲扁萼苔

Radula boryana （Web.） Nees 卷耳扁萼苔

Radula caduca Yamada 断叶扁萼苔（落叶扁萼苔）

Radula campanigera Mont. 钟萼扁萼苔

Radula cavifolia Hampe ［Radula magnilobula Horik.］大瓣扁萼苔

Radula chinensis Steph. 中华扁萼苔

Radula complanata（Linn.）Dum. 扁萼苔

Radula complanata （Linn.） Dum. subsp. lindenbergiana （Gott. ex Hartm. f.） Schust. = Radula lindenbergiana Gott. ex Hartm. f.

Radula constricta Steph. = Radula lindenbergiana Gott. ex Hartm. f.

Radula falcata Steph. 镰叶扁萼苔

Radula fauciloba Steph. = Radula retroflexa Tayl. var. fauciloba（Steph.）Yamada

Radula flavescens Steph. = Radula tjibodensis Goebel

Radula formosa （Meissn. ex Spreng.）Nees ［Jungermannia formosa Meissn. ex Spreng.］台湾扁萼苔

Radula gedena Gott. ex Steph. 异胞扁萼苔

Radula inouei Yamada 圆瓣扁萼苔

Radula japonica Gott. ex Steph. 日本扁萼苔（菱瓣扁萼苔）

Radula javanica Gott. ［Radula variabilis Hatt.］爪哇扁萼苔

Radula kanemarui Hatt. = Radula tokiensis Steph.

Radula kojana Steph. 尖叶扁萼苔

Radula kurzii Steph. 曲瓣扁萼苔（挺茎扁萼苔）

Radula lacerata Steph. 刺边扁萼苔

Radula lindenbergiana Gott. ex Hartm. f. ［Radula complanata（Linn.）Dum. subsp. lindenbergiana（Gott. ex Hartm. f.）Schust. , Radula constricta Steph.］芽胞扁萼苔（林氏扁萼苔）

Radula lunulatilobula Horik. = Radula retroflexa Tayl. var. fauciloba（Steph.）Yamada

Radula madagascariensis Gott. 热带扁萼苔

Radula magnilobula Horik. = Radula cavifolia Hampe

Radula meyeri Steph. 迈氏扁萼苔

Radula multiflora Gott. ex Schiffn. 多萼扁萼苔

Radula nymanii Steph. 角瓣扁萼苔

Radula obscura Mitt. 树生扁萼苔

Radula obtusiloba Steph. 钝瓣扁萼苔

Radula okamurana Steph. 长瓣扁萼苔（厚角扁萼苔）

Radula onraedtii Yamada 折瓣扁萼苔（南亚扁萼苔）

Radula oyamensis Steph. ［Radula oyamensis Steph. var. setulosa Hatt.］东亚扁萼苔

Radula oyamensis Steph. var. setulosa Hatt. = Radula oyamensis Steph.

Radula perrottetii Gott. ex Steph. ［Radula valida Steph.］直瓣扁萼苔

Radula philippinensis Yamada 菲律宾扁萼苔

Radula pinnulata Yang = Radula yangii Yamada

Radula platyglossa Chen = Radula assamica Steph.

Radula protensa Lindenb. 长舌扁萼苔

Radula reflexa Nees et Mont. 卷尖扁萼苔（曲瓣扁萼苔）

Radula reineckeana Steph. = Radula tjibodensis Goebel

Radula retroflexa Tayl. 反叶扁萼苔

Radula retroflexa Tayl. var. fauciloba（Steph.）Yamada ［Radula fauciloba Steph. , Radula lunulatilobula Horik.］反叶扁萼苔月瓣变种

Radula stellatogemmipara C. Gao et Y. -H. Wu 星胞扁萼苔（星苞扁萼苔）

Radula sumatrana Steph. 大扁萼苔

Radula tayatensis Steph. = Radula tjibodensis Goebel

Radula tjibodensis Goebel ［Radula flavescens Steph. , Radula reineckeana Steph. , Radula tayatensis Steph.］南亚扁萼苔（细茎扁萼苔）

Radula tokiensis Steph. ［Radula kanemarui Hatt.］东京扁萼苔

Radula valida Steph. = Radula perrottetii Gott. ex Steph.

Radula variabilis Hatt. = Radula javanica Gott.

Radula yangii Yamada ［Radula pinnulata Yang］短萼扁萼苔

Radula yunnanensis Chen = Radula acuminata Steph.

Radulaceae 扁萼苔科

Radulales 扁萼苔目

Radulina Buck et Tan 细锯齿藓属

Radulina elegantissima（Fleisch.）Buck et Tan = Radulina hamata（Dozy et Molk.）Buck et Tan var. elegantissima（Fleisch.）Tan, T. Kop. et Norris

Radulina hamata（Dozy et Molk.）Buck et Tan ［Trichosteleum hamatum（Dozy et Molk.）Jaeg.］细锯齿藓（钩叶刺疣藓）

Radulina hamata（Dozy et Molk.）Buck et Tan var. elegantissima（Fleisch.）Tan, T. Kop. et Norris ［Radulina elegantissima（Fleisch.）Buck et Tan, Trichosteleum elegantissimum Fleisch.］细锯齿藓秀叶变种（长尖细锯齿藓）

Radulina hamata（Dozy et Molk.）Buck et Tan var. ferrei（Card. et Thér.）Tan et Y. Jia ［Trichosteleum ferriei Card. et Thér.］细锯齿藓狭尖变种

Radulineae 扁萼苔亚目

Rauia angustifolia Dix. = Heterocladium angustifolium（Dix.）Watan.

Rauia bandaiensis（Broth. et Par.）Broth. = Rauiella fujisana（Par.）Reim.

Rauiella Reim. 硬羽藓属

Rauiella fujisana（Par.）Reim. ［Rauia bandaiensis（Broth. et Par.）Broth.］东亚硬羽藓（硬羽藓）

*Rauiella scita（P. Beauv.）Reim. ［Hypnum scitum P. Beauv.］硬羽藓

Reboulia Raddi 石地钱属

Reboulia hemisphaerica（Linn.）Raddi ［Fimbraria valida Steph. , Reboulia hemisphaerica（Linn.）Raddi var. fissisquama Herz. , Reboulia hemisphaerica（Linn.）Raddi var. longipes（S. Lac.）Jensen, Reboulia hemisphaerica（Linn.）Raddi var.

turkestanica Jensen]石地钱(石地钱裂鳞变种，石地钱长柄变种，石地钱中亚变种)

Reboulia hemisphaerica （Linn.） Raddi var. fissisquama Herz. = Reboulia hemisphaerica （Linn.） Raddi

Reboulia hemisphaerica （Linn.） Raddi var. longipes （S. Lac.） Jensen = Reboulia hemisphaerica （Linn.） Raddi

Reboulia hemisphaerica （Linn.） Raddi var. turkestanica Jensen = Reboulia hemisphaerica （Linn.） Raddi

Rebouliaceae = Aytoniaceae

* Rectolejeunea Ev. 直鳞苔属

Rectolejeunea barbata Herz. = Lejeunea barbata （Herz.） R. -L. Zhu et M. -J. Lai

Rectolejeunea obliqua Herz. = Lejeunea anisophylla Mont.

Regmatodon Brid. 异齿藓属

Regmatodon declinatus （Hook.） Brid. ［Regmatodon declinatus （Hook.） Brid. var. minor Broth. , Regmatodon schwabei Herz.］异齿藓(台湾异齿藓)

Regmatodon declinatus （Hook.） Brid. var. minor Broth. = Regmatodon declinatus （Hook.） Brid.

Regmatodon handelii Broth. = Regmatodon orthostegius Mont.

Regmatodon longinervis C. Gao 长肋异齿藓

Regmatodon orthostegius Mont. ［Regmatodon handelii Broth. , Regmatodon polycarpus （Griff.） Mitt.］多蒴异齿藓（云南异齿藓）

Regmatodon polycarpus （Griff.） Mitt. = Regmatodon orthostegius Mont.

Regmatodon schwabei Herz. = Regmatodon declinatus （Hook.） Brid.

Regmatodon serrulatus （Dozy et Molk.） Bosch et S. Lac. 齿边异齿藓

Regmatodontaceae 异齿藓科

Reimersia Chen 仰叶藓属（芮氏藓属）

Reimersia inconspicua （Griff.） Chen ［Didymodon fortunatii Card. et Thér. , Hymenostylium diversirete Broth. , Racopilum formosicum Horik.］仰叶藓（芮氏藓,台湾卷柏藓）

Rhabdoweisia Bruch et Schimp. 粗石藓属

Rhabdoweisia crenulata （Mitt.） Jam. ［Rhabdoweisia laevidens Broth.］阔叶粗石藓（平齿粗石藓）

Rhabdoweisia crispata （With.） Lindb. ［Rhabdoweisia denticulata Bruch et Schimp. , Rhabdoweisia fugax （Hedw.） Bruch et Schimp. var. subdenticulata （Boul.） Limpr. , Rhabdoweisia striata （Schrad.） Lindb. var. subdenticulata （Boul.） Hag.］微齿粗石藓（粗石藓微齿变种）

Rhabdoweisia denticulata Bruch et Schimp. = Rhabdoweisia crispata （With.） Lindb.

Rhabdoweisia fugax （Hedw.） Bruch et Schimp. var. subdenticulata （Boul.） Limpr. = Rhabdoweisia crispata （With.） Lindb.

Rhabdoweisia laevidens Broth. = Rhabdoweisia crenulata （Mitt.） Jam.

Rhabdoweisia sinensi-fugax （Muell. Hal.） Par. = Cynodontium sinensi-fugax （Muell. Hal.） C. Gao

Rhabdoweisia sinensis Chen 中华粗石藓

* Rhabdoweisia striata （Schrad.） Lindb. 粗石藓

Rhabdoweisia striata （Schrad.） Lindb. var. subdenticulata （Boul.） Hag. = Rhabdoweisia crispata （With.） Lindb.

Rhacelopodopsis Thér. = Racelopodopsis Thér.

Rhachitheciaceae 刺藓科

Rhachithecium Le Jolis 刺藓属

Rhachithecium perpusillum （Thwait. et Mitt.） Broth. ［Racomitrium perpusillum Broth.］刺藓（矮砂藓）

Rhacomitrium Brid. = Racomitrium Brid.

Rhamphidium Mitt. 曲喙藓属

Rhamphidium crassicostatum X. -J. Li = Timmiella anomala （Bruch et Schimp.） Limpr.

* Rhamphidium macrostegium （Sull.） Mitt. 曲喙藓

Rhamphidium vaginatum Broth. 鞘叶曲喙藓

* Rhaphidolejeunea Herz. 针鳞苔属

Rhaphidolejeunea cyclops （S. Lac.） Herz. = Drepanolejeunea cyclops（S. Lac.）Grolle et R. -L. Zhu

Rhaphidolejeunea fleischeri （Steph.） Herz. = Drepanolejeunea fleischeri （Steph.） Grolle et R. -L. Zhu

Rhaphidolejeunea foliicola （Horik.） Chen = Drepanolejeunea foliicola Horik.

Rhaphidolejeunea spicata（Steph.）Grolle = Drepanolejeunea spicata（Steph.）Grolle et R. -L. Zhu

Rhaphidolejeunea tibetana P. -C. Wu et J. -S. Lou = Drepanolejeunea tibetana（P. -C. Wu et J. -S. Lou）Grolle et R. -L. Zhu

Rhaphidolejeunea yunnanensis Chen = Drepanolejeunea yunnanensis（Chen）Grolle et R. -L. Zhu

Rhaphidorrhynchium subcylindricum（Fleisch.）Fleisch. = Sematophyllum subcylindricum（Fleisch.）Sainsb.

Rhaphidostegium demissum（Wils.）De Not. = Sematophyllum subpinnatum（Brid.）Britt.

Rhaphidostegium henryi Par. et Broth. = Sematophyllum subhumile（Muell. Hal.）Fleisch.

Rhaphidostegium japonicum Broth. = Sematophyllum subhumile（Muell. Hal.）Fleisch.

Rhaphidostegium lutschianum Broth. et Par. = Trichosteleum lutschianum（Broth. et Par.）Broth.

Rhaphidostegium pylaisiadelphus Besch. = Brotherella nictans（Mitt.）Broth.

Rhaphidostegium robustulum Card. = Sematophyllum subpinnatum（Brid.）Britt.

Rhaphidostegium subcylindricum Fleisch. = Sematophyllum subcylindricum（Fleisch.）Sainsb.

Rhaphidostichum Fleisch. 狗尾藓属

Rhaphidostichum boschii（Dozy et Molk.）Seki = Trichosteleum boschii（Dozy et Molk.）Jaeg.

Rhaphidostichum boschii（Dozy et Molk.）Seki subsp. thelidictyon（Sull. et Lesq.）Seki = Trichosteleum boschii（Dozy et Molk.）Jaeg.

Rhaphidostichum bunodicarpum（Muell. Hal.）Fleisch. 狗尾藓

Rhaphidostichum longicuspidatum Seki = Papillidiopsis complanata（Dix.）Buck et Tan

Rhaphidostichum macrostictum（Broth. et Par.）Broth. = Papillidiopsis macrosticta（Broth. et Par.）Buck et Tan

Rhaphidostichum piliferum（Broth.）Broth. ［Sematophyllum piliferum Broth.］毛尖狗尾藓

Rhaphidostichum stissophyllum（Hampe et Muell. Hal.）T. -Y. Chiang et C. -M. Kuo = Papillidiopsis

stissophylla（Hampe et Muell. Hal.）Tan et Y. Jia

Rhizogoniaceae 桧藓科

Rhizogoniales 桧藓目

Rhizogonium Brid. = Pyrrhobryum Mitt.

Rhizogonium armatum Sak. = Pyrrhobryum spiniforme（Hedw.）Mitt.

Rhizogonium badakense Fleisch. = Pyrrhobryum spiniforme（Hedw.）Mitt. var. badakense（Fleisch.）Manuel

Rhizogonium dozyanum S. Lac. = Pyrrhobryum dozyanum（S. Lac.）Manuel

Rhizogonium longiflorum（Mitt.）Jaeg. = Pyrrhobryum latifolium（Bosch et S. Lac.）Mitt.

Rhizogonium spiniforme（Hedw.）Bruch = Pyrrhobryum spiniforme（Hedw.）Mitt.

Rhizogonium spiniforme（Hedw.）Bruch var. badakense（Fleisch.）Iwats. = Pyrrhobryum spiniforme（Hedw.）Mitt. var. badakense（Fleisch.）Manuel

Rhizogonium spiniforme（Hedw.）Bruch var. ryukyuense Iwats. = Pyrrhobryum spiniforme（Hedw.）Bruch var. ryukyuense（Iwats.）Manoel

Rhizomnium（Broth.）T. Kop. 毛灯藓属

Rhizomnium andrewsianum（Steere）T. Kop. 北方毛灯藓

Rhizomnium appalachianum T. Kop. ［Mnium punctatum Hedw. var. appalachianum（T. Kop.）Crum et Anders.］北美毛灯藓

Rhizomnium gracile T. Kop. 纤细毛灯藓

Rhizomnium hattorii T. Kop. 扇叶毛灯藓

Rhizomnium horikawae（Nog.）T. Kop. ［Mnium horikawae Nog. , Rhizomnium punctatum（Hedw.）T. Kop. var. horikawae（Nog.）Nog.］薄边毛灯藓（薄边提灯藓）

Rhizomnium magnifolium（Horik.）T. Kop. ［Rhizomnium perssonii T. Kop. , Rhizomnium punctatum（Hedw.）T. Kop. var. elatum（Schimp.）T. Kop.］大叶毛灯藓（大叶毛茎藓）

Rhizomnium minutulum（Besch.）T. Kop. = Rhizomnium parvulum（Mitt.）T. Kop.

Rhizomnium nudum（Britt. et Williams）T. Kop. 圆叶毛灯藓

Rhizomnium parvulum （Mitt.）T. Kop.［Mnium minutulum Besch.，Rhizomnium minutulum（Besch.）T. Kop.］小毛灯藓（小提灯藓）

Rhizomnium perssonii T. Kop. = Rhizomnium magnifolium（Horik.）T. Kop.

Rhizomnium pseudopunctatum （Bruch et Schimp.）T. Kop.［Mnium pseudopunctatum Bruch et Schimp.，Mnium subglobosum Bruch et Schimp.］拟毛灯藓（拟扇叶提灯藓，拟扇叶毛茎藓）

Rhizomnium punctatum（Hedw.）T. Kop.［Mnium pseudopunctatum Muell. Hal.，Mnium punctatum Hedw.，Mnium punctatum Hedw. var. eupunctatum Kab.］毛灯藓（扇叶提灯藓）

Rhizomnium punctatum（Hedw.）T. Kop. var. elatum（Schimp.）T. Kop. = Rhizomnium magnifolium（Horik.）T. Kop.

Rhizomnium punctatum （Hedw.）T. Kop. var. horikawae（Nog.）Nog.［Mnium horikawae Nog.，Mnium punctatum Hedw. var. horikawae（Nog.）Nog.，Rhizomnium horikawae（Nog.）T. Kop.］毛灯藓薄边亚种（薄边毛灯藓，薄边提灯藓）

Rhizomnium striatulum（Mitt.）T. Kop.［Mnium striatulum Mitt.］细枝毛灯藓（细枝提灯藓）

Rhizomnium tuomikoskii T. Kop. 具丝毛灯藓

Rhizomnium vesicatum（Besch.）T. Kop. = Plagiomnium vesicatum（Besch.）T. Kop.

Rhodobryum（Schimp.）Limpr. 大叶藓属

* Rhodobryum aubertii（Schwaegr.）Thér. 南部大叶藓

Rhodobryum giganteum（Schwaegr.）Par.［Bryum giganteum（Schwaegr.）Arn.］暖地大叶藓

Rhodobryum laxelimbatum（Ochi）Iwats. et T. Kop. 阔边大叶藓

Rhodobryum longicaudatum M. Zang et X.-J. Li = Bryum billarderii Schwaegr.

Rhodobryum nanorosula （ Muell. Hal.）Par. = Rhodobryum ontariense（Kindb.）Par.

Rhodobryum ontariense（Kindb.）Par.［Bryum leptorhodon Muell. Hal.，Bryum nanorosula Muell. Hal.，Bryum ontariense Kindb.，Bryum ptychothecioides Muell. Hal.，Rhodobryum nanorosula（Muell. Hal.）Par.］狭边大叶藓

Rhodobryum roseum（Hedw.）Limpr.［Bryum roseum（Hedw.）Crome，Mnium roseum Hedw.，Mnium spathulatum Hornsch.］大叶藓

Rhodobryum spathulatum （Hornsch.） Pócs = Rhodobryum roseum（Hedw.）Limpr.

Rhodobryum wichurae（Broth.）Par. = Bryum billarderi Schwaegr.

Rhynchostegiella（Bruch et Schimp.）Limpr. 细喙藓属

Rhynchostegiella acicula Broth. = Rhynchostegium aciculum（Broth.）Broth.

Rhynchostegiella curviseta（Brid.）Limpr. 弯柄细喙藓

Rhynchostegiella formosana Sak. = Rhynchostegiella leptoneura Dix. et Thér.

Rhynchostegiella japonica Dix. et Thér. 日本细喙藓

Rhynchostegiella laeviseta Broth. 光柄细喙藓

Rhynchostegiella leptoneura Dix. et Thér.［Rhynchostegiella formosana Sak.］细肋细喙藓

Rhynchostegiella menadensis（S. Lac.）Bartr. 锐尖细喙藓

Rhynchostegiella sakuraii Tak. 毛尖细喙藓

Rhynchostegiella sinensis Broth. et Par. = Rhynchostegium sinense（Broth. et Par.）Broth.

* Rhynchostegiella tenella（Dicks.）Limpr. 细喙藓

Rhynchostegium Bruch et Schimp. 长喙藓属

Rhynchostegium aciculum（Broth.）Broth.［Rhynchostegiella acicula Broth.］短尖长喙藓（细尖长喙藓）

Rhynchostegium brevipes Broth. et Par. = Schwetschkea brevipes（Broth. et Par.）Broth.

Rhynchostegium celebicum（S. Lac.）Jaeg. 西伯里长喙藓

Rhynchostegium confertum（Dicks.）Schimp. 长喙藓（密枝长喙藓）

Rhynchostegium contractum Card. 缩叶长喙藓

Rhynchostegium dasyphyllum Muell. Hal. = Eurhynchium eustegium（Besch.）Dix.

Rhynchostegium duthiei Dix. 杜氏长喙藓

Rhynchostegium esquirolii Card. et Thér. = Platyhypnidium esquirolii（Card. et Thér.）Broth.

Rhynchostegium fauriei Card. 狭叶长喙藓（傅氏长喙藓）

Rhynchostegium gracilescens Broth. = Eurhynchium savatieri Besch.

*Rhynchostegium herbaceum（Mitt.）Jaeg. 草质长喙藓

Rhynchostegium hunanense Ignatov et Huttunen 湖南长喙藓

Rhynchostegium inclinatum（Mitt.）Jaeg.［Oxyrrhynchium sasaokae Sak. , Rhynchostegium plumosum Thér. , Rhynchostegium sasaokae Broth.］斜枝长喙藓

Rhynchostegium leptomitophyllum Muell. Hal. = Eurhynchium savatieri Besch.

Rhynchostegium longirameum Muell. Hal. = Eurhynchium longirameum（Muell. Hal.）Y. -F. Wang et R. -L. Hu

Rhynchostegium microrusciforme Muell. Hal. = Brachythecium buchananii（Hook.）Jaeg.

Rhynchostegium murale（Hedw.）Schimp. 凹叶长喙藓（附墙长喙藓,墙生长喙藓）

Rhynchostegium obsoletinerve Broth. = Herzogiella turfacea（Lindb.）Iwats.

Rhynchostegium ovalifolium Okam. 卵叶长喙藓

Rhynchostegium pallenticaule Muell. Hal. 淡枝长喙藓

Rhynchostegium pallidifolium（Mitt.）Jaeg.［Rhynchostegium suzukae Broth.］淡叶长喙藓

Rhynchostegium patentifolium Muell. Hal. = Oxyrrhynchium vagans（Jaeg.）Ignatov et Huttunen

Rhynchostegium patulifolium Card. et Thér.［Oxyrrhynchium patulifolium Card. et Thèr, Platyhypnidium patulifolium（Card. et Thér.）Broth.］长肋长喙藓（直叶平灰藓）

Rhynchostegium planiusculum（Mitt.）Jaeg. 平叶长喙藓

Rhynchostegium platyphyllum Muell. Hal. = Torrentaria riparioides（Hedw.）Ochyra

Rhynchostegium plumosum Thér. = Rhynchostegium inclinatum（Mitt.）Jaeg.

Rhynchostegium riparioides（Hedw.）Card. = Torrentaria riparioides（Hedw.）Ochyra

Rhynchostegium rusciforme Schimp. = Torrentaria riparioides（Hedw.）Ochyra

Rhynchostegium sasaokae Broth. = Rhynchostegium inclinatum（Mitt.）Jaeg.

Rhynchostegium schottmuelleri（Broth.）Par. = Torrentaria riparioides（Hedw.）Ochyra

Rhynchostegium serpenticaule（Muell. Hal.）Broth.［Eurhynchium serpenticaule Muell. Hal.］匍枝长喙藓

Rhynchostegium sinense（Broth. et Par.）Broth.［Rhynchostegiella sinensis Broth. et Par.］中华长喙藓（华东细喙藓）

Rhynchostegium subspeciosum（Muell. Hal.）Muell. Hal.［Eurhynchium subspeciosum Muell. Hal.］美丽长喙藓

Rhynchostegium subspeciosum（Muell. Hal.）Muell. Hal. var. filiforme Muell. Hal. = Eurhynchium filiforme（Muell. Hal.）Y. -F. Wang et R. -L. Hu

Rhynchostegium suzukae Broth. = Rhynchostegium pallidifolium（Mitt.）Jaeg.

Rhynchostegium vagans Jaeg. = Oxyrrhynchium vagans（Jaeg.）Ignatov et Huttunen

Rhytidiaceae 垂枝藓科

Rhytidiadelphus（Limpr.）Warnst. 拟垂枝藓属

Rhytidiadelphus calvescens（Kindb.）Broth. = Rhytidiadelphus squarrosus（Hedw.）Warnst.

Rhytidiadelphus japonicus（Reim.）T. Kop. 仰尖拟垂枝藓

Rhytidiadelphus loreus（Hedw.）Warnst. = Rhytidiadelphus squarrosus（Hedw.）Warnst.

Rhytidiadelphus squarrosus（Hedw.）Warnst.［Rhytidiadelphus calvescens（Kindb.）Broth. , Rhytidiadelphus loreus（Hedw.）Warnst. , Rhytidiadelphus subpinnatus（Lindb.）T. Kop.］拟垂枝藓（反叶拟垂枝藓,粗叶拟垂枝藓,尖叶拟垂枝藓,长叶拟垂枝藓）

Rhytidiadelphus subpinnatus（Lindb.）T. Kop. = Rhytidiadelphus squarrosus（Hedw.）Warnst.

Rhytidiadelphus triquetrus（Hedw.）Warnst.［Hylocomium triquetrum（Hedw.）Schimp.］大拟垂枝藓（拟垂枝藓）

Rhytidiadelphus yunnanensis（Besch.）Broth. = Neodolichomitra yunnanensis（Besch.）T. Kop.

Rhytidium（Sull.）Kindb. 垂枝藓属

Rhytidium rugosum（Hedw.）Kindb.［Hylocomium rugosum（Hedw.）De Not.］垂枝藓

Rhizogonium Brid. = Pyrrhobryum Mitt.

Riccardia Gray 片叶苔属

Riccardia angustata Horik. 狭片叶苔

Riccardia barbiflora（Steph.）Piippo［Aneura barbiflora Steph.］倾立片叶苔

Riccardia chamaedryfolia（With.）Grolle［Aneura sinuata（Hook.）Dum.，Riccardia multifida（Linn.）Gray var. sinuata Hook.，Riccardia sinuata（Hook.）Trev.］波叶片叶苔

Riccardia changbaishanensis C. Gao 长白山片叶苔

Riccardia chinensis C. Gao 中华片叶苔

Riccardia crenulata Schiffn. 细圆齿片叶苔

Riccardia diminuta Schiffn. 线枝片叶苔

Riccardia flagellifrons C. Gao 鞭枝片叶苔

Riccardia formosensis（Steph.）Horik.［Aneura formosensis Steph.］台湾片叶苔

Riccardia jackii Schiffn. 南亚片叶苔（亚氏片叶苔）

Riccardia kodamae Mizut. et Hatt. 单胞片叶苔（小丸氏片叶苔）

Riccardia latifrons（Lindb.）Lindb. 宽片叶苔

Riccardia miyakeana Schiffn. 东亚片叶苔

Riccardia multifida（Linn.）Gray 片叶苔（羽枝片叶苔）

Riccardia multifida（Linn.）Gray var. sinuata Hook. = Riccardia chamaedryfolia（With.）Grolle

Riccardia palmata（Hedw.）Carruth［Aneura palmata（Hedw.）Dum.］掌状片叶苔（掌状绿片叶苔）

Riccardia pellioides Horik. = Aneura maxima（Schiffn.）Steph.

Riccardia pellucida（Steph.）Chen［Aneura pellucida Steph.］明翼片叶苔

Riccardia pinguis（Linn.）Gray = Aneura pinguis（Linn.）Dum.

Riccardia platyclada Schiffn. 宽枝片叶苔

Riccardia plumosa（Mitt.）Campbell 具羽片叶苔

Riccardia sinuata（Hook.）Trev. = Riccardia chamaedryfolia（With.）Grolle

Riccardia submultifida Horik. 拟羽枝片叶苔（羽枝片叶苔，亚羽片叶苔）

Riccia Linn. 钱苔属

Riccia cavernosa Hoffm. 宽瓣钱苔

Riccia chinensis Herz. 中华钱苔

Riccia convexa Steph. 凸面钱苔（凹面钱苔）

Riccia crystallina Linn. 片叶钱苔

Riccia delavayi Steph. 云南钱苔

Riccia esulcata Steph. 荒地钱苔

Riccia fertilissima Steph. 多孢钱苔

Riccia fluitans Linn. 叉钱苔

Riccia fluitans Linn. var. reticulata Herz. 叉钱苔网孢变种

Riccia frostii Aust. 小孢钱苔

Riccia glauca Linn. 钱苔

Riccia glauca Linn. var. subinermis（Lindb.）Warnst. 钱苔刺边变种

Riccia handelii Schiffn. 云南钱苔

Riccia hueberiana Lindenb. 稀枝钱苔

Riccia kirinensis C. Gao et K. -C. Chang 吉林钱苔

Riccia liaoningensis C. Gao et K. -C. Chang 辽宁钱苔

Riccia nigrella DC. 黑鳞钱苔

Riccia nipponica Hatt. 日本钱苔

Riccia pseudofluitans C. Gao et K. -C. Chang 突果钱苔

Riccia satoi Hatt. 佐藤钱苔

Riccia setigera Schust. 刺毛钱苔

Riccia sorocarpa Bisch. 肥果钱苔（大果钱苔）

Riccia sorocarpa Bisch. f. rhodolepida Herz. 肥果钱苔四川变型

Ricciaceae 钱苔科

Ricciales 钱苔目

Ricciocarpos Corda 浮苔属

Ricciocarpos natans（Linn.）Corda 浮苔

* Riella Mont. 纽苔属

* Riellaceae 纽苔科

Rozea Besch. 小绢藓属

Rozea diversifolia Broth. 异叶小绢藓

Rozea fulva Fleisch.［Rozea microcarpa Broth.］小蒴小绢藓

Rozea microcarpa Broth. = Rozea fulva Fleisch.

Rozea myura Herz. = Rozea pterogonioides（Harv.）Jaeg.

Rozea pterogonioides（Harv.）Jaeg.［Clastobryum excavatum Broth.，Rozea myura Herz.］翼叶小绢藓（小绢藓，卷边小绢藓，凹叶疣胞藓）

* Rozea viridis Besch. 小绢藓

S

Saccogyna Dum. 囊萼苔属（蒴囊苔属）

Saccogyna bidentula Horik. = Saccogynidium rigidulum（Nees）Grolle

Saccogyna curiosissima Horik. = Heteroscyphus tener（Steph.）Schiffn.

Saccogyna subcuriosissima Horik. = Heteroscyphus aselliformis（Reinw.，Bl. et Nees）Schiffn.

Saccogyna viticulosa（Linn.）Dum. 囊萼苔（蒴囊苔）

Saccogynidium Grolle 拟囊萼苔属（拟蒴囊苔属）

* Saccogynidium australe（Mitt.）Grolle 拟囊萼苔

Saccogynidium bidentulum（Horik.）Chen = Saccogynidium rigidulum（Nees）Grolle

Saccogynidium irregularispinosum C. Gao，T. Cao et M. -J. Lai 刺叶拟囊萼苔（刺叶拟蒴囊苔）

Saccogynidium jugatum（Mitt.）Grolle = Saccogynidium rigidulum（Nees）Grolle

Saccogynidium muricellum（De Not.）Grolle［Lophocolea pseudoverrucosa Horik.］糙叶拟囊萼苔（糙叶拟蒴囊苔）

Saccogynidium rigidulum（Nees）Grolle［Saccogyna bidentula Horik.，Saccogynidium bidentulum（Horik.）Chen，Saccogynidium jugatum（Mitt.）Grolle］挺叶拟囊萼苔（挺叶拟蒴囊苔，对生拟囊萼苔）

Saelania Lindb. 石缝藓属

Saelania glaucescens（Hedw.）Broth.［Ditrichum pruinosum（Muell. Hal.）Par.，Leptotrichum pruinosum Muell. Hal.，Trichostomum glaucescens Hedw.］石缝藓

Sakuraia Broth. 螺叶藓属

Sakuraia conchophylla（Card.）Nog.［Entodon conchophylla Card.，Sakuraia macrospora（Broth.）Broth.］螺叶藓（螺叶绢藓，兜叶绢藓）

Sakuraia macrospora（Broth.）Broth. = Sakuraia conchophylla（Card.）Nog.

Sanionia Loeske 三洋藓属

Sanionia uncinata（Hedw.）Loeske［Drepanocladus filicalyx Muell. Hal.，Drepanocladus sinensi-uncinatus Muell. Hal.，Drepanocladus uncinatus（Hedw.）Warnst.，Drepanocladus uncinatus（Hedw.）Warnst. f. auriculatus Moenk.，Drepanocladus uncinatus（Hedw.）Warnst. f. longicuspis Smirn.，Drepanocladus uncinatus（Hedw.）Warnst. f. plumulosus Moenk.，Hypnum filicalyx（Muell. Hal.）Par.，Hypnum uncinatum Hedw.］三洋藓（钩叶镰刀藓，钩枝镰刀藓，钩枝镰刀藓垂尖变型，钩枝镰刀藓垂枝变型，钩枝镰刀藓长枝变型，钩枝镰刀藓密枝变型 钩枝镰刀藓密叶变型）

Sarmentypnum sarmentosum（Wahl.）Tuom. et T. Kop. = Calliergon sarmentosum（Wahl.）Kindb.

Sasaokaea Broth. 类牛角藓属

Sasaokaea aomoriensis（Par.）Kanda［Sasaokaea japonica Broth.］类牛角藓

Sasaokaea japonica Broth. = Sasaokaea aomoriensis（Par.）Kanda

Sauteria Nees 星孔苔属

Sauteria alpina（Nees et Bisch.）Nees 星孔苔

Sauteria inflata C. Gao et K. -C. Chang 膨柄星孔苔

Sauteria spongiosa（Kashyap）Hatt. 球孢星孔苔

Sauteriaceae = Cleveaceae

Scabridens Bartr. 疣齿藓属

Scabridens sinensis Bartr. 疣齿藓（中华疣齿藓）

Scapania（Dum.）Dum. 合叶苔属

Scapania ampliata Steph. 尖瓣合叶苔

Scapania apiculata Spruce 多胞合叶苔

Scapania aspera M. Bernet. et H. Bernet. 粗糙合叶苔

Scapania bolanderi Aust.［Scapania bolanderi Aust. var. caudata（Steph.）Hatt.，Scapania caudata Steph.，Scapania caudata Tayl. ex Aust.，Scapania densiloba Horik.，Scapania major Amak. et Hatt.，Scapania robusta Horik.］腋毛合叶苔（粗枝合叶苔）

Scapania bolanderi Aust. var. caudata（Steph.）Hatt. = Scapania bolanderi Aust.

Scapania calcicola（Arn. et Perss.）Ingham 碱基合叶苔

Scapania carinthiaca Jack 厚边合叶苔

Scapania caudata Steph. = Scapania bolanderi Aust.

Scapania caudata Tayl. ex Aust. = Scapania bolanderi Aust.

Scapania ciliata S. Lac.［Scapania levieri K. Muell.，Scapania spinosa Steph.］刺边合叶苔（齿边合叶苔，列氏合叶苔）

Scapania ciliatospinosa Horik.［Scapania schiffneri Grolle］刺毛合叶苔（毛刺合叶苔）

Scapania contorta Mitt. 卷边合叶苔

Scapania curta（Mart.）Dum. 短合叶苔（小合叶苔）

Scapania cuspiduligera（Nees）K. Muell. 兜瓣合叶苔

Scapania davidii Potemkin 凹瓣合叶苔

Scapania delavayi Steph. 德氏合叶苔

Scapania densiloba Horik. = Scapania bolanderi Aust.

Scapania falcata Steph. ex K. Muell. = Scapania undulata（Linn.）Dum.

Scapania ferruginea（Lehm. et Lindenb.）Gott.，Lindenb. et Nees 褐色合叶苔

Scapania ferrugineaoides T. Cao，C. Gao et J. Sun 拟褐色合叶苔

Scapania gaochienia X. Fu ex T. Cao = Scapania gaochii X. Fu ex T. Cao

Scapania gaochii X. Fu ex T. Cao［Scapania gaochienia X. Fu ex T. Cao］高氏合叶苔

Scapania gigantea Horik. 紫色合叶苔

Scapania glaucocephala（Tayl.）Aust. 长尖合叶苔

Scapania glaucoviridis Horik. 灰绿合叶苔

Scapania gracilis Lindb. 纤细合叶苔

Scapania griffithii Schiffn. 格氏合叶苔

Scapania handelii Nichols. = Scapania ornithopodioides（With.）Waddell

Scapania harae Amak. 复疣合叶苔（复瘤合叶苔）

Scapania hians K. Muell. 秦岭合叶苔（展瓣合叶苔）

Scapania irrigua（Nees）Nees 湿生合叶苔

Scapania javanica Gott. 爪哇合叶苔

Scapania karl-mülleri Grolle 克氏合叶苔

Scapania koponenii Potemkin 柯氏合叶苔

Scapania levieri K. Muell. = Scapania ciliata S. Lac.

Scapania ligulata Steph. 舌叶合叶苔

Scapania ligulata Steph. subsp. stephanii（K. Muell.）Potemkin［Scapania stephanii K. Muell.］舌叶合叶苔多齿亚种（斯氏合叶苔）

Scapania macroparaphyllia T. Cao，C. Gao et J. Sun 片毛合叶苔

Scapania major Amak. et Hatt. = Scapania bolanderi Aust.

Scapania massalongoi K. Muell. 腐木合叶苔

Scapania maxima Horik. = Scapania subnimbosa Steph.

Scapania mucronata Buch 尖叶合叶苔

Scapania nemorea（Linn.）Grolle［Scapania nemorosa（Linn.）Dum.］林地合叶苔

Scapania nemorosa（Linn.）Dum. = Scapania nemorea（Linn.）Grolle

Scapania nepalensis Gott.，Lindenb. et Nees 尼泊尔合叶苔

Scapania nimbosa Tayl. ex Lehm. 离瓣合叶苔（高瓣合叶苔）

Scapania nimbosa Tayl. var. yunnanensis Nichols. 离瓣合叶苔云南变种

Scapania orientalis Steph. ex K. Muell. 东亚合叶苔

Scapania ornithopodioides（With.）Waddell［Scapania handelii Nichols.，Scapania plagiochiloides Horik.，Scapania planifolia（Hook.）Dum.］分瓣合叶苔（扁叶合叶苔，韩氏合叶苔）

Scapania paludicola Loeske et K. Muell. 沼生合叶苔

Scapania paludosa（K. Muell.）K. Muell. 大合叶苔

Scapania paraphyllia T. Cao et C. Gao 毛茎合叶苔

Scapania parva Steph. = Scapania verrucosa Heeg.

Scapania parvidens Steph. = Scapania parvitexta Steph.

Scapania parvifolia Warnst. 小合叶苔（小叶合叶苔）

Scapania parvitexta Steph.［Scapania parvidens Steph.］细齿合叶苔（弯瓣合叶苔）

Scapania plagiochiloides Horik. = Scapania ornithopodioides（With.）Waddell

Scapania planifolia（Hook.）Dum. = Scapania ornithopodioides（With.）Waddell

Scapania plicata（Lindb.）Potemkin = Douinia plicata（Lindb.）Konstant. et Vilnet

Scapania robusta Horik. = Scapania bolanderi Aust.

Scapania rotundifolia Nichols. 圆叶合叶苔

Scapania schiffneri Grolle = Scapania ciliatospinosa Horik.

Scapania secunda Steph. 偏合叶苔

Scapania sinikkae Potemkin 香格里拉合叶苔

Scapania spinosa Steph. = Scapania ciliata S. Lac.

Scapania stephanii K. Muell. = Scapania ligulata Steph. subsp. stephanii（K. Müll.）Potemkin

Scapania subalpina（Nees ex Lindenb.）Dum. 亚高山合叶苔

Scapania subnimbosa Steph. ［Scapania maxima Horik.］粗壮合叶苔（大叶合叶苔，拟离瓣粗壮合叶苔）

Scapania uliginosa（Sw.）Dum. 湿地合叶苔

Scapania umbrosa（Schrad.）Dum. 斜齿合叶苔

Scapania undulata（Linn.）Dum.［Scapania falcata Steph. ex K. Muell.］合叶苔（弯叶合叶苔，波瓣合叶苔）

Scapania verrucifera Mass. = Scapania verrucosa Heeg

Scapania verrucosa Heeg［Scapania parva Steph. , Scapania verrucifera Mass.］粗疣合叶苔（疣合叶苔，小合叶苔）

Scapaniaceae 合叶苔科（折叶苔科）

Scaphophyllum Inoue 大叶苔属

Scaphophyllum speciosum（Horik.）Inoue［Anastrophyllum speciosum Horik. , Jungermannia speciosa（Horik.）Kitag.］大叶苔（圆叶挺叶苔）

Schiffneria Steph. 塔叶苔属

Schiffneria hyalina Steph.［Schiffneria szechuanensis Chen , Schiffneria viridis Steph.］塔叶苔（绿色塔叶苔，四川塔叶苔）

Schiffneria szechuanensis Chen = Schiffneria hyalina Steph.

Schiffneria yunnanensis C. Gao et W. Li 云南塔叶苔

Schiffneria viridis Steph. = Schiffneria hyalina Steph.

Schiffneriaceae 塔叶苔科

Schiffneriolejeunea Verd. 尼鳞苔属（耳鳞苔属，希福尼鳞苔属）

Schiffneriolejeunea haskarliana（Gott.）Mizut. =

Schiffneriolejeunea tumida（Nees et Mont.）Gradst. var. haskarliana（Gott.）Gradst. et Terken

* Schiffneriolejeunea omphalanthoides Verd. 尼鳞苔

* Schiffneriolejeunea polycarpa（Nees）Gradst. 多蒴尼鳞苔

Schiffneriolejeunea tumida（Nees et Mont.）Gradst.［Brachiolejeunea retusa Horik.］阔叶尼鳞苔（希福尼鳞苔，凹瓣希福尼鳞苔，凹瓣鳃叶苔,阔叶耳鳞苔）

Schiffneriolejeunea tumida（Nees et Mont.）Gradst. var. haskarliana（Gott.）Gradst. et Terken［Ptychocoleus haskarlianus（Gott.）Steph. , Schiffneriolejeunea haskarliana（Gott.）Mizut.］阔叶尼鳞苔平边变种（希福尼鳞苔平边变种）

Schisma chinense（Steph.）Steph. = Herbertus dicranus（Tayl.）Trev.

Schisma delavayii（Steph.）Steph. = Herbertus sendtneri（Nees）Ev.

Schisma giraldianum Steph. = Herbertus dicranus（Tayl.）Trev.

Schisma longispinum（Jack et Steph.）Steph. var. calvum（Mass.）Levieri = Herbertus longispinus Jack et Steph. var. calvum Mass.

Schisma wichurae（Steph.）Steph. = Herbertus dicranus（Tayl.）Trev.

Schistidium Bruch et Schimp. 连轴藓属（裂齿藓属）

Schistidium agassizii Sull. et Lesq.［Grimmia alpicola Hedw. , Schistidium alpicola（Hedw.）Limpr.］高山连轴藓（高山裂齿藓，高山紫萼藓）

Schistidium alpicola（Hedw.）Limpr. = Schistidium agassizii Sull. et Lesq.

Schistidium alpicola（Hedw.）Limpr. var. rivulare（Brid.）Limpr. = Schistidium rivulare（Brid.）Podp.

Schistidium ambiguum Sull. = Schistidium apocarpum（Hedw.）Bruch et Schimp.

Schistidium apocarpum（Hedw.）Bruch et Schimp.［Grimmia apocarpa Hedw. , Grimmia apocarpa Hedw. var. ambigua（Sull.）Jones , Schistidium ambiguum Sull.］圆蒴连轴藓（圆蒴紫萼藓，圆蒴紫萼藓长尖变种，圆果紫萼藓,岸生高山紫萼藓,

圆果裂齿藓,长尖裂齿藓)

Schistidium apocarpum (Hedw.) Bruch et Schimp. var. gracile (Roehl.) Bruch et Schimp. = Schistidium trichodon (Brid.) Poelt

Schistidium chenii (S.-H. Lin) T. Cao, C. Gao et J.-C. Zhao [Grimmia chenii S.-H. Lin, Grimmia himalayana Chen] 陈氏连轴藓

Schistidium gracile (Roehl.) Limpr. = Schistidium trichodon (Brid.) Poelt

Schistidium liliputanum (Muell. Hal.) Deguchi [Grimmia liliputana Muell. Hal.] 细叶连轴藓(细叶紫萼藓)

Schistidium maritimum (Turn.) Bruch et Schimp. [Grimmia maritima Turn.] 连轴藓(溪岸裂齿藓,溪岸紫萼藓)

Schistidium mucronatum Blom 凹叶连轴藓

Schistidium riparium Blom 厚边连轴藓

Schistidium rivulare (Brid.) Podp. [Grimmia alpicola Hedw. var. rivularis (Brid.) Wahlenb., Grimmia apocarpa Hedw. var. rivularis (Brid.) Nees et Hornsch., Schistidium alpicola (Hedw.) Limpr. var. rivulare (Brid.) Limpr.] 溪岸连轴藓(高山紫萼藓岸生变种)

Schistidium strictum (Turn.) Maert. [Grimmia filicaulis Muell. Hal., Grimmia sinensiapocarpa Muell. Hal.] 粗疣连轴藓(纤枝紫萼藓,圆果紫萼藓,陕西紫萼藓)

Schistidium subconfertum (Broth.) Deguchi [Grimmia subconferta Broth.] 皱叶连轴藓(皱叶紫萼藓)

Schistidium tibetanum J.-S. Lou et P.-C. Wu = Grimmia anodon Bruch et Schimp.

Schistidium trichodon (Brid.) Poelt [Grimmia apocarpa Hedw. var. gracile Roehl., Schistidium apocarpum (Hedw.) Bruch et Schimp. var. gracile (Roehl.) Bruch et Schimp., Schistidium gracile (Roehl.) Limpr.] 长齿连轴藓(圆果裂齿藓细枝变种,细枝圆蒴紫萼藓)

Schistochila Dum. [Gottschea Nees ex Mont.] 歧舌苔属(狭瓣苔属,哥歧苔属)

Schistochila acuminata Steph. [Schistochila rigidula Horik.] 尖叶歧舌苔(硬叶歧舌苔)

Schistochila aligera (Nees et Bl.) Jack et Steph. [Gottschea aligera (Nees et Bl.) Nees, Gottschea philippinensis Mont., Schistochila philippinensis (Mont.) Jack et Steph., Schistochilaster aligerum (Nees et Bl.) Schust.] 大歧舌苔(菲律宾哥歧苔,菲律宾狭瓣苔,狭瓣苔)

* Schistochila appendiculata (Hook.) Dum. 歧舌苔

Schistochila blumei (Nees) Trev. [Schistochila formosana Horik.] 阔叶歧舌苔(台湾歧舌苔)

Schistochila formosana Horik. = Schistochila blumei (Nees) Trev.

Schistochila macrodonta Nichols. [Gottschea macrodonta (Nichols.) C. Gao et Y.-H. Wu] 粗齿歧舌苔(粗齿狭瓣苔)

Schistochila minor C. Gao et Y.-H. Wu 小歧舌苔

Schistochila nuda Horik. [Gottschea nuda (Horik.) Grolle et Zijlstra, Paraschistochila nuda (Horik.) Inoue] 全缘歧舌苔(全缘哥歧苔,全缘狭瓣苔)

Schistochila philippinensis (Mont.) Jack et Steph. = Schistochila aligera (Nees et Bl.) Jack et Steph.

Schistochila rigidula Horik. = Schistochila acuminata Steph.

Schistochilaceae 歧舌苔科

Schistochilaster aligerum (Nees et Bl.) Schust. = Schistochila aligera (Nees et Bl.) Jack et Steph.

Schistomitrium gardnerianum Mitt. = Ochrobryum gardneri (Muell. Hal.) Lindb.

Schistostega Mohr 光藓属

Schistostega pennata (Hedw.) Web. et Mohr 光藓

Schistostegaceae 光藓科

Schizomitrium papillatum (Mont.) Sull. = Callicostella papillata (Mont.) Mitt.

Schizomitrium papillatum (Mont.) Sull. var. longifolium (Fleisch.) H. Miller, H. Whitt. et B. Whitt. = Callicostella papillata (Mont.) Mitt.

Schizophyllopsis Váňa et Soederstr. 深裂苔属

Schizophyllopsis bidens (Reinw., Blume et Nees) Váňa et Soederstr. 深裂苔

Schlotheimia Brid. 火藓属

Schlotheimia charrieri Thér. et P. Varde = Schlotheimia pungens Bartr.

Schlotheimia fauriei Card. = Schlotheimia grevilleana

Mitt.

Schlotheimia grevilleana Mitt. 〔Schlotheimia fauriei Card., Schlotheimia japonica Besch. et Card., Schlotheimia latifolia Card. et Thér., Schlotheimia purpurascens Par.〕南亚火藓（台湾火藓，东亚火藓，紫色火藓）

Schlotheimia japonica Besch. et Card. = Schlotheimia grevilleana Mitt.

Schlotheimia latifolia Card. et Thér. = Schlotheimia grevilleana Mitt.

Schlotheimia pungens Bartr.〔Schlotheimia charrieri Thér. et P. Varde〕小火藓（贵州火藓）

Schlotheimia purpurascens Par. = Schlotheimia grevilleana Mitt.

Schlotheimia rubiginasa（Muell. Hal.）Vitt = Schlotheimia vittii S. -L. Guo, Enroth et T. Kap.

Schlotheimia rugulosa Nog. 皱叶火藓

* Schlotheimia torquata（Hedw.）Brid. 火藓

Schlotheimia vittii S. -L. Guo, Enroth et T. Kop.〔Schlotheimia rubiginosa（Muell. Hal.）Vitt〕亚洲火藓（棕火藓）

Schoenobryum Dozy et Molk. 顶隐蒴藓属

Schoenobryum concavifolium（Griff.）Gangulee〔Schoenobryum julaceum Dozy et Molk.〕顶隐蒴藓（凹叶顶隐蒴藓）

Schoenobryum julaceum Dozy et Molk. = Schoenobryum concavifolium（Griff.）Gangulee

Schwetschkea Muell. Hal. 附干藓属

Schwetschkea brevipes（Broth. et Par.）Broth.〔Rhynchostegium brevipes Broth. et Par.〕短枝附干藓

Schwetschkea courtoisii Broth. et Par.〔Schwetschkea incerta Thér.〕华东附干藓（贵州附干藓）

Schwetschkea formosica Card. = Helicodontium formosicum（Card.）Buck

Schwetschkea gymnostoma Thér. 缺齿附干藓

Schwetschkea incerta Thér. = Schwetschkea courtoisii Broth. et Par.

Schwetschkea laxa（Wils.）Jaeg.〔Pterogonium laxum Wils., Schwetschkea matsumurae Besch., Schwetschkea sublaxa Broth. et Par.〕疏叶附干藓（拟疏叶附干藓，东亚附干藓）

Schwetschkea matsumurae Besch. = Schwetschkea laxa（Wils.）Jaeg.

* Schwetscea schweinfurthii Muell. Hal. 附干藓

Schwetschkea sinensis Muell. Hal. = Lindbergia sinensis（Muell. Hal.）Broth.

Schwetschkea sinica Broth. et Par. 中华附干藓

Schwetschkea sublaxa Broth. et Par. = Schwetschkea laxa（Wils.）Jaeg.

Schwetschkeopsis Broth. 拟附干藓属

Schwetschkeopsis denticulata（Sull.）Broth. = Schwetschkeopsis fabronia（Schwaegr.）Broth.

Schwetschkeopsis fabronia（Schwaegr.）Broth.〔Helicodontium fabronia Schwaegr., Schwetschkeopsis denticulata（Sull.）Broth., Schwetschkeopsis japonica（Besch.）Broth.〕拟附干藓（东亚拟附干藓）

Schwetschkeopsis formosana Nog. 台湾拟附干藓

Schwetschkeopsis japonica（Besch.）Broth. = Schwetschkeopsis fabronia（Schwaegr.）Broth.

Sciaromiopsis Broth. 厚边藓属

Sciaromiopsis brevifolia Broth. = Sciaromiopsis sinensis（Broth.）Broth.

Sciaromiopsis sinensis（Broth.）Broth.〔Sciaromiopsis brevifolia Broth., Sciaromium sinense Broth.〕厚边藓（中华厚边藓）

Sciaromium sinense Broth. = Sciaromiopsis sinensis（Broth.）Broth.

Sciuro-hypnum Hampe 拟青藓属（丽灰藓属）

* Sciuro-hypnum borgenii Hampe 拟青藓

Sciuro-hypnum brotheri（Par.）Ignatov et Huttunen〔Brachythecium brotheri Par.〕勃氏拟青藓（勃氏青藓）

Sciuro-hypnum curtum（Lindb.）Ignatov〔Brachythecium curtum（Lindb.）Limpr.〕宽叶拟青藓（宽叶青藓）

Sciuro-hypnum glaciale（Bruch et Schimp.）Ignatov et Huttunen〔Brachythecium glaciale Bruch et Schimp., Hypnum glaciale（Bruch et Schimp.）Mitt.〕冰川拟青藓（冰川青藓）

Sciuro-hypnum oedipodium（Mitt.）Ignatov et Huttunen〔Brachythecium oedipodium（Mitt.）Jaeg.〕阔叶拟青藓

Sciuro-hypnum plumosum（Hedw.）Ignatov et Huttunen［Brachythecium oedistegum（Muell. Hal.）Jaeg.，Brachythecium perminsculum Muell. Hal.，Brachythecium plumosum（Hedw.）Bruch et Schimp.，Brachythecium plumosum（Hedw.）Bruch et Schimp. var. brevisetum Sak.，Brachythecium plumosum（Hedw.）Bruch et Schimp. var. concavifolium Tak.，Brachythecium plumosum（Hedw.）Bruch et Schimp. var. densirete（Broth. et Par.）Tak.，Brachythecium plumosum（Hedw.）Bruch et Schimp. var. mimmayae Card.，Brachythecium plumosum（Hedw.）Bruch et Schimp. var. minutum Tak.，Brachythecium plumosum（Hedw.）Bruch et Schimp. var. nitidum（Sak.）Tak.，Brachythecium plumosum（Hedw.）Bruch et Schimp. var. scabrum Broth.，Brachythecium plumosum（Hedw.）Bruch et Schimp. var. scariosifolium Card.，Brachythecium plumosum（Hedw.）Bruch et Schimp. var. stenocarpum Card.，Brachythecium pygmaeum Tak.，Brachythecium suzukii Broth.，Brachythecium truncatum Besch.，Bryhnia nitida Sak.，Hypnum plumosum Hedw.］羽枝拟青藓（羽枝青藓，小蒴青藓，小青藓，羽枝青藓狭叶变种）

Sciuro-hypnum populeum（Hedw.）Ignatov et Huttunen［Brachythecium populeum（Hedw.）Bruch et Schimp.，Brachythecium populeum（Hedw.）Bruch et Schimp. var. japonicum Dix. et Thér.，Brachythecium populeum（Hedw.）Bruch et Schimp. var. quelpaertense（Card.）Tak.，Brachythecium populeum（Hedw.）Bruch et Schimp. var. yamamotoi Tak.，Brachythecium quelpaertense Card.］长肋拟青藓（长肋青藓，青藓，长肋青藓东亚变种）

Sciuro-hypnum reflexum（Stark.）Ignatov et Huttunen［Brachythecium reflexum（Stark.）Bruch et Schimp.，Hypnum reflexum Stark.］弯叶拟青藓（弯叶青藓，仰叶青藓）

Sciuro-hypnum sicuanicum Ignatov et Hedenaes 四川拟青藓

Sciuro-hypnum starkei（Brid.）Ignatov et Huttunen［Brachythecium starkei（Brid.）Schimp.］林地拟青藓（林地青藓）

Sciuro-hypnum uncinifolium（Broth. et Par.）Ochyra et Zarnowiec = Brachythecium uncinifolium Broth. et Par.

Scleropodium Bruch et Schimp. 疣柄藓属

Scleropodium coreense Card. 细齿疣柄藓（疣柄藓）

Scleropodium giraldii（Muell. Hal.）Broth. = Cirriphyllum cirrosum（Schwaegr.）Grout

Scleropodium illecebrum Schimp. = Scleropodium touretii（Brid.）Koch

* Scleropodium touretii（Brid.）Koch［Scleropodium illecebrum Schimp.］疣柄藓（钝叶疣柄藓）

Scopelophila（Mitt.）Lindb.［Merceya Schimp.，Merceyopsis Broth. et Dix.］舌叶藓属（买氏藓属，拟买氏藓属）

Scopelophila cataractae（Mitt.）Broth.［Merceya gedeana（S. Lac.）Nog.，Merceyopsis formosica Sak.，Merceyopsis sikkimensis（Muell. Hal.）Broth. et Dix.，Scopelophila sikkimensis Muell. Hal.］剑叶舌叶藓（拟买氏藓）

Scopelophila ligulata（Spruce）Spruce［Merceya ligulata（Spruce）Schimp.，Merceya thermalis Broth. var. compacta Fleisch.，Merceya tubulosa Chen］舌叶藓（买氏藓）

Scopelophila sikkimensis Muell. Hal. = Scopelophila cataractae（Mitt.）Broth.

Scorpidiaceae 蝎尾藓科

Scorpidium（Schimp.）Limpr. 蝎尾藓属

Scorpidium scorpioides（Hedw.）Limpr. 蝎尾藓

Scorpidium turgescens（Jens.）Loeske = Pseudocalliergon turgescense（Jens.）Loeske

* Scouleria Hook. 水石藓属

* Scouleria aquatica Hook.［Scouleria pulcherrima Broth.］水石藓（龙江水石藓）

Scouleria pulcherrima Broth. = Scouleria aquatica Hook.

* Scouleria rschewinii Lindb. et Arn. 北方水石藓

Scouleriales 水石藓目

Seligeria Bruch et Schimp. 细叶藓属

Seligeria diversifolia Lindb. 异叶细叶藓

Seligeria donniana（Sm.）Muell. Hal. 无齿细叶藓

* Seligeria pusilla（Hedw.）Bruch et Schimp. 细叶藓

Seligeriaceae 细叶藓科

Sematophyllaceae 锦藓科

Sematophyllum Mitt. 锦藓属

Sematophyllum borneense（Broth.）Caomara［Glossadelphus attenuatus Broth.，Glossadelphus borneensis（Broth. et Geh.）Broth.，Glossadelphus nitidus Thér.，Taxiphyllum nitidum（Thér.）Buck］婆罗锦藓（绢光扁锦藓）

Sematophyllum caespitosum（Hedw.）Mitt. = Sematophyllum subpinnatum（Brid.）Britt.

Sematophyllum demissum（Wils.）Mitt. = Sematophyllum subpinnatum（Brid.）Britt.

Sematophyllum extensum Card. = Brotherella falcata（Dozy et Molk.）Fleisch.

Sematophyllum henryi（Par. et Broth.）Broth. = Sematophyllum subhumile（Muell. Hal.）Fleisch.

* Sematophyllum humile（Mitt.）Broth.

Sematophyllum japonicum（Broth.）Broth. = Sematophyllum subhumile（Muell. Hal.）Fleisch.

Sematophyllum phoeniceum（Muell. Hal.）Fleisch. 橙色锦藓

Sematophyllum piliferum Broth. = Rhaphidostichum piliferum（Broth.）Broth.

Sematophyllum pulchellum（Card.）Broth. = Sematophyllum subhumile（Muell. Hal.）Fleisch.

Sematophyllum ramulinum Thwait. et Mitt. = Papillidiopsis ramulina（Thwait. et Mitt.）Buck et Tan

Sematophyllum robustulum（Card.）Broth. = Sematophyllum subpinnatum（Brid.）Britt.

Sematophyllum saproxylophilum（Muell. Hal.）Fleisch. = Trichosteleum saproxylophilum（Muell. Hal.）Tan，Schof. et Ram.

Sematophyllum sinense Thér. = Sematophyllum subpinnatum（Brid.）Britt.

* Sematophyllum subcylindricum（Fleisch.）Sainsb. ［Rhaphidorrhynchium subcylindricum（Fleisch.）Fleisch.，Rhaphidostegium subcylindricum Fleisch.］筒蒴锦藓

Sematophyllum subhumile（Muell. Hal.）Fleisch. ［Meiothecium angustirete Broth.，Rhaphidostegium henryi Par. et Broth.，Rhaphidostegium japonicum Broth.，Sematophyllum henryi（Par. et Broth.）Broth.，Sematophyllum japonicum（Broth.）Broth.，Sematophyllum pulchellum（Card.）Broth.，Sematophyllum subhumile（Muell. Hal.）Fleisch. subsp. japonicum（Broth.）Seki］矮锦藓（华东锦藓，日本锦藓，美锦藓，狭胞小蒴藓）

Sematophyllum subhumile（Muell. Hal.）Fleisch. subsp. japonicum（Broth.）Seki = Sematophyllum subhumile（Muell. Hal.）Fleisch.

Sematophyllum subpinnatum（Brid.）Britt. ［Rhaphidostegium demissum（Wils.）De Not.，Rhaphidostegium robustulum Card.，Sematophyllum caespitosum（Hedw.）Mitt.，Sematophyllum demissum（Wils.）Mitt.，Sematophyllum robustulum（Card.）Broth.，Sematophyllum sinense Thér.］锦藓（丛生锦藓，羽叶锦藓，粗锦藓）

Sematophyllum subpinnatum（Brid.）Britt. f. tristiculum（Mitt.）Tan et Jia［Sematophyllum tristiculum（Mitt.）Fleisch.］锦藓三列叶变型（暗色锦藓）

Sematophyllum tristiculum（Mitt.）Fleisch. = Sematophyllum subpinnatum（Brid.）Britt. f. tristiculum（Mitt.）Tan et Jia

* Semibarbula Hilp. 微扭口藓属（扭毛藓属）

Semibarbula indica（Hook.）Hilp. = Barbula indica（Hook.）Spreng.

Semibarbula orientalis（Web.）Wijk et Marg. = Barbula indica（Hook.）Spreng.

Sharpiella seligeri（Brid.）Iwats. = Herzogiella seligeri（Brid.）Iwats.

Sharpiella spinulosa（Iwats.）Iwats. = Herzogiella perrobusta（Card.）Iwats.

Sharpiella spinulosa（Sull. et Lesq.）Iwats. = Herzogiella perrobusta（Card.）Iwats.

Sharpiella turfacea（Lindb.）Iwats. = Herzogiella turfacea（Lindb.）Iwats.

Shevockia Enroth et M. -C. Ji 亮蒴藓属

Shevockia anacamptolepis（Muell. Hal.）Enroth et M. -C. Ji = Pinnatella anacamptolepis（Muell. Hal.）Broth.

Shevockia inunctocarpa Enroth et M. -C. Ji 亮蒴藓

Sinocalliergon Sak. 华原藓属

Sinocalliergon satoi Sak. 华原藓

Sinskea Buck 多疣藓属

Sinskea flammea（Mitt.）Buck［Aerobryopsis hokinensis（Besch.）Broth., Aerobryum hokinense Besch., Barbella ochracea Nog., Chrysocladium flammeum（Mitt.）Fleisch., Chrysocladium flammeum（Mitt.）Fleisch. subsp. ochraceum（Nog.）Nog., Chrysocladium flammeum（Mitt.）Fleisch. subsp. rufifolioides（Broth.）Nog., Floribundaria horridula Broth., Floribundaria horridula Broth. var. rufescens Broth., Meteorium flammeum Mitt., Psedobarbella ochracea（Nog.）Nog., Sinskea flammea（Mitt.）Buck subsp. ochracea（Nog.）Redf. et Tan, Sinskea flammea（Mitt.）Buck subsp. rufifolioides（Broth.）Redf. et Tan］小多疣藓（鹤庆灰气藓，多疣垂藓，粗叶丝带藓，棕色假悬藓）

Sinskea flammea（Mitt.）Buck subsp. ochracea（Nog.）Redf. et Tan = Sinskea flammea（Mitt.）Buck

Sinskea flammea（Mitt.）Buck subsp. rufifolioides（Broth.）Redf. et Tan = Sinskea flammea（Mitt.）Buck

Sinskea phaea（Mitt.）Buck［Chrysocladium phaeum（Mitt.）Fleisch, Chrysocladium robustum Nog.］多疣藓（粗垂藓）

Solenostoma Mitt. 管口苔属

Solenostoma appressifolium（Mitt.）Váňa et Long［Haplozia rotundifolia Horik., Jungermannia appressifolia Mitt., Jungermannia decolyana Schiffn. ex Steph., Jungermannia gollanii Steph., Jungermannia rotundifolia（Horik.）Hatt., Nardia appressifolia（Mitt.）Besch., Solenostoma rotundifolium（Horik.）Chen］圆叶管口苔（圆形叶苔，抱茎叶苔）

Solenostoma ariadne（Tayl. ex Lehm.）Schust. ex Váňa et Long［Haplozia ariadne（Tayl. ex Lehm.）Horik., Jungermannia ariadne Tayl. ex Lehm., Plectocolea ariadne（Tayl. ex Lehm.）Mitt.］热带管口苔（热带叶苔）

Solenostoma atrobrunneum（Amak.）Váňa et Long［Jungermannia atrobrunnea Amak.］黑绿管口苔（黑绿叶苔）

Solenostoma atrorevolutum（Grolle ex Amak.）Váňa et Long［Jungermannia atrorevoluta Grolle ex Amak.］褐卷管口苔（褐卷边叶苔）

Solenostoma atrovirens（Dum.）K. Muell. = Jungermannia atrovirens Dum.

Solenostoma bengalensis（Amak.）Váňa et Long［Jungermannia bengalensis Amak., Solenostoma filamentosum（Amak.）C. Gao］细茎管口苔（细茎叶苔）

Solenostoma caoii（C. Gao et X.-L. Bai）Váňa et Long［Jungermannia caoii C. Gao et X.-L. Bai］曹氏管口苔（曹氏叶苔）

Solenostoma chenianum（C. Gao, Y.-H. Wu et Grolle）Váňa et Long［Jungermannia cheniana C. Gao, Y.-H. Wu et Grolle］陈氏管口苔（陈氏叶苔）

Solenostoma clavellatum Mitt. ex Steph.［Jungermannia clavellata（Mitt. ex Steph.）Amak.］垂根管口苔（束根叶苔，垂根叶苔）

Solenostoma comatum（Nees）C. Gao［Jungermannia comata Nees, Nardia comata（Nees）Schiffn., Plectocolea comata（Nees）Hatt.］偏叶管口苔（偏叶叶苔，东亚叶苔，南亚叶苔，偏叶扭萼苔，缨毛扭萼苔，南亚扭萼苔）

Solenostoma confertissimum（Nees）Váňa et Long［Jungermannia confertissima Nees, Jungermannia duthiana Steph.］圆萼管口苔（圆萼叶苔）

Solenostoma cordifolium（Dum.）Steph. = Jungermannia exsertifolia Steph. subsp. cordifolia（Dum.）Váňa

Solenostoma cyclops（Hatt.）Schust.［Jungermannia cyclops Hatt.］柱萼管口苔（圆柱萼叶苔）

Solenostoma dulongensis Váňa et Long 独龙管口苔

Solenostoma erectum（Amak.）C. Gao［Jungermannia erecta（Amak.）Amak., Plectocolea erecta Amak.］直立管口苔（直立叶苔，直立扭萼苔）

Solenostoma faurianum（P. Beauv.）Schust.［Jungermannia fauriana P. Beauv.］延叶管口苔（延叶叶苔）

Solenostoma filamentosum（Amak.）C. Gao = Solenostoma bengalensis（Amak.）Váňa et Long

Solenostoma flagellalioides C. Gao［**Jungermannia flagellalioides**（C. Gao）**Piippo, Plectocolea flagellalioides**（C. Gao）**Piippo**］拟鞭枝管口苔（拟鞭枝扭萼苔，拟鞭枝叶苔）

Solenostoma flagellaris（Amak.）**Váňa et Long**［**Jungermannia flagellaris Amak.**］细鞭管口苔（细鞭枝叶苔）

Solenostoma flagellatum（Hatt.）**Váňa et Long**［**Jungermannia flagellata**（Hatt.）**Amak., Plectocolea flagellata Hatt.**］鞭枝管口苔（鞭枝扭萼苔，纤枝管口苔，鞭枝叶苔）

Solenostoma fusiforme（Steph.）**Amak.**［**Jungermannia fusiformis**（Steph.）**Steph.**］棱萼管口苔（棱萼叶苔）

Solenostoma gongshanensis（C. Gao et J. Sun）**Váňa et Long**［**Jungermannia brevicaulis C. Gao et X.-L. Bai, Jungermannia gongshanensis C. Gao et J. Sun, Plectocolea brevicaulis**（C. Gao et X.-L. Bai）**C. Gao**］贡山管口苔（贡山叶苔，矮株叶苔，矮株扭萼苔）

Solenostoma gracillimum（Sm.）**Schust.**［**Jungermannia gracillima Sm., Nardia crenulata**（Mitt.）**Lindb.**］厚边管口苔（厚边叶苔）

Solenostoma handelii（Schiffn.）**K. Muell.**［**Jungermannia handelii**（Schiffn.）**Amak.**］阔叶管口苔（阔叶叶苔）

Solenostoma hasskarlianum（Nees）**Schust. ex Váňa et Long**［**Jungermannia hasskarliana**（Nees）**Steph., Plectocolea hasskarliana**（Nees）**Mitt.**］变色管口苔（变色扭萼苔，变色叶苔）

Solenostoma heterolimbatum（Amak.）**Váňa et Long**［**Jungermannia heterolimbata Amak.**］异边管口苔（异边叶苔）

Solenostoma hyalinum（Lyell）**Mitt.**［**Jungermannia hyalina Lyell, Plectocolea hyalina**（Lyell）**Mitt.**］透明管口苔（透明扭萼苔，透明叶苔）

Solenostoma infusca（Mitt.）**Hentschel**［**Jungermannia infusca**（Mitt.）**Steph., Plectocolea infusca Mitt.**］褐绿管口苔（褐绿扭萼苔，褐绿叶苔）

Solenostoma lanceolata（Linn.）**Steph.** = **Jungermannia atrovirens Dum.**

Solenostoma lanigerum（Mitt.）**Váňa et Long**［**Jungermannia lanigera Mitt.**］多毛管口苔（多毛叶苔）

Solenostoma lixingjiangii（C. Gao et X.-L. Bai）**Váňa et Long**［**Jungermannia lixingjiangii C. Gao et X.-L. Bai, Plectocolea lixingjiangii**（C. Gao et X.-L. Bai）**C. Gao**］黎氏管口苔（黎氏扭萼苔，黎氏叶苔）

Solenostoma louae（C. Gao et X.-L. Bai）**Váňa et Long**［**Jungermannia louae C. Gao et X.-L. Bai**］罗氏管口苔（罗氏叶苔）

Solenostoma macrocarpum（Schiffn. ex Steph.）**Váňa et Long**［**Jungermannia macrocarpa Schiffn. ex Steph.**］大萼管口苔（大萼叶苔）

Solenostoma microphyllum C. Gao = **Jungermannia sparsofolia C. Gao et J. Sun**

Solenostoma microrevolutum（C. Gao et X.-L. Bai）**Váňa et Long**［**Jungermannia microrevoluta C. Gao et X.-L. Bai**］小卷边管口苔（小卷边叶苔）

Solenostoma multicarpum（C. Gao et J. Sun）**Váňa et Long**［**Jungermannia multicarpa C. Gao et J. Sun, Jungermannia polycarpa C. Gao et X.-L. Bai**］多萼管口苔（多萼叶苔）

Solenostoma obovatum（Nees）**Mass.**［**Jungermannia obovata Nees, Plectocolea obovata**（Nees）**Lindb.**］倒卵叶管口苔（卵叶管口苔，倒卵叶扭萼苔，卵叶叶苔，倒卵叶叶苔）

Solenostoma ohbae（Amak.）**C. Gao**［**Jungermannia ohbae Amak.**］湿生管口苔（鞭枝管口苔，湿生叶苔）

Solenostoma orbicularifolium C. Gao = **Jungermannia orbicularifolia**（C. Gao）**Piippo**

Solenostoma parvitextum（Amak.）**Váňa et Long**［**Jungermannia parvitexta Amak.**］小胞管口苔（小胞叶苔）

Solenostoma plagiochilaceum（Grolle）**Váňa et Long**［**Jungermannia plagiochilacea Grolle, Jungermannia plagiochiloides Amak., Plectocolea plagiochiloides**（Amak.）**C. Gao**］羽叶管口苔（羽叶扭萼苔，羽叶叶苔）

Solenostoma pseudocyclops（Inoue）**Váňa et Long**［**Jungermannia pseudocyclops Inoue**］拟柱萼管口苔（拟圆柱萼管口苔，拟圆柱萼叶苔，拟圆叶苔）

Solenostoma purpuratum（Mitt.） Steph.［Junger-mannia purpurata Mitt.］紫红管口苔（紫红叶苔）

Solenostoma pusillum（Jens.） Steph.［Jungermannia pusilla（Jens.）Buch］小叶管口苔（小叶叶苔）

Solenostoma pyriflorum Steph.［Jungermannia pyri-flora Steph.］梨萼管口苔（梨蒴管口苔，梨萼叶苔，梨蒴叶苔）

Solenostoma pyriflorum Steph. var. **gracillimum**（Amak.）Váňa et Long［Jungermannia pyriflora Steph. var. gracillima Amak.］梨萼管口苔纤枝变种（梨萼叶苔纤枝变种）

Solenostoma pyriflorum Steph. var. **minutissimum**（Amak.）Váňa et Long［Jungermannia pyriflora Steph. var. minutissima Amak.］梨萼管口苔小形变种（梨蒴叶苔小形变种，梨萼叶苔小形变种）

Solenostoma rosulans（Steph.）Váňa et Long［Jungermannia rosulans（Steph.）Steph.，Plecto-colea rosulans（Steph.）Hatt.］莲座管口苔（莲座丛叶苔，莲座丛扭萼苔）

Solenostoma rotundatum Amak.［Jungermannia ro-tundata（Amak.）Amak.，Plectocolea harana Amak.］溪石管口苔（溪石扭萼苔，溪石叶苔）

Solenostoma rotundifolium（Horik.）Chen = Sole-nostoma appressifolia（Mitt.）Váňa et Long

Solenostoma rubripunctatum（Hatt.）Schust.［Jungermannia rubripunctata（Hatt.）Amak.，Plectocolea rubripunctata Hatt.］红丛管口苔（红丛扭萼苔，红丛叶苔）

Solenostoma rupicolum（Amak.）Váňa et Long［Jungermannia rupicola Amak.，Plectocolea rupi-cola（Amak.）C. Gao］石生管口苔（石生扭萼苔，石生叶苔）

Solenostoma sanguinolentum（Griff.）Steph.［Jungermannia sanguinolenta Griff.］密叶管口苔（密叶叶苔）

Solenostoma schaulianum（Steph.）Váňa et Long［Jungermannia schauliana Steph.］纤柔管口苔（纤柔叶苔）

Solenostoma sikkimensis（Steph.）Váňa et Long［Jungermannia sikkimensis Steph.，Plectocolea sikkimensis（Steph.）C. Gao］南亚管口苔（南亚扭萼苔，南亚叶苔）

Solenostoma sphaerocarpum（Hook.）Steph.［Jungermannia sphaerocarpa Hook.］圆蒴管口苔（球蒴管口苔，球蒴叶苔，球萼叶苔）

Solenostoma stephanii（Schiffn.）Steph.［Jnnger-mannia stephanii（Schiffn.）Amak.］斯氏管口苔（斯氏叶苔）

Solenostoma subellipticum（Lindb. ex Heeg）Schust.［Jungermannia subelliptica（Lindb. ex Heeg）Lev-ier，Plectocolea subelliptica（Lindb. ex Heeg）Ev.］拟卵叶管口苔（拟卵叶叶苔，拟卵叶扭萼苔，卵叶叶苔，卵叶真萼苔，卵叶扭萼苔）

Solenostoma subrubrum（Steph.）Váňa et Long［Jungermannia subrubra Steph.］红色管口苔（亚红色叶苔）

* **Solenostoma tersum**（Nees）Mitt. 管口苔

Solenostoma tetragonum（Lindenb.）Váňa et Long［Jungermannia tetragona Lindenb.］四褶管口苔（四褶叶苔）

Solenostoma torticalyx（Steph.）C. Gao［Junger-mannia torticalyx Steph.，Plectocolea torticalyx（Steph.）Hatt.］卷叶管口苔（卷叶扭萼苔，卷苞管口苔，卷苞叶苔）

Solenostoma triste（Nees）K. Muell. = Jungermannia atrovirens Dum.

Solenostoma truncatum（Nees）Váňa et Long［Clasmatocolea innovata Herz.，Haplozia chilosey-phoides Horik.，Jungermannia boninensis（Horik.）Inoue，Jungermannia chiloscyphoides（Horik.）Hatt.，Jungermannia shinii Amak.，Jungermannia truncata Nees，Jungermannia trun-cata Nees var. setulosa（Herz.）Amak.，Junger-mannia yangii M. -J. Lai，Nardia truncata（Nees）Schiffn.，Phragmatocolea innovata（Herz.）Grolle，Plectocolea boninensis（Horik.）Chen，Plectocolea setulosa Herz.，Plectocolea sordida Herz.］截明管口苔（截叶叶苔，矮株叶苔，刺毛扭萼苔，深色扭萼苔，截叶扭萼苔，东亚扭萼苔，隔萼苔）

Solenostoma virgatum（Mitt.）Váňa et Long［Jungermannia virgata（Mitt.）Steph.，Plecto-colea virgata Mitt.］长褶管口苔（长褶叶苔）

Solenostoma zangmuii（C. Gao et X. -L. Bai）Váňa

et Long［Jungermannia zangmuii C. Gao et X. -L. Bai，Plectocolea zangmuii（C. Gao et X. -L. Bai）C. Gao］臧氏管口苔（臧氏叶苔，臧氏扭萼苔）

Solenostoma zantenii（Amak.）Váňa et Long［**Jungermannia zantenii Amak.**］多枝管口苔（多枝叶苔）

Solenostoma zengii（C. Gao et X. -L. Bai）Váňa et Long［**Jungermannia zengii C. Gao et X. -L. Bai**］曾氏管口苔（曾氏叶苔）

Solmsiella Muell. Hal. 细鳞藓属

Solmsiella biseriata（Aust.）Steere［Erpodium biseriatum（Aust.）Aust.，Erpodium ceylonicum Thwait. et Mitt.，Lejeunia biseriata Aust.，Solmsiella javanica Muell. Hal.］细鳞藓

Solmsiella javanica Muell. Hal. = Solmsiella biseriata（Aust.）Steere

Southbya Spruce 横叶苔属

Southbya gollanii Steph.［**Gongylanthus gollanii**（Steph.）Grolle］圆叶横叶苔

* **Southbya tophacea**（Spruce）Spruce 横叶苔

Southbyaceae 横叶苔科

* **Sphaerocarpaceae** 囊果苔科

* **Sphaerocarpinales** 囊果苔目

* **Sphaerocarpos Boehmer** 囊果苔属

* **Sphaerocarpos sphaerocarpa**（Hook.）Fleisch. 囊果苔

Sphaerotheciella Fleisch. 球蒴藓属

Sphaerotheciella koponenii P. -C. Rao 科氏球蒴藓

Sphaerotheciella sinensis（Bartr.）P. -C. Rao［Cryphaea sinensis Bartr.］中华球蒴藓（中华隐蒴藓）

Sphaerotheciella sphaerocarpa（Hook.）Fleisch.［Cryphaea sphaerocarpa（Hook.）Brid.］球蒴藓

Sphagnum Linn. 泥炭藓属

Sphagnum acutifolioides Warnst. 拟尖叶泥炭藓

Sphagnum acutifolium Schrad. = Sphagnum capillifolium（Ehrh.）Hedw.

Sphagnum amblyphyllum（Russ.）Zick. = Sphagnum recurvum P. Beauv.

Sphanum angustifolium（Russ.）C. Jens. 小叶泥炭藓

Sphagnum aongstroemii Hartm. 截叶泥炭藓

Sphagnum apiculatum Lindb. = Sphagnum recurvum P. Beauv.

Sphagnum auriculatum Schimp. = Sphagnum denticulatum Brid.

Sphagnum balticum（Russ.）C. Jens. 高原泥炭藓

Sphagnum beccarii Hampe = Sphagnum perichaetiale Hampe

* **Sphagnum borneoense Warnst.** 婆罗洲泥炭藓

Sphagnum capillifolium（Ehrh.）Hedw.［Sphagnum acutifolium Schrad.，Sphagnum nemoreum Scop.］尖叶泥炭藓

Sphagnum capillifolium（Ehrh.）Hedw. var. tenerum（Sull.）Crum 尖叶泥炭藓异叶变种

Sphagnum chinense Brid. 中华泥炭藓

Sphagnum compactum Lam. et Cand.［Sphagnum compactum Lam. et Cand. var. imbricatum Warnst.］密叶泥炭藓

Sphagnum compactum Lam. et Cand. var. imbricatum Warnst. = Sphagnum compactum Lam. et Cand.

Sphagnum contortum Schultz = Sphagnum subsecundum Nees

Sphagnum contortum Schultz var. subsecundum（Nees）Wils. = Sphagnum subsecundum Nees

Sphagnum cuspidatulum Muell. Hal.［Sphagnum rufulum Muell. Hal.］拟狭叶泥炭藓

Sphagnum cuspidatum Hoffm. 狭叶泥炭藓

Sphagnum cymbifolium（Ehrh.）Hedw. = Sphagnum palustre Linn.

Sphagnum denticulatum Brid.［Sphagnum auriculatum Schimp.，Sphagnum subsecundum Nees var. gravetii（Russ.）C. Jens.，Sphagnum subsecundum Nees. var. gravetii（Russ.）C. Jens. f. hypisopora Broth.，Sphagnum subsecundum Nees var. yuennanense Broth.］细齿泥炭藓（偏叶泥炭藓耳叶变种）

Sphagnum dicladum Warnst. 双枝泥炭藓

Sphagnum falcatulum Besch.［Sphagnum lanceolatum Warnst.］长叶泥炭藓（镰叶泥炭藓）

Sphagnum fallax（Klinggr.）Klinggr.［Sphagnum recurvum P. Beauv. var. brevifolium（Braithw.）Warnst.］假泥炭藓

Sphagnum fimbriatum Wils. 毛叶泥炭藓

Sphagnum flexuosum Dozy et Molk. = Sphagnum recurvum P. Beauv.

Sphagnum fuscum（Schimp.）Klinggr. 锈色泥炭藓

Sphagnum gedeanum Dozy et Molk. = Sphagnum junghuhnianum Dozy et Molk.

Sphagnum girgensohnii Russ. 白齿泥炭藓（密叶泥炭藓）

Sphagnum imbricatum Russ. 毛壁泥炭藓

Sphagnum incertum Warnst. et Card. 变叶泥炭藓

Sphagnum inundatum Russ. ［Sphagnum inundatum Russ. var. perfibrosum P. Varde，Sphagnum subsecundum Nees var. inundatum（Russ.）C. Jens.］泽地泥炭藓（偏叶泥炭藓泛生变种）

Sphagnum inundatum Russ. var. perfibrosum P. Varde = Sphagnum inundatum Russ.

Sphagnum jensenii Lindb. 垂枝泥炭藓（詹氏泥炭藓）

Sphagnum junghuhnianum Dozy et Molk. ［Sphagnum gedeanum Dozy et Molk.，Sphagnum junghuhnianum Dozy et Molk. f. compacta Warnst.，Sphagnum junghuhnianum Dozy et Molk. var. semiporosum Dix.，Sphagnum thomsonii Muell. Hal.］暖地泥炭藓

Sphagnum junghuhnianum Dozy et Molk. f. compacta Warnst. = Sphagnum junghuhnianum Dozy et Molk.

Sphagnum junghuhnianum Dozy et Molk. subsp. pseudomolle（Warnst.）Warnst. ［Sphagnum kiiense Warnst.，Sphagnum pseudomolle Warnst.］暖地泥炭藓拟柔叶亚种（东亚泥炭藓）

Sphagnum junghuhnianum Dozy et Molk. var. semiporosum Dix. = Sphagnum junghuhnianum Dozy et Molk.

Sphagnum khasianum Mitt. ［Sphagnum subsecundum Nees var. khasianum（Mitt.）C. Jens.］加萨泥炭藓

Sphagnum kiiense Warnst. = Sphagnum junghuhnianum Dozy et Molk. subsp. pseudomolle（Warnst.）Warnst.

Sphagnum lanceolatum Warnst. = Sphagnum falcatulum Besch.

Sphagnum lenense Lindb. 利尼泥炭藓

Sphagnum luzonense Warnst. ［Sphagnum subsecundum Nees var. luzonense（Warnst.）Broth.］吕宋泥炭藓

Sphagnum magellanicum Brid. ［Sphagnum medium Limpr.］中位泥炭藓

Sphagnum medium Limpr. = Sphagnum magellanicum Brid.

Sphagnum microporum Card. ［Sphagnum oligoporum Warnst. et Card.］小孔泥炭藓（稀孔泥炭藓）

Sphagnum miyabeanum Warnst. 拟偏叶泥炭藓

Sphagnum molluscum Bruch = Sphagnum tenellum Hoffm.

Sphagnum multifibrosum X. -J. Li et M. Zang 多纹泥炭藓

Sphagnum nemoreum Scop. = Sphagnum capillifolium（Ehrh.）Hedw.

Sphagnum obtusiusculum Warnst. 秃叶泥炭藓（秃枝泥炭藓，拟秃枝泥炭藓）

Sphagnum obtusum Warnst. 舌叶泥炭藓（秃叶泥炭藓）

Sphagnum okamurae Warnst. 冈村泥炭藓

Sphagnum oligoporum Warnst. et Card. = Sphagnum microporum Card.

Sphagnum ovatum Hampe 卵叶泥炭藓

Sphagnum pallens Warnst. et Card. 黄色泥炭藓

Sphagnum palustre Linn. ［Spagnum cymbifolium（Ehrh.）Hedw.，Sphagnum palustre Linn. subsp. pseudocymbifolium Muell. Hal.，Sphagnum pseudocymbifolium Muell. Hal.］泥炭藓（拟大泥炭藓，日本泥炭藓，硫泉泥炭藓）

Sphagnum palustre Linn. subsp. pseudocymbifolium（Muell. Hal.）Eddy = Sphagnum palustre Linn.

Sphagnum papillosum Lindb. 疣泥炭藓（北海道泥炭藓）

Sphagnum perichaetiale Hampe ［Sphagnum beccarii Hampe］瓢叶泥炭藓（南亚泥炭藓，贝氏泥炭藓）

Sphagnum platyphylloides Warnst. 拟宽叶泥炭藓

Sphagnum platyphyllum（Braithw.）Warnst. ［Sphagnum subsecundum Nees subsp. platyphyllum（Lindb.）Herib.］阔叶泥炭藓（偏叶泥炭藓阔叶亚种）

Sphagnum plumulosum Roell = Sphagnum subnitens Russ. et Warnst.

Sphagnum portoricense Hampe 异叶泥炭藓

Sphagnum pseudocymbifolium Muell. Hal. = Sphagnum palustre Linn.

Sphagnum pseudomolle Warnst. = Sphagnum junghuhnianum Dozy et Molk. subsp. pseudomolle (Warnst.) Warnst.

Sphagnum pungifolium X. -J. Li 刺叶泥炭藓

Sphagnum quinquefarium (Braithw.) Warnst. 五列泥炭藓

Sphagnum recurvum P. Beauv. [Sphagnum amblyphyllum (Russ.) Zick., Sphagnum flexuosum Dozy et Molk., Sphagnum recurvum P. Beauv. var. amblyphyllum (Russ.) Warnst., Sphagnum recurvum P. Beauv. var. mucronatum (Russ.) Warnst.] 喙叶泥炭藓(喙叶泥炭藓钝叶变种)

Sphagnum recurvum P. Beauv. var. amblyphyllum (Russ.) Warnst. = Sphagnum recurvum P. Beauv.

Sphagnum recurvum P. Beauv. var. brevifolium (Braithw.) Warnst. = Sphagnum fallax (Klinggr.) Klinggr.

Sphagnum recurvum P. Beauv. var. mucronatum (Russ.) Warnst. = Sphagnum recurvum P. Beauv.

Sphagnum riparium Aongstr. 岸生泥炭藓

Sphagnum robustum (Warnst.) Roell = Sphagnum russowii Warnst.

Sphagnum rubellum Wils. 红叶泥炭藓

Sphagnum russowii Warnst. [Sphagnum robustum (Warnst.) Roell] 广舌泥炭藓

Sphagnum sericeum Muell. Hal. 丝光泥炭藓

Sphagnum squarrosum Crome 粗叶泥炭藓

Sphagnum subacutifolium Schimp. 亚尖叶泥炭藓

Sphagnum subbicolor Hampe 黑色泥炭藓

Sphagnum subnitens Russ. et Warnst. [Sphagnum plumulosum Roell] 羽枝泥炭藓

Sphagnum subsecundum Nees [Sphagnum cavifolium Warnst., Sphagnum contortum Schultz, Sphagnum contortum Schultz var. subsecundum (Nees) Wils., Sphagnum subsecundum Nees var. contortum (Schultz) Hueb.] 偏叶泥炭藓(扭枝泥炭藓)

Sphagnum subsecundum Nees subsp. platyphyllum

(Lindb.) Herib. = Sphagnum platyphyllum (Braithw.) Warnst.

Sphagnum subsecundum Nees var. auriculatum (Schimp.) Schlieph. = Sphagnum denticulatum Brid.

Sphagnum subsecundum Nees var. contortum (Schultz) Hueb. = Sphagnum subsecundum Nees

Sphagnum subsecundum Nees var. gravetii (Russ.) C. Jens. = Sphagnum denticulatum Brid.

Sphagnum subsecundum Nees var. gravetii (Russ.) C. Jens. f. hypisopora Broth. = Sphagnum denticulatum Brid.

Sphagnum subsecundum Nees var. inundatum (Russ.) C. Jens. = Sphagnum inundatum Russ.

Sphagnum subsecundum Nees var. khasianum (Mitt.) C. Jens. = Sphagnum khasianum Mitt.

Sphagnum subsecundum Nees var. luzonense (Warnst.) Broth. = Sphagnum luzonense Warnst.

Sphagnum subsecundum Nees var. yuennanense Broth. = Sphagnum denticulatum Brid.

Sphagnum tenellum Hoffm. [Sphagnum molluscum Bruch] 柔叶泥炭藓

Sphagnum tenerum Sull. et Lesq. = Sphagnum capillifolium (Ehrh.) Hedw. var. tenerum (Sull. et Lesq.) Crum

Sphagnum teres (Schimp.) Aongstr. 细叶泥炭藓

Sphagnum thomsonii Muell. Hal. = Sphagnum junghuhnianum Dozy et Molk.

Sphagnum tosaense Warnst. 土佐泥炭藓

Sphagnum warnstorfii Russ. 阔边泥炭藓

Sphagnum wulfianum Girg. 多枝泥炭藓

Sphenolobopsis Schust. et Kitag. 楔瓣苔属(拟折瓣苔属)

Sphenolobopsis pearsonii (Spruce) Schust. [Cephaloziopsis pearsonii (Spruce) Schiffn.] 楔瓣苔(拟折瓣苔)

Sphenolobus (Lindb.) Berggr. = Anastrophyllum (Spruce) Steph.

Sphenolobus acuminatus Horik. = Anastrophyllum minutum (Schreb.) Schust. var. acuminatum (Horik.) T. Cao et J. Sun

Sphenolobus exsectus (Schmid. ex Schrad.) Steph.

= Tritomaria exsecta （Schmid. ex Schrad.） Schiffn. ex Loeske

Sphenolobus michauxii （Web.） Steph. = Anastrophyllum michauxii （Web.） Buch

Sphenolobus minutus （Schreb.） Berggr. = Anastrophyllum minutum （Schreb.） Schust.

Sphenolobus saxicolus （Schrad.） Steph. = Anastrophyllum saxicolum （Schrad.） Schust.

Sphenolobus striolatus Horik. = Anastrophyllum striolatum （Horik.） Kitag.

Sphenolobus trilobatus Steph. = Tritomaria quinquedentata （Huds.） Buch

Spiridens Nees 木毛藓属

Spiridens reinwardtii Nees 木毛藓

Splachnobryum Muell. Hal. 短壶藓属

Splachnobryum aquaticum Muell. Hal. ［Splachnobryum giganteum Broth.］大短壶藓

Splachnobryum geheebii Fleisch. = Splachnobryum obtusum （Brid.） Muell. Hal.

Splachnobryum giganteum Broth. = Splachnobryum aquaticum Muell. Hal.

Splachnobryum luzonense Broth. = Splachnobryum obtusum （Brid.） Muell. Hal.

Splachnobryum obtusum （Brid.） Muell. Hal. ［Splachnobryum geheebii Fleisch. , Splachnobryum luzonense Broth. , Splachnobryum pacificum Dix.］短壶藓（长叶短壶藓）

Splachnobryum pacificum Dix. = Splachnobryum obtusum （Brid.） Muell. Hal.

Splachnum Hedw. 壶藓属

Splachnum ampullaceum Hedw. 大壶藓

Splachnum ampullaceum Hedw. var. brevisetum C. Gao 大壶藓短柄变种（短柄大壶藓）

Splachnum luteum Hedw. 黄壶藓

Splachnum ovatum Hedw. = Splachnum sphaericum Hedw.

Splachnum rubrum Hedw. 红壶藓

Splachnum sphaericum Hedw. ［Splachnum ovatum Hedw.］卵叶壶藓

Splachnum vasculosum Hedw. 壶藓

Spruceanthus Verd. 多褶苔属

Spruceanthus mamillilobulus （Herz.） Verd. ［Ptych-

anthus mamillilobulus Herz.］疣瓣多褶苔（瘤瓣多褶苔, 疣瓣皱萼苔, 疣叶多褶苔）

Spruceanthus marianus （Gott.） Mizut. = Cheilolejeunea mariana （Gott.） Thiers et Gradst.

Spruceanthus polymorphus （S. Lac.） Verd. ［Archilejeunea polymorpha （S. Lac.） Thiers et Gradst. Ptychanthus sexplicatus Horik.］变异多褶苔（变异原鳞苔）

Spruceanthus semirepandus （Nees） Verd. ［Brachiolejeunea plagiochiloides Steph. , Ptychanthus madothecoides Horik. , Thysananthus fragillimus Herz. , Thysananthus obovatus B. -Y. Yang］多褶苔（鳃叶苔）

Stegonia Vent. 石芽藓属

Stegonia latifolia （Schwaegr.） Broth. ［Pottia latifolia （Schwaegr.） Muell. Hal. , Weissia latifolia Schwaegr.］石芽藓

Stenolejeunea Schust. 狭鳞苔属（齿鳞苔属）

Stenolejeunea apiculata （S. Lac.） Schust. ［Drepanolejeunea formosana Horik. , Prionolejeunea ungulata Herz.］尖叶狭鳞苔（狭鳞苔, 台湾角鳞苔, 蹄叶齿鳞苔）

* Stenolejeunea thallophora （Eifrig） Schust. 狭鳞苔

* Stephansoniella Kashyap 斯氏苔属

Stereodon arcuatus Lindb. = Calliergonella lindbergi （Mitt.） Hedenaes

Stereodon chryseus （Schwaegr.） Mitt. = Orthothecium chryseum （Schwaegr.） Schimp.

Stereodon circinalis （Hook.） Mitt. = Hypnum circinale Hook.

Stereodon cupressiformis （Hedw.） Mitt. = Hypnum cupressiforme Hedw.

Stereodon deflexifolius Broth. = Wijkia deflexifolia （Ren. et Card.） Crum

Stereodon denticulatus （Hedw.） Mitt. = Plagiothecium denticulatum （Hedw.） Bruch et Schimp.

Stereodon erythrocaulis Mitt. = Brotherella erythrocaulis （Mitt.） Fleisch.

Stereodon fujiyamae Broth. = Hypnum fujiyamae （Broth.） Par.

Stereodon haldanianus （Grev.） Broth. = Callicladium haldanianum （Grev.） Crum

Stereodon hastilis Mitt. = Ctenidium hastile（Mitt.）Lindb.

Stereodon lychnites Mitt. = Ctenidium lychnites（Mitt.）Broth.

Stereodon nictans Mitt. = Brotherella nictans（Mitt.）Broth.

Stereodon paleaceus Mitt. = Plagiothecium paleaceum（Mitt.）Jaeg.

Stereodon palustris Mitt. = Hygrohypnum luridum（Hedw.）Jenn.

Stereodon pinnatus Broth. et Par. = Ctenidium pinnatum（Broth. et Par.）Broth.

Stereodon plumaeformis（Wils.）Mitt. = Hypnum plumaeforme Wils.

Stereodon plumaeformis（Wils.）Mitt. var. alare Par. = Hypnum plumaeforme Wils.

Stereodon renitens Mitt. = Herzogiella renitens（Mitt.）Iwats.

Stereodon reptilis（Michx.）Mitt. = Hypnum pallescens（Hedw.）P. Beauv.

Stereodon revolutus Mitt. = Hypnum revolutum（Mitt.）Lindb.

Stereodon rhynchothecius Broth. = Pylaisiadelpha tristoviridis（Broth.）Afonina

Stereodon setschwanicus Broth. = Entodontopsis setschwanica（Broth.）Buck et Ireland

Stereodon simlaensis Mitt. = Homomallium simlaense（Mitt.）Broth.

Stereodon siuzewii Broth. = Pylaisiadelpha tenuirostris（Sull.）Buck

Stereodon subfalcatus（Schimp.）Fleisch. = Pylaisia falcata Bruch et Schimp.

Stereodon subfalcatus（Schimp.）Fleisch. var. recurvatulus Broth. = Pylaisia extenta（Mitt.）Jaeg.

Stereodon vaucheri（Lesq.）Broth. = Hypnum vaucheri Lesq.

Stereodon vaucheri（Lesq.）Broth. var. tenuis（Muell. Hal.）Dix. = Hypnum vaucheri Lesq.

Stereodontopsis Williams 拟硬叶藓属

* Stereodontopsis flagellifera Williams 拟硬叶藓

Stereodontopsis pseudorevoluta（Reim.）Ando［Hypnum pseudorevolutum Reim.］大拟硬叶藓

（拟硬叶藓,大蝎尾藓,硬枝灰藓）

Stereodontopsis setschwanica（Broth.）Ando = Entodontopsis setschwanica（Broth.）Buck et Ireland

Stereophyllaceae 硬叶藓科

* Stereophyllum Mitt. 硬叶藓属

Stereophyllum anceps（Bosch et S. Lac.）Broth. = Entodontopsis anceps（Bosch et S. Lac.）Buck et Ireland

* Stereophyllum indicum（Bel.）Mitt. 硬叶藓

Stereophyllum ligulatum Jaeg. = Entodontopsis nitens（Mitt.）Buck et Ireland

Stereophyllum pygmaeum Par. et Broth. = Entodontopsis pygmaea（Par. et Broth.）Buck et Ireland

Stereophyllum setschwanicum Broth. = Entodontopsis setschwanica（Broth.）Buck et Ireland

Stereophyllum tavoyense（Harv.）Jaeg. = Entodontopsis anceps（Bosch et S. Lac.）Buck et Ireland

Stereophyllum wightii（Mitt.）Jaeg. et Sauerb. = Entodontopsis wightii（Mitt.）Buck et Ireland

Stokesiella arbuscula（Broth.）Robins. = Kindbergia arbuscula（Broth.）Ochyra

Stokesiella arbuscula（Broth.）Robins. var. acuminata（Tak.）Tak. et Iwats. = Kindbergia arbuscula（Broth.）Ochyra

Stokesiella praelonga（Hedw.）Robins. = Kindbergia praelonga（Hedw.）Ochyra

Stokesiella striatum T.-Y. Chiang = Eurhynchium angustirete（Broth.）T. Kop.

* Streblotrichum P. Beauv. 扭毛藓属

Streblotrichum convolutum（Hedw.）P. Beauv. = Barbula convoluta Hedw.

Streblotrichum gracillimum Herz. = Barbula gracillima（Herz.）Broth.

Streblotrichum obtusifolium（Hilp.）Chen = Barbula chenia Redf. et Tan

Streblotrichum propaguliferum X.-J. Li et M.-X. Zhang = Barbula propagulifera（X.-J. Li et M.-X. Zhang）Redf. et Tan

Strepsilejeunea（Spruce）Schiffn. 纽鳞苔属

Strepsilejeunea bhamensis Steph.［Strepsilejeunea birmensis Steph.］巴门纽鳞苔

Strepsilejeunea birmensis Steph. = Strepsilejeunea

bhamensis Steph.

Strepsilejeunea claviflora Steph. = Lejeunea neelgherriana Gott.

Strepsilejeunea denticulata Kamim. = Drepanolejeunea erecta（Steph.）Mizut.

Strepsilejeunea giraldiana （Mass.） Steph. = Cheilolejeunea krakakammae（Lindenb.）Schust.

Strepsilejeunea gomphocalyx Herz. = Cheilolejeunea krakakammae（Lindenb.）Schust.

Strepsilejeunea monophthalma Herz. = Drepanolejeunea erecta（Steph.）Mizut.

Strepsilejeunea neelgherriana（Gott.）Steph. = Lejeunea neelgherriana Gott.

Struckia Muell. Hal. 牛尾藓属

Struckia argentata（Mitt.）Muell. Hal. 牛尾藓

Struckia argentata（Mitt.）Muell. Hal. var. enervis（Broth.）Tan, Buck et Ignatov = Plagiothecium enerve（Broth.）Q. Zuo

Struckia enervis（Broth.）Ignatov, T. Kop. et Long = Plagiothecium enerve（Broth.）Q. Zuo

Struckia zerovii（Lazarenko）Hedenaes 长尖牛尾藓

Symblepharis Mont. 合睫藓属

Symblepharis angustata（Mitt.）Chen = Pseudosymblepharis angustata（Mitt.）Hilp.

Symblepharis asiatica Besch. = Symblepharis vaginata（Hook.）Wijk et Marg.

Symblepharis breviseta Bartr. = Symblepharis reinwardtii（Dozy et Molk.）Mitt.

Symblepharis dilatata Wils. = Symblepharis reinwardtii（Dozy et Molk.）Mitt.

Symblepharis guizhouensis Tan, Q. -W Lin, Crosby et P. -C. Wu = Symblepharis reinwardtii（Dozy et Molk.）Mitt.

Symblepharis helicophylla Mont. = Symblepharis vaginata（Hook.）Wijk et Marg.

Symblepharis oncophoroides Broth. 大合睫藓

Symblepharis papillosula Card. et Thér. = Pseudosymblepharis angustata（Mitt.）Hilp.

Symblepharis reinwardtii （Dozy et Molk.）Mitt. ［Symblepharis breviseta Bartr. , Symblepharis dilatata Wils. , Symblepharis guizhouensis Tan, Q. -W. Lin, Crosby et P. -C. Wu］南亚合睫藓

Symblepharis sinensis Muell. Hal. 中华合睫藓

Symblepharis sinensis Muell. Hal. var. minor Muell. Hal. 中华合睫藓小形变种

Symblepharis vaginata （Hook.）Wijk et Marg. ［Symblepharis asiatica Besch. , Symblepharis helicophylla Mont. ］合睫藓

Symphyodon Mont. 刺果藓属

Symphyodon complanatus Dix. 扁刺果藓（平叶刺果藓）

Symphyodon echinatus（Mitt.）Jaeg. 长刺刺果藓

Symphyodon perrottetii Mont. 刺果藓

Symphyodon pygmaeus（Broth.）S. He et Snider 矮刺果藓

Symphyodon weymouthioides Card. et Thér. 贵州刺果藓

Symphyodon yuennanensis Broth. 南刺果藓

Symphyodontaceae Fleisch. 刺果藓科

* Symphyogyna Nees et Mont. 合萼苔属

* Symphyogyna hochstetteri Nees 合萼苔

Symphyogyna sinensis C. Gao, E. -Z. Bai et C. Li = Pallavicinia ambigua（Mitt.）Steph.

* Symphyogynaceae 合萼苔科

Symphysodontella Fleisch. 瓢叶藓属

* Symphysodontella lonchopoda（Broth.）Fleisch. 瓢叶藓

Symphysodontella parvifolia Bartr. 小叶瓢叶藓

Symphysodontella siamensis Dix. 双肋瓢叶藓

Symphysodontella tortifolia Dix. 扭尖瓢叶藓

Synthetodontium Card. 合齿藓属

Synthetodontium kunlunense J. -C. Zhao et Y. -Y. Liu 昆仑合齿藓

* Synthetodontium pringlei Card. 合齿藓

Syntrichia Brid. 赤藓属

Syntrichia alpina（Bruch et Schimp.）Jur. = Syntrichia sinensis（Muell. Hal.）Ochyra

Syntrichia alpina（Bruch et Schimp.）Jur. var. inermis（Milde）Jur. = Syntrichia sinensis（Muell. Hal.）Ochyra

Syntrichia amphidiacea（Muell. Hal.）Zand. ［Tortula amphidiacea（Muell. Hal.）Broth. ］北美赤藓（芽胞赤藓）

Syntrichia bidentata（X. -L. Bai）Ochyra ［Tortula

bidentata X. -L. Bai〕双齿赤藓（双齿墙藓）

Syntrichia caninervis Mitt. 〔**Grimmia cucullata J. -S. Lou et P. -C. Wu**，**Tortula caninervis**（**Mitt.**）**Broth.**，**Tortula desertorum Broth.**〕齿肋赤藓（齿肋墙藓，刺叶墙藓，兜叶紫萼藓）

Syntrichia fragilis（**Tayl.**）**Ochyra** 〔**Tortula fragilis Tayl.**，**Tortula schmidii**（**Muell. Hal.**）**Broth.**〕希氏赤藓（短尖叶墙藓）

Syntrichia gemmascens（**Chen**）**Zand.** 〔**Desmatodon gemmascens Chen**，**Didymodon gemmascens Broth.**，**Didymodon gemmascens Broth. var. hopeiensis Chen**〕芽胞赤藓（芽胞链齿藓）

Syntrichia gemmascens（**Chen**）**Zand. var. hopeiensis**（**Chen**）**Zand.** 〔**Desmatodon gemmascens**（**Chen**）**Zand. var. hopeiensis Chen**〕芽胞赤藓河北变种

Syntrichia inermis（**Brid.**）**Bruch** = **Tortula inermis**（**Brid.**）**Mont.**

Syntrichia laevipila Brid. 〔**Syntrichia pagorum**（**Milde**）**Amann**，**Tortula laevipila**（**Brid.**）**Schwaegr.**，**Tortula pagorum**（**Milde**）**De Not.**〕树生赤藓

Syntrichia longimucronata（**X. -J. Li**）**Zand.** 〔**Tortula longimucronata X. -J. Li**〕长尖赤藓（长尖叶墙藓）

Syntrichia mucronifolia（**Schwaegr.**）**Brid.** = **Tortula mucronifolia Schwaegr.**

Syntrichia norvegica Web. 〔**Tortula norvegica**（**Web.**）**Lindb.**〕疏齿赤藓

Syntrichia pagorum（**Milde**）**Amann** = **Syntrichia laevipila Brid.**

Syntrichia papillosa（**Wilson**）**Jur.** 疣赤藓

Syntrichia princeps（**De Not.**）**Mitt.** 〔**Tortula princeps De Not.**〕大赤藓（大墙藓）

Syntrichia reflexa Zand. = **Syntrichia ruralis**（**Hedw.**）**Web. et Mohr**

Syntrichia ruralis（**Hedw.**）**Web. et Mohr** 〔**Syntrichia reflexa Zand.**，**Tortula reflexa X. -J. Li**，**Tortula ruralis**（**Hedw.**）**Gaertn.**〕赤藓（山赤藓，土生墙藓，弯叶墙藓）

Syntrichia sinensis（**Muell. Hal.**）**Ochyra** 〔**Barbula brachypila Muell. Hal.**，**Barbula sinensis Muell. Hal.**，**Desmatodon solomensis Broth.**，**Syntrichia alpina**（**Bruch et Schimp.**）**Jur.**，**Syntrichia alpina**（**Bruch et Schimp.**）**Jur. var. inermis**（**Milde**）**Jur.**，**Tortula alpina**（**Bruch et Schimp.**）**Bruch**，**Tortula alpina**（**Bruch et Schimp.**）**Bruch var. inermis**（**Milde**）**De Not.**，**Tortula brachypila**（**Muell. Hal.**）**Broth.**，**Tortula erythrotricha**（**Muell. Hal.**）**Broth.**，**Tortula satoi Sak.**，**Tortula sinensis**（**Muell. Hal.**）**Broth.**〕高山赤藓（中华墙藓）

Syntrichia subulata（**Hedw.**）**Web. et Mohr** = **Tortula subulata Hedw.**

Syrrhopodon Schwaegr. 网藓属

Syrrhopodon armatispinosus P. -J. Lin 刺网藓

Syrrhopodon armatus Mitt. 〔**Syrrhopodon fimbriatulus Muell. Hal.**，**Syrrhopodon larminatii Broth. et Par.**，**Syrrhopodon tsushimae Card.**〕鞘刺网藓（网藓）

*** Syrrhopodon borneensis**（**Hampe**）**Jaeg.** 南亚网藓

Syrrhopodon chenii Reese et P. -J. Lin 陈氏网藓

Syrrhopodon fimbriatulus Muell. Hal. = **Syrrhopodon armatus Mitt.**

Syrrhopodon flammeonervis Muell. Hal. 红肋网藓

Syrrhopodon gardneri（**Hook.**）**Schwaegr.** 〔**Calymperes gardneri Hook.**〕网藓（印度网藓）

Syrrhopodon hainanensis Reese et P. -J. Lin 海南网藓

Syrrhopodon hongkongensis L. Zhang 香港网藓

Syrrhopodon involutus Schwaegr. 卷叶网藓

Syrrhopodon japonicus（**Besch.**）**Broth.** 〔**Calymperes japonicum Besch.**，**Syrrhopodon konoi Card.**，**Syrrhopodon lonchophyllus Dix.**〕日本网藓（东亚网藓，剑叶网藓）

Syrrhopodon konoi Card. = **Syrrhopodon japonicus**（**Besch.**）**Broth.**

Syrrhopodon larminatii Broth. et Par. = **Syrrhopodon armatus Mitt.**

Syrrhopodon lonchophyllus Dix. = **Syrrhopodon japonicus**（**Besch.**）**Broth.**

Syrrhopodon longifolius（**Mitt.**）**Dix.** = **Syrrhopodon loreus**（**S. Lac.**）**Reese**

Syrrhopodon loreus（**S. Lac.**）**Reese** 舌叶网藓（皱叶花叶藓）

Syrrhopodon muelleri（**Dozy et Molk.**）**S. Lac.** 直叶

网藓

Syrrhopodon orientalis Reese et P. -J. Lin 东方网藓

Syrrhopodon parasiticus（Brid.）Besch.［Calymperopsis involuta P. -J. Lin］拟网藓（卷叶拟花叶藓）

Syrrhopodon prolifer Schwaegr. 巴西网藓

Syrrhopodon prolifer Schwaegr. var. papillosus（Muell. Hal.）Reese = Syrrhopodon prolifer Schwaegr. var. tosaensis（Card.）Orban et Reese

Syrrhopodon prolifer Schwaegr. var. tosaensis（Card.）Orban et Reese［Syrrhopodon prolifer Schwaegr. var. papillosus（Muell. Hal.）Reese, Syrrhopodon tosaensis Card.］巴西网藓鞘齿变种

Syrrhopodon semiliber（Mitt.）Besch. 阔叶网藓

Syrrhopodon semperi Muell. Hal. = Syrrhopodon trachyphyllus Mont.

*Syrrhopodon sinii Reim. 短胞网藓

Syrrhopodon spiculosus Hook. et Grev. 细刺网藓

Syrrhopodon strictifolius Mitt. = Calymperes strictifolium（Mitt.）Roth

Syrrhopodon tahitense Sull. = Calymperes tahitense（Sull.）Mitt.

Syrrhopodon tjibodensis Fleisch.［Calymperopsis tjibodensis（Fleisch.）Fleisch.］暖地网藓

Syrrhopodon tosaensis Card. = Syrrhopodon prolifer Schwaegr. var. tosaensis（Card.）Orban et Reese

Syrrhopodon trachyphyllus Mont.［Syrrhopodon semperi Muell. Hal.］鞘齿网藓（多疣网藓）

*Syrrhopodon tristichus Nees et Schwaegr. 三叶网藓

Syrrhopodon tsushimae Card. = Syrrhopodon armatus Mitt.

Syrrhopodon tuberculosus Dix. et Thér. = Calymperes strictifolium（Mitt.）Roth

Systegium macrophyllum Par. et Broth. = Weissia longifolia Mitt.

Syzygiella Spruce 对耳苔属

Syzygiella autumnalis（DC.）Feldberg［Jamesoniella autumnalis（DC.）Steph., Jamesoniella colorata（Lehm.）Spruce ex Schiffn］秋对耳苔（筒萼对耳苔，秋圆叶苔，圆叶苔）

Syzygiella elongella（Tayl.）Feldberg［Jamesoniella elongella（Tayl.）Steph.］梨萼对耳苔（梨萼圆叶苔）

Syzygiella nuda（Horik.）Hatt. = Syzygiella securifolia（Nees）Inoue

Syzygiella nipponica（Hatt.）Feldberg［Crossogyna nipponica（Hatt.）Schljak., Jamesoniella horikawana Hatt., Jamesoniella nipponica Hatt., Jamesoniella verrucosa Horik.］东亚对耳苔（东亚圆叶苔，日本圆叶苔，多疣圆叶苔，圆叶苔）

*Syzygiella perfoliata（Sw.）Spruce 对耳苔

Syzygiella securifolia（Nees）Inoue［Plagiochila nuda Horik., Syzygiella nuda（Horik.）Hatt., Syzygiella variegata（Lindenb.）Spruce］台湾对耳苔

Syzygiella variegata（Lindenb.）Spruce = Syzygiella securifolia（Nees）Inoue

T

Taeniolejeunea appressa（Ev.）Zwickel = Cololejeunea appressa（Ev.）Bened.

Taeniolejeunea floccosa（Lehm. et Lindenb.）Zwickel = Cololejeunea floccosa（Lehm. et Lindenb.）Steph.

Taeniolejeunea nakaii Hatt. = Cololejeunea verrucosa Steph.

Taeniolejeunea ocelloides（Horik.）Hatt. = Cololejeunea ocelloides（Horik.）Mizut.

Taeniolejeunea oshimensis（Horik.）Hatt. = Cololejeunea inflata Steph.

Taeniolejeunea peraffinis（Schiffn.）Zwickel = Cololejeunea peraffinis（Schiffn.）Schiffn.

Taeniolejeunea peraffinis（Schiffn.）Zwickel f. corticola Bened. = Cololejeanea peraffinis（Schiffn.）Schiffn. f. corticola（Bened.）S. -H. Lin

Taeniolejeunea peraffinis（Schiffn.）Zwickel var. ocellata（Horik.）Hatt. = Cololejeunea ocellata（Horik.）Bened.

Taeniolejeunea pseudofloccosa（Horik.）Hatt. = Cololejeunea pseudofloccosa（Horik.）Bened.

Taiwanobryum Nog. 台湾藓属

Taiwanobryum crenulatum（Harv.）Olsson，Enroth et Quandt［Baldwiniella tibetana C. Gao，Himantocladium speciosum Nog.，Neckera bescherellei Nog.，Neckera brachyclada Besch.，Neckera crenulata Harv.，Neckera formosana Nog.，Neckera morrisonensis Nog.，Neckera speciosa（Nog.）Nog.，Neckera yunnanensis Enroth］齿叶台湾藓（齿叶平藓，台湾平藓，西藏拟波叶藓，云南平藓）

Taiwanobryum robustum Veloira = Neolindbergia veloirae Akiy.

Taiwanobryum speciosum Nog. 台湾藓

Takakia Hatt. et Inoue 藻苔属

Takakia ceratophylla（Mitt.）Grolle［Lepidozia ceratophylla Mitt.］角叶藻苔

Takakia lepidozioides Hatt. et Inoue 藻苔

Takakiaceae 藻苔科

Takakiales 藻苔目

Takakiopsida 藻苔纲

Tamariscella pycnothalla Muell. Hal. = Thuidium assimile（Mitt.）Jaeg.

Targionia Linn. 皮叶苔属

Targionia formosica Horik. 台湾皮叶苔

Targionia hypophylla Linn. 皮叶苔

Targionia hypophylla Linn. var. integerrima Kashyap 皮叶苔全缘变种

Targioniineae 皮叶苔亚目

Targioniaceae 皮叶苔科

* **Taxilejeunea**（Spruce）Schiffn. 整鳞苔属

Taxilejeunea acutiloba Eifrig = Lejeunea eifrigii Mizut.

* **Taxilejeunea compressiuscula Lindenb. ex Steph.** 密叶整鳞苔

Taxilejeunea crassiretis Herz. = Lejeunea flava（Sw.）Nees

Taxilejeunea latilobula Herz. = Lejeunea latilobula（Herz.）R. -L. Zhu et M. -L. So

Taxilejeunea luzonensis Steph. = Lejeunea luzonensis（Steph.）R. -L. Zhu et M. -J. Lai

Taxilejeunea subcompressiuscula Herz. = Lejeunea obscura Mitt.

Taxiphyllum Fleisch. 鳞叶藓属

Taxiphyllum alare（Broth. et Yas.）S. -H. Lin = Entodon luridus（Griff.）Jaeg.

Taxiphyllum alternans（Card.）Iwats.［Gollania cochlearifolia Dix.，Gollania cochlearifolia Dix. f. minor Ihs.，Plagiothecium brevicuspis Broth.，Plagiothecium turgescens Broth.］互生叶鳞叶藓（卷叶粗枝藓，短枝棉藓，短尖棉藓）

Taxiphyllum aomoriense（Besch.）Iwats.［Gollania densifolia Dix.］细尖鳞叶藓

Taxiphyllum arcuatum（Bosch et S. Lac.）S. He［Homalia arcuata Bosch et S. Lac.，Homalia subarcuata Broth.，Isopterygium subarcuatum（Broth.）Nog.，Taxiphyllum subarcuatum（Broth.）Iwats.］钝头鳞叶藓（弯叶扁枝藓，拟弯叶扁枝藓）

Taxiphyllum autoicum Thér. 福建鳞叶藓（异序鳞叶藓）

Taxiphyllum cuspidifolium（Card.）Iwats.［Isopterygium cuspidifolium Card.，Taxiphyllum squamatum（Broth.）Iwats.］凸尖鳞叶藓（尖叶同叶藓）

Taxiphyllum eurhynchoides Iwats. 长喙鳞叶藓

Taxiphyllum eximium（Sull. et Lesq.）Iwats. = Ectropothecium zollingeri（Muell. Hal.）Jaeg.

Taxiphyllum formosanum Herz. et Nog. = Ectropothecium zollingeri（Muell. Hal.）Jaeg.

Taxiphyllum giraldii（Muell. Hal.）Fleisch.［Isopterygium giraldii（Muell. Hal.）Par.，Plagiothecium giraldii Muell. Hal.］陕西鳞叶藓（鳞叶藓，格氏鳞叶藓）

Taxiphyllum inundatum Reim. 浮生鳞叶藓

Taxiphyllum nitidum（Thér.）Buck = Sematophyllum borneense（Broth.）Câmara

Taxiphyllum pilosum（Broth. et Yas.）Iwats.［Plagiothecium pilosum Broth. et Yas.］疏毛鳞叶藓（尖叶鳞叶藓，尖叶棉藓）

Taxiphyllum planifrons（Broth. et Par.）Fleisch. = Ectropothecium zollingeri（Muell. Hal.）Jaeg.

Taxiphyllum planifrons（Broth. et Par.）Fleisch. var. formosicum Card. = Ectropothecium zollingeri（Muell. Hal.）Jaeg.

Taxiphyllum splendescens（Muell. Hal.）Fleisch.［Plagiothecium splendescens Muell. Hal.］绢光鳞

叶藓

Taxiphyllum squamatum （Broth.） Iwats. = Taxiphyllum cuspidifolium（Card.）Iwats.

*Taxiphyllum squamatulum（Muell. Hal.）Fleisch. ［Entodon squamatulus Muell. Hal. , Isopterygium squamatulum（Muell. Hal.）Broth. ］短枝鳞叶藓

Taxiphyllum subarcuatum （Broth.） Iwats. = Taxiphyllum arcuatum（Bosch et S. Lac.）S. He

Taxiphyllum taiwanense Sak. 宝岛鳞叶藓

Taxiphyllum taxirameum （Mitt.） Fleisch. ［Gollania isopterygioides（Broth. et Par.）Broth. , Isopterygium taxirameum （Mitt.） Jaeg. , Hylocomium isopterygioides Broth. et Par. ］鳞叶藓（长叶鳞叶藓,宝岛鳞叶藓,平叶粗枝藓）

Taxithelium Mitt. 麻锦藓属

Taxithelium alare Broth. = Taxithelium lindbergii （Jaeg.）Ren. et Card.

Taxithelium batanense Bartr. = Taxithelium oblongifolium（Sull. et Lesq.）Iwats.

Taxithelium instratum（Brid.）Broth. 南亚麻锦藓

Taxithelium lindbergii（Jaeg.）Ren. et Card. ［Taxithelium alare Broth. , Taxithelium parvulum （Broth. et Par.）Seki , Trichosteleum parvulum Broth. et Par. ］短茎麻锦藓

Taxithelium lingulatum Card. = Phyllodon lingulatus （Card.）Buck

Taxithelium nepalense（Schwaegr.）Broth. ［Stereodon punctulatum （Harv.） Mitt. , Taxithelium turgidellum （Muell. Hal.） Par. , Trichosteleum trochalophyllum Hampe , Trichosteleum turgidellum（Muell. Hal.）Kindb. ］尼泊尔麻锦藓

Taxithelium oblongifolium （Sull. et Lesq.） Iwats. ［Hypnum oblongifolium Sull. et Lesq. , Taxithelium batanense Bartr. , Trichosteleum batanense （Bartr.）Shin］卵叶麻锦藓（巴塔麻锦藓）

Taxithelium parvulum（Broth. et Par.）Seki = Taxithelium lindbergii（Jaeg.）Ren. et Card.

*Taxithelium planum（Brid.）Mitt. 麻锦藓

Taxithelium vivicolor Broth. et Dix. = Bryocrumia vivicolor（Broth. et Dix.）Buck

Tayloria Hook. 小壶藓属

Tayloria acuminata Hornsch. 尖叶小壶藓

Tayloria alpicola Broth. 高山小壶藓

Tayloria delavayi（Besch.）Besch. = Tayloria rudolphiana（Garov.）Bruch et Schimp.

Tayloria hornschuchii（Grev. et Arn.）Broth. 凹叶小壶藓（何氏小壶藓）

Tayloria indica Mitt. ［Tayloria kwangsiensis Reim. ］南亚小壶藓（广西小壶藓）

Tayloria kwangsiensis Reim. = Tayloria indica Mitt.

Tayloria lingulata（Dicks.）Lindb. 舌叶小壶藓

Tayloria recurvimarginata Nog. 卷边小壶藓

Tayloria rudimenta X. -L. Bai et Tan 残齿小壶藓

Tayloria rudolphiana（Garov.）Bruch et Schimp. ［Orthodon delavayi Besch. , Tayloria delavayi （Besch.）Besch. ］德氏小壶藓

Tayloria serrata（Hedw.）Bruch et Schimp. 齿边小壶藓

Tayloria sinensis Muell. Hal. = Bryum capillare Hedw.

Tayloria splachnoides（Schwaegr.）Hook. 小壶藓（欧洲小壶藓）

Tayloria squarrosa（Hook.）T. Kop. 仰叶小壶藓

Tayloria subglabra（Griff.）Mitt. ［Orthodon subglabra Griff. ］平滑小壶藓（喜马拉雅小壶藓）

Telaranea Spruce ex Schiffn. ［Neolepidozia Fulf. et Tayl. ］皱指苔属

*Telaranea chaetophylla（Spruce）Schiffn. 皱指苔

Telaranea sejuncta（Aongstr.）Arnall = Arachniopsis diacantha（Mont.）Howe

Telaranea wallichiana （Gott.） Schust. ［Lepidozia hainanensis K. -C. Chang , Lepidozia wallichiana Gott. , Neolepidozia wallichiana （Gott.） Fulf. et Tayl.］瓦氏皱指苔（瓦氏指叶苔）

Temnoma Mitt. 裂片苔属

Temnoma birmense（Steph.）Hatt. = Plicanthus birmensis（Steph.）Schust.

Temnoma hirtellus（Web.）Horik. = Plicanthus hirtellus（Web.）Schust.

Temnoma pulchellum （Hook.） Mitt. = Temnoma setigerum（Lindenb.）Schust.

Temnoma setiformis（Ehrh.）Howe = Tetralophozia setiformis（Ehrh.）Schljak.

Temnoma setigerum （Lindenb.） Schust. ［Lophozia

pilifera Horik. , Temnoma pulchellum （Hook.） Mitt. , Temnoma setigerum（Lindenb.） Schust. f. piliferum（Horik.）Schust.］裂片苔（多毛裂片苔）

Temnoma setiferum（Lindenb.）Schust. f. piliferum （Horik.）Schust. = Temnoma setigerum（Lindenb.）Schust.

Tetracladium cymbifolium Dozy et Molk. = Thuidium cymbifolium（Dozy et Molk.）Dozy et Molk.

Tetracladium glaucinoides Broth. = Thuidium pristocalyx（Muell. Hal.）Jaeg. var. samoanum（Mitt.）Touw

Tetracladium japonicum Dozy et Molk. = Thuidium cymbifolium（Dozy et Molk.）Dozy et Molk.

Tetracladium molkenboeri（S. Lac.）Broth. = Bryonoguchia molkenboeri（S. Lac.）Iwats. et Inoue

Tetracladium osadae Sak. = Helodium sachalinense （Lindb.）Broth.

* Tetracymbaliella Grolle 四囊苔属

Tetralophozia（Schust.）Schljak. 狭广萼苔属（小广萼苔属）

Tetralophozia filiformis（Steph.）Urmi［Chandonanthus filiformis Steph. , Chandonanthus pusillus Steph.］纤细狭广萼苔（纤细小广萼苔，小广萼苔，纤细广萼苔，细广萼苔）

Tetralophozia setiformis（Ehrh.）Schljak.［Chandonanthus setiformis（Ehrh.）Lindb. , Temnoma setiformis（Ehrh.）Howe］狭广萼苔（小广萼苔）

Tetraphidiopsida 四齿藓纲

Tetraphis Hedw. 四齿藓属

Tetraphis cuspidata（Kindb.）Par. = Tetraphis pellucida Hedw.

Tetraphis geniculata Milde 疣柄四齿藓

Tetraphis pellucida Hedw. ［Georgia pellucida （Hedw.）Rabenh. , Tetraphis cuspidata（Kindb.）Par.］四齿藓

Tetraplodon Bruch et Schimp. 并齿藓属

Tetraplodon angustatus（Hedw.）Bruch et Schimp. 狭叶并齿藓

Tetraplodon angustatus（Hedw.）Bruch et Schimp. var. integerrimus C. Gao 狭叶并齿藓全缘变种（全缘狭叶并齿藓）

Tetraplodon bryoides Lindb. = Tetraplodon mnioides （Hedw.）Bruch et Schimp.

Tetraplodon mnioides（Hedw.）Bruch et Schimp. ［Splachnum mnioides Hedw. , Tetraplodon bryoides Lindb.］阔叶并齿藓（并齿藓）

Tetraplodon mnioides（Hedw.）Bruch et Schimp. var. cavifolius Schimp. = Tetraplodon urceolatus （Hedw.）Bruch et Schimp.

* Tetraplodon nivalis Hornsch. 并齿藓

Tetraplodon urceolatus（Hedw.）Bruch et Schimp. ［Tetraplodon mnioides （Hedw.）Bruch et Schimp. var. cavifolius Schimp. , Tetraplodon urceolatus（Hedw.）Bruch et Schimp. var. longisetus C. Gao］黄柄并齿藓（并齿藓长尖变种，并齿藓长柄变种）

Tetraplodon urceolatus（Hedw.）Bruch et Schimp. var. longisetus C. Gao = Tetraplodon urceolatus （Hedw.）Bruch et Schimp.

Tetrodontium Schwaegr. 小四齿藓属

Tetrodontium brownianum（Dicks.）Schwaegr. 小四齿藓

Tetrodontium brownianum（Dicks.）Schwaegr. var. repandum （Funck） Limpr. = Tetrodontium repandum（Funck）Schwaegr.

Tetrodontium repandum（Funck）Schwaegr.［Tetrodontium brownianum （Dicks.）Schwaegr. var. repandum（Funck）Limpr.］无肋小四齿藓

Thamniopsis pappeana（Hampe）Buck = Hookeriopsis utacamundiana（Mont.）Broth.

Thamniopsis secunda（Griff.）Buck = Hookeriopsis utacamundiana（Mont.）Broth.

Thamniopsis utacamundiana（Mont.）Buck = Hookeriopsis utacamundiana（Mont.）Broth.

Thamnium alleghaniense（Muell. Hal.）Jaeg. = Thamnobryum alleghaniense（Muell. Hal.）Nieuwl.

Thamnium alopecurum（Hedw.）Bruch et Schimp. = Thamnobryum alopecurum（Hedw.）Gangulee

Thamnium biondii Muell. Hal. = Thamnobryum alleghaniense（Muell. Hal.）Nieuwl.

Thamnium fauriei Broth. et Par. = Thamnobryum plicatulum（S. Lac.）Iwats.

Thamnium flabellatum Nog. var. attenuatum Nog. =

Homaliodendron fruticosum （Mitt.）Olsson，Enroth et Quandt

Thamnium fruticosum （Mitt.） Kindb. = Homaliodendron fruticosum （Mitt.）Olsson, Enroth et Quandt

Thamnium incurvum Nog. = Thamnobryum incurvum （Nog.）Nog. et Iwats.

Thamnium kurzii Kindb. = Curvicladium kurzii （Kindb.）Enroth

Thamnium laevinerve Broth. = Thamnobryum subserratum （Hook.）Nog. et Iwats.

Thamnium latifolium （Bosch et S. Lac.）Jaeg. = Thamnobryum pandum （Hook. f. et Wils.）Steere et Scott

Thamnium plicatulum S. Lac. = Thamnobryum plicatulum （S. Lac.）Iwats.

Thamnium sandei Besch. = Thamnobryum subseriatum （S. Lac.）Tan

Thamnium siamense Horik. et Ando = Curvicladium kurzii （Kindb.）Enroth

Thamnium subseriatum S. Lac. = Thamnobryum subseriatum （S. Lac.）Tan

Thamnium tumidum Nog. = Thamnobryum tumidum （Nog.）Nog. et Iwats.

Thamnobryum Nieuwl. 木藓属

Thamnobryum alleghaniense （Muell. Hal.）Nieuwl. ［Thamnium alleghaniense （Muell. Hal.）Jaeg.，Thamnium biondii Muell. Hal.］直立木藓

Thamnobryum alopecurum （Hedw.）Gangulee ［Thamnium alopecurum （Hedw.）Bruch et Schimp.］穗枝木藓（木藓）

Thamnobryum fruticosum （Mitt.）Gangulee = Homaliodendron fruticosum （Mitt.）Olsson, Enroth et Quandt

Thamnobryum incurvum （Nog.）Nog. et Iwats. ［Thamnium incurvum Nog.］兜叶木藓

Thamnobryum laevinerve Broth. = Thamnobryum subserratum（Hook.）Nog. et Iwats.

Thamnobryum latifolium （Bosch et S. Lac.）Nieuwl. = Thamnobryum pandum （Hook. f. et Wils.）Steere et Scott

Thamnobryum pandum （Hook. f. et Wils.）Steere et Scott ［Thamnium latifolium （Bosch et S. Lac.）Jaeg.，Thamnobryum latifolium （Bosch et S. Lac.）Nieuwl.］阔叶木藓

Thamnobryum plicatulum （S. Lac.）Iwats. ［Thamnium fauriei Broth. et Par.，Thamnium plicatulum S. Lac.］皱叶木藓

Thamnobryum sandei （Besch.）Iwats. = Thamnobryum subseriatum （S. Lac.）Tan

Thamnobryum sandei （Besch.）Iwats. var. cymbifolium （Card.）Nog. et Iwats. = Thamnobryum subseriatum （S. Lac.）Tan

Thamnobryum subseriatum （S. Lac.）Tan ［Isothecium coellophyllum Card. et Thér.，Thamnium sandei Besch.，Thamnium subseriatum S. Lac.，Thamnobryum sandei （Besch.）Iwats.，Thamobryum sandei （Besch.）Iwats. var. cymbifolium （Card.）Nog. et Iwats.］木藓（匙叶木藓）

Thamnobryum subserratum （Hook.）Nog. et Iwats. ［Thamnium laevinerve Broth.］南亚木藓（平肋木藓，细肋木藓）

Thamnobryum tumidum （Nog.）Nog. et Iwats. ［Thamnium tumidum Nog.］台湾木藓

Theriotia Card. = Diphyscium Mohr

Theriotia lorifolia Card. = Diphyscium lorifolium （Card.）Magombo

Thuidium Bruch et Schimp. 羽藓属

Thuidium abietinum （Hedw.）Bruch et Schmp. = Abietinella abietina （Hedw.）Fleisch.

Thuidium asperulisetum Ren. et Card. = Pelekium minusculum （Mitt.）Touw

Thuidium assimile （Mitt.）Jaeg. ［Tamariscella pycnothalla Muell. Hal.，Thuidium delicatulum （Hedw.）Schimp. var. radicans Crum, Steere et Anders.，Thuidium philibertii Limpr.，Thuidium pycnothallum （Muell. Hal.）Par.，Thuidium recognitum （Hedw.）Lindb. subsp. philibertii （Limpr.）Dix.］绿羽藓（尖叶羽藓，毛尖羽藓，黄羽藓，钩叶羽藓菲氏亚种）

Thuidium bandaiense Broth. et Par. = Rauiella fujisana （Par.）Reim.

Thuidium bifarium Bosch et S. Lac. = Aequatoriella bifaria （Bosch et S. Lac.）Touw

Thuidium bipinnatulum Mitt. = Pelekium versicolor （Muell. Hal.）Touw

Thuidium blandowii （Web. et Mohr）Bruch et Schimp. = Helodium paludosum （Aust.）Broth.

Thuidium bonianum Besch. = Pelekium bonianum （Besch.）Touw

Thuidium brachymenium Herz. = Pelekium microphyllum （Schwaegr.）T. Kop. et Touw

Thuidium brevirameum Dix. = Thuidium submicropteris Card.

Thuidium burmense Bartr. = Pelekium fuscatum （Besch.）Touw

Thuidium capillatum （Mitt.）Jaeg. = Haplocladium microphyllum （Hedw.）Broth.

Thuidium cochlearifolium Reim. et Sak. = Thuidium pristocalyx （Muell. Hal.）Jaeg.

Thuidium contortulum （Mitt.）Jaeg. = Pelekium contortulum （Mitt.）Touw

Thuidium cymbifolium （Dozy et Molk.）Dozy et Molk.［Tetracladium cymbifolium Dozy et Molk.，Tetracladium japonicum Dozy et Molk.，Thuidium cymbifolium （Dozy et Molk.）Dozy et Molk. var. japonicum （S. Lac.）Sak.，Thuidium japonicum S. Lac.］大羽藓（羽藓,大羽藓日本变种，东亚羽藓）

Thuidium cymbifolium （Dozy et Molk.）Dozy et Molk. var. japonicum （S. Lac.）Sak. = Thuidium cymbifolium （Dozy et Molk.）Dozy et Molk.

Thuidium delicatulum （Hedw.）Mitt. = Thuidium delicatulum （Hedw.）Schimp.

Thuidium delicatulum （Hedw.）Schimp.［Thuidium delicatulum （Hedw.）Mitt.，Thuidium recognitum （Hedw.）Lindb. var. delicatulum （Hedw.）Warnst.］细枝羽藓（钩枝羽藓细枝变种）

Thuidium delicatulum （Hedw.）Schimp. var. radicans Crum, Steere et Anders. = Thuidium assimile （Mitt.）Jaeg.

Thuidium discolor Par. et Broth. = Haplocladium discolor （Par. et Broth.）Broth.

Thuidium erosifolium S. -Y. Zeng = Pelekium erosifolium（S. -Y. Zeng）Touw

Thuidium fauriei Broth. et Par. = Haplocladium strictulum （Card.）Reim.

Thuidium fujisanum Par. = Rauiella fujisana （Par.）Reim.

Thuidium fuscatum Besch. = Pelekium fuscatum （Besch.）Touw

Thuidium fuscissimum （Muell. Hal.）Par. = Haplocladium angustifolium （Hampe et Muell. Hal.）Broth.

Thuidium glaucinoides Broth. = Thuidium pristocalyx （Muell. Hal.）Jaeg. var. samoanum （Mitt.）Touw

Thuidium glaucinulum Broth. = Thuidium kanedae Sak.

Thuidium glaucinum （Mitt.）Bosch et S. Lac. = Thuidium pristocalyx （Muell. Hal.）Jaeg.

Thuidium gracile Bruch et Schimp. = Haplocladium microphyllum （Hedw.）Broth.

Thuidium gratum （P. Beauv.）Jaeg. = Pelekium gratum （P. Beauv.）Touw

Thuidium haplohymenium （Harv. et Hook. f.）Jaeg. = Pelekium microphyllum （Schwaegr.）T. Kop. et Touw

Thuidium histricosum Mitt. = Abietinella histricosa （Mitt.）Broth.

Thuidium hookeri （Mitt.）Jaeg. = Actinothuidium hookeri （Mitt.）Broth.

Thuidium indicum Watan. = Indothuidium kiasense （Williams）Touw

Thuidium japonicum S. Lac. = Thuidium cymbifolium （Dozy et Molk.）Dozy et Molk.

Thuidium kanedae Sak.［Thuidium glaucinulum Broth.，Thuidium nipponense Sak.］短肋羽藓

Thuidium kiasense Williams = Indothuidium kiasense （Williams）Touw

Thuidium komarovii Sav. = Bryonoguchia molkenboeri （S. Lac.）Iwats. et Inoue

Thuidium kuripanum （Dozy et Molk.）Watan. = Pelekium gratum （P. Beauv.）Touw

Thuidium lejeuneoides Nog. = Pelekium bonianum （Besch.）Touw

Thuidium lepidoziaceum Sak. = Bryonoguchia vestitissimm（Besch.）Touw

Thuidium leptopteris（Muell. Hal.）Par. = Claopodium leptopteris（Muell. Hal.）P. -C. Wu et M. -Z. Wang

Thuidium macropilum（Muell. Hal.）Par. = Haplocladium angustifolium（Hampe et Muell. Hal.）Broth.

Thuidium meyenianum（Hampe）Dozy et Molk. = Thuidium plumulosum（Dozy et Molk.）Dozy et Molk.

Thuidium micropteris Besch. = Pelekium versicolor（Muell. Hal.）Touw

Thuidium minutulum（Hedw.）Schimp. = Pelekium minutulum（Hedw.）Touw

Thuidium miser Par. et Broth. = Haplocladium discolor（Par. et Broth.）Broth.

Thuidium nipponense Sak. = Thuidium kanedae Sak.

Thuidium obtusifolium Warnst. = Thuidium subglaucinum Card.

Thuidium occultissimum（Muell. Hal.）Par. = Haplocladium microphyllum（Hedw.）Broth.

Thuidium orientale Dix. = Thuidium pristocalyx（Muell. Hal.）Jaeg. var. orientale（Dix.）Touw

Thuidium papillariaceum（Muell. Hal.）Par. = Haplocladium microphyllum（Hedw.）Broth.

Thuidium pelekinoides Chen = Pelekium gratum（P. Beauv.）Touw

Thuidium perpapillosum Watan. = Pelekium pygmaeum（Schimp.）Touw

Thuidium philibertii Limpr. = Thuidium assimile（Mitt.）Jaeg.

Thuidium plumulosum（Dozy et Molk.）Dozy et Molk.［Hypnum lasiomitrium Muell. Hal. , Thuidium meyenianum（Hampe）Dozy et Molk.］长尖羽藓（毛尖羽藓）

Thuidium pristocalyx（Muell. Hal.）Jaeg.［Thuidium cochlearifolium Reim. et Sak. , Thuidium glaucinum（Mitt.）Bosch et S. Lac.］灰羽藓（羽藓）

Thuidium pristocalyx（Muell. Hal.）Jaeg. var. orientale（Dix.）Touw［Thuidium orientale Dix.］灰羽藓南亚变种（南亚羽藓）

Thuidium pristocalyx（Muell. Hal.）Jaeg. var. samo-anum（Mitt.）Touw［Thuidium glaucinoides Broth.］灰羽藓拟灰变种（拟灰羽藓）

Thuidium pseudoglaucinum Touw 小形羽藓（小型羽藓）

Thuidium pycnothallum（Muell. Hal.）Par. = Thuidium assimile（Mitt.）Jaeg.

Thuidium pygmaeum Schimp. = Pelekium pygmaeum（Schimp.）Touw

Thuidium recognitum（Hedw.）Lindb. 钩叶羽藓（钩枝羽藓,粗肋羽藓）

Thuidium recognitum（Hedw.）Lindb. subsp. philibertii（Limpr.）Dix. = Thuidium assimile（Mitt.）Jaeg.

Thuidium recognitum（Hedw.）Lindb. var. delicatulum（Hedw.）Warnst. = Thuidium delicatulum（Hedw.）Schimp.

Thuidium rubicundulum（Muell. Hal.）Par. = Haplocladium angustifolium（Hampe et Muell. Hal.）Broth.

Thuidium rubiginosum Besch. = Pelekium versicolor（Muell. Hal.）Touw

Thuidium sachalinense Lindb. = Helodium sachalinense（Lindb.）Broth.

Thuidium sparsifolium（Mitt.）Jaeg. = Pelekium versicolor（Muell. Hal.）Touw

Thuidium squarrosulum Ren. et Card. = Pelekium microphyllum（Schwaegr.）T. Kop. et Touw

Thuidium strictulum Card. = Haplocladium strictulum（Card.）Reim.

Thuidium subglaucinum Card.［Thuidium obtusifolium Warnst.］亚灰羽藓

Thuidium submicropteris Card.［Thuidium brevirameum Dix.］短枝羽藓（阔叶羽藓）

Thuidium subpilifer（Lindb. et Arn.）Broth. = Claopodium pellucinerve（Mitt.）Best

Thuidium substrictulum Dix. = Haplocladium strictulum（Card.）Reim.

Thuidium talongense Besch. = Pelekium fuscatum（Besch.）Touw

Thuidium tamariscellum（Muell. Hal.）Bosch et S. Lac. = Pelekium versicolor（Muell. Hal.）Touw

Thuidium tamariscifolium Lindb. = Thuidium tamariscinum（Hedw.）Schimp.

Thuidium tamariscinum（Hedw.）Schimp.［Thuidi-
um tamariscifolium Lindb.］羽藓

Thuidium tibetanum Salm. = Diaphanodon blandus
（Harv.）Ren. et Card.

Thuidium uliginosum Card. = Thuidium delicatulum
（Hedw.）Schimp.

Thuidium unipinnatum Y. -M. Fang et T. Kop. 单羽
藓

Thuidium velatum（Mitt.）Par. = Pelekium velatum
Mitt.

Thuidium venustulum Besch. = Pelekium versicolor
（Muell. Hal.）Touw

Thuidium versicolor（Muell. Hal.）Jaeg. = Pelekium
versicolor（Muell. Hal.）Touw

Thuidium vestitissimum Besch. = Bryonoguchia vesti-
tissima（Besch.）Touw

Thuidium viride Mitt. = Thuidium delicatulum
（Hedw.）Schimp.

Thyridium Mitt. = Mitthyridium Robins.

Thyridium fasciculatum（Hook. et Grev.）Mitt. =
Mitthyridium fasciculatum（Hook. et Grev.）Rob-
ins.

Thyridium flavum（Muell. Hal.）Fleisch. = Mitthy-
ridium flavum（Muell. Hal.）Robins.

Thyridium undulatum（Dozy et Molk.）Fleisch. =
Mitthyridium undulatum（Dozy et Molk.）Rob-
ins.

Thysananthus Lindenb. 毛鳞苔属

Thysananthus aculeatus Herz.［Thysananthus formo-
sanus Horik.］东亚毛鳞苔

* Thysananthus comosus Lindenb. 毛鳞苔

Thysananthus flavescens（Hatt.）Gradst. 黄叶毛鳞
苔（东亚毛鳞苔）

Thysananthus formosanus Horik. = Thysananthus ac-
uleatus Herz.

Thysananthus fragillimus Herz. = Spruceanthus
semirepandus（Nees）Verd.

Thysananthus fuscobrunneus Horik. = Thysananthus
spathulistipus（Reinw.）Lindenb.

Thysananthus liukiuensis Horik. = Mastigolejeunea
auriculata（Wils. et Hook.）Schiffn.

Thysananthus oblongifolius Chen et P. -C. Wu = Cau-
dalejeunea recurvistipula（Gott.）Schiffn.

Thysananthus obovatus B. -Y. Yang = Spruceanthus
semirepandus（Nees）Verd.

Thysananthus setaceus B. -Y. Yang = Mastigolejeunea
repleta（Tayl.）Steph.

Thysananthus spathulistipus（Reinw.）Lindenb.
［Thysananthus fuscobrunneus Horik.］棕红毛鳞苔
（棕色毛鳞苔）

Thysanomitrion Schwaegr. = Campylopus Brid.

Thysanomitrion blumii（Dozy et Molk.）Card. =
Campylopus umbellatus（Arn.）Par.

Thysanomitrion nigrescens（Mitt.）P. Varde =
Campylopus umbellatus（Arn.）Par.

Thysanomitrion richardii（Brid.）Schwaegr. =
Campylopus umbellatus（Arn..）Par.

Thysanomitrion sinense（Thér.）Broth. = Campylo-
pus umbellatus（Arn.）Par.

Thysanomitrion umbellatum Arn. = Campylopus um-
bellatus（Arn.）Par.

Thysanomitrium Schwaegr. = Campylopus Brid.

Timmia Hedw. 美姿藓属

Timmia austriaca Hedw. 南方美姿藓

Timmia bavarica Hessl. = Timmia megapolitana
Hedw. var. bavarica（Hessl.）Brid.

Timmia megapolitana Hedw. 美姿藓

Timmia megapolitana Hedw. var. bavarica（Hessl.）
Brid.［Timmia bavarica Hessl. , Timmia schensiana
Muell. Hal.］美姿藓北方变种（北方美姿藓, 欧洲
美姿藓）

Timmia norvegica Zett. 挪威美姿藓

Timmia norvegica Zett. var. comata（Lindb. et Ar-
nell）Crum 挪威美姿藓纤细变种

Timmia schensiana Muell. Hal. = Timmia megapoli-
tana Hedw. var. bavarica（Hessl.）Brid.

Timmia sphaerocarpa Y. Jia et Y. Liu 球蒴美姿藓

Timmiales 美姿藓目

Timmiellaceae 反纽藓科

Timmiella（De Not.）Limpr. 反纽藓属

Timmiella anomala（Bruch et Schimp.）Limpr.
［Barbula multiflora Muell. Hal. , Barbula rosulata
（Muell. Hal.）Muell. Hal. , Rhamphidium crassi-

costatum X. -J. Li, Timmiella leptocarpa Broth.,
Timmiella multiflora（Muell. Hal.）Broth., Tim-
miella rosulata（Muell. Hal.）Broth., Tortella
eroso-dentata Sak., Trichostomum rosulatum
Muell. Hal.］反纽藓（粗肋曲喙藓）

Timmiella diminuta（Muell. Hal.）Chen［Timmiella
giraldii Broth., Timmiella subcucullata Dix., Tri-
chostomum albo-vaginatum Muell. Hal., Trichosto-
mum albo-vaginatum Muell. Hal. var. sordidum
Muell. Hal., Trichostomum diminutum Muell.
Hal., Trichostomum flexisetum Muell. Hal.］小反
纽藓

Timmiella giraldii Broth. = Timmiella diminuta
（Muell. Hal.）Chen

Timmiella leptocarpa Broth. = Tmmiella anomala
（Bruch et Schimp.）Limpr.

Timmiella multiflora（Muell. Hal.）Broth. = Tim-
miella anomala（Bruch et Schimp. Limpr.

Timmiella rosulata（Muell. Hal.）Broth. = Timmiel-
la anomala（Bruch et Schimp.）Limpr.

Timmiella subcucullata Dix. = Timmiella diminuta
（Muell. Hal.）Chen

Timmiellaceae 反纽藓科

Toloxis Buck 反叶藓属

* Toloxis imponderosa（Tayl.）Buck 反叶藓

Toloxis semitorta（Muell. Hal.）Buck［Loxotis semi-
torta（Muell. Hal.）Buck, Papillaria semitorta
（Muell. Hal.）Jaeg.］扭叶反叶藓（扭叶松罗藓）

Tomenthypnum Loeske = Tomentypnum Loeske

Tomentypnum Loeske［Tomenthypnum Loeske］毛青
藓属

Tomentypnum falcifolium（Nichols）Tuom.［Tomen-
typnum nitens（Hedw.）Loeske var. falcifolium
（Nichols）Podp］弯叶毛青藓

Tomentypnum nitens（Hedw.）Loeske［Camptothe-
cium nitens（Hedw.）Schimp., Homalothecium
nitens（Hedw.）Robins.］毛青藓（毛同蒴藓）

Tomentypnum nitens（Hedw.）Loeske var. falcifoli-
um（Nichols）Podp = Tomentypnum falcifolium
（Nichols）Tuom.

Torrentaria Ochyra 水喙藓属

Torrentaria riparioides（Hedw.）Ochyra［Eurhyn-
chium riparioides（Hedw.）Rich., Oxyrrhynchi-
um platyphyllum（Muell. Hal.）Broth., Oxyr-
rhynchium riparioides（Hedw.）Jenn., Oxyrrhyn-
chium rusciforme Warnst., Platyhypnidium
platyphyllum（Muell. Hal.）Fleisch., Platyhypnid-
ium riparioides（Hedw.）Dix., Platyhypnidium
rusciforme Fleisch., Platyhypnidium schottmuelleri
（Broth.）Fleisch., Rhynchostegium platyphyllum
Muell. Hal., Rhynchostegium riparioides（Hedw.）
Card., Rhynchostegium rusciforme Schimp.,
Rhynchostegium schottmuelleri（Broth.）Par.］
水喙藓（水生长喙藓,圆叶美喙藓,圆叶平灰藓,宽
叶平灰藓,暖地平灰藓,平灰藓）

Tortella（Lindb.）Limpr. 纽藓属

Tortella caespitosa（Schwaegr.）Limpr. = Tortella
humilis（Hedw.）Jenn.

Tortella eroso-dentata Sak. = Timmiella anomala
（Bruch et Schimp.）Limpr.

Tortella fragilis（Hook. et Wils.）Limpr.［Didymo-
don fragilis Hook. et Wils., Trichostomum loncho-
basis Muell. Hal.］折叶纽藓

Tortella humilis（Hedw.）Jenn.［Barbula humilis
Hedw., Tortella caespitosa（Schwaegr.）Limpr.］
纽藓（丛叶纽藓）

Tortella inflexa（Bruch）Broth.［Trichostomum in-
flexum Bruch］反叶纽藓

Tortella nitida（Lindb.）Broth. 卷叶纽藓

Tortella tortuosa（Hedw.）Limpr.［Barbula subtor-
tuosa Muell. Hal.］长叶纽藓（纽藓）

Tortella tortuosa（Hedw.）Limpr. = Pseudosym-
blepharis angustata（Mitt.）Hilp.

Tortella yuennanensis Broth. = Pseudosymblepharis
angustata（Mitt.）Hilp.

Tortula Hedw.［Desmatodon Brid.］墙藓属（链齿藓
属）

Tortula acaulon（With.）Zand.［Phascum cuspida-
tum Hedw.］球蒴墙藓（球藓,尖叶球藓）

Tortula alpina（Bruch et Schimp.）Bruch = Syn-
trichia sinensis（Muell. Hal.）Ochyra

Tortula alpina（Bruch et Schimp.）Bruch var. iner-
mis（Milde）De Not. = Syntrichia sinensis（Muell.
Hal.）Ochyra

Tortula amphidiacea（Muell. Hal.）Broth. = Syntrichia amphidiacea（Muell. Hal.）Zand.

Tortula apiculata Wils. = Pseudosymblepharis duriuscula（Mitt.）Chen

Tortula arcuata Broth. = Tortula laureri（Schultz）Lindb.

Tortula atherodes Zand. = Tortula acaulon（With.）Zand.

Tortula atrovirens（Sm.）Lindb.［Desmatodon convolutus（Brid.）Grout］卷叶墙藓

Tortula bidentata X. -L. Bai = Syntrichia bidentata（X. -L. Bai）Ochyra

Tortula brachypila（Muell. Hal.）Broth. = Syntrichia sinensis（Muell. Hal.）Ochyra

Tortula brevissima Schiffn. 垫尖墙藓

Tortula caninervis（Mitt.）Broth. = Syntrichia caninervis Mitt.

Tortula capillaris（Chen）Zand.［Desmatodon capillaris Chen, Tortula capillaris Dix.］细叶墙藓（细叶链齿藓）

Tortula capillaris Dix. = Tortula capillaris（Chen）Zand.

Tortula cernua（Hueb.）Lindb.［Desmatodon cernuus Hueb.］狭叶墙藓（狭叶链齿藓）

Tortula consaguinea Thwait. et Mitt. = Barbula javanica Dozy et Molk.

Tortula chungtienia Zand.［Desmatodon yuennanensis Broth.］中甸墙藓（云南链齿藓）

Tortula desertorum Broth. = Syntrichia caninervis Mitt.

Tortula emarginata（Dozy et Molk.）Mitt. = Tortula muralis Hedw.

Tortula erythrotricha（Muell. Hal.）Broth. = Syntrichia sinensis（Muell. Hal.）Ochyra

Tortula euryphylla Zand. = Tortula hoppeana（Schultz）Ochyra

Tortula fragilis Tayl. = Syntrichia fragilis（Tayl.）Ochyra

Tortula gregaria Mitt. = Barbula indica（Hook.）Spreng. var. gregaria（Mitt.）Zand.

Tortula hoppeana（Schultz）Ochyra［Desmatodon latifolius（Hedw.）Brid., Desmatodon latifolius（Hedw.）Brid. var. muticus（Brid.）Brid., Tortula euryphylla Zand., Tortula nankomontana Nog.］长尖墙藓（链齿藓, 阔叶链齿藓, 链齿藓柔弱变种）

* **Tortula inermis**（Brid.）Mont.［Desmatodon inermis（Brid.）Mitt., Syntrichia inermis（Brid.）Bruch］全缘墙藓

Tortula laevipila（Brid.）Schwaegr. = Syntrichia laevipila Brid.

Tortula lanceola Zand.［Pottia lanceolata（Hedw.）Muell. Hal.］具齿墙藓（具齿丛藓）

Tortula laureri（Schultz）Lindb.［Campylotortula sinensis Dix., Desmatodon laureri（Schultz）Bruch et Schimp., Tortula arcuata Broth.］温带墙藓（具边墙藓, 链齿藓, 泛生链齿藓）

Tortula laureri（Schultz）Lindb var. setschwanicus（Broth.）Zand.［Desmatodon laureri（Schultz）Bruch et Schimp. var. setschwanicus（Broth.）Chen, Desmatodon setschwanicus Broth., Desmatodon yuennanensis Broth. var. setschwanicus（Broth.）Chen］温带墙藓四川变种

Tortula leptotheca（Broth.）Chen［Barbula leptotheca Besch.］长蒴墙藓

Tortula leucostoma（Brown）Hook. et Grev.［Desmatodon leucostoma（Brown）Berggr., Desmatodon suberectus（Hook.）Limpr.］北方墙藓（北方链齿藓, 北地链齿藓）

Tortula longimucronata X. -J. Li = Syntrichia longimucronata（X. -J. Li）Zand.

Tortula modica Zand.［Pottia intermedia（Turn.）Fuernr.］短齿墙藓（大丛藓）

Tortula mucronifolia Schwaegr.［Desmatodon mucronifolius（Schwaegr.）Mitt., Syntrichia mucronifolia（Schwaegr.）Brid.］无疣墙藓（无疣赤藓）

Tortula muralis Hedw.［Desmatodon muralis（Hedw.）Jur., Tortula emarginata（Dozy et Molk.）Mitt.］泛生墙藓（墙藓）

Tortula muralis Hedw. var. aestiva Hedw.［Tortula aestiva（Hedw.）P. Beauv.］泛生墙藓无芒变种（墙藓无芒变种）

Tortula muralis Hedw. var. obcordata（Schimp.）

Limpr. 泛生墙藓凹叶变种（墙藓凹叶变种）

Tortula nankomontana Nog. = Tortula hoppeana（Schultz）Ochyra

Tortula norvegica（Web.）Lindb. = Syntrichia norvegica Web.

* Tortula obtusifolia（Schwaegr.）Mathieu 钝叶墙藓

Tortula pagorum（Milde）De Not. = Syntrichia laevipila Brid.

Tortula planifolia X. -J. Li 平叶墙藓

Tortula princeps De Not. = Syntrichia princeps（De Not.）Mitt.

Tortula protobryoides Zand. 密疣墙藓

Tortula pugionata（Muell. Hal.）Broth.［Barbula pugionata Muell. Hal.］陕西墙藓

Tortula raucopapillosa（X. -J. Li）Zand.［Desmatodon raucopapillosum X. -J. Li］粗疣墙藓（粗疣链齿藓）

Tortula reflexa Brid. = Geheebia ferruginea（Besch.）Zand.

Tortula reflexa X. -J. Li = Syntrichia ruralis（Hedw.）Web. et Mohr

Tortula rhizophylla（Sak.）Iwats. et Saito = Chenia leptophylla（Muell. Hal.）Zand.

Tortula ruralis（Hedw.）Gaertn. = Syntrichia ruralis（Hedw.）Web. et Mohr

Tortula satoi Sak. = Syntrichia sinensis（Muell. Hal.）Ochyra

Tortula schmidii（Muell. Hal.）Broth. = Syntrichia fragilis（Tayl.）Ochyra

Tortula sinensis（Muell. Hal.）Broth. = Syntrichia sinensis（Muell. Hal.）Ochyra

Tortula sublimbata（Mitt.）Broth.［Desmatodon limbatus Mitt.］具边墙藓

Tortula subulata Hedw.［Desmatodon subulatus（Hedw.）Jur., Syntrichia subulata（Hedw.）Web. et Mohr］墙藓（狭叶墙藓，狭叶赤藓）

Tortula systylia（Schimp.）Lindb.［Desmatodon systylius Schimp.］合柱墙藓（合柱链齿藓）

Tortula thomsonii（Muell. Hal.）Zand.［Desmatodon thomsonii（Muell. Hal.）Jaeg., Trichostomum thomsonii Muell. Hal.］西藏墙藓（汤氏链齿藓）

Tortula truncata（Hedw.）Mitt.［Gymnostomum truncatum Hedw., Pottia truncata（Hedw.）Bruch et Schimp., Pottia truncatula（With.）Buse, Pottia sinensi-truncata Muell. Hal.］截叶墙藓（丛藓）

Tortula velenovskyi Schiffn. = Hilpertia velenovskyi（Schiffn.）Zand.

Tortula yuennanensis Chen 云南墙藓

Trachycladiella（Fleisch.）Menzel 细带藓属

Trachycladiella aurea（Mitt.）Menzel［Floribundaria aurea（Mitt.）Broth., Floribundaria aurea（Mitt.）Broth. subsp. nipponica（Nog.）Nog., Floribundaria nipponica Nog.］细带藓（橙色丝带藓，东亚丝带藓）

Trachycladiella sparsa（Mitt.）Menzel［Floribundaria sparsa（Mitt.）Broth., Floribundaria sparsa（Mitt.）Broth. var. pilifera（Nog.）Nog., Meteorium sparsum Mitt., Papillaria formosana Nog.］散生细带藓（丝带藓，散生丝带藓）

Trachycystis Lindb. 疣灯藓属

Trachycystis flagellaris（Sull. et Lesq.）Lindb.［Mnium flagellare Sull. et Lesq.］鞭枝疣灯藓（鞭枝提灯藓）

Trachycystis immarginata（Broth.）Laz. = Trachycystis ussuriensis（Maack et Regel）T. Kop.

Trachycystis microphylla（Dozy et Molk.）Lindb.［Mnium microphyllum Dozy et Molk.］疣灯藓（疣胞提灯藓）

Trachycystis ussuriensis（Maack et Regel）T. Kop.［Herpetineuron serratinerve Sak., Mnium arcuatum Broth., Mnium curvulum Muell. Hal., Mnium immarginatum Broth., Mnium leucolepioides X. -J. Li et M. Zang, Trachycystis immarginata（Broth.）Laz.］树形疣灯藓（树形提灯藓，无边提灯藓，乌苏里疣灯藓）

* Trachylejeunea（Spruce）Schiffn. 粗鳞苔属

Trachylejeunea chinensis Herz. = Lejeunea chinensis（Herz.）R. -L. Zhu et M. -L. So

Trachyloma Brid. 粗柄藓属

Trachyloma indicum Mitt.［Trachyloma indicum Mitt. var. latifolium Nog., Trachyloma papillosum Broth., Trachyloma tahitense Besch.］南亚粗柄藓

Trachyloma indicum Mitt. var. latifolium Nog. =

Trachyloma indicum Mitt.

Trachyloma papillosum Broth. = Trachyloma indicum Mitt.

* Trachyloma planifolium（Hedw.）Brid. 粗柄藓

Trachyloma tahitense Besch. = Trachyloma indicum Mitt.

Trachylomataceae 粗柄藓科

Trachyphyllum Gepp 叉肋藓属

Trachyphyllum inflexum（Harv.）Gepp 叉肋藓

Trachypodopsis Fleisch. 拟扭叶藓属

Trachypodopsis auriculata（Mitt.）Fleisch.［Trachypus auriculatus Mitt.］大耳拟扭叶藓（大目拟扭叶藓）

Trachypodopsis crispatula（Hook.）Fleisch. = Trachypodopsis serrulata（P. Beauv.）Fleisch. var. crispatula（Hook.）Zant.

Trachypodopsis crispatula（Hook.）Fleisch. var. longifolia Nog. = Trachypodopsis serrulata（P. Beauv.）Fleisch. var. crispatula（Hook.）Zant.

Trachypodopsis densifolia Broth. = Trachypodopsis serrulata（P. Beauv.）Fleisch. var. crispatula（Hook.）Zant.

Trachypodopsis flaccida（Card.）Fleisch. = Duthiella flaccida（Card.）Broth.

Trachypodopsis formosana Nog. 台湾拟扭叶藓

Trachypodopsis horrida（Card.）Broth. = Pseudospiridentopsis horrida（Card.）Fleisch.

Trachypodopsis lancifolia P. -C. Wu = Trachypodopsis serrulata（P. Beauv.）Fleisch. var. crispatula（Hook.）Zant.

Trachypodopsis laxoalaris Broth. 疏耳拟扭叶藓

Trachypodopsis serrulata（P. Beauv.）Fleisch. 拟扭叶藓

Trachypodopsis serrulata（P. Beauv.）Fleisch. var. crispatula（Hook.）Zant.［Trachypodopsis crispatula（Hook.）Fleisch. , Trachypodopsis crispatula（Hook.）Fleisch. var. longifolia Nog. , Trachypodopsis densifolia Broth. , Trachypodopsis lancifolia P. -C. Wu，Trachypodopsis subulata Chen，Trachypus crispatulus（Hook.）Mitt.］拟扭叶藓卷叶变种

Trachypodopsis serrulata（P. Beauv.）Fleisch. var.

guilbertii（Thér. et P. Varde）Zant. 拟扭叶藓短胞变种

Trachypodopsis subulata Chen = Trachypodopsis serrulata（P. Beauv.）Fleisch. var. crispatula（Hook.）Zant.

Trachypus Reinw. et Hornsch. 扭叶藓属

Trachypus atratus Mitt. = Aerobryidium aureonitens（Schwaegr.）Broth.

Trachypus auriculatus Mitt. = Trachypodopsis auriculata（Mitt.）Fleisch.

Trachypus bicolor Reinw. et Hornsch.［Papillaria sinensis Muell. Hal. , Trachypus bicolor Reinw. et Hornsch. var. brevifolius Broth. , Trachypus bicolor Reinw. et Hornsch. var. pilifer Fleisch. , Trachypus bicolor Reinw. et Hornsch. var. rigidus（Broth. et Par.）Card. , Trachypus bicolor Reinw. et Hornsch. var. sinensis（Muell. Hal.）Broth. , Trachypus rhacomitrioides Broth. , Trachypus sinensis（Muell. Hal.）Broth.］扭叶藓（双色扭叶藓,异色扭叶藓,异色扭叶藓中华变种,粗毛扭叶藓）

Trachypus bicolor Reinw. et Hornsch. var. brevifolius Broth. = Trachypus bicolor Reinw. et Hornsch.

Trachypus bicolor Reinw. et Hornsch. var. hispidus（Muell. Hal.）Card.［Trachypus hispidus（Muell. Hal.）Par.］扭叶藓粗毛变种（粗毛扭叶藓）

Trachypus bicolor Reinw. et Hornsch. var. pilifer Fleisch. = Trachypus bicolor Reinw. et Hornsch.

Trachypus bicolor Reinw. et Hornsch. var. rigidus（Broth. et Par.）Card. = Tachypus bicolor Reinw. et Hornsch.

Trachypus bicolor Reinw. et Hornsch. var. scindifolius（Sak.）Wijk et Marg.［Trachypus cuspidatus（Hook.）Mitt. var. scindifolius（Sak.）Nog. , Trachypus scindifolius Sak.］扭叶藓日本变种

Trachypus bicolor Reinw. et Hornsch. var. sinensis（Muell. Hal.）Broth. = Trachypus bicolor Reinw. et Hornsch.

Trachypus bicolor Reinw. et Hornsch. var. viridulus（Mitt.）Zant.［Trachypus subbicolor Card.］扭叶藓淡绿变种

Trachypus crispatulus（Hook.）Mitt. = Trachypodopsis serrulata（P. Beauv.）Fleisch. var. crispatula（Hook.）Zant.

Trachypus cuspidatus（Hook.）Mitt. var. scindifolius（Sak.）Nog. = Trachypus bicolor Reinw. et Hornsch. var. scindifolius（Sak.）Wijk et Marg.

Trachypus flaccidus Card. = Duthiella flaccida（Card.）Broth.

Trachypus hispidus（Muell. Hal.）Par. = Trachypus bicolor Reinw. et Hornsch. var. hispidus（Muell. Hal.）Card.

Ttachypus humilis Lindb.［Trachypus humilis Lindb. f. secundus Nog. , Trachypus humilis Lindb. var. brevifolius Card. , Trachypus humilis Lindb. var. major Broth.］小扭叶藓

Trachypus humilis Lindb. f. secundus Nog. = Trachypus humilis Lindb.

Trachypus humilis Lindb. var. brevifolius Card. = Trachypus humilis Lindb.

Trachypus humilis Lindb. var. major Broth. = Trachypus humilis Lindb.

Trachypus humilis Lindb. var. tenerrimus（Herz.）Zant.［Trachypus tenerrimus Herz.］小扭叶藓细叶变种

Trachypus longifolius Nog. 长叶扭叶藓

Trachypus rhacomitrioides Broth. = Trachypus bicolor Reinw. et Hornsch.

Trachypus scindifolius Sak. = Trachypus bicolor Reinw. et Hornsch. var. scindifolius（Sak.）Wijk et Marg.

Trachypus sinensis（Muell. Hal.）Broth. = Trachypus bicolor Reinw. et Hornsch.

Trachypus subbicolor Card. = Trachypus bicolor Reinw. et Hornsch. var. viridulus（Mitt.）Zand.

Trachythecium Fleisch. 刺藕藓属

Trachythecium micropyxis（Broth.）Bartr.［Ectropothecium micropyxis Broth.］小果刺藕藓

* Trachythecium verrucosum（Jaeg.）Fleisch. 刺藕藓

Trachythecium verrucosum（Jaeg.）Fleisch. var. binervulum Herz. 刺藕藓强肋变种

Trematodon Michx. 长蒴藓属

Trematodon acutus Muell. Hal. = Trematodon longi-collis Michx.

Trematodon ambiguus（Hedw.）Hornsch. 北方长蒴藓（长蒴藓）

Trematodon drepanellus Besch. = Trematodon longicollis Michx.

Trematodon drepanellus Besch. var. flaccidisetus（Card.）Dix. = Trematodon longicollis Michx.

Trematodon flaccidisetus Card. = Trematodon longicollis Michx.

Trematodon longicollis Michx.［Trematodon acutus Muell. Hal. , Trematodon drepanellus Besch. , Trematodon drepanellus Besch. var. flaccidisetus（Card.）Dix. , Trematodon flaccidisetus Card. , Trematodon paucifolius Muell. Hal. , Trematodon stricticalyx Dix. , Trematodon tonkinensis Besch.］长蒴藓（尖叶长蒴藓,暖地长蒴藓,越南长蒴藓）

Trematodon paucifolius Muell. Hal. = Trematodon longicollis Michx.

Trematodon stricticalyx Dix. = Trematodon longicollis Michx.

Trematodon tonkinensis Besch. = Trematodon longicollis Michx.

Treubia Goebel 陶氏苔属

Treubia insignis Goebel 陶氏苔

Treubia nana Hatt. et Inoue = Apotreubia nana（Hatt. et Inoue）Hatt. et Mizut.

Treubiaceae 陶氏苔科

Treubiales 陶氏苔目

Treubiineae 陶氏苔亚目

Treubiopsida 陶氏苔纲

Trichocolea Dum. 绒苔属

Trichocolea lumbricoides Horik. = Trichocolea merrillana Steph.

Trichocolea merrillana Steph.［Trichocolea lumbricoides Horik.］台湾绒苔

Trichocolea pluma Mont. = Trichocolea tomentella（Ehrh.）Dum.

Trichocolea tomentella（Ehrh.）Dum.［Trichocolea pluma Mont.］绒苔（单羽绒苔）

Trichocoleaceae 绒苔科

Trichocoleales 绒苔目

Trichocoleopsis Okam. 囊绒苔属

Trichocoleopsis bissetii （Mitt.） Horik. = Neotrichocolea bissetii（Mitt.）Hatt.

Trichocoleopsis sacculata（Mitt.）Okam. 囊绒苔

Trichocoleopsis tsinlingensis Chen ex M.-X. Zhang 秦岭囊绒苔

Trichodon Schimp. 毛齿藓属

Trichodon cylindricus（Hedw.）Schimp.［Trichostomum cylindricum Hedw.］毛齿藓

Trichodon muricatus Herz. 云南毛齿藓

Trichosteleum Mitt. 刺疣藓属

Trichosteleum aculeatum Broth. et Par. = Trichosteleum boschii（Dozy et Molk.）Jaeg.

Trichosteleum batanense（Bartr.）Shin = Taxithelium oblongifolium（Sull. et Lesq.）Iwats.

Trichosteleum boschii（Dozy et Molk.）Jaeg.［Hypnum microcarpum Hook., Hypnum thelidictyon Sull. et Lesq., Rhaphidostichum boschii（Dozy et Molk.）Seki, Trichosteleum aculeatum Broth. et Par., Trichosteleum brachypelma（Muell. Hal.）Par., Trichosteleum thelidictyon（Sull. et Lesq.）Jaeg.］垂蒴刺疣藓（尖叶刺疣藓, 短柄刺疣藓）

Trichosteleum brachypelma（Muell. Hal.）Par. = Trichosteleum boschii（Dozy et Molk.）Jaeg.

Trichosteleum elegantissimum Fleisch. = Radulina hamata（Dozy et Molk.）Buck et Tan var. elegantissima（Fleisch.）Tan, T. Kop. et Norris

Trichosteleum ferriei Card. et Thér. = Radulina hamata（Dozy et Molk.）Buck et Tan var. ferriei（Card. et Thér.）Tan et Y. Jia

* Trichosteleum fissum Mitt. 刺疣藓

Trichosteleum hamatum（Dozy et Molk.）Jaeg. = Radulina hamata（Dozy et Molk.）Buck et Tan

Trichosteleum lamprophyllum（Mitt.）Buck = Acroporium lamprohyllum Mitt.

Trichosteleum lutschianum（Broth. et Par.）Broth.［Acroporium sinense Broth., Rhaphidostegium lutschianum Broth. et Par.］全缘刺疣藓

Trichosteleum mammosum（Muell. Hal.）Jaeg. 乳突刺疣藓

Trichosteleum parvulum Broth. et Par. = Taxithelium lindbergii（Jaeg.）Ren. et Card.

* Trichosteleum pseudomammosum Fleisch. 拟乳突刺疣藓

Trichosteleum saproxylophilum（Muell. Hal.）Tan, Schof. et Ram.［Sematophyllum saproxylophilum（Muell. Hal.）Fleisch.］小蒴刺疣藓

Trichosteleum singapurense Fleisch. 绿色刺疣藓

Trichosteleum stigmosum Mitt.［Trichosteleum sepikense Bartr.］长喙刺疣藓

Trichosteleum stissophyllum（Hampe et Muell. Hal.）Jaeg. = Papillidiopsis stissophylla（Hampe et Muell. Hal.）Tan et Y. Jia

Trichosteleum thelidictyon（Sull. et Lesq.）Jaeg. = Trichosteleum boschii（Dozy et Molk.）Jaeg.

Trichostomum Bruch 毛口藓属

Trichostomum albo-vaginatum Muell. Hal. = Timmiella diminuta（Muell. Hal.）Chen

Trichostomum albo-vaginatum Muell. Hal. var. sordidum Muell. Hal. = Timmiella diminuta（Muell. Hal.）Chen

Trichostomum angustatum（Mitt.）Fleisch. = Pseudosymblepharis angustata（Mitt.）Hilp.

Trichostomum anoectangioides Muell. Hal. = Hymenostylium recurvirostrum（Hedw.）Dix.

Trichostomum aristatulum（Broth.）Chen = Trichostomum zanderi Redf. et Tan

Trichostomum atrorubens Besch. = Bryoerythrophyllum wallichii（Mitt.）Chen

Trichostomum barbuloides（Broth.）Chen = Trichostomum sinochenii Redf. et Tan

Trichostomum brachydontium Bruch［Trichostomum brachydontium Bruch subsp. mutabile（Bruch）Giac., Trichostomum brachydontium Bruch var. esquirolii（Thér.）Chen, Trichostomum brachydontium Bruch var. eubrachydontium（Bruch）Chen, Trichostomum esquirolii Thér., Trichostomum mutabile Bruch, Weissia perviridis Dix.］毛口藓

Trichostomum brachydontium Bruch subsp. mutabile（Bruch）Giac. = Trichostomum brachydontium Bruch

Trichostomum brachydontium Bruch var. esquirolii（Thér.）Chen = Trichostomum brachydontium Bruch

Trichostomum brachydontium Bruch var. eu-brachydontium（Bruch）Chen = Trichostomum brachydontium Bruch

Trichostomum brachypelma Muell. Hal. = Ptychomi-trium sinense（Mitt.）Jaeg.

Trichostomum brevisetum Thér. = Weissia breviseta（Thér.）Chen

Trichostomum crispulum Bruch［Barbula flavicaulis Muell. Hal.］皱叶毛口藓

Trichostomum cylindricum（Brid.）Muell. Hal. = Trichostomum tenuirostre（Hook. f. et Tayl.）Lindb.

Trichostomum cylindricum（Brid.）Muell. Hal. var. denticuspis Broth. = Trichostomum tenuirostre（Hook. f. et Tayl.）Lindb.

Trichostomum cylindricum Hedw. = Trichodon cylin-dricus（Hedw.）Schimp.

Trichostomum diminutum Muell. Hal. = Timmiella diminuta（Muell. Hal.）Chen

Trichostomum esquirolii Thér. = Trichostomum brachydontium Bruch

Trichostomum flexisetum Muell. Hal. = Timmiella diminuta（Muell. Hal.）Chen

Trichostomum giraldii Muell. Hal. = Bryoerythro-phyllum rubrum（Geh.）Chen

Trichostomum hattorianum Tan et Iwats.［Trichosto-mum involutum Broth. , Trichostomum revolutum Broth.］卷叶毛口藓

Trichostomum inflexum Bruch = Tortella inflexa（Bruch）Broth.

Trichostomum involutum Broth. = Trichostomum hattorianum Tan et Iwats.

Trichostomum lanuginosum Hedw. = Racomitrium lanuginosum（Hedw.）Brid.

Trichostomum leptotortuosum（Muell. Hal.）Broth. = Trichostomum tenuirostre（Hook. f. et Tayl.）Lindb.

Trichostomum lonchobasis Muell. Hal. = Tortella fragilis（Hook. et Wils.）Limpr.

Trichostomum micrangium Muell. Hal. = Ptychomi-trium sinense（Mitt.）Jaeg.

Trichostomum mutabile Bruch = Trichostomum brachydontium Bruch

Trichostomum nodiflorus Muell. Hal. = Didymodon rufidulus（Muell. Hal.）Broth.

Trichostomum obtusifolium Broth. = Barbula chenia Redf. et Tan

Trichostomum orientale Web. = Barbula indica（Hook.）Spreng.

Trichostomum orientale Web. f. propaguliferum Par. = Barbula indica（Hook.）Spreng

Ttichostomum parvulum Broth. = Trichostomum te-nuirostre（Hook. f. et Tayl.）Lindb.

Trichostomum planifolium（Dix.）Zand.［Weissia cucullifolia Dix. et Sak. , Weissia planifolia Dix. , Weissia platyphylla Broth.］平叶毛口藓（阔叶小石藓,扁叶小石藓）

Trichostomum platyphyllum（Ihs.）Chen［Hyophila angustifolia Card. , Hyophila stenophylla Card. , Weisiopsis hyophilioides Dix. et Thér.］阔叶毛口藓（狭叶湿地藓）

Trichostomum recurvifolium（Tayl.）Zand.［Oxys-tegus recurvifolius（Tayl.）Zand.］齿缘毛口藓（牙缘毛口藓）

Trichostomum revolutum Broth. = Trichotomum hattorianum Tan et Iwats.

Trichostomum rosulatum Muell. Hal. = Timmiella anomala（Bruch et Schimp.）Limpr.

Trichostomum sinense Muell. Hal. = Ptychomitrium gardneri Lesq.

Trichostomum sinochenii Redf. et Tan［Hyophila barbuloides Broth. , Trichostomum barbuloides（Broth.）Chen］舌叶毛口藓（尖叶毛口藓）

Trichostomum spirale Grout［Oxystegus tenuirostris（Hook. f. et Tayl.）Sm. var. stenocarpus（Thér.）Zand.］旋齿毛口藓

Trichostomum subrubellum Muell. Hal. = Bryoeryth-rophyllum recurvirostrum（Hedw.）Chen

Trichostomum sulphuripes Muell. Hal. = Didymodon rufidulus（Muell. Hal.）Broth.

Trichostomum tenuirostre（Hook. f. et Tayl.）Lindb.［Barbula leptotortuosa Muell. Hal. , Didym-odon tenuirostris（Hook. f. et Tayl.）Wils. , Oxys-tegus cuspidatus（Dozy et Molk.）Chen, Oxystegus cylindricus（Brid.）Hilp.，Oxystegus tenuirostris（Hook. f. et Tayl.）Sm.，Trichostomum cylindricum（Brid.）Muell. Hal.，Trichostomum cylindricum（Brid.）Muell. Hal. var. denticuspis Broth.．Trichostomum leptotortuosum（Muell. Hal.）Broth.，Trichostomum parvulum Broth.］波边毛口藓（酸土藓,大酸土藓,小酸土藓,尖叶酸土藓）

Trichostomum thomsonii Muell. Hal. = Tortula thomsonii（Muell. Hal.）Zand.

Trichostomum tophaceum Brid. = Geheebia tophacea（Brid.）Zand.

Trichostomum uematsuii Iish. = Hyophila propagulifera Broth.

Trichostomum zanderi Redf. et Tan［Hyophila aristatula Broth.，Trichostomum aristatulum（Broth.）Chen］芒尖毛口藓

*Tridontium Hook. f. 三齿藓属

Trigonanthaceae = Lepidoziaceae

Trilophozia（Schust.）Bakalin 三裂苔属

Trilophozia quinquedentata（Huds.）Bakalin var. asymmetrica（Horik.）Soederstr. et Váňa 密叶三裂苔疣叶变种

Trismegistia（Muell. Hal.）Muell. Hal. 金枝藓属

*Trismegistia lancifolia（Harv.）Broth. 金枝藓

Trismegistia perundulata Dix. = Pseudotrismegistia undulata（Broth. et Yas.）Akiy. et Tsubota

Trismegistia rigida（Mitt.）Broth. 硬挺金枝藓

Trismegistia undulata Broth. et Yas. = Pseudotrismegistia undulata（Broth. et Yas.）Akiy. et Tsubota

Tristichella glabrescens Iwats. = Clastobryum glabrescens（Iwats.）Tan，Iwats. et Norris

Tristichium Muell. Hal. 立毛藓属

*Tristichium lorentzii Muell. Hal. 立毛藓

Tristichium sinense Broth. 中华立毛藓

Tritomaria Schiffn. ex Loeske 三瓣苔属（三裂瓣苔属）

Tritomaria exsecta（Schmid. ex Schrad.）Schiffn. ex Loeske［Jungermannia exsecta Schmid. ex Schrad.，Sphenolobus exsectus（Schmid. ex Schrad.）Steph.］三瓣苔（三裂瓣苔）

Tritomaria exsectiformis（Breidl.）Loeske 多角胞三瓣苔（多角胞三裂瓣苔）

Tritomaria quinquedentata（Huds.）Buch［Jungermannia trilobata Steph.，Lophozia asymmetrica Horik.，Lophozia quinquedentata（Huds.）Cogn.，Lophozia verrucosa Steph.，Sphenolobus trilobatus Steph.，Tritomaria quinquedentata（Huds.）Buch subsp. papillifera Schust.］密叶三瓣苔（密叶三裂瓣苔，三尖裂叶苔）

Tritomaria quinquedentata（Huds.）Buch f. gracilis（Jens.）Schust. 密叶三瓣苔小叶变型

Tritomaria quinquedentata（Huds.）Buch subsp. papillifera Schust. = Tritomaria quinquedentata（Huds.）Buch

Trocholejeunea Schiffn. 瓦鳞苔属（瓦叶苔属）

Trocholejeunea bidenticulata P. -C. Wu = Trocholejeunea infuscata（Mitt.）Verd.

Trocholejeunea infuscata（Mitt.）Verd.［Acrolejeunea cordistipula Steph.，Lejeunea infuscata Mitt.，Ptychocoleus cordistipulus Steph.，Trocholejeunea bidenticulata P. -C. Wu］浅棕瓦鳞苔（双齿瓦鳞苔，双齿鳃叶苔，心瓣褶鳞苔）

*Trocholejeunea levieri Steph. 瓦鳞苔

Trocholejeunea sandvicensis（Gott.）Mizut.［Brachiolejeunea chinensis Steph.，Brachiolejeunea gottschei Schiffn.，Brachiolejeunea innovata Steph.，Brachiolejeunea polygona（Mitt.）Steph.，Brachiolejeunea sandvicensis（Gott.）Ev.，Brachiolejeunea sandvicensis（Gott.）Ev. f. chinensis（Steph.）Herz.，Mastigolejeunea formosensis Steph.］南亚瓦鳞苔（瓦鳞苔,南亚瓦叶苔,鳃叶苔）

Tuerckheimia Broth. 狭尖藓属（托氏藓属）

Tuerckheimia angustifolia（Saito）Zand. = Tuerckheimia svihlae（Bartr.）Zand.

*Tuerckheimia guatemalensis Broth. 狭尖藓

Tuerckheimia svihlae（Bartr.）Zand.［Gymnostomum angustifolium Saito，Tuerckheimia angustifolia（Saito）Zand.］线叶狭尖藓（线叶托氏藓）

Tuyamaella Hatt. 鞍叶苔属

Tuyamaella angulistipa（Steph.）Schust. et Kachr. 细齿鞍叶苔

Tuyamaella molischii（Schiffn.）Hatt. 鞍叶苔

Tuyamaella molischii（Schiffn.）Hatt. var. brevisitipa P. -C. Wu et P. -J. Lin 鞍叶苔短齿变种（短齿鞍叶苔）

Tuyamaella molischii（Schiffn.）Hatt. var. taiwanensis R. -L. Zhu et M. -L. So 鞍叶苔台湾变种

Tuzibeanthus Hatt. 异鳞苔属

Tuzibeanthus chinensis（Steph.）Mizut.［Mastigolejeunea chinensis（Steph.）Kachr. , Ptychanthus chinensis Steph. , Tuzibeanthus porelloides Hatt.］异鳞苔

Tuzibeanthus porelloides Hatt. = Tuzibeanthus chinensis（Steph.）Mizut.

Tylimanthus knightii（Mitt.）Haessel et Solari = Marsupidium knightii Mitt.

U

* Uleobryum Broth. 乌氏藓属

Ulota Mohr 卷叶藓属

Ulota bellissima Besch. = Ulota robusta Mitt.

Ulota crispa（Hedw.）Brid.［Ulota crispa（Hedw.）Brid. var. longifolia（Dix. et Sak.）Iwats. , Ulota macrocarpa Broth.］北方卷叶藓（卷叶藓, 大蒴卷叶藓）

Ulota crispa（Hedw.）Brid. var. longifolia（Dix. et Sak.）Iwats. = Ulota crispa（Hedw.）Brid.

Ulota curvifolia（Wahlenb.）Lilj. 弯叶卷叶藓

Ulota delicata Q. -H. Wang et Y. Jia 纤齿卷叶藓

* Ulota drummondii（Hook. et Grev.）Brid. 卷叶藓

Ulota eurystoma Nog. 广口卷叶藓

Ulota gigantospora Lara , Caparrós et Garilleti 巨孢卷叶藓

Ulota gymnostoma S. -L. Guo , Enroth et Virtanen 无齿卷叶藓

Ulota japonica（Sull. et Lesq.）Mitt. 东亚卷叶藓

Ulota latisegmenta Q. -H. Wang et Y. Jia 阔齿卷叶藓

Ulota macrocarpa Broth. = Ulota crispa（Hedw.）Brid.

Ulota morrisonensis Horik. et Nog. 台湾卷叶藓

Ulota perbreviseta Dix. et Sak. 短柄卷叶藓

Ulota rehmannii Juratzka 白齿卷叶藓

* Ulota reptans Mitt. 匍匐卷叶藓

Ulota robusta Mitt.［Ulota bellissima Besch.］大卷叶藓（云南卷叶藓, 美卷叶藓）

Ulota yakushimensis Iwats. 九洲卷叶藓

Ulota yunnanensis Lara , Caparrós et Garilleti 云南卷叶藓

Umberaculum Gott. = Hymenophyton Dum.

V

Venturiella Muell. Hal. 钟帽藓属

Venturiella sinensis（Vent.）Muell. Hal.［Venturiella sinensis（Vent.）Muell. Hal. var. angustiannulata Griff. et Sharp］钟帽藓（钟帽藓窄环变种）

Venturiella sinensis（Vent.）Muell. Hal. var. angustiannulata Griff. et Sharp = Venturiella sinensis（Vent.）Muell. Hal.

Vesicularia（Muell. Hal.）Muell. Hal. 明叶藓属

Vesicularia apiculata Broth. = Vesicularia ferriei（Card. et Thér.）Broth.

Vesicularia borealis Dix. 北方明叶藓

Vesicularia chlorotica（Besch.）Broth. 绿色明叶藓

Vesicularia cuspidata Okam. = Vesicularia ferriei（Card. et Thér.）Broth.

Vesicularia dubyana（Muell. Hal.）Broth. 海岛明叶藓

Vesicularia ferriei（Card. et Thér.）Broth.［Vesicularia apiculata Broth. , Vesicularia cuspidata Okam.］暖地明叶藓（圆叶明叶藓）

Vesicularia flaccida（Sull. et Lesq.）Iwats.［Plagiothecium delicatulum Broth.］柔软明叶藓

Vesicularia hainanensis Chen 海南明叶藓

Vesicularia inflectens（Brid.）Muell. Hal.［Ectropothecium inflectens（Brid.）Besch.］弯叶明叶藓

Vesicularia kwangtungensis Chen 广东明叶藓

Vesicularia marginata Thér. 贵州明叶藓

Vesicularia meyeniana（Hampe）Broth. = Vesicularia montagnei（Schimp.）Broth.

Vesicularia montagnei（Schimp.）Broth. ［Vesicularia meyeniana （Hampe） Broth. , Vesicularia tamakii Broth.］明叶藓（南亚明叶藓）

Vesicularia reticulata （Dozy et Molk.） Broth. ［Ectropothecium perreticulatum Broth. , Vesicularia sasaokae Okam. , Vesicularia shimadae Okam.］长尖明叶藓（东亚明叶藓，网叶偏蒴藓）

Vesicularia sasaokae Okam. = Vesicularia reticulata （Dozy et Molk.） Broth.

Vesicularia shimadae Okam. = Vesicularia reticulata （Dozy et Molk.） Broth.

Vesicularia stillicidiorum Broth. 滴岩明叶藓（短叶明叶藓）

Vesicularia subchlorotica Broth. 拟绿色明叶藓（淡绿明叶藓）

Vesicularia tamakii Broth. = Vesicularia montagnei （Schimp.） Broth.

Vesicularia tonkinensis （Besch.） Broth. 越南明叶藓（鹤庆明叶藓）

* Vinealobryum Zand. 曲叶藓属

* Vinealobryum insulanum （De Not.） Zand. 岛屿曲叶藓

Vinealobryum tectorum（Muell. Hal.）Zand. = Didymodon tectorus（Muell. Hal.）Saito

Voitia Hornsch. 隐壶藓属

Voitia grandis Long 大隐壶藓

Voitia nivalis Hornsch. ［Voitia nivalis Hornsch. var. stenocarpa Par. , Voitia stenocarpa Jaeg.］隐壶藓（隐壶藓狭蒴变种，长蒴隐壶藓）

Voitia nivalis Hornsch. var. stenocarpa Par. = Voitia nivalis Hornsch.

Voitia stenocarpa Jaeg. = Voitia nivalis Hornsch.

W

Warburgiella Broth. 裂帽藓属

Warburgiella cupressinoides Broth. 裂帽藓

Warnstorfia（Broth.）Loeske 范氏藓属（汪氏藓属）

Warnstorfia exannulata （Bruch et Schimp.） Loeske ［Drepanocladus exannulatus （Bruch et Schimp.） Warnst. , Drepanocladus exannulatus （Bruch et Schimp.） Warnst. f. angustissimus Moenk. , Drepanocladus exannulatus （Bruch et Schimp.） Warnst. var. angustissimus Moenk.］范氏藓（汪氏藓，大镰刀藓，大镰刀藓狭叶变型）

Warnstorfia fluitans （Hedw.） Loeske ［Drepanocladus fluitans （Hedw.） Warnst. , Drepanocladus schulzei Roth］浮生范氏藓（浮生镰刀藓，浮水镰刀藓）

Webera Hedw. = Pohlia Hedw.

Webera acuminata （Hoppe et Hornsch.） Schimp. = Pohlia elongata Hedw.

Webera albicans Schimp. = Pohlia wahlenbergii Web. et Mohr

Webera atrothecia （Muell. Hal.） Par. = Pohlia atrothecia （Muell. Hal.） Broth.

Webera cavaleriei Card. et Thér. = Pohlia cavaleriei （Card. et Thér.） Chen ex Redf. et Tan

Webera ciliifera Broth. = Pohlia elongata Hedw.

Webera commutata Schimp. = Pohlia drummondii （Muell. Hal.） Andr.

Webera compactula Par. = Pohlia flexuosa Hook.

Webera cruda （Hedw.） Fuernr. = Pohlia cruda （Hedw.） Lindb.

Webera elongata （Hedw.） Schwaegr. = Pohlia elongata Hedw.

Webera graciliformis Card. et Thér. = Pohlia graciliformis （Card. et Thér.） Chen ex Redf. et Tan

Webera laticuspis Broth. = Pohlia oerstediana （Muell. Hal.） Shaw

Webera nemicaulon （Muell. Hal.） Par. = Pohlia nemicaulon （Muell. Hal.） Broth.

Webera nutans Hedw. = Pohlia nutans （Hedw.） Lindb.

Webera nutans Hedw. var. hokinensis Besch. = Pohlia nutans （Hedw.） Lindb.

Webera nutans （Schreb.） Hedw. = Pohlia flexuosa Hook.

Webera oedoneura （Muell. Hal.） Par. = Pohlia oedoneura（Muell. Hal.）Broth.

Webera orthocarpula（Muell. Hal.）Par. = Pohlia orthocarpula（Muell. Hal.）Broth.

Webera polymorpha（Hoppe et Hornsch.）Schimp. = Pohlia elongata Hedw.

Webera propagulifera Levier = Pohlia proligera（Kindb.）Arn.

Webera pygmaea Broth. = Pohlia elongata Hedw.

Webera pyriformis Hedw. = Leptobryum pyriforme（Hedw.）Wils.

Webera scabridens（Mitt.）Jaeg. = Pohlia flexuosa Hook.

Webera subcompactula（Chen）Chen = Pohlia flexuosa Hook.

Webera subflexuosa（Broth.）Broth. = Pohlia flexuosa Hook.

Webera tapintzensis Besch. = Pohlia tapintzense（Besch.）Redf. et Tan

Webera timmioides Broth. = Pohlia timmioides（Broth.）Chen ex Redf. et Tan

Webera yunnanensis Besch. = Pohlia yunnanensis（Besch.）Broth.

Weisia Hedw. ex Spreng. = Weissia Hedw.

Weisiopsis Broth. 小墙藓属

Weisiopsis anomala（Broth. et Par.）Broth.［Hyophila cucullatifolia C. Gao, X. -Y. Jia et T. Cao, Weisiopsis cucullatifolia（C. Gao, X. -Y. Jia et T. Cao）Zand.］东亚小墙藓（小墙藓，褶叶小墙藓）

Weisiopsis cucullatifolia（C. Gao, X. -Y. Jia et T. Cao）Zand. = Weisiopsis anomala（Broth. et Par.）Broth.

Weisiopsis hyophilioides Dix. et Thér. = Trichostomum platyphyllum（Ihs.）Chen

Weisiopsis plicata（Mitt.）Broth. 小墙藓

Weisiopsis setschwanica Broth. = Hyophila setschwanica（Broth.）Chen

Weissia Hedw.［Weisia Hedw. ex Spreng.］小石藓属（闭口藓属，膜口藓属）

Weissia brachycarpa（Nees et Hornsch.）Jur.［Weissia microstoma（Hedw.）Muell. Hal.］小口小石藓（膜口藓）

Weissia breviseta（Thér.）Chen［Hymenostomum

fuscum Dix., Trichostomum brevisetum Thér.］短柄小石藓

Weissia crispa（Hedw.）Mitt. = Weissia longifolia Mitt.

Weissia crispula Hedw. = Dicranoweisia crispula（Hedw.）Milde

Weissia controversa Hedw.［Hymenostomum minutissimum Par., Weissia controversa Hedw. var. minutissima（Par.）Wijk et Marg., Weissia longidens Card., Weissia longiseta Lesq. et Jam., Weissia microtheca Thér., Weissia minutissima Muell. Hal., Weissia sinensis Card. et Thér., Weissia sulcata Thér., Weissia viridula Brid., Weissia viridula Brid. var. minutissima（Par.）Chen, Weissia viridula Brid. var. polycarpa Chen］小石藓（长齿小石藓，长口小石藓，小石藓矮株变种）

Weissia controversa Hedw. var. minutissima（Par.）Wijk et Marg. = Weissia controversa Hedw.

Weissia edentula Mitt.［Hymenostomum edentulum（Mitt.）Besch., Hymenostomum leptotrichaceum（Muell. Hal.）Par., Weissia leptotrichacea Muell. Hal., Weissia platyphylloides Card., Weissia semipallida Muell. Hal.］缺齿小石藓（缺齿膜口藓，短叶小石藓）

Weissia exserta（Broth.）Chen［Hymenostomum exsertum（Broth.）Broth.］东亚小石藓（东亚膜口藓）

Weissia indica Wils. = Dicranoweisia indica（Wils.）Par.

Weissia latifolia Schwaegr. = Stegonia latifolia（Schwaegr.）Broth.

Weissia leptotrichacea Muell. Hal. = Weissia edentula Mitt.

Weissia longidens Card. = Weissia controversa Hedw.

Weissia longifolia Mitt.［Astomum crispum（Hedw.）Hampe, Astomum macrophyllum（Par. et Broth.）Roth, Astomum tonkinense（Par. et Broth.）Broth., Phascum crispum Hedw., Systegium macrophyllum Par. et Broth., Weissia crispa（Hedw.）Mitt.］皱叶小石藓（皱叶闭口藓）

Weissia longiseta Lesq. et Jam. = Weissia controversa

Hedw.

Weissia microstoma（Hedw.）Muell. Hal. = Weissia brachycarpa（Nees et Hornsch.）Jur.

Weissia microtheca Thér. = Weissia controversa Hedw.

Weissia minutissima Muell. Hal. = Weissia controversa Hedw.

Weissia muhlenbergiana（Sw.）Reese et Lemmon 木氏小石藓（木何兰小石藓）

Weissia newcomeri（Bartr.）Saito［Hymenostomum latifolium Nog.］钝叶小石藓

Weissia perviridis Dix. = Trichostomum brachydontium Bruch

Weissia planifolia Dix. = Trichostomum planifolium（Dix.）Zand.

Weissia platyphylla Broth. = Trichostomum planifolium（Dix.）Zand.

Weissia platyphylla（Lindb.）Kindb. = Geheebia tophacea（Brid.）Zand.

Weissia platyphylloides Card. = Weissia edentula Mitt.

Weissia recurvirostra Hedw. = Bryoerythrophyllum recurvirostrum（Hedw.）Chen

Weissia semipallida Muell. Hal. = Weissia edentula Mitt.

Weissia sinensi-fugax Muell. Hal. = Cynodontium sinensi-fugax（Muell. Hal.）C. Gao

Weissia sinensis Card. et Thér. = Weissia controversa Hedw.

Weissia sulcata Thér. = Weissia controversa Hedw.

Weissia verticillata Hedw. = Eucladium verticillatum（Hedw.）Bruch et Schimp.

Weissia viridula Brid. = Weissia controversa Hedw.

Weissia viridula Brid. var. minutissima（Par.）Chen = Weissia controversa Hedw.

Weissia viridula Brid. var. polycarpa Chen = Weissia controversa Hedw.

Wettsteinia Schiffn. 短萼苔属（无萼苔属）

Wettsteinia inversa（S. Lac.）Schiffn.［Adelanthus plagiochiloides Horik.］短萼苔（锐齿无萼苔，无萼苔，锐齿短萼苔，羽叶隐蒴苔）

Wettsteinia rotundifolia（Horik.）Grolle［Adelan-thus rotundifolius Horik.］圆叶短萼苔（圆叶无萼苔，钝齿短萼苔，圆叶隐蒴苔）

Wiesnerella Schiffn. 魏氏苔属

Wiesnerella denudata（Mitt.）Steph.［Wiesnerella fasciaria C. Gao et K. -C. Chang, Wiesnerella javanica Schiffn.］魏氏苔（裸柄魏氏苔，带叶魏氏苔）

Wiesnerella fasciaria C. Gao et K. -C. Chang = Wiesnerella denudata（Mitt.）Steph.

Wiesnerella javanica Schiffn. = Wiesnerella denudata（Mitt.）Steph.

Wiesnerellaceae 魏氏苔科

Wijkia Crum［Acanthocladium Mitt.］刺枝藓属

Wijkia benguetense（Broth.）Crum = Wijkia deflexifolia（Ren. et Card.）Crum

Wijkia deflexifolia（Ren. et Card.）Crum［Acanthocladium benguetense Broth., Acanthocladium deflexifolium Ren. et Card., Brotherella subintegra Broth., Pylaisiadelpha subintegra（Broth.）Buck, Stereodon deflexifolius Broth., Wijkia benguetense（Broth.）Crum］弯叶刺枝藓（东亚刺枝藓，拟全缘小锦藓）

* Wijkia extenuata（Brid.）Crum 刺枝藓

Wijkia hornschuchii（Dozy et Molk.）Crum［Acanthocladium juliforme Herz. et Dix., Acanthocladium sublepidum Broth., Pylaisiadelpha piliformis（Broth.）Buck, Wijkia juliformis（Herz. et Dix.）Crum, Wijkia sublepida（Broth.）Crum］角状刺枝藓（条状刺枝藓，毛尖小锦藓）

Wijkia juliformis（Herz. et Dix.）Crum = Wijkia hornschuchii（Dozy et Molk.）Crum

Wijkia longipilum（Broth.）Crum = Wijkia tanytricha（Mont.）Crum

Wijkia semitortipila（Fleisch.）S. -H. Lin = Wijkia tanytricha（Mont.）Crum

Wijkia sublepida（Broth.）Crum = Wijkia hornschuchii（Dozy et Molk.）Crum

Wijkia surcularis（Mitt.）Crum 细枝刺枝藓

Wijkia tanytricha（Mont.）Crum［Acanthocladium semitortipilum Fleisch., Acanthocladium tanytrichum（Mont.）Broth., Wijkia longipilum（Broth.）Crum, Wijkia semitortipila（Fleisch.）

S. -H. Lin〕毛尖刺枝藓

Wilsoniella Muell. Hal. 威氏藓属

Wilsoniella decipiens（**Mitt.**）**Alst.**〔**Wilsoniella decipiens**（**Mitt.**）**Alst. var. acutifolia**（**Dix.**）**Wijk et Marg.**，**Wilsoniella pellucida Muell. Hal.**〕威氏藓（威氏藓尖叶变种，南亚威氏藓，南亚威氏藓尖

叶变种）

Wilsoniella decipiens（**Mitt.**）**Alst. var. acutifolia**（**Dix.**）**Wijk et Marg.** = **Wilsoniella decipiens**（**Mitt.**）**Alst.**

Wilsoniella pellucida Muell. Hal. = **Wilsoniella decipiens**（**Mitt.**）**Alst.**

X

Xenochila Schust. 黄羽苔属

Xenochila integrifolia（**Mitt.**）**Inoue**〔**Racemigemma densa Hatt. et Inoue**，**Xenochila paradoxa**（**Schiffn.**）**Schust.**〕黄羽苔

Xenochila paradoxa（**Schiffn.**）**Schust.** = **Xenochila**

integrifolia（**Mitt.**）**Inoue**

Xenolejeunea ceylanica（**Gott.**）**Schust. et Kachr.** = **Cheilolejeunea ceylanica**（**Gott.**）**Schust. et Kachr.**

Y

Yunnanobryon Shevock，Ochyra，S. He et Long 云南藓属

Yunnanobryon rhyacophilum Shevock，Ochyra，S. He et Long 云南藓

Z

Zoopsis Hook. f. ex Gott.，Lindenb. et Nees 虫叶苔属

* **Zoopsis argentea**（**Hook. f. et Tayl.**）**Gott.，Lindenb. et Nees** 虫叶苔

Zoopsis liukiuensis Horik. 东亚虫叶苔

Zygodon Hook. et Tayl. 变齿藓属

Zygodon brevisetus Mitt. 短齿变齿藓

* **Zygodon conoideus**（**Dicks.**）**Hook. et Taylor** 变齿藓

Zygodon obtusifolius Hook.〔**Zygodon erythrocarpus Muell. Hal.，Zygodon neglectus Muell. Hal.**〕）钝

叶变齿藓

Zygodon reinwardtii（**Hornsch.**）**Braun** 南亚变齿藓

Zygodon rupestris Hartm. 芽胞变齿藓（芽孢变齿藓）

Zygodon sublapponicus Muell. Hal. = **Amphidium lapponicum**（**Hedw.**）**Schimp.**

Zygodon viridissimus（**Dicks.**）**Brid.** 绿色变齿藓（变齿藓）

Zygodon viridissimus（**Dicks.**）**Brid. var. rupestris**（**Hartm.**）**Kindb.** 绿色变齿藓无隔变种

Zygodon yuennanensis Malta 云南变齿藓

中国苔藓植物系统表

（陈氏系统，1963~1978.）

苔藓植物门 Bryophyta

纲I　藻苔纲 Takakiopsida

目 1　藻苔目 Takakiales

科1　**藻苔科** Takakiaceae

属 1　藻苔属 *Takakia* Hatt. et Inoue

纲II　苔纲 Hepaticae

亚纲I　叶苔亚纲 Hepaticiidae

目 1　裸蒴苔目 Haplomitriales

科 1　**裸蒴苔科** Haplomitriaceae

属 1　裸蒴苔属 *Haplomitrium* Nees

目 2　叶苔目 Jungermanniales

亚目 1　顶蒴叶苔亚目 Acrogyinales

科 2　**剪叶苔科** Herbertaceae

属 1　剪叶苔属 *Herbertus* S. Gray

科 3　**拟复叉苔科** Pseudolepicoleaceae

属 1　睫毛苔属 *Blepharostoma* Dum.

属 2　拟复叉苔属 *Pseudolepicolea* Fulf. et Tayl.

属 3　裂片苔属 *Temnoma* Mitt.

科 4　**毛叶苔科** Ptilidiaceae

属 1　毛叶苔属 *Ptilium* Nees

科 5　**复叉苔科** Lepicoleaceae

属 1　复叉苔属 *Lepicolea* Dum.

属 2　须苔属 *Mastigophora* Nees

科 6　**绒苔科** Trichocoleaceae

属 1　绒苔属 *Trichocolea* Dum.

科 7　**多囊苔科** Lepidolaenaceae

属1　新绒苔属 *Neotrichocolea* Hatt.

属2　囊绒苔属 *Trichocoleopsis* Okam.

科8　指叶苔科 Lepidoziaceae

属1　细鞭苔属 *Acromastigum* Ev.

属2　鞭苔属 *Bazzania* S. Gray

属3　细指苔属 *Kurzia* Mart.

属4　指叶苔 *Lepidozia* Dum.

属5　虫叶苔属 *Zoopsis* Hook. f. et Tayl.

科9　护蒴苔科 Calypogeiaceae

属1　假护蒴苔属 *Metacalypogeia*（Hatt.）Inoue

属2　护蒴苔属 *Calypogeia* Raddi

属3　疣护蒴苔属 *Mnioloma* Herz.

科10　裂叶苔科 Lophoziaceae

属1　卷叶苔属 *Anastrepta*（Lindb.）Schiffn.

属2　细裂瓣苔属 *Barbilophozia* Loeske

属3　三瓣苔属 *Tritomaria* Schiffn. ex Loeske

属4　裂叶苔属 *Lophozia*（Dum.）Dum.

属5　小广萼苔属 *Tetralophozia*（Schust.）Schjakov

属6　挺叶苔属 *Anastrophyllum*（Spruce）Steph.

属7　广萼苔属 *Chandonanthus* Mitt.

属8　兜叶苔属 *Denotarisia* Grolle

科11　叶苔科 Jungermanniaceae

属1　服部苔属 *Hattoria* Schust.

属2　疣叶苔属 *Horikawaella* Hatt. et Amak.

属3　圆叶苔属 *Jamesoniella*（Spruce）Carring

属4　叶苔属 *Jungermanni*a Linn.

属5　被蒴苔属 *Nardia* S. Gray

属6　假苞苔属 *Notoscyphus* Mitt.

属7　大叶苔属 *Scaphophyllum* Inoue

属8　小萼苔属 *Mylia* S. Gray

科12　全萼苔科 Gymnomitriaceae

属1　全萼苔属 *Gymnomitrion* Corda

属2　钱袋苔属 *Marsupella* Dum.

属3　类钱袋苔属 *Apomarsupella* Schust.

科13　小袋苔科 Balantiopsaceae

属1　直蒴苔属 *Isotachis* Mitt.

科 14　合叶苔科 Scapaniaceae

　　属 1　褶萼苔属 *Macrodiplophyllum*（Buch）Perss.

　　属 2　折叶苔属 *Diplophyllum* Dum.

　　属 3　合叶苔属 *Scapania*（Dum.）Dum.

　　属 4　侧囊苔属 *Delavayella* Steph.

科 15　地萼苔科 Geocalycaceae

　　属 1　拟囊萼苔属 *Saccogynidium* Grolle

　　属 2　薄萼苔属 *Leptoscyphus* Mitt.

　　属 3　地萼苔属 *Geocalyx* Nees

　　属 4　异萼苔属 *Heteroscyphus* Schiffn.

　　属 5　裂萼苔属 *Chiloscyphus* Corda

科 16　羽苔科 Plagiochilaceae

　　属 1　平叶苔属 *Pedinophyllum*（Lindb.）Lindb.

　　属 2　羽苔属 *Plagiochila*（Dum.）Dum.

　　属 3　对羽苔属 *Plagiochilion* Hatt.

　　属 4　黄羽苔属 *Xenochila* Schust.

科 17　阿氏苔科 Arnelliaceae

　　属 1　横叶苔属 Southbya Spruce

　　属 2　对叶苔属 Gongylanthus Nees

科 18　顶苞苔科 Acrobolbaceae

　　属 1　顶苞苔属 *Acrobolbus* Nees

　　属 2　囊蒴苔属 *Marsupidium* Mitt.

科 19　兔耳苔科 Antheliaceae

　　属 1　兔耳苔属 *Anthelia* Dum.

科 20　大萼苔科 Cephaloziaceae

　　属 1　湿地苔属 *Hygrobiella* Spruce

　　属 2　侧枝苔属 *Pleuroclada* Spruce

　　属 3　钝叶苔属 *Cladopodiella* Buch

　　属 4　大萼苔属 *Cephalozia*（Dum.）Dum.

　　属 5　拳叶苔属 *Nowellia* Mitt.

　　属 6　管萼苔属 *Alobiellopsis* Schust.

　　属 7　裂齿苔属 *Odontoschisma*（Dum.）Dum.

　　属 8　塔叶苔属 *Schiffneria* Steph.

科 21　拟大萼苔科 Cephaloziellaceae

　　属 1　拟大萼苔属 *Cephaloziella*（Spruce）Schiffn.

属 2　柱萼苔属 *Cylindrocolea* Inoue

科 22　**甲克苔科** Jackiellaceae

属 1　甲克苔属 *Jackiella* Schiffn.

科 23　**隐蒴苔科** Adelanthaceae

属 1　短萼苔属 *Wettsteinia* Schiffn.

科 24　**岐舌苔科** Schistochilaceae

属 1　狭瓣苔属 *Gottschea* Nees et Mont.

属 2　岐舌苔属 *Schistochila* Dum.

科 25　**扁萼苔科** Radulaceae

属 1　扁萼苔属 *Radula* Dum.

科 26　**紫叶苔科** Pleuroziaceae

属 1　紫叶苔属 *Pleurozia* Dum.

属 2　拟紫叶苔属 *Eopleurozia* Schust.

科 27　**光萼苔科** Porellaceae

属 1　光萼苔属 *Porella* Linn.

属 2　耳坠苔属 *Ascidiota* Mass.

属 3　多瓣苔属 *Macvicaria* Nichols.

科 28　**耳叶苔科** Frullaniaceae

属 1　耳叶苔属 *Frullania* Raddi

属 2　毛耳苔属 *Jubula* Dum.

科 29　**细鳞苔科** Lejeuneaceae

属 1　异鳞苔属 *Tuzibeanthus* Hatt.

属 2　原鳞苔属 *Archilejeunea*（Spruce）Schiffn.

属 3　毛鳞苔属 *Thysananthus* Lindenb.

属 4　多褶苔属 *Spruceanthus* Verd.

属 5　皱萼苔属 *Ptychanthus* Nees

属 6　尾鳞苔属 *Caudalejeunea* Steph.

属 7　鞭鳞苔属 *Mastigolejeunea*（Spruce）Schiffn.

属 8　脉鳞苔属 *Neurolejeunea*（Spruce）Schiffn.

属 9　瓦叶苔属 *Trocholejeunea* Verd.

属 10　耳鳞苔属 *Schiffneriolejeunea* Verd.

属 11　顶鳞苔属 *Acrolejeunea*（Spruce）Schiffn.

属 12　冠鳞苔属 *Lopholejeunea*（Spruce）Schiffn.

属 13　白鳞苔属 *Leucolejeunea* Ev.

属 14　日鳞苔属 *Nipponolejeunea* Hatt.

属 15　双鳞苔属 *Diplasiolejeunea*（Spruce）Schiffn.

属 16　管叶苔属 *Colura* Dum.

属 17　鞍叶苔属 *Tuyamaella* Hatt.

属 18　针鳞苔属 *Raphidolejeunea* Herz.

属 19　薄鳞苔属 *Leptolejeunea*（Spruce）Schiffn.

属 20　角鳞苔属 *Drepanolejeunea*（Spruce）Schiffn.

属 21　角萼苔属 *Ceratolejeunea*（Spruce）Schiffn.

属 22　整鳞苔属 *Taxilejeunea*（Spruce）Schiffn.

属 23　直鳞苔属 *Rectolejeunea* Ev.

属 24　密鳞苔属 *Pycnolejeunea*（Spruce）Schiffn.

属 25　唇鳞苔属 *Cheilolejeunea*（Spruce）Schiffn.

属 26　指鳞苔属 *Lepidolejeunea* Schust.

属 27　齿鳞苔属 *Stenolejeunea*（Spruce）Schiffn.

属 28　细鳞苔属 *Lejeunea* Libert.

属 29　纤鳞苔属 *Microlejeunea* Steph.

属 30　片鳞苔属 *Pedinolejeunea*（Bened. ex Mizt.）Chen et Wu

属 31　残叶苔属 *Leptocolea*（Spruce）Chen et Wu

属 32　疣鳞苔属 *Cololejeunea*（Spruce）Schiffn. ,s. str.

属 33　小鳞苔属 *Aphanolejeunea* Ev.

亚目 2　腋蒴叶苔亚目 Anacroyginales

科 30　**小叶苔科** Fossombroniaceae

属 1　小叶苔属 *Fossombronia* Raddi

科 31　**壶苞苔科** Blasiaceae

属 1　壶苞苔属 *Blasia* Linn.

科 32　**带叶苔科** Pallaviciniaceae

属 1　带叶苔属 *Pallavicinia* S. Gray

科 33　**南溪苔科** Makinoaceae

属 1　南溪苔属 *Makinoa* Miyake

科 34　**绿片苔科** Aneuraceae

属 1　绿片苔属 *Aneura* Dum.

科 35　**叉苔科** Metzgeriaceae

属 1　叉苔属 *Metzgeria* Raddi

属 2　毛叉苔属 *Apometzgeria* Kuwah.

科 36　**溪苔科** Pelliaceae

属 1　溪苔属 *Pellia* Raddi

科 37　**单月苔科** Monosoleniaceae

　　属 1　单月苔属 *Monosolenium* Griffn.

科 38　**皮叶苔科** Targioniaceae

　　属 1　皮叶苔属 *Targionia* Linn.

科 39　**光苔科** Cyathodiaceae

　　属 1　光苔属 *Cyathodium* Kunze

目 3　地钱目 Marchantiales

科 40　**花地钱科** Corsiniaceae

　　属 1　花地钱属 *Corsinia* Raddi

科 41　**半月苔科** Lunulariaceae

　　属 1　半月苔属 *Lunularia* Adans.

科 42　**魏氏苔科** Wiesnerellaceae

　　属 1　毛地钱属 *Dumortiera* Nees

　　属 2　魏氏苔属 *Wiesnerella* Schiffn.

科 43　**蛇苔科** Conocephalaceae

　　属 1　蛇苔属 *Conocephalum* Hill.

科 44　**疣冠苔科** Aytoniaceae（Grimaldiaceae）

　　属 1　花萼苔属 *Asterella* P. Beauv.

　　属 2　薄地钱属 *Cryptomitrium* Aust. ex Underw.

　　属 3　疣冠苔属 *Mannia* Opiz

　　属 4　紫背苔属 *Plagiochasma* Lehm. et Lindenb.

　　属 5　石地钱属 *Reboulia* Raddi

科 45　**星孔苔科** Cleveaceae（Sauteriaceae）

　　属 1　高山苔属 *Athalamia* Falconer

　　属 2　星孔苔属 *Sauteria* Nees

科 46　**地钱科** Marchantiaceae

　　属 1　地钱属 *Marchantia* Linn.

　　属 2　背托苔属 *Preissia* Corda

科 47　**钱苔科** Ricciaceae

　　属 1　浮苔属 *Ricciocarpus* Corda

　　属 2　钱苔属 *Riccia* Linn.

亚纲 2　角苔亚纲 Anthocerotiidae

目 4　角苔目 Anthocerotales

科 48　**角苔科** Anthocerotaceae

　　属 1　黄角苔属 *Phaeoceros* Prosk.

属 2　角苔属 *Anthoceros* Linn.

属 3　褐角苔属 *Folioceros* Bharadw.

属 4　大角苔属 *Megaceros* Campb.

属 5　树角苔属 *Dendroceros* Nees

科 49　**短角苔科** Notothyladaceae

属 1　　短角苔属 *Notothylas* Sull.

纲Ⅲ　藓纲 Musci

亚纲 1　泥炭藓亚纲 Sphagnidae

目 1　泥炭藓目 Sphagnales

科 1　**泥炭藓科** Sphagnaceae

属 1　泥炭藓属 *Sphagnum* Linn.

亚纲 2　黑藓亚纲 Andreaeidae

目 2　黑藓目 Andreaeales

科 2　**黑藓科** Andreaeaceae

属 2　黑藓属 *Andreaea* Hedw.

亚纲 3　真藓亚纲 Bryidae

类 1　真藓类 Bryiidae

亚类 1　顶蒴单齿亚类 Acrocarpi – Haplolepideae

目 3　无轴藓目 Archidiales

科 3　**无轴藓科** Archidiaceae

属 1　无轴藓属 *Archidium* Brid.

目 4　曲尾藓目 Dicranales

亚目 1　曲尾藓亚目 Dicraninales

科 4　**牛毛藓科** Ditrichaceae

亚科 1　**牛毛藓亚科** Ditrichoideae

属 1　丛毛藓属 *Pleuridium* Brid.

属 2　并列藓属 *Pringleela* Card.

属 3　荷包藓属 *Garckea* Muell. Hal.

属 4　高地藓属 *Astomiopsis* Muell. Hal.

属 5　毛齿藓属 *Trichodon* Schimp.

属 6　牛毛藓属 *Ditrichum* Hampe

属 7　拟牛毛藓属 *Ditrichopsis* Broth.

亚科 2　**角齿藓亚科** Ceratodontoideae

属 8　石缝藓属 *Saelania* Lindb.

属 9　角齿藓属 *Ceratodon* Brid.

亚科 3　**对叶藓亚科** Distichioideae

　　属 10　立毛藓属 *Tristichium* Muell. Hal.

　　属 11　对叶藓属 *Distichium* Bruch et Schimp.

　　属 12　曲喙藓属 *Rhamphidium* Mitt.

科 5　**虾藓科** Bryoxiphiaceae

　　属 1　虾藓属 *Bryoxiphium* Mitt.

科 6　**曲尾藓科** Dicranaceae

亚科 1　**长蒴藓亚科** Trematodontoideae

　　属 1　小烛藓属 *Bruchia* Schwaegr.

　　属 2　长蒴藓属 *Trematodon* Michx.

　　属 3　威氏藓属 *Wilsoniella* Muell. Hal.

亚科 2　**异毛藓亚科** Anisothecioideae

　　属 4　异毛藓属 *Anisothecium* Mitt.

　　属 5　昂氏藓属 *Aongstroemia* Bruch et Schimp.

　　属 6　拟昂氏藓 *Aongstroemiopsis* Fleisch.

亚科 3　**曲柄藓亚科** Campylopodioideae

　　属 7　小毛藓属 *Microdus* Schimp. ex Besch.

　　属 8　小曲尾藓属 *Dicranella*（Muell. Hal.）Schimp.

　　属 9　扭柄藓属 *Campylopodium*（Muell. Hal.）Besch.

　　属 10　曲柄藓属 *Campylopus* Brid.

　　属 11　缨帽藓属 *Thysanomitrium* Schwaegr.

　　属 12　青毛藓属 *Dicranodontium* Bruch et Schimp.

　　属 13　梅氏藓属 *Metzlerella*（Limpr.）Hag.

亚科 4　**拟白发藓亚科** Paraleucobryoideae

　　属 14　拟白发藓属 *Paraleucobryum*（Limpr.）Loeske

　　属 15　白氏藓属 *Brothera* Muell. Hal.

亚科 5　**粗石藓亚科** Rhabdoweisioideae

　　属 16　瓶藓属 *Amphidium* Schimp.

　　属 17　粗石藓属 *Rhabdoweisia* Bruch et Schimp.

亚科 6　**曲尾藓亚科** Dicranoideae

　　属 18　山毛藓属 *Oreas* Brid.

　　属 19　狗牙藓属 *Cynodontium* Bruch et Schimp.

　　属 20　石毛藓属 *Oreoweisia*（Bruch et Schimp.）De Not.

　　属 21　裂齿藓属 *Dichodontium* Schimp.

　　属 22　卷毛藓属 *Dicranoweisia* Lindb. ex Milde

属 23 曲背藓属 *Oncophorus*（Brid.）Brid.

属 24 合睫藓属 *Symblepharis* Mont.

属 25 苞领藓属 *Holomitrium* Brid.

属 26 极地藓属 *Arctoa* Bruch et Schimp.

属 27 直毛藓属 *Orthodicranum* Loeske

属 28 曲尾藓属 *Dicranum* Hedw.

属 29 锦叶藓属 *Dicranoloma*（Ren.）Ren.

属 30 白锦藓属 *Leucoloma* Brid.

亚目 2 白发藓亚目 Leucobryinales

科 7 **白发藓科** Leucobryaceae

亚科 1 **白发藓亚科** Leucobryoideae

属 1 白发藓属 *Leucobryum* Brid.

亚科 2 **白睫藓亚科** Leucophanoideae

属 2 白睫藓属 *Leucophanes* Hampe

亚科 3 **八齿藓亚科** Octoblepharoideae

属 3 八齿藓属 *Octoblepharum* Hedw.

亚科 4 **节体藓亚科** Arthrocormoideae

属 4 外网藓属 *Exodictyon* Card.

目 5 凤尾藓目 Fissidentales

科 8 **凤尾藓科** Fissidentaceae

属 1 凤尾藓属 *Fissidens* Hedw.

目 6 丛藓目 Pottiales

亚目 1 网藓亚目 Syrrhopodontinales

科 9 **花叶藓科** Calymperaceae

属 1 网藓属 *Syrrhopodon* Schwaegr.

属 2 匍网藓属 *Thyridium* Mitt.

属 3 花叶藓属 *Calymperes* Sw.

亚目 2 大帽藓亚目 Encalyptinales

科 10 **大帽藓科** Encalyptaceae

属 1 大帽藓属 *Encalypta* Hedw.

亚目 3 丛藓亚目 Pottiinales

科 11 **丛藓科** Pottiaceae

亚科 1 **艳枝藓亚科** Eucladioideae

群 1 侧立藓群 Pleuroweisieae

属 1 侧立藓属 *Pleuroweisia* Limpr.

属 2　丛本藓属 *Anoectangium* Schwaegr.

属 3　毛氏藓属 *Molendoa* Lindb.

群 2　艳枝藓群 Eucladieae

属 4　净口藓属 *Gymnostomum* Nees et Hornsch.

属 5　芮氏藓属 *Reimersia* Chen

属 6　圆口藓属 *Gyroweisia* Schimp.

属 7　艳枝藓属 *Eucladium* Bruch et Schimp.

亚科 2　毛口藓亚科 Trichostomoideae

群 1　纽藓群 Tortelleae

属 8　酸土藓属 *Oxystegus*（Lindb.）Hilp.

属 9　纽藓属 *Tortella*（Muell. Hal.）Limpr.

属 10　拟合睫藓 *Pseudosymblepharis* Broth.

属 11　侧出藓属 *Pleurochaete* Lindb.

群 2　毛口藓群 Trichostomeae

属 12　小石藓属 *Weissia* Hedw.

属 13　毛口藓属 *Trichostomum* Bruch

属 14　反纽藓属 *Timmiella*（De Not.）Limpr.

亚科 3　扭口藓亚科 Barbuloideae

群 1　湿地藓群 Hyophileae

属 15　湿地藓属 *Hyophila* Brid.

群 2　扭口藓群 Barbuleae

属 16　扭口藓属 *Barbula* Hedw.

属 17　扭毛藓属 *Streblotrichum* P. Beauv.

属 18　美叶藓属 *Bellibarbula* Chen

属 19　锯齿藓属 *Prionidium* Hilp.

属 20　小扭口藓属 *Semibarbula* Herz. ex Hilp.

属 21　石灰藓属 *Hydrogonium*（Muell. Hal.）Jaeg.

属 22　红叶藓属 *Bryoerythrophyllum* Chen

亚科 4　丛藓亚科 Pottioideae

群 1　买氏藓群 Merceyeae

属 23　拟买氏藓属 *Merceyopsis* Broth. et Dix.

属 24　买氏藓属 *Merceya* Schimp.

属 25　小墙藓属 *Weisiopsis* Broth.

群 2　丛藓群 Pottieae

属 26　丛藓属 *Pottia*（Reichenb.）Ehrh. ex Fuernr.

属 27　石芽藓属 *Stegonia* Vent.

属 28　流苏藓属 *Crossidium* Jur.

属 29　芦荟藓属 *Aloina* Kindb.

属 30　链齿藓属 *Desmatodon* Brid.

属 31　墙藓属 *Tortula* Hedw.

属 32　赤藓属 *Syntrichia* Brid.

亚科 5　薄齿藓亚科 Leptodontioideae

属 33　薄齿藓属 *Leptodontium* Hampe

亚科 6　复边藓亚科 Cinclidotoideae

属 34　复边藓属 *Cinclidotus* P. Beauv.

科 12　缩叶藓科 Ptychomitriaceae

属 1　缩叶藓属 *Ptychomitrium* Fuernr.

目 7　紫萼藓目 Grimmiales

科 13　紫萼藓科 Grimmiaceae

属 1　紫萼藓属 *Grimmia* Hedw.

属 2　砂藓属 *Racomitrium* Brid.

亚类 2　顶蒴双齿亚类 Acrocarpi-Diplolepideae

目 8　葫芦藓目 Funariales

亚目 1　葫芦藓亚目 Funariinales

科 14　夭命藓科 Ephemeraceae

属 1　夭命藓属 *Ephemerum* Hampe

科 15　葫芦藓科 Funariaceae

属 1　拟短月藓属 *Brachymeniopsis* Broth.

属 2　立碗藓属 *Physcomitrium*（Brid.）Brid.

属 3　葫芦藓属 *Funaria* Hedw.

亚目 2　壶藓亚目 Splachninales

科 16　壶藓科 Splachnaceae

亚科 1　短壶藓亚科 Splachnobryoideae

属 1　疣壶藓属 *Gymnostomiella* Fleisch.

属 2　短壶藓属 *Splachnobryum* Muell. Hal.

亚科 2　隐壶藓亚科 Voitioideae

属 3　隐壶藓属 *Voitia* Hornsch.

亚科 3　小壶藓亚科 Taylorioideae

属 4　小壶藓属 *Tayloria* Hook.

亚科 4　壶藓亚科 Splachnoideae

属 5　并齿藓属 *Tetraplodon* Bruch et Schimp.

属 6　壶藓属 *Splachnum* Hedw.

目 9　四齿藓目 Tetraphidales

科 17　**四齿藓科** Georgiaceae

属 1　四齿藓属 *Tetraphis* Hedw.

目 10　真藓目 Eubryales

亚目 1　真藓亚目 Bryinales

科 18　**真藓科** Bryaceae

亚科 1　**缺齿藓亚科** Mielichhoferioideae

属 1　缺齿藓属 *Mielichhoferia* Nees et Hornsch.

亚科 2　**真藓亚科** Bryoideae

属 2　丝瓜藓属 *Pohlia* Hedw.

属 3　拟丝瓜藓属 *Pseudopohlia* Wils.

属 4　广口藓属 *Mniobryum*（Schimp.）Limpr.

属 5　小叶藓属 *Epipterygium* Lindb.

属 6　短月藓属 *Brachymenium* Schwaegr.

属 7　银藓属 *Anomobryum* Schimp.

属 8　平蒴藓属 *Plagiobryum* Lindb.

属 9　薄囊藓属 *Leptobryum*（Bruch et Schimp.）Wils.

属 10　真藓属 *Bryum* Hedw.

属 11　大叶藓属 *Rhodobryum* Hampe

科 19　**提灯藓科** Mniaceae

属 1　立灯藓属 *Orthomnion* Wils.

属 2　双灯藓属 *Orthomniopsis* Broth.

属 3　疣灯藓属 *Trachycystis* Lindb.

属 4　提灯藓属 *Mnium* Hedw.

属 5　北灯藓属 *Cinclidium* Sw.

亚目 2　桧藓亚目 Rhizogoniinales

科 20　**桧藓科** Rhizogoniaceae

属 1　桧藓属 *Pyrrhobryum* Mitt.（*Rhizogonium* Brid.）

亚目 3　树灰藓亚目 Hypnodendriinales

科 21　**树灰藓科** Hypnodendraceae

属 1　树灰藓属 *Hypnodendron*（Muell. Hal.）Lindb.

亚目 4　珠藓亚目 Bartramiinales

科 22　**皱蒴藓科** Aulacomniaceae

属 1　皱蒴藓属 *Aulacomnium* Schwaegr.

科 23　寒藓科 Meeseaceae

属 1　沼寒藓属 *Paludella* Ehrh. ex Brid.

属 2　寒藓属 *Meesea* Hedw.

科 24　珠藓科 Bartramiaceae

属 1　平珠藓属 *Plagiopus* Brid.

属 2　刺毛藓属 *Anacolia* Schimp.

属 3　珠藓属 *Bartramia* Hedw.

属 4　小珠藓属 *Bartramidula* Bruch et Schimp.

属 5　泽藓属 *Philonotis* Brid.

属 6　佛氏藓属 *Fleischerobryum* Loeske

属 7　热泽藓属 *Breutelia*（Bruch et Schimp.）Schimp.

亚目 5　木毛藓亚目 Spiridentinales

科 25　木毛藓科 Spiridentaceae

属 1　木毛藓属 *Spiridens* Nees

亚目 6　美姿藓亚目 Timmiinales

科 26　美姿藓科 Timmiaceae

属 1　美姿藓属 *Timmia* Hedw.

亚类 3　侧蒴双齿亚类 Pleurocarpi – Diplolepideae

目 11　变齿藓目 Isobryales

亚目 1　木灵藓亚目 Orthotrichinales

科 27　树生藓科 Erpodiaceae

属 1　苔叶藓属 *Aulacopilum* Wils.

属 2　钟帽藓属 *Venturiella* Muell. Hal.

属 3　细鳞藓属 *Solmsiella* Muell. Hal.

科 28　高领藓科 Glyphomitriaceae

属 1　高领藓属 *Glyphomitrium* Brid.

科 29　木灵藓科 Orthotrichaceae

亚科 1　变齿藓亚科 Zygodontoideae

属 1　变齿藓属 *Zygodon* Hook. et Tayl.

属 2　刺藓属 *Rhachithecium* Broth. ex Le Jolis

亚科 2　木灵藓亚科 Orthotrichoideae

属 3　木灵藓属 *Orthotrichum* Hedw.

属 4　卷叶藓属 *Ulota* Mohr

亚科 3　蓑藓亚科 Macromitrioideae

属 1　木衣藓属 *Drummondia* Hook.

属 2　蓑藓属 *Macromitrium* Brid.

属 3　火藓属 *Schlotheimia* Brid.

亚目 2　卷柏藓亚目 Racopilinales

科 30　**卷柏藓科** Racopilaceae

属 1　卷柏藓属 *Racopilum* P. Beauv.

亚目 3　白齿藓亚目 Leucodontinales

科 31　**虎尾藓科** Hedwigiaceae

亚科 1　**虎尾藓亚科** Hedwigioideae

属 1　虎尾藓属 *Hedwigia* P. Beauv.

属 2　棕尾藓属 *Hedwigidium* Bruch et Schimp.

属 3　赤枝藓属 *Braunia* Schimp.

亚科 2　**蔓枝藓亚科** Cleistostomoideae

属 4　蔓枝藓属 *Bryowijkia* Nog.

科 32　**隐蒴藓科** Cryphaeaceae

亚科 1　**隐蒴藓亚科** Cryphaeoideae

属 1　隐蒴藓属 *Cryphaea* Mohr

属 2　球蒴藓属 *Sphaerotheciella* Fleisch.

属 3　毛枝藓属 *Pilotrichopsis* Besch.

亚科 2　**螺枝藓亚科** Alsioideae

属 4　残齿藓属 *Forsstroemia* Lindb.

科 33　**白齿藓科** Leucodontaceae

亚科 1　**白齿藓亚科** Leucodontoideae

属 1　白齿藓属 *Leucodon* Schwaegr.

亚科 2　**逆毛藓亚科** Antitrichioideae

属 2　单齿藓属 *Dozya* S. Lac.

属 3　疣齿藓属 *Scabridens* Bartr.

属 4　逆毛藓属 *Antitrichia* Brid.

科 34　**稜蒴藓科** Ptychomniaceae

属 1　直稜藓属 *Glyphothecium* Hampe

科 35　**毛藓科** Prionodontaceae

属 1　台湾藓属 *Taiwanobryum* Nog.

科 36　**扭叶藓科** Trachypodaceae

属 1　异节藓属 *Diaphanodon* Ren. et Card.

属 2　扭叶藓属 *Trachypus* Reinw. et Hornsch.

属 3　拟木毛藓属 *Pseudospiridentopsis*（Broth.）Fleisch.

属 4　拟扭叶藓属 *Trachypodopsis* Fleisch.

属 5　绿锯藓属 *Duthiella* Muell. Hal. ex Broth.

科 37　**金毛藓科** Myuriaceae

属 1　金毛藓属 *Myurium* Schimp.

科 38　**蕨藓科** Pterobryaceae

亚科 1　**粗柄藓亚科** Trachylomoideae

属 1　粗柄藓属 *Trachyloma* Brid.

属 2　山地藓属 *Osterwaldiella* Fleisch. ex Broth.

亚科 2　**绳藓亚科** Garovaglioideae

属 3　美蕨藓属 *Endotrichella* Muell. Hal.

属 4　绳藓属 *Garovaglia* Endl.

亚科 3　**蕨藓亚科** Pterobryoideae

属 5　耳平藓属 *Calyptothecium* Mitt.

属 6　拟蕨藓属 *Pterobryopsis* Fleisch.

属 7　拟金毛藓属 *Myuriopsis* Nog.

属 8　穗叶藓属 *Orthostichopsis* Broth.

属 9　小蕨藓属 *Pireella* Card.

属 10　蕨藓属 *Pterobryum* Hornsch.

属 11　滇蕨藓属 *Pseudopterobryum* Broth.

属 12　小蕨藓属 *Meteoriella* Okam.

科 39　**蔓藓科** Meteoriaceae

属 1　松萝藓属 *Papillaria*（Muell. Hal.）Muell. Hal.

属 2　蔓藓属 *Meteorium*（Brid.）Dozy et Molk.

属 3　灰气藓属 *Aerobryopsis* Fleisch.

属 4　毛扭藓属 *Aerobryidium* Fleisch.

属 5　悬藓属 *Barbella* Fleisch.

属 6　新悬藓属 *Neobarbella* Nog.

属 7　假悬藓属 *Pseudobarbella* Nog.

属 8　丝带藓 *Floribundaria* Fleisch.

属 9　垂藓属 *Chrysocladium* Fleisch.

属 10　粗蔓藓属 *Meteoriopsis* Fleisch. ex Broth.

属 11　气藓属 *Aerobryum* Dozy et Molk.

亚目 4　平藓亚目 Neckerinales

科 40　**带藓科** Phyllogoniaceae

属1　兜叶藓属 *Horikawaea* Nog.

科41　**平藓科** Neckeraceae

亚科1　**平藓亚科** Neckeroideae

属1　平藓属 *Neckera* Hedw.

属2　假平藓 *Neckeradelphus* Steere

属3　拟平藓属 *Neckeropsis* Reichdt.

属4　波叶藓属 *Himantocladium*（Mitt.）Fleisch.

属5　树平藓属 *Homaliodendron* Fleisch.

属6　扁枝藓属 *Homalia*（Brid.）Bruch et Schimp.

属7　拟扁枝藓属 *Homaliadelphus* Dix. et P. Varde

亚科2　**木藓亚科** Thamnioideae

属8　羽枝藓属 *Pinnatella* Fleisch.

属9　硬枝藓属 *Porotrichum*（Brid.）Hampe

属10　木藓属 *Thamnobryum* Nieuwl.

科42　**船叶藓科** Lembophyllaceae

属1　匙叶藓属 *Camptochaete* Reichdt.

属2　双肋藓属 *Elmeriobryum* Broth.

属3　船叶藓属 *Dolichomitra* Broth.

属4　拟船叶藓属 *Dolichomitriopsis* Okam.

属5　猫尾藓属 *Isothecium* Brid.

亚目5　水藓亚目 Fontinalinales

科43　**水藓科** Fontinalaceae

亚科1　**水藓亚科** Fontinaloideae

属1　水藓属 *Fontinalis* Hedw.

亚科2　**弯刀藓亚科** Dichelymoideae

属2　弯刀藓属 *Dichelyma* Myrin

科44　**万年藓科** Climaciaceae

属1　万年藓属 *Climacium* Web. et Mohr

属2　树藓属 *Pleuroziopsis* Kindb. ex Britt.

目12　油藓目 Hookeriales

亚目1　丝藓亚目 Nematacinales

亚目2　油藓亚目 Hookerinales

科45　**油藓科** Hookeriaceae

亚科1　**小黄藓亚科** Daltonioideae

属1　小黄藓属 *Daltonia* Hook. et Tayl.

亚科 2　**黄藓亚科** Distichophylloideae

　　属 2　黄藓属 *Distichophyllum* Dozy et Molk.

　　属 3　毛柄藓属 *Eriopus* Brid.

亚科 3　**油藓亚科** Hookerioideae

　　属 4　油藓属 *Hookeria* Sm.

　　属 5　圆网藓属 *Cyclodictyon* Mitt.

　　属 6　强肋藓属 *Callicostella*（Muell. Hal.）Mitt.

　　属 7　拟油藓属 *Hookeriopsis*（Besch.）Jaeg.

　　属 8　假黄藓属 *Actinodontium* Schwaegr.

亚科 4　**假灰藓亚科** Hypnelloideae

　　属 9　灰果藓属 *Chaetomitriopsis* Fleisch.

科 46　**刺果藓科** Symphyodontaceae

　　属 1　刺果藓属 *Symphyodon* Mont.

科 47　**白藓科** Leucomiaceae

　　属 1　白藓属 *Leucomium* Mitt.

科 48　**孔雀藓科** Hypopterygiaceae

亚科 1　**孔雀藓亚科** Hypopterygioideae

　　属 1　雀尾藓属 *Lopidium* Hook. f. et Wils.

　　属 2　孔雀藓属 *Hypopterygium* Brid.

　　属 3　树雉尾藓属 *Dendrocyathophorum* Dix.

亚科 2　**雉尾藓亚科** Cyathophoroideae

　　属 4　雉尾藓属 *Cyathophorella*（Broth.）Fleisch.

目 13　灰藓目 Hypnobryales

亚目 1　薄罗藓亚目 Leskeinales

科 49　**鳞藓科** Theliaceae

　　属 1　小鼠尾藓属 *Myurella* Bruch et Schimp.

　　属 2　粗疣藓属 *Fauriella* Besch.

科 50　**碎米藓科** Fabroniaceae

亚科 1　**碎米藓亚科** Fabronioideae

　　属 1　碎米藓属 *Fabronia* Raddi

　　属 2　白翼藓属 *Levierella* Muell. Hal.

　　属 3　反齿藓属 *Anacamptodon* Brid.

　　属 4　无毛藓属 *Juratzkaea* Lor.

　　属 5　小绢藓属 *Rozea* Besch.

亚科 2　**旋齿藓亚科** Helicodontioideae

属 6　附干藓属 *Schwetschkea* Muell. Hal.

属 7　拟附干藓属 *Schwetschkeopsis* Broth.

亚科 3　柔齿藓亚科 Habrodontioideae

属 8　柔齿藓属 *Habrodon* Schimp.

科 51　薄罗藓科 Leskeaceae

亚科 1　异齿藓亚科 Regmatodontoideae

属 1　异齿藓属 *Regmatodon* Brid.

亚科 2　薄罗藓亚科 Leskeoideae

属 2　细枝藓属 *Lindbergia* Kindb.

属 3　薄罗藓属 *Leskea* Hedw.

属 4　细罗藓属 *Leskeella*（Limpr.）Loeske

属 5　假细罗藓属 *Pseudoleskeella* Kindb.

属 6　草藓属 *Pseudoleskea* Schimp.

属 7　多毛藓属 *Lescuraea* Bruch et Schimp.

属 8　拟草藓属 *Pseudoleskeopsis* Broth.

科 52　羽藓科 Thuidiaceae

亚科 1　异枝藓亚科 Heterocladioideae

属 1　叉羽藓属 *Leptopterigynandrum* Muell. Hal.

属 2　异枝藓属 *Heterocladium* Schimp.

属 3　薄羽藓属 *Leptocladium* Broth.

亚科 2　牛舌藓亚科 Anomodontoideae

属 4　瓦叶藓属 *Miyabea* Broth.

属 5　多枝藓属 *Haplohymenium* Dozy et Molk.

属 6　牛舌藓属 *Anomodon* Hook. et Tayl.

属 7　羊角藓属 *Herpetineuron*（Muell. Hal.）Card.

属 8　麻羽藓属 *Claopodium*（Lesq. et Jam.）Ren. et Card.

属 9　小羽藓属 *Haplocladium*（Muell. Hal.）Muell. Hal.

亚科 3　羽藓亚科 Thuidioideae

属 10　虫毛藓属 *Boulaya* Card.

属 11　硬羽藓属 *Rauiella* Reim.

属 12　鹤嘴藓属 *Pelekium* Mitt.

属 13　羽藓属 *Thuidium* Bruch et Schimp.

属 14　山羽藓属 *Abietinella* Muell. Hal.

亚科 4　沼羽藓亚科 Helodioideae

属 15　毛羽藓属 *Bryonoguchia* Iwats. et Inoue

属 16　沼羽藓属 *Helodium* Warnst.

属 17　锦丝藓属 *Actinothuidium*（Besch.）Broth.

科 53　柳叶藓科 Amblystegiaceae

属 1　牛角藓属 *Cratoneuron*（Sull.）Spruce

属 2　细湿藓属 *Campylium*（Sull.）Mitt.

属 3　偏叶藓属 *Campylophyllum*（Schimp.）Fleisch.

属 4　薄网藓属 *Leptodictyum*（Schimp.）Warnst.

属 5　湿柳藓属 *Hygroamblystegium* Loeske

属 6　厚边藓属 *Sciaromiopsis* Broth.

属 7　柳叶藓属 *Amblystegium* Bruch et Schimp.

属 8　细柳藓属 *Amblystegiella* Loeske

属 9　镰刀藓属 *Drepanocladus*（Muell. Hal.）Roth

属 10　水灰藓属 *Hygrohypnum* Lindb.

属 11　平灰藓属 *Platyhypnidium* Fleisch.

属 12　湿原藓属 *Calliergon*（Sull.）Kindb.

属 13　大湿原藓属 *Calliergonella* Loeske

属 14　大绢藓属 *Pseudoscleropodium*（Limpr.）Fleisch. ex Broth.

科 54　青藓科 Brachytheciaceae

属 1　斜蒴藓属 *Camptothecium* Bruch et Schimp.

属 2　毛青藓属 *Tomenthypnum* Loeske

属 3　同蒴藓属 *Homalothecium* Schimp.

属 4　褶叶藓属 *Palamocladium* Muell. Hal.

属 5　拟褶叶藓属 *Pseudopleuropus* Tak.

属 6　小同蒴藓属 *Homalotheciella*（Card.）Broth.

属 7　青藓属 *Brachythecium* Bruch et Schimp.

属 8　燕尾藓属 *Bryhnia* Kaur.

属 9　毛尖藓属 *Cirriphyllum* Grout

属 10　鼠尾藓属 *Myuroclada* Besch.

属 11　长喙藓属 *Rhynchostegium* Bruch et Schimp.

属 12　细喙藓属 *Rhynchostegiella*（Bruch et Schimp.）Limpr.

属 13　尖喙藓属 *Oxyrrhynchium*（Bruch et Schimp.）Warnst.

属 14　美喙藓属 *Eurhynchium* Bruch et Schimp.

亚目 2　灰藓亚目 Hypninales

科 55　绢藓科 Entodontaceae

属 1　赤齿藓属 *Erythrodontium* Hampe

属 2　腋苞藓属 *Pterigynandrum* Hedw.

属 3　叉肋藓属 *Trachyphyllum* Gepp

属 4　斜齿藓属 *Campylodontium* Schwaegr.

属 5　灰石藓属 *Orthothecium* Schimp.

属 6　绢藓属 *Entodon* Muell. Hal.

科 56　**棉藓科** Plagiotheciaceae

亚科 1　**硬叶藓亚科** Stereophylloideae

属 1　硬叶藓属 *Stereophyllum* Mitt.

亚科 2　**棉藓亚科** Plagiothecioideae

属 1　棉藓属 *Plagiothecium* Schimp.

科 57　**锦藓科** Sematophyllaceae

亚科 1　**疣胞藓亚科** Clastobryoideae

属 1　竹藓属 *Aptychella* (Broth.) Herz.

属 2　疣胞藓属 *Clastobryum* Dozy et Molk.

属 3　细疣胞藓属 *Clastobryella* Fleisch.

属 4　牛尾藓属 *Struckia* Muell. Hal.

亚科 2　**腐木藓亚科** Heterophylloideae

属 5　厚角藓属 *Gammiella* Broth.

属 6　拟金灰藓属 *Pylaisiopsis* Broth.

属 7　腐木藓属 *Heterophyllium* (Schimp.) Kindb.

属 8　刺枝藓属 *Acanthocladium* Mitt.

属 9　金枝藓属 *Trismegistia* (Muell. Hal.) Muell. Hal.

亚科 3　**锦藓亚科** Sematophylloideae

属 10　小蒴藓属 *Meiothecium* Mitt.

属 11　花锦藓属 *Chionostomum* Muell. Hal.

属 12　小锦藓属 *Brotherella* Loeske ex Fleisch.

属 13　锦藓属 *Sematophyllum* Mitt.

属 14　狗尾藓属 *Rhaphidostichum* Fleisch.

属 15　顶胞藓属 *Acroporium* Mitt.

属 16　刺藓属 *Trichosteleum* Mitt.

属 17　麻锦藓属 *Taxithelium* Spruce ex Mitt.

属 18　扁锦藓属 *Glossadelphus* Fleisch.

亚科 4　**大锦藓亚科** Macrohymenioideae

属 19　丝灰藓属 *Giraldiella* Muell. Hal.

科 58　**灰藓科** Hypnaceae

亚科 1　**金灰藓亚科** Pylaisioideae

属 1　平锦藓属 *Platygyrium* Schimp.

属 2　金灰藓属 *Pylaisia* Bruch et Schimp.

属 3　毛灰藓属 *Homomallium*（Schimp.）Loeske

亚科 2　**灰藓亚科** Hypnoideae

属 4　灰藓属 *Hypnum* Hedw.

属 5　假丛灰藓属 *Pseudostereodon*（Broth.）Fleisch.

属 6　偏蒴藓属 *Ectropothecium* Mitt.

属 7　刺蒴藓属 *Trachythecium* Fleisch.

属 8　同叶藓属 *Isopterygium* Mitt.

属 9　鳞叶藓属 *Taxiphyllum* Fleisch.

属 10　明叶藓属 *Vesicularia*（Muell. Hal.）Muell. Hal.

属 11　拟灰藓属 *Hondaella* Dix. et Sak.

属 12　长灰藓属 *Sharpiella* Iwats.

属 13　粗枝藓属 *Gollania* Broth.

亚科 3　**梳藓亚科** Ctenidioideae

属 14　小梳藓属 *Microctenidium* Fleisch.

属 15　梳藓属 *Ctenidium*（Schimp.）Mitt.

属 16　毛梳藓属 *Ptilium* De Not.

属 17　水梳藓属 *Hyocomium* Bruch et Schimp.

属 18　平齿藓属 *Leiodontium* Broth.

科 59　**垂枝藓科** Rhytidiaceae

属 1　褶藓属 *Okamuraea* Broth.

属 2　垂枝藓属 *Rhytidium*（Sull.）Kindb.

科 60　**塔藓科** Hylocomiaceae

属 1　拟垂枝藓属 *Rhytidiadelphus*（Limpr.）Warnst.

属 2　假蔓藓属 *Loeskeobryum* Fleisch.

属 3　新船叶藓属 *Neodolichomitra* Nog.

属 4　赤茎藓属 *Pleurozium* Mitt.

属 5　薄膜藓属 *Leptohymenium* Schwaegr.

属 6　南木藓属 *Macrothamnium* Fleisch.

属 7　塔藓属 *Hylocomium* Bruch et Schimp.

类 2　烟杆藓类 Buxbaumiidae

目 14　烟杆藓目 Buxbaumiales

科 61　**短颈藓科** Diphysciaceae

属 1　短颈藓属 *Diphyscium* Mohr

属 2　厚叶藓属 *Theriotia* Card.

科 62　烟杆藓科 Buxbaumiaceae

属 1　烟杆藓属 *Buxbaumia* Hedw.

类 3　金发藓类 Polytrichidae

目 15　金发藓目 Polytrichinales

科 63　金发藓科 Polytrichaceae

属 1　小金发藓属 *Pognatum* P. Beauv.

属 2　穗发藓属 *Racelopodopsis* Thér.

属 3　长穗藓属 *Pseudoracelopus* Broth.

属 4　拟仙鹤藓属 *Pseudatrichum* Reim.

属 5　仙鹤藓属 *Atrichum* P. Beauv.

属 6　小赤藓属 *Oligotrichum* Lam. et Cand.

属 7　树发藓属 *Microdendron* Broth.

属 8　异蒴藓属 *Lyellia* R. Brown

属 9　金发藓属 *Polytrichum* Hedw.

中国苔藓植物系统表

（贾渝，何思，2013）

苔类植物门 Marchantiophyta

纲I　陶氏苔纲 **Treubiopsida**

目 1　陶氏苔目 Treubiales

科 1　**陶氏苔科** Treubiaceae

属 1　拟陶氏苔属 *Apotreubia* Hatt. et Mizut.

属 2　陶氏苔属 *Treubia* Goebel

纲II　裸蒴苔纲 **Haplomitriopsida**

目 2　裸蒴苔目 Haplomitriales

科 2　**裸蒴苔科** Haplomitriaceae

属 1　裸蒴苔属 *Haplomitrium* Nees

纲III　壶苞苔纲 **Blasiopsida**

目 3　壶苞苔目 Blasiales

科 3　**壶苞苔科** Blasiaceae

属 1　壶苞苔属 *Blasia* Linn.

纲IV　地钱纲 **Marchantiopsida**

目 4　半月苔目 Lunulariales

科 4　**半月苔科** Lunulariaceae

属 1　半月苔属 *Lunularia* Adans.

目 5　地钱目 Marchantiales

科 5　**疣冠苔科** Aytoniaceae

属 1　花萼苔属 *Asterella* P. Beauv.

属 2　薄地钱属 *Cryptomitrium* Aust. ex Underw.

属 3　疣冠苔属 *Mannia* Opiz

属 4　紫背苔属 *Plagiochasma* Lehm. et Lindenb.

属 5　石地钱属 *Reboulia* Raddi

科 6　**魏氏苔科** Wiesnerellaceae

属 1　魏氏苔属 *Wiesnerella* Schiffn.

科 7　**蛇苔科** Conocephalaceae

　　属 1　蛇苔属 *Conocephalum* Wigg.

科 8　**地钱科** Marchantiaceae

　　属 1　地钱属 *Marchantia* Linn.

　　属 2　背托苔属 *Preissia* Corda

科 9　**毛地钱科** Dumortieraceae

　　属 1　毛地钱属 *Dumortiera* Nees

科 10　**单月苔科** Monosoleniaceae

　　属 1　单月苔属 *Monosolenium* Griff.

科 11　**星孔苔科** Cleveaceae

　　属 1　高山苔属 *Athalamia* Falc.

　　属 2　克氏苔属 *Clevea* Lindb.

　　属 3　星孔苔属 *Sauteria* Nees

科 12　**短托苔科** Exormothecaceae

　　属 1　短托苔属 *Exormotheca* Mitt.

科 13　**光苔科** Cyathodiaceae

　　属 1　光苔属 *Cyathodium* Kunze

科 14　**花地钱科** Corsiniaceae

　　属 1　花地钱属 *Corsinia* Raddi

科 15　**皮叶苔科** Targioniaceae

　　属 1　皮叶苔属 *Targionia* Linn.

目 6　钱苔目 Ricciales

　科 16　**钱苔科** Ricciaceae

　　属 1　钱苔属 *Riccia* Linn.

　　属 2　浮苔属 *Ricciocarpos* Cord.

纲 V　小叶苔纲 Fossombroniopsida

　目 7　小叶苔目 Fossombroniales

　　科 17　**小叶苔科** Fossombroniaceae

　　　属 1　小叶苔属 *Fossombronia* Raddi

　　科 18　**苞叶苔科** Allisoniaceae

　　　属 1　苞片苔属 *Calycularia* Mitt.

　　科 19　**南溪苔科** Makinoaceae

　　　属 1　南溪苔属 *Makinoa* Miyake

纲 VI　带叶苔纲 Pallaviciniopsida

　目 8　带叶苔目 Pallaviciniales

科20　**莫氏苔科** Moerckiaceae

　　属1　拟带叶苔属 *Hattorianthus* Schust. et Inoue

科21　**带叶苔科** Pallaviciniaceae

　　属1　带叶苔属 *Pallavicinia* Gray

纲VII　溪苔纲 **Pelliopsida**

目9　溪苔目 Pelliales

科22　**溪苔科** Pelliaceae

　　属1　溪苔属 *Pellia* Raddi

纲VIII　叶苔纲 **Jungermanniopsida**

目10　蚌叶苔目（异舌苔目）Perssoniellales

科23　**歧舌苔科** Schistochilaceae

　　属1　歧舌苔属 *Schistochila* Dum.

目11　叶苔目 Jungermanniales

科24　**小袋苔科** Balantiopsaceae

　　属1　直蒴苔属 *Isotachis* Mitt.

科25　**叶苔科** Jungermanniaceae

　　属1　拟隐苞苔属 *Cryptocoleopsis* Amak.

　　属2　疣叶苔属 *Horikawaella* Hatt. et Amak.

　　属3　叶苔属 *Jungermannia* Linn.

　　属4　无褶苔属 *Leiocolea*（K. Müll.）Buch

　　属5　狭叶苔属 *Liochlaena* Nees

　　属6　被蒴苔属 *Nardia* Gray

　　属7　假苞苔属 *Notoscyphus* Mitt.

　　属8　大叶苔属 *Scaphophyllum* Inoue

　　属9　管口苔属 *Solenostoma* Mitt.

科26　**小萼苔科** Myliaceae

　　属1　小萼苔属 *Mylia* Gray

科27　**全萼苔科** Gymnomitriaceae

　　属1　类钱袋苔属 *Apomarsupella* Schust.

　　属2　湿生苔属 *Eremonotus* Lindb. et Kaal. ex Pears.

　　属3　全萼苔属 *Gymnomitrion* Corda

　　属4　钱袋苔属 *Marsupella* Dum.

　　属5　穗枝苔属 *Prasanthus* Lindb.

科28　**顶苞苔科** Acrobolbaceae

　　属1　顶苞苔属 *Acrobolbus* Nees

属 2　囊蒴苔属 *Marsupidium* Mitt.

科 29　**护蒴苔科** Calypogeiaceae

属 1　护蒴苔属 *Calypogeia* Raddi

属 2　假护蒴苔属 *Metacalypogeia*（Hatt.）Inoue

属 3　疣胞苔属 *Mnioloma* Herz.

科 30　**兔耳苔科** Antheliaceae

属 1　兔耳苔属 *Anthelia*（Dum.）Dum.

科 31　**地萼苔科** Geocalycaceae

属 1　地萼苔属 *Geocalyx* Nees

属 2　镰萼苔属 *Harpanthus* Nees

属 3　囊萼苔属 *Saccogyna* Dum.

属 4　拟囊萼苔属 *Saccogynidium* Grolle

目 12　圆叶苔目 Jamesoniellales

科 32　**圆叶苔科** Jamesoniellaceae

属 1　兜叶苔属 *Denotarisia* Grolle

属 2　服部苔属 *Hattoria* Schust.

属 3　对耳苔属 *Syzygiella* Spruce

科 33　**隐蒴苔科** Adelanthaceae

属 1　短萼苔属（无萼苔属） *Wettsteinia* Schiffn.

目 13　裂叶苔目 Lophoziales

科 34　**挺叶苔科** Anastrophyllaceae

属 1　卷叶苔属 *Anastrepta*（Lindb.）Schiffn.

属 2　挺叶苔属 *Anastrophyllum*（Spruce）Steph.

属 3　细裂瓣苔属 *Barbilophozia* Loeske

属 4　圆瓣苔属 *Biantheridion*（Grolle）Konstant. et Vilnet

属 5　广萼苔属 *Chandonanthus* Mitt.

属 6　皱褶苔属（褶萼苔属） *Plicanthus*（Steph.）Schust.

属 7　楔瓣苔属（拟折瓣苔属） *Sphenolobopsis* Schust. et Kitag.

属 8　狭广萼苔属（小广萼苔属） *Tetralophozia*（Schust.）Schljakov

科 35　**大萼苔科** Cephaloziaceae

属 1　卵萼苔属（柱萼苔属） *Alobiellopsis* Schust.

属 2　大萼苔属 *Cephalozia*（Dum.）Dum.

属 3　钝叶苔属 *Cladopodiella* Buch

属 4　湿地苔属（长胞苔属） *Hygrobiella* Spruce

属 5　拳叶苔属 *Nowellia* Mitt.

属 6　裂齿苔属 *Odontoschisma*（Dum.）Dum.

属 7　侧枝苔属 *Pleurocladula* Grolle

属 8　塔叶苔属 *Schiffneria* Steph.

科 36　拟大萼苔科 Cephaloziellaceae

属 1　拟大萼苔属 *Cephaloziella*（Spruce）Schiffn.

属 2　筒萼苔属 *Cylindrocolea* Schust.

科 37　甲克苔科 Jackiellaceae

属 1　甲克苔属 *Jackiella* Schiffn.

科 38　裂叶苔科 Lophoziaceae

属 1　戈氏苔属 *Gottschelia* Grolle

属 2　裂叶苔属 *Lophozia*（Dum.）Dum.

属 3　三瓣苔属 *Tritomaria* Schiffn. ex Loeske

科 39　合叶苔科 Scapaniaceae

属 1　折叶苔属（褶叶苔属）*Diplophyllum*（Dum.）Dum.

属 2　合叶苔属 *Scapania*（Dum.）Dum.

科 40　侧囊苔科 Delavayellaceae

属 1　侧囊苔属 *Delavayella* Steph.

目 14　绒苔目 Trichocoleales

科 41　睫毛苔科 Blepharostomataceae

属 1　睫毛苔属 *Blepharostoma*（Dum.）Dum.

科 42　绒苔科 Trichocoleaceae

属 1　绒苔属 *Trichocolea* Dum.

目 15　指叶苔目 Lepidoziales

科 43　指叶苔科 Lepidoziaceae

属 1　细鞭苔属 *Acromastigum* Ev.

属 2　鞭苔属 *Bazzania* Gray

属 3　细指苔属 *Kurzia* Mart.

属 4　指叶苔属 *Lepidozia*（Dum.）Dum.

属 5　皱指苔属（拟指叶苔属）*Telaranea* Spruce ex Schiffn.

属 6　虫叶苔属 *Zoopsis*（Hook. f. et Tayl.）Gott., Lindenb. et Nees

目 16　复叉苔目 Lepicoleales

科 44　复叉苔科 Lepicoleaceae

属 1　复叉苔属 *Lepicolea* Dum.

科 45　须苔科 Mastigophoraceae

属 1　须苔属 *Mastigophora* Nees

科46　**剪叶苔科** Herbertaceae

　　属1　剪叶苔属 *Herbertus* Gray

目17　拟复叉苔目 Pseudolepicoleales

　科47　**拟复叉苔科** Pseudolepicoleaceae

　　属1　拟复叉苔属 *Pseudolepicolea* Fulf. et Tayl.

　　属2　裂片苔属 *Temnoma* Mitt.

目18　齿萼苔目 Lophocoleales

　科48　**阿氏苔科** Arnelliaceae

　　属1　对叶苔属（假萼苔属）*Gongylanthus* Nees

　　属2　横叶苔属 *Southbya* Spruce

　科49　**羽苔科** Plagiochilaceae

　　属1　平叶苔属 *Pedinophyllum*（Lindb.）Lindb.

　　属2　羽苔属 *Plagiochila*（Dum.）Dum.

　　属3　对羽苔属 *Plagiochilion* Hatt.

　　属4　黄羽苔属 *Xenochila* Schust.

　科50　**齿萼苔科** Lophocoleaceae

　　属1　裂萼苔属 *Chiloscyphus* Cord.

　　属2　异萼苔属 *Heteroscyphus* Schiffn.

　　属3　薄萼苔属 *Leptoscyphus* Mitt.

目19　毛叶苔目 Ptilidiales

　科51　**毛叶苔科** Ptilidiaceae

　　属1　毛叶苔属 *Ptilidium* Nees

　科52　**新绒苔科** Neotrichocoleaceae

　　属1　新绒苔属 *Neotrichocolea* Hatt.

目20　光萼苔目 Porellales

　科53　**多囊苔科** Lepidolaenaceae

　　属1　囊绒苔属 *Trichocoleopsis* Okam.

　科54　**光萼苔科** Porellaceae

　　属1　耳坠苔属 *Ascidiota* Mass.

　　属2　多瓣苔属 *Macvicaria* Nichols.

　　属3　光萼苔属 *Porella* Linn.

目21　扁萼苔目 Radulales

　科55　**扁萼苔科** Radulaceae

　　属1　扁萼苔属 *Radula* Dum.

目22　毛耳苔目 Jubulales

科56　**耳叶苔科** Frullaniaceae

属1　耳叶苔属 *Frullania* Raddi

科57　**毛耳苔科** Jubulaceae

属1　毛耳苔属 *Jubula* Dum.

属2　日鳞苔属 *Nipponolejeunea* Hatt.

科58　**细鳞苔科** Lejeuneaceae

属1　刺鳞苔属 *Acanthocoleus* Schust.

属2　顶鳞苔属 *Acrolejeunea*（Spruce）Schiffn.

属3　原鳞苔属 *Archilejeunea*（Spruce）Schiffn.

属4　尾鳞苔属 *Caudalejeunea*（Steph.）Schiffn.

属5　角萼苔属 *Ceratolejeunea*（Spruce）Schiffn.

属6　唇鳞苔属 *Cheilolejeunea*（Spruce）Schiffn.

属7　硬鳞苔属 *Chondriolejeunea*（Bened.）Kis et Pócs

属8　疣鳞苔属 *Cololejeunea*（Spruce）Schiffn.

属9　管叶苔属 *Colura*（Dum.）Dum.

属10　双鳞苔属 *Diplasiolejeunea*（Spruce）Schiffn.

属11　角鳞苔属 *Drepanolejeunea*（Spruce）Schiffn.

属12　镰叶苔属 *Harpalejeunea*（Spruce）Schiffn.

属13　细鳞苔属 *Lejeunea* Libert.

属14　指鳞苔属 *Lepidolejeunea* Schust.

属15　薄鳞苔属 *Leptolejeunea*（Spruce）Schiffn.

属16　白鳞苔属 *Leucolejeunea* Ev.

属17　冠鳞苔属 *Lopholejeunea*（Spruce）Schiffn.

属18　鞭鳞苔属 *Mastigolejeunea*（Spruce）Schiffn.

属19　假细鳞苔属(蔓鳞苔属) *Metalejeunea* Grolle

属20　耳萼苔属 *Otolejeunea* Grolle et Tix.

属21　黑鳞苔属 *Phaeolejeunea* Mizut.

属22　皱萼苔属 *Ptychanthus* Nees

属23　密鳞苔属 *Pycnolejeunea*（Spruce）Schiffn.

属24　尼鳞苔属 *Schiffneriolejeunea* Verd.

属25　多褶苔属 *Spruceanthus* Verd.

属26　狭鳞苔属 *Stenolejeunea* Schust.

属27　毛鳞苔属 *Thysananthus* Lindenb.

属28　瓦鳞苔属 *Trocholejeunea* Schiffn.

属29　鞍叶苔属 *Tuyamaella* Hatt.

属30　异鳞苔属 *Tuzibeanthus* Hatt.

目 23　紫叶苔目 Pleuroziales

科 59　**紫叶苔科** Pleuroziaceae

属 1　紫叶苔属 *Pleurozia* Dum.

目 24　绿片苔目 Aneurales

科 60　**绿片苔科** Aneuraceae

属 1　绿片苔属 *Aneura* Dum.

属 2　宽片苔属 *Lobatiriccardia*（Mizut. et Hatt.）Furuki

属 3　片叶苔属 *Riccardia* Gray

目 25　叉苔目 Metzgeriales

科 61　**叉苔科** Metzgeriaceae

属 1　毛叉苔属 *Apometzgeria* Kuwah.

属 2　叉苔属 *Metzgeria* Raddi

角苔植物门 Anthocerotophyta

纲I　**角苔纲 Anthocerotopsida**

目 26　角苔目 Anthocerotales

科 62　**角苔科** Anthocerotaceae

属 1　角苔属 *Anthoceros* Linn.

科 63　**褐角苔科** Foliocerotaceae

属 1　褐角苔属 *Folioceros* Bharadw.

目 27　短角苔目 Notothyladales

科 64　**短角苔科** Notothyladaceae

属 1　服角苔属 *Hattorioceros*（Haseg.）Haseg.

属 2　中角苔属 *Mesouros* Piippo

属 3　短角苔属 *Notothylas* Sull. ex Gray

属 4　黄角苔属 *Phaeoceros* Prosk.

目 28　树角苔目 Dendrocerotales

科 65　**树角苔科** Dendrocerotaceae

属 1　树角苔属 *Dendroceros* Nees

属 2　大角苔属 *Megaceros* Campb.

藓类植物门 Bryophyta

纲I　**藻苔纲 Takakiopsida**

目 1　藻苔目 Takakiales

科1　**藻苔科** Takakiaceae

属 1　藻苔属 *Takakia* Hatt. et Inoue

纲II　**泥炭藓纲 Sphagnopsida**

目2　泥炭藓目 Sphagnales

科2　**泥炭藓科** Sphagnaceae

属1　泥炭藓属 *Sphagnum* Linn.

纲Ⅲ　黑藓纲 Andreaeopsida

目3　黑藓目 Andreaeales

科3　**黑藓科** Andreaeaceae

属1　黑藓属 *Andreaea* Hedw.

纲Ⅳ　长台藓纲 Oedipodiopsida

目4　长台藓目 Oedipodiales

科4　**长台藓科** Oedipodiaceae

属1　长台藓属 *Oedipodium* Schwägr.

纲Ⅴ　四齿藓纲 Tetraphidopsida

目5　四齿藓目 Tetraphidales

科5　**四齿藓科** Tetraphidaceae

属1　四齿藓属 *Tetraphis* Hedw.

属2　小四齿藓属 *Tetrodontium* Schwägr.

纲Ⅵ　金发藓纲 Polytrichopsida

目6　金发藓目 Polytrichales

科6　**金发藓科** Polytrichaceae

属1　仙鹤藓属 *Atrichum* P. Beauv.

属2　异蒴藓属 *Lyellia* R. Brown

属3　小赤藓属 *Oligotrichum* Lam. et Cand.

属4　小金发藓属 *Pogonatum* P. Beauv.
（包括:树发藓属 *Microdendron* Broth. ）

属5　拟金发藓属 *Polytrichastrum* Sm.

属6　金发藓属 *Polytrichum* Hedw.

属7　拟赤藓属 *Psilopilum* Brid.

纲Ⅶ　真藓纲 Bryopsida

目7　烟杆藓目 Buxbaumiales

科7　**烟杆藓科** Buxbaumiaceae

属1　烟杆藓属 *Buxbaumia* Hedw.

目8　短颈藓目 Diphysciales

科8　**短颈藓科** Diphysciaceae

属1　短颈藓属 *Diphyscium* Mohr

目9　美姿藓目 Timmiales

科 9　**美姿藓科** Timmiaceae

　　属 1　美姿藓属 *Timmia* Hedw.

目 10　大帽藓目 Encalyptales

科 10　**大帽藓科** Encalyptaceae

　　属 1　大帽藓属 *Encalypta* Hedw.

目 11　葫芦藓目 Funariales

科 11　**葫芦藓科** Funariaceae

　　属 1　拟短月藓属 *Brachymeniopsis* Broth.

　　属 2　梨蒴藓属 *Entosthodon* Schwägr.

　　属 3　葫芦藓属 *Funaria* Hedw.

　　属 4　小立碗藓属 *Physcomitrella* Bruch et Schimp.

　　属 5　立碗藓属 *Physcomitrium*（Brid.）Brid.

目 12　水石藓目 Scouleriales

科 12　**木衣藓科** Drummondiaceae

　　属 1　木衣藓属 *Drummondia* Hook.

目 13　虾藓目 Bryoxiphiales

科 13　**虾藓科** Bryoxiphiaceae

　　属 1　虾藓属 *Bryoxiphium* Mitt.

目 14　紫萼藓目 Grimmiales

科 14　**细叶藓科** Seligeriaceae

　　属 1　小穗藓属 *Blindia* Bruch et Schimp.

　　属 2　短齿藓属 *Brachydontium* Fürnr.

　　属 3　细叶藓属 *Seligeria* Bruch et Schimp.

科 15　**缩叶藓科** Ptychomitriaceae

　　属 1　小缩叶藓属 *Campylostelium* Bruch et Schimp.

　　属 2　旱藓属 *Indusiella* Broth. et Müll. Hal.

　　属 3　缨齿藓属 *Jaffueliobryum* Thér.

　　属 4　缩叶藓属 *Ptychomitrium* Fürnr.

科 16　**紫萼藓科** Grimmiaceae

　　属 1　矮齿藓属 *Bucklandiella* Roiv.

　　属 2　无尖藓属 *Codriophorus* P. Beauv.

　　属 3　筛齿藓属 *Coscinodon* Spreng.

　　属 4　紫萼藓属 *Grimmia* Hedw.

　　属 5　长齿藓属 *Niphotrichum*（Bednarek-Ochyra）Bednarek-Ochyra et Ochyra

　　属 6　砂藓属 *Racomitrium* Brid.

属 7　连轴藓属 *Schistidium* Bruch et Schimp.

目 15　无轴藓目 Archidiales

科 17　**无轴藓科** Archidiaceae

属 1　无轴藓属 *Archidium* Brid.

目 16　曲尾藓目 Dicranales

科 18　**牛毛藓科** Ditrichaceae

属 1　高地藓属 *Astomiopsis* Müll. Hal.

属 2　角齿藓属 *Ceratodon* Brid.

属 3　闭蒴藓属 *Cleistocarpidium* Ochyra et Bednarek-Ochyra

属 4　对叶藓属 *Distichium* Bruch et Schimp.

属 5　拟牛毛藓属 *Ditrichopsis* Broth.

属 6　牛毛藓属 *Ditrichum* Hampe

属 7　裂蒴藓属 *Eccremidium* Wilson

属 8　荷包藓属 *Garckea* Müll. Hal.

属 9　丛毛藓属 *Pleuridium* Rabenh.

属 10　曲喙藓属 *Rhamphidium* Mitt.

属 11　石缝藓属 *Saelania* Lindb.

属 12　毛齿藓属 *Trichodon* Schimp.

属 13　立毛藓属 *Tristichium* Müll. Hal.

属 14　威氏藓属 *Wilsoniella* Müll. Hal.

科 19　**小烛藓科** Bruchiaceae

属 1　小烛藓属 *Bruchia* Schwägr.

属 2　并列藓属 *Pringleella* Card.

属 3　长蒴藓属 *Trematodon* Michx.

科 20　**昂氏藓科** Aongstroemiaceae

属 1　昂氏藓属 *Aongstroemia* Bruch et Schimp.

属 2　拟昂氏藓属 *Aongstroemiopsis* Fleisch.

属 3　裂齿藓属 *Dichodontium* Schimp.

科 21　**小曲尾藓科** Dicranellaceae

属 1　扭柄藓属 *Campylopodium*（Müll. Hal.）Besch.

属 2　小曲尾藓属 *Dicranella*（Müll. Hal.）Schimp.

属 3　纤毛藓属 *Leptotrichella*（Müll. Hal.）Lindb.

属 4　小曲柄藓属 *Microcampylopus*（Müll. Hal.）Fleisch.

科 22　**瓶藓科** Amphidiaceae

属 1　瓶藓属 *Amphidium* Schimp.

科23　**曲背藓科** Oncophoraceae

属1　极地藓属 *Arctoa* Bruch et Schimp.

属2　狗牙藓属 *Cynodontium* Bruch et Schimp.

属3　卷毛藓属 *Dicranoweisia* Lindb. ex Mild.

属4　高领藓属 *Glyphomitrium* Brid.

属5　凯氏藓属 *Kiaeria* Hag.

属6　曲背藓属 *Oncophorus*（Brid.）Brid.

属7　山毛藓属 *Oreas* Brid.

属8　石毛藓属 *Oreoweisia*（Bruch et Schimp.）De Not.

属9　粗石藓属 *Rhabdoweisia* Bruch et Schimp.

属10　合睫藓属 *Symblepharis* Mont.

科24　**刺藓科** Rhachitheciaceae

属1　刺藓属 *Rhachithecium* Broth. et Le Jolis

科25　**树生藓科** Erpodiaceae

属1　苔叶藓属 *Aulacopilum* Wils.

属2　细鳞藓属 *Solmsiella* Müll. Hal.

属3　钟帽藓属 *Venturiella* Müll. Hal.

科26　**曲尾藓科** Dicranaceae

属1　高苞藓属 *Braunfelsia* Par.

属2　锦叶藓属 *Dicranoloma*（Ren.）Ren.

属3　曲尾藓属 *Dicranum* Hedw.

属4　苞领藓属 *Holomitrium* Brid.

属5　白锦藓属 *Leucoloma* Brid.

属6　拟白发藓属 *Paraleucobryum*（Lindb. ex Limpr.）Loeske

属7　无齿藓属 *Pseudo-chorisodontium*（Broth.）C. Gao, Vitt, X. Fu et T. Cao

科27　**白发藓科** Leucobryaceae

属1　长帽藓属 *Atractylocarpus* Mitt.

属2　白氏藓属 *Brothera* Müll. Hal.

属3　拟扭柄藓属 *Campylopodiella* Card.

属4　曲柄藓属 *Campylopus* Brid.

属5　青毛藓属 *Dicranodontium* Bruch et Schimp.

属6　白发藓属 *Leucobryum* Hampe

科28　**花叶藓科** Calymperaceae

属1　花叶藓属 *Calymperes* Web.

属2　拟外网藓属 *Exostratum* Ellis

属3　白睫藓属 *Leucophanes* Brid.

属 4　匍网藓属 *Mitthyridium* Rob.

属 5　八齿藓属 *Octoblepharum* Hedw.

属 6　网藓属 *Syrrhopodon* Schwägr.

科 29　**凤尾藓科** Fissidentaceae

属 1　凤尾藓属 *Fissidens* Hedw.

科 30　**光藓科** Schistostegaceae

属 1　光藓属 *Schistostega* Mohr

目 17　丛藓目 Pottiales

科 31　**丛藓科** Pottiaceae

属 1　矮藓属 *Acaulon* Müll. Hal.

属 2　芦荟藓属 *Aloina* Kindb.

属 3　丛本藓属 *Anoectangium* Schwägr.

属 4　扭口藓属 *Barbula* Hedw.

属 5　美叶藓属 *Bellibarbula* Chen

属 6　红叶藓属 *Bryoerythrophyllum* Chen

属 7　陈氏藓属 *Chenia* Zand.

属 8　复边藓属 *Cinclidotus* P. Beauv.

属 9　流苏藓属 *Crossidium* Jur.

属 10　对齿藓属 *Didymodon* Hedw.

属 11　艳枝藓属 *Eucladium* Bruch et Schimp.

属 12　微疣藓属 *Geheemia* Schimp.

属 13　疣壶藓属 *Gymnostomiella* Fleisch.

属 14　净口藓属 *Gymnostomum* Nees et Hornsch.

属 15　圆口藓属 *Gyroweisia* Schimp.

属 16　细齿藓属 *Hennediella* Par.

属 17　卵叶藓属 *Hilpertia* Zand.

属 18　立膜藓属 *Hymenostylium* Brid.

属 19　湿地藓属 *Hyophila* Brid.

属 20　薄齿藓属 *Leptodontium*（Müll. Hal.）Hampe ex Lindb.

属 21　基叶藓属 *Luisierella* Thér. et P. Varde

属 22　细丛藓属 *Microbryum* Schimp.

属 23　大丛藓属 *Molendoa* Lindb.

属 24　拟薄齿萍属 *Paraleptodontium* Long

属 25　卷边藓属 *Plaubelia* Brid.

属 26　侧出藓属 *Pleurochaete* Lindb.

属 27　花栉藓属 *Pseudocrossidium* Williams

属 28　拟合睫藓属 *Pseudosymblepharis* Broth.

属 29　盐土藓属 *Pterygoneurum* Jur.

属 30　仰叶藓属 *Reimersia* Chen

属 31　舌叶藓属 *Scopelophila*（Mitt.）Lindb.

属 32　短壶藓属 *Splachnobryum* Müll. Hal.

属 33　石芽藓属 *Stegonia* Vent.

属 34　赤藓属 *Syntrichia* Brid.

属 35　反纽藓属 *Timmiella*（De Not.）Limpr.

属 36　纽藓属 *Tortella*（Lindb.）Limpr.

属 37　墙藓属 *Tortula* Hedw.

属 38　毛口藓属 *Trichostomum* Bruch

属 39　狭尖藓属 *Tuerckheimia* Broth.

属 40　小墙藓属 *Weisiopsis* Broth.

属 41　小石藓属 *Weissia* Hedw.

科 32　**夭命藓科** Ephemeraceae

属 1　夭命藓属 *Ephemerum* Hampe

属 2　细蓑藓属 *Micromitrium* Austin

目 18　虎尾藓目 Hedwigiales

科 33　**虎尾藓科** Hedwigiaceae

属 1　赤枝藓属 *Braunia* Bruch et Schimp.

属 2　虎尾藓属 *Hedwigia* P. Beauv.

＊棕尾藓属 *Hedwigidium* Bruch et Schimp

科 34　**蔓枝藓科** Bryowijkiaceae

属 1　蔓枝藓属 *Bryowijkia* Nog.

目 19　珠藓目 Bartramiales

科 35　**珠藓科** Bartramiaceae

属 1　刺毛藓属 *Anacolia* Schimp.

属 2　珠藓属 *Bartramia* Hedw.

属 3　热泽藓属 *Breutelia*（Bruch et Schimp.）Schimp.

属 4　长柄藓属 *Fleischerobryum* Loeske

属 5　泽藓属 *Philonotis* Brid.

属 6　平珠藓属 *Plagiopus* Brid.

目 20　壶藓目 Splachnales

科 36　**壶藓科** Splachnaceae

属 1　壶藓属 *Splachnum* Hedw.

属 2　小壶藓属 *Tayloria* Hook.

属 3　并齿藓属 *Tetraplodon* Bruch et Schimp.

属 4　隐壶藓属 *Voitia* Hornsch.

科 37　**寒藓科** Meesiaceae

属 1　寒地藓属 *Amblyodon* P. Beauv.

属 2　薄囊藓属 *Leptobryum*（Bruch et Schimp.）Wils.

属 3　寒藓属 *Meesia* Hedw.

属 4　沼寒藓属 *Paludella* Brid.

目 21　真藓目 Bryales

科 38　**真藓科** Bryaceae

属 1　银藓属 *Anomobryum* Schimp.

属 2　短月藓属 *Brachymenium* Schwägr.

属 3　真藓属 *Bryum* Hedw.

属 4　平蒴藓属 *Plagiobryum* Lindb.

属 5　大叶藓属 *Rhodobryum*（Schimp.）Limpr.

科 39　**提灯藓科** Mniaceae

属 1　北灯藓属 *Cinclidium* Sw.

属 2　曲灯藓属 *Cyrtomnium* Holmen

属 3　小叶藓属 *Epipterygium* Lindb.

属 4　缺齿藓属 *Mielichhoferia* Nees et Hornsch.

属 5　提灯藓属 *Mnium* Hedw.

属 6　立灯藓属 *Orthomnion* Wils.

属 7　匐灯藓属 *Plagiomnium* T. Kop.

属 8　丝瓜藓属 *Pohlia* Hedw.

属 9　拟真藓属 *Pseudobryum*（Kindb.）T. Kop.

属 10　拟丝瓜藓属 *Pseudopohlia* Williams

属 11　毛灯藓属 *Rhizomnium*（Broth.）T. Kop.

属 12　合齿藓属 *Synthetodontium* Card.

属 13　疣灯藓属 *Trachycystis* Lindb.

目 22　木灵藓目 Orthotrichales

科 40　**木灵藓科** Orthotrichaceae

属 1　小蓑藓属 *Groutiella* Steere

属 2　疣毛藓属 *Leratia* Broth. et Par.

属 3　直叶藓属 *Macrocoma*（Müll. Hal.）Grout

属 4　蓑藓属 *Macromitrium* Brid.

属 5　木灵藓属 *Orthotrichum* Hedw.

属 6 火藓属 *Schlotheimia* Brid.

属 7 卷叶藓属 *Ulota* Mohr

属 8 变齿藓属 *Zygodon* Hook. et Tayl.

目 23 直齿藓目 Orthodontiales

科 41 **直齿藓科** Orthodontiaceae

属 1 拟直齿藓属 *Orthodontopsis* Ignatov et Tan

目 24 皱蒴藓目 Aulacomniales

科 42 **皱蒴藓科** Aulacomniaceae

属 1 皱蒴藓属 *Aulacomnium* Schwägr.

目 25 桧藓目 Rhizogoniales

科 43 **桧藓科** Rhizogoniaceae

属 1 桧藓属 *Pyrrhobryum* Mitt.

目 26 树灰藓目 Hypnodendrales

科 44 **卷柏藓科** Racopilaceae

属 1 卷柏藓属 *Racopilum* P. Beauv.

科 45 **树灰藓科** Hypnodendraceae

属 1 树形藓属 *Dendro-hypnum* Hampe

属 2 树灰藓属 *Hypnodendron*（Müll. Hal.）Lindb. ex Mitt.

属 3 木毛藓属 *Spiridens* Nees

目 27 稜蒴藓目 Ptychomniales

科 46 **稜蒴藓科** Ptychomniaceae

属 1 绳藓属 *Garovaglia* Endl.

属 2 直稜藓属 *Glyphothecium* Hampe

属 3 汉氏藓属 *Hampeella* Müll. Hal.

目 28 油藓目 Hookeriales

科 47 **孔雀藓科** Hypopterygiaceae

属 1 雉尾藓属 *Cyathophorum* P. Beauv.

属 2 树雉尾藓属 *Dendrocyathophorum* Dix.

属 3 孔雀藓属 *Hypopterygium* Brid.

属 4 雀尾藓属 *Lopidium* Hook. f. et Wils.

科 48 **小黄藓科** Daltoniaceae

属 1 毛柄藓属 *Calyptrochaeta* Desv.

属 2 小黄藓属 *Daltonia* Hook. et Tayl.

属 3 黄藓属 *Distichophyllum* Dozy et Molk.

科 49 **油藓科** Hookeriaceae

属 1　油藓属 *Hookeria* Sm.

科 50　**白藓科** Leucomiaceae

属 1　白藓属 *Leucomium* Mitt.

科 51　**毛帽藓科（毛枝藓科）** Pilotrichaceae

属 1　假黄藓属 *Actinodontium* Schwägr.

属 2　强肋藓属 *Callicostella*（Müll. Hal.）Mitt.

属 3　圆网藓属 *Cyclodictyon* Mitt.

属 4　拟油藓属 *Hookeriopsis*（Besch.）Jaeg.

目 29　灰藓目 Hypnales

科 52　**粗柄藓科** Trachylomataceae

属 1　粗柄藓属 *Trachyloma* Brid.

科 53　**水藓科** Fontinalaceae

属 1　弯刀藓属 *Dichelyma* Myrin

属 2　水藓属 *Fontinalis* Hedw.

科 54　**棉藓科** Plagiotheciaceae

属 1　长灰藓属 *Herzogiella* Broth.

属 2　拟同叶藓属 *Isopterygiopsis* Iwats.

属 3　小鼠尾藓属 *Myurella* Bruch et Schimp.

属 4　灰石藓属 *Orthothecium* Bruch et Schimp.

属 5　棉藓属 *Plagiothecium* Bruch et Schimp.

属 6　细柳藓属 *Platydictya* Berk.

属 7　牛尾藓属 *Struckia* Müll. Hal.

科 55　**硬叶藓科** Stereophyllaceae

属 1　拟绢藓属 *Entodontopsis* Broth.

科 56　**碎米藓科** Fabroniaceae

属 1　碎米藓属 *Fabronia* Raddi

属 2　白翼藓属 *Levierella* Müll. Hal.

科 57　**腋苞藓科** Pterigynandraceae

属 1　腋苞藓属 *Pterigynandrum* Hedw.

属 2　叉肋藓属 *Trachyphyllum* Gepp.

科 58　**柔齿藓科** Habrodontaceae

属 1　柔齿藓属 *Habrodon* Schimp.

科 59　**万年藓科** Climaciaceae

属 1　万年藓属 *Climacium* Web. et Mohr

属 2　树藓属 *Pleuroziopsis* Britt.

科 60　柳叶藓科 Amblystegiaceae

属 1　柳叶藓属 *Amblystegium* Bruch et Schimp.

属 2　反齿藓属 *Anacamptodon* Brid.

属 3　曲茎藓属 *Callialaria* Ochyra

属 4　拟细湿藓属 *Campyliadelphus*（Kindb.）Chopra

属 5　细湿藓属 *Campylium*（Sull.）Mitt.

属 6　列胞藓属 *Conardia* Rob.

属 7　牛角藓属 *Cratoneuron*（Sull.）Spruce

属 8　镰刀藓属 *Drepanocladus*（Müll. Hal.）Roth

属 9　湿柳藓属 *Hygroamblystegium* Loeske

属 10　水灰藓属 *Hygrohypnum* Lindb.

属 11　薄网藓属 *Leptodictyum*（Schimp.）Warnst.

属 12　沼地藓属 *Palustriella* Ochyra

属 13　拟湿原藓属 *Pseudocalliergon*（Limpr.）Loeske

属 14　类牛角藓属 *Sasaokaea* Broth.

属 15　厚边藓属 *Sciaromiopsis* Broth.

属 16　华原藓属 *Sinocalliergon* Sak.

科 61　湿原藓科 Calliergonaceae

属 1　湿原藓属 *Calliergon*（Sull.）Kindb.

属 2　范氏藓属 *Warnstorfia*（Broth.）Loeske

科 62　蝎尾藓科 Scorpidiaceae

属 1　钩茎藓属 *Hamatocaulis* Hedenäs

属 2　三洋藓属 *Sanionia* Loeske

属 3　蝎尾藓属 *Scorpidium*（Schimp.）Limpr.

科 63　薄罗藓科 Leskeaceae

属 1　麻羽藓属 *Claopodium*（Lesq. et Jam.）Ren. et Card.

属 2　薄羽藓属 *Leptocladium* Broth.

属 3　叉羽藓属 *Leptopterigynandrum* Müll. Hal.

属 4　薄罗藓属 *Leskea* Hedw.

属 5　细罗藓属 *Leskeella*（Limpr.）Loeske

属 6　细枝藓属 *Lindbergia* Kindb.

属 7　瓦叶藓属 *Miyabea* Broth.

属 8　拟柳叶藓属 *Orthoamblystegium* Dix. et Sak.

属 9　拟草藓属 *Pseudoleskeopsis* Broth.

属 10　小绢藓属 *Rozea* Besch.

属 11　附干藓属 *Schwetschkea* Müll. Hal.

科64　拟薄罗藓科 Pseudoleskeaceae

　属1　多毛藓属 *Lescuraea* Bruch et Schimp.

　属2　拟褶叶藓属 *Pseudopleuropus* Tak.

科65　假细罗藓科 Pseudoleskeellaceae

　属1　假细罗藓属 *Pseudoleskeella* Kindb.

科66　羽藓科 Thuidiaceae

　属1　山羽藓属 *Abietinella* Müll. Hal.

　属2　锦丝藓属 *Actinothuidium*（Besch.）Broth.

　属3　虫毛藓属 *Boulaya* Card.

　属4　毛羽藓属 *Bryonoguchia* Iwats. et Inoue

　属5　细羽藓属 *Cyrto-hypnum* Hampe et Lorentz

　属6　小羽藓属 *Haplocladium*（Müll. Hal.）Müll. Hal.

　属7　沼羽藓属 *Helodium* Warnst.

　属8　拟塔藓属 *Hylocomiopsis* Card.

　属9　南羽藓属 *Indothuidium* Touw

　属10　鹤嘴藓属 *Pelekium* Mitt.

　属11　硬羽藓属 *Rauiella* Reim.

　属12　羽藓属 *Thuidium* Bruch et Schimp.

科67　异枝藓科 Heterocladiaceae

　属1　粗疣藓属 *Fauriella* Besch.

　属2　异枝藓属 *Heterocladium* Bruch et Schimp.

　属3　小柔齿藓属 *Iwatsukiella* Buck et Crum

科68　异齿藓科 Regmatodontaceae

　属1　异齿藓属 *Regmatodon* Brid.

　属2　云南藓属 *Yunnanobryon* Shevock，Ochyra，S. He et Long

科69　青藓科 Brachytheciaceae

　属1　气藓属 *Aerobryum* Dozy et Molk.

　属2　青喙藓属 *Brachytheciastrum* Ignatov et Huttunen

　属3　青藓属 *Brachythecium* Bruch et Schimp.

　属4　燕尾藓属 *Bryhnia* Kaurin

　属5　斜蒴藓属 *Camptothecium* Schimp.

　属6　毛尖藓属 *Cirriphyllum* Grout

　属7　美喙藓属 *Eurhynchium* Bruch et Schimp.

　属8　旋齿藓属 *Helicodontium*（Mitt.）Jaeg.

　属9　小同蒴藓属（拟同蒴藓属）*Homalotheciella*（Card.）Broth.

　属10　同蒴藓属 *Homalothecium* Bruch et Schimp.

属 11　拟无毛藓属 *Juratzkaeella* Buck

属 12　异叶藓属 *Kindbergia* Ochyra

属 13　鼠尾藓属 *Myuroclada* Besch.

属 14　褶藓属 *Okamuraea* Broth.

属 15　褶叶藓属 *Palamocladium* Müll. Hal.

属 16　平灰藓属 *Platyhypnidium* Fleisch.

属 17　细喙藓属 *Rhynchostegiella*（Bruch et Schimp.）Limpr.

属 18　长喙藓属 *Rhynchostegium* Bruch et Schimp.

属 19　拟青藓属 *Sciuro-hypnum* Hampe

属 20　疣柄藓属 *Scloropodium* Bruch et Schimp.

属 21　水喙藓属 *Torrentaria* Ochyra

科 70　**蔓藓科** Meteoriaceae

属 1　毛扭藓属 *Aerobryidium* Fleisch.

属 2　灰气藓属 *Aerobryopsis* Fleisch.

属 3　悬藓属 *Barbella* Fleisch.

属 4　拟悬藓属 *Barbellopsis* Broth.（包括：无肋藓属 *Dicladiella* Buck）

属 5　垂藓属 *Chrysocladium* Fleisch.

属 6　隐松萝藓属 *Cryptopapillaria* Menzel

属 7　异节藓属 *Diaphanodon* Ren. et Card.

属 8　绿锯藓属 *Duthiella* Broth.

属 9　丝带藓属 *Floribundaria* Fleisch.

属 10　粗蔓藓属 *Meteoriopsis* Broth.

属 11　蔓藓属 *Meteorium*（Brid.）Dozy et Molk.

属 12　新丝藓属 *Neodicladiella*（Nog.）Buck

属 13　耳蔓藓属 *Neonoguchia* S. -H. Lin

属 14　松萝藓属 *Papillaria*（Müll. Hal.）Müll. Hal.

属 15　假悬藓属 *Pseudobarbella* Nog.

属 16　拟木毛藓属 *Pseudospiridentopsis*（Broth.）Fleisch.

属 17　多疣藓属 *Sinskea* Buck

属 18　反叶藓属 *Toloxis* Buck

属 19　细带藓属 *Trachycladiella*（Fleisch.）Menzel

属 20　拟扭叶藓属 *Trachypodopsis* Fleisch.

属 21　扭叶藓属 *Trachypus* Reinw. et Hornsch.

科 71　**灰藓科** Hypnaceae

属 1　扁灰藓属 *Breidleria* Loeske

属 2　圆尖藓属 *Bryocrumia* Anderson

属 3　拟腐木藓属 *Callicladium* Crum

属 4　偏叶藓属 *Campylophyllum*（Schimp.）Fleisch.

属 5　短菱藓属 *Ectropotheciella* Fleisch.

属 6　偏蒴藓属 *Ectropothecium* Mitt.

属 7　曲枝藓属 *Foreauella* Dix. et P. Varde

属 8　厚角藓属 *Gammiella* Broth.

属 9　扁锦藓属 *Glossadelphus* Fleisch.

属 10　粗枝藓属 *Gollania* Broth.

属 11　拟灰藓属 *Hondaella* Dix. et Sak.

属 12　水梳藓属 *Hyocomium* Bruch et Schimp.

属 13　灰藓属 *Hypnum* Hedw.

属 14　平齿藓属 *Leiodontium* Broth.

属 15　小梳藓属 *Microctenidium* Fleisch.

属 16　叶齿藓属 *Phyllodon* Bruch et Schimp.

属 17　拟平锦藓属 *Platygyriella* Card.

属 18　齿灰藓属 *Podperaea* Iwats. et Glime

属 19　假丛灰藓属 *Pseudostereodon*（Broth.）Fleisch.

属 20　拟鳞叶藓属 *Pseudotaxiphyllum* Iwats.

属 21　毛梳藓属 *Ptilium* De Not.

属 22　拟硬叶藓属 *Stereodontopsis* Williams

属 23　毛青藓属 *Tomentypnum* Loeske

属 24　鳞叶藓属 *Taxiphyllum* Fleisch.

属 25　明叶藓属 *Vesicularia*（Müll. Hal.）Müll. Hal.

科 72　金灰藓科 Pylaisiaceae

属 1　大湿原藓属 *Calliergonella* Loeske

属 2　毛灰藓属 *Homomallium*（Schimp.）Loeske

属 3　金灰藓属 *Pylaisia* Bruch et Schimp.

科 73　毛锦藓科 Pylaisiadelphaceae

属 1　小锦藓属 *Brotherella* Fleisch.

属 2　拟疣胞藓属 *Clastobryopsis* Fleisch.

属 3　疣胞藓属 *Clastobryum* Dozy et Molk.

属 4　腐木藓属 *Heterophyllium*（Schimp.）Kindb.

属 5　鞭枝藓属 *Isocladiella* Dix.

属 6　同叶藓属 *Isopterygium* Mitt.

属 7　平锦藓属 *Platygyrium* Bruch et Schimp.

属 8　拟金枝藓属 *Pseudotrismegistia* Akiy. et Tsubota

属 9　毛锦藓属 *Pylaisiadelpha* Card.

属 10　麻锦藓属 *Taxithelium* Mitt.

属 11　刺枝藓属 *Wijkia*（Mitt.）Crum

科 74　**锦藓科** Sematophyllaceae

属 1　顶胞藓属 *Acroporium* Mitt.

属 2　花锦藓属 *Chionostomum* Müll. Hal.

属 3　拟刺疣藓属 *Papillidiopsis*（Broth.）Buck et Tan

属 4　细锯齿藓属 *Radulina* Buck et Tan

属 5　狗尾藓属 *Rhaphidostichum* Fleisch.

属 6　锦藓属 *Sematophyllum* Mitt.

属 7　刺疣藓属 *Trichosteleum* Mitt.

属 8　裂帽藓属 *Warburgiella* Broth.

科 75　**塔藓科** Hylocomiaceae

属 1　梳藓属 *Ctenidium*（Schimp.）Mitt.

属 2　拟小锦藓属 *Hageniella* Broth.

属 3　星塔藓属 *Hylocomiastrum* Broth.

属 4　塔藓属 *Hylocomium* Bruch et Schimp.

属 5　薄壁藓属 *Leptocladiella* Fleisch.

属 6　薄膜藓属 *Leptohymenium* Schwägr.

属 7　假蔓藓属 *Loeskeobryum* Broth.

属 8　南木藓属 *Macrothamnium* Fleisch.

属 9　小蔓藓属 *Meteoriella* Okam.

属 10　新船叶藓属 *Neodolichomitra* Nog.

属 11　赤茎藓属 *Pleurozium* Mitt.

属 12　拟垂枝藓属 *Rhytidiadelphus*（Limpr.）Warnst.

科 76　**垂枝藓科** Rhytidiaceae

属 1　垂枝藓属 *Rhytidium*（Sull.）Kindb.

科 77　**绢藓科** Entodontaceae

属 1　绢藓属 *Entodon* Müll. Hal.

属 2　赤齿藓属 *Erythrodontium* Hampe

属 3　斜齿藓属 *Mesonodon* Hampe

属 4　螺叶藓属 *Sakuraia* Broth.

科 78　**刺果藓科** Symphyodontaceae

属 1　灰果藓属 *Chaetomitriopsis* Fleisch.

属 2　刺柄藓属 *Chaetomitrium* Dozy et Molk.

属 3　刺果藓属 *Symphyodon* Mont.

属 4　刺蒴藓属 *Trachythecium* Fleisch.

科 79　**隐蒴藓科** Cryphaeaceae

属 1　隐蒴藓属 *Cryphaea* Mohr

属 2　线齿藓属 *Cyptodontopsis* Dix.

属 3　毛枝藓属 *Pilotrichopsis* Besch.

属 4　顶隐蒴藓属 *Schoenobryum* Dozy et Molk.

属 5　球蒴藓属 *Sphaerotheciella* Fleisch.

科 80　**白齿藓科** Leucodontaceae

属 1　单齿藓属 *Dozya* S. Lac.

属 2　白齿藓属 *Leucodon* Schwägr.

属 3　拟白齿藓属 *Pterogoniadelphus* Fleisch.

属 4　疣齿藓属 *Scabridens* Bartr.

科 81　**逆毛藓科** Antitrichiaceae

属 1　逆毛藓属 *Antitrichia* Brid.

科 82　**蕨藓科** Pterobryaceae

属 1　耳平藓属 *Calyptothecium* Mitt.

属 2　兜叶藓属 *Horikawaea* Nog.

属 3　细树藓属 *Micralsopsis* Buck

属 4　山地藓属 *Osterwaldiella* Broth.

属 5　长蕨藓属 *Penzigiella* Fleisch.

属 6　小蕨藓属 *Pireella* Card.

属 7　滇蕨藓属 *Pseudopterobryum* Broth.

属 8　蕨藓属 *Pterobryon* Hornsch.

属 9　拟蕨藓属 *Pterobryopsis* Fleisch.

属 10　瓢叶藓属 *Symphysodontella* Fleisch.

科 83　**平藓科** Neckeraceae

属 1　艾氏藓属 *Alleniella* Olsson，Enroth et Quandt

属 2　尾枝藓属 *Caduciella* Enroth

属 3　平枝藓属 *Circulifolium* Olsson，Enroth et Quandt

属 4　弯枝藓属 *Curvicladium* Enroth

属 5　突蒴藓属 *Exsertotheca* Olsson，Enroth et Quandt

属 6　残齿藓属 *Forsstroemia* Lindb.

属 7　拟厚边藓属 *Handeliobryum* Broth.

属 8　波叶藓属 *Himantocladium*（Mitt.）Fleisch.

属 9　扁枝藓属 *Homalia*（Brid.）Bruch et Schimp.

属 10　拟扁枝藓属 *Homaliadelphus* Dix. et P. Varde

属 11　　树平藓属 *Homaliodendron* Fleisch.

属 12　　湿隐藓属 *Hydrocryphaea* Dix.

属 13　　平藓属 *Neckera* Hedw.

属 14　　拟平藓属 *Neckeropsis* Reichardt

属 15　　羽枝藓属 *Pinnatella* Fleisch.

属 16　　亮蒴藓属 *Shevockia* Enroth et M. -C. Ji

属 17　　台湾藓属 *Taiwanobryum* Nog.

属 18　　木藓属 *Thamnobryum* Nieuwl.

科 84　　**船叶藓科** Lembophyllaceae

属 1　　船叶藓属 *Dolichomitra* Broth.

属 2　　拟船叶藓属 *Dolichomitriopsis* Okam.

属 3　　猫尾藓属 *Isothecium* Brid.

属 4　　新悬藓属 *Neobarbella* Nog.

科 85　　**金毛藓科** Myuriaceae

属 1　　拟金毛藓属 *Eumyurium* Nog.

属 2　　红毛藓属 *Oedicladium* Mitt.

属 3　　栅孔藓属 *Palisadula* Toy.

科 86　　**牛舌藓科** Anomodontaceae

属 1　　牛舌藓属 *Anomodon* Hook. et Tayl.

属 2　　多枝藓属 *Haplohymenium* Dozy et Molk.

属 3　　羊角藓属 *Herpetineuron*（Müll. Hal.）Card.

属 4　　拟附干藓属 *Schwetschkeopsis* Broth.

参考文献

陈邦杰,等. 中国藓类植物属志(I-II)[M].北京：科学出版社,1963－1978.

吴鹏程, 罗健馨, 汪楣芝.苔藓名词及名称[M].北京：科学出版社,1984.

贾渝, 何思. 中国生物物种名录(第一卷：植物：苔藓植物)[M].北京：科学出版社,2013.

Bonner C E B. Index Hepaticarum, I. Plagiochila[M]. Weinheim：J. Cramer,1962.

Bonner C E B. Index Hepaticarum, II. Achiton to Balantiopsis[M]. Weinheim：J. Cramer,1962.

Bonner C E B. Index Hepaticarum, III. Barbilophozia to Ceranthus[M]. Weinheim：J. Cramer,1963.

Bonner C E B. Index Hepaticarum, IV. Ceratolejeunea to Cystolejeunea[M]. Weinheim：J. Cramer,1963.

Bonner C E B. Index Hepaticarun, V. Delavayella to Geothallus[M]. Weinheim：J. Cramer,1965.

Bonner C E B. Index Hepaticarum, VI. Goebeliella to Jubula[M]. Lehre：J. Cramer,1966.

Bonner C E B, Bischler H. Index Hepaticarum, VII. A－C. Supplementum[M]. Waduz：J. Cramer, 1977.

Crosby M R, Magill R. E. and Bauer C R.,Index of Mosses[M]. St. Louis：Missouri Botanical Garden,1992.

Crosby M R,Magill R E. Allen B and He S. A Checklist of the Mosses[M]. St. Louis：Missouri Botanical Garden, 1999.

Frey W, Stech M. Syllabus of Plant Families. 3. Bryophytes and Seedless Vascular Plants[M]. Berlin, Stuttgart. ： Gebr. Borntraeger Verlagsbuchhandlung,2009.

Geissler P, Bischler H. Index Hepaticarum, VIII－IX. Jungermannia to Lejeunites[M]. Stuttgart：J. Cramer,1987.

Geissler P, Bischler H. Index Hepaticarum, X. Lembidium to Mytilopsis[M]. Stuttgart：J. Cramer,1985.

Geissler P, Bischler H. Index Hepaticarum, XI. Naiadea to Pycnoscenus[M]. Stuttgart：J. Cramer,1989.

Geissler P, Bischler H. Index Hepaticarum, XII. Racemigemma to Zoopsis[M]. Stuttgart：J. Cramer,1990.

Malcolm B et N.,Mosses and other bryophytes and illustrated glossary[M]. Nelson：Micro－Optics Press. 2006,i － iv, 336.

Piippo S. Annotated catalogue of Chinese Hepaticae and Anthocerotae[J]. Journ. Hattori Bot. Lab. 1990,68：1 － 192.

Redfearn P L Jr,Tan B C and He S. A Newly Updated and Annotated Checklist of Chinese Mosses[J]. Journ. Hattori Bot. Lab. , 1996,79：163－357.

Redfearn P L Jr, Wu P－C. Catalog of the mosses of China[J]. Ann. Missouri Bot. Gard. 1986,73：177－208.

Wijk R van der, Margadant W D and Florschutz P A. Index Muscorum(I－V)[M]. Utrecht,1959－1969.

中文名索引